TABLE F.1 단위환산을 위한 수식*

Name	Symbol	Dimensions	Conversion Formula
Length	L	L	**1 m** = 3.281 ft = 1.094 yd = 39.37 in = km/1000 = 10^6 μm **1 ft** = 0.3048 m = 12 in = mile/5280 = km/3281 **1 mm** = m/1000 = in/25.4 = 39.37 mil = 1000 μm = 10^7 Å
Speed	V	L/T	**1 m/s** = 3.600 km/hr = 3.281 ft/s = 2.237 mph = 1.944 knots **1 ft/s** = 0.3048 m/s = 0.6818 mph = 1.097 km/hr = 0.5925 knots
Mass	m	M	**1 kg** = 2.205 lbm = 1000 g = slug/14.59 = (metric ton or tonne or Mg)/1000 **1 lbm** = lbf·s^2/(32.17ft) = kg/2.205 = slug/32.17 = 453.6 g = 16 oz = 7000 grains = short ton/2000 = metric ton (tonne)/2205
Density	ρ	M/L^3	**1000 kg/m^3** = 62.43 lbm/ft^3 = 1.940 slug/ft^3 = 8.345 lbm/gal (US)
Force	F	ML/T^2	**1 lbf** = 4.448 N = 32.17 lbm·ft/s^2 **1 N** = kg·m/s^2 = 0.2248 lbf = 10^5 dyne
Pressure	P	M/LT^2	**1 Pa** = N/m^2 = kg/m · s^2 = 10^{-5} bar = 1.450×10^{-4} lbf/in^2 = inch H_2O/249.1 = 0.007501 torr = 10.00 dyne/cm^2 **1 atm** = 101.3 kPa = 2116 psf = 1.013 bar = 14.70 lbf/in^2 = 33.90 ft of water = 29.92 in of mercury = 10.33 m of water = 760 mm of mercury = 760 torr **1 psi** = atm/14.70 = 6.895 kPa = 27.68 in H_2O = 51.71 torr
Volume	$\forall$	L^3	**1 m^3** = 35.31 ft^3 = 1000 L = 264.2 U.S. gal **1 ft^3** = 0.02832 m^3 = 28.32 L = 7.481 U.S. gal = acre-ft/43,560 **1 U.S. gal** = 231 in^3 = barrel (petroleum)/42 = 4 U.S. quarts = 8 U.S. pints = 3.785 L = 0.003785 m^3
Volume Flow Rate (Discharge)	Q	L^3/T	**1 m^3/s** = 35.31 ft^3/s = 2119 cfm = 264.2 gal (US)/s = 15850 gal (US)/m **1 cfs** = 1 ft^3/s = 28.32 L/s = 7.481 gal (US)/s = 448.8 gal (US)/m
Mass Flow Rate	$\dot{m}$	M/T	**1 kg/s** = 2.205 lbm/s = 0.06852 slug/s
Energy and Work	E, W	ML^2/T^2	**1 J** = kg·m^2/s^2 = N·m = W·s = volt·coulomb = 0.7376 ft·lbf = 9.478×10^{-4} Btu = 0.2388 cal = 10^7 erg = kWh/3.600×10^6
Power	$P, \dot{E}, \dot{W}$	ML^2/T^3	**1 W** = J/s = N·m/s = kg·m^2/ s^3 = 1.341×10^{-3} hp = 0.7376 ft · lbf/s = 1.0 volt-ampere = 0.2388 cal/s = 9.478×10^{-4} Btu/s **1 hp** = 0.7457 kW = 550 ft·lbf/s = 33,000 ft·lbf/min = 2544 Btu/h
Angular Speed	ω	T^{-1}	**1.0 rad/s** = 9.549 rpm = 0.1591 rev/s
Viscosity	μ	M/LT	**1 Pa·s** = kg/m·s = N·s/ m^2 = 10 poise = 0.02089 lbf·s/ft^2 = 0.6720 lbm/ft·s
Kinematic Viscosity	ν	L^2/T	**1 m^2/s** = 10.76 ft^2/s = 10^6 cSt
Temperature	T	Θ	**K** = °C + 273.15 = °R/1.8 **°C** = (°F – 32)/1.8 **°R** = °F + 459.67 = 1.8 K **°F** = 1.8°C + 32

* A useful online reference is www.onlineconversion.com

TABLE F.2 유용한 상수들

Name of Constant	Value
Acceleration of gravity	$g = 9.81 \text{ m/s}^2 = 32.2 \text{ ft/s}^2$
Universal gas constant	$R_u = 8.314 \text{ kJ/kmol} \cdot \text{K} = 1545 \text{ ft} \cdot \text{lbf/lbmol} \cdot {}^\circ\text{R}$
Standard atmospheric pressure	$p_{atm} = 1.0 \text{ atm} = 101.3 \text{ kPa} = 14.70 \text{ psi} = 2116 \text{ psf} = 33.90 \text{ ft of water}$ $p_{atm} = 10.33 \text{ m of water} = 760 \text{ mm of Hg} = 29.92 \text{ in of Hg} = 760 \text{ torr} = 1.013 \text{ bar}$

TABLE F.3 공기의 성질 [$T = 20^\circ\text{C}$ ($68\ {}^\circ\text{F}$), $p = 1$ atm] n]

Property	SI Units	Traditional Units
Specific gas constant	$R_{air} = 287.0 \text{ J/kg} \cdot \text{K}$	$R_{air} = 1716 \text{ ft} \cdot \text{lbf/slug} \cdot {}^\circ\text{R}$
Density	$\rho = 1.20 \text{ kg/m}^3$	$\rho = 0.0752 \text{ lbm/ft}^3 = 0.00234 \text{ slug/ft}^3$
Specific weight	$\gamma = 11.8 \text{ N/m}^3$	$\gamma = 0.0752 \text{ lbf/ft}^3$
Viscosity	$\mu = 1.81 \times 10^{-5} \text{ N} \cdot \text{s/m}^2$	$\mu = 3.81 \times 10^{-7} \text{ lbf} \cdot \text{s/ft}^2$
Kinematic viscosity	$\nu = 1.51 \times 10^{-5} \text{ m}^2\text{/s}$	$\nu = 1.63 \times 10^{-4} \text{ ft}^2\text{/s}$
Specific heat ratio	$k = c_p/c_v = 1.40$	$k = C_p/C_v = 1.40$
Specific heat	$c_p = 1004 \text{ J/kg} \cdot \text{K}$	$C_p = 0.241 \text{ Btu/lbm} \cdot {}^\circ\text{R}$
Speed of sound	$c = 343 \text{ m/s}$	$c = 1130 \text{ ft/s}$

TABLE F.4 물의 성질 [$T = 15^\circ\text{C}$ ($59\ {}^\circ\text{F}$), $p = 1$ atm]

Property	SI Units	Traditional Units
Density	$\rho = 999 \text{ kg/m}^3$	$\rho = 62.4 \text{ lbm/ft}^3 = 1.94 \text{ slug/ft}^3$
Specific weight	$\gamma = 9800 \text{ N/m}^3$	$\gamma = 62.4 \text{ lbf/ft}^3$
Viscosity	$\mu = 1.14 \times 10^{-3} \text{ N} \cdot \text{s/m}^2$	$\mu = 2.38 \times 10^{-5} \text{ lbf} \cdot \text{s/ft}^2$
Kinematic viscosity	$\nu = 1.14 \times 10^{-6} \text{ m}^2\text{/s}$	$\nu = 1.23 \times 10^{-5} \text{ ft}^2\text{/s}$
Surface tension (water-air)	$\sigma = 0.073 \text{ N/m}$	$\sigma = 0.0050 \text{ lbf/ft}$
Bulk modulus of elasticity	$E_v = 2.14 \times 10^9 \text{ Pa}$	$E_v = 3.10 \times 10^5 \text{ psi}$

TABLE F.5 물의 성질 [$T = 4^\circ\text{C}$ ($39\ {}^\circ\text{F}$), $p = 1$ atm]

Property	SI Units	Traditional Units
Density	1000 kg/m^3	$62.4 \text{ lbm/ft}^3 = 1.94 \text{ slug/ft}^3$
Specific weight	9810 N/m^3	62.4 lbf/ft^3

Commercial Refrigeration for Air Conditioning Technicians

Second Edition

Dick Wirz

CENGAGE Learning™

Australia • Brazil • Japan • Korea • Mexico • Singapore • Spain • United Kingdom • United States

CENGAGE Learning™

Commercial Refrigeration: For Air Conditioning Technicians, 2nd Edition

Dick Wirz

This edition first published in 2011 jointly by
Cengage Learning Korea Limited and Han Tee Media.

ISBN-13: 978-89-6421-036-9

Cengage Learning Korea Ltd.
Suite 1801 Seokyo Tower Building
353-1, 22 Seokyo-Dong, Mapo-Ku
Seoul 121-837, Korea
Tel: (82) 2 322 4926
Fax: (82) 2 322 4927

Cengage Learning is a leading provider of customized learning solutions with office locations around the globe, including Singapore, the United Kingdom, Australia, Mexico, Brazil, and Japan. Locate your local office at: www.cengage.com/global

Cengage Learning products are represented in Canada by Nelson Education, Ltd.

For product information, visit www.cengageasia.com

Printed in Korea
1 2 3 4 14 13 12 11

공기조화 기술자를 위한 냉동공학

Commercial Refrigeration for Air Conditioning Technicians

Dick Wirz 지음

김영득 · 장인성 · 조홍현 · 최종민 옮김

한티미디어

▸ **김영득** (kydeug@induk.ac.kr)

• 인덕대학 기계자동차과 교수

▸ **장인성** (isjang@yangsan.ac.kr)

• 양산대학 냉동공조설비과 교수

▸ **조홍현** (hhcho@chosun.ac.kr)

• 조선대학교 기계공학과 교수

▸ **최종민** (jmchoi@hanbat.ac.kr)

• 한밭대학교 기계공학부 교수

공기조화 기술자를 위한 **냉동공학**

Commercial Refrigeration for Air Conditioning Technicians, 2nd

발행일 2010년 07월 31일 초판 1쇄
저 자 Dick Wirz
역 자 김영득 장인성 조홍현 최종민
발행인 김준호
발행처 한티미디어
총 괄 오성준
마케팅 박재인 이재명
편 집 박은주 홍현정
관 리 전보라

등 록 제15-571호
주 소 서울시 마포구 연남동 570-20
전 화 02)332-7993~4
팩 스 02)332-7995
디자인 이공사
인 쇄 이산문화사
가 격 25,000원
홈페이지 www.hanteemedia.co.kr
이 메 일 hantee@empal.com

ISBN 978-89-6421-036-9 93550

저자서문

Dick Wirz에 의한 『기술자를 위한 상업용 냉동』

이 책은 냉동 기술자, 공기조화(AC) 기술자, 그리고 고급 공기조화를 배우는 학생들을 위해 쓰여졌다. 상업용 냉동은 특별한 교과목으로서 HVACR 프로그램을 가지고 있는 학교의 단지 약 10% 내에서만 가르치고 있다. 그 결과, 이와 관련된 기술을 익히기 위해 공기조화를 배우는 학생과 기술자들은 매우 극소수이다. 실제 산업에서는 공기조화 기술을 배운 기술자를 꼭 필요로 한다. 그러나 만약에 공기조화 기술자들이 또한 상업용 냉동을 이해한다면, 그 기술자들은 회사와 고객들에게 더욱 가치 있는 존재가 될 것이다.

이 책의 주제와 형식은 NAPE(National Association of Power Engineers)의 지부인 워싱턴 D.C.를 위해 개발된 60시간 강좌 I의 결과이다. NAPE 교육재단의 행정부 국장인 Doug Smarte는 빌딩 엔지니어와 재산 관리인들에게 상업용 냉동 교육을 제공할 필요성을 인식하였다.

구성

14개 장 중 첫 6개 장은 냉동이론 복습과 어떻게 그러한 원리들이 상업용 냉동장치에 특별히 적용되는지에 대한 입문과정을 다룬다. 가능한 어느 곳에서든 냉동 개념은 공기조화의 개념들과 비교된다. 이로써 HVACR 학생들과 기술자들은 그들이 이미 알고 있는 지식을 상업용 냉동 분야에 더 쉽게 관련지어 생각할 수 있다.

7장은 첫 6개 장의 정보를 9가지의 보통 냉동 시스템 문제의 수리점검에 적용한다. 독자들이 실무에서와 마찬가지로 수업에서 사용할 진단표 또한 포함되어 있다. 모터 제어에 관한 8장에서는 고장점검 교육의 일부분을 다룬다. 상업용 냉동산업은 CFC(chlorofluorocarbon)와 HCFC(hydrochlorofluorocarbon) 냉매를 교체하기 위해서 리트로피팅(retrofitting) 실습을 개발하는 가장 중요한 위치에 있어 왔다. 그리므로 9장은 다른 관련된 냉매 회수 실습, 비우기(진공), 그리고 충전과 함께 리프로피팅을 설명하고 있다.

10장은 슈퍼마켓 냉동의 세계에 대한 입문이다. 11장과 12장에서는 워크인(walk-in), 리치인(reach-in), 그리고 제빙기를 다룬다. 13장은 상대적으로 짧지만 식료품 보관과 건강 문제에 관해, 냉동 기술자들의 역할에서 중요한 부분이다.

많은 HVACR 기술자들은 결국 그들 자신의 회사를 시작하기 때문에 이 책의 마지막 장은 이 산업의 비즈니스 면을 다룬다. 비록 대부분의 학생들이 자가 경영을 위한 어떠한 직접적인 의도를 가지고 있지는 않다고 하더라도, 이 장은 그들의 종업원들이 매일 단위로 무엇을 취급하는가를 잠깐이나마 보게 한다. 이들 식견을 얻음으로써 기술자들은 그들 조직을 더욱 잘 지탱하고 필수적인 역할을 담당할 수 있다.

특징

이 책 전반에 걸쳐 기술자의 경험법칙(T.R.O.T.)이라는 팁이 있다. 이 실제적인 정보 조각들은 경험적인 기술자들이 서비스 기구를 더욱 잘 그리고 더욱 빨리 사용할 수 있도록 돕는 데 사용된다. 부록에는 이 경험법칙들의 완전한 리스트가 나와 있다. 또한 부록에는 대부분의 냉동 응용에서 최근에 사용된 냉매에 대한 압력/온도 선도가 제시되어 있다.

용어해설에는 이 책에서 사용된 기술어휘와 구의 정의 및 해설이 있다. 굵은 글자체로 표시된 단어는 많은 독자들에게 친밀하지 않을지도 모르는 용어로 용어해설에서 그 의미를 설명하고 있다.

보충자료

대부분의 HVACR 기술자들은 매우 시각적으로 배운다. 그러므로 이 책에는 언급하고 있는 것을 설명하기 위해서 많은 사진과 그림들이 있다. 만약 이 책이 냉동에 관한 한 교과과정의 일부분으로 사용된다면, 유용한 교육용 전자자원 CD가 있고, 그것은 승인받은 선생님에게는 무료로 제공된다. 파워포인트 프레젠테이션은 교실에서 가르치는 사람에 의해 사용되도록 디자인되어 있다. 이 시각적인 교구가 냉동 개념에 대한 설명을 돕고 학생들의 이해도를 증가시킨다. 또한 각 책의 뒤에 학생 버전의 똑같은 CD가 있다. 그 외 교육자용 전자자원 CD에는 각 장의 끝에 있는 질문에 대한 해답이 있다. ISBN 1-4283-3526-9.

저자에 관하여

HVACR에서의 저자의 경력은 1963년 여름에 일을 하기 시작하면서부터이다. 처음 8년 동안은 덕트를 설치하였고, 가정용 공기조화 및 난방기구들을 공급했다. 다음 30년 이상, 상업용 냉동의 세계를 즐겼다. 저자는 등록된 마스터 HVACR 기술자이고 여러 주에서 마스터 전기기술자이다. 또한 ICE(Industry Competency Exams)와 NATE(North American Training Excellence)에 의해 제공되는 모든 영역에서 인증을 받았다. 25년 이상 성공적인 사업용 냉동회사의 사장이었으며 공동 소유자였다. 이제 가르치는 것을 즐기고 교육용 자료를 출판하는 것을 즐기고 있다. 이렇게 하여 HVACR 산업에서 매우 해 볼 만한 가치가 있는 경력에서 얻은 많은 이점들 중 얼마를 여러분에게 되돌려줄 수 있게 되었다.

저자는 버지니아테크(Virginia Tech)에서 경영학 학위를 받았고 부전공으로 기계공학을 공부하였다. 20년 후 저자는 경영학에서 석사학위를 받기 위해 학교로 돌아왔다. 그 후 좀더 영향력 있는 교육자가 되기 위해서 조지 메이슨 대학교(George Mason University)에서 대학 졸업 후 프로그램에 2년간 다녔고, 그곳에서 커뮤니티 칼리지 티칭 인증서를 받았다. 현재 저자는 북부 버지니아 커뮤니티 칼리지(Northern Virginia Community College)에서 HVACR 교육자이고, 또한 NAPE에서도 교육자이다. 그 외 저자는 개인 회사를 대상으로 교육을 시키고, HVACR 판매 대리점을 위해 세미나를 열고 있다. 저자는 부인과 함께 이 책에 유용한 것들과 비슷한 교육자용 CD의 형태로 HVACR 프로그램을 위한 냉동 교육 서비스(Refrigeration Training Services)라는 회사를 경영하며 교구를 생산하고 있다.

감사의 말

이 프로젝트에서 큰 도움을 준 아내 Irene에게 고마움을 전하고 싶다. 그녀는 책에서 그리고 교육자용 CD와 학생용 CD에서 사용된 모든 그래프를 제공하였다. 그녀의 번역, 그래픽, 소프트웨어 기술, 그리고 지원이 없었더라면 이 책은 결코 출판되지 못했을 것이다.

또한 책의 초판 인쇄 이래 나와 접했던 많은 사람들에게 감사를 드리고 싶다. 그들의 올바른 평가가 이 책에 들어간 엄청난 노력이 수천만 학생들, 선생님들, 그리고 기술자들에게 이로웠다는 나의 믿음을 확신하게 하였다. 그들의 의견은 개정판에서 새로운 변화를 추구하고 갱신하는 데 도움을 주었다. 특히 초판을 리뷰하는 데 그리고 재판을 제안하는 출판사의 요청을 받아들이는 데 도움을 주신 교육자 Chris Sterret, Eric Seltenright, Joe Owens, 그리고 Stephen Vossler에게 감사를 드리고 싶다.

가르치는 것은 할 만한 가치가 있고 좋은 경험이 되었다. 내가 HVACR을 잘 알고 있다고 생각했을지라도 나는 곧 내가 교과목을 가르치기 위해서 마스터할 필요가 있는 훨씬 많은 것이 있다는 것을 알게 되었다. 한때 누군가 "너는 결코 무엇인가에 관해서 모두를 알 수는 없지만, 너는 계속하여 노력해야 한다."라고 말한 적이 있다. 이제 나는 이러한 말이 얼마나 사실인지를 알고 있다. 나는 평생 학생이었고, 내가 가르치는 그것들에서의 지식에 대한 똑같은 목마름을 느끼고 있다.

개정판에서 새로워진 것

흑백 사진 및 다이어그램이 이제 컬러로, 그리고 소프트커버가 하드커버로 대체되었다. 그 외에 현장에서의 기술자와 교실에서의 교사 모두가 요청하는 주제에 관해 개정판에서는 30% 정도 분량이 늘었다. 다음은 각 장의 새로운 사항이나 개선된 주제에 관한 간단한 기술이다.

1장: 냉동—보다 개선된 그림을 게재하였다.

2장: 증발기—새로운 전자 시간 시계를 더했고, 요구 제상, 제상 제어, 그리고 릴레이를 추가하였다.

3장: 응축기—HPR 밸브에 관한 새로운 정보, 공랭식과 수냉식 응축기의 적절한 청소, 그리고 새로운 마이크로채널 코일 기술에 관한 입문을 더하였다.

4장: 압축기—압축기 언로딩에 관한 새로운 절과 용량 제어의 다른 방법, 복합 초저온 압축기, 그리고 새로운 스크롤 압축기 기술을 추가하였다.

5장: 유량조절장치(팽창밸브)—평행구 팽창밸브 및 전자팽창밸브에 관한 정보를 더하였다.

6장: 제어와 부속품들—압력 제어, 코일 감지 온도조절장치, 펌프다운 솔레노이드 밸브, 핫가스 바이패스, 그리고 오일 안전 제어에 관한 더 좋은 사진과 정보를 추가하였다.

7장: 냉동 시스템 고장점검—시스템 문제의 모든 다이어그램과 교재 내 배치를 개선하였다. 사용하는 압력계보다는 리치인을 고장수리하기 위한 온도계 사용에 관한 새 절을 추가하였다. 각 장 연습문제에서 특징적인 문제들은 초판에서보다 훨씬 우수하다.

8장: 압축기 모터제어—접촉기, 콘덴서, 그리고 과부하에 관한 정보를 더하였다.

9장: 리프로피팅, 회수, 비우기(진공) 및 충전—적절한 충전, 특히 HPR 밸브를 사용하는 만액식 응축기를 갖는 시스템에 관한 새 사진과 정보를 실었다. 또한 적절한 비우기(진공)와 사용된 계기호스의 크기의 중요성에 관해 자세히 기술하였다.

10장: 슈퍼마켓 냉동—전자제어기술, 에너지 효율, 2차 냉매의 사용, 열 재생 이용, 그리고 핫가스 제상에 관한 새 절을 추가하였다.

11장: 워크인 냉장고와 냉동고—TEV를 기기 부속품들에 연결하고, 배관 토출관, 그리고 용량제어를 갖는 대형 압축기 상에 이중 흡입 입상관 크기 결정에 관하여 새 정보를 기술하였다.

12장: 제빙기—Manitowoc 제빙기에 관한 갱신된 정보는 물론 Hoshizaki와 Vogt 제빙기에 관한 자료를 더하였다.

13장: 보관과 건강을 위한 제품 온도—더욱 많은 사진을 추가하였다.

교사용 CD에는 퀴즈나 시험을 위한 시험 은행은 물론 이전보다 훨씬 더 많은 생동감 있는 슬라이드가 있고, 또한 각 장 질문에 대한 해답이 포함되어 있다.

피드백

이 책에서 실수를 없애기 위하여 상당한 개정 노력이 있었으나 아마 놓친 것이 있을지도 모른다. 만약 여러분들이 어떤 두드러진 부정확한 것을 발견하거나 내용과 관련된 질문이 있으면 출판사를 접하거나 아래에 나와 있는 이메일 주소로 연락하기 바란다.

이 책을 선택한 분들께 감사를 드린다. 여러분들이 배우는 것이 이 공조냉동 산업에서 여러분들의 성공에 큰 이점이 될 것이라 확신한다. 또한 이 책이 여러분들의 기술 문고의 중요한 역할을 하게 되기를 희망한다.

Dick Wirz
teacherwirz@cox.net

역자서문

오늘날 우리나라 총 사용 에너지의 약 40% 정도를 사용하고 있는 냉동·공조 산업 분야는 생활수준의 향상과 함께 그 범위가 점차 증가하고 있으며, 또한 국내는 물론 해외수출 비중이 높은 품목으로서 자리매김을 하고 있다.

이렇듯 국내 주요 산업의 일부분을 차지하고 있는 냉동·공조 산업 분야는 1960년대 말부터 1970년대 초에 이르러 미공병 시설부 및 해군과 조선업계에서 근무해 온 인력들이 주로 이끌어 왔으나, 최근에는 냉동·공조 산업의 선진국인 미국과 일본 등에서 체계적으로 공부한 신진 인력들에 의해 대학생과 대학원생들을 위한 교육과 생산과 연구가 주로 이루어지고 있다.

그러나 그러한 가운데도 냉동·공조 기술자들이 볼 수 있는 책들은 많지 않으며 그것도 이론 위주의 책들이 다수를 차지하고 있고 실무 중심의 냉동·공조 산업 관련 책은 물론 대학생들을 위한 교재들도 부족한 실정이다. 그런 가운데 경영학을 공부하고 부전공으로 기계공학을 전공하였으며 냉동·공조 분야에서 50여 년의 실무를 해 온 기술자인 Dick Wirz의 저서 *Commercial Refrigeration for Air Conditioning Technicians*를 만난 것은 여간 행운이 아니며 이를 번역하게 되어 무척 기쁘다. 단지 SI 단위나 미터제 단위가 아닌 foot-pound 단위계로 되어 있는 것은 다소 아쉬운 점이며 이를 위해 단위환산표(unit conversions table)를 첨부하고 있다. 이 번역본은 냉동·공조산업 현장의 실무자들은 물론이거니와 냉동·공조를 배우고자 하는 4년제 일반 대학생들과 특히 기술대학이나 산업대학 그리고 전문대학 학생들의 훌륭한 교재가 될 수 있을 것이다.

냉동·공조의 토대가 되는 냉동 시스템은 크게 압축기, 증발기, 응축기, 팽창밸브, 그리고 부속품들로 이루어진다. 이들 각 냉동 시스템의 주요 구성요소들을 배우고, 그 시스템들을 제어하는 회로, 고장수리 및 유지보수 등을 이해하고 그들로 구성된 냉동 시스템의 특성과 특징들을 이해함으로써 냉동·공조 기술자로서 손색이 없는 역량을 키울 수 있다. 아울러 냉동의 응용 분야를 접함으로써 명실공히 냉동·공조 분야의 기술사로서 손색이 없을 것으로 감히 확신한다.

그리하여 냉동·공조기기 전문 제조업체 기술자로서, 설계사무실의 설계자로서, 영업 마케팅의 기술영업자로서, 냉동·공조 시스템 엔지니어링 기술자로서, 냉동·공조 시스템의 고장점검 및 유지보수 기술자로서, 그리고 건설회사의 시공 기술자로서 근무할 수 있을 것이며 관련 분야에의 기여로 관련 산업의 큰 발전을 남길 수 있을 것으로 믿어 의심치 않는다.

끝으로 이 교재의 번역을 위해 도움을 주신 한티미디어 관계자 및 사장님께 진심으로 감사의 말씀을 드린다.

2010년 6월
역자 일동

차례

CHAPTER **1**

냉동

개요

이 장은 이 책이 무엇에 관해 누구를 위해 쓰였는지를 설명하면서 시작한다. 그리고 그 설명은 냉동사이클을 철저하게 복습하는 것에서 출발한다. 그 다음으로 공기조화 시스템을 상업용 냉동기와 비교하면서 그 유사점과 차이점들을 설명할 것이다. 최근 상업용 냉동기에는 새로운 냉매가 개발되어 쓰이고 있으므로 그 내용도 다룰 것이다. 마지막으로, 냉동시스템의 기본적인 네 가지 구성요소를 설명할 것이다.

학습목표(OBJECTIVES)

이 장을 마치고 나면 아래와 같은 내용들을 알 수 있다.

- 냉동의 온도 범위
- 냉동사이클
- 냉동과 공기조화 사이의 연관성
- 냉매의 압력과 온도 사이의 관계
- 상업용 냉동시스템에 사용된 최신 냉매
- 냉동시스템의 기본적인 네 가지 구성요소

개요

대다수 기술자들은 주거용이나 중대형 건물에 쓰이는 공기조화기(air conditioner) 같은 단일 형태의 기기에 대해 전문화하려 한다. 그러나 자신의 전문분야가 아닌 분야에서 기술을 사용할 기회가 매우 자주 발생할 수 있기 때문에 한 가지 이상의 전공에 대해 해박한 지식을 갖추는 것이 좋다. 이를테면, 식당의 공기조화 시스템에서 좋은 서비스를 제공하는 회사라면 상업용 냉동장비에 대한 서비스도 요청받을 것이다. 마찬가지로 상업용 빌딩의 대형 냉각장치를 유능하게 다룰 수 있는 빌딩 기술자라면 빌딩 내 구내식당의 냉장고 및 냉동기를 관리·유지하는 업무까지 함께 책임질 수 있을 것이다.

이 책의 주된 목적 중 하나는 공기조화기 기술자들의 상업용 냉동에 대한 이해를 돕는 것이다. "운(luck)은 만남의 기회를 준비하는 것"이라고 했다. 전문 기술자들이 더 많은 지식을 가지고 더 큰 이점들을 제공함으로써 더 좋은 기회를 많이 얻을 수 있을 것이다.

따라서 본 책 『공기조화기 기술자들을 위한 상업용 냉동시스템(Commercial Refrigeration for Air Conditioning Technicians)』은 공기조화에 대한 실무경험이 있는 공기조화 기술자들이나 공기조화 이론에 대한 기초지식이 있는 학생들을 위해 쓰였다. 본 책의 첫 장에서는 공기조화와 상업용 냉동 사이의 유사성과 차이점 및 기본적인 냉동의 개요를 검토하려고 한다.

이 책에서 처음으로 사용되어 독자들에게 친숙하지 않을 수 있는 단어 또는 문장들은 **굵은 글씨**로 표시했다. 이러한 단어 및 어구는 책 뒤에 있는 용어해설에도 포함되어 있다.

냉동의 온도 범위

이 책에서는 냉동에 사용되는 일반적인 운전 범위와 해당 공간의 온도에 대한 정의를 아래와 같이 사용한다.

- 75°F, 공기조화(안락한 냉방)
- 55°F, 고온 냉동
- 35°F, 중간온도 냉동
- −10°F, 저온 냉동
- −25°F, 초저온 냉동

다음 장들에서 다루는 대부분의 예제들은 중간 온도와 낮은 온도범위에서 주로 다루어진다. 중간 온도용 워크인 냉장고(walk-in refrigerator: 사람이 들어가서 작업을 할 수 있는 중대형 냉장고)는 일반적으로 35°F에서 37°F의 범위에서 작동한다. 반면에 리치인 냉장고(reach-in refrigerator: 사람이 들어가지 않고 물건만 넣고 뺄 수 있는 냉장고)는 온도가 약간 높은 38°F~40°F에서 운전된다. 워크인 냉동기(freezer)는 일반적으로 −10°F에서 작동하고, 리치인 냉동기는 0°F에서 작동한다.

워크인 냉장고와 리치인 냉장고의 운전온도 차이는 어떻게 고내가 사용되고, 어떻게 장비가 설계되었는가에 따라 결정된다. 워크인 냉장고는 낮은 온도에서 많은 양의 제품을 상대적으로 오랜 기간 신선하게 유지할 수 있도록 해준다.

반면에 리치인 냉장고는 편의성을 제공하는 곳에 더 많이 사용된다. 리치인 냉장고는 워크인 냉장고보다 작고, 필요한 장소에 쉽게 설치할 수 있기 때문이다. 보통 리치인 냉장고는 적어도 하루에 한 번 이상 워크인 냉장고로부터 물건을 공급받는다. 반면에 리치인 냉장고는 제품이 고내에서 상대적으로 짧은 기간 동안 보관되기 때문에 약간 높은 저장온도 범위에서 작동된다.

냉동사이클

그림 1-1은 간단한 공기조화 시스템인 압축기와 팽창밸브, 그리고 원통형으로 표시된 응축기와 증발기를 보여준다. 그림 1-1에서 압력과 온도는 외기온도 95°F인 날에 일반적인 R22 공기조화 시스템의 물성치를 나타낸다.

그림 1-1 간단한 R22 공기조화 시스템 (출처: Refrigeration Training Services).

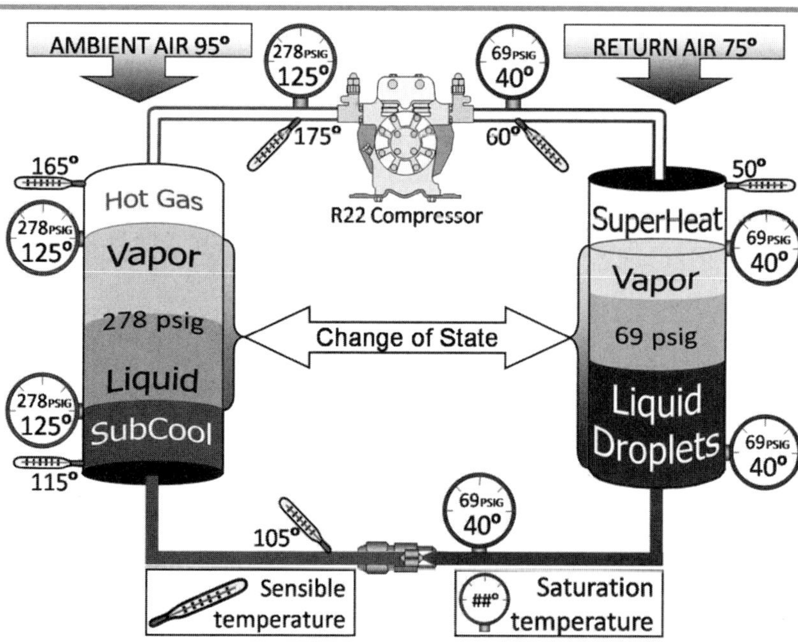

압축기는 278 psig(pounds per square inch gauge)의 토출압력과 175°F의 토출온도로 운전되도록 개발되었다. 냉매는 응축기로 들어가기 전 계속해서 실린더 주위의 공기에 의해 냉각되면서 165°F까지 떨어진다. 기체상태(gas state)의 냉매 온도가 125°F로 떨어지면 액체상태(liquid state) 냉매는 작은 물방울이 되기 시작하며, 가스는 응축온도에 도달해 응축된다. 125°F는 278 psig에서 R22 냉매의 포화온도이다[부록의 압력/온도(P/T) 선도 참고]. 응축과정은 125°F에서 탱크의 모든 증기가 탱크 하부의 액체로 변할 때까지 계속된다. 추가적인 냉각은 **과냉**(subcooling)이라 불리는데, 응축기 하부를 떠날 때 액상냉매는 95°F의 **주위**(ambient) 공기에 의해 더욱 냉각되어 온도가 115°F로 떨어진다. 액상냉매는 팽창밸브로 들어갈 때까지 관에서 더욱 과냉되어 온도가 105°F로 떨어진다.

이러한 과정 중에도 압축기 출구와 팽창밸브 입구의 압력은 시스템에서 높은 압력에 해당하는 약 278 psig로 일정하게 유지된다. 그러나 뜨거운 토출가스가 응축기를 통과해 흐를 때와 과냉이 이루어질 때, 냉매의 온도는 떨어지게 된다. 이러한 온도의 변화는 냉동과정을 이해하는 데 매우 중요하다.

시스템의 저압측

278 psig의 액상의 냉매가 온도자동팽창밸브(TEV)를 통과하면서, 69 psig로 압력 강하가 일어난다. 밸브 한 쪽에서 다른 쪽으로 통과할 때 209 psig만큼 압력이 감소하면서 온도도 함께 감소된다. 온도자동팽창밸브는 정원용 호스의 노즐과 유사하게 작동하는데, 응축기로부터 나온 액상냉매를 증기와 액상냉매의 작은 물방울들이 혼합된 상태로 분사시킨다. 작은 물방울 형태의 냉매는 증발기에서 액체의 고체흐름(solid stream of liquid) 형태보다 더 쉽게 증발된다. 40°F에서 압력이 69 psig로 감소할 때 R22 냉매는 비등 또는 증발한다(부록의 압력/온도(P/T) 선도 참고).

탱크로 불어주는 75°F의 공기가 지닌 열은 냉매로 흡수되기 때문에 냉매 물방울들은 비등한다. 냉매의 온도는 모든 냉매가 증발할 때까지 40°F로 일정하게 유지된다. 그 후에 주위 공기로부터 열을 더 흡수하면 냉매의 온도는 증가한다. 냉매가 탱크를 나갈 때 흡입 냉매의 온도는 50°F까지 증가할 것이다. 비등점(포화온도)인 40°F 이상의 냉매온도를 **과열**(superheat)이라 한다.

열은 어떻게 증발기로 흡수되는가?

온도자동팽창밸브(TEV)에서 안개와 같은 액체의 작은 물방울들이 탱크 안으로 분사된다. 증발기 탱크로 뜨거운 공기를 불어주면 냉매가 비등하면서 냉매로 열이 흡수되어 공기가 냉각된다. 열은 비등점 앞 또는 뒤보다 증발될 때 더 많이 냉매로 흡수된다. 비등(액체에서 증기로의 상변화) 과정은 온도변화없이 열을 흡수하게 된다. 증발기에서 거의 모든 냉방효과는 냉매의 비등에 의해 이루어진다. 증발과정에서 흡수된 열을 **잠열**(latent heat)이라 한다. 따라서 제조업체들은 작은 면적에서 많은 양의 열을 제거할 수 있는 시스템을 이용해 집이나 사업장에서 사용할 수 있는 작은 냉동시스템을 설계할 수 있다.

냉매가 모두 증발하면, 즉 냉매가 모든 잠열을 다 흡수하면 완전히 **포화**(saturated)되었다고 할 수 있다. 이후 40°F의 포화증기는 흡수되는 **현열**(sensible heat)에 의하여 온도가 상승한다. 현열은 온도계로 측정할 수 있고, 냉매의 포화온도를 초과한 온도의 상승정도를 과열(superheat)이라 부른다.

증발기에 흡수된 열이 어떻게 응축기에서 제거되는가?

증발기에 흡수된 열을 제거하기 위해 그림 1-1에서 보여주는 것과 같이, 차가운 흡입증기의 온도는 반드시 외부공기온도 95°F보다 높아야 한다. 그림 1-1에서 냉매온도는 125°F까지 상승한다. 응축온도와 외기와의 온도 차이인 30°F는 뜨거운 냉매가 응축기에서 따뜻한 외부공기로의 열전달이 이루어지기에 충분하다.

참고: 두 물질 사이의 온도 차이가 클수록 한 물질에서 다른 물질로 열전달이 가속된다.

69 psig의 흡입증기를 압축해 압력을 278 psig로 상승시킬 때 비등점은 40°F에서 125°F로 올라간다(부록의 압력/온도(P/T) 선도 확인). 125°F으로 상승된 냉매증기는 증발기에서 차가운 공기로 잠열을 방출하듯이 액체의 냉매로 응축된다.

참고: 냉매의 응축온도와 주위 공기의 온도 차이를 응축기 분기(condenser split, CS)이라 부른다.

예제: ❶ 125°F 응축온도 − 95°F 주위 공기의 온도 = 30°F 응축기 분기(CS)

실제로 압축기에서 토출되는 냉매의 온도는 125°F를 넘는다. 더욱이 토출되는 기상냉매는 증발기의 잠열뿐만 아니라 다음과 같은 현열들까지 포함한다.

- 증발기에서의 과열
- 흡입관로(suction line)에서의 과열
- 압축기의 모터 열
- 압축열

그림 1-1의 압축기에서 나오는 175°F의 뜨거운 가스는 반드시 125°F의 포화온도에서 응축이 일어나기 전에 존재하는 **과열저감**(de-superheat)을 냉각시켜야 한다. 응축과정은 잠열이 주변으로 방출되는 동안 125°F에서 지속된다. 충분히 응

축된 액체가 포화온도 이하에서 냉각되는 것을 과냉(subcooling)이라 부른다. 과냉을 계산하려면 압력으로부터 응축온도를 계산한 다음 응축기 출구에서 액체 관로(liquid line)의 온도를 빼주어야 한다.

예제: ❷ 압력이 278 psig이고 응축기 출구에서 액관의 온도는 115°F로 측정되었다. 따라서 과냉은 125°F (응축온도) − 115°F (액체관 온도) = 10°F가 된다.

응축기에서 액상의 냉매가 온도자동팽창밸브(TEV)로 이동하면서 냉동사이클은 또 다시 시작된다. 냉동사이클은 원하는 부분으로부터 열을 제거하고(냉각된 공간) 그 열을 다른 어딘가(실외)로 방출한다. 이것은 냉동과정에서 가장 기본적인 과정이다.

이 장과 같은 기본적인 냉동사이클은 대다수 독자들에게 낯설지 않을 것이다. 그러나 다음 장에서 설명될 많은 내용들에 대한 기초지식을 습득하려면 기본적인 사항들부터 검토하는 것이 매우 중요하다.

상업용 냉동기와 공기조화기의 비교

그림 1-2의 중간온도용 냉동시스템과 그림 1-1의 공기조화 시스템과의 차이는 무엇인가?

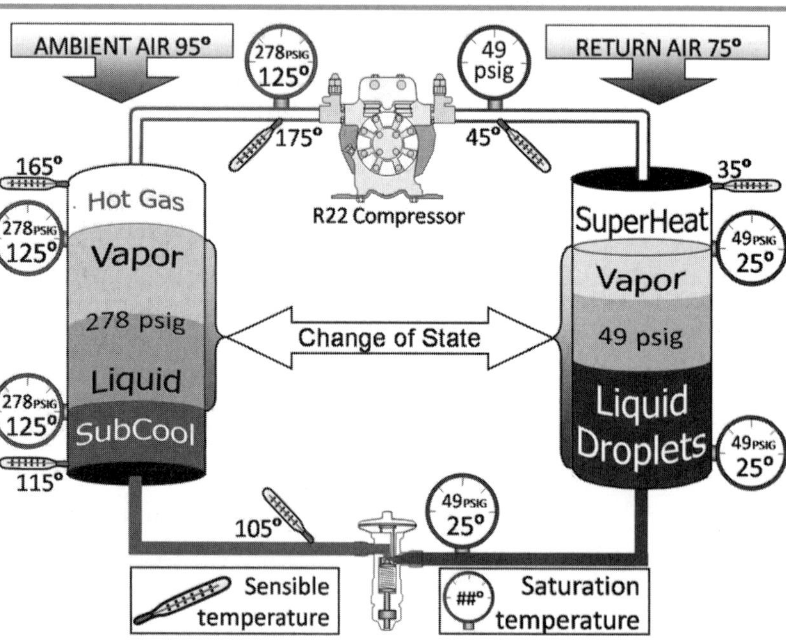

그림 1-2 간단한 R22 냉동시스템
(출처: Refrigeration Training Services).

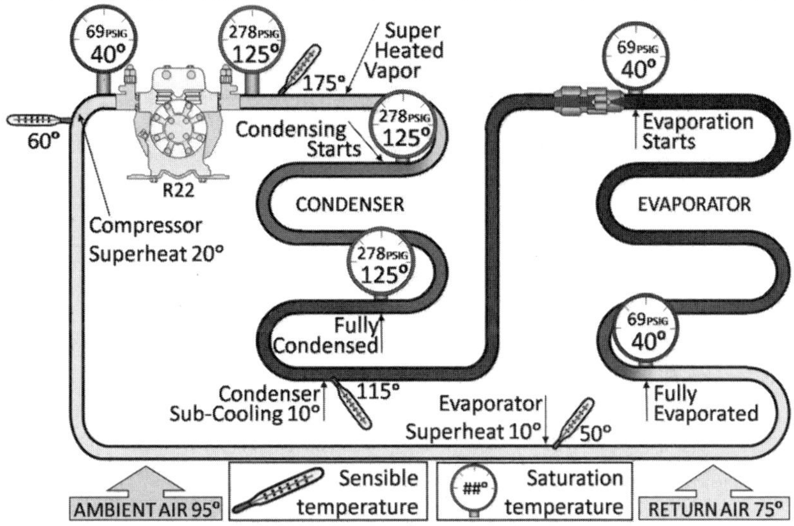

그림 1-3 일정 면적 유량조절장치(metering device)를 포함한 기본적인 R22 공기조화 시스템
(출처: Refrigeration Training Services)

그것은 둘 다 R22 냉매를 사용하고 증발열을 95°F의 주위 공기로 방출하기 때문에 응축기에서 압력과 온도가 같다는 점이다. 그러나 중간온도용 냉동시스템에서 증발기로 유입되는 공기의 온도는 35°F다. 고내의 온도가 낮기 때문에 증발기의 온도도 낮아진다. 그림 1-2에서 R22 냉매의 압력이 49 psig로 감소함에 따라 증발기의 온도는 25°F로 낮아지게 된다.

따라서 냉동시스템의 유량조절장치(metering device)는 증발기의 압력과 온도를 공기조화 시스템을 위해 설계된 유량조절장치의 압력과 온도보다 낮게 떨어뜨린다. 이와 마찬가지로, 냉동기의 압축기는 낮은 증발기 압력을 95°F의 주위 공기로 열을 방출시키기에 충분히 높은 압력으로 상승시킬 수 있어야 한다.

그림 1-3은 냉각회로에서 어떤 과정이 일어나는지 확인할 수 있는 내용을 포함한 좀 더 복잡한 공기조화 시스템의 개략도를 보여준다.

그림 1-4는 R22를 사용하는 전형적인 워크인 냉장고에서의 저압측 압력과 온도의 차이를 제외하면 그림 1-3의 시스템과 유사하다.

상업용 냉동기에 사용되는 새로운 냉매들

경험이 많은 공기조화기(AC) 기술자들의 대다수는 일반적인 R22 공조장치에 기반을 둔 압력값을 읽어 진단한다. 예를 들어, 되돌아오는 냉매의 온도가 75°F일 때 시스템의 흡입압력은 65~75 psig여야 한다. 또는 95°F인 날에 고압을 확인했을 때, 기술사는 그 값이 260~290 psig에 가까워야 한다고 추정한다. 비록 이 기술이 압력/온도(P/T) 선도를 사용하는 것처럼 정확하지 않더라도, 기술자들은 이러

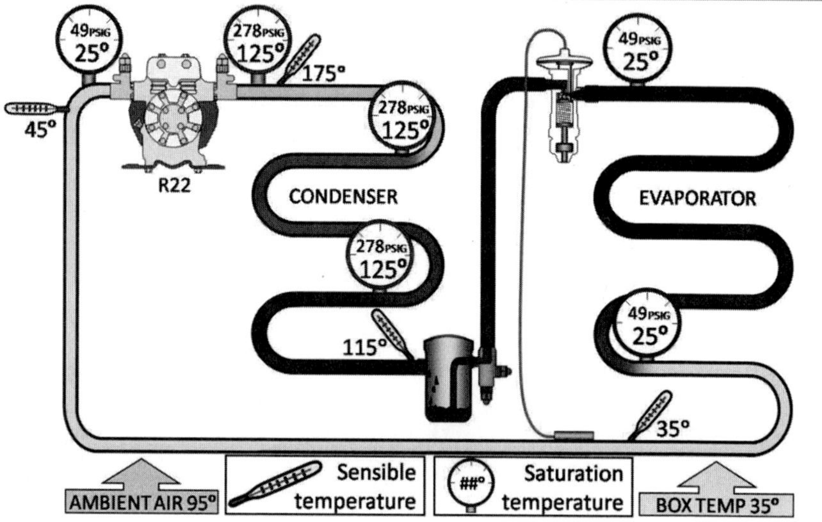

그림 1-4 감온팽창밸브(TEV)와 수액기(receiver)를 포함한 기본적인 R22 워크인 냉장고
(출처: Refrigeration Training Services)

한 서비스 진단방법을 적용한 결과에 대해 만족하는 것 같다.

1990년 이전에, 몇몇 상업용 냉동기 기술자들은 R12, R22와 R502의 세 가지 냉동기에 대하여 근사치를 사용하였다. 1990년도에 대기정화법(Clean Air Act)이 발효되면서 R12와 R502는 유사한 온도를 나타내는 다른 압력에서 작동하는 10개 이상의 다른 냉매들로 대체되었다. 결과적으로, 냉동 기술자들은 압력보다는 온도를 다루는 방법을 다시 배워야 했다. 놀랍게도 그 방법들은 압력만으로 진단할 때보다 더욱 정확하고 쉬웠다.

따라서 이 책은 독자들이 냉매를 사용한 모든 냉동시스템을 쉽게 이해할 수 있도록 온도를 이용한 시스템의 이해에 중점을 두어 설명하겠다.

예제: ❸ 그림 1-4에서 R22, R12, R502, R134a 또는 R404a를 사용하는 시스템들은 냉매에 상관없이 시스템의 응축과 증발기 온도가 같을 것이다.

현재 이러한 냉매들은 새로운 장비에서 사용되고 있다.

- R404a와 R22: 워크인 냉장고
- R404a: 워크인 냉동고
- R134a, R404a와 R22: 리치인 냉장고
- R404a: 리치인 냉동고

참고: 2010년 이후로는 R22를 사용하는 장비를 더 이상 생산하지 못하게 되어 있다.

단일 압력과 온도에서 비등과 응축이 일어나는 R134a는 단일 화학냉매이고, 공비혼합물(azeotrope)로 알려져 있다. 그러나 400 시리즈의 새로운 냉매들은 다른 냉매와 혼합되어 있고, 이들은 비공비 혼합물(non-azeotrope)로 불려진다. 다른 냉매들이 혼합되면 각각 다른 압력조건에서 상(phase)이 변하게 된다. 이러한 온도글라이드(femperature glide) 특성은 오랫동안 우려와 근거가 없는 속설의 근원이 되어왔다. 다음 네 가지는 그 중 대표적이었던 우려들이 더 이상 이전처럼 큰 문제로 여겨지지 않는가에 대한 이유를 설명하고 있다.

1. 액관(liquid line)에서 냉매의 구성요소 중 적어도 하나에서 기화가 일어난다.
   - 실제로 순수냉매에서 일어나는 제한된 양의 기화는 시스템 전반의 작동에 큰 영향을 미치지 않는다.
2. 정확한 과열도나 과냉도를 측정할 수 있는 방법이 없다.
   - 압력-온도 선도에서 냉매의 온도는 과열도 계산에 사용되는 **이슬점**(dew point) 온도와 과냉도를 계산하는 데 사용되는 **기포점**(bubble point) 온도로 설계된다.
3. 냉매가 조금이라도 누설되면 시스템에 남아 있는 냉매의 화학적 성분비를 변화시킨다.
   - 대부분의 시스템과 냉매 제작자들은 이러한 것까지 문제로 삼는다면 시스템이 제 역할을 할 수 없을 것이라고 말한다. 한 번 또는 두 번의 작은 누설은 시스템의 냉매의 물성치의 변화에 크게 영향을 미치지 않는 것으로 결론지어야 한다.
4. 냉매는 액체상태로 충전되어야 한다. 그러나 기술자들은 흡입관에 액상냉매를 충전하면 압축기가 손상될 수 있다고 가르친다.
   - 바른 충전 절차는 압축기에 전혀 해롭지 않다. 이러한 과정은 다음 장의 압축기와 충전 부분에서 조금 더 완벽하게 다룰 것이나.

참고: 기술자들은 시스템을 얼마나 여러 번 충전 가능한지에 관해 환경보호국(Environmental Protection Agency, EPA)의 정책을 잘 알고 있어야 한다. 또한, 냉매누설의 추적과 냉매의 양, 법규 준수에 있어서 궁극적으로 누구에게 책임이 있는가를 충분히 인식하고 있어야 한다.

냉동시스템의 네 가지 기본적 구성요소

2장에서 5장까지는 냉동시스템의 네 가지 기본적인 구성요소를 자세히 다룰 것이다. 다음은 냉동사이클(그림 1-5 참조)에서 각 구성요소의 작동을 간략히 파악한 것이다.

그림 1-5 냉동시스템의 네 가지 기본적 구성요소(출처: Refrigeration Training Services).

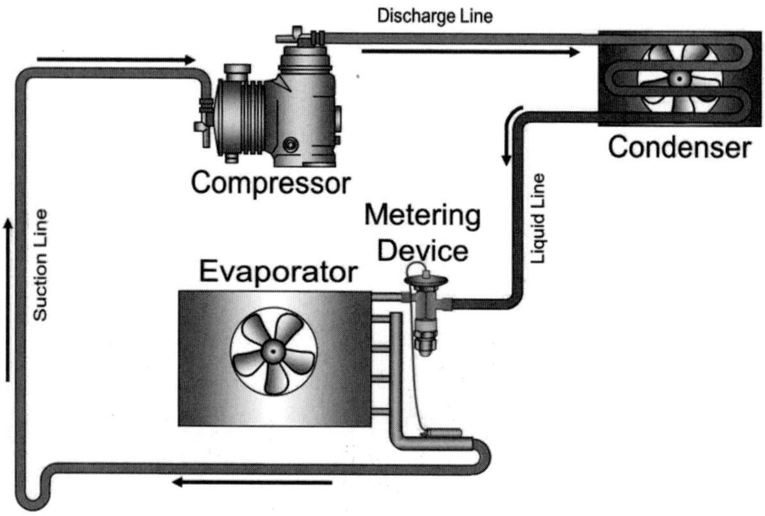

기술자의 경험법칙(T.R.O.T)

기술자들이 문제를 푸는 데 필요한 정확한 정보를 얻을 수 없을 경우, 유사한 조건에서 유사한 장비를 다뤘던 과거의 경험에 의존해야 할 때가 종종 있다. 이때 기술자는 어떤 조건에 대한 잠재적 근사치를 기억해 낸다. 그것을 곧바로 말로 표현하기는 쉽지 않지만 모든 기술자들은 시스템의 문제를 진단할 수 있는 자신만의 **경험법칙**들을 가지고 있다.

*New Dictionary of Culture Literacy*에서는 이러한 경험의 법칙을 "경험의 지혜에서 나온 실제적인 원칙들은 거의 일반적으로 유효하나, 늘 유효하지는 않다."고 정의했다.

수리와 설치를 하는 대다수 기술자들은 매일 자신들의 직업적 경험에서 나온 경험의 법칙을 사용한다. 이 책에서는 이러한 것들을 '기술자들의 경험법칙(TROT)'이라고 한다. TROT는 빠른 걸음으로 걷는 말을 생각하면 쉽게 기억할 수 있다. 마찬가지로 기술자들도 이러한 경험의 법칙을 이용해 일을 빨리 하고 빨리 배울 수 있다. 이 장에서는 기존에 사용되던 기술자들의 경험법칙을 특별히 언급할 것이다. 또한 이 책에서 사용된 기술자들의 경험법칙은 모두 부록에 수록했다.

참고: 제조 사양서와 지침은 TROT보다 항상 우선시되어야 한다. 경험법칙들은 오로지 사양서에 대한 정보를 얻을 수 없을 때만 사용되어야 한다.

증발기

공간의 따뜻한 공기는 증발기(evaporator)로 유입된다. 증발기 관 내의 냉매가 비등하면서 공기의 열은 냉매로 흡수된다. 냉매에 남아 있는 열은 다른 구역으로 흐르고 방출된다.

응축기

응축기(condenser)는 증발기와 **경상**(mirror image)을 한다. 즉 열을 흡수하는 대신 열을 방출한다. 응축기에서는 냉매의 상변화가 일어나면서 큰 열전달이 일어난다. 응축기 내의 증기냉매가 액체로 응축되면서 잠열이 방출된다.

압축기

냉매의 열은 상대적으로 낮은 외기온도에 노출되었을 때 쉽게 제거할 수 있다. 외부의 공기가 95°F가 되거나 더 높을 때, 냉매온도는 반드시 이보다 훨씬 더 높게 상승되어야 한다. 압축기(compressor)에서 압력이 증가하면 냉매의 온도도 함께 상승한다. 그러므로 외기의 온도가 상승할수록 압축기의 압력도 높아지게 된다.

유량조절장치

팽창밸브나 모세관과 같은 유량조절장치(metering device)는 노즐 또는 작은 구멍을 통과하면서 액체의 압력을 감소시킨다. 냉매의 압력이 낮아질수록 더 낮은 온도에서 비등이 일어날 수 있다. 유량조절장치는 액체의 냉매가 증발기에 들어가기 전에 냉매를 액체방울로 이루어진 짙은 안개 형태로 변화시킨다.

요약

이 책의 대부분에서 다루는 상업용 냉동시스템은 중간온도용으로 작동의 경우 35°F에서 40°F의 작동온도를, 저온인 경우 0°F에서 −10°F의 작동온도를 가진다.

대부분의 독자들은 R22를 사용하는 공기조화기의 압력과 온도에 대해 잘 알고 있기 때문에, 상업용 냉동기에 대한 설명 또한 R22를 이용해 보여주려 한다. 이러한 방법을 통해 두 가지 시스템 간의 차이점과 유사점을 더 쉽게 이해할 수 있을 것이다.

새로운 상업용 냉동기에 사용되고 있는 대중적인 냉매는 R134a와 R404a다. 몇몇 R22 장비는 지금도 생산되지만, 2010년까지 단계적으로 폐지됨에 따라 생산량이 줄어들 것이다.

혼합냉매를 사용하게 되면서 기술자들은 새로운 기술을 습득해야 했지만, 산업계가 한때 우려했던 일들은 큰 문제가 되지 않았다.

냉동시스템에는 네 가지 기본적인 요소들이 있다. 바로 증발기, 응축기, 압축기, 유량조절장치인데 다음 네 장에서 더 자세히 설명하겠다. 다음 장에 설명될 여러 가지 부속품들, 운전제어, 안전싱에 관해 학습하기에 앞서 이러한 요소들을 전반적으로 이해해야 한다.

기술자들은 항상 제조사양과 지침을 따라야 하지만, 가끔은 기술자들의 경험법칙(TROT; Technician's Rules of Thumb)이 진단과정의 속도를 높이는 데 도움이 되는 경우가 있다.

상업용 냉동과 같은 서비스 사업에서는 시간이 금이다. 뛰어난 기술자가 문제를 빠르게 진단할수록 효율적이다. 효율이 높을수록 기술자와 회사는 더 크게 성공한다. 성공과 마찬가지로 중요한 것은 즐기면서 일하는 것에 대한 기술자의 긍정적인 태도다. 이 책의 목표는 독자들이 더 나은 기술자가 되고, 직업과 생활을 즐길 수 있도록 돕는 것이다.

이 직종에는 매우 유능한 여성 기술자들도 여럿 있고, 사실 그들은 더 많이 필요하다. 이 책에서는 기술자들을 설명하기 위해 남성과 여성 대명사를 섞어 표현하겠다. 이러한 표현은 공정할 뿐만 아니라 그를/그녀를, 그/그녀와 등과 같이 표현을 계속 사용하는 것보다 훨씬 덜 번거롭기 때문이다.

연습문제(REVIEW QUESTIONS)

1. 워크인 냉장고에서 일반적인 고내 온도는 얼마인가?
a. 35°F~37°F
b. 38°F~40°F
c. −10°F
d. 0°F

2. 리치인 냉장고의 일반적인 고내 온도는 얼마인가?
a. 35°F~37°F
b. 38°F~40°F
c. −10°F
d. 0°F

3. 워크인 냉동고의 일반적인 고내 온도는 얼마인가?
a. 35°F~37°F
b. 38°F~40°F
c. −10°F
d. 0°F

4. 리치인 냉동고의 일반적인 고내 온도는 얼마인가?
a. 35°F~37°F
b. 38°F~40°F
c. −10°F
d. 0°F

5. 워크인 냉장고의 온도가 리치인 냉장고의 온도보다 낮은 이유는 무엇인가?
a. 워크인은 장기보관과 낮은 온도를 목적으로 설계되었다.
b. 리치인은 장기보관과 낮은 온도를 목적으로 설계되었다.
c. 리치인은 작으며 낮은 온도를 유지할 수 없다.

6. 시스템의 고압부에 형성되는 압력은 얼마인가?
a. 229 psig
b. 278 psig
c. 49 psig
d. 69 psig

7. 냉매는 몇 도에서 응축되기 시작하는가?
a. 125°F
b. 115°F
c. 100°F
d. 95°F

8. 응축기에서 과냉액의 온도는 얼마인가?
a. 125°F
b. 115°F
c. 95°F
d. 10°F

9. 온도자동팽창장치의 압력강하량은 얼마정도인가?
a. 229 psig
b. 278 psig
c. 49 psig
d. 69 psig

10. **49 psig**에서 **R22** 냉매는 몇 도에서 비등하기 시작하는가?
a. 75°F

연 습 문 제(REVIEW QUESTIONS)

b. 35°F
c. 25°F
d. 10°F

11. 증발기의 출구에서 과열증기의 온도는 얼마 정도인가?
a. 75°F
b. 35°F
c. 25°F
d. 10°F

12. 차가운 흡입관에서 잠열은 어떻게 높은 외기와 열전달을 하는가?
a. 외기온도보다 높아질 때까지 흡입증기로 열이 전달된다.
b. 외기온도보다 높은 응축온도까지 흡입증기를 압축한다.
c. 외기온도보다 높은 온도에서 응축이 일어날 때까지 토출증기를 냉각시킨다.

13. 그림 **1-1**의 공기조화 시스템과 그림 **1-2**의 냉장 시스템의 근본적인 차이는 무엇인가?
a. 냉방시스템은 높은 정압수두를 형성시켜야 한다.
b. 냉동시스템은 낮은 증발온도를 형성시켜야 한다.
c. 냉방시스템은 온도자동 팽창장치를 사용할 수 없다.

14. 워크인 냉장고에서 최근 가장 많이 사용되는 냉매는 무엇인가?
a. R12
b. R502
c. R404A
d. R134a

15. 리치인 냉장고에서 최근 가장 많이 사용되는 냉매는 무엇인가?
a. R12
b. R502
c. R123
d. R134a

16. 워크인 냉장고와 리치인 냉장고에 최근 가장 많이 사용되는 냉매는 무엇인가?
a. R12
b. R502
c. R404A
d. R134a

17. 비공비 혼합냉매는 왜 온도 글라이드가 생기는가?
a. 냉매의 구성요소가 다른 온도에서 비등이 일어나기 때문이다.
b. 냉매들이 새로 만들어져서 안정화될 시간이 없었기 때문이다.

18. 기술자들의 경험법칙(**TROT**)은 언제 사용하는가?
a. 기술자가 너무 서둘러서 수정된 정보를 자세히 검토하지 못했을 때
b. 제조 정보(사양서)가 유효하지 않을 경우
c. 기술자가 충분한 훈련을 받지 못했을 때

CHAPTER 2

증발기

개요

이 장에서는 증발기(evaporators)가 하는 일이 무엇이며, 증발기가 작동하려면 어떻게 설계되어야 하는가에 대해 소개한다. 증발기의 성능과 기능을 쉽게 이해하기 위해 증발기 온도와 증발기 온도차(temperature difference; TD)의 개념을 소개한다.

과열도를 측정하는 것은 증발기 안에 흐르는 냉매가 많은지 적은지를 조사할 때 가장 신뢰성 있는 방법이다. 이 중요한 개념과 조건을 이해하는 과정은 마지막에 소개할 것이며, 복잡한 구조의 시스템을 수리하기 위해서는 이 과정을 반드시 이해해야 한다.

습도는 증발기 온도차의 작동요인으로 언급될 것이며, 수증기는 대다수 사업용 냉동기에서 중요한 역할을 한다. 냉동기의 증발기는 동결점 아래에서 작동하기 때문에 중간온도용과 저온용 증발기의 제상에 대해 상세히 다룰 것이다.

학습목표(OBJECTIVES)

이 장을 마치고 나면 아래와 같은 내용들을 알 수 있다.

- 증발기의 기능
- 증발기 작동 온도와 온도차
- 증발기 종류와 형태
- 잠열과 현열 그리고 과열
- 관의 온도차와 습도의 관계
- 증발기 제상방법들

증발기의 기능

증발기의 주요한 기능은 차가운 공간으로부터 열을 흡수하는 것이다. 부차적인 기능은 실내공간의 습도를 유지하고 제거하는 것이다.

증발기 온도

증발기 온도(evaporator temperature)는 증발기에서 관 안쪽 냉매의 온도를 나타낸다. 온도를 측정하기 위해 관 안쪽에 구멍을 뚫어 온도를 측정하는 것은 바람직하지 않다. 온도를 측정하기 쉽고 정확한 방법은 흡입압력을 구해 압력/온도(P/T) 선도와 비교해 구하는 방법이다. 예를 들어, 대형 냉동기에서 흡입압력이 50 psig일 때, 압력/온도(P/T) 선도를 이용하면 관의 온도는 약 26°F다(그림 2-1 참조).

온도차

온도차 또는 증발기 온도차(temperature difference; **TD**)는 이 책에서 냉각되는 공간의 온도와 증발기 온도의 차이를 나타낸다. 예를 들어, 대형 냉동기의 증발기 온도는 20°F이며 실내 온도는 35°F다. 이때 온도차, 즉 증발기 온도차는 10°F(35°F− 25°F=10°F)가 된다. 증발기에서 방출되는 공기 온도 대신에 증발기 온도를 사용하는 이유는 측정하기 쉽고 정확하기 때문이다. 워크인과 리치인 냉장

그림 2-1 Heatcraft 증발기의 단면(출처: Dick Wirz).

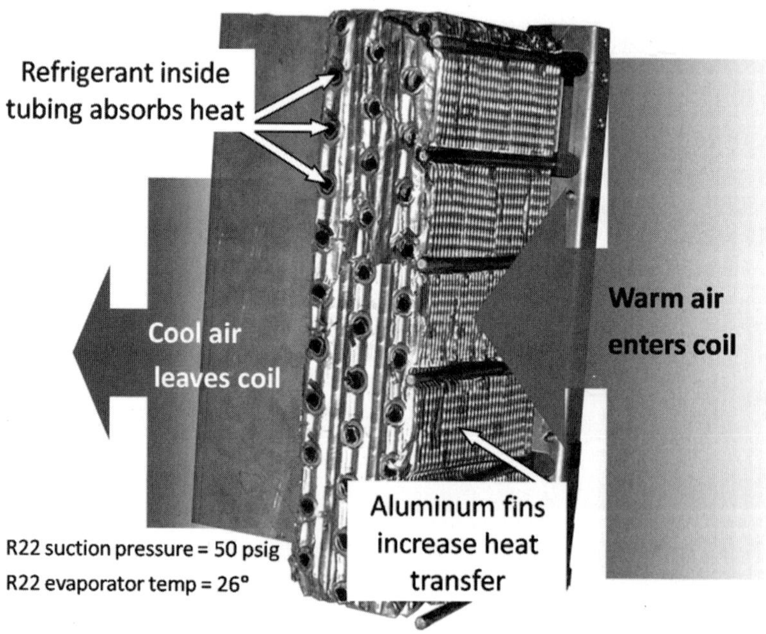

고는 팬 날개를 통과하는 공기의 난류 때문에 방출되는 공기의 온도를 정확하게 측정하기 어렵다. 그러나 입구공기는 항상 고내 온도와 같고 증발기 온도는 흡입 압력으로부터 쉽게 측정할 수 있다.

공기조화기 업계에서는 항상 공급되는 공기와 회수되는 공기의 온도의 차로서 ΔT(delta T)를 사용한다. 이러한 이유는 공기조화기에서 공기가 완전히 혼합되었을 때 덕트 내의 온도를 측정하기 위해 온도계를 쉽게 설치할 수 있기 때문이다.

슈퍼마켓 업계에서는 증발기 온도나 회수되는 공기의 온도 대신 벌집(honeycomb) 모양의 공급기에서 측정되는 출구공기의 온도를 사용한다.

증발기 온도차를 이용할 때에는 기술자들이 똑같은 정의를 사용하는 것이 가장 중요하다. 기술자가 두 부분의 온도차에 관해 논의할 때에는 증발기 온도차나 ΔT가 무엇을 의미하는가를 명백하게 규정하고 넘어가야 한다.

증발기 안쪽의 냉매

냉매는 증발기 안쪽에서 잠열을 흡수하면서 과열된다. 과열된 온도는 다음과 같이 여러 가지 다른 용어로 표현할 수 있다.

- 증발기 온도
- 흡입온도
- 포화온도
- 포화 흡입온도(SST)

이러한 용어는 각각 다르게 들리지만 근본적인 의미는 같다.

증발기 관 바깥의 외기온도가 높아짐에 따라 증발기 관 안쪽의 냉매온도도 상승한다. 증발기 온도의 상승은 냉매의 과열을 빠르게 진행시킨다. 관에서 활발히 과열이 일어남에 따라 흡입압력도 증가한다. 따라서 온도가 높은 물질이 냉장고 고내에 들어오면 냉매의 온도와 압력은 동시에 증가한다. 반대로, 온도가 낮아지거나 증발기 관이 막히거나 팬에 문제가 생기면 온도와 압력은 감소한다.

냉매온도와 고내 온도 사이의 관계를 아는 것은 냉방시스템의 문제를 해결할 때 매우 결정적인 요인이 된다.

기동 시 무슨 문제가 발생하는가?

핫풀다운(hot pull-down)은 고내에 뜨거운 물질이 있는 경우나 새로운 시스템이 처음 기동 될 때, 또는 증발기에 서리가 생긴 후 냉동기가 운전되는 경우를 말한다. 즉, 시스템 운전 초기에 큰 부하가 있거나 정상 운전상태 또는 **설계 운전조건**(design conditions)에 도달할 때까지 적절한 압력과 온도를 형성하지 못하는 경우를 의미한다. 그러나 비정상적인 시스템의 압력과 온도는 과도한 부하가 어떻게 시스템에 영향을 미치는가를 알려주는 핫풀다운(hot pull-down) 과정을 통해 알 수 있다. 따뜻한 워크인 냉장고에서 시스템 기동 시 어떤 현상들이 발생하는지 생각해 보자.

팽창밸브는 증발기로 냉매를 보내는데, 그 양은 증발기를 채우기에 충분하지 못하다. 그러므로 과열도(증발기 온도와 증발기 통과 이후 냉매의 온도 차이)는 매우 커진다. 고내의 따뜻한 공기가 냉매를 빠르게 가열하고 고내의 압력과 온도가 올라감으로써 압축기 흡입압력도 높아진다.

고내 온도가 내려가면 압력과 과열도도 감소한다. 마침내 고내 온도가 설계온도인 35°F에 근접하면 흡입압력은 고내 온도가 10°F 이하일 때의 압력과 동일하게 되며 과열도는 10°F에 근접한다.

여기서 높은 부하가 증발기에 어떤 영향을 주는지 알 수 있다. 만약에 기술자가 전화상담에서 비정상적인 높은 압력과 과열이 발생했음을 알게 된다면, 온도자동팽창밸브의 고장, 냉매보충 또는 불량품으로 폐기처분하도록 결정하기 전에 고내의 부하를 먼저 생각해야 한다. 기술자는 초기의 시스템 기동 시 과열도를 낮추기 위하여 팽창밸브의 개도가 조절되는 것을 알고 있어야 하며, 실내온도가 설계온도에 도달했을 때 증발기에 액상냉매가 많이 흐를 수 있도록 제어해야 한다.

습도와 증발기 온도차

습도는 습공기가 임의의 온도에서 포함할 수 있는 수분의 양을 백분율로 표시한 것이다. 공기의 온도가 올라갈수록 수분을 많이 포함한다. 공기온도가 충분히 낮고 공기가 이슬점에 근접하면 공기는 수분을 방출하기 시작한다. 이는 실외의 공기온도가 이슬점 아래로 떨어졌을 때 비와 유사하다. 지면 위의 공기온도가 이슬점 온도보다 낮은 여름철 아침에 지면의 풀에 이슬이 응축된다. 냉각된 공간 안쪽의 공기가 이슬점온도 아래로 내려갈 때 공기 중의 수분은 차가운 표면 즉, 증발기 코일(evapo-rator coil)에서 응축된다.

냉각은 공간으로부터 습기를 제거한다. 그 과정을 흔히 **제습**(dehumidifying)이라 한다. 냉각이 일어나는 동안 증발기는 증발기를 통과하는 공기의 이슬점온도 이하로 작동한다. 그러므로 공기중 습기는 차가운 관이나 증발기 핀에서 응축되어 배수팬(drain pan)에서 모이며, 응축 배수관(drain line)을 통해 외부로 방출된다. 따라서 증발기 출구의 공기는 입구의 공기보다 수분이 적고 습도도 낮다.

공기조화기의 증발기 온도차와 습도

관으로 들어가는 공기와 증발기 온도차로 인해 외부에서 유입되는 많은 양의 공기 중 수분이 응축된다. 예를 들어, 공기조화기 관에서 증발기 온도차는 약 35°F다(회수 공기온도 75°F− 증발기온도 40°F). 거주용 공간에서 안락한 냉방을 위해서는 건습도표로부터 공간 내 공기의 습도가 50%가 되도록 제어하는 것이 바람직하다.

상대습도가 낮으면 사람의 피부에서 증발이 일어나게 되며 공간이 안락하고 시원해진다. 증발기 온도차가 25°F가 된다면 관의 온도는 40°F가 아니라 50°F일 것이다. 따뜻한 증발기는 습기를 많이 제거하지 못하며 공간의 습도는 높아진다. 50%의 상대습도는 하나의 **수준점**(benchmark)과 같으며 이보다 높은 습도는 공간 내 거주자들의 안락함을 감소시킨다.

참고: 공기조화기 기술자에게는 ΔT가 익숙할 것이다. 여기서 ΔT는 공급되는 공기온도와 회수되는 공기온도와의 차이다. 공급온도는 공기가 잘 섞인 뒤에 원통형 피스톤 관 안에서 측정한다. 이전의 예제에서 적절하게 작동되는 공기조화 시스템의 ΔT는 약 20°F다(회수 공기온도 75°F−공급 공기온도 55°F=20°F의 ΔT). 이때 증발기 온도는 약 40°F이다.

냉동기 기술자들에겐 불행한 일이지만, 냉동기에서 증발기 팬에 의해 토출되는 공기의 온도는 팬 주위의 여러 부분에 따라 다양하게 분포된다. 방출되는 공기온도를 정확하게 결정하기 어렵기 때문에 공기온도를 측정하려면 관의 온도를 이용하는 방법이 좋다.

워크인 냉장고의 증발기 온도차와 습도

워크인 냉장고에서 매우 커다란 관과 표면, 그리고 큰 공기체적은 단지 10°F의 증발기 온도차를 만들기 위해 작동한다(고내 온도 35°F− 관 온도 25°F= 증발기 온도차 10°F). 10°F의 증발기 온도차와 35°F의 고내 온도를 가진 워크인 냉장고의 습도는 85%이다. 이렇듯 높은 습도는 습한 조건이 요구되는 육류나 물품이 건조되는 것을 방지하고 물품을 저장하는 데 상당한 장점이 된다.

리치인 냉장고의 증발기 온도차와 습도

리치인 냉장고는 내부공간이 제한되어 있다. 그러므로 증발기를 가능한 한 작게

a b

그림 2-2 리치인 냉장고 (a)와 워크인 냉장고 (b) (출처: Master-Bilt)

> **기술자의 경험법칙(T.R.O.T)**
>
> **증발기 온도차와 습도에 대한 경험법칙**
>
> 공기조화기 = 습도 50%일 때 35°F 증발기 온도차
>
> 공기조화기: 회수온도 75°F − 증발기 온도 40°F = 35°F 증발기 온도차
>
> 리치인 냉장고 = 습도 65%일 때 20°F 증발기 온도차
>
> 리치인 냉장고: 고내온도 40°F − 증발기 온도 20°F = 20°F 증발기 온도차
>
> 워크인 냉장고 = 습도 85%일 때 10°F 증발기 온도차
>
> 워크인 냉장고: 고내 온도 35°F − 증발기 온도 25°F = 10°F 증발기 온도차
>
> 높은 습도 고내 = 습도 90% 이상일 때 8°F 증발기 온도차(꽃 상자, 신선한 육류, 기타 음식들)
>
> **참고:** 경험에 따르면, 증발기 온도차가 낮을수록 습도는 높아진다.

만들어야 하지만 중간온도용 냉동기의 적절한 온도를 유지하기 위해서는 그다지 작게 만들 수가 없다. 작은 증발기에서는 약 38°F에서 40°F로 온도가 유지되지만 증발기 온도차는 20°F로 매우 높다. 증발기 온도차가 높은 이유는 습도가 65%로 낮기 때문이다. 포장하지 않는 제품은 워크인 냉장고보다 리치인 냉장고에서 빨리 건조되지만, 리치인 냉장고는 단기간의 저장소로만으로 사용된다. 리치인 냉장고는 소비자와 주방에서 일하는 사람이 냉동된 물품을 쉽게 사용하도록 편리하게 설계해야 한다.

공기 유량과 관의 표면적은 고내 습도에 영향을 준다. 예를 들어, 높은 공간습도는 응축기 용량보다 큰 BTUh(시간당 영국열량)를 가진 증발기를 사용해서 얻는다. 낮은 팬 속도는 공기흐름에 민감한 제품이 손상되는 것을 방지한다. 이러한 두 가지 요소가 결합된 것을 **저속 코일**(low-velocity coils)이라 한다. 이러한 증발기는 육류 저장소와 조제창고, 그리고 화초 냉동창고에 주로 사용된다.

이러한 경험법칙은 다음 장에 나오는 고장수리에 이용된다. 그러나 일반적인 진술을 잘못 적용하는 것을 방지하려면 다음과 같은 예외들을 항상 유의해야 한다(그림 2-3 참조).

첫째로 공기조화기의 평가는 ΔT보다는 증발기 온도차를 가지고 해야 한다. 또한, 공기조화기는 ΔT에 익숙하거나 냉동 관련 지식이 풍부한 사람들이 상업용 냉동기와 비교하는 근거로 삼는 목록에 포함된다. 주어진 값들은 10 SEER(계절에너지효율비)의 기준으로 낮게 제시했다. 높은 효율의 시스템은 관 온도가 높으며 계절에너지효율비가 증가함에 따라 현열 냉각용량도 증가한다. 그러나 높은 효율의 시스템은 증발기 온도차가 낮고 실내습도가 상승한다. 아쉽게도 이러한 문제점들은 이 책에 다루지는 않았다.

그림 2-3 저속, 높은 습도의 증발기 코일
(출처: Tecumseh Products)

리치인 냉장고의 증발기 온도차는 15°F에서 30°F로 다양하지만 대부분은 약 20°F의 증발기 온도차를 가진다. 워크인 냉장고는 놀랍게도 약 10°F 증발기 온도차에서 운전된다.

이러한 증발기 온도차는 냉동고와 냉장고 모두에 적용된다. 그러나 이러한 적절한 습도 비율을 냉동기에 적용할 수는 없는데, 그 이유는 대부분의 음식들이 포장되어 있기 때문이다.

증발기 온도차와 고장수리를 위한 기술자의 경험법칙(TROT) 사용법

워크인 냉장고가 고내 온도 35°F에서 작동할 때 증발기의 온도는 몇 도일까? TROT에 따르면, 증발기 온도는 고내 온도보다 낮은 10°F 아니면 25°F(고내 온도 35°F－증발기 온도차 10°F＝증발기 온도 25°F)일 것이다. 증발기 온도를 확인하려면 가능한 한 증발기 가까운 곳에서 흡입압력을 측정해야 한다. 시스템의 냉매가 R22이라면 흡입압력은 49 psig일 것이며, 냉매가 R404A인 경우에는 흡입압력이 62 psig가 될 것이다. 흡입압력을 압축기 입구에서 약 50피트 떨어진 곳에서 측정했다면, 증발기보다 약 2파운드 낮은 압력으로 측정될 것이다. 먼 거리에 정확히

그림 2-4 리치인 증발기
(출처: Tecumseh Products and Heatcraft)

그림 2-5 워크인 증발기
(출처: Tecumseh Products)

게 설치된 시스템에서 이러한 압력강하가 나타나는 것은 지극히 정상이다. 커다란 압력강하는 관의 크기나 흡입관의 몇 가지 제한사항에 대한 문제들을 유발시킨다.

증발기 재료들

제조업자들은 열전도율, 비용, 그리고 부식저항 등의 설계조건을 기준으로 증발기에 여러 가지 재료를 사용한다. 동은 열전달이 최고 수준이지만 상대적으로 가격이 높다. 알루미늄은 동 다음으로 열전달 계수가 높은 재료이며 가격이 싸다. 가격과 열전달 효과를 균형적으로 고려한 강제 공기순환 방식의 증발기는 동관에 알루미늄 핀 형태로 만든다. 알루미늄 핀은 표면적을 증가시켜 열전달을 최대화한다(그림 2-6 참조).

제조업자들은 때때로 동관 증발기를 알루미늄 관으로 대체해 장비의 가격을 낮추려고 애쓴다. 그러나 이 경우 증발기에 작은 누설이 발생하면 고치기가 매우 어려워진다. 이러한 이유로 고장수리를 하는 기술자들은 알루미늄 증발기를 선호하지 않는다.

리치인 냉장고 형태의 샌드위치나 피자를 보관하는 시스템에서는 종종 토마토나 식초를 저장하게 되는데, 식초나 토마토에 포함된 산의 부식효과로 인해 증

그림 2-6 가장 흔한 증발기 구조: 동관과 알루미늄 핀(출처: Tecumseh Products)

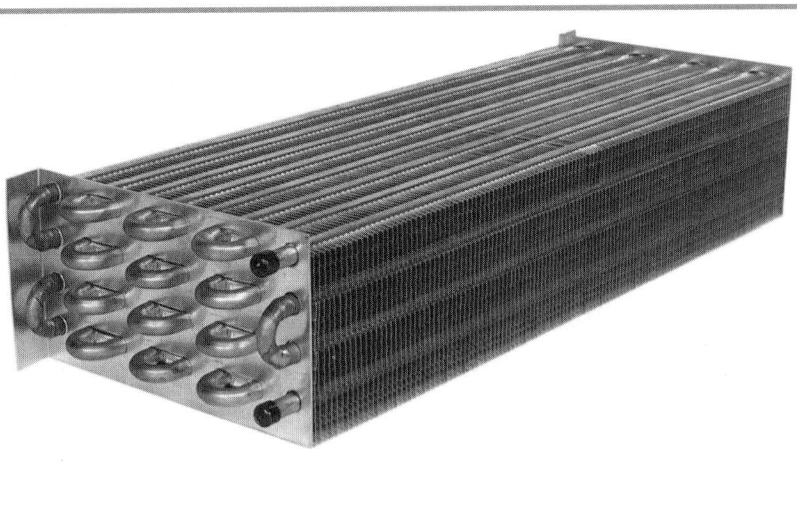

발기 동관에 바늘구멍처럼 작은 누설이 생긴다. 그러므로 기술자들은 산 때문에 동관이 부식하는 것을 막기 위해 관에 에폭시 코팅을 해서 사용한다.

제빙기 기술자들은 증발기에 있는 물에 함유된 무기물(mineral)들에 대해 우려한다. 무기물이 많이 축적될수록 열전달 값은 감소하기 때문이다. 이에 Manitowoc와 같은 제빙기들은 얼음이 많이 생성되는 곳에 니켈로 코팅된 동관 증발기를 사용하기도 한다. Hoshizaki 제빙기는 동보다 열전달이 낮고 가격이 비싼 스테인리스로 만든 증발기를 사용해 큰 성공을 거두었다. 제빙기에 대해서는 12장에서 자세히 다룰 것이다.

수냉식 응축기에서 무기물질의 성장은 열전달, 물의 흐름, 부식 등 많은 문제를 발생시킨다. 동과 니켈 합금(cuprous nickel)은 이러한 문제를 감소시키는 데 매우 효과적이다. 그러나 아직까지 이런 증발기는 사용되지 않고 있다.

열교환기 효율

액체는 가장 효율적인 열교환 '매개체(medium)'다. 액체는 밀도가 높기 때문에 증기보다 더 좋은 열전달 효과를 가진다. 예를 들어, 7/8인치 동관의 끝을 선홍색이 될 때까지 가열한다고 가정하자. 이때 70°F 공기로 불어서 식히는 방법과 70°F 물로 흘려서 식히는 방법 중 어느 쪽이 빠를까? 물론 물이 빨리 냉각되는데, 그 이유는 고밀도의 물이 공기보다 열을 빨리 흡수하기 때문이다.

액체-액체 열교환기는 매우 효율적이다. 한 가지 예로, 부유형(float-type) 계측장비가 있는 냉동기는 증발기가 액체냉매로 채워져 있다. 물, 글리콜 또는 부동액이 2차 냉매로 사용되며 액상냉매가 관 표면을 통해 순환한다. 만액식(flooded) 증발기는 액체가 증발하면서 과열된 표면을 냉각시키고 기상냉매가 압축기 입구로 들어간다.

이 책에서 소개된 대부분의 증발기들은 관 안에 단지 액체 매개체(medium)만이 존재한다. 실내의 공기는 증발기 관을 통과하기 때문에 액상냉매는 공기로부터 열을 흡수해 비등된다. 이러한 비등은 냉매가 잠열로 열을 흡수하기 때문에 열전달이 매우 크게 향상된다.

비등에 의해 열전달이 어떻게 이루어지는가를 이해하려면 기초 냉동공학의 첫 장에서 배운 물의 가열과정을 이해해야 한다. 물 1 파운드의 온도가 211°F에서 212°F로 올라가면 1 Btuh의 열을 가진다. 그러나 212°F 물이 212°F 수증기 상태로 상이 변화되려면 970 Btuh의 열이 추가로 필요하다. 여기서 중요한 것은 단순히 물의 온도를 변화시키는 것이 아니라 상이 변화될 정도로 과열하려면 수천 배의 열(잠열)을 더 흡수해야 한다는 것이다. 증발기를 통과한 공기의 열은 액체의 냉매가 증기로 비등되는 과정에서 관 안쪽에 있는 냉매에 효과적으로 흡수된다.

증발기로 들어가는 액체가 작은 물방울로 변화되면 비등과정은 더욱 쉽게 이루어진다. 유량조절장치(온도자동팽창장치, 모세관, 또는 고정 노즐)는 들어오는 액상의 냉매를 증기의 물방울로 변화시키거나 또는 '팽창' 시킨다. 이를 직(접)팽창 코일(direct expansion coil, DX coil)이라 표현하기도 한다.

열교환기의 유동효과

증발기를 지나는 공기속도 또는 관을 통과하는 액체유동은 열교환기의 비율에 따라 변한다. 공기조화기에 익숙한 독자는 시스템에서 공기체적의 효과를 잘 이해해야 한다. 표준 공기조화기의 증발기는 공기유량이 분당 400 cfm일 때 12,000 Btuh를 흡수한다. 만약 공기의 속도가 너무 느리거나 너무 빠르면 적절한 제습과 냉각이 이루어지지 않는다.

이러한 현상들은 냉동기 중 덕트 작업(duckwork) 또는 다중 속도팬(multi-speed fan)에서 가끔 찾아볼 수 있다. 흡입공기의 체적은 제조자로부터 얻은 팬-관 시스템의 성능을 고려해 설계해야 한다. 그러나 팬 모터의 팬 속도가 적절하지 못하거나 아예 작동이 되지 않는 경우, 또는 팬 날개의 방향이 잘못되어 있거나 증발기가 오염되어 얼음으로 막혔을 때, 압력과 온도에 따라 시스템이 미치는 영향을 이해하는 것은 매우 중요하다.

공기흐름이 감소될 때 냉매가 흡수하는 열은 줄어든다. 적은 양의 열은 냉매를 충분히 비등시키지 못한다. 이로 인해 흡입압력은 관의 온도만큼 감소하게 된다. 증발기 온도가 낮으면 서리가 많이 생기며 때때로 증발기 전체가 성에로 가득 찰 수도 있다.

이러한 결빙은 고내의 뜨거운 공기와 증발기 안의 차가운 냉매 사이에서 단열재 역할을 한다. 이로 인해 열전달률이 감소하면 고내 온도는 증가하고 온도조절기(thermostat)는 압축기가 지속적으로 운전하도록 제어한다. 결국 서리들은 모여 얼음이 되고 고내 온도는 음식이 상할 정도까지 상승하게 된다.

증발기 종류들

냉동기가 개발될 당시, 최초의 증발기는 냉각되는 공간의 천장 근처에 고정된 차가운 관 형태의 긴 단면이 있었다. 따뜻한 공간의 온도는 천장으로 올라가고 차가운 관은 공기의 온도를 낮추고 차가운 공기가 아래로 내려감으로써 공간을 냉각시킨다. 공기가 자연스럽게 서서히 순환하면 자연대류의 과정을 통해 냉각이 진행된다. 이러한 냉동 방식은 육류와 농산물이 신선함과 적당히 높은 습도를 유지할 수 있는 환경을 만든다. 동관에 알루미늄 핀을 부착하는 것은 열교환량을 크게 증대시키며 똑같은 냉동효과를 얻기 위해 관의 크기를 줄일 수 있다. 이러한 증발기는 핀-관 대류코일(finned tube convection coils) 또는 중력코일(gravity coils)으로

그림 2-7 중력코일 또는 대류코일 (출처: Dick Wirz)

알려져 있으며 오늘날에도 여전히 사용하고 있다. 수산시장에서 흥미로운 기기를 한 가지 볼 수 있는데, 바로 게를 살아 있도록 만든 냉동기이다. 게는 바다를 떠나서도 공기가 극히 적고 차가운 환경에 있으면 살 수 있다(그림 2-7 참조).

여러 가지 기술적 혁신들 덕분에, 관 표면을 따라 공기를 강제적으로 이동시키는 방법으로 팬을 추가해 사용하기 시작했다. 이러한 기술을 적용하면서 증발기의 효율이 증가했고 증발기 크기는 크게 감소되었다. 배관들은 증발기 안쪽에 들어맞을 정도로 작아졌고, 이로 인해 상업용 리치인 냉장고가 생겨났다(그림 2-8 참조).

초기의 커다란 증발기에서 단일관의 설계는 냉매가 관을 통과할 때 상당한 압력강하를 보였다. 포화냉매의 온도강하에 따라 압력강하가 일어나기 때문에 관의

그림 2-8 팬-코일 유닛 (출처: Tecumseh Products)

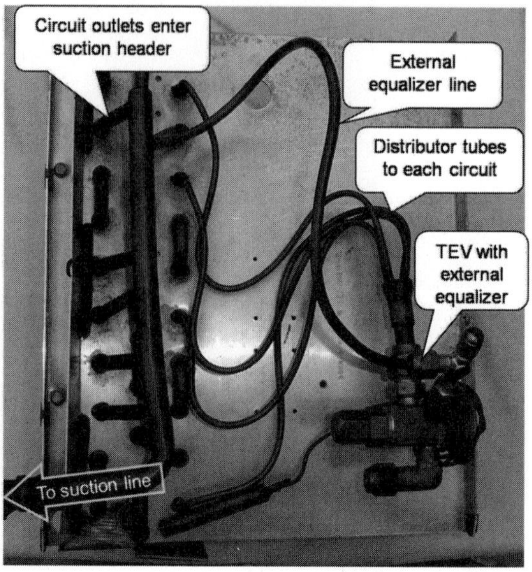

그림 2-9 다중회로 Heatcraft 증발기 코일 (출처: Dick Wirz)

절반은 처음보다 더 차가워진다. 이러한 설계는 고르지 못한 관 표면온도를 가지게 되며 서리가 과도하게 생겨나는 원인이 된다. 이러한 문제점을 해결하기 위해, 하나의 커다란 증발기는 여러 개의 작은 증발기 또는 회로 형태의 증발기로 재설계되었다. 다중 회로(multi-circuit) 형태의 증발기는 하나의 팽창밸브로 연결된 형태로 각각의 상단에 하나의 관을 여러 그룹지어 쌓아 놓은 것과 같다. 각 회로의 출구에서 열교환기 측면에 직선배관 또는 **헤더**(header)를 붙여 만든다. 이 헤더는 흡입관으로 증발기의 과열 증기를 회수해 압축기로 보낸다. 다중 회로를 사용하는 것은 하나의 회로를 사용하는 것보다 효율적이며 압력강하 및 관에서의 서리성장을 최소화하는 데 도움을 준다.

스탬프(stamped) 형태의 증발기는 금속판과 냉매가 흐르는 금속 안에 스탬프된 통로를 사용한다. 금속판의 확장 표면은 냉매와 다른 액체 공간으로의 열전달 효과가 크다. 이러한 방법은 얼음을 대량으로 만드는 제조업체에서 주로 사용하며 대형 상업용 수조에서 물을 냉각시키기 위해 자주 선호하는 방법 중 하나다(그림 2-10 참조).

증발기 작동

기술자들은 증발기 안쪽에 무슨 현상이 발생하는지, 그리고 다른 종류 증발기가 운전 조건에 어떤 영향을 미치는지를 반드시 이해해야 한다. 다음은 증발기 형태와 중간온도용 워크인 냉장고의 일반적인 작동조건에 관한 예이다.

그림 2-10 스탬프 또는 '평판' 증발기 (출처: Sporlan)

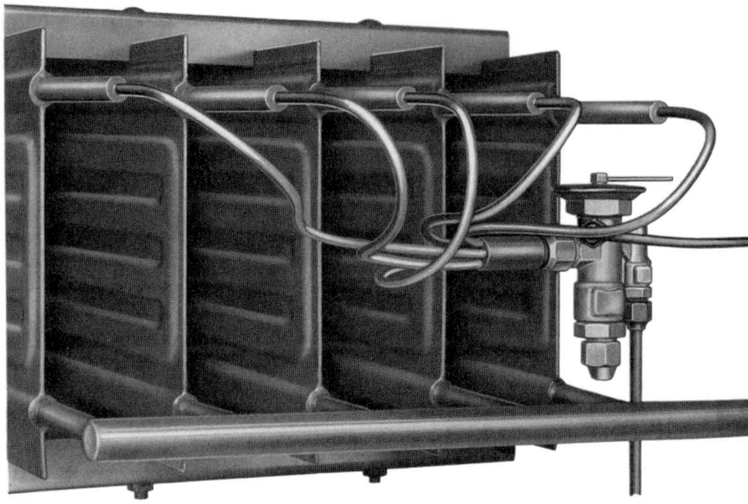

표준 워크인 냉장고는 35°F 고내온도로 설계되며 10°F 증발기 온도차를 유지하기 위해 팬-코일(fan-coil) 시스템을 사용한다. 증발기 온도 또는 증발기 안쪽의 냉매온도는 고내 온도보다 낮은 10°F이거나 25°F가 된다.

증발기 온도를 가장 정확하게 측정하는 방법은 흡입압력으로 측정하는 것이다. 흡입압력을 측정하면 흡입온도가 25°F인 R22 시스템은 49 psig, R404A 시스템이라면 62 psig의 압력을 가진다. 이러한 측정방법은 부록에 있는 압력/온도(P/T) 선도를 참고하면 된다.

유량조절장치는 유입되는 액체를 작은 액체 방울로 이루어진 짙은 안개 형태로 변화시킨다. 똑같은 과정을 거치는 동안, 고압의 액체는 소위 증발기 압력 또는 입구 압력으로 불리는 압력 정도로 낮아진다. 이러한 압력은 증발기 압력과 관련이 있다(압력/온도 선도 사용). 증발 과정에서 모든 액체 방울은 증발되거나 완전히 **포화**(saturated)되므로 관을 통과하는 냉매는 일정한 온도(액체의 포화온도)로 유지된다.

냉매가 증발기 하부에 이르면 완전히 포화된 증기는 오로지 현열만을 흡수한다. 비록 흡수된 현열은 냉동효과에 큰 영향을 끼치지 않지만 온도계를 통해 측정할 수 있어 시스템을 진단하는 데 매우 중요한 역할을 한다. 흡입증기가 흡입증기의 포화온도보다 1°F만큼 더 높은 것을 1°F의 **과열도**(superheat)라고 한다.

과열도 측정

모든 냉매가 증발기 안에서 비등된 경우, 기술자들은 과열도를 측정할 수 있으며 열교환기의 작동효율을 대략으로 계산할 수 있다. 또한 액상냉매의 압축기 플러딩

(flooding)에 대한 안전 범위도 측정할 수 있다.

과열도를 계산하는 4단계 과정은 아래와 같다.

1. 측정 장비로 흡입압력을 측정한다.
2. 측정된 압력을 압력/온도 선도에 적용하여 증발온도를 결정한다.
3. 증발기 출구에서 흡입관의 온도를 측정한다.
4. 흡입관 온도에서 증발기 온도를 뺀다.

증발기 온도는 흡입압력으로부터 결정되기 때문에 그 정확도는 흡입압력이 얼마나 증발기에 가까운 곳에서 측정하는지에 따라 결정된다. 정밀하게 측정하려면 온도자동팽창밸브 외부의 평행관로(equalizer line) 안에 티(tee)관을 설치해 측정하거나 증발기의 출구에서 측정한다.

35°F 워크인 냉장고에서 과열도를 계산하는 예(그림 2-11 참조):

35°F(관 출구 또는 온도자동팽창밸브 부근) − 25°F(증발기 온도) = 10°F 과열도

증발기의 과열도는 15°F로 높은 공기조화기에서부터 3°F로 가장 낮은 얼음제조기기에 이르기까지 다양하다. 경험의 법칙에 의하면 10°F가 상업용 냉동시스템에 가장 적당하다. 그러나 최적효율을 갖도록 설계하려면 기술자들은 제조업자들에게 과열도를 확인해야 한다.

기술자들은 공장에서 사용한 과열 측정장치가 무슨 종류인지 알아야 한다. 증발기 제조업자들은 모든 냉동기의 증발기가 과열도 10°F으로 설계되었는지, 과열도는 증발기 출구의 흡입관 온도로부터 계산했는지를 명확하게 표시해야 한다. 그

그림 2-11 냉동시스템 저단측 압력과 온도의 예 (출처 : Refrigeration Training Services)

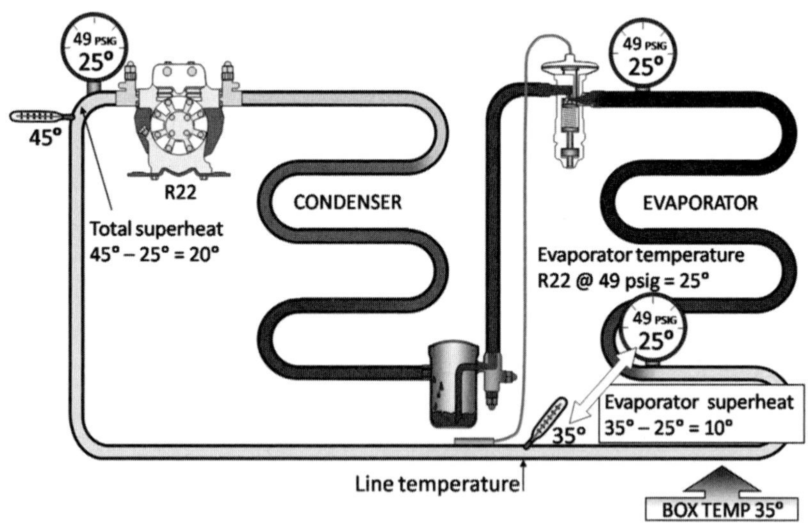

러나 압축기 제조업자들은 압축기 입구의 과열도를 20°F 또는 30°F로 설계할 것을 추천한다. 증발기에서의 총 과열도는 흡입관에서 현열을 더한 것이다. 압축기 과열도 또는 총 과열도의 계산은 압축기 입구에서부터 6인치 떨어진 흡입관 온도를 측정해서 얻어지며 실제 증발기 출구에서 측정한 것은 아니다(그림 2-11 참조). 압축기 제조업자들은 압축기 입구조건을 안전하게 하기 위해서 충분한 과열도를 확보하려 하며, 이로써 증발기로 부터 액체 유입으로 인해 압축기가 손상되는 것을 방지한다.

플러딩(flooding)과 스터빙(starving) 증발기

플러딩(flooding) 증발기는 증발기에서 액체의 냉매가 방출되는 것을 방지하기 위한 증발기에서 냉매가 충분하게 비등하지 않는 증발기를 의미한다. 즉, 냉매는 현열을 가질 정도로 완전하게 비등되지 않는다. 이러한 시스템에서는 과열도가 존재하지 않는다. 따라서 플러딩 증발기는 때때로 보통의 증발기보다 낮은 과열도를 가지는 증발기를 설명하는 데 사용하기도 한다.

예제: ❶ 10°F의 평균 과열도를 가진 시스템에서 과열도가 5°F보다 적을 때의 플러딩을 생각해 볼 수 있다.

스터빙(Staving) 증발기는 냉매가 너무 빨리 과열되는 증발기 중에 하나를 의미한다. 냉매가 증발기에 충분하게 차 있지 않은 경우, 보통의 증발기보다 많은 현열을 얻을 수 있다. 따라서 스터빙 증발기는 높은 과열도를 가진다.

예제: ❷ 10°F의 평균 과열도를 가진 시스템에서 과열도가 20°F보다 클 경우 스터빙을 생각해 볼 수 있다.

핫풀다운

실내나 공간의 온도가 평균보다 매우 높거나 큰 부하가 있을 때 온도를 떨어뜨리는 과정을 핫풀다운(Hot Pull-down) 과정이라고 한다. 핫풀다운 과정 동안 압력/온도의 변화는 이전에 설명했던 일반적인 경우와 다르다. 이 경우 모세관이나 온도자동팽창밸브와 같은 유량조절장치는 증발기에 가능한 많은 냉매를 공급하려 한다. 그러나 액체의 냉매는 높은 열부하 조건에서 너무 빨리 과열되어 결국 높은 과열도를 가진 스터빙 증발기가 된다.

핫풀다운에서 시스템이 불완전하더라도 증발기 온도차와 과열도 같은 운전요소들을 제어하기에 앞서 시스템의 일반적인 설계조건이나 운전조건과 유사한 환경이 갖춰질 때까지 온도나 압력이 안정화되도록 기다리는 것이 바람직하다.

TROT에 따르면, 과열도는 시스템이 설계조건으로부터 5°F 범위 안에서 측정되어야 한다. 예를 들어, 35°F의 고내 온도에서 작동하도록 설계된 워크인 냉장고의 경우 고내가 적어도 40°F까지 올라가지 않으면 일반적인 과열도에 해당한다. 40°F까지 올라갈지라도, 35°F일 때 냉매보다 많은 냉매를 공급하면 계획한 10°F 과열도에 상당히 근접할 것이다.

증발기 문제들

증발기에서 존재하는 두 가지 중요한 문제는 다음과 같다.

1. 공기의 유동 문제: 더럽거나 매우 차가운 증발기 또는 팬 모터 및 블레이드 문제
2. 냉매 문제: 냉매가 너무 많거나 충분하지 않은 경우, 또는 유량조절장치 문제, 분배 문제

이러한 문제점을 해결하는 방법은 모두 다음 장에 기술할 것이다. 그러나 중간온도용이나 저온 냉장고에 서리가 발생하면 공기흐름에 문제가 생기기 때문에, 지금부터는 어떻게 서리를 제거할 수 있는가에 대해 설명하겠다.

중간온도용 증발기에서의 공기 제상법

중간온도 상업용 냉동기는 보통 증발기의 온도 15~25°F, 고내온도 34~40°F에서 운전된다. 관온도가 어는점보다 낮으므로 압축기가 작동하고 시스템이 운전될 때 증발기 핀에서 서리가 생성된다.

온도조절기가 작동되면 압축기는 작동을 멈추며 증발기 팬은 관과 핀으로 형성된 공간으로 공기를 지속적으로 순환시킨다. 고내와 제품의 온도는 어는점보다 높기 때문에 증발기는 데워지고 서리는 녹는다. 이러한 과정을 흔히 **단속제상**(defrost, off-cycle, random)이라고 부르며, 온도조절기가 압축기의 작동을 멈추도록 제어할 때마다 진행된다.

제상시간을 충분히 확보하기 위해, 상업용 냉동기에서 온도조절기는 상대적으로 넓은 **온도차**(TD)를 가지도록 설계된다. 이러한 온도차는 조절장치의 **작동**(cut-in)과 **꺼짐**(cut-out)을 제어한다. 고내 온도가 올라가면 온도조절기가 접촉부와 연결되면서 작동하기 시작한다. 냉동사이클이 멈추면 접촉부가 열린 회로를 가지면서 조절기가 꺼진다. 온도조절기는 고내 온도를 종종 4°F나 5°F의 차이를 두고 측정하며 증발기 관들의 제상이 충분하게 이루어지도록 넓은 범위의 온도차를 가진다.

계획된 공기 제상법

일반적인 단속(off) 제상사이클은 증발기를 제상하기에 시간이 부족하다. 이러한

문제는 고내 온도가 34°F나 36°F 사이로 유지될 때 발생한다. 증발기 고내에 뜨거운 물건이 있거나 문 개스킷이 불량이거나 또는 문이 지나치게 오래 열려 있으면 증발기에 많은 양의 서리가 생긴다.

이때 기술자들은 서리를 제거하기 위해 압축기를 언제, 얼마나 오랫동안 멈춰야 하는지에 대해 계획을 세워야 한다. 이러한 이유로 이를 '계획된 제상(planned defrost)'이라 부르며, 압축기를 멈추고 공기를 이용해 제상을 충분히 할 수 있을 시간 제어를 위해 시계를 이용한다.

일반적으로 제상은 주로 고내가 사용되지 않는 시간에 수행하도록 계획한다. 예를 들어, 기술자는 한 시간이나 두 시간 동안 제상작업을 하기 위해 새벽 2:00로 제상시간을 설정하기도 한다. 그 정도 시간이면 하루 동안 축적된 얼음덩어리를 관에서 녹이기에 충분하다. 제상을 하는 동안 고내에서 제품온도는 약간 올라가지만 음식이 손상될 정도는 아니다. 제상시간이 지나면 압축기는 원래의 고내 온도로 신속하게 복귀하게 해준다.

고내 온도가 34°F 아래로 내려가면, 완전한 제상을 하기 위해 열이 더 필요하다. 예를 들어, 고기 절단기는 고기가 28°F일 때 확실하고 쉽게 잘려지기 때문에 도축업자들은 이 온도를 선호한다. 고기를 보관하는 고내에는 중간온도용 응축기 시스템, 팽창밸브, 그리고 제상을 하기 위해 전기히터가 설치된 증발기가 구성되어 있어야 한다. 고기 보관용 고내는 대체로 24시간 기준으로 한 시간에서 두시간 정도의 제상이 필요하다.

그림 2-12의 프라곤(Paragon) 시계는 '시동장치(trippers)'의 설정에 맞게 스위치를 단순하게 열고 닫을 수 있게 설계되어 있다. 시계가 접촉부에 연결되어 있

그림 2-12 계획된 제상을 위한 Paragon 4000 시리즈 제상시계
(출처: Dick Wirz)

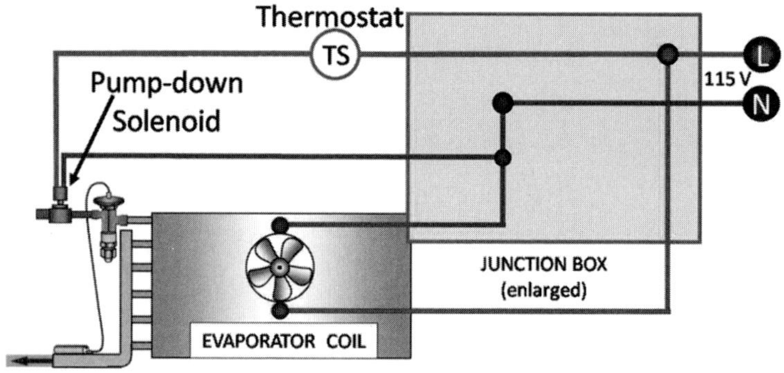

그림 2-13 워크인 냉동기에서 115V 증발기의 기본 결선
(출처: Refrigeration Training Services)

지 않고 검정색 시동장치가 2:00AM에 도달하면 냉동기는 꺼진다. 4:00AM에 은색 시동장치가 접촉부에 연결되면 냉장고는 다시 작동한다.

그림 2-13은 워크인 냉장고에서 사용하는 온도조절기나 **펌프다운**(Pump-down) **솔레노이드**(Solenoid) **밸브**의 기본 회로이다. 온도조절기가 작동하면 솔레노이드 관은 차단되고 솔레노이드 플런저(plunger)가 낮아져 팽창밸브로 액체냉매가 유입되는 것을 방지한다. 저압조절장치에서 흡입압력이 설정에 맞춰 낮아지는 동안 압축기가 작동한다. 이때 증발기 팬은 지속적으로 작동하며 고내 안의 공기는 순환된다.

공간 내의 온도가 올라갈 때, 온도조절기는 솔레노이드 관에 전원을 공급한다. 밸브 플런저가 올라가고 증발기나 압축기 하단부에 온도자동팽창밸브를 통과한 냉매가 다시 흐르게 된다. 또한 흡입압력이 올라갈 때, 저압조절장치는 닫히고 압축기는 작동하기 시작한다.

여기서, 응축기가 먼 거리에 설치된 시스템에서 펌프다운(Pump-down) 솔레노이드 밸브를 사용하는 몇 가지 이유는 아래와 같다.

1. 솔레노이드 밸브가 닫혀 있을 때, 압축기는 시스템의 저압측에서 냉매를 회수하며 밸브의 작동이 멈추기 전에 리시버로 냉매를 충전시킨다. 이것은 사이클이 작동하지 않는 동안 냉매의 이동을 방지한다.
2. 압축기 구동은 무부하 조건일 때 더 쉽게 작동된다.
3. 냉동기 안의 온도조절기와 원거리 응축기 사이에서 제어 전선은 필요하지 않다.

계획된 제상시간이 되면 접촉부 2와 3이 열린다(그림 2-14 참고). 솔레노이드 밸브의 전자석 관은 다시 작동하며 증발기로부터 액상냉매가 흐르는 것이 멈춘다. 압축기는 펌프다운(pump down)하고 저압에서 작동을 멈춘다. 팬은 끊임없이 작동하며 증발기에서 냉매온도가 올라가면서 서리가 녹는다.

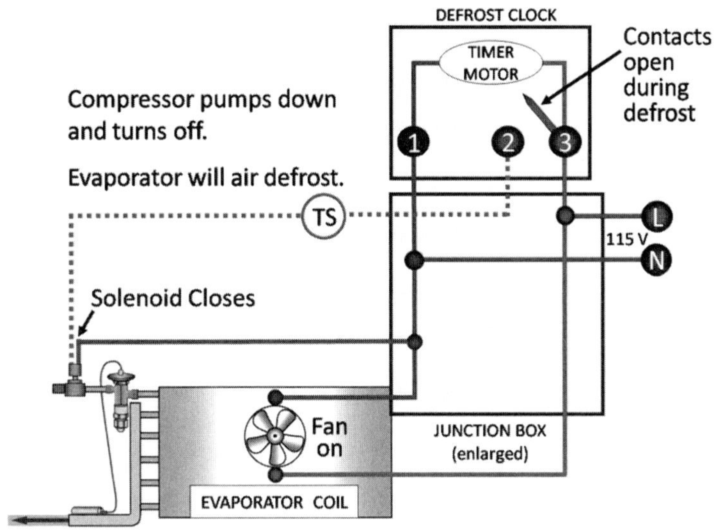

그림 2-14 계획된 제상에 사용되는 제상시계
(출처: Refrigeration Training Services)

그림 2-15에서의 결선법은 팬을 멈추기 위해 두 개의 극이 접촉할 때를 제외하고는 그림 2-13과 그림 2-14와 같다. 몇몇 소비자들은 그들이 냉동기 안에서 작업을 하고 있을 동안 팬이 멈추기를 바란다. 또한 전기기술자가 증발기 팬 모터를 수리할 동안 전기에 접촉되지 않도록 하기 위해서도 단전 스위치가 필요하다.

어떠한 이유라도, 팬이 작동하지 않으면 압축기를 멈추기 위해 스위치가 펌프 다운 솔레노이드 밸브의 전원을 확실하게 차단해야만 한다. 그렇지 않으면 압축기

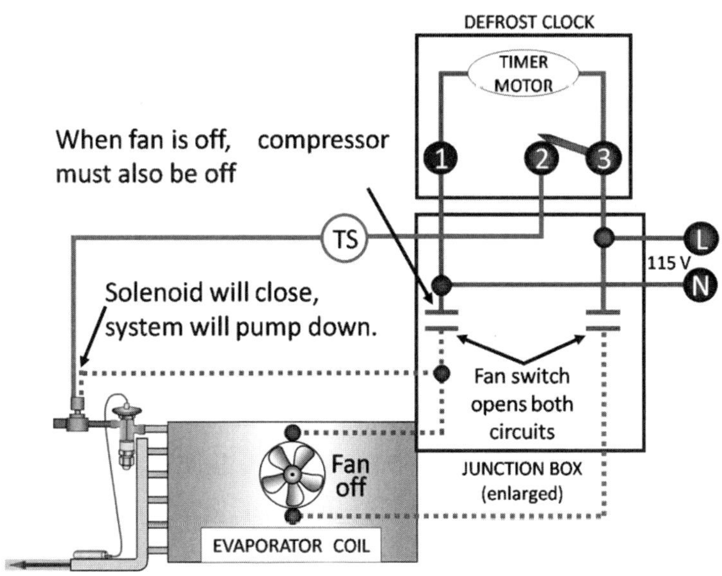

그림 2-15 증발기 팬 스위치 결선
(출처: Refrigeration Training Services)

는 계속 작동할 것이며 관이 얼거나 냉매의 역류가 발생한다.

언제 제상을 하는가?

다음은 온도조절기가 계획된 제상시간이 되었을 때, 그리고 증발기 제상이 추가적으로 필요할 때, 단속 제상(random or off-cycle)을 수행할 수 있도록 냉각된 고내 온도에 적용할 수 있는 TROT의 목록이다.

고내 온도 37°F (및 그 이상) = **단속 제상 사이클**(Off Cycle) (시계가 필요 없음)
고내 온도 35°F = **계획된 제상** (단지 시계만)
고내 온도 33°F (및 그 이하) = **가열**(heat) (시계와 함께)

모든 냉장고는 고내 온도가 37°F이거나 그 이상일 때 물건이 일정한 온도로 유지되는 단속사이클(off-cycle) 동안에 자동으로 제상을 실시한다.

그러나 고내 온도가 35°F 이하일 때, 사이클이 멈추는 동안 얼음을 녹이기 위해 많은 제상이 필요하다. 그러므로 시계는 관의 제상이 충분이 오래 지속되도록 압축기를 강제로 멈추도록 설정해야 한다.

고내 온도가 33°F이거나 그 이하면 고내에서 공기 제상을 실시하기 위해 충분히 따뜻하게 만들 방법이 없다. 그러므로 전기 열 또는 고온가스(Hot-gas)가 필요하다.

저온 증발기 제상

저온 증발기의 경우에는 타이머시계, 제어장치, 축적된 서리를 녹일 열원이 필요하다. 또한 관의 온도가 0°F 아래로 내려가면 서리가 쉽게 발생되므로 적어도 평균 작동시간인 4~6시간 동안 핀 사이에 적상이 일어나는 것을 방지하기 위해 핀 사이의 공간이 충분해야 한다.

공기조화기에서 관의 핀 공간은 인치당 15핀(fpi)이며 중간온도용 냉동기는 10 fpi이다. 그러나 냉동에서 기관의 핀 공간은 7 fpi보다 작다. 핀 공간이 넓으면 적상을 느리게 발생시키지만 그래도 결국 서리가 생성되어 쌓이게 된다.

워크인과 리치인 냉동기의 증발기에서 가장 보편적인 제상방법은 전기저항을 이용한 히터 방식이다. 이것은 흔히 증발기 공기 입구 쪽에 관과 핀에 부착된다. 히터와 모든 제어장치는 공장에서 조립된 형태로 생산되기 때문에 설치자가 쉽게 설치할 수 있다.

고온가스 제상(hot-gas defrost)은 처음에 슈퍼마켓 냉장고와 냉동고에 적용되었는데 그 이유는 고온가스 제상방식이 빠르고 효율적이기 때문이다. 제상과정 동안 고온가스는 온도자동팽창밸브에서 증발기 하부로 유입된다. 전기히터보다 효율적인 고온냉매는 증발기 안쪽 관을 과열하고 관 외부 핀을 차례로 가열한다. 고온가스 제상시스템의 설치는 관과 밸브가 추가로 들어가기 때문에 전기히터보다 설치 시간이 길다. 그러나 고온가스는 전기히터보다 적은 전력으로 압축기가 생산하는 Btuh의 양을 동일하게 발생시키기 때문에 전기히터보다 효율적이라고 할 수 있다.

냉동기의 제상운전

하루의 제상 횟수와 최대 제상시간은 장비의 위치나 작동조건에 따라 결정된다.

예제: ❸ 여름철 동안 온도와 습도가 높은 워싱턴 D. C.는 평균 24시간 동안 4시간의 제상시간이 필요하다.

제상을 위한 설계조건에 따르면 제상은 15분에서 20분 동안만 지속되어야 한다. 그러나 서리가 많아지면 제상시간은 길어진다. 제상이 너무 오래 지속된다면 시스템이 제상하지 않도록 시계를 **페일 세이프**(fail-safe)로 설정하고 냉장운전으로 되돌려 놓아야 한다. 페일 세이프 설정은 시스템이 작동되는 기후에 따라 달라진다.

예제: ❹ 워싱턴 D. C. 기술자들은 페일 세이프를 45분으로 설정한다.

제상시간이 너무 길면 제상시간이 너무 짧은 경우 못지 않게 시스템에 나쁜 영향을 끼친다. 매우 습한 기후에서 하루에 6시간 제상하면 시스템에 문제를 야기

그림 2-16 증발기 핀 간격의 측정
(출처: Dick Wirz)

하므로 이러한 문제를 해결 할 필요가 있다. 제상시간이 너무 긴 시스템은 물건을 냉각하는 데 충분한 시간을 갖지 못한다. 또한 짧은 제상시간으로는 증발기를 완전히 제상하지 못한다. 제상이 완전히 이루어졌는지 확인하려면 기술자들이 증발기의 모든 부분을 전등으로 점검해야 한다. 제상히터는 서리를 쉽게 제상하지만 얼음은 잘 제상하지 못한다는 것을 기억해야 한다. 관에서 서리가 얼음이 되면 수동으로 제상해야 한다.

애리조나 주의 피닉스같이 덥고 건조한 지역은 습도가 너무 낮아 냉각관에 서리가 적게 발생한다. 그러므로 하루에 두 번 정도만 제상해야 하며, 최소 제상 횟수만으로 제상이 가능하게끔 해야 한다.

냉동장치 제상순서는 다음과 같다.

1. 제상시계의 시간 설정에 따라 제상이 시작된다.
2. 압축기와 증발기 팬이 멈춘다.
3. 전기히터(또는 고온가스)가 관을 데우기 시작한다.
4. 관이 모든 서리를 녹일 만큼 충분히 높은 온도에 도달하면, **제상 종료 스위치**(defrost termination switch)라 불리는 온도센서가 제상을 멈추며 시스템을 냉방운전으로 복귀시킨다.
5. 압축기가 구동되면서 팬이 멈춘다. 이때 관의 차가운 냉매가 제상에 사용된 열을 제거하며 제상 이후 남아 있는 물방울을 얼린다.
6. 증발기 온도가 25°F로 떨어지면 **팬 지연 스위치**(fan delay switch)가 닫힌다. 팬이 작동하기 시작하며 공기는 다음 제상사이클까지 계속 순환된다.

참고: 보통 제상 종료와 팬 지연은 **제상 종료/팬 지연**(DTFD: defrost termination/fan delay)으로 설계된 단상 3선 조절기로 결합된다(그림 2-17 참조). 조절장치에는 일반 전선과 두 개의 접촉부가 있다. 접촉부 중 하나는 과열되면 닫히며 또 다른 하나는 냉각될 때 닫힌다. 제상 종료/팬 지연은 이 장 마지막에 상세히 설명하겠다.

제상사이클에서는 적절한 오일회수가 중요하다. 압축기가 멈춰 있을 때 오일은 시스템에서 가장 차가운 곳, 즉 증발기로 이동한다. 냉동운전 동안 관 사이를 이동하면서 차가워진 오일 막이 두꺼워지며 이것은 증발기에서 정체되는 경향을 보인다. 그러므로 제상하는 동안 오일이 압축기가 구동되는 곳까지 회수될 수 있도록 오일의 온도를 충분히 높여야 한다.

냉동기의 제상시계

그림 2-18은 흔한 208-230V용 제상시계 중 하나인 Paragon 8145-20 모델이다. 시계의 표면에는 하루 동안의 시침이 있다. 검은 부분인 6:00 PM부터 6:00 AM

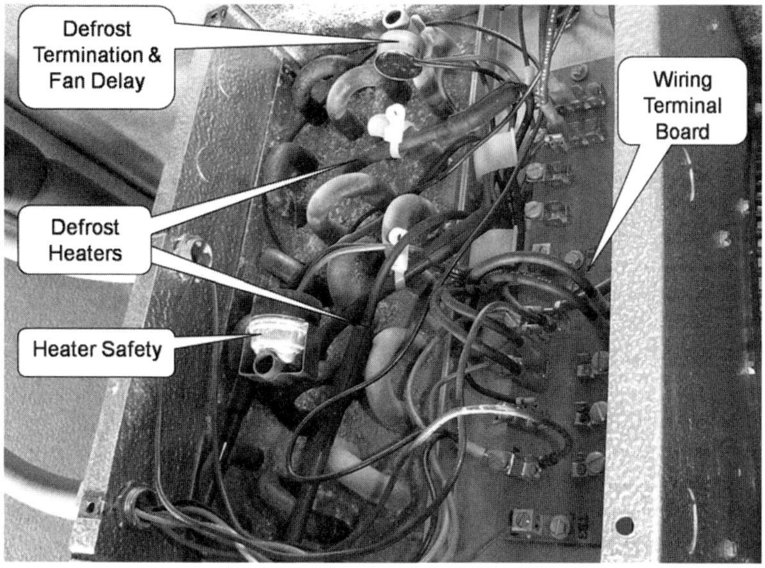

그림 2-17 Heatcraft 냉각 증발기에서의 전기 제상 히터와 제어장치 (출처: Dick Wirz)

까지는 밤을 표시한다.

표면에 있는 나사들은 제상 시동장치의 핀이다. 시계는 천천히 끊임없이 회전한다. 시동장치가 시간 시침에 도달하면 시스템은 기계적으로 제상을 시작한다. 그림 2-18은 하루 4번 제상을 하도록 설정된 시계이다(6:00 AM, 정오, 6:00 PM,

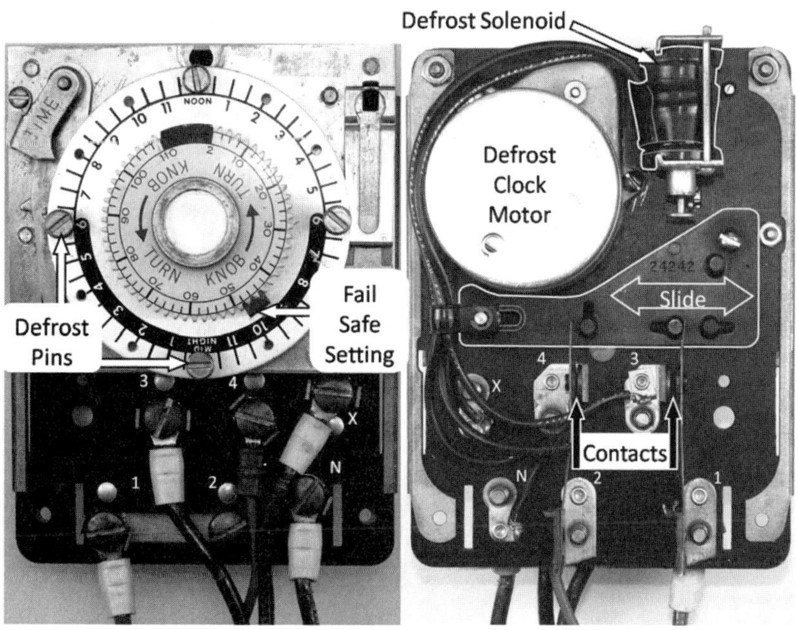

그림 2-18 Paragon 제상 시계 모델 8145-20 (출처: Dick Wirz)

자정).

페일 세이프(fail-safe) 설정은 중앙에 있는 숫자판으로 설정한다. 증발기의 제상종료 온도 센서가 작동하면 제상을 끝낸다. 만약 페일 세이프 시간이 되어도 냉동운전으로 전환되지 않으면, 시계는 기계적으로 접촉부의 방향을 바꾸어 제상을 멈추고 냉동사이클로 돌아가게 한다.

하루 동안 적절한 제상시간을 설정하는 것 또는 수동으로 제상을 멈추고 시스템을 작동시키는 것은 숫자판 중앙을 돌려서 설정할 수도 있다.

냉동사이클

그림 2-19와 같은 시계가 터미널 2나 4에 접촉했을 때 시계는 닫히고 증발기의 터미널 4로 전류를 보낸다. 터미널 4는 냉동기 온도조절기의 솔레노이드와 증발기 팬에 연결되어 있다.

참고: N은 보통 전선으로 사용된다.

제상사이클

제상은 제상시계에 의해 작동된다. 제상시계 작동 순서는 다음과 같다.

1. 그림 2-20과 같이 2와 4가 접촉된 시계는 개방회로를 가진다. 이로 인해 온도조절기, 솔레노이드, 그리고 팬에 흐르는 전류가 차단된다.
2. 시계의 1과 3은 닫혀 있다. 이것은 증발기에서 3으로 전원을 보내 제상히터로 전류를 통하게 한다. 시계의 터미널 3에 전류가 통하면 그림 2-20에

그림 2-19 냉동사이클의 제상시계
(출처: Refrigeration Training Services)

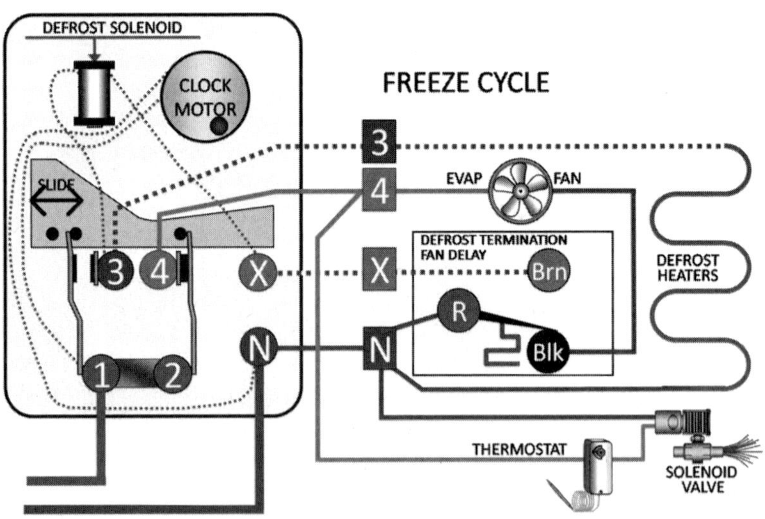

그림 2-20 제상사이클의 제상시계
(출처: Refrigeration Training Services)

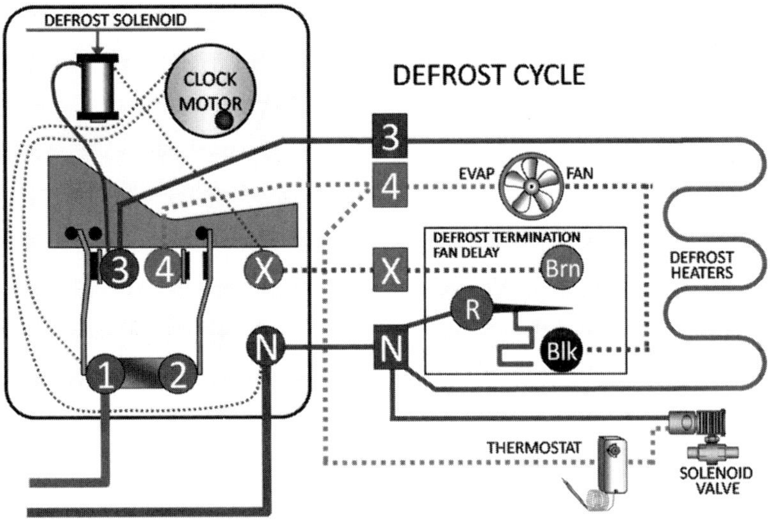

서 볼 수 있듯이 왼쪽 상단 끝에 위치한 제상 종료 솔레노이드 한쪽 면에 전원이 공급된다. 실제 제상시계에서 솔레노이드는 시계의 모터 옆과 시계의 앞쪽 패널 뒤에 위치한다(그림 2-18 참조).

제상 종료

히터가 약 **55°F**로 증발기를 데우면 제상종료 접촉부는 제상 종료/팬 지연 조절장치의 **R**과 **Brn** 사이에서 닫히게 된다(그림 2-21 참조). **X**를 통과해 **N**으로부터 일

그림 2-21 제상 종료 시 제상시계
(출처: Refrigeration Training Services)

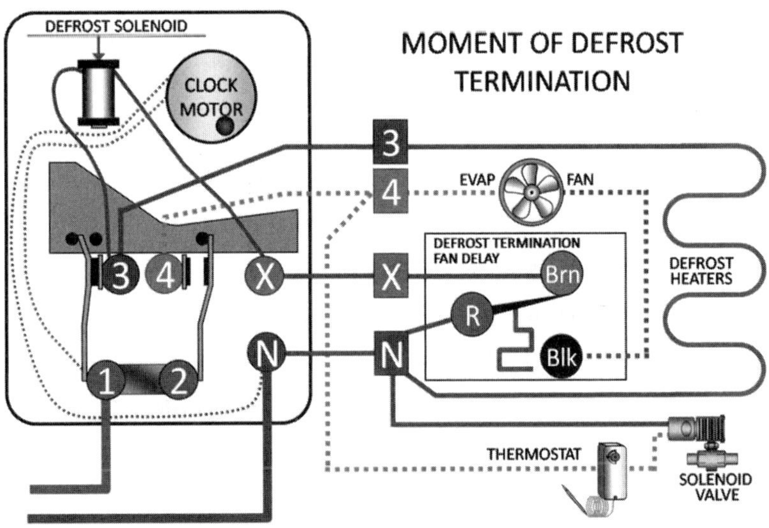

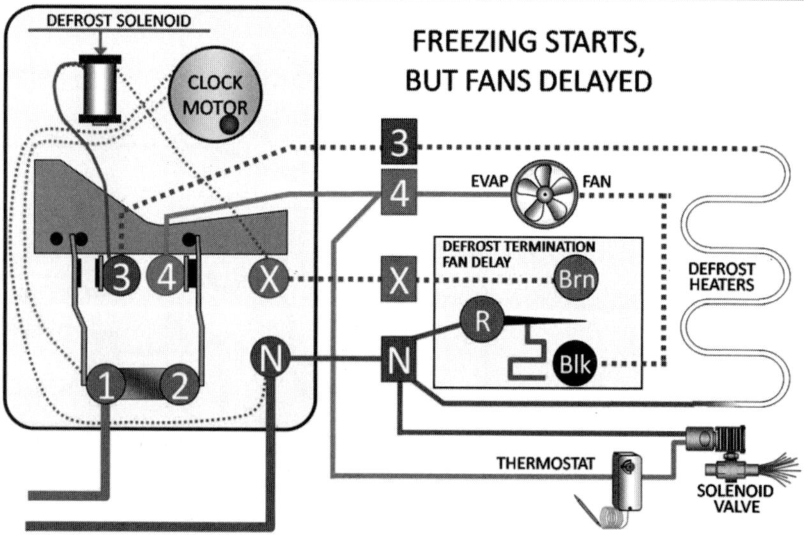

그림 2-22 냉동사이클로 복귀 시 제상시계 (출처: Refrigeration Training Services)

반전선을 통해 제상 솔레노이드의 다른 면으로 전류를 흐르게 한다. 전류가 공급되면, 제상 솔레노이드 관의 레버(lever)가 당겨지고 오른쪽으로 슬라이드 바가 움직인다. 슬라이드 바는 기계적으로 위치를 변환시킨다. 그러면 접촉부 1과 3이 열리며, 접촉부 2와 4는 닫힌다(그림 2-22 참조).

제상시계는 시스템이 결빙되거나 제상 시에 끊임없이 작동한다. 만약에 제상 종료 조절장치가 시스템의 제상과정을 멈추지 못하면, 페일 세이프 스위치는 시스템을 강제적으로 냉동운전으로 복귀시킨다.

냉동사이클로 복귀

시계의 접촉부 2와 4가 닫히면 증발기에서 터미널 4로 전류를 보낸다(그림 2-22 참조). 이로 인해 솔레노이드 밸브나 증발기 팬이 작동된다.

팬 지연

제상 종료/팬 지연 조절장치의 팬 지연 접촉부가 **R**과 **Blk** 사이에 열려 있기 때문에 증발기 팬은 냉동사이클 구동 시에 차단된다(그림 2-22 참조). 증발기가 **25°F** 아래로 냉각되면 R과 Blk은 닫히고 증발기가 영하가 될 때까지 팬의 작동이 지연된다(그림 2-19 참조). 이것은 제상 이후 증발기 핀에 남아 있는 물방울과 증발기의 제상열을 확실하게 제거하고 핀을 다시 냉각시킨다. 팬 지연 조절장치는 팬이 다시 가동되었을 때, 고내 안으로 날려 들어가는 물방울과 제상 열 모두를 방지한다. 불량 팬 지연의 현상 중 하나는 시스템을 냉동사이클로 복귀시키기 위해 닫힌 접촉부가 팬을 구동시켜 고내 천장에 고드름이 생기고 팬 날개에 얼음이 생기는 현상이다.

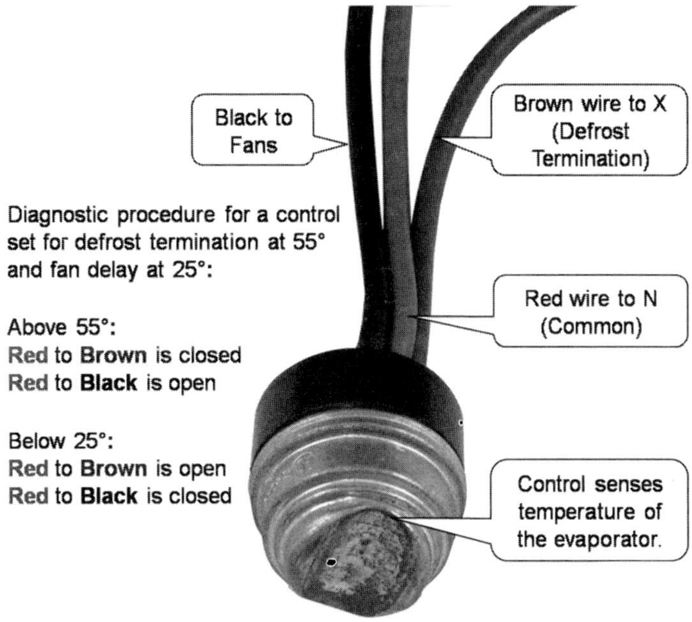

그림 2-23 3선 제상종료와 팬 지연 시스템 (출처: Dick Wirz)

조절장치의 온도가 0°F까지 내려갈 때까지 다른 냉동기 안에 제상 종료/팬 지연 조절장치를 넣고 이를 확인하여야 한다. 그러고 나면 제상 종료/팬 지연 조절장치를 꺼내고 전기저항계를 사용해 공유 전선과 팬으로 가는 전선의 전류를 측정한다. 25°F로 내려가면 회로는 닫힌다. 조절장치가 작동하게 되면 접촉부는 열린다. 공유 전선과 X 터미널로 가는 전선 사이의 접촉부가 55°F 이상이 되면 접촉부는 닫힌다(그림 2-23 참조).

데워진 냉동기가 운전을 시작하면 팬들이 작동하는 데 시간이 오래 걸린다. 또한 팬들은 고내 온도가 25°F 아래로 내려갈 때까지 몇 분간 반복적으로 단속운전을 한다. 따라서 기술자는 시운전 동안 제어장치를 제거해야 한다(그림 2-24 참조).

제어 가능한 제상종료

몇몇 시스템에는 증발기 조립부 중 감온통을 가진 증발기 관 앞부분에 제어 가능한 제상 종료 시스템이 설치되어 있다(그림 2-25 참조). 제상을 조절할 수 있는 최대온도는 제어장치는 모델에 따라 60°F에서 75°F까지 다양하다. 비록 제상 종료는 넓은 범위의 종료온도를 가지고 있지만 팬 지연은 대체로 약 25°F으로 고정되어 있다. 그러나 시간조절장치 옆 조절장치 뚜껑 뒷부분에 팬 지연 조정나사가 있다. 나사를 오른쪽으로 한번 돌리면 팬 지연은 3°F까지 증가한다. 나사는 4회전 이상 조정할 수 없다. 이러한 방법으로 설정된 제상온도 역시 비슷한 온도만큼 올릴 수 있다.

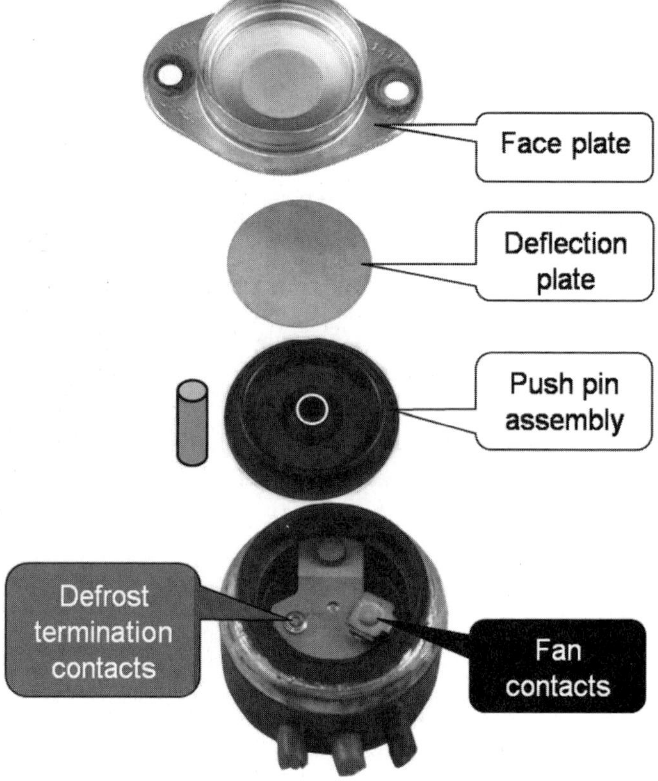

그림 2-24 제상 종료/팬 지연 장치(DTFD)의 분해도 (출처: Dick Wirz)

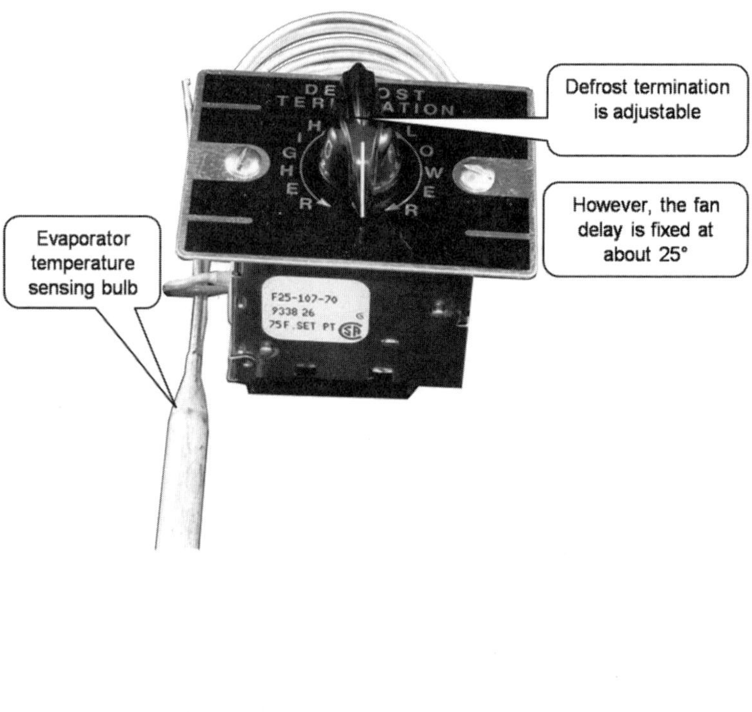

그림 2-25 조절 가능한 제상종료 장치 (출처: Dick Wirz)

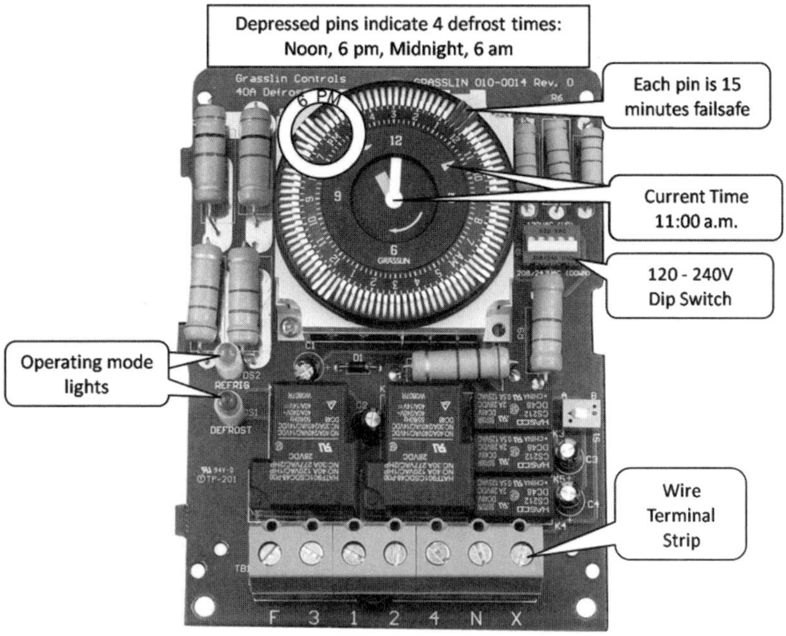

그림 2-26 Grasslin 전기 제상시계 (출처: Dick Wirz)

히터 안전장치

증발기가 과열되면 히터 안전장치는 제상히터와 팬히터의 회로를 차단한다. 대다수 워크인 냉장고는 40°F에서 작동하고 70°F에서 멈추도록 설정되어 있다.

전기 제상시계

1990년대에 Grasslin이라는 회사는 오래된 전자-기계식 시계들의 진자식 형태를 가지고 있었다(그림 2-26). 그것은 정확하고 조절하기 쉽고 배터리 지원이 가능했으며, 무엇보다 중요한 점은 시계 하나로 모든 오래된 시계들을 대체할 수 있었다는 것이다. Paragon은 Grasslin으로 쉽게 대체하기 위해서 Paragon과 유사한 수치부여 시스템(numbering system)을 사용했다. 이러한 아이디어는 인기를 얻었으며, Paragon(후에 Invensys라 불림)은 약 5년 후에 마침내 자신들만의 제품을 만들어냈다(그림 2-27).

요구 제상

표준 저온용 냉동시스템에서 제상시계들은 하루당 한정된 제상횟수를 갖도록 설정된다. 시계는 시간을 기준으로 증발기에서 실제로 서리가 생겼는지 아닌지에 상관없이 강제로 제상사이클을 작동시킨다. 발전된 전자식 냉동기 제어장치의 여러 특징 중 하나는 필요할 때만 관을 제상하는 것이다. 요구신호를 기반으로 제상을 하기 때문에 이것을 '요구 제상(Demand Defrost)'이라고 부른다. 압력(transducer

그림 2-27 Paragon 전기 제상시계 (출처: Dick Wirz)

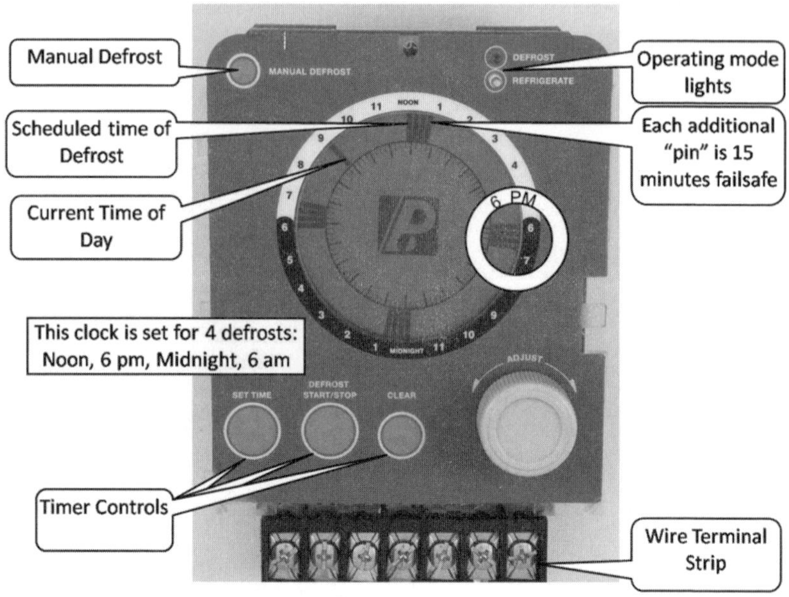

사용, 그림 2-28 참조)과 온도(thermistors 사용, 그림 2-29 참조)의 전기신호를 기반으로 삼아 사이클 작동시간(한 사이클이 작동한 뒤 다음 사이클까지 작동하기까지의 사이클 시간)과 제어기의 다른 데이터를 기준으로 제상이 필요할 시기를 결정한다. Heatcraft는 그들의 공장에 설치된 Beacon II™(그림 2-30 참조)와 대체품 Smart Defrost kit™에 대해, 이들이 제상요구를 40% 정도 쉽게 감소시킨다고

그림 2-28 압력 변환기 (출처: Dick Wirz)

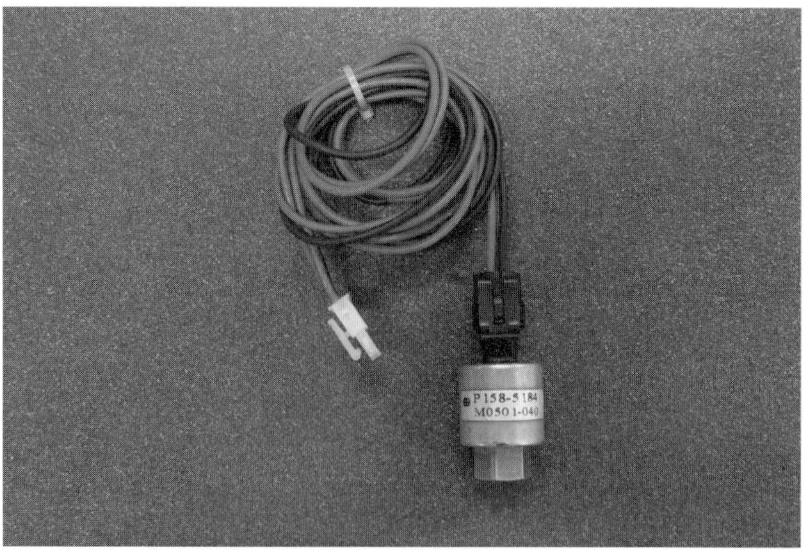

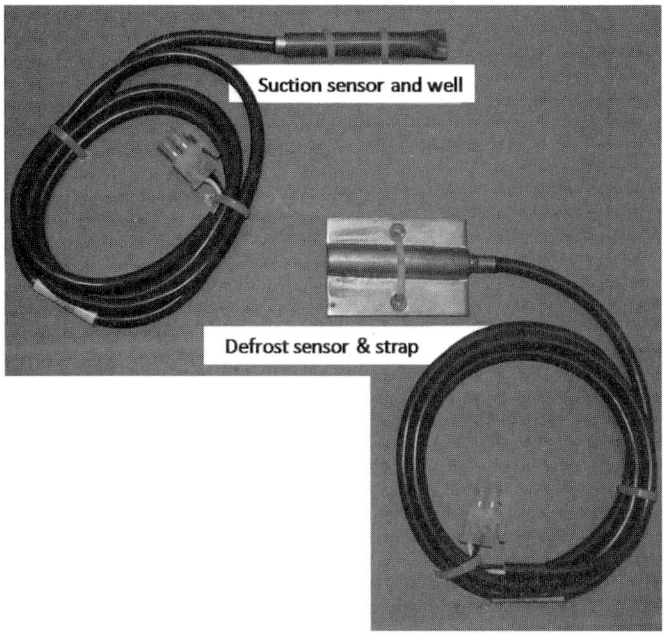

그림 2-29 온도 입력을 위한 온도계 (출처: Dick Wirz)

그림 2-30 증발기에 장착한 Beacon 조절장치 (출처: Heatcraft)

견해를 발표했다. 짧은 제상은 제상 동안 추가로 얻은 열을 빨리 제거하고 냉동사이클로 빨리 복귀할 수 있도록 해주며 제상하는 데 에너지가 덜 소모된다. 따라서 고내와 제품온도가 더욱 안정적으로 유지된다.

그림 2-31 Beacon II™ 원격 Smart 조절장치 (출처: Dick Wirz)

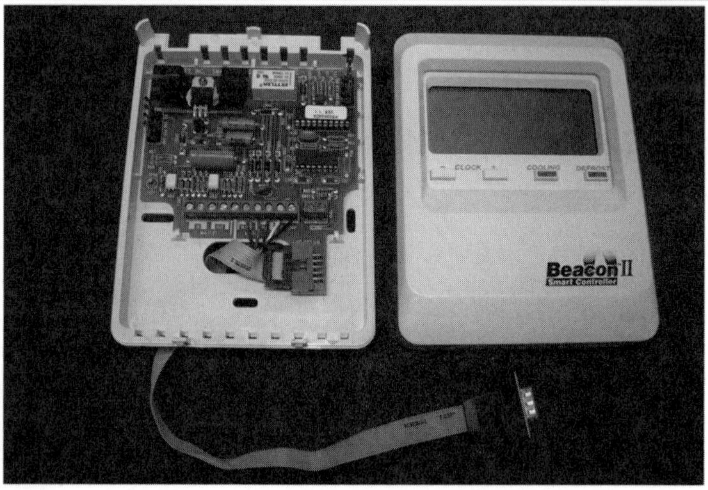

요약

증발기의 기능은 냉각된 공간으로부터 열을 흡수하는 것이다. 저온 냉동용 공기조화기로부터 다른 응용제품에 이르기까지 증발기의 온도는 다양하다.

증발기 온도차는 증발기로 들어가는 공기와 증발기관 안쪽 냉매와의 온도차이이다. 증발기 온도차가 올라가면 공기 중 많은 습기가 증발기에 의해 제거된다.

증발기의 종류는 많지만 가장 흔한 증발기는 알루미늄 핀을 가진 동관의 팬코일 형태다.

증발기 '열'을 설명하는 데 사용되는 세 가지 용어는 다음과 같다.

- **잠열(latent heat)**은 냉매의 온도변화 없이 냉매의 상이 바뀔 때 증발기 안에서 흡수하는 열이다.
- **현열(sensible heat)**은 모든 냉매가 증발된 후에 증발기 안에서 흡수되는 열이다. 열을 흡수하는 만큼 냉매의 온도도 변한다.
- **과열(superheat)**은 모든 냉매가 과열된 후 현열을 측정하는 방법이다. 이것은 관의 효율과 증발기가 스터빙인지 또는 플러딩인지를 구별하는 지표다.

증발기의 관온도가 어는점 아래로 내려가면 다양한 방법의 제상을 실시해야 한다. 상업용 냉동기의 모든 관에서 서리가 생긴다. 이러한 관들을 고내 안의 공기를 이용해 제상하려면 압축기를 잠시 멈추기만 해도 될 때가 있는가 하면, 전기공급장치나 고온가스가 필요할 수도 있다. 전기 제상시계, 온도계, 압력계, 전기조절장치들은 냉동사이클 운전을 보다 정확하게 제어하고 에너지를 효율을 높이는 데 도움을 준다.

연습문제(REVIEW QUESTIONS)

1. '증발기 온도'는 무엇인가?
a. 증발기 관 안쪽의 냉매온도
b. 증발기로 유입되는 공기온도
c. 증발기에서 방출되는 공기온도

2. 흡입압력으로부터 증발기 온도를 어떻게 계산하는가?
a. 공기온도를 확인해 온도계를 사용한다.
b. 압력/온도(P/T) 선도를 이용한다.
c. 압력 차이를 측정해 마노미터(manometer)를 이용한다.

3. 워크인 냉장고에서 증발기 온도차를 어떻게 계산하는가?
a. 출구공기온도에서 입구공기온도를 뺀다.
b. 수두압력을 찾고 고내 온도를 더한다.
c. 고내 온도로부터 포화흡입온도(SST)를 뺀다.

4. '핫풀다운(Hot pull-down)' 이란 무엇인가?
a. 증발기가 평균 작동조건보다 높은 온도와 부하를 가실 때
b. 냉동장치의 제상시간
c. 펌프다운 동안의 시스템 수두압력

5. 핫풀다운 동안 증발기에서 어떤 현상이 일어나는가?
a. 온도자동팽창밸브가 크게 열리고 플러딩된다.
b. 냉매가 빨리 과열되어서 스터빙된다.
c. 증발기가 차가워져서 서리가 많이 생긴다.

6. 증발기가 10°F 증발기 온도차일 때 워크인 냉장고의 습도는 약 얼마인가?
a. 50%
b. 65%
c. 85%

7. 증발기 온도차가 증가하면 고내 습도는 어떻게 달라지는가?
a. 습도는 증가한다.
b. 습도는 감소한다.

8. 증발기로 통과하는 공기유속이 감소되면 증발기 온도와 흡입압력에 어떠한 영향을 미치는가?
a. 증발기 온도와 흡입압력은 증가한다.
b. 증발기 온도는 감소하고 흡입압력은 증가한다.
c. 증발기 온도와 흡입압력은 감소한다.

9. 큰 증발기 관에 다중 회로를 사용하는 이유는?
a. 다중 회로는 긴 하나의 회로 증발기보다 압력강하가 적다.
b. 다중 회로는 하나의 회로 증발기보다 제품 단가가 싸다.
c. 다중 회로는 하나의 증발기에서 다수의 온도자동팽창밸브를 사용할 수 있게 한다.

10. R22 시스템의 흡입압력이 55 psig일 때 증발기 온도는 얼마인가?
a. 25°F
b. 30°F
c. 35°F

연습문제(REVIEW QUESTIONS)

11. R404A 시스템의 흡입압력이 21 psig일 때 증발기 온도는 얼마인가?

a. −14°F

b. −4°F

c. +14°F

12. 냉동시스템의 증발기 과열도를 어떻게 결정하는가?

a. 흡입압력으로부터 수두압력을 뺀다.

b. 팽창밸브의 흡입관 온도에서 증발기 온도를 뺀다.

c. 흡입관 온도와 증발기 온도를 더한다.

13. R404A을 사용한 −10°F 워크인 냉동고는 흡입압력이 15 psig다. 온도자동팽창밸브에서 흡입관의 온도는 −20°F다. 증발기 과열도는 얼마인가?

a. 2°F

b. −4°F

c. 20°F

14. 이전 문제의 증발기 과열도는 정상인가, 플러딩인가, 스터빙인가?

a. 플러딩

b. 정상

c. 스터빙

15. 증발기의 과열도를 확인할 수 있는 고내 온도는 몇 도인가?

a. 온도범위 어느 곳에서나 과열도를 확인할 수 있다.

b. 25°F

c. 5°F

16. 증발기 문제 중 2가지 커다란 범주는 무엇인가?

17. 냉각된 증발기의 핀 간격은 왜 넓게 설계되어야 하는가?

a. 핀 간격이 넓어지면 서리성장이 발생하지 않기 때문이다.

b. 큰 간격은 저항을 감소시켜 많은 공기가 이동할 수 있기 때문이다.

c. 제상 열은 핀 개도를 통과할 필요가 있기 때문이다.

18. 냉동장치에서 제상을 시작할 때 기본적인 작동 순서는?

a. 압축기가 멈추고 증발기 팬이 작동하면 히터들이 움직인다.

b. 증발기와 압축기가 멈추고 히터들이 움직인다.

c. 압축기가 사이클이 멈출 때까지 팬과 히터들이 지연된다.

19. 냉동장치 제상시스템 중에서 고온가스나 전기 중 무엇이 효율적인가? 그 이유는?

20. 워크인 냉장고가 35°F의 고내 온도로 작동한다면, 워크인 냉장고는 어떤 종류의 제상방법을 사용해야 되는가?

a. 가열제상: 제상시계나 전기히터 또는 고온가스

연 습 문 제(REVIEW QUESTIONS)

b. 계획된 제상: 단지 제상시계만

c. 단속제상: 시계와 히터가 없고 단지 온도조절기를 가진 단속제상

21. 제상 종료/팬 지연(DTFD) 조절장치를 확인하는 가장 효율적인 방법은?

a. 조절장치의 일반 전선을 자르고 제상이 일어나는지 확인한다.

b. 공장으로부터 새로운 DTFD 조절장치로 대체시키고 문제가 해결되는지 확인한다.

c. 다른 냉동장치의 조절장치가 얼어서 작동하지 않도록 한 다음 옴미터(Ohmmeter)로 접촉부의 연속성을 측정한다.

CHAPTER 3

응축기

개요

이 장은 응축기(condensers)가 무슨 일을 하며, 그 기능을 수행하기 위해 어떻게 제작되는지 설명하는 것으로 시작한다. 응축기의 성능을 설명하기 위해 응축온도와 응축기 분기(condenser split, CS)의 개념을 소개한다.

과냉도의 측정은 응축기 성능과 시스템 충전량을 검사할 때 신뢰성이 있는 방법 중에 하나이다. 이들의 주요 개념과 조건을 이해하는 것은 나머지 장에서 복잡한 시스템의 문제를 해결하는 데 필수적으로 요구된다.

3장에서는 응축기의 작동과 적절한 유지보수뿐만 아니라 다른 형태의 응축기에 대해 설명한다. 대다수 상업용 냉동기의 원거리 응축기는 추운 환경에서 작동하므로 압력수두 제어에 대해 상세히 설명한다.

학습목표(OBJECTIVES)

이 장을 마치고 나면 아래와 같은 내용들을 알 수 있다.

- 응축기의 기능
- 응축기 작동방법
- 응축온도와 응축기 분기(CS)
- 응축기 형태와 적용
- 낮은 외기온도 제어
- 응축기 문제해결과 유지보수

응축기의 기능

응축기는 증발기의 **기능**과 반대의 역할을 한다. 증발기는 냉방공간으로부터 열을 흡수하는 기능을 하는 반면에 응축기는 냉방공간 밖으로 열을 방출한다.

증발기 열과 흡입측 과열 외에도 응축기는 압축기를 통과하면서 생기는 압축열과 모터열을 한꺼번에 방출해야 한다. 이와 같은 부수적인 열은 증발기에 의해 흡수되는 열의 3분의 1 이상에 해당한다. 예를 들면 시간당 36,000 Btuh의 용량을 가진 시스템은 약 48,000 Btuh의 열을 방출해야 한다. 이를 실현하기 위해서는 증발기 표면적보다 더 효과적인 응축기 표면적이 필요하다. 응축기를 통과하는 공기의 유속 또한 중요한 요소다. 공기조화기는 약 400 cfm/ton으로 작동하는 반면 응축기 팬은 약 1,000 cfm/ton으로 작동한다. 대부분의 응축기 관에서 공기유량은 약 1,000 cfm/ton이며 서로 교차하도록 설계된다. 이는 대부분의 공기조화기의 증발기에 사용되는 공기유량인 400 cfm/ton의 2.5배에 해당한다.

응축기 작동

새로운 시스템에서 어떻게 증발기가 많은 열을 흡수하는지를 이해하는 것은 어렵지만 우리는 여전히 증발기에 차가운 흡입관을 이용한다. 이 신기한 현상은 흡수된 열이 거의 대부분 잠열이기 때문에 발생한다. 잠열의 형태는 차가운 흡입증기의 온도를 변화시키지 않는다. 잠열은 증발기에서 액체의 냉매가 증발되면서 증기로 변한다. 이때 증기의 온도는 증발기에서 일정하게 유지된다. 냉매가 잠열에 의해 완전히 포화된 후에 얻는 추가적인 열(과열)들은 현열이며, 온도계로 측정할 수 있다.

증발기가 냉매를 재사용하기 전에 응축기에서는 다음과 같은 두 가지 조건이 반드시 만족되어야 한다.

1. 흡입증기의 열은 반드시 제거되어야 한다.
2. 증기는 유량조절밸브로 들어가기 전에 액체로 변해야 한다.

증기가 응축될 때면 증기에서 액체로 상(phase)이 변하면서 많은 양의 잠열이 방출된다. 이론적으로는 냉매가 충분히 재냉각되었다면 흡입측에서 35°F 증기가 응축된다. 하지만 실질적으로 흡입증기는 대부분 증기 자체보다 더 높은 온도에 노출된다. 따라서 따뜻한 환경에서 차가운 흡입증기에 포함된 열을 방출하는 것은 거의 불가능하다.

실외온도가 95°F라고 가정하면 어떻게 해야 35°F의 증기가 다시 액체로 응축되겠는가? 어떻게든 이 증기의 온도는 95°F 주위의 공기가 충분히 증기를 응축시킬 수 있을 정도로 온도가 높아져야 한다.

열역학에 따르면 증기의 온도는 압력증가를 통해 상승시킬 수 있다. 이 과정은 냉동에서 압축기의 도움으로 이루어질 수 있다. 압축기의 기계적인 작동에 대해서는 4장에서 자세히 다룰 것이다. 이 장에서는 액체로 변환되는 흡입증기의 열을 제거하는 과정에서 압축 과정의 압력과 온도의 관계에 중점을 두고 설명하겠다.

예제: ❶ 25°F와 49 psig의 R22 증기는 185 psig에 도달할 때까지 압축된다. 압력/온도 선도를 보면 높은 압력에서 증기온도는 현재 96°F다. 이론상 증기가 1°F가 냉각된다면 95°F로 떨어져 더 이상 완전히 포화될 수 없으며 액체로 응축될 것이다.

주위 공기와 기체 사이에서 온도 1°F 차이의 냉각과정은 매우 느리다. 예제 2에서 응축기의 따뜻한 증기온도와 주위 공기온도의 차가 30°F까지 벌어진다. 두 물질 사이의 온도차가 커질수록 열전달도 빠르게 일어난다.

예제: ❷ 25°F와 49 psig의 R22 증기는 278 psig에 도달할 때까지 압축된다. 이 압력에서 포화된 증기는 125°F이고 주위 공기 95°F에 의해 냉각되면 빠르게 응축될 것이다.

앞의 두 예제는 이론적인 것이며, 실제 압축과정에서 현열의 몇몇 다른 원인들에 대한 추가적인 해석을 제시하지는 않았다. 하지만 압력의 증가가 온도를 증가시키고 온도 차이가 열전달률에 미치는 영향을 충분히 보여준다.

응축기에서의 3가지 상

다음은 응축기에서 존재하는 3가지 상(phase)이다.

1. 과열 저감(de-superheat)
2. 응축(condense)
3. 과냉(subcool)

과열 저감 상

압축기에서 떠나는 **토출가스**(또는 핫가스)(discharge gas or hot gas)는 압축기로 들어올 때보다 더 높은 온도이며 더 많은 열을 포함하고 있다. 이전에 언급했던 것

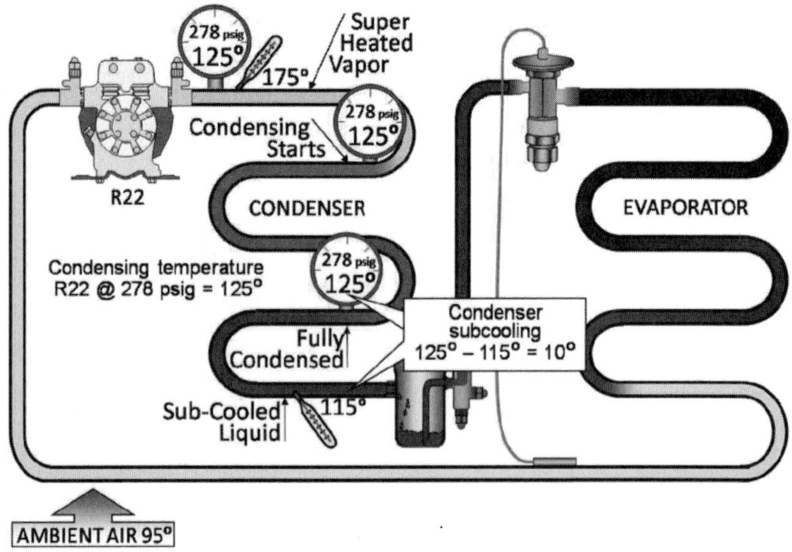

그림 3-1 응축기의 상들
(출처: Refrigeration Training Services)

처럼, 흡입증기는 모터의 열과 압축과정에서의 압축열을 포함한다. 이 뜨거운 가스를 **과열증기**(superheated vapor)라고 한다. 증발기에서와 같이 증기의 온도가 포화온도보다 높으면 과열되었다고 한다.

예제: ❸ 그림 3-1을 참조하라. 압축기를 떠나는 핫가스의 온도는 175°F이지만 278 psig에서 R22의 응축온도는 단지 125°F다. 이 증기는 응축이 시작되기 전에 응축기의 첫 번째 부분에서 50°F정도 냉각되어야 한다.

응축 상

응축온도(condensing temperature)는 증기가 액체 상태로 변할 때의 온도다.

응축이란 과정을 가리키는 것으로 모든 활동이 한 번에 일어나지 않는다. 응축은 응축온도에 도달했을 때 시작하며, 증기가 전체적으로 액체로 응축될 때까지 대부분의 응축기에서 지속적으로 진행된다. 이때 냉매는 압력/온도 선도에 실린 응축압력의 온도에 해당하는 액체로 포화된다.

과냉 상

응축온도보다 낮게 포화액체를 냉각하는 것을 과냉(subcooling)이라고 한다. 과냉도는 응축기에서의 응축온도와 응축기에서 토출되는 액상냉매 온도의 차로 결정된다.

예제: ❹ 그림 3-1을 참조하라. 278 psig에서 R22의 응축온도(포화온도)는 125°F다. 이때 응축기 출구에서 액관로(liquid line) 온도는 115°F다.

- 125°F 응축온도 − 115°F 액관 온도 = 10°F 과냉도

왜 과냉도를 점검하는가? 과냉도를 알면 고장이 있는 시스템에 대해 많은 것을 이야기 할 수 있다. 예를 들면 다음과 같다.

- 과냉(0°F)이 없다는 것은 냉매가 시스템에서 액체로 충분히 응축되지 않았다는 의미다.
- 작은 과냉(5°F 이하)은 유량조절장치에 도달하기 전에 냉매의 증발이 일어난다는 의미다.
- 큰 과냉(20°F 이상)은 냉매가 시스템에서 플러딩(flooding)한다는 것을 의미한다.

참고: 비록 많은 시스템이 5°F에서 20°F 사이의 적절한 과냉도에서 작동한다 할지라도, 이와 같은 범위의 측정에만 근거해서 시스템을 진단하면 위험하다. 다른 요소들도 고려해야 하며 이러한 방법들은 고장수리(troubleshooting)에서 다루겠다.

주의: 만약 응축기 출구에서 어떠한 과냉도도 측정되지 않았다면, 시스템에 냉매가 충분히 충전되어 있다는 것을 확인한 후에 리시버에서 나가는 액관의 온도를 점검해야 한다. 몇몇 제조자들은 응축기 코일에 관을 추가하기보다는 과냉기와 같은 리시버를 사용하기도 한다.

플래시 가스

플래시 가스(flash gas)는 액상냉매가 기체로 비등하는 것이다. 만약 온도가 증가하거나 압력이 낮아지면 포화액체의 플래시가 발생한다.

예제: ❺ 그림 3-1 참조. 278 psig의 R22 액체의 포화온도는 125°F다. 다음과 같은 조건에서 플래시가 발생한다.

1. 온도가 126°F로 1°F 증가된다.
2. 압력이 277 psig로 낮아진다.

기술자의 경험법칙(T.R.O.T)

대다수 냉동 시스템의 과냉도는 10°F이다.

플래시 가스의 주된 원인은 압력강하이며, 냉매가 유량조절장치를 지나갈 때 자연스럽게 발생하는 현상이다. 플래시가 끝나면 냉매는 액관 온도에서 증발기 온도로 감소한다.

유량조절장치로 냉매가 들어가기 전 액관에서 발생하는 플래시는 유량조절장치가 불규칙하게 작동하는 원인이 된다. 플래시 가스는 가끔씩 가시유리(sight glass)을 통해 보면 기포 형태로 보이기 때문에 온도자동팽창밸브(TEV) 전에 가시유리를 설치하는 것이 좋다.

참고: 적은 냉매충전 또는 압력강하로 인해 발생해 가시유리에서 발견할 수 있는 기포는 냉매를 추가로 충전하면 간단하게 고칠 수 있다. 하지만 낮은 부하 조건에서 혼합된 냉매를 사용할 때도 가시유리에서 기포가 발생한다. 이러한 상황에서 냉매를 추가하면 더 많은 문제를 야기할 것이다.

플래시 가스 예방을 위한 과냉도 이용

만약 이전 예제의 액체에서 온도강하와 동등한 압력강하가 일어난다면, 액상의 냉매는 완전히 포화된 액체나 액상으로 유지된다. 그러므로 액상냉매의 과냉은 압력강하로 인한 플래시를 예방할 수 있다. 과냉도는 액체가 기체로 변화하기 전에 얼마나 많은 압력강하를 확보할 수 있는지에 따라 결정된다.

예제: ❻ 만약 R22가 278 psig에서 277 psig로 강하한다면, 125°F에서는 플래시가 시작된다.

만약 냉매가 120°F까지 냉각된다면 260 psig까지 압력이 감소해도 냉매는 여전히 액상일 것이다.

액관의 적절한 크기는 긴 관에서 액의 압력강하를 방지하는 데 중요하다. 유체의 유동과 관 벽면 사이의 마찰에 따른 결과로 압력강하가 나타난다. 만약 관의 직경이 너무 작거나 관의 길이가 너무 길면 압력강하는 증가한다. 이것은 자동차 바퀴에서 일어나는 회전마찰과 유사하다. 만약 차를 땅에서 운전한다면 마찰은 차의 속도를 줄일 것이고 이는 앞으로 향하는 운동량을 증가시키다.

액체의 무게로 인한 상대압력은 냉매유동의 직진성을 가속시키고 결과적으로 많은 압력강하를 발생시킨다. 3/8인치 수직관은 경험적으로 1피트당 0.5 psig의 압력강하를 가진다.

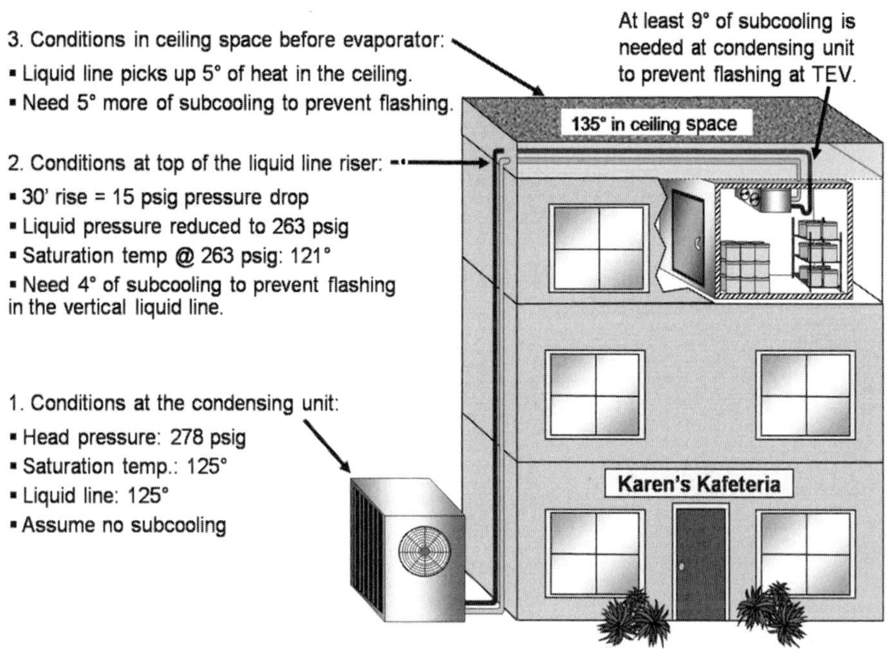

그림 3-2 압력강하와 추가 열에 대하여 과냉도가 요구됨 (출처: Refrigeration Training)

예제: ❼ 워크인 냉장고가 3층의 식당에 설치되어 있다. 냉장고의 응축장비는 지면에서 30 피트 아래에 설치되었다. 3/8인치 수직관의 경우 액상냉매의 압력강하는 경험적으로 1피트당 0.5 psig다. R22 냉매가 15 파운드의 압력강하(30 피트 3.5 psig)를 가질 때 냉매가 천장(그림 3-2)으로 들어오기 전에 액상냉매의 비등을 막기 위해서는 약 4°F의 과냉도가 필요하다.

그림 3-3의 액관에서 액상냉매의 비등을 방지하기 위해 약 4°F의 과냉도가 필요하다는 계산은 다음과 같다.

압력/온도 선도에 의하면, 278 psig에서 R22는 포화온도인 125°F 이상에서 플래시가 일어날 것이다. 수직 액관에서 15 psig의 압력강하는 응축압력은 278 psig에서 263 psig로 감소시킨다. 263 psig에서 R22의 포화온도는 약 121°F다. 따라서 응축기는 천장으로 냉매가 들어오기 전에 액상냉매의 비등을 막기 위해 최소한 4°F(125°F−121°F)의 과냉도가 필요하다.

예제: ❽ 액관이 뜨거운 지붕을 통과해서 설치되어야 하는 상황이다. 뜨거운 지붕의 열에 의해 액관의 온도는 5°F 상승시킨다. 액상냉매가 응축온도나 포화온도 이상 상승하자마자 액상냉매는 비등될 것이다. 따라서 비등을 방지하려면 응축온도 이상의 액상냉매에 가해지는 열에 의한 온도상승에 상응하는 과냉도가 필요하다.

그림 3-3 다양한 적용성을 가지는 여러 형태의 응축기들 (출처: Master Bilt, Heatcraft, Russell, and Trane)

Master Bilt medium temp 30° split

Russell freezer 25° split

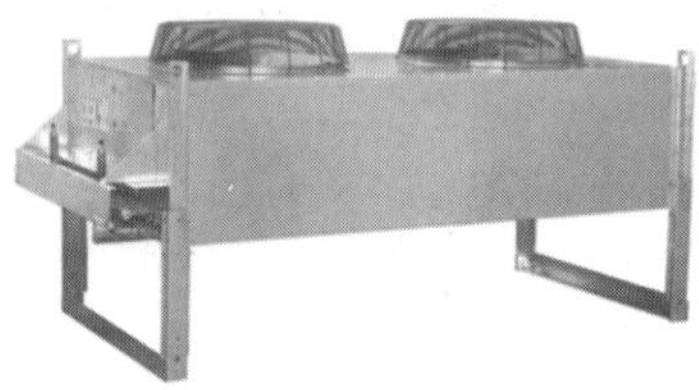

Heatcraft remote 10° to 30° split

Trane high efficiency A/C 20° split

만약 지붕의 열이 액상냉매의 온도를 5°F 상승시킨다면 비등을 방지하기 위해 5°F의 과냉도가 필요하다.

이전의 두 개의 예제에서 살펴본 결과에 의하면 팽창장치로 들어오는 액상냉매의 비등을 방지하기 위해서는 최소한 9°F 이상의 과냉도가 필요하다. 과냉도를 증가시키는 가장 간단한 방법은 냉매를 더 충전하는 것이다. 대다수 분리형 시스템의 경우 냉매가 적당히 충전되었을 때 과냉도가 약 10°F에서 15°F가 되도록 설계된다. 자세한 충전과정은 9장에서 다루겠다.

참고: 기술자들은 팽창장치 근처에 있는 압력점이나 가시유리를 통해 팽창장치에서 액상냉매의 비등이 일어나지 않는 것을 확인할 수 있다. 또한 천장에 있는 액관을 단열시키면 천장의 열이 액관으로 유입하는 것을 방지하는 데 도움이 될 것이다. 무엇보다도 팽창장치 근처 흡입관에 있는 열교환기는 액관을 냉각시키고 그 어떤 기상냉매라도 액체로 되돌려 놓을 것이다.

응축기 분기

응축기 분기(Condenser Split, **CS**)는 응축기로 들어오는 공기의 온도와 응축기의 응축온도 사이의 차이를 의미한다.

기술자의 경험법칙(T.R.O.T)

대부분의 응축기 분기(CS)는 95°F의 외기온도 조건에서 30°F 정도로 설계된다.

이 설계는 일반적인 온도조건에서 작동하는 응축기와 성능이 10 SEER 이하인 냉방기에 적용할 수 있다. 제조자들은 이 차이를 통해 운영경비와 생산경비의 균형은 맞춘다.

예제: ❾ 냉매의 응축온도가 125°F이고 외기온도가 95°F라면, 응축기 분기(CS)는 30°F(125°F−95°F=30°F)다.

시스템 제작자들은 주어진 외기조건에서 시스템의 응축기 분기(CS)를 우선 결정해야 한다. 예를 들어, 응축기 분기가 크면 열전달이 신속하게 이루어지고 응축기를 작게 설계할 수 있다.

참고: 응축기 분기(CS)는 외기조건과 증발기의 부하에 따라 약간씩 달라진다.

예제: ❿ 외기온도 95°F에서 30°F의 응축기 분기(CS)를가지는 시스템을 설계한다.

- 외기조건이 70°F라면 응축기 분기(CS)는 25°F로 감소할 것이다. 이때 응축기는 최대의 설계부하보다 작은 조건에서 운전되므로 효율이 향상된다.
- 증발기 부하가 낮으면 큰 응축기 분기(CS)를 필요하지 않다. 증발기에서 작은 열을 흡수할수록 응축기에서 작은 열을 제거할 것이고, 그 열을 제거하기 위한 응축기 분기(CS)도 작아진다.
- 증발기의 부하가 커시번(높은 온도의 부하조건) 증발기의 추가적인 열량을 제거하기 위해 응축기 분기(CS)도 커야 한다.

작은 응축기 분기(CS)는 높은 고효율 시스템을 의미한다. 응축온도와 압력이 낮기 때문에 압축기에 소요되는 동력은 많이 필요하지 않다.

제조자들은 단순히 응축기를 크게 만들어서 작은 응축기 분기(CS)를 설계한다. 그러나 큰 응축기를 모든 경우에 사용하지 못하는 이유는 다음과 같다.

1. 생산단가의 증가로 인해 시스템의 가격이 상승한다.
2. 큰 응축기에는 넓은 공간이 필요하다. 그러나 시스템을 장착할 공간에는 한계가 있다.

다행히도 가격과 크기가 늘 주요한 요소인 것은 아니다. 큰 응축기가 필요한 이유를 다음과 같은 예제를 통해 알아볼 수 있다.

- 고효율 냉방기

12 SEER을 가지는 시스템은 외기온도 95°F에서 20°F의 응축기 분기(CS)를 가진다.

- 냉동기 응축기

냉동기 압축기는 매우 낮은 온도에서 작동하기 때문에 **압축비**가 높다. 응축기 분기가 작아진다면 높은 압축비는 줄어들 것이다. 대다수 저온용 압축기의 경우 응축기 분기는 20°F에서 25°F 사이다.(압축비는 4장 압축기에서 조금 더 자세히 언급하겠다.)

- 원거리 응축기

원거리 응축기의 제조자들은 응축기 분기를 낮춰서 시스템의 총소요동력을 줄일 수 있기 때문에 큰 응축기의 가격을 당연하게 생각한다. 이러한 시스템은 초기 장치비용을 줄일 수 있을 뿐만 아니라 고객의 운전비도 줄일 수 있다. 원거리 응축기의 제조자들은 약 10°F만큼 작은 다양한 응축기 분기값들을 제공한다. 그러나 대다수 원거리 응축기들의 응축기 분기는 보통 30°F다.

예제: ⓫ 응축기 분기가 30°F인 슈퍼마켓 시스템에 3대의 40마력의 압축기가 필요하다. 큰 응축기는 응축기 분기를 10°F까지 줄일 수 있다. 응축기 분기가 낮으면 3대의 30마력 압축기만으로도 같은 공간의 부하를 감당할 수 있다. 따라서 장치비용을 약 25% 줄일 수 있으며 운전비용도 비슷하게 줄일 수 있다.(**참고**: 이것은 단지 예시일 뿐 실제 상황은 다를 수 있다.)

공냉식 응축기의 청소와 유지

응축기가 지저분하면 응축기에서 열이 방출되는 것을 방해하며 응축압력과 온도가 높아진다. 핀 위에 먼지나 때가 없으면 응축기가 깨끗하게 보일 수도 있다. 하지만 응축기가 깨끗한 상태로 작동된다고 확신할 수 있는 유일한 방법은 기술자가 모든 방법을 써서 응축기를 직접 청소하는 것뿐이다. 기술자들은 응축기를 씻어내기 위해 펌프식 분무기를 사용한다. 실외 장비는 가능한 한 물을 많이 써서 응축기를 씻어 내야 한다. 완벽한 청소에 필요한 물의 압력이나 양을 얻으려면 수도꼭지에 연결된 호스를 사용해야 한다. 응축기 핀에 침전된 요리 기름 같은 침전물을 제거하려면 뜨거운 물이나 스팀청소가 필요할 수 있다.

응축기 팬 날개를 청소할 때는 팬이 적절한 공기량을 이동시키는지를 확인해야 한다. 팬 날개가 더러우면 공기 유동량이 적어지고 응축압력이 증가한다.

오늘날 건물 내의 공냉식 응축기는 특히 부엌에서 사용 시 특별한 문제가 된다. 즉, 기술자는 고객의 작업영역에서 절대로 더러워지거나 화학적으로 손상된 장비를 써서 그들에게 해를 끼치지 않도록 노력해야 한다.

기술자는 리치인 냉장고에서 물과 세제가 아래로 떨어지는 것을 방지하기 위해 응축장비의 바닥 주변에 수건을 두어야 한다. 몇몇 세제를 쓰다 보면 고내의 알루미늄과 같은 금속 표면에 줄무늬가 생길 수 있다. 기술자들은 청소를 위해 수건과 헝겊 등을 넉넉히 준비해야 한다.

작은 휴대용 스팀 청소기 또한 응축기를 청소하는데 사용된다. 높은 온도의 스팀은 매우 작은 물을 사용해 눌어붙은 요리 기름을 녹이는데 매우 효과적이다. 게다가 스팀 청소기를 사용하면 독한 화학약품으로 청소할 필요가 줄어든다.

사실 확인 #1

몇몇 장비들은 제대로 청소하기 위해 밖으로 옮기는 것이 불가능하다. 만약 장비가 움직이지 않는다면 응축기 장비를 절단해 밖으로 가져갈 수도 있다. 단, 복원에 필요한 환경보호국(EPA)의 정책은 반드시 모두 준수해야 한다.

Good Business Tip: 청소를 효과적으로 하면 시간과 비용의 소비를 크게 줄일 수 있다. 당신의 첫 번째 고객에게 일단 비용 견적을 제시하라. 그러면 그들은 스스로 장비를 청소하겠다고 결정할 수도 있다. 한번 직접 청소를 해보고 나면, 다음에 당신에게 장비 청소를 의뢰할 때는 대부분 기꺼이 비용을 지불할 것이다.

Good Business Tip: 고객이 청소와 관련된 지출 내역을 제대로 인식하게 해주면, 유지보수에 관한 견적 계약을 기꺼이 수용할 것이다. 정기적으로 유지보수를 하면 대대적인 청소를 해야 하는 경우보다 더 쉽고 비용도 덜 든다. 또한 응축기가 더러워서 고장이 생기면 보관하던 제품 손실에 따른 추가 비용이 발생하며, 당분간 냉동시스템을 사용할 수 없다는 것 때문에 고객의 불편이 커진다.

관 세척제

이제 알칼리성(독성이 아닌) 세제를 사용해 대부분의 냉동장비 응축기들의 오물과 기름때를 처리하는 방법을 다루겠다. 일반적인 선택 두 가지는 DiversiTech의 Triple "D"와 Nu-Calgon(그림 3-4)의 CalClean이다. 이러한 세제는 농축된 것이므로 세제와 물을 1대 6의 비율로 혼합해서 써야 한다. 농축액만을 가지고는 청소가 깨끗하게 되지 않는다. 세차를 할 때 세차용 비누를 처음에 양동이에서 물에 섞지 않고 사용하는 것과 유사하다.

다른 중요한 정보는 물을 헹구기 전에 세제가 효과를 반휘할 수 있도록 일반적으로 5~10분 정도 충분히 시간을 두는 것이다.

그림 3-4 CalClean 과 Triple"D" 코일 세제 (출처: Dick Wirz)

단, 거품세제는 사용하지 마라. 거품 활동은 먼지와 기름이 아닌 알루미늄과 화학반응을 해서 수소 가스를 방출한다. 그것들은 거품이 없는 세제보다 더 깨끗하지 못하고 알루미늄 핀을 부식시킨다. 그리고 알루미늄에 식각(etch)되어 이전의 매끄러운 알루미늄 표면보다 빠르게 오물과 기름을 응집시킨다.

산성 세제들은 유일하게 먼지 잔유물이 있는 마른 벽의 소금물을 제거하는 데 좋다. 응축기 코일의 기름은 산을 이용해 제거할 수 없다.

어떠한 종류든 화학약품을 사용할 때에는 항상 보안경과 장갑을 착용해라. 만약 세제를 사용하는데 연기가 난다면, 마스크 또는 방독면을 반드시 사용해야 한다.

유지보수와 점검

장비를 전체적으로 청소한 다음, 고객이 정기적인 유지보수 계획을 잡으면 기술자는 모든 응축 장비에 필터를 설치해야 한다. 별도의 청소없이 각 응축기 필터만 교환하기 때문에 검사는 쉽고 빠르게 진행할 수 있다(그림 3-5 참조).

참고: 응축기 팬은 공기유동의 저항을 정밀하게 제어할 수 없다. 공기의 속도가 느려지면 정압수두가 상승한다. 이것을 방지하기 위해 유리섬유 소재로 된 저렴한 일회용 1인치 필터를 사용한다. 필요한 크기만큼 잘라 쓸 수 있도록 롤 형태로 판매된다.

이러한 필터 재료는 섬유 사이 공간이 공기가 통과할 수 있을 정도로 넓다. 그러나 먼지와 기름은 빠져나가지 못하고 섬유 사이에 응집된다. 응축기 뒤에 S-후크 2개를 사용해 걸어두는 것은 철사 옷걸이에서 유래되었다.

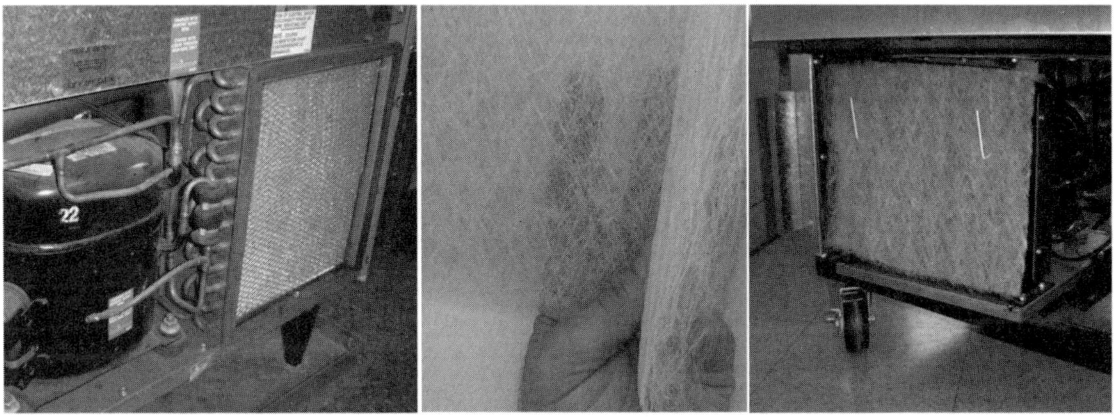

그림 3-5 응축기의 필터들 (출처: Dick Wirz)

필터에 이물질이 지나치게 축적되는 것을 방지하려면 검사주기를 충분히 짧게 하고 자주 확인해야 한다. 음식을 조리하는 공간이나 또는 하역장과 같은 곳은 응축기 필터를 매달 검사해야 하는 반면, 나머지 장소의 장비 필터들은 3개월마다 교환해 주면 충분하다.

제빙기(ice machine) 제조자들은 응축기에 필터 설치를 시작한 뒤로 서비스 문제가 더 적게 발생한다고 한다. 그들은 일반적으로 얇지만 빽빽한 플라스틱이나 알루미늄 망을 사용한다. 이런 종류의 필터를 사용하는 경우 공기저항을 극복하기 위해 제조자는 더 큰 응축기 팬 모터로 성능을 향상시켜야 한다.

공냉식 응축기를 위한 낮은 외기온도 제어

일반적인 응축 장비들은 대부분 주위의 운전조건인 60°F와 100°F 사이에서 원활하게 작동하도록 설계되었다. 응축압력이 60°F 이하면 너무 낮아서 유량조절장치가 적절히 작동할 수 없다. 일반적인 팽창밸브는 밸브로 들어오는 고압 액상냉매와 토출되는 저압액 및 기체 사이에서 최소한의 압력강하를 필요로 한다. 내부 압력이 너무 낮으면 밸브를 적절히 조절할 수 없고 엉뚱한 작동 결과가 나타난다. 그러면 팽창밸브는 평형점을 찾아가기 위해 움직이게 되며 1분 동안 스터빙 증발기가 발생하고 이후 플러딩 증발기가 된다.

예제: ⑫ R22의 압력수두는 168 psig, 응축온도는 90°F다. 중간온도용 워크인 냉

장고의 증발기 온도는 49 psig 에서 25°F 다. 온도자동팽창밸브(TEV)를 통과하면서 발생하는 압력강하는 거의 119 psig(168−49=119)다. 그러므로 119 psig 보다 적은 압력강하는 온도자동팽창밸브에서 오작동을 일으킬 수 있다.

해결책은 압력수두를 최소치보다 높게, 일반적으로 90°F 응축온도로 동등하게 유지시켜줘야 한다. 예를 들어, R22 를 사용하는 장비에서 허용되는 최소압력은 168 psig 다. 다음으로는 낮은 주위 조건에서 압력수두를 유지하는 일반적인 세 가지 방법에 대해 기술할 것이다.

- 응축기 팬의 운전 사이클
- 댐퍼(damper)를 사용한 응축기를 통과하는 공기유량 제어
- 응축기 플러딩과 냉매를 줄이기 위한 효과적인 응축기 표면적

팬 사이클 제어

팬 사이클 제어는 토출압력 또는 주위 온도(그림 3-6 참조) 두 상태 중 하나를 지켜봄으로서 압력수두를 조절할 수 있다. 대부분 팬 사이클 제어는 압력수두가 최소압력 이하로 떨어졌을 때 응축기 팬을 멈춘다. 이 경우 팬이 시원한 공기를 밀어 응축기를 통과시키지 못하므로 시스템은 쉽게 열을 방출할 수 없다. 그 결과 압력수두가 증가한다. 압력이 제어장치의 설정압력보다 높은 값에 도달했을 때 팬은 다시 돌기 시작한다.

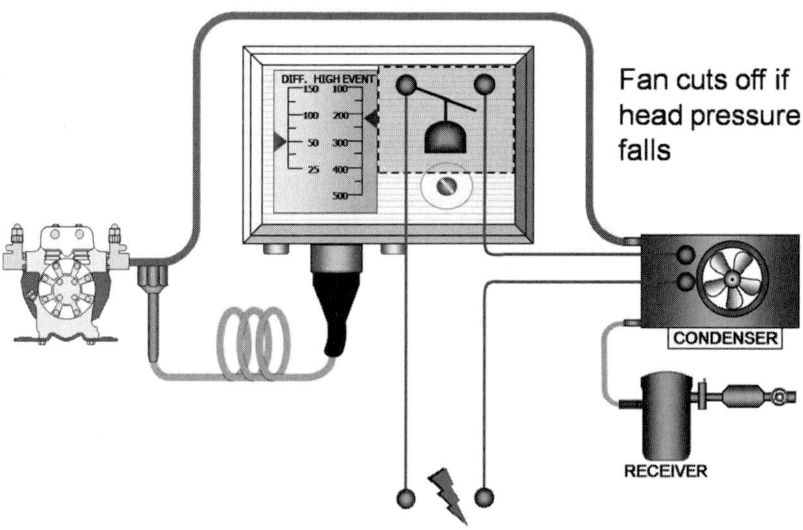

그림 3-6 낮은 주위 조건의 팬 사이클
(출처: Refrigeration Training Services)

예제: ⑬ R22 응축기가 주위 온도 50°F에서 작동된다. 압력수두가 떨어져 90°F 응축온도(R22의 168 psig)와 동등해지면 팬은 꺼진다. 이것을 제어의 컷아웃압력(control's cut-out pressure)이라 부른다.

컷인(cut-in) 압력은 일반적으로 컷아웃(cut-out) 위의 40 psig 또는 본 예제에서는 208 psig (168+40=208)로 설정한다. 응축기 팬의 컷아웃은 주위가 60°F와 동등할 때이고, 컷인은 주위가 74°F와 동등할 때다. 장치는 평균 주위 운전조건인 60°F와 74°F의 중간쯤인 67°F 정도에서 작동할 것이다. 유량조절장치가 적절하게 작동하기 위해 압력은 충분히 높게 유지될 것이다.

컷인과 컷아웃 사이의 차는 30 psig와 50 psig 사이여야 한다. 만약 차이가 30 psig보다 낮아지면 팬 모터는 짧은 사이클을 따라 운전되고 결과적으로 곧 모터고장(motor failure)이 발생할 것이다. 만약 컷인이 50 psig 차이보다 크다면, 팬은 너무 오랫동안 꺼져 있을 것이다. 오래 동안 꺼진 사이클은 정압수두가 큰 폭으로 흔들리며 이는 팽창밸브가 오작동한 결과라고 할 수 있다.

팬이 여러 개인 원거리 응축기의 제조자는 팬 제어를 온도와 압력의 조합으로 사용하기도 한다. 이를테면, 첫 번째 팬은 70°F의 환경에서 꺼지고, 두 번째는 60°F 환경에서 그리고 마지막 팬은 응축기 출구에 가장 가까운 곳의 응축온도에서 작동할지 모른다. 이와 관련된 제조자들의 추천법을 확인해 보라.

팬 사이클 정압수두 제어법의 한계

공냉식 압축기, 응축기 팬을 포함한 응축기는 공냉식 압축기 모터를 냉각시키기 위해 필요한 공기유량을 제공하는 중요한 역할을 한다. 팬이 꺼진 상태로 순환되면, 날씨가 매우 추울 때에도 공기이동 부족으로 압축기 모터가 과열을 일으킬 수 있다.

Copeland사는 공냉식 압축기를 포함하고 팬이 하나인 응축기에서는 팬 사이클 제어를 하지 않는 것이 좋다고 한다. 그러나 응축 팬이 여러 개인 장비는 팬 중에 하나만 빼고 모두를 가지고 사이클을 제어할 수 있다. 이때 나머지 팬 하나로는 압축기 모터를 냉각시킨다.

일반적으로 팬 사이클 제어법은 겨울온도가 영상인 미국 남부지역에서 가장 효과적이다.

팬 속도 제어

가변주파수 구동(variable frequency drive, VFD)과 정류된 모터(electrically commutated motors, ECM)는 응축기에서 더 일정한 정압수두를 유지하기 위해 모터속도를 조절할 수 있다. 정압수두가 30~50 psig에서 변화하는 일반적인 팬 제어와는 달리, 모터속도가 변화하여 정압수두를 일정하게 유지할 수 있다. 비록 비용이 좀 더 들지라도 이러한 팬 모터는 시스템의 작동성과 효율성을 증가시키고 운전비용이 낮아 사용할 수 있는 곳이 많다.

공기 댐퍼

때때로 긴 원거리 응축기에서 사용되는 셔터(shutter) 또는 댐퍼(damper)는 정압수두를 높게 유지시켜 준다. 일반적인 팬 사이클과 유사하게 댐퍼는 응축기 표면을 가로지르는 공기유량을 제한한다. 댐퍼는 여러 위치에서 사용이 가능하고 각 단에서 닫히게 할 수 있다. 몇몇 댐퍼 시스템은 장비의 정압수두를 통해 제어하는 반면 다른 것들은 주위 공기온도를 측정해 제어한다. 팬 사이클 제어는 보다 완벽한 정압수두 제어를 위해 댐퍼와 함께 사용된다.

댐퍼는 또한 바람으로 인한 낮은 외기온도 조건이나 같은 방향으로부터 지속적으로 불어오는 바람을 막기 위해 사용된다. 응축기를 통해 바람이 불면 팬이 꺼진 사이클에서도 응축온도를 떨어뜨릴 수 있다. 공냉식 응축기를 설치할 때는 바람의 90도 각도로 설치하도록 하는 규칙을 따르는 것이 좋다.

응축기 플러딩

응축기 플러딩은 시스템에 냉매를 너무 많이 충전한 경우와 같아 압력수두를 증가시킨다. 응축기 플러딩이 있는 시스템의 제조업자는 응축기에서 액상냉매가 나가는 것을 방지하기 위해 수두압력조절(head pressure regulating, HPR) 밸브를 사용한다. 응축기에서 역류할 수 있는 액상냉매는 응축기 관이나 압축기에서 응축기까지 토출가스가 적게 남아 있는 공간을 채운다. 그 결과 압력수두는 수두압력조절 밸브 설정에 따라 최소압력까지 올라간다. 응축기의 온도와 압력은 마치 응축기를 통해 따뜻한 주위의 공기가 들어오는 것처럼 상승한다.

대부분의 수두압력조절 밸브는 3방 밸브인데, 낮은 외기조건 동안 압력수두가 90°F 응축온도 조건과 동등한 수준으로 올라갈 때까지 응축기에서 액체가 통과하지 못하게 한다. 같은 시간에 리시버 안을 따뜻한 온도로 유지시키기 위해 토출압력 밸브가 열려 뜨거운 토출증기를 바이패스시킨다(그림 3-7과 3-8 참조).

참고: 만액식 응축기 시스템의 제조업자는 낮은 외기조건에서 응축기에 냉매가 적절하게 플러딩할 수 있도록 적당한 충전절차를 계산한다. 만약 시스템에 대한 정보를 가지고 있지 않다면 기술자는 시스템에 정확히 충전하기 위해 공장에 연락할 것이다. 또한 시스템이 높은 외기조건에서 전체 냉매충전을 포함하려면 충분히 큰 수액기가 있어야 한다. 만액식 응축기의 충전과 표준 원격 냉동시스템에 관한 더 많은 정보는 9장을 참조하라.

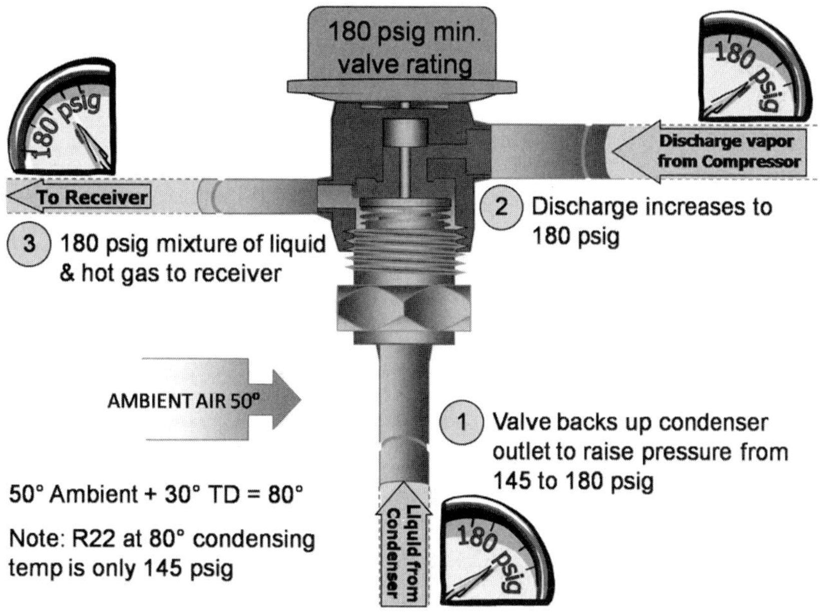

그림 3-7 압력수두조절 밸브의 외부 일부를 잘라낸 그림 (출처: Refrigeration Training Services)

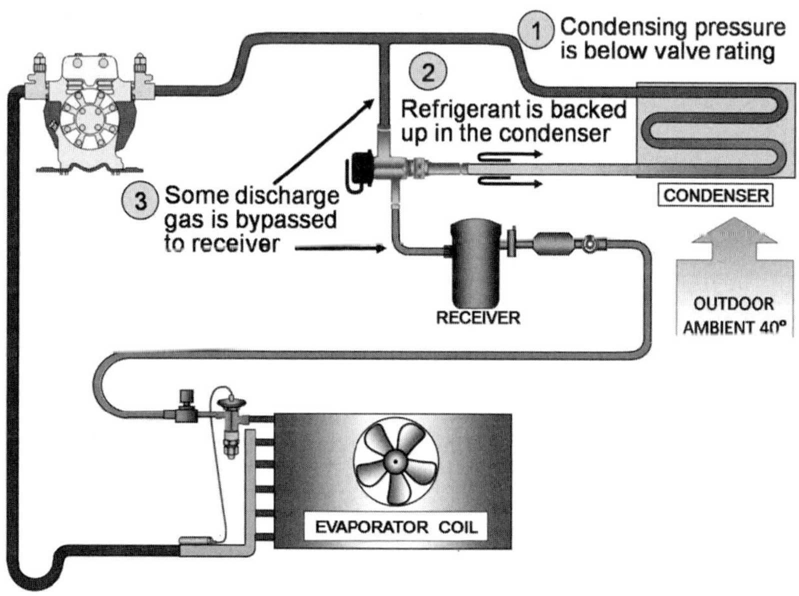

그림 3-8 냉동시스템에서 압력수두조절 밸브 (출처: Refrigeration Training Services)

압력수두조절 밸브의 문제 해결

압력수두조절 밸브(그림 3-9 참조)의 정확한 문제해결을 위해 기술자는 다음 내용들을 알아야 한다.

DIAGNOSIS OF HEAD PRESSURE REGULATING VALVES (HPR's)

INFORMATION NEEDED:

HEAD PRESSURE (HP) ________
LIQUID LINE TEMPERATURE (LLT) ________
PRESSURE RATING OF HPR VALVE ________
AIR TEMP. ENTERING THE CONDENSER ________

NOTES	APPLICATION	REFRIGERANT	RATING
	High pressure valves	R502, R404A, HP81, & R22	180 psig = 90° condensing temp
	Low pressure valves	R12, R134a, MP39, R414B	100 psig = 90° condensing temp

Summer (ABOVE 60°)	Winter (BELOW 60°)	REASON	DIAGNOSIS
HP - NORMAL LLT - NORMAL	HP - LOW LLT - COLD	HPR IS **NOT** BACKING UP REFRIGERANT IN CONDENSER. NORMAL FLOW THROUGH THE CONDENSER. NO HOT GAS BYPASSING.	HPR STUCK OPEN OR HEAD HAS LOST CHARGE. REPLACE HPR
HP - HIGH LLT - HOT	HP - HIGH LLT - WARM/HOT	HPR TOTALLY BLOCKING CONDENSER OUTLET. NO LIQUID LEAVING CONDENSER. HOT GAS REPLACES LIQUID IN LL.	HPR STUCK CLOSED. REPLACE HPR
HP - LOW LLT - HOT	HP - LOW LLT - WARM/HOT	NOT ENOUGH GAS FOR GOOD HP, HOT GAS REPLACES LIQUID IN LL. *Note: a remote unit that requires 18 pounds of refrigerant for low ambient conditions may operate properly on only 8 pounds in warm weather.*	LOW CHARGE ADD REFRIGERANT *Not charged properly for low ambient conditions or there is a refrigerant leak.*

그림 3-9 압력수두조절 밸브의 문제에 대한 진단표 (출처: Refrigeration Training Services)

- 압력수두조절 밸브의 압력 조절
- 현재 압력수두
- 액관 온도
- 응축기로 들어오는 주위의 공기온도

모든 문제 해결에 있어서 기술자들은 현재 무슨 일이 이 시스템에 일어나고 있는지와 더불어 어떻게 운전되는지를 비교하고 검사해야 한다. 몇몇 기술자들은 시스템의 모든 관이 깨끗한 유리로 되어 있어 모든 곳에서의 흐름을 볼 수 있으면 정말 좋을 것이라 믿고 있다. 그러나 실제 기술자들이 눈으로 보는 측정보다는 장비나 온도계를 이용해 진단하는 것이 더 낫다. 냉동시스템을 진단하는 가장 정확한 방법은 온도나 압력을 측정하는 것이다.

압력수두조절 밸브가 잘 작동한다면 압력수두는 밸브의 설정값과 동일하고 액관은 90°F 정도로 따뜻할 것이다.

다음은 낮은 외기조건에서 작동되는 동안 발생하는 두 가지 압력수두조절 밸브의 문제를 보여주고 있다.

- 압력수두가 낮고 액관이 차갑다면, 응축기 출구에서 압력수두조절 밸브가 완전히 열린 상태를 의미한다. 따라서 응축기에서 냉매가 역류하거나 고온 가스가 바이패스되지 않는다.
- 만약 압력수두가 높고 액관의 온도가 따뜻하거나 뜨겁다면, 이것은 응축기 출구에서 압력수두조절 밸브가 완전히 닫힌 상태를 의미한다. 따라서 응축기로 향하는 출구가 완전히 닫히고 단지 고온가스만 액관으로 바이패스 된다.

참고: 적은 충전량 조건에서 압력수두조절 밸브는 잘 작동하지 못한다. 만얀 액관이 따뜻하지만(또는 뜨겁지만) 압력수두가 낮다면, 시스템은 낮은 충전량 조건에서 운전되고 있는 것이다.

밸브는 응축기 출구를 막는 역할을 한다. 하지만 응축기에 정체되는 냉매는 압력수두를 높이기에 충분하지 못하다. 밸브의 입구에서 액상이 아닌 기상의 냉매가 바이패스 관에서 토출된 냉매와 섞인다. 따라서 액관으로 들어가는 것은 고온의 가스뿐이다.

경험이 많은 기술자들은 몇 kg의 냉매를 추가 주입함으로써 이런 증상을 쉽게 진단한다. 만약 압력이 정상 범위로 돌아온다면 기술자는 그 가정의 정확성을 확신하게 된다.

참고: 이러한 상황은 가을이나 겨울에 접어들어 처음으로 추운 날에 종종 발생한다. 만약 여름 동안 시스템을 적절하게 충전하여 운전했다면, 기술자들이 날이 추워졌을 때 응축기 플러딩을 방지하기 위해 충분한 냉매를 추가하는 것을 깜박하는 것도 드문 일은 아니다.

부유 수두압

부유 수두압(floating head pressure)은 외기온도의 감소에 따라 시스템의 압력수두를 낮추는 방식을 말한다. 낮은 외기온도에서 제어를 위하여 사용되는 주된 이유는 기존 팽창밸브가 정확하게 작동하도록 충분히 높은 액체압력을 유지하기 위해서다. 그러나 몇몇의 제조업자는 액관 압력이 강하할 때에도 올바르게 작동하는 **평형공**(balanced port) **팽창장치**를 도입했다. Rusell Coil사는 많은 편의점에 설치된 Sierra 원격 냉동시스템에 이 밸브를 사용한다. Rusell은 효율적으로 작동하고 낮은 온도의 제어없이 주변 온도를 30°F로 정확하게 떨어뜨리는 시스템을 설계했다. 그 온도보다 낮은 응축기 팬 사이클링은 일반적으로 낮은 주위에서만 제어가 필요하다.

수냉식 응축기

공냉식 시스템은 응축기 내부에서 공조 공간의 바깥쪽 외부공기까지 열을 전달하기 위해 주위 공기를 사용한다. 열전달률을 증가시키는 방법에는 응축기를 통해 더 많은 공기를 이동시키는 방법을 포함하여 몇 가지가 있다.

물은 공기보다 밀도가 높다. 그러므로 공기보다 더 효율적으로 열을 흡수한다. 수냉식 응축기는 공냉식 응축기보다 물리학적으로 더 작고 약 105°F의 일정한 응축온도에서만 작동하도록 설계할 수 있다. 공냉식 시스템이 이러한 온도에서 작동하는 경우는 기온이 75°F로 온화할 때뿐이다.

수냉식 시스템은 주변 공기가 따뜻하거나 음식점 부엌처럼 가루, 먼지, 또는 기름이 떠다니는 실내에서 사용된다. 수냉식이 적용되는 또 다른 경우는 통풍이 나쁜 영역이다. 좁은 판매대 안에 자리잡은 제빙기는 물로 냉각시킬 때가 많다. 만약 공기로 냉각시키면 공기가 스스로 재순환할 것이고 결국 압력수두가 높아진다.

상업용 냉동시스템 용으로 가장 평판이 좋은 수냉식 응축기는 다음과 같다.

- 관으로 된 수냉식 응축기와 같은 이중관식 응축기는 작은 응축 시스템과 제빙기에 사용된다(그림 3-10 참조).
- 응축기-리시버와 같은 원통-관(Shell-and-tube)형 응축기는 대형 응축장치와 터보형 냉각장치에 사용된다.

그림 3-10 이중관식 응축기에 따른 수냉식 응축시스템 (출처: Russell Coil Company)

그림 3-11 플랜지 형태의 응축기
(출처: Dick Wirz)

이중관(tube-in-tube)식 응축기는 냉매를 포함하는 외부 관으로 둘러싸인 내부관을 통해 물이 순환한다. 이 구성에서 냉매는 내부 물관뿐만 아니라 냉매관의 외부 표면에 접촉하는 주위 공기로도 냉각시킬 수 있다(이러한 응축기 형태의 내부는 그림 3-11을 참조하라). 이중관식 응축기는 응축기를 떠나는 과냉된 냉매가 반대방향으로 들어오는 물과 만나도록 설계된다. 대항류 형상은 응축기 전체를 통과하는 열교환양을 상대적으로 일정하게 유지시킨다. 또한 유입되는 차가운 물이 고온의 가스관과 바로 접촉하면 두 유체 사이의 온도차가 크기 때문에 열충격이 생기고 이는 피로파괴와 관의 살라짐 현상을 유발한다. 더욱이 두 유체 사이의 온도차가 커질수록 시스템 내의 무기물(mineral)의 적층이 더 많이 생성된다.

이중관식 응축기는 대부분 관 형태로 이루어져 있으며 상대적으로 가격이 낮다. 다른 형태로는 청소하기가 용이하도록 끝부분의 판이나 플랜지를 제거할 수 있는 관들이 적층되어 한 방향으로 구성된 플랜지 형태 열교환기가 있다.

원통-관(shell-and-tube) 형 응축기는 응축과 냉매 보유를 목적으로 큰 탱크 또는 원통을 이용한다. 원통에 들어오는 고온가스는 탱크를 통해 들어온 차가운 물관에 접촉해 들어온다. 그 형태를 달리 묘사해 보자면, 내부에 물관들이 달린 액체 리시버를 떠올리면 된다. 사실 몇몇 기술자들은 이 시스템을 '응축기/리시버' 라 부른다. 물관을 청소하려면 끝판을 제거할 수 있다(그림 3-10과 그림 3-12 참주).

그림 3-12 원통-관형 응축기에 따른 수냉식 응축기 (출처: Russell Coil Company)

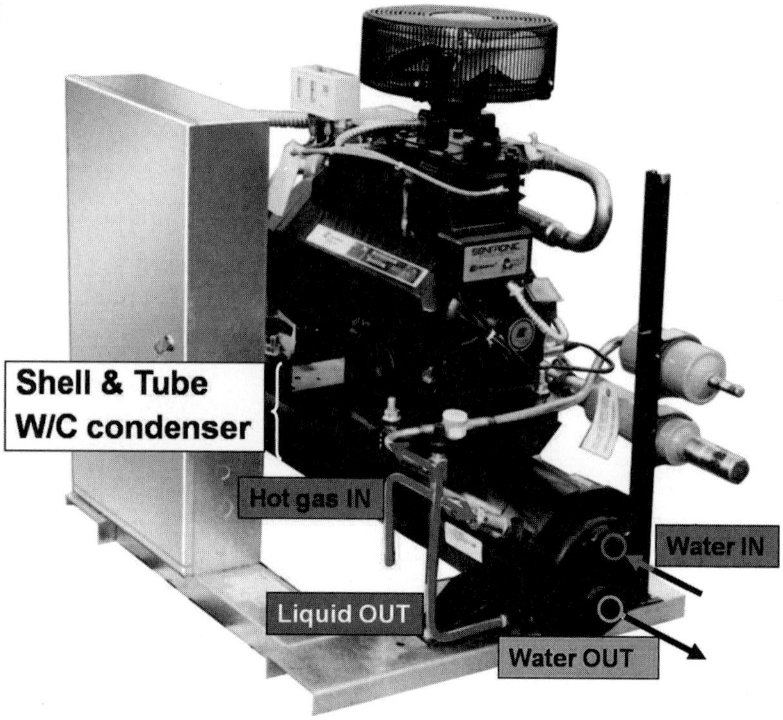

물 유량조절 밸브

대다수 수냉식 시스템은 압력수두에 비례해 응축기에 들어오는 물의 유량을 조절하기 위해 **물 유량조절 밸브**(water-regulating valve, **WRV**)를 사용한다. 압축기가 작동하지 않을 때 스프링 압력은 응축기 안에 있는 물의 유동을 차단하기 위해 밸브의 내부 플랜지를 아래로 민다. 압축기가 운전을 시작하면 압력수두가 증가하고 압력은 밸브를 최대한으로 밀어 개방 압력을 가중시킨다. 두 가지 압력은 밸브를 조절하여 응축기 안의 압력수두를 일정하게 유지시키기 위해 응축기에 물이 충분히 존재하도록 제어한다(그림 3-13 참조). 이때 물 유량조절 밸브를 조정하려면 게이지 렌치(gage wrench)를 사용한다. 한 쌍의 플라이어(plier) 또는 스크루 드라이버(screw driver)를 이용해서 밸브를 돌리면 조절장치의 끝이 손상되는 경우가 많다. 시계방향으로 돌리면(조절장치의 끝을 향하도록) 압력수두가 증가한다.

냉각탑

냉동에 사용되는 냉각탑은 안락한 냉방(comfort cooling)을 위해 사용되는 냉각탑과 동일하다. 그러나 응축기관에 스케일(scale)이 생기는 것을 최소화하려면 화학적인 처리 과정이 필요하다는 것을 반드시 기억해야 한다. 또한 냉각탑의 저장소에 무기질(mineral) 농도가 과도해지는 것을 방지하려면 몇 가지 종류의 일정한

T.R.O.T

냉각탑의 설치는 일반적으로 혼합된 수냉식 장치의 용량이 약 24,000에서 36,000 Btuh정도에 도달할 때 고려된다.

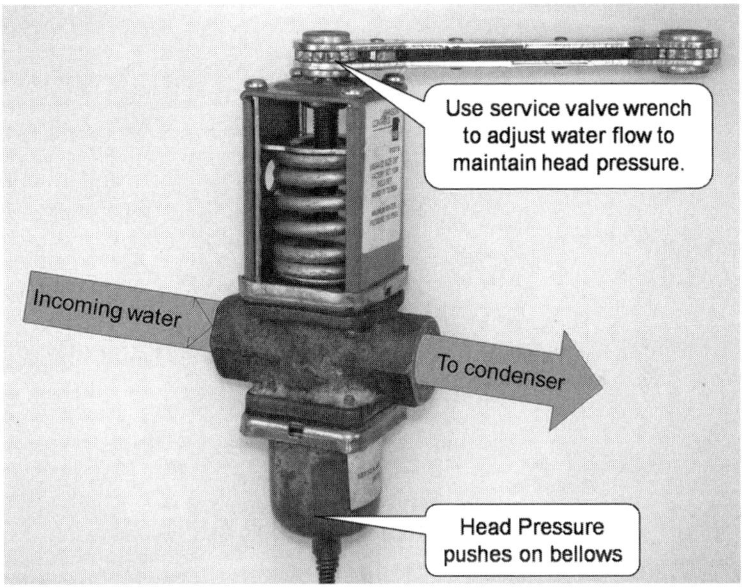

그림 3-13 물 유량조절 밸브 (출처: Dick Wirz)

유출(bleed-off) 또는 배수물의 '폐기 수량(blow down)'이 필수다.

냉각탑이 필요할 정도로 큰 냉동 시스템을 유지하려면 일반적으로 주 냉각탑의 수질을 유지하기 위해 전문적인 하수처리 회사를 이용한다. 탑을 적절하게 유지보수하지 않는다면, 운영 및 점검 증가로 인한 비용 때문에 냉동시스템의 효율이 떨어질 것이다. 냉각탑은 85°F 배수온도에서 냉동톤(12,000 Btuh)당 대략 3 gpm(분당 갤런)의 비율로 물을 재순환시킨다.

폐수 시스템

폐수 시스템(wastewater system)은 수돗물로 응축기를 냉각하고 폐수를 배출하는 수냉식 장치다. 이 방법은 75°F의 온도로 들어오는 물은 톤당 약 1.5 gpm을 사용한다.

참고: 물의 유량은 들어오는 물의 온도에 따라 결정된다. 들어온 물이 차가우면 냉매를 응축하는데 물의 유량이 적게 필요하다. 들어온 물의 온도가 뜨거우면 응축하는데 더 많은 유량이 필요하게 된다.

수냉식 시스템을 제안할 때 기술자는 사용하는 물과 하수도에 대한 비용 청구서가 날아오리라는 것을 고객에게 인식시켜야 한다.

예제: ⑭ 1톤(12,000 Btuh) 장치가 매일 24시간에서 평균 16시간(960분)동안 운전한다고 가정한다. 하루에 1,440갤런(1.5 gpm×1 톤×960 분)의 물이 사용될 것이다. 소비자의 월별 수도요금 청구서는 43,200 갤런의 사용량을 수냉식 응축기에 반영할 것이다. 만약 1,000 갤런 사용당 요금이 3달러면 청구서의 수냉식 장치의 운영은 한 달에 130달러, 1년에는 1,560달러가 된다. 장치가 여러 개이거나, 응축기가 더럽거나, 또는 압력수두조절 밸브에 누설이 있으면 이 액수는 훨씬 더 올라갈 수도 있다. 폐수를 사용하는 수냉식 장치의 설치비용이 처음에는 저렴할 수 있지만 장기적으로 사용할 때는 냉각탑 또는 심지어 원격 공냉식 장치가 비용이 덜 들 수 있다.

참고: 폐수 시스템을 설치하기에 앞서 지역 건물 감독관에게 확인을 받아야 한다. 물 사용량 때문에 이러한 종류의 냉동시스템의 형태를 허용하지 않는 지방정부들이 많을 뿐만 아니라 하수처리 시설에 대한 추가비용 부담이 따른다.

수냉식 장비의 서비스와 유지보수

사람의 건강과 냉동장비 사이에 공통점이 있다면, 뭔가 문제가 발생될 때까지 기다리는 것보다 정기적인 검사와 유지보수를 하는 편이 훨씬 더 효과적이고 좋다는 것이다(그림 3-14와 3-15 참조). 여기에 필요한 몇 가지 지침은 다음과 같다.

1. 응축기에서 토출되는 물의 온도는 얼마인가?
   힌트: 토출되는 물의 온도를 바로 측정하거나 아니면 전자 온도계의 끝을 감아 단열시킨 다음 응축기 배수관의 온도를 검사한다. 관의 온도는 실제 물온도와 매우 유사해야 한다.
2. 응축온도는 얼마인가?
   힌트: 압력수두를 결정하기 위해 게이지를 사용한다. 압력/온도 선도를 사용하여 응축온도를 결정한다.
3. 토출되는 물의 유량은 얼마인가?
   힌트: 1갤런짜리 양동이처럼 측정이 가능한 용기를 사용한다. 응축기 출구 아래에 놓고 가득차는 데 걸리는 시간을 잰다. 이를 테면 만약 1갤런 양동이가 가득 차는 데 30초가 걸린다면 유량은 2 gpm이다.

만약 응축기에 대형 배수관을 사용한다면 당신이 확인한 수냉식 응축기로부터 하수구관을 잘라야 한다. 앞에서 설명한 것처럼 유량을 측정한다. 주요한 배수

그림 3-14 이중관식 응축기에서 무기질 생성 (출처: Dick Wirz)

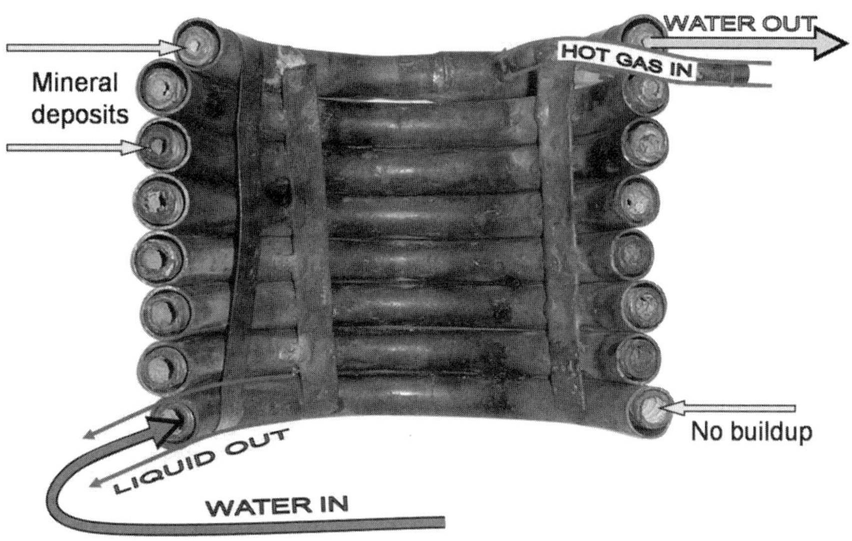

그림 3-15 원통-관형 응축기에서 무기질 생성 (출처: Dick Wirz)

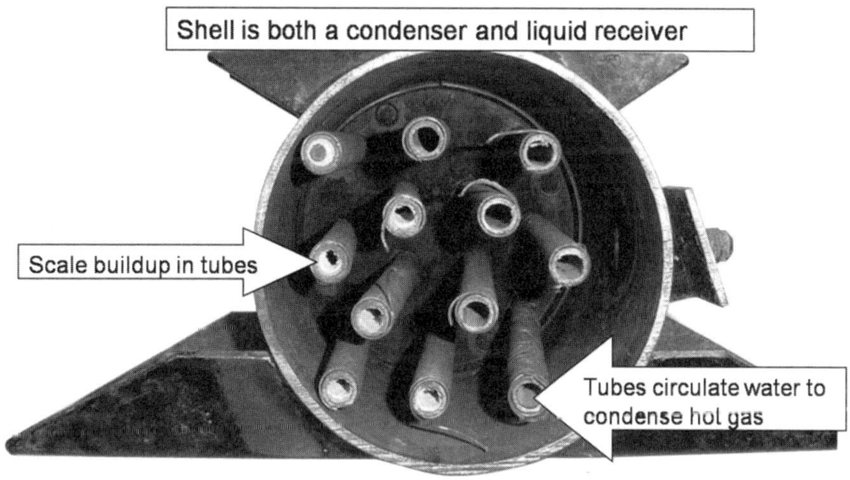

관을 연결할 뿐만 아니라 다음에 정밀검사를 하는 동안 다시 유량을 측정하기가 쉽게 하기 위해 접합관 또는 압축기 커플링(coupling)을 설치한다.

폐수를 이용한 수냉식 시스템의 적절한 운전조건

대부분의 수냉식 응축기의 응축기 분기(CS)는 유입되는 물의 평균온도인 75°F보다 약 30°F 높게 설계된다. 따라서 응축온도는 약 105°F(75°F+30°F=105°F)가 된다. 수냉식 시스템의 경우 유출되는 물의 온도는 응축온도보다 약 10°F만큼 낮아야 한다. 이 경우 유출되는 물의 온도는 약 95°F(105°F−10°F=95°F)가 된다.

다음은 왜 응축기 출구에서 물의 유량을 측정하는 것이 중요한지를 보여준다. 압력수두조절 밸브는 응축기의 물 입구에 위치한다. 이 밸브는 응축기의 압력수두를 적절하게 유지하기 위해 물의 유량을 조절한다. 응축기 관들이 무기질로 채워지면 유량조절 밸브의 개도는 증가하고, 따라서 더 많은 유량을 내보내고 관에서 설정된 압력수두를 맞춘다. 만약 기술자들이 압력수두만을 검사한다면 그들은 무기물질들이 관에 생성되기 시작했다는 점을 인지하지 못하게 된다.

예제: ⑮ 어느 기술자가 용량이 12,000 Btuh인 시스템의 유량을 검사했다. 응축온도는 95°F인데 유량은 일반 수준인 1.5 gpm이 아니라 2 gpm이라는 것을 발견했다. 이때 기술자는 뭔가 문제가 있다는 것을 알아차리기 시작해야 한다. 그러면 적절한 시간에 시스템을 청소할 계획을 세울 수 있을 것이며 상대적으로 쉽게 일을 처리할 것이다.

기술자가 단지 높은 압력수두만을 청소가 필요하다는 신호로 여긴다면 상황에 대처하기에 너무 늦어버릴 수 있다. 물 유량조절 밸브는 무기물질이 쌓여 생기는 차단효과를 상쇄하기 위해 개도를 점점 증가시켜 물의 유량을 증가시킨다. 만약 물 유량조절 밸브가 완전히 열리고 원활한 열전달이 되지 않을 정도로 두꺼운 무기물질이 생겼다면, 높은 압력수두가 발생하고 어쩌면 고압 차단기가 작동할지도 모른다. 이쯤 되면 응축기에는 무기물질이 너무 두껍게 쌓여 청소하기도 쉽지 않게 된다. 또한 기술자에겐 곧바로 처리해야 할 비상사태가 닥칠 것이다.

수냉식 응축기의 청소

이전에 이미 설명한 바와 같이 플랜지 형태의 응축기 끝 부분은 청소를 하기 위해 분리시킬 수 있다. 특별한 모양의 솔과 드릴로 물관에 있는 무기물을 제거할 수 있다.

몇몇 기술자들은 화학물질을 이용해 이러한 무기물질을 제거하려 시도하기도 한다. 이러한 방법은 응축기를 분해하거나 솔이나 드릴을 이용해 청소하는 수고를 덜어준다. 다음 단락은 수냉식 응축기의 화학적 청소방법(그림 3-16 참조)에 대해 설명하고 있다.

사실 확인 #2

미리 생각해서 계획하는 것은 매우 중요한다. 기술자들은 일을 시작하기 전에 플랜지 개스킷(flange gasket), 여분의 나사, 그리고 나사 추출장치 등을 챙겨야 한다. 때때로 플랜지에서 나사를 제거하다가 나사가 부러지기도 한다. 일반적으로 개스킷은 플랜지를 다시 설치하기 전에 갈아야 한다.

그림 3-16 산을 이용한 수냉식 응축기의 청소 (출처: Dick Wirz)

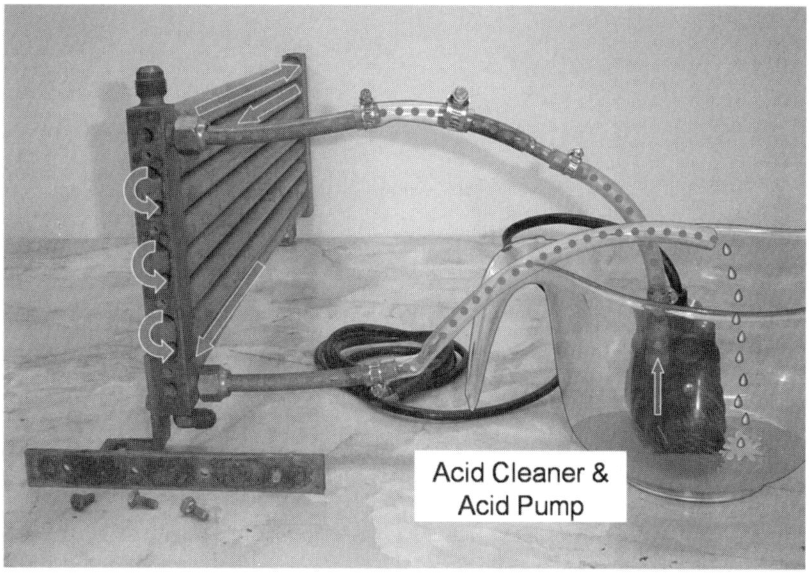

사실 확인 #3

관에 축적된 무기물이 너무 두껍지 않다면 수냉식 응축기는 쉽게 청소할 수 있다. 그러나 두껍게 축척된 무기물을 제거하는 것은 늘 쉬운 일은 아니다. 세제는 압력수두를 낮출 수 있을 만큼 무기물을 충분히 제거하지 못할 때도 있다. 어떤 경우에는 청소를 하다가 무기물 덩어리가 떨어져나가기도 하는데 이것이 응축기 관을 완전히 막을 수도 있다.

관 형태의 응축기를 청소하는 단 한 가지 방법은 청소용으로 특별히 만들어진 청소 세제를 관을 통해 강력하게 순환시키는 것이다. 청소 세제를 취급하는 냉방기 용품점에 가면 이 과정에 필요한 에폭시 코팅이 된 작은 수정용 펌프를 찾을 수 있을 것이다. 다음은 청소과정에 대한 간단한 설명을 나타낸다.

- 물 입구와 출구의 관을 자른다.
- 잘려진 관에 유니온(union)을 설치한다. 그러면 응축기를 청소하기 위해 다른 호스를 쉽게 연결할 수 있을 뿐만 아니라 청소가 끝나고 파이프를 재결합시킬 때도 유리하다.
- 호스를 산성 펌프의 출구에서 응축기 입구로 연결한다.
- 호스가 응축기 뒷부분 출구에서부터 양동이로 이어지도록 설치한다.
- 양동이에서 세제를 적절히 희석시키고 세제가 담긴 양동이에 펌프를 담근다.
- 펌프를 작동시키고 응축기가 깨끗해질 때까지 산성 세제를 순환시킨다.

주의

안전 참고사항: 몇 가지 청소 세제들은 부식성이 강한 산성이므로 잘못 사용하면 피부에 화상을 입거나 심지어 눈이 멀 수도 있다. 항상 잊지 말고 두꺼운 고무장갑과 보호안경을 착용하라. 또한 세제는 응축기에도 영향을 미치기 때문에 너무 오래(예를 들어 밤새도록) 사용해서는 안 된다. 언제나 사용설명서를 읽고 그대로 따라야 한다.

응축기가 깨끗해졌다고 판단되면 청소의 다음 단계로 넘어간다. 아니면 간단히 응축기 입구의 물을 재연결하고 물의 유량에 따른 압력수두를 검사해도 된다. 상태가 아주 나쁜 냉동시스템이라면 고객에게 다음과 같은 두 가지 견적을 제시할 것을 추천한다. 하나는 현재 시스템에 산성을 이용한 청소법을 시도하는 것이다. 다른 하나는 청소를 해도 완전히 세척이 되지 않는 경우 응축기를 새로 교체하는 데 드는 추가비용을 포함하는 것이다. 어쩌면 고객은 기술자의 제안과 그 결과를 믿고 바로 응축기를 교체하기로 결정할 수도 있다.

Business Tip: 가능한 한 고객들에게 대안을 제시하는 것이 최선의 방법이다. 한 가지 이상의 서비스를 제공할 방법만 있다면, 기술자는 고객에게 적당한 정보를 제공한 뒤 고객 자신이 최선의 결정을 내리게끔 해야 한다.

마이크로채널 기술

핀-관 응축기의 관은 어쩌면 이미 지난 시대의 기술일지도 모른다. 마이크로채널은 응축기나 증발기로 사용되는 열교환기를 이르는 말로 Trane, York, Heatcraft 및 다른 제조자들이 제작해 소개했다(그림 3-17 참조). 새로운 형태는 높은 효율을 가지는 작은 관들로 구성된다. 마이크로채널의 설계는 현재 자동차의 라디에이터에 사용되는 열교환기와 비슷하다.

요약

냉매는 증발기에서 열을 흡수함으로써 비등한다. 압축기는 냉매를 압축하며 응축기 입구로 토출하기 전에 온도와 압력을 상승시킨다. 응축기는 열을 제거하고 기체를 액체로 응축시킨다.

응축기의 과냉도를 측정함으로써 기술자들이 기체의 냉매가 액체의 냉매로 응축되었는지를 판단한다. 과냉 또한 액관에서 가스의 발생을 방지하는 효과도 있다.

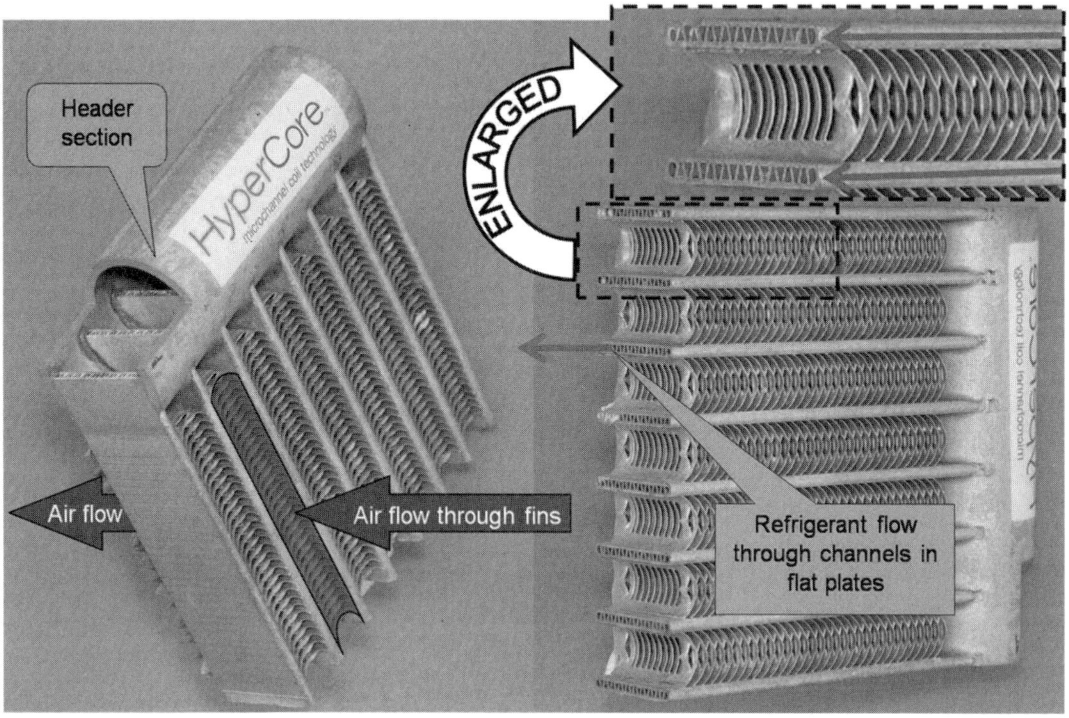

그림 3-17 마이크로채널 관 기술 (출처: Dick Wirz)

공냉식 응축기에서 낮은 외기조건은 최소한 90°F의 응축온도를 유지할 수 있도록 제어해야 한다. 수냉식 응축기에서 물 유량조절 밸브는 적절한 압력수두를 유지하도록 물의 유량을 자동적으로 조절한다.

응축기를 깨끗하게 유지하는 최선의 방법은 청소를 하는 것이다. 공냉식과 수냉식 응축기에는 각각 적절한 청소방법이 있다. 지속적인 관리 프로그램은 고객과 서비스 기술자 모두에게 사업적으로 이득이 된다.

연습문제(REVIEW QUESTIONS)

1. 응축기의 기본적인 기능은 무엇인가?
a. 냉방공간으로부터 열을 흡수한다.
b. 냉방공간으로부터 열을 제거한다.

2. 흡입증기의 냉매는 응축되기 전에 왜 온도를 증가시켜야 하는가?
a. 응축온도가 외기온도보다 높기 때문에
b. 외기온도가 냉매의 온도보다 따뜻하기 때문에

3. 추가로 많은 열을 제공하지 않고 어떻게 냉매의 온도를 증가시킬 수 있는가?
a. 응축기를 통과해 온도를 상승시킨다.
b. 냉매의 압력을 낮춘다.
c. 냉매의 압력을 높인다.

4. 응축기의 3가지 상은 무엇인가?
a. 과냉, 초과냉, 응축
b. 과열 저감, 응축, 과냉
c. 과열도, 응축, 과냉

5. 토출가스의 과열도는 어디에서 오는가?
a. 흡입기체의 과열도
b. 압축기의 모터 열
c. 압축과정의 열
d. 위 모두에서

6. 언제 응축이 일어나는가?
a. 토출가스가 응축온도까지 냉각되었을 때
b. 토출가스가 응축기에 도달하자마자
c. 냉매가 응축기를 떠날 때

7. 과냉도는 무엇이고 무엇을 가르쳐 주는가?

8. 기체의 냉매가 액체의 냉매로 응축된 후, 유량조절장치에 도달하기 전에 액체의 냉매가 기상냉매 속으로 역류하게 되는 원인 두 가지는 무엇인가?
a. 압력의 증가에 따른 온도의 상승
b. 압력의 감소에 따른 온도의 감소
c. 압력의 감소 또는 온도의 상승

9. 3/8인치, 40 피트 수직관에 액상냉매가 흐른다면 압력강하는 얼마인가?
a. 10 psig
b. 20 psig
c. 30 psig
d. 40 psig

10. 위 문제의 압력강하를 기반으로 하고 125°F의 설계 응축온도를 가지는 R22 시스템은 최소한 어느 정도의 과냉도를 필요로 하는가?
a. 2°F
b. 5°F
c. 12°F
d. 14°F

11. 응축기 분기란 무엇인가?
a. 외기와 응축기 토출공기의 온도 차이
b. 흡입온도와 응축온도의 차이
c. 외기온도와 응축온도의 차이

12. 만약 응축기 분기가 30°F인 시스템에서 응축

연 습 문 제(REVIEW QUESTIONS)

기로 70°F의 외기가 들어온다면 응축온도는 얼마여야 하는가?

a. 80°F

b. 100°F

c. 125°F

d. 40°F

13. 앞 문제와 연관되어 R22 시스템에서 압력수두는 얼마여야 하는가?

a. 100 psig

b. 180 psig

c. 196 psig

d. 278 psig

14. 시스템의 응축기 분기를 결정하는 것은 누구인가?

a. 응축기 제조자

b. 설치 기사

c. 소비자

15. 다음 시스템의 대략적인 응축기 분기는 무엇이고 왜 그러한가?

a. 표준온도에서 작동되는 냉방시스템의 응축기

b. 상업용 냉동기

c. 원격 냉장기 응축기

16. 기술자들은 무엇을 통해 응축기가 깨끗하다고 확신할 수 있는가?

a. 고객에게 문의한다.

b. 핀 바깥 부분에 있는 먼지들을 관찰한다.

c. 응축기를 직접 철저하게 청소한다.

17. 응축기 팬 날개가 깨끗하다고 확신할 수 있는 근거는 무엇인가?

a. 지저분한 팬 날개는 깨끗한 팬 날개보다 낮은 풍량을 제공한다.

b. 만약 응축기가 깨끗하고 팬 날개가 지저분하다면 바로 판단할 수 없다.

c. 고객들은 깨끗함을 위해 돈을 제공한다.

18. 낮은 외기조건이라면 일반적으로 어느 온도 이하를 의미하는가?

a. 0°F

b. 32°F

c. 40°F

d. 60°F

19. 표준 냉동시스템에서 최저 응축온도는 얼마인가?

a. 60°F

b. 90°F

c. 105°F

d. 125°F

20. 낮은 외기조건에서 압력수두를 제어하는 일반적인 방법 3가지는 무엇인가?

a. 압력수두조절 밸브, CPR 밸브, 그리고 댐퍼

b. 댐퍼, 팬 사이클 제어기, 응축기 플러딩

c. 부유형 압력수두기, 압력수두조절 밸브, 그리고 물 유량조절 밸브

21. 팬 사이클 제어기는 어떠한 두 가지 조건에 맞춰 반응하는가?

연습문제(Review Questions)

a. 물 유량과 공기의 유량
b. 압력수두와 흡입압력
c. 외기온도와 압력수두

22. 응축기 팬이 너무 오래 동안 멈춰 있으면 무슨 문제가 발생하는가?
a. 아무것도 없으며, 어쨌든 압력수두가 증가한다.
b. 공냉식 압축기의 모터가 과열되고 팽창장치가 제대로 작동하지 않는다.
c. 팽창장치가 증발기로 냉매를 보내지 않고 압력수두는 감소한다.

23. 응축기 팬이 너무 짧은 시간 동안 작동을 반복한다면 무슨 문제가 발생하는가?
a. 팬 모터가 손상된다.
b. 고내의 온도계가 제대로 작동하지 못한다.
c. 아무 문제 없으며, 이는 주변의 압력을 일정하게 유지하는 데 좋다.

24. 미국에서 팬 사이클을 제어하는데 가장 적당한 지역은?
a. 북부
b. 남부
c. 동부
d. 서부

25. 응축기의 작동에 주된 바람(prevailing wind)은 어떻게 영향을 미치는가?
a. 팬이 멈추었을 때 압력수두를 낮춘다.
b. 팬이 멈추었을 때 압축기의 냉각을 유지한다.
c. 먼지로 응축기를 막는다.

26. 낮은 외기조건에서 압력수두를 유지하려면 응축기 플러딩을 어떻게 하는가?
a. 냉매는 응축기 관 안쪽을 채우고 압력수두를 증가시킨다.
b. 최적의 압력이 될 때까지 압력수두를 낮춘다.
c. 증발기로 통하는 팽창장치로 액상냉매가 흘러 넘어간다.

27. 압력수두조절 밸브의 문제를 진단하기 위해 기술자가 알아야 할 4가지는 무엇인가?
a. 제조사, 모델 번호, 제조번호, 색
b. 외기온도, 압력수두, 액관 온도, 밸브 등급
c. 압력수두, 토출압력, 과냉도, 밸브 크기

28. 부유 압력수두는 무엇인가?
a. 배에 사용되는 응축기의 압력수두
b. 외기에 따라 감소하는 압력수두
c. 압력수두를 유지하기 위해 증발기로 냉매를 보내는 평형 팽창밸브

29. 수냉식 응축기를 말할 때 이중관식은 무엇을 의미하는가?
a. 냉매관으로 둘러싸인 물관
b. 관을 통과하는 물관이 있는 냉매 탱크
c. 큰 물관을 통과하는 작은 냉매관들이 있는 응축기

30. 원통-관형 수냉식 응축기는 무엇인가?
a. 냉매관으로 둘러싸인 물관

연 습 문 제(REVIEW QUESTIONS)

b. 응축기를 관통하는 물관이 있는 큰 물관 응축기
c. 응축기를 관통하는 작은 냉매관들이 있는 큰 물관 응축기

31. 폐수 응축기는 70°F의 입수온도를 가지는 폐수를 분당 얼마나 사용하는가?
a. 1.0 gpm/HP
b. 1.5 gpm/ton
c. 3.0 gpm/HP
d. 3.5 gpm/ton

32. 위 문제의 압축기가 6,000 Btuh로 운전될 때 나가는 물의 유량은 분당 얼마인가?
a. 0.5 gpm
b. 0.75 gpm
c. 1.5 gpm
d. 3.5 gpm

33. 수냉식 응축기에서 응축온도는 대략 어느 정도인가?
a. 75°F
b. 90°F
c. 105°F
d. 125°F

34. 수냉식 응축기에 나가는 물의 온도는 응축온도보다 얼마나 낮아야 하는가?
a. 5°F
b. 10°F
c. 15°F
d. 20°F

35. 만약 압력수두가 바뀐다면 나가는 물의 유량의 측정이 필요한지 설명하라.

36. 만약 압력수두가 너무 높고 유량이 크다면, 수냉식 응축기는 어떤 상태가 되는가?
a. 응축기에 많은 무기물들이 생긴다.
b. 물 유량조절 밸브를 다시 보정해야 한다.
c. 시스템에서 냉매가 샌다.

37. 수냉식 응축기를 청소하는 것이 늘 최선의 방법일까? 근거를 설명하라.

CHAPTER 4

압축기

개요

이번 장에서는 상업용 냉동기에 사용되는 가장 일반적인 왕복동식 압축기(compressor)를 중점적으로 설명한다. 스크롤 압축기는 공기조화기에서 가장 선호되기는 하지만, 아직 상업용 냉동기에서는 널리 사용되지 않는다.

이번 장의 목표는 왕복동식 압축기가 어떻게 작동하는지를 설명하고 냉동시스템의 각 조건이 압축기의 작동에 어떤 영향을 끼치는가를 알아보는 데 있다.

또한 이 장 마지막에는 압축기를 올바르게 사용하기 위해 압축기에서 발생할 수 있는 문제들에 관한 예제를 분석하고 그 해결 방법을 제시하겠다.

학습목표(OBJECTIVES)

이 장을 마치고 나면 아래와 같은 내용들을 알 수 있다.

- 압축기의 기능
- 왕복동식 압축기의 작동방법
- 압축기 작동에 의한 냉동시스템의 효과
- 압축비와 압출비의 중요성
- 밀폐형과 반밀폐형 압축기의 유사점과 차이점
- 압축기 윤활의 중요성
- 압축기 문제와 해결

압축기의 기능

냉동기에서 압축기는 시스템에 냉매를 순환시키기 때문에 인체로 치면 심장과 마찬가지 역할을 한다. 또한 압축기는 응축기로 배출되기 전에 유입된 흡입증기의 온도를 고온으로 상승시킨다. 3장에서 설명한 바와 같이, 응축기에서 냉매의 포화온도가 냉각에 쓰이는 공기 또는 물의 온도보다 뜨거워야 토출가스는 응축된다. 기체의 냉매는 높은 압력으로 압축되는 동시에 온도가 상승한다. 그러나 압축기를 통과하는 과정에서 냉매 증기는 다음과 같은 두 가지 열원으로부터 현열을 얻는다.

1. 모터 열 또는 압축기 모터로 인해 생성된 열
2. **압축열**(heat of compression) 또는 압축과정에서 발생하는 열

이렇게 얻는 현열은 흡입관에서 열을 더하고 냉매는 과열증기의 형태가 된다. 증기가 응축될 만큼 충분히 냉각되기 전에 응축기의 앞 부분에서 반드시 이 열을 제거해야 한다.

어떻게 왕복동식 압축기는 작동하는가?

왕복동식 압축기에서 실린더의 작동 순서를 그림 4-1에 나타냈다. 맨 처음 단계 A에서 피스톤은 행정의 최고점에 도달한 상태가 된다. 이제 흡입증기는 실린더의 왼쪽에서 들어오고 토출된 증기는 오른쪽으로 나간다.

단계 B와 같이 크랭크축(crankshaft)이 회전하면, 실린더에서 피스톤은 하강하고 압력이 낮아진다. 실린더 압력이 흡입관 압력보다 낮을 때 흡입 리드밸브(reed valve)는 아래로 열리고 실린더는 흡입증기로 채워진다. 증발기에서 압축기 실린더로 증기가 빨려 들어가기 위해 피스톤이 아래로 하강하는 현상을 **흡입행정**(intake stroke or suction stroke)이라 부른다.

단계 C에서 피스톤은 흡입행정의 최하점에 도달한다. 실린더와 흡입 리드밸브 위쪽의 압력은 같고 흡입밸브는 닫힌다.

단계 D에서 피스톤이 상승하기 시작하면 실린더 내의 증기는 작은 공간으로 압축되고 증기의 압력이 상승한다. 이것을 **압축행정**(compression stroke)이라 부른다. 실린더 안의 압력이 응축기의 압력보다 높을 때 토출 리드밸브는 열린다. 이때 고압의 토출가스는 응축기로 토출된다.

압축행정의 최고점은 단계 E다. 실린더 속 압력이 응축기의 압력과 같고 토출 리드밸브가 닫힌다. 토출밸브가 닫힐 때 피스톤 최고점과 밸브의 바닥 사이의 작은 공간에 고압가스가 남아 있다(화살표 참조). 이 공간을 **틈새체적**(clearance volume)이라고 부른다.

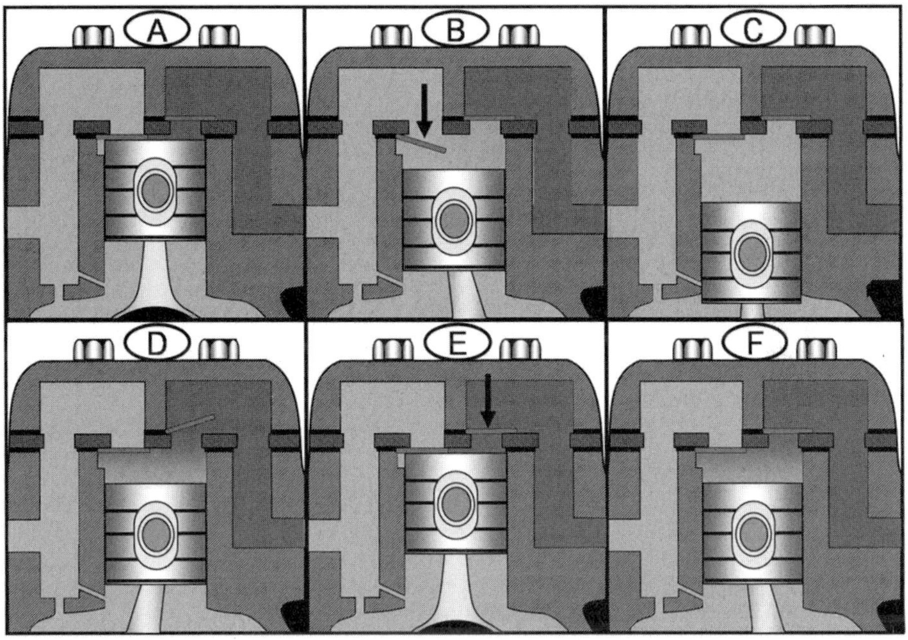

그림 4-1 왕복동식 압축기 작동 (출처: Copeland Corporation)

단계 F는 피스톤이 아래로 향하는 흡입행정이다. 틈새체적의 고압은 흡입압력 이하까지 다시 팽창된다. 그래야만 흡입밸브를 열 수 있다.

틈새체적의 압력이 높을수록 피스톤은 흡입증기가 들어오기 전에 좀 더 아래로 하강해야만 한다. 흡입밸브가 열리기 전에 실린더 안에서 피스톤이 아래로 더 내려올수록 흡입증기를 더 적게 빨아들일 수 있다. 이러한 현상은 압축기의 **체적효율**(volumetric efficiency)에 악영향을 끼친다.

체적효율은 동일한 설계소건에서 압축기가 그 용량에 비해 얼마나 잘 작동하는지를 평가하는데 사용된다. 압축기 용량은 흡입압력과 토출압력이 달라지면서 생기는 영향뿐만 아니라 밸브와 링의 상태에 따라서도 영향을 받는다. 체적효율에 대한 내용은 7장에서 조금 더 자세히 설명하겠다.

압축비

냉동에서 압축비(compression ratio)는 1평방인치당 흡입 절대압력(psia)과 압력수두의 비로 표현한다. psia를 정의하자면 평방인치당 파운드 게이지 압력에 14.7 파운드를 더한 값이다.

예제: ❶ 25°F 증발기와 125°F 응축기 온도로 설계된 R22 워크인 냉장고의 압축

비는 다음과 같이 계산한다.

1. 25°F에서의 저압측은 49 psig+14.7 psi=64 psia
2. 125°F에서의 고압측은 278 psig+14.7 psi=293 psia
3. 설계된 조건에서의 압축비는 293/64=4.6 (4.6:1로 표현)

즉, 흡입압력이 4.6배 증가해 압력수두에 도달하게 된다. 압축기는 특정 압축비에서 가장 효율적으로 작동하도록 설계된다. R22를 적용한 다른 압축기의 압축비는 다음과 같다.

- 40°F 증발기와 125°F 응축기로 설계된 공기조화기의 압축기=3.5:1
- −20°F 증발기와 125°F 응축기로 설계된 냉동기의 압축기=11.8:1

이 두 비율의 차이를 알고 나면, 공기조화 압축기를 냉동기에 적용했을 때 왜 제대로 작동하지 못하는지 쉽게 이해할 수 있다. 또한 압축비가 높을수록 압축열이 높으며, 따라서 압축기에서 토출되는 증기의 온도 역시 높아진다. 이러한 이유로 냉동기의 압축기는 일반 조건에서도 매우 높은 온도로 냉매를 토출한다.

3장에서 본 표준 중간온도용 냉장고에서 응축기 분기(CS)는 30°F다. 그러나 냉동기의 응축기 분기는 20~30°F다. 냉동기는 압축비와 압축기 토출온도를 낮추기 위해 응축기 분기가 작게 설계된다. 설명을 돕기 위해 R404A 리치인 냉동고가 증발기 온도 −20°F와 0°F의 고내 온도에서 작동한다고 가정해 보자. 30°F 응축기 분기에서 응축기 온도는 95°F, 외기온도는 125°F다. 이때 압축비는 다음과 같이 계산한다.

$$\frac{333\ \text{psig} + 14.7\ \text{psi}}{16\ \text{psig} + 14.7\ \text{psi}} = \frac{348\ \text{psia}}{13\ \text{psia}} = 11.2:1\ \text{비}$$

만약 20°F 작은 응축기 분기로 제품이 제작되었다면, 응축기 온도는 115°F로 낮아질 것이다. 그러므로 압축비는 아래와 같다.

$$\frac{292\ \text{psig} + 14.7\ \text{psi}}{16\ \text{psig} + 14.7\ \text{psi}} = \frac{307\ \text{psia}}{31\ \text{psia}} = 9.9:1\ \text{비}$$

압축기 토출온도를 가능한 낮게 유지하는 것은 냉동고의 수명을 연장하는 데 도움이 된다. 높은 토출온도는 토출밸브의 고장이나 오일의 변형을 통한 윤활 문제의 원인이 된다.

일반적으로 응축기 온도가 높아지는 것은 높은 외기온도, 응축기 오염, 팬 파손 등의 이유 때문이며, 이에 압축기에서도 토출온도가 높아진다. 그러나 고온가스의 온도가 더 올라가는 것은 당초 설계보다 낮은 고내 온도에서 작동하기 때문일 수도 있다. 이전 예제를 활용해 보면 0°F 고내 온도에 도달하도록 설계된 R404A는 증발기 온도가 −20°F일 때 압축비가 9.9:1이다. 아래 수식을 보면 고내 온도가 10°F 감소한다면 압축비가 어떻게 바뀌는지 알 수 있다.

$$\frac{292\ \text{psig} + 14.7\ \text{psi}}{10\ \text{psig} + 14.7\ \text{psi}} = \frac{307\ \text{psia}}{25\ \text{psia}} = 12.3:1\ \text{비}$$

온도조절기가 온도를 10°F 정도 낮췄기 때문에 흡입압력은 6 psig 정도 낮아진다. 이렇게 압력을 조금만 내려도 압축비는 20% 정도나 증가한다. 그에 비해, 압축비를 동일하게 증가시킨다면 압력수두는 무려 60 psig나 상승시켜야 한다.

냉장고나 다른 종류의 시스템에서 망가진 압축기에 대해 진단을 내리는 경우는 높은 압력수두가 문제인지 확인해야 한다. 그러나 앞선 예제들은 능숙한 기술자라면 낮은 부하조건 때문에 문제가 일어났을 가능성까지 고려해야 한다는 것을 보여주었다. 기술자들은 성에로 꽉 찬 증발기, 스터빙 증발기, 그리고 일반적인 작동온도보다 낮은 작동온도 같은 원인들도 찾아낼 수 있어야 한다.

밀폐형 압축기

밀폐는 그리스어 *'secret'*과 *'sealed in a container'*에서 유래되었다. 밀폐형 압축기(hermetic compressors)의 삽입 모터와 피스톤 조립부품은 금속 원통(metal shell) 안쪽에 달린 스프링에 고정된 채로 용접하여 밀폐된다(그림 4-2 참조). 이런 종류의

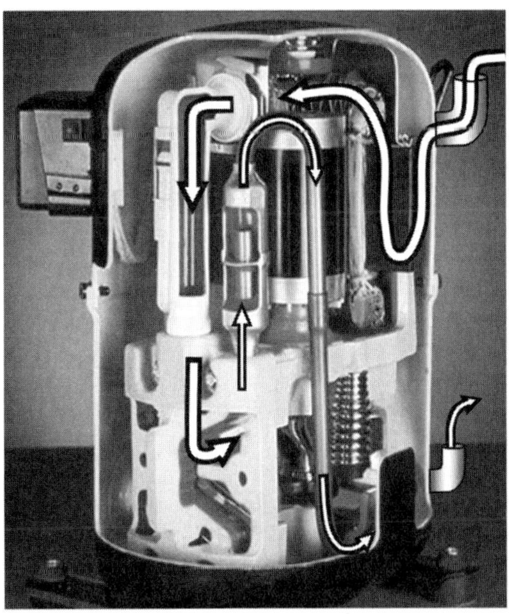

그림 4-2 용접된 원통 속에 들어 있는 밀폐형 압축기 (출처: Copeland Corporation)

압축기를 설명하는 데 쓰는 다른 용어로는 용접형(*Welded*)와 주석 캔 (*Tin-can*)이 있다.

흡입증기는 원통(shell)으로 들어가서 그것을 통과하면서 모터를 냉각시킨다. 그런 다음 실린더 안으로 밀려들어간다. 압축기 모터는 들어오는 흡입증기에 의해 냉각된다. 그러므로 압축기 모터가 적절하게 냉각되도록 순환되는 기상냉매의 밀도가 충분해야만 한다. 공학용어로 이것을 **질량유량**(mass flow rate)이라고 표현하며, 냉매의 단위시간당 파운드(lbs/hr)를 뜻한다.

바꿔 말하면, 압력이 낮아질수록 냉매의 밀도는 낮아진다. 기술적으로 말하면 저압증기는 모터에서 열에너지를 흡수하는 단위면적당 원자 또는 분자 수가 더 적다. 그러므로 저압증기는 대류하면서 모터의 표면을 냉각시키는 데 효과적이지 못하다.

예제: ❷ 배관을 방금 용접했다면, 70°F의 공기로 불어주는 것과 70°F의 물을 분무하는 것 중 어느 쪽이 더 냉각이 빠르겠는가? 분무액의 작은 물방울은 공기보다 밀도가 조밀하기 때문에 열교환이 빠를 것이다. 또한 물은 증발하면서 많은 양의 잠열을 흡수한다.

압축기에 적절한 냉각을 원활히 제공하려면 흡입압력을 높게 유지해야 한다. 이미 잘 알려진 바와 같이 고압에서 따뜻하고 밀도가 높은 증기는, 저압에서 온도와 밀도가 낮은 증기 냉매보다 실제로 흡입-냉각형 압축기 모터를 더 잘 냉각시킬 것이다.

만약 R22 압축기에서 포화흡입온도가 25°F로 설계되었다면, 압축기 모터는 49 psig 흡입압력으로 알맞게 냉각될 것이다. 유량조절장치가 흐르는 냉매를 제어하지 못한다면 어떤 일이 일어날까? 시스템이 낮은 압력에서 지속적으로 작동한다면 무슨 일이 일어날까? 흡입압력이 떨어질까? 만일 흡입압력이 28 psig만큼 떨어진다면, 흡입온도는 5°F 감소할 것이다. 온도가 낮다 하더라도 저압증기는 모터를 충분히 냉각시키지 못하며, 그로 인해 과열이 발생할 수도 있다.

반밀폐형 압축기

반밀폐형 압축기(semihermetic compressors)는 수리 가능 밀폐형, 또는 나사 체결형 압축기라 부른다. 용접으로 밀봉된 밀폐형 압축기와 달리 볼트로 접합된 반밀폐형 압축기는 서비스 용이성 면에서 한계가 있다. 모터는 내부에 밀봉되어 있고, 밸브 판(valve plate)을 포함한 조립 부분은 노출된다. 따라서 반밀폐형 압축기에서 이루어질 수 있는 두 가지 유용한 수리작업은 밸브 수리와 오일 교체다. 또 다른 중요한 특징은 **분해**(tear down)가 가능하고 어떤 이유로 파손됐는지 단정하기 힘들 때

그림 4-3 반밀폐형 흡입냉매 냉각 압축기
(출처: Copeland Corporation)

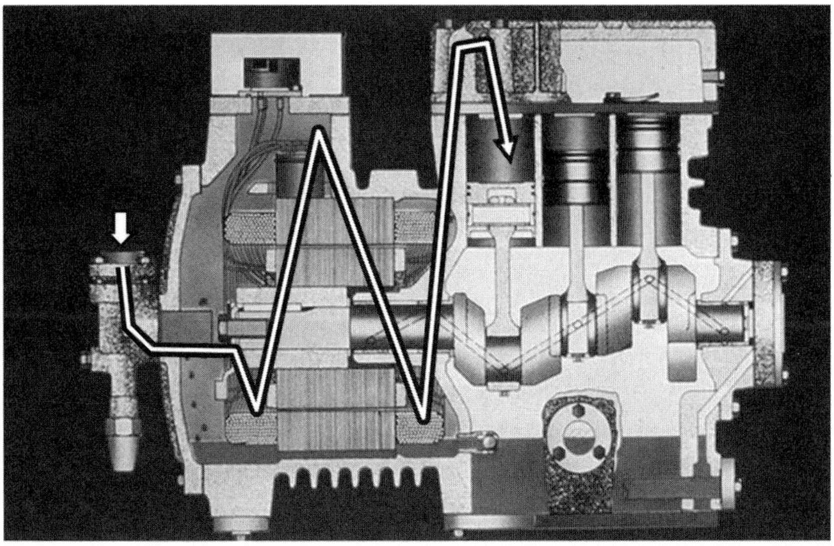

압축기를 해체할 수 있다는 점이다. 이런 작업을 통해 반밀폐형 압축기를 완전히 개조할 수 있는 경우는 거의 없다. 하지만 결함이 있는 압축기는 공장에서 재활용할 수 있다. 압축기 하우징(housing) 속에 새 내부 부품을 넣고 조립하여 새 압축기로 재판매한다.

반밀폐형 압축기는 공냉식과 흡입냉매 냉각방식 두 종류가 있다. 흡입냉매 냉각 압축기는 밀폐형 압축기와 유사하다. 흡입증기는 압축기 안의 모터 근처로 들어오고 실린더로 유입되기 전에 압축기를 냉각시킨다(그림 4-3 참조).

공냉식 압축기에서 흡입밸브는 밸브 판(valve plate)과 실린더가 닫히도록 고정된다(그림 4-4 참조). 흡입증기는 압축기 모터를 냉각하지 않고 곧바로 실린더 내부로 들어가고, 모터의 냉각은 일반적으로 응축기 팬에 의해 압축기를 통과하는 공기를 이용하여 이루어진다. 반면, 수냉식 응축기에서는 물이 채워진 관이 압축기 주변을 감싸고 지나가면서 모터를 냉각시킨다.

공냉식 압축기에서는 응축기 팬이 모터 냉각을 수행하기 때문에 왜 단일 팬-모터 응축기에서 팬 순환 제어가 주로 사용되지 않는지 쉽게 이해할 수 있다.

1/4~3마력의 작은 반밀폐형 압축기는 주로 공기로 냉각된다. 5마력 이상인 대다수 반밀폐형 압축기는 흡입냉매 냉각방식이다. 문제가 생기면 기술자들은 압축기에서 흡입측의 서비스 밸브 위치를 확인해야 한다. 만약 모터가 압축기의 끝부분에 존재한다면 흡입냉매 냉각방식 압축기다(그림4-3 참조). 만약 흡입밸브가 옆 부분이나 압축기 상단부에 위치한다면 공냉식 압축기다(그림 4-4 참조).

조금 더 낮은 온도의 시스템에서는 압축기 상단부를 추가 냉각해야 할 수도

그림 4-4 반밀폐형 공기냉각 압축기와 물 냉각관으로 둘러싸인 압축기 (출처: Copeland Corporation)

있다. 그런 압축기들은 작동압력이 매우 낮으므로 압축기 상단에서 높은 압축비와 높은 온도가 나타난다. 토출온도가 높으면 토출밸브와 피스톤의 과열을 방지하기 위해 압축기 상단부에 탑재된 팬을 별도로 설치해야 한다.

압축기 윤활

압축기에서의 모든 금속 부속품의 표면은 서로 부딪치며 움직인다. 그러므로 두 표면 사이에는 반드시 적절한 윤활이 필요하다. 당연하게 들릴지도 모르겠지만 윤활의 중요성에 대해 이해하지 못하고 있는 기술자들이 얼마나 많은지 가끔 놀라울 뿐이다. 압축기 모터가 1,725 또는 3,450 rpm으로 회전하는 경우 금속과 금속이 서로 충돌할 때 압축기가 파손하는 데에는 단 몇 초도 걸리지 않는다.

압축기는 모든 부품의 적절한 윤활을 위해 압축기는 내부에서 오일을 스플래시(splash), 펌프(pump), 플라잉(fling)하고 거품을 만든다. 이 과정에서 일부 오일은 흡입증기와 섞이기도 한다. 흡입증기는 응축기 안으로 압축되어 토출되고 오일은 냉매와 함께 순환된다. 오일은 압축기 크랭크케이스로 되돌아가거나 윤활을 다시 시작할 때까지 시스템 내부를 거치며 순환한다. 그러므로 적절한 압력과 배관 내 속도는 매우 중요하다. 시스템의 배관은 적절한 크기와 각도로 설치되어야 하고 오일이 제대로 회수되도록 P-트랩(P-trap)을 반드시 설치하여야 한다. 배관 설계에 관한 연습은 11장에서 자세히 다룰 것이다.

압축기 문제와 파손

압축기에서 전기와 관련된 문제는 8장에서 다룬다. 작동 중에 발생하는 전기 관련 문제를 방지할 수는 있지만, 사실 전기 관련 문제는 압축기가 파손되는 주요 원인은 되지 못한다. 종종 냉동기 문제로 인해 압축기 파손과 관련된 전기적 문제가 일어나기도 한다. 예를 들어, 시스템 내에 수분이 있으면 산(acid)이 발생해서 오일에 거품이 생기기도 한다. 산성은 권선 다발의 절연체(insulation)를 부식시키고, 모터의 수명을 단축시키는 원인이 된다. 게다가 액체의 역류는 크랭크축 베어링이 손상되는 원인이다. 모터의 로터(rotor)가 고정자 위에서 이탈할 수 있으며, 이는 모터가 타는 원인이 된다.

한편 기계적인 문제는 피해 결과가 막심한 경우가 많으므로 이런 압축기는 반드시 교환해야 한다. 그러므로 무엇이 불안전한 작동인지 밝히고 압축기가 손상을 입기 전에 원인을 찾아 고치는 것이 매우 중요하다.

대다수 압축기 제조자들은 다음과 같은 말에 동의할 것이다. "압축기는 죽지 않는다, 단지 살해당할 뿐이다." 그런 전제를 기반으로 삼고, 어떠한 이유로 압축기가 멈췄는지를 알아내려면 '부검(autopsy)'을 실행해야 한다는 것은 합리적인 가정이라고 할 수 있다.

반밀폐형 압축기 제조자들은 보증기간이 지나지 않았을 때에도 압축기가 망가진 원인을 파악하려면 압축기를 분해하라고 기술자들에게 독려한다. 압축기 교체와 같은 되풀이되는 문제를 예방하려면 파손의 원인을 파악하는 것이 필수다.

기술자들과 판매자들은 망가진 압축기의 부품을 검토하는 '분해 세미나(teardown seminars)'를 가진다. 세미나 주최자들은 기술자들이 파손 원인을 진단하는 것을 도와주기 위해 피해의 형태와 종류를 설명해 준다. 따라서 세미나에 참석한 이들은 기술자로서 가장 유익한 교육 경험을 얻는다.

다음으로는 압축기 파손으로 이어지는 가장 일반적인 기계적 문제를 다루겠다. 각각의 문제점을 설명한 후에 가능성 있는 원인들을 나열할 것이다. 그 다음 만약 압축기를 검사하기 위해 분해를 해야 한다면 이를 위해 살펴봐야 할 것들을 목록으로 제시하겠다. 마지막에는 압축기 문제를 해결할 때 추천할 만한 처치방법들을 제시하겠다.

기계적으로 압축기 파손과 관련된 기본적인 문제점들은 아래와 같다.

- 윤활
- 플러딩(flooding), 슬러깅(slugging)
- 플러디드(flooded) 기동
- 과열(overheating)

윤활 문제

너무 많은 오일 이것은 압축기 크랭크축이 오일 표면을 때릴 때 압축기 소음과 진동의 원인이 된다. 이 현상은 드물게 일어나기는 하지만 훌륭한 기술자라면 알고 있어야 하는 증상이다.

원인

- 여러 압축기 변화에서 오는 많은 오일
- 압축기가 여러 번 교체된 경우에도 기본적인 문제는 작동 시 여전히 존재한다. 교체될 때마다 오일을 추가로 주입하는 경우 또 다른 문제를 발생시킨다.
- 어떤 이는 너무 많은 오일을 주입하기도 한다.

냉동기 시스템에서는 오일이 이동속도가 낮아 차가운 증발기에 모이게 된다. 증발기의 제상을 위해 온도가 따뜻해지면 오일의 온도도 증가한다. 압축기가 초기 기동을 하면 오일은 다시 순환하기 시작한다. 만약 가시유리에서 오일의 양이 적어 보여 냉동운전 중에 오일을 충전하면 제상 후에 너무 많은 오일이 크랭크축에 모이게 된다.

참고: Copeland사는 적절한 오일의 양을 조절하는 가시유리를 중간 지점에 설치해 이용하지 않는다. 그러나 만약 원한다며 원하는 지점이 어디든 볼 수는 있다. 가시유리의 바닥에 오일이 조금 보이는 경우를 제외하고 오일의 양이 어느 정도 관찰된다면 오일을 더 이상 추가해서는 안 된다. 6D 압축기의 오일은 가시유리의 1/4에서 3/4 사이에 존재하면 적절하다. 6E 그리고 6CC는 1/8에서 3/8이 적절하다.

대부분의 제조자들은 시스템을 처음 설치한 후 오일을 단 한 번 충전하면 충분하다고 한다. 만약 더 많은 오일이 필요하다면 배관에 문제가 있는 것이다.

어떤 현상을 보이는가?

- 피스톤에 오일이 가득 채워져 있는 슬러그 신호

해결법

- 오일을 제거하고 다양한 압축기의 변경을 통해 원인을 개선한다.
- 필요하다면 관의 크기, 기울기, P-트랩이 바르게 설치되었는지 확인한다.
- 만약 응축기까지 배관이 아주 긴 시스템이면 오일분리기(oil separator)를 이용하라. 그러나 제품사양서를 우선 검토해야 한다.

너무 적은 오일. 오일이 너무 적으면 압축기 금속 부분의 마찰 때문에 제대로 작동하지 못한다.

원인

- 오일 충전이 너무 적거나 부하가 낮을 때 발생한다. 냉매의 유량이 적으면 오일이 순환하지 못한다.
- 시스템과 배관 설치가 적절하지 않으면 오일이 순환하지 못한다.
- 증발기가 얼어 있거나 제상운전이 작동하지 않을 경우.
- 압축기가 짧은 사이클로 운전하면 오일을 크랭크축 밖으로 보내기는 하지만, 운전 시간이 충분하지 않아서 오일을 다시 빨아들이지는 못한다.

어떤 현상을 보이는가?

- 모든 축과 베어링이 닳고 멈춘다.
- 크랭크축이 일정하게 움직이지 않는다.
- 피스톤 링과 실린더가 닳는다(그림 4-5 참조).
- 크랭크축 안에 오일이 매우 적거나 보이지 않는다.

해결법

- 충전된 냉매의 양을 조절하거나 부하가 작은 원인을 찾는다.
- 시스템의 설치 상태나 배관 문제를 개선한다(11장에서 조금 더 자세히 다룬다).
- 제상 후 증발기가 깨끗한지 확인한다.

그림 4-5 오일 부족으로 인한 피스톤 마모
(출처: Copeland Corporation)

- 압축기가 짧은 사이클로 운전하는 원인을 찾아 개선한다.

플러딩

냉매가 플러딩(flooding)하면 윤활문제가 발생한다.

- 공냉식 압축기에서 플러딩 냉매는 흡입과정 중 실린더 벽면에서 오일을 닦아낸다. 윤활이 되지 않으면 피스톤은 실린더 벽을 긁게 된다. 금속 부분 중 약한 부분은 닳게 되고 피스톤과 실린더 벽 사이에 공간이 생긴다. 압축과정 중 냉매는 압축되는 공간 아래로 누설되고 아래에서 피스톤을 밀게 된다.

결과적으로 **비효율적**(inefficient)인 압축기가 된다. 압축기가 실린더에서 냉매를 압축하지 못하면 압력수두는 감소한다. 크랭크케이스 안으로 들어오는 흡입기체가 누설되면 흡입압력은 높아진다.

- 흡입냉매 냉각 압축기(그림 4-6 참조)에서 플러딩은 로드(rod)와 크랭크축, 베어링에서 윤활제 역할을 하는 오일의 농도를 낮춘다. 따라서 냉매가 빨리 비등하고, 이 부분으로 이송되는 오일은 각 부분을 윤활하기에 충분히 펌핑(pumping)이 되지 못하게 된다.

그림 4-6 플러딩에 의한 흡입냉매 냉각 압축기 크랭크축 베어링의 마모 (출처: Copeland Corporation)

원인

- 플러딩은 너무 많은 오일이 압축기에 들어올 때 발생한다.

공냉식 압축기에서 찾아봐야 하는 현상

- 피스톤과 실린더의 마모
- 과열의 흔적이 없는 것

흡입냉매 냉각 압축기에서 찾아봐야 하는 현상

- 중앙 그리고 후면 베어링의 마모나 멈춤
- 로터의 끌림과 짧은 고정자
- 심하게 움직이는 크랭크축
- 마모가 심하고 로드가 부러짐

해결법

- 과열이 적절한지 확인하고 심지어 고정 오리피스형 유량조절장치도 검사할 것

모든 시스템의 설계 조건에서 약간의 과열도는 어느 정도 있어야 한다. 이렇기 때문에 압축기로 액상냉매가 돌아오는 일은 없다. 대부분의 압축기 제조자들은 최소한 20°F의 과열도를 추천한다.

일정 면적 유량조절장치 시스템에서는 냉매를 정확하게 충전해야 한다. 즉, 제조자들은 시스템 내에 정확한 양의 냉매를 충전해야 한다고 말한다. 정확한 양의 냉매를 충전해야 하는 대다수 시스템에 사용되는 반밀폐형 압축기는 크랭크케이스 내에 어느 정도의 액상냉매를 수용할 수 있다. 제조자들의 설계조건에 따르면 압축기에 손상을 줄 정도로 냉매가 많이 충전된 극한 조건은 실제 존재하지 않는다. 이러한 반밀폐형 압축기에서는 냉매가 과충전되었을 때 액상냉매가 역류하는 것만이 유일하게 압축기에 손상을 가져온다.

온도자동팽창밸브(TEV)를 적용한 시스템에서 밸브 센서가 흡입관에 정확하게 부착되지 않을 경우 냉매가 많이 흐를 수 있다. 흡입관이 따뜻해지면서 밸브가 작동하면 밸브의 개도를 완전히 열어 배관의 온도를 낮추도록 증발기로 냉매를 많이 보낼 것이다. 온도자동팽창밸브(TEV)에 파편이나 얼음 조각이 낀 경우에도 냉매를 많이 흘려보내게 된다.

슬러그

슬러깅(slugging) 흐름은 매우 격렬하게 냉매가 흐르는 형태다. 반면 이렇게 냉매

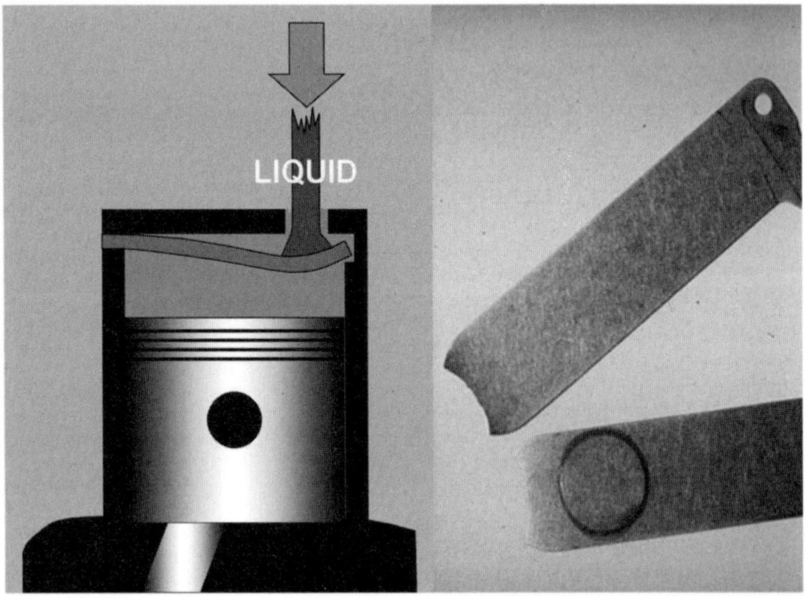

그림 4-7 슬러그로 인해 파손된 리드
(출처: Copeland Corporation)

가 격렬하게 흐르면 가끔씩 압축기에 손상을 입히기도 하고 압축기가 갑자기 멈추는 원인이 된다.

흡입냉매 냉각 압축기에서 냉매가 많이 흐르기 때문에 냉매를 포함한 오일의 교환 과정이 빠르게 진행된다. 액상냉매가 압축기 크랭크케이스 안으로 유입되고 나면 곧바로 베어링과 크랭크축 사이에서 금속과 금속의 접촉부분이 손상된다.

공냉식 압축기의 경우, 냉매는 압축기의 실린더와 리드밸브로 직접 들어온다. 액상냉매가 유입되면 흡입 리드밸브를 강타하고 부러뜨린다(그림 4-7 참조). 아니면 헤드 개스킷(head gasket)이 아래쪽과 위쪽 사이로 날아갈 수도 있다. 이 두 경우 모두 흡입관으로 토출가스가 역류하기 때문에 압축기 효율이 감소한다.

만약 흡입 과정 중 충분한 액상냉매가 실린더로 들어오면 피스톤은 냉매를 압축할 수 없다. 따라서 크랭크축은 움직이나 피스톤은 멈춘다. 결과적으로 연결봉(connecting rod)이 부러지거나 심지어 크랭크축이 부러지기도 한다.

원인

- 압축기 쪽에 가까운 흡입관에 오일과 냉매가 모여 있을 때 압축기를 시동하면 슬러그가 발생한다.
- 일정 면적 유량조절장치를 이용한 시스템이 매우 심하게 과충전될 때 발생한다.
- 온도자동팽창장치가 완전히 열린 채로 고정되어 있을 때 발생한다.

어떤 현상을 보이는가?

- 리드, 로드, 크랭크축의 부러짐
- 토출밸브 지지 나사의 부러짐 또는 풀림
- 헤드 개스킷의 이탈

해결법

- 냉매가 너무 많이 흐르는 것을 개선한다.
- 시스템이 꺼져 있을 때 오일이나 냉매가 모이게 되어 있지 않은지 압축기 가까이 있는 냉매 배관들을 확인한다.

오일 슬러그(oil slug)는 과열도 검사를 통해 확인할 수 없는 관의 문제다. 공냉식 압축기에서 슬러그 결함으로 인해 망가진 압축기를 검사해 보면 피스톤 상부에 오일이 고여 있을 수 있으며, 아마도 파손의 원인은 오일 슬러그일 것이다.

모든 원격 냉동기는 액관에 펌프다운 솔레노이드 밸브가 있다. 이것은 온도조절기가 작동할 때 냉매와 오일의 공급을 차단한다. 저압제어기가 압축기를 멈추었을 때 모든 냉매와 오일은 대부분 흡입관에서 배출된다. 다시 기동하면 배관의 설치가 잘못된 경우만 아니라면 슬러그가 생길 가능성은 극히 적다.

플러디드 기동

압축기가 꺼질 때, 흡입관에 남아 있는 냉매는 시스템에서 가장 차가운 곳으로 이동한다. 만약 추운 날 압축기가 실외에 위치한다면 냉매는 압축기로 이동할 것이다. R22와 같은 소량의 냉매는 냉매 오일에 대해 친화력이 있거나 서로 끌어당긴다. 그러므로 오일은 크랭크케이스로 냉매와 같이 이동한다. 일단 크랭크케이스에서 냉매는 액체로 변하거나 오일 아래로 가라앉는다.

압축기가 시동할 때 냉매는 대부분 냉매와 오일의 혼합 거품 형태로 존재한다. 이 혼합이 가장 없는 부분의 크랭크축에서 과도한 베어링 마모의 원인이 된다. 냉매가 비등하면, 남아 있는 오일로는 표면을 적절히 윤활하기에 충분하지 않다. 만일 냉매가 크랭크케이스로 과도하게 이동한다면 압축행정 동안 냉매 슬러그를 발생시키면서 실린더에 도달할 것이다.

원인

- 냉매가 흡입관에서 크랭크케이스의 오일로 유입된다.

어떤 현상을 보이는가?

- 마모되거나 긁힌 로드 또는 베어링

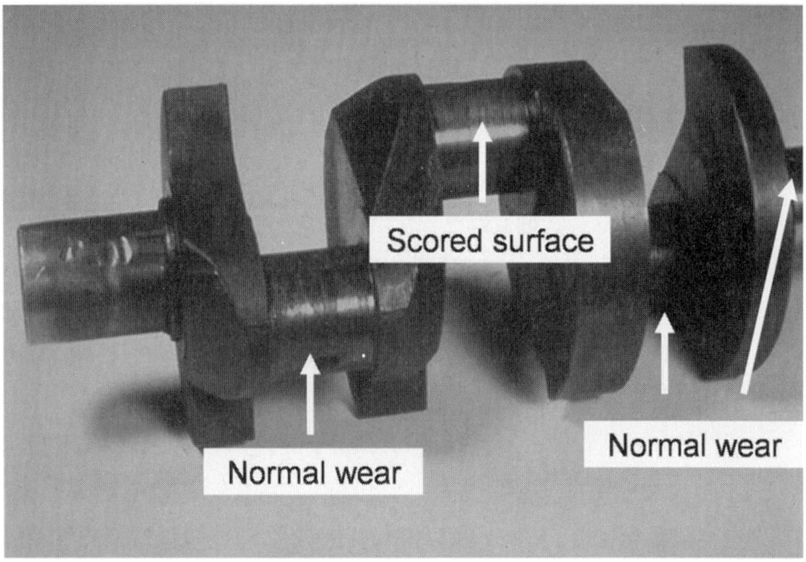

그림 4-8 플러디드 기동으로 인해 나타나는 복잡한 베어링 마모
(출처: Copeland Corporation)

- 로드가 부러지거나 멈춤
- 크랭크축에서 산만한 베어링 마모 패턴(그림 4-8 참조)

해결법

- 크랭크케이스는 냉매가 액체로 변하는 것을 방지하기 위해 오일을 따뜻하게 가열한다. 그러나 크랭크케이스 가열방식은 외기온도가 어는점 근처라면 효과가 적다.
- 펌프다운 솔레노이드 밸브는 정지된 사이클 동안 흡입관에 냉매가 존재하지 않게 해준다. 이는 냉매가 크랭크케이스로 이동하는 것을 방지하는 데 매우 효과적이다. 솔레노이드 밸브는 6장에서 자세히 다루겠다.

참고: 비록 크랭크케이스 히터가 압축기 오일 속에 있는 냉매를 나오게 하더라도 플러딩의 피해는 완전히 해결되지 않을 수 있다. 증발된 냉매가 오일과 분리될 때 차가운 흡입관에 닿으면 다시 액상냉매로 응축된다. 압축기가 가동될 때 흡입관 내 액막은 압축기를 플러딩하게 할 것이다. 왜 펌프다운 사이클이 크랭크실의 과열보다 플러딩 기동을 예방할 때 좀 더 효과적인지 보여주는 이유 중 하나다.

모터가 타는 것처럼 보이는 윤활 문제

압축기 모터는 모터의 권선 다발을 포함하는 **고정자**(stator)라 불리는 움직이지 않는 부분을 가진다. 고정자 안에서 회전하는 **회전자**(rotor)는 압축기 크랭크축에 부

그림 4-9 플러딩에 의한 베어링의 손상과 모터의 단선 (출처: Copeland Corporation)

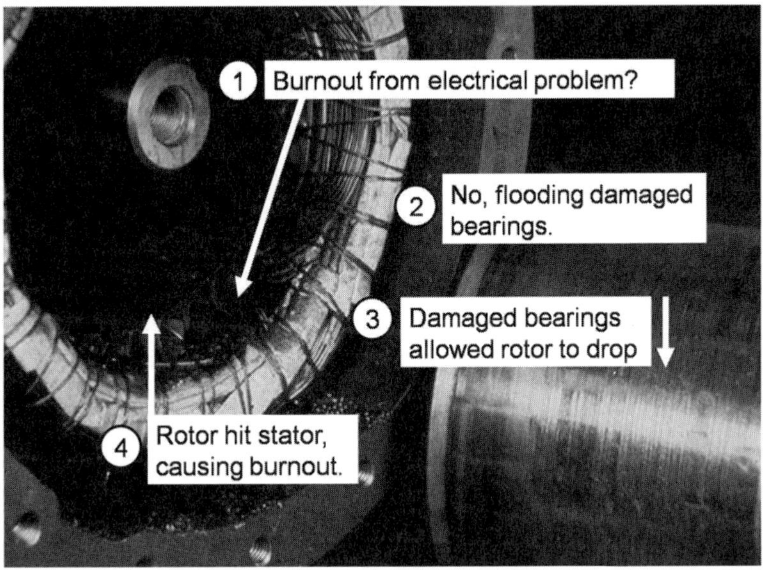

착된다. 윤활 부족은 압축기 크랭크축을 지지하는 베어링에 손상을 입힌다(그림 4-9 참조). 만일 크랭크축이 약 1/16인치만큼 살짝 하강하면 회전자는 모터 고정자와 부딪치고 모터의 권선 다발은 끊어진다. 압축기가 망가지면 오일이 타고 검댕이 생겨 전기 문제가 발생한 것처럼 보인다. 많은 기술자들은 실제로 기계적인 고장을 전기적인 문제로 잘못 진단한다.

과열

과열(overheating)은 모터 권선 다발과 압축기 토출밸브에서 나타날 수 있다.

높은 모터 열의 원인

- 흡입냉매 냉각 압축기: 과열모터는 흡입증기로부터 냉각이 충분하지 않을 때 발생한다.
- 공냉식 압축기: 모터 날개는 압축기 몸체의 바깥 부분에서의 불완전한 냉각으로 인해 과열된다.

어떤 현상을 보이는가?

- 금속 파편에 의해 고정자 접촉 부분이 탄다.

해결책

- 흡입냉매 냉각 압축기: 흡입증기는 압축기 모터의 냉각제다. 따라서 일정

한 흡입압력을 유지하라.

- 흡입냉매 냉각과 공냉식 압축기: 압축기의 흡입관 6인치 지점에서 과열이 확인된다. 대부분의 압축기 제품은 플러딩을 방지하기 위해 압축기에서 최소한 20°F 과열이 필요하다. 그러나 과열이 50°F 이상 증가하면 과열 문제가 발생할 수 있다.

예제: ❸ 50 피트의 흡입관을 가지는 냉동시스템의 증발기에서 10°F의 과열도가 허용된다고 가정하자. 이때 시스템의 배관은 깨끗하고 공간온도는 설정온도조건 내에 해당된다. 만약 압축기에서 과열도가 60°F이고 증발기에서 나온 후 배관으로 열이 전달되어 온도가 50°F만큼 더 상승한다고 가정해 보자. 이러한 문제는 흡입관에서 일부 배관의 단열재가 손실되거나 배관이 뜨거운 부분을 지날 때 발생한다.

예제: ❹ 위 예제에서 압축기의 과열도는 60°F이고 증발기 출구에서의 과열도가 40°F라고 가정해 보자. 증발기에서 과열도(30°F)의 거의 대부분이 이미 발생되었기 때문에 주된 문제는 증발기에서 냉매가 부족한 것이다. 일반적으로 흡입관에서 과열도가 20°F이면 과도한 것은 아니다.

높은 토출온도의 원인들

- 고내의 열부하가 높고 흡입관에서 열 공급이 과도하면 압축기에 직접적인 영향을 미친다. 압축기로 들어오는 열이 많을수록 압축기에서 토출되는 냉매의 온도도 상승한다.
- 큰 압축비 또한 토출되는 냉매의 온도를 증가시킨다. 압축비 4:1인 일반적인 압축기에서 흡입압력이 낮아지거나 응축기의 압력이 높아지면 압축비는 증가한다. 예를 들어, 압축비가 6:1로 높아지면 압축기의 모터는 더 많은 일을 해야 하므로 더 뜨거워지고 따라서 압축열은 증가한다.

Copeland사의 왕복동식 압축기의 경우 최대로 허용되는 토출온도는 압축기로부터 6인치 뒤에서 측정했을 때 225°F다. 미네랄 오일을 사용하는 압축기의 경우 최대 토출온도는 225°F이고, POE(polyol ester) 오일의 경우 275°F다. 온도가 이보다 높은 경우나 실린더에서 열이 많이 발생하는 경우에 오일이 변형된다. 따라서 피스톤과 실린더 사이에서 윤활이 원활하게 이루어지지 않을 것이다.

어떤 현상이 나타나는가?

- 피스톤, 링, 그리고 실린더의 마모
- 밸브 판의 색 변형

- 토출 리드밸브가 타버림

해결법

- 공간에 과부하를 주지 않도록 고객으로 하여금 온도가 높은 물건을 넣지 않게끔 한다.
- 성에가 낀 증발기, 냉매가 없는 증발기, 너무 낮은 공간온도에서 작동시키는 것 등과 같은 저부하의 원인을 찾아라.
- 흡입관을 적절하게 단열하라.
- 압축기의 설계조건과 운전되는 압축비를 확인하라.

진단표

그림 4-10은 반밀폐형 압축기가 망가졌을 때 분해한 후 진단을 돕는 진단표다. 각각에 해당하는 문제에 X표시를 하면 된다. 다음으로 각 열에 있는 X표시를 모두 확인한다. 일반적으로 가장 많은 X를 가진 열이 문제의 원인이다.

참고: 본 진단표는 Copeland사의 압축기를 이용해 일반적인 정보를 기초로 저자가 개발한 것이다. 반밀폐형 압축기의 기계적인 결함을 진단할 수 있도록 간단한 훈련용으로 만들어진 것이다. 본 표는 전문가들의 검토나 Copeland사의 재가를 얻은 것은 아니다.

압축기에서 윗부분을 간단히 제거하기만 해도 공냉식 압축기의 6가지 증상과 흡입냉매 냉각 압축기의 5가지 증상을 검사할 수 있다. 충분히 검진을 해도 증상에 대한 진단이 나오지 않는다면 크랭크축을 검사해야 한다. 크랭크축의 분해는 조금 더 복잡하지만 압축기 고장 원인을 분석하는 데 크게 도움이 될 만큼 가치가 있다.

참고: 낮은 압축기 효율의 원인인 밸브 손상, 피스톤과 실린더 사이의 가스 누출, 개스킷의 이탈에 대한 내용은 7장에서 조금 더 자세히 다룰 것이다.

압축기 용량 제어

압축기에서 부하는 주위 조건뿐만 아니라 증발기의 부하에 따라 달라진다. 냉장제품의 온도가 낮아질수록 흡입압력도 낮아진다. 감열온도장치가 작동할 때 압축기의 운전은 정지될 것이다. 이러한 단속운전제어(on-off control)는 가장 간단한 용량제어 형태다. 만일 압축기 부하가 낮으면 사이클이 지나치게 자주 반복될 것이다. 이것은 마모가 심해지고 작동비용이 증가하는 원인이 된다.

DIAGNOSING SEMI-HERMETIC COMPRESSOR FAILURES

STEPS: (1) Circle ALL the X's in the rows which apply
(2) Total each column of circled X's
(3) Column with the most X's is the problem

AIR COOLED COMPRESSORS:						
VALVE PLATE	NO EVIDENCE of OVERHEATING	X				
	DISCOLORED FROM HEAT				X	
VALVE REEDS	BURNED				X	
	BROKEN			X		
HEAD GASKETS - BLOWN				X		
PISTONS & CYLINDERS - WORN		X			X	
PISTON RODS - BROKEN			X	X		X
PISTON RODS & BEARINGS - ***ALL*** WORN OR SCORED						X
PISTON ROD CAP BOLTS - BROKEN or LOOSE				X		
CRANKSHAFT	BROKEN			X		
	UNIFORMLY SCORED					X
	ERRATIC WEAR PATTERN		X			
STATOR SPOT BURN FROM METAL DEBRIS					X	
LITTLE OR NO OIL IN CRANKCASE						X
	TOTALS:					
	HIGHEST TOTAL IS CAUSE OF FAILURE	Flood back	Flooded Start	Slugging	High Disch. Temp.	Loss of Oil

SUCTION COOLED COMPRESSORS:						
VALVE PLATE - DISCOLORED FROM HEAT					X	
VALVE REEDS - BURNED					X	
HEAD GASKETS - BLOWN				X		
PISTONS & CYLINDERS - WORN					X	
PISTON RODS - BROKEN		X	X			X
PISTON RODS & BEARINGS - ***ALL*** WORN OR SCORED						X
PISTON ROD CAP BOLTS - BROKEN or LOOSE				X		
CRANKSHAFT	BROKEN			X		
	UNIFORMLY SCORED					X
	PROGRESSIVELY SCORED	X				
	ERRATIC WEAR PATTERN		X			
CENTER & REAR BEARINGS WORN OR SEIZED		X				
STATOR SHORTED, DRAGGING ROTOR		X				
STATOR SPOT BURN FROM METAL DEBRIS					X	
LITTLE OR NO OIL IN CRANKCASE						X
TOTALS:						
	HIGHEST TOTAL IS CAUSE OF FAILURE	Flood back	Flooded Start	Slugging	High Disch. Temp.	Loss of Oil

CORRECTIVE ACTION:

FLOODBACK - Liquid refrigerant returning **during the running cycle** washes oil off the metal surfaces.
(1) Maintain proper evaporator & compressor superheat
(2) Correct abnormally low load conditions
(3) Install accumulator to stop uncontrolled liquid return

FLOODED STARTS - Refrigerant vapor migrates to the crankcase **during the off cycle**, diluting the oil on startup.
(1) Install pumpdown solenoid
(2) Check crankcase heater operation

SLUGGING - Attempt to compress liquid. Extreme floodback in air cooled compr.; severe flooded start in suct. cooled.
See all of above corrective actions for Floodback & Flooded starts.

HIGH DISCHARGE TEMPS - High temperatures in compressor head and cylinders causes oil to lose lubrication.
(1) Correct abnormally low load conditions.
(2) Correct high discharge pressure conditions.
(3) Insulate suction lines.
(4) Provide proper compressor cooling.

LOSS OF OIL - When oil is not returned to the crankcase there is uniform wearing of all load bearing surfaces.
(1) Check oil failure control, if applicable.
(2) Check system refrigerant charge.
(3) Correct abnormally low load conditions or short cycling.
(4) Check for incorrect pipe sizing and / or oil traps.
(5) Check for inadequate defrosts.

그림 4-10 반밀폐형 압축기 진단표 (출처: Refrigeration Training Services)

압축기가 시동할 때마다 기동회전자 암페아수(LRA: lock rotor amperage)가 소요된다. LRA는 모터 기동 시 각 시간을 초단위로 나눠 소요되는 전류다. LRA는 일반적인 모터 작동전류의 3~5배다. 매번 모터가 작동될 때마다 전류는 0에서 LRA까지 올라가고, 1.5~3초 정도에서 일반 작동 전류로 내려간다. 대형 압축기에 소요되는 기동전압은 매우 크다. 이것은 건물의 다른 부분에서 전압이 내려가는 원인이 된다. 이외에 시동할 때마다 모터의 권선 다발에서 생성된 열이 확산되고 거대한 전류가 유입되어 고객의 전력비용이 증가한다. 이러한 문제들이 원활하게 해결되지 않는다면, 기동은 압축기 부품에 기계적인 변형을 일으킨다. 또한 압축기가 원활하게 윤활되는 데 필요한 오일압력이 형성되는데 시간이 오래 걸린다. 습도 조절이 목적이라면 오랜 시간 작동되지 않은 압축기는 공기조화가 필요한 공간에서 습기를 적절히 제거하지 못할 것이다. 대다수 제조자들은 압축기가 시간당 6번 이상의 사이클을 가지면 짧은 사이클로 간주한다.

부하감소가 너무 크면 또 다른 문제들이 나타난다. 흡입압력이 감소하면 압축비가 증가하고 압축기 윗부분이 과열된다. 또한 냉매의 질량유량이 작으면 흡입냉매 냉각 모터에서 냉매의 냉동효과가 떨어질 뿐만 아니라 크랭크케이스로 오일을 충분히 보내지 못한다.

운전 사이클이 짧을 때 압축기를 보호하고 회수되는 흡입압력을 높게 유지하기 위해 압축기 용량을 조절하는 방법에는 여러 가지가 있다. 첫 번째 방법은 압축기의 부하를 증가시키기 위해 고온의 가스를 시스템의 저압측으로 보내는 것이다. 부하를 증가시키면 낮은 흡입압력을 방지할 수 있고 운전시간이 길어지며, 오일이 원활히 회수된다. **핫가스 바이패스**(hot gas bypass) 방식은 낮은 흡입압력으로 인해 높은 압축비를 가지고 압축기 윗부분에서 많은 열을 발생시키는 저온조건에서 작동되는 시스템에 적용될 수 있다. 핫가스 바이패스 방식은 이러한 장점이 있기는 해도 에너지 사용량이 크게 줄어들지 않는다. 핫가스 바이패스 밸브는 6장에서 자세히 설명할 것이다.

단일부하 혹은 그룹부하를 위해 여러 개의 압축기를 결합시키는 것은 또 다른 형태의 용량제어이다. 부하가 감소할 때 하나 혹은 그 이상의 압축기는 운전을 멈추고 부하가 증가할 때 다시 작동한다. 이러한 배열의 조합인 **평행 랙 시스템**(parallel rack systems)은 용량제어에 도움이 되고 소비전력도 크게 절약할 수 있음에도 불구하고 초기비용이 높다는 단점이 있다. 다중 압축기 시스템은 10장에서 자세히 다루겠다.

용량제어의 또 다른 형태는 압축기가 무부하 운전하게 하는 것이다. 즉, 압축기의 정격용량으로 시스템이 운전되는 것을 방지하는 것이다. 가장 널리 알려진 방법은 일부분에 들어오는 흡입증기를 차단하는 것이나 압축기에서 모든 실린더에 해당하지는 않는다. 흡입증기 없이는 냉매의 압축도 없다. 이는 작은 작업량을 수행하기 때문에 압축기 용량을 감소시킬 뿐만 아니라 사용 전류도 작다. 작동시간이 길다는 것은 운전주기가 짧지 않다는 것을 의미한다. 다음은 무부하 운전의 작동이 어떻게 이루어지는지를 기본적으로 설명하는 데 도움을 주는 예제다.

참고: 언로더(unloader)와 그것과 관련된 제어는 매우 복잡하고 정교하며 제조업체에 따라 다르다. 각각의 제어기를 작동하고 조절하는 방법은 밸브나 압축기 제조자들에게 물어보는 것이 좋다. 다행히도 다음 설명과 그림을 통해 무부하와 용량제어 두 가지 모두의 특징을 쉽게 이해할 수 있을 것이다.

3개의 워크인 냉장고와 10마력 응축기가 필요하다고 가정해 보자. 3개의 10마력 시스템을 사용하는 대신에 계약자는 30마력의 냉장고 하나를 사용하는 것이 3개의 워크인 냉장고를 사용하는 것보다 비용이 조금 덜 든다는 것을 안다. 3개의 워크인 냉장고에서 동시에 3대가 냉장을 위해 운전된다면 압축기는 전부하 운전이 될 것이고 흡입압력은 세 개의 증발기에서 기본적으로 같을 것이다.

첫 번째 워크인 냉장고의 온도를 떨어뜨리고, 온도조절기는 액체관(펌프다운)의 솔레노이드 밸브를 차단하며 이것은 증발기기로 냉매가 유입되는 것을 정지시킨다. 이때 압축기 부하는 3분의 1로 감소할 것이다. 즉, 30마력 압축기는 열을 흡수하는 2개의 증발기가 운전되기 때문에 20마력의 부하를 가진다. 압축기의 용량이 부하에 비해 너무 커지기 때문에 흡입압력은 더 낮아지고 운전주기가 짧아질 것이다.

두 번째 워크인 냉장고가 동일한 조건이 된다면, 압축기의 부하는 기존의 1/3로 감소한다. 30마력 응축기 시스템은 단지 10마력의 부하만큼만 작동된다. 이것은 짧은 주기, 과열, 그리고 압축기 파손의 주요 원인인 적은 오일회수를 포함해 불안정한 동작의 원인이 된다.

그림 4-11에서의 30마력 압축기에는 실린더가 6개, 헤드가 3개 있다(헤드 1개당 실린더 2개). 용량제어를 설명하기 위해 2개의 표준 압축기 헤드가 언로더를 장착한 실린더 헤드로 대체되었다고 가정해 보자. 첫 번째 증발기가 안정화되면 흡입압력의 감소로 이어지고 이것은 첫 번째 언로더를 작동시킨다. 두 번째 증발기가 안정화될 때 첫 번째 언로더가 여전히 작동 중이라면 흡입압력의 감소는 두 번째 실린더의 흡입증기를 차단하기 위해 두 번째 언로더를 작동시킬 것이다. 만약 세 개의 증발기가 같은 시간에 안정화된다면, 흡입압력은 압축기를 차단하기 위해 저압 조절을 할 수 있을 만큼 충분히 낮게 떨어질 것이다.

참고: 개별적 저압 제어에는 각각의 언로더가 필요하다. 압력 추가 스위치는 작동제어와 안전제어와 같이 작동한다. 시스템이 펌프다운할 때 압력조절은 압축기의 운전을

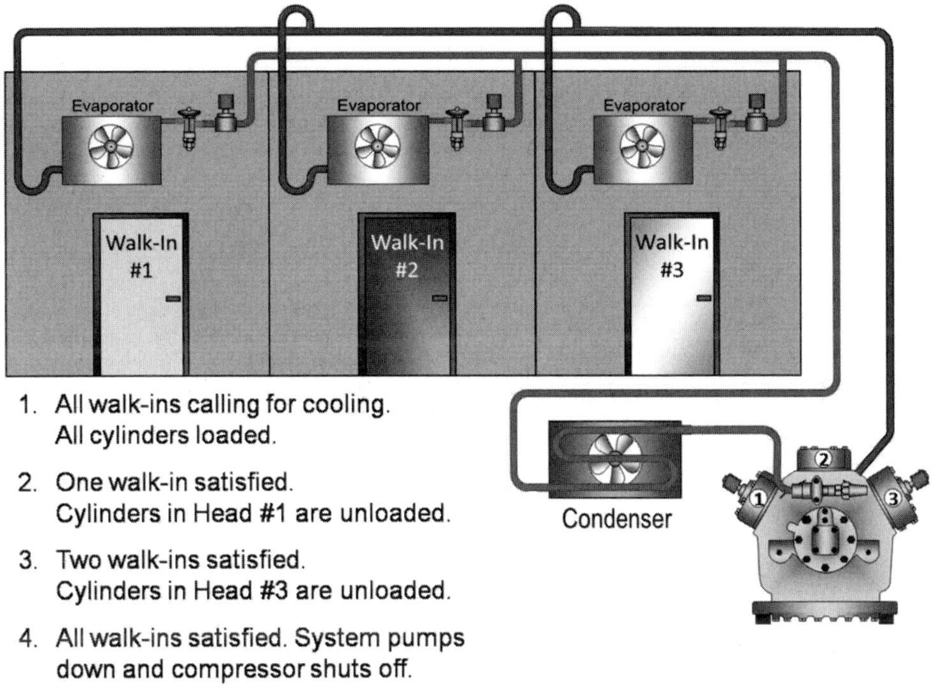

그림 4-11 하나의 압축기로 구동되는 3개의 워크인 냉장고 (출처: Refrigeration Training Services)

차단할 것이다. 만약 다량의 냉매가 손실되었어도 압축기가 차단될 것이다.

언로더(unloader)는 완전히 기계적으로 작동할 수도 있고 전기적으로 작동할 수도 있다. 어느 방식이든 간에 언로더는 압축기에서 흡입압력이 사용압력 이하로 떨어질 때 특정 실린더에서 흡입증기를 차단한다. 부하가 증가하면 흡입압력도 증가한다. 압력이 증가하면 언로더의 포트가 흡입밸브 쪽으로 열릴 것이다. 그러면 실린더는 전체 용량부하에서 냉매 순환을 다시 한 번 시작하게 한다.

언로더 제어는 설정조건이나 무부하일 때 압력을 차단한다. 일반적으로 운전이나 전부하 작동을 위해 돌아갈 때의 압력을 결정하는 데 조절할 수 있는 압력차이만 존재한다.

예를 들어, 6개의 실린더 압축기에 언로더가 2개 있다고 하자. 각각의 언로더는 실린더를 2개씩 제어할 것이다. 일반적인 운전조건은 흡입압력 62 psig라고 가정하자. 첫 번째 언로더는 50 psig에서 20 psig 차이로 작동하도록 설정되었다(70 psig에서 전부하 상태에서 돌아갈 것이다). 두 번째 언로더는 40 psig에서 25 psig 차이로 설정되었다.

만약 그림 4-11과 같이 3개의 중간온도용 워크인 냉장고에서 필요한 냉동용량이 30마력일 때, R404A 압축기는 약 62 psig 흡입압력을 가질 것이다(25°F의 증발기 온도). 만약 워크인 냉장고 중 하나가 안정되고 펌프다운을 한다면, 남아 있는 증발기 2개의 부하가 압축기에 걸릴 것이다. 증발기 2개의 부하조건에도 불구하고 30마력 압축기는 아직 정격용량 운전조건이기 때문에 흡입압력은 50 psig 아래로 떨어질 것이다. 이때 첫 번째 실린더는 무부하 운전을 수행할 것이고 압축기 용량은 33% 감소할 것이다. 압축기의 용량은 남아 있는 증발기 2개의 부하와 일치하고 흡입압력은 62 psig로 회복될 것이다. 워크인 냉장고가 원래대로 되돌아오면 언로더가 열리기 때문에 흡입압력은 70 psig까지 상승할 것이고, 시스템은 원래대로 100% 용량으로 운전될 것이다.

참고: 언로더 작동 그림은 언로더의 어려운 개념을 조금 쉽게 이해하기 위해 수정되었다. 실제 Carlyle와 Copeland사의 압축기 언로더는 이 그림과 약간 다를 것이다.

첫 번째 워크인 냉장고가 안정되었다고 가정해 보자. 언로더 1은 실린더 2개를 무부하 상태로 만들 것이다. 이때 압축기는 67% 용량에서 작동된다. 두 번째 워크인 냉장고 또한 안정될 때 남아 있는 10마력의 워크인 냉장고 하나를 운전하는데 20마력 용량만큼 압축기가 운전된다. 압축기 용량은 증발기 부하의 두 배이기 때문에 흡입압력은 40 psig의 컷아웃(cut-out) 조건까지 빠르게 하강할 것이다. 압력제어는 언로더 2를 작동시킬 것이고 실린더 2개가 무부하 운전을 하여 압축기 용량은 33%로 감소할 것이다. 압축기 용량은 증발기의 남아 있는 부하와 일치되기 때문에 흡입압력은 62 psig까지 상승할 것이다.

언로더에는 여러 종류가 있으며 다양하게 응용할 수 있다. 무부하 압축기는 증발기에서 흡입증기를 흡입하고, 압축하고, 응축기로 토출하는 과정으로 설계된 압축기를 보호한다는 것을 명심해라. 실린더로 들어가는 흡입증기를 차단함으로써 압축기 용량은 증발기 부하에 맞게 조절된다. 그 결과 압축기는 높은 압축비에서도 보호되고 무부하 중 낮은 전류로 운전할 수 있도록 유도된다. 또한 짧은 운전 사이클을 방지하고 적절한 오일 순환을 유도하며 최적의 온도와 습도제어를 위해 증발기 온도를 안정시킨다.

용량제어 고려사항들

용량제어의 장점과 함께 고려해야 할 요소들이 몇 가지 있다. 팽창밸브는 최소용량 조건에서도 정확히 작동할 수 있어야 한다. 대다수 표준 온도자동팽창장치(TEV)는 정격용량의 50% 아래로 제어를 유지하는 반면에 평형공 온도자동팽창장치는 그들의 작동용량의 25% 아래에서도 원활히 작동할 것이다. 전자팽창밸브(EEV)는 용량제어 범위가 넓어서 약 10%까지도 용량제어가 가능하다.

또 다른 고려사항은 마지막 펌프다운 중에 언로더 솔레노이드가 작동되지 않아야 한다는 것이다. 그러면 압축기의 용량을 100%까지 운전시키고 펌프다운 기간은 매우 짧아질 것이다. 긴 펌프다운은 압축기 과열을 일으킬 수 있다. 만약 압축기가 (전자식보다는) 압력식 언로더 밸브를 가진다면 압축기를 차단하기 위해 표준 **자동 펌프다운**(automatic pump-down) 또는 **연속적인 펌프다운**(continuous pump-down)을 사용하지 않는다. 압력식 언로더는 펌프다운을 하는 동안 흡입측에 토출기체가 유입되게 하여 압축기가 멈추지 않도록 보호한다. 대신 **단일 펌프다운**(one-time pump-down or single pump down)을 사용한다. 이러한 **펌프다운**(Pump-down)의 변화는 6장에서 도표와 함께 더 완벽하게 설명하겠다.

흡입 배관은 언로더 시스템에서 언로더의 작동조건에서 오일이 적절하게 순환하는 것을 확인하는 데 중요하다. 만약 증발기가 수직방향으로 높게 설치되어 있다면 배관 시스템이 2개 필요하다. 흡입증기와 오일은 낮은 부하조건 동안에 2개의 배관 중에 오직 작은 배관에서만 이동할 것이다. 그러나 전부하 조건에서는 배관 2개를 모두 사용할 것이다. 이러한 내용은 11장에서 다룰 것이다.

저온 시스템

낮은 흡입압력에서 압축기가 작동하는데 따른 첫 번째 문제점은 압축비 증가로 인한 압축기 효율의 감소다. 효율이 감소하는 이유 중 하나는 압축기 변위에 대해 실

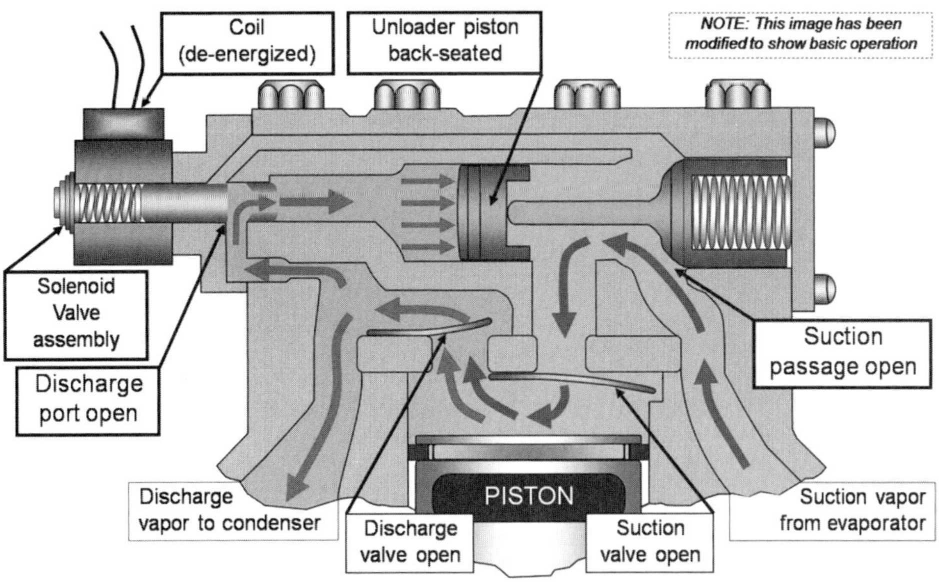

그림 4-12 표준 조건: 전부하에서 실린더(Carlyle style)
(출처: Refrigeration Training Services)

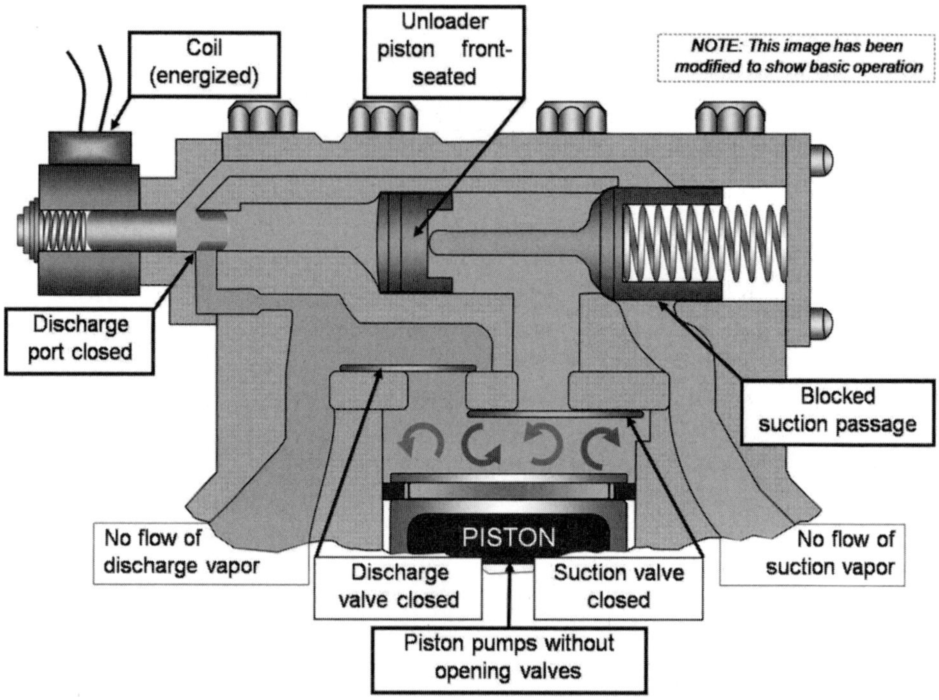

그림 4-13 낮은 부하조건: 용량 감소를 위한 실린더 언로더(Carlyle style) (출처: Refrigeration Training Services)

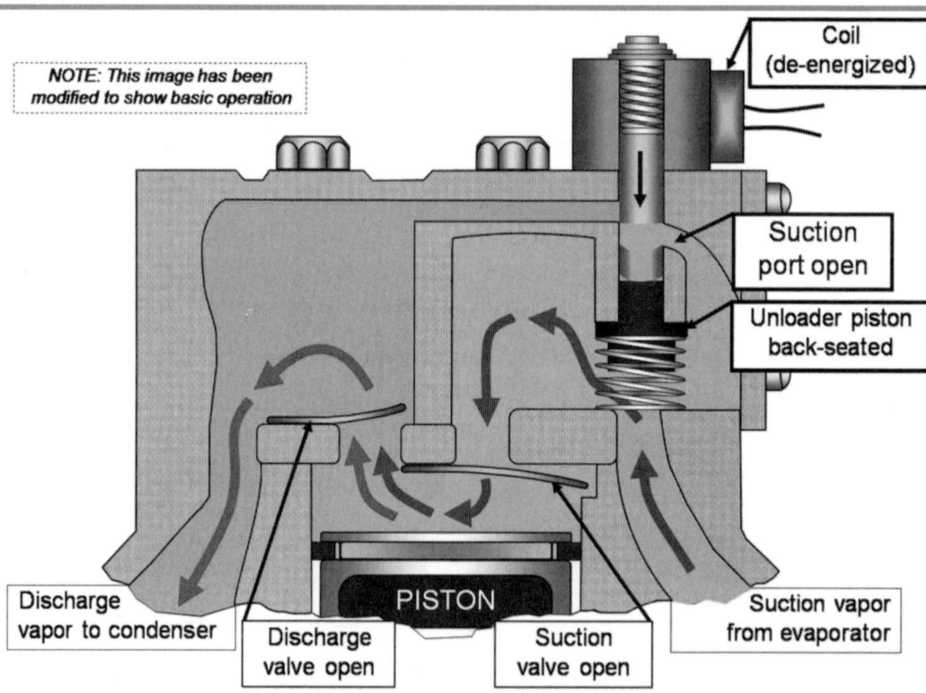

그림 4-14 표준 조건: 전부하에서 실린더(Copeland style) (출처: Refrigeration Training Services)

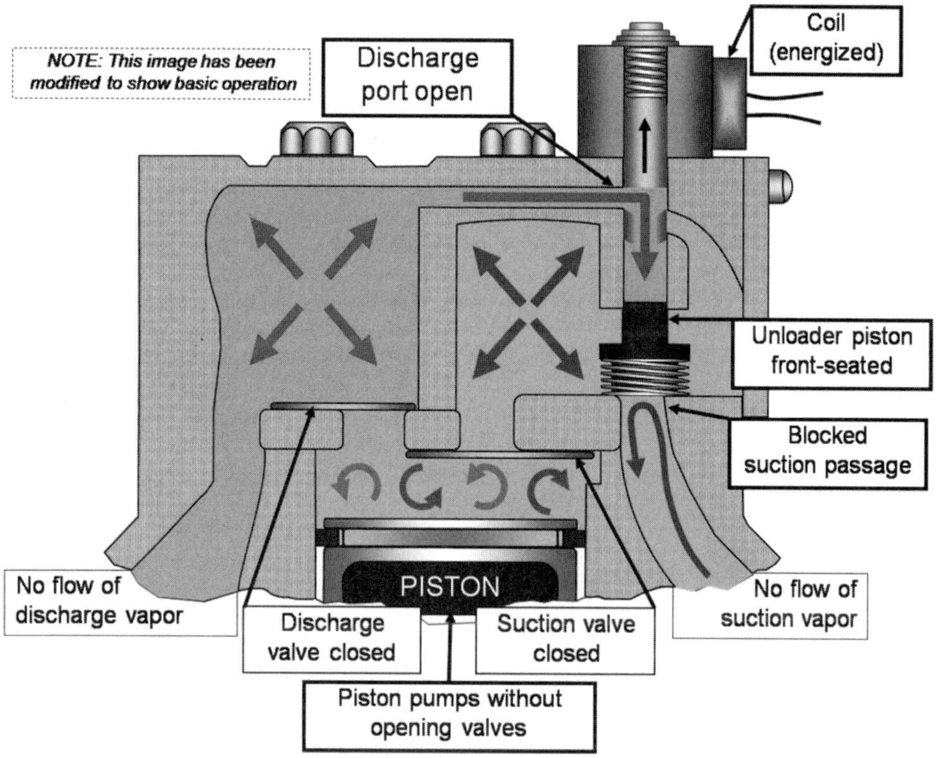

그림 4-15 낮은 부하조건: 용량 감소를 위한 실린더 언로더(Copeland style)
(출처: Refrigeration Training Services)

제로 실린더 밖으로 펌프된 토출증기의 비인 체적효율(volumetric efficiency)과 상관이 있다. 피스톤이 압축과정을 수행한 다음 윗부분에 남아 있는 토출가스는 피스톤이 아래로 내려오는 행정에서 다시 팽창한다(그림 4-1, 단계 B와 F 참조). 흡입배관의 압력보다 낮아진 흡입압력이 형성되면 흡입밸브는 실린더로 더 많은 증기가 들어오도록 열릴 것이다. 흡입압력이 낮아질수록 잔여가스 팽창이 늘어나고 새로운 증기가 들어갈 수 있는 여유 공간도 줄어들 것이다. 그러므로 압축비가 증가할수록 적은량의 냉매체적이 압축기로 유입되고 이것은 냉매의 질량유량을 감소시킨다.

효율이 감소하는 또 다른 이유는 압축열이 증가하면서 냉매의 온도가 증가하기 때문이다. 높은 압축비는 실린더 벽을 더 뜨겁게 만드는 원인이 된다. 열은 들어오는 증기의 온도를 상승시키고 더 가벼운 증기로 팽창시킨다. 그 결과 압축기는 낮은 밀도의 증기를 펌핑하게 되고 피스톤의 한 사이클당 펌핑되는 냉매의 무게는 감소하게 된다. 이는 **냉동효과**(refrigeration effect) 또는 열을 전달시키는 냉매의 능력을 감소시키므로 증발기에서 열을 흡수하는 용량이 줄어든다.

비능률적인 것 말고도 높은 압축비로 인해 짧아진 실린더 열 또한 압축기를 손상시킨다. 오일은 압축기에서 금속과 금속이 접촉하는 것을 방지한다. 그러나 약 310°F에 이르면 오일이 증발하기 시작하며 이는 피스톤 링을 마모시키는 원인이 된다. 350°F에 이르면 오일은 파손되거나 타서 오염물질을 발생시켜서 압축기를 더 빠르게 손상시킬 것이다. 비록 압축기 실린더 안의 온도를 정확하게 측정하는 것은 기술적으로 불가능하지만 제조업자는 압축기로부터 6인치 떨어진 토출배관의 온도를 측정해서 과열을 점검하는 방법을 추천한다. 압축기 헤드 안의 온도는 토출배관보다 약 75°F 더 뜨겁다. 이러한 정보를 기반으로 Copeland사는 토출배관에서 안전한 운전을 위한 최대 작동온도를 225°F 아래로 유지해야 한다고 주장한다. 그 배관 온도에서 실린더 온도는 약 300°F이고 오일의 기화온도는 바로 아래다. Carlyle은 미네랄 오일을 사용하는 압축기에 대해 최대 사용온도를 275°F로, POE 오일을 사용하는 압축기에 대해서는 250°F로 설정했다.

제조자들은 과열과 같은 압축기의 문제를 방지하는 데 도움을 주는 여러 가지 방법을 추천한다. 그 중 하나는 흡입관에 냉매를 주입함으로써 흡입압력은 올리고 온도를 감소시키는 **과열 저감**(de-superheating) **팽창밸브**를 장착한 핫가스 바이패스 방식을 적용하는 것이다. 이 방법은 압축비를 낮추고 압축기의 과열을 방지한다. 과열 저감 밸브는 특별한 용도의 밸브이며 이 책의 6장에서 조금 더 자세히 언급할 것이다.

낮은 온도에서 작동하는 압축기에서 토출열에 관한 문제를 방지하는 또 다른 방법은 상단에 냉각팬을 설치하는 것이다. 대다수 제조업자들은 0°F 아래의 증발기 온도에서 작동되는 압축기에 냉각팬을 설치한다.

훨씬 더 직접적이고 효과적인 방법으로는 **요구냉방**(demand cooling)이라고 불리는 것이 있다. Copeland's Demand Cooling™은 R22 Discus를 사용한 낮은 온도의 압축기를 사용했다. 포화냉매는 압축기 내부의 상단온도가 292°F에 가까울 때 흡입공간(suction cavity) 안에 주입된다. 냉매의 주입은 온도가 282°F로 감소할 때까지 계속된다. 만약 1분 동안 온도가 310°F 이상으로 유지되면 수동으로 압축기를 멈춘다. 그림 4-16은 상단의 냉각 팬과 요구냉방의 예를 보여준다.

이단 복합시스템

앞 단락에서 설명했듯이, 냉방공간의 온도가 낮아질수록 시스템의 흡입압력과 온도도 낮아진다. 흡입압력이 감소하면 체적효율과 압축기 냉방용량 또한 감소한다. 일반적인 저온용 압축기는 −20°F의 증발기 온도에서 작동하는 데 문제가 없다. 그러나 −30°F와 −80°F 사이의 단단 압축기는 극저온에서는 매우 높은 압축비와 관련되어 문제가 발생할 수 있다.

그림 4-17은 일반적인 공기조화 시스템에서 극저온 시스템까지 흡입온도가

그림 4-16 요구냉방(Demand Cooling)™, 상단의 냉각 팬, 그리고 오일 냉각기를 장착한 저온용 Copeland 압축기 사진
(출처: Jerry Meyer-Hussman)

그림 4-17 흡입온도가 감소하면 왜 토출온도가 증가하는지 보여주는 압력-엔탈피 선도
(출처: Refrigeration Training Services)

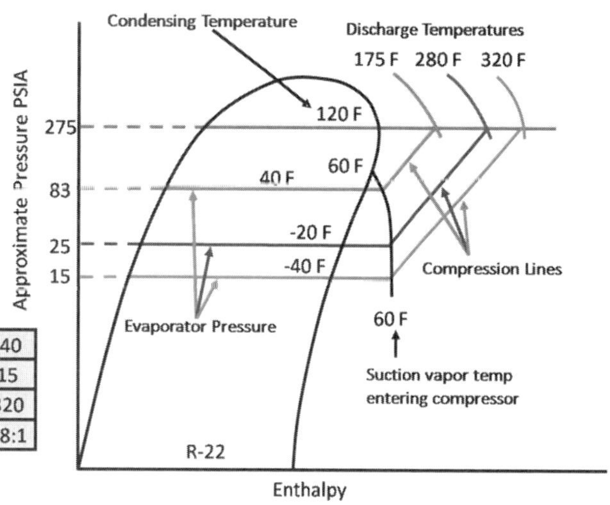

Evaporator Temp.	40	-20	-40
Evaporator Press.	83	25	15
Discharge Temp.	175	280	320
Compression Ratio	3.3:1	11:1	18:1

떨어질 때 토출온도가 얼마나 상승하는지를 예를 들어 보여준다. 이는 R22 압력-엔탈피 선도로 매우 간단하게 설명할 수 있다. 이 선도에서 3개의 증발기 온도에 대한 이론적인 토출온도는 +40°F, −20°F, 그리고 −40°F이다. 3가지 경우 모두에 대하여 응축온도는 120°F이며 압축기에 들어오는 증기는 60°F일 것이다.

참고: 공기조화기의 증발기에서 60°F 회수 증기온도의 의미는 증발기 출구에서 40°F의 온도와 20°F의 과열도를 의미한다. 그러나 −40°F 증발기에서 회수온도가 60°F이려면 100°F의 과열이 필요하다. 비록 이 가정이 조금 비현실적이기는 하지만 모든 증발기에서 보통으로 사용하는 60°F 회수온도를 예를 들면 이해하기가 쉽다.

예제에서 40°F 증발기와 120°F에서 응축하는 표준 공기조화기는 실린더에서 약 175°F의 증기를 토출한다. 증발기 온도가 −20°F로 떨어지면 토출온도는 280°F로 증가한다. 증발기에서 온도가 −40°F로 떨어질 때 토출온도는 320°F이고 이때 오일은 이미 윤활 능력은 잃고 증발할 것이다.

참고: 압축비를 계산하는 일반적인 방법은 그림 4-17과 그림 4-19에서 선도에 사용된 절대압력(psia)이다. 절대압력에서 게이지 압력(psig)은 14.7 psi를 뺀다.

−40°F의 흡입온도에서 120°F의 응축온도까지 증가하는데 단단 압축기를 사용하면 압축비가 18:1로 매우 높은 압축비의 압축기가 된다. 극저온에서 단단 압축기가 작동할 때 발생하는 문제를 해결하려면 그림 4-18에서 설명된 복합 압축 시스템을 적용하면 된다. 1단(저압측)에 들어오는 흡입증기는 압축되지만 최종 응축압력의 윗부분에 해당하는 압력까지만 압축한다. 1단에서 토출된 가스는 2단(고압측)의 흡입으로 이어지며 이때 응축압력까지 같은 방법으로 압축한다. 각 단에서의 압축비를 줄일 수 있기 때문에 효율이 증가되고 각 단 사이에서 냉매를 냉각시킴으로써 토출가스의 온도를 낮출 수 있다.

1단 토출과 2단 흡입 사이의 중간압력인 '중간단(inter-stage)'은 복합냉동이 핵심 구성요소다. 이단 복합시스템의 이론에 대한 다음과 같은 예제를 해석할 때 그림 4-18에 제시한 2단 복합시스템 그림과 그림 4-19에 제시한 2단 복합사이클의 압력-엔탈피 선도를 참조하면 크게 도움이 될 것이다.

흡입증기는 −40°F의 증발기에서 토출되고 약 60°F와 15 psia에서 1단(저압측) 압축기로 들어온다. 120°F의 응축온도로 압축하는 대신 1단 압축을 통해 2단(고압측)의 흡입압력을 약 65 psia의 압력으로 낮춘다. 1단 토출증기의 온도는 180°F로 2단 압축기의 흡입온도로는 너무 높다. 과열저감 팽창밸브는 저압측과 고압측 사이의 중간단에 차가운 냉매를 주입한다. 이 냉매는 고압측으로 흡입되기 전에 180°F 토출증기를 60°F 흡입증기로 감소시키는 효과를 낳는다. 고압측 65 psia 흡입증기는 압축과정이 반복되기 시작해 액체로 변화되는 응축기로 토출되기 전까지 200°F의 토출온도와 275 psia의 토출압력으로 압축된다.

그림 4-20과 같이 15 psia의 흡입압력을 가지는 3개의 실린더 압축기를 생각해 보자. 낮은 압력의 증기는 체적이 매우 작기 때문에 저압측 압축기에서 압축하

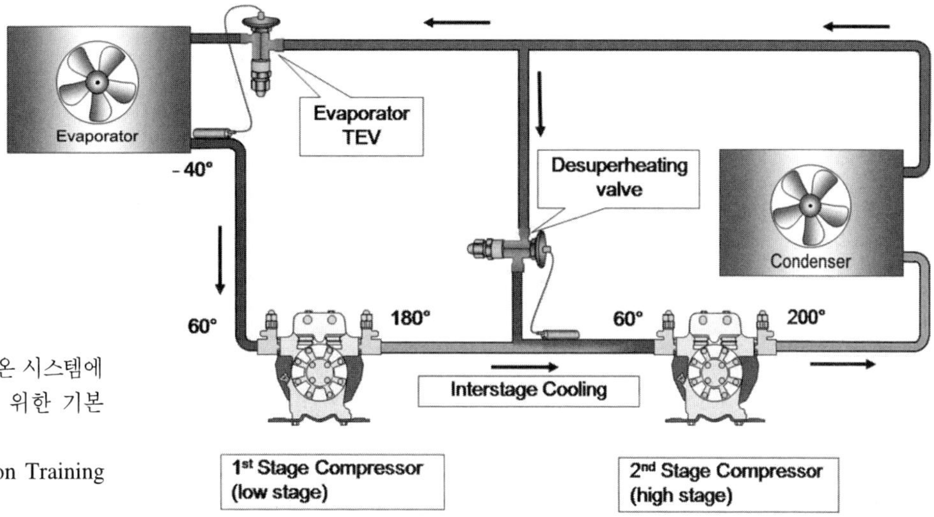

그림 4-18 극저온 시스템에서 극저온 작동을 위한 기본 이단 복합시스템 (출처: Refrigeration Training Services)

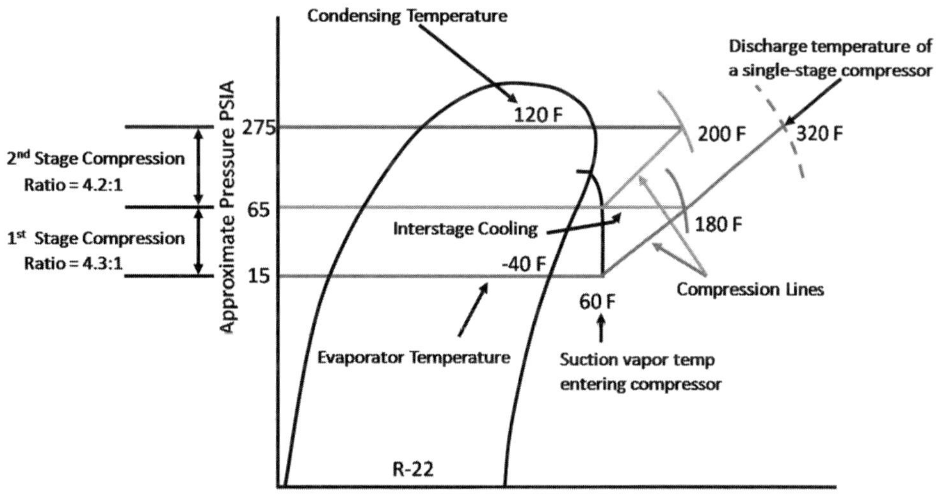

그림 4-19 이단 압축시스템이 어떻게 온도를 낮출 수 있는지 설명해 주는 압력-엔탈피 선도 (출처: Refrigeration Training Services)

여 고압측 단일 실린더 압축기로 냉매를 충분히 보내기 위해서는 흡입부에 실린더가 2개 필요하다. 1단에서 2개의 실린더로부터의 토출된 냉매는 중간단이 되는 모터 크랭크케이스로 들어간다. 1단 토출증기는 모터로 들어가기 전에 과열저감 팽창밸브에 의해 냉각된다. 그리고 냉각된 증기는 2단의 단일 실린더에 들어가고 120°F의 응축온도에서 275 psia로 압축된다.

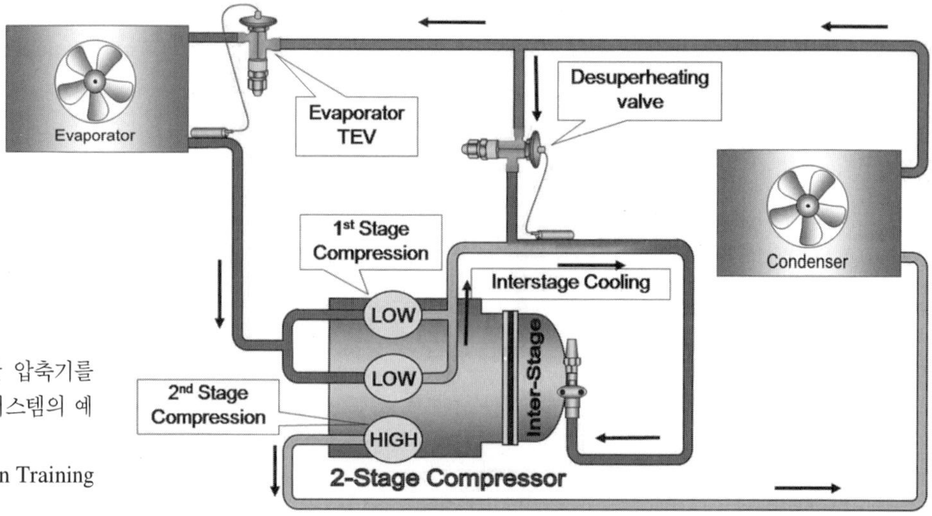

그림 4-20 이단 압축기를 사용하는 극저온 시스템의 예시
(출처: Refrigeration Training Services)

이단압축 극저온 압축기를 사용하려면 여러 가지 제어기와 부속품이 필요하다. 그중에는 솔레노이드 밸브, 액분리기(accumulators), 오일 분리기(oil separators), 과냉기(subcoolers), 그리고 그 밖에 여러 가지가 있다. 배관에서 주요 고려사항들인 단열재, 과열도, 과냉도 등과 같은 것들은 이전의 예제에서 다루지 않았다. 그러나 앞에서 제시한 그림과 설명들을 보면 압축기의 설계사양서에 맞추어 압축기의 운전유지에 필요한 내용뿐만 아니라 이단 냉동 및 복합사이클에 대한 이해를 돕는데 충분히 도움이 될 것이다.

스크롤 압축기

첫 번째 스크롤 압축기는 1905년에 특허를 받았지만 스크롤 압축기는 1980년대 후반까지 상업용 공기조화기에 적용되지 못했다. 개발 후 초기에 거의 10년 동안 Copeland는 총 100만 대의 스크롤 압축기를 판매했지만 현재 그들은 매년 100만대가 넘게 생산하고 있다. 공기조화기 업계는 새로운 기술을 수용하는 속도가 느리지만, 최근 들어 거의 모든 주거용 제조업체들은 스크롤 압축기를 사용한다. 상업용 냉동기 산업에서는 여전히 왕복동식 압축기를 사용하는 것이 지배적이지만 스크롤 압축기 사용이 해마다 증가하고 있다(그림 4-21 참조).

스크롤 압축기는 증기를 압축하기 위해 피스톤 방식의 왕복동식 압축기를 사용하는 대신 종이를 만 것과 같은 모습의 정밀하게 가공된 스크롤 2개를 이용한다. 이런 형식의 스크롤 압축기는 상부 스크롤은 고정되고 모터의 축과 연결된 회전자가 회전운동을 하면서 하부 스크롤을 움직인다. 흡입증기는 스크롤 2개의 모서리 바깥쪽에 처음 생기는 공간으로 유입된다. 회전 스크롤(orbiting scroll)이 고

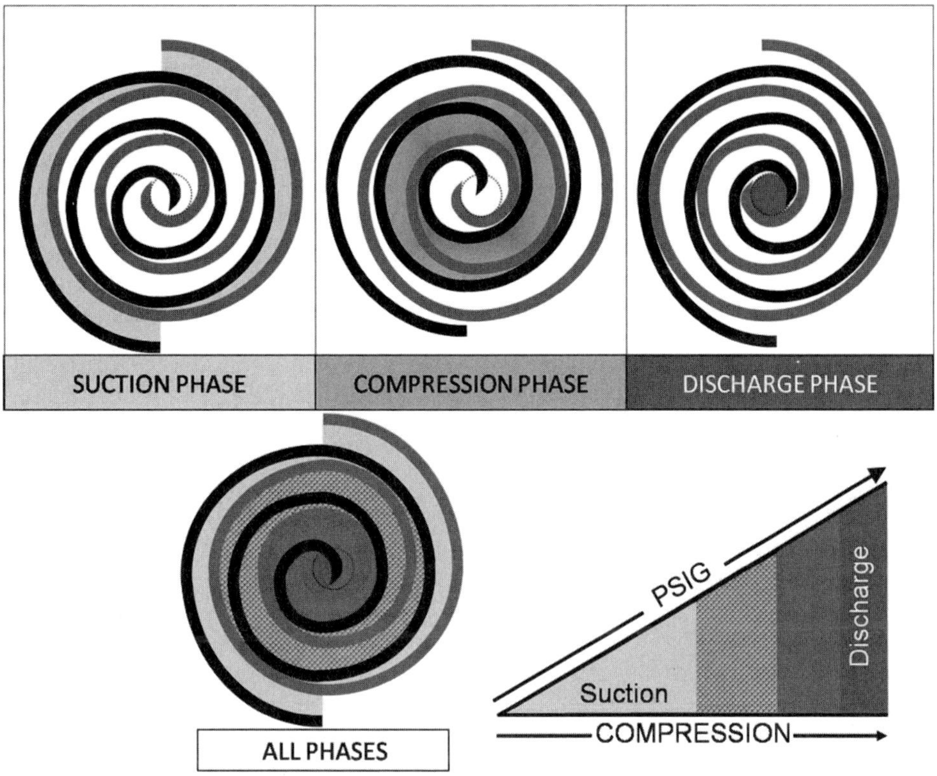

그림 4-21 스크롤 압축기 설계 (출처: Refrigeration Training Services)

정 스크롤(fixed scroll) 안에서 움직임에 따라 여러 개의 포켓 또는 압축공간이 형성된다. 회전 스크롤이 지속적으로 움직이면 증기는 점점 작아지는 스크롤 속 공간으로 들어가 압축된다. 결국 가장 높은 압력이 형성되는 스크롤의 중간에 있는 작은 구멍으로 증기는 토출되어 응축기로 간다.

스크롤 압축기의 가장 중요한 장점은 왕복동식 압축기에 비해 높은 효율이다. 스크롤 압축기의 압축과정은 냉매를 압축하는 데 있어 거의 100%의 체적효율을 가진다는 점이다.

왕복동식 압축기는 근본적으로 피스톤과 실린더 윗부분 사이에 공간이 존재한다. 따라서 실린더 안에 있는 소량의 토출가스는 불가피하게 이 공간에 남게 된다. 이전의 압축 과정에서 남아 있던 소량의 고압냉매는 다시 팽창하게 되고 이는 더 많은 기체를 실린더로 흡입하기 위해 열리는 흡입밸브가 작동하기 이전의 압력을 흡입압력 수준으로 낮춘다. 피스톤에서의 큰 압축비는 실린더로 압축되기 위해 흡입되는 냉매의 리드 밸브가 열리기 전에 피스톤이 충분히 내려와야 한다. 따라서 실제 사용이 가능하고 흡입과 토출압력을 결정하는 실린더 체적(체적 효율)이 감소하게 된다. 즉, 높은 토출압력과 낮은 흡입압력은 효율을 떨어뜨린다. 이것이 왕복동식 압축기가 주로 낮은 온도에서 쓰이는 이유다.

스크롤 압축기의 용량은 압축비 증가로 인해 감소하기는 하지만 왕복동식 압축기만큼 감소하지는 않는다. 이런 이유에서 상업용 냉동시스템에서 스크롤 압축기를 사용하는 경우가 점점 늘어날 것이다.

상업용 냉동 기술자들은 기존에 왕복동식 압축기를 주로 쓰던 분야에 스크롤 압축기가 점점 많이 쓰인다고 해서 기술적 차이가 생기는 것을 두려워해서는 안 된다. 대신 그들은 완벽한 냉동 시공과 동일한 기본 원칙을 적용하여 왕복동식 압축기에서 적용했던 서비스를 스크롤 압축기에도 계속적으로 동일하게 진행해야 한다. 스크롤 시스템에서 대부분의 증발기와 응축온도는 왕복동식 압축기와 유사하지만, 전문가라면 현재 조건에서 운전되고 있는 정상적인 작동에 대한 제조사양을 늘 참조해야 한다.

그러나 스크롤 압축기의 작동에 한 가지 차이점이 있다는 것은 확실하며, 그것은 또한 점검하기 쉽다. 바로 3상 스크롤 압축기는 일정한 방향으로 회전해야 한다는 것이다. 초기 시동에서 압축기가 잘못된 방향으로 회전한다면 노킹(knock) 소음이 생길 것이고 냉매는 펌핑되지 않을 것이다. 만약 흡입압력이 떨어지지 않고 토출압력이 적절한 수준까지 증가하지 않는다면 임의의 압축기 동력선 2개를 반대로 설치하고 압력을 다시 확인해야 한다. 역방향 회전은 압축기에 손상을 입히지 않지만 얼마 지나지 않아 내부 보호 시스템이 작동할 것이다.

왕복동식 압축기와 마찬가지로, 스크롤 압축기도 용량제어의 몇 가지 형태와 높은 압축비에서의 작동보호가 필요할 때가 종종 있다. Copeland사는 저온운전에서의 높은 토출온도와 과열을 방지하기 위해 요구냉방(Demand Cooling™) 시스템을 사용한다.

Copeland Scroll Ultra Tech™는 스크롤 판에 바이패스 포트가 2개 있으며, 이것들은 용량을 제어하는 데 사용한다. 낮은 부하조건에서 전기 솔레노이드는 스크롤의 3분의 1 지점에서 스크롤의 변위를 효과적으로 감소시키기 위해 포트를 개방한다. 압축기는 부하요구에 따라 67% 용량 또는 100% 용량제어 조건에서 작동할 것이다. 이 압축기는 현재 공기조화기에만 사용되고 있다(그림 4-22 참조).

Copeland사의 Digital™ 스크롤 압축기 용량제어기는 하부 스크롤에서 상부 스크롤을 (수직으로) 분리하는 축에 의해 작동된다. 두 부분으로 분리되어 있는 동안 압축은 일어나지 않으며 전력 사용량은 약 10%에 지나지 않는다. 분리는 압축기의 흡입측에서 약간의 토출가스를 바이패스시키는 솔레노이드 밸브가 작동하면서 이루어진다(그림 4-23 참조). 흡입압력이 증가하면 상부 스크롤은 위로 올라간다. 스크롤이 작동하는 시간의 변화를 통해 10%에서 100% 사이에서 용량을 정확하게 제어할 수 있다. 예를 들어 20초 동안 솔레노이드는 16초간 작동되지 않고

그림 4-22 67% 부분부하 용량에서 Copeland Ultra TechTM
(출처: Copeland drawing by RTS)

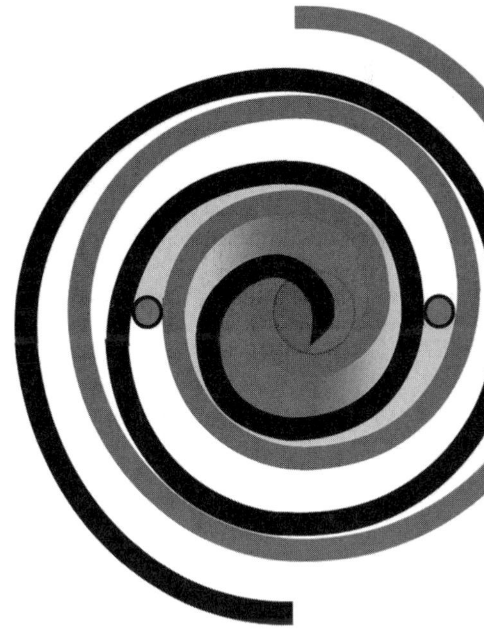

(100% 용량) 4초간 작동(0% 용량)된다. 20초 동안의 평균용량은 결과적으로 80%다(16초÷20초×100). 솔레노이드 밸브는 단속운전 중에도 지속적으로 작동되고 시스템에서 원하는 부하 수준으로 용량이 감소될 때까지 운전된다. 토출증기는 비교적 짧은 기간 동안 흡입측으로 유입하기 때문에 압축기가 과열될 확률은 없다. Digital™ 스크롤 압축기는 이전에 사용했던 언로더를 갖은 왕복동식 압축기가 주로 사용되었던 중간온도와 저온 영역에서 현재 활발히 사용되고 있다.

가변 주파수 구동

용량제어의 또 다른 형식은 압축기 모터의 속도를 변화시키는 것이다. **가변 주파수 구동**(Variable Frequency Drive, **VFD**) 기술은 모터 주파수의 전기적인 변화에 의해 모터(또는 용량)의 속도를 변화시키는 방법이다. 이를 테면 일반적으로 1,750 rpm에서 운전하는 60사이클의 모터는 50사이클에서 약 1,400 rpm으로 감소할 것이다. 따라서 모터의 용량이 감소할 뿐만 아니라 소비전력 또한 감소한다. 가변 주파수 구동 모터는 현재 압축기뿐만 아니라 송풍기, 펌프에도 사용된다.

과거에는 가변 주파수 구동 기술은 매우 비싸고 일반적으로 대형 모터 부하에만 제한적으로 사용되어 왔다. 하지만 시간이 지남에 따라 이 기술을 사용하기 위한 비용이 줄어들어 소형의 모터 시스템에 이용할 수 있게 되었다. 상업용 냉동기에서 증발기 팬 속도변화의 장점은 증발기 토출의 공기온도를 일정하게 유지시켜

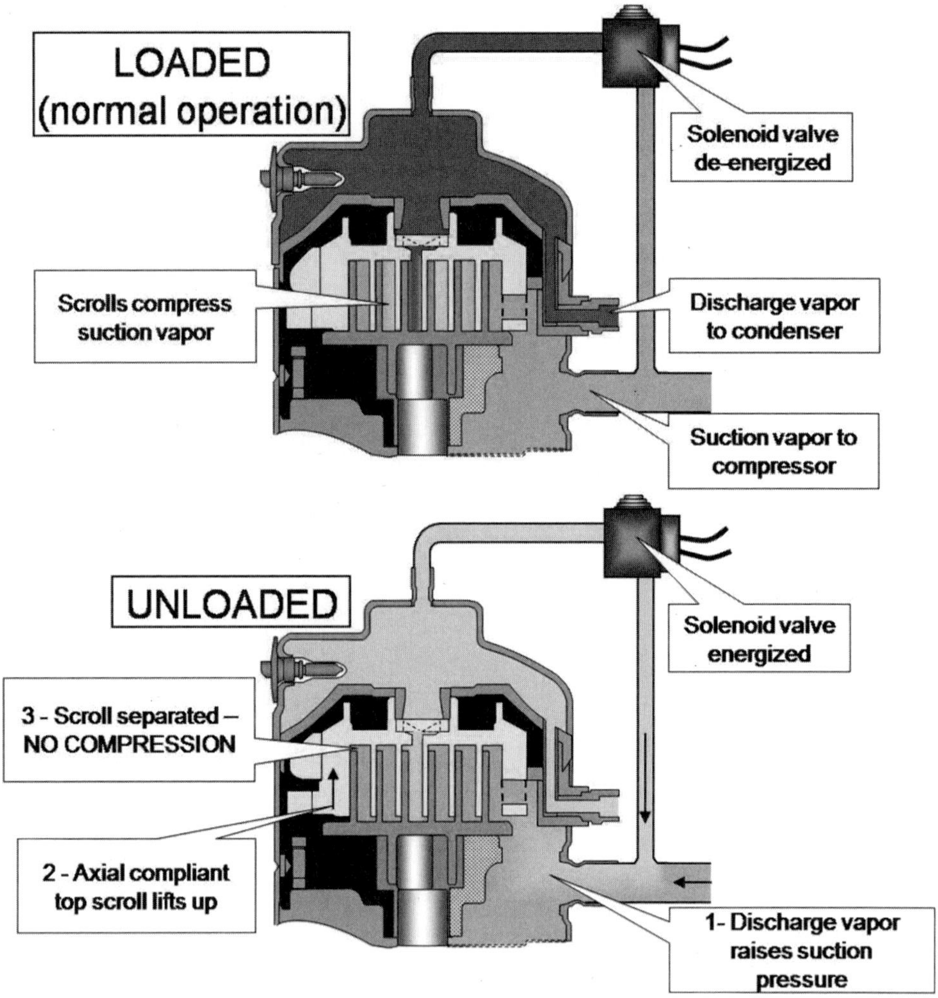

그림 4-23 Copeland Digital™ 스크롤 용량제어 (출처: Copeland drawing by RTS)

서 고내 제품들의 저장 수명을 크게 연장시킬 수 있다는 점이다. 응축기 팬 변화는 특히 낮은 외기조건에서 응축온도를 일정하게 유지시킬 수 있도록 도와준다.

요약

압축기는 시스템에서 냉매를 펌프하기 때문에 시스템의 '열' 로써 설명할 수 있다. 왕복동식 압축기에서 피스톤은 하강행정 시 증기를 흡입하고 다음 상승행정시 압축을 수행한다. 이 과정에서 흡입압력과 온도가 크게 상승하며 증기냉매는 응축기로 보내져 액상냉매로 상변화한다.

흡입증기의 압력과 토출증기의 압력비를 압축비로 나타낸다. 압축기 손상은 시스템이 설계된 압축비의 범위를 넘어서 작동한 결과다.

밀폐형 압축기는 흡입냉매로 냉각되고 강철을 용접하여 밀폐한다. 반밀폐형 압축기는 밀폐형 압축기보다 더 비싸지만 주철로 만들어진 반밀폐형 압축기에서는 밸브 수리가 가능하다.

압축기 고장의 첫 번째 이유는 윤활 부족이다. 압축기의 고장을 일으키는 또 다른 문제들은 플러딩, 플러디드 기동, 과열이다. 이러한 문제들은 직접 또는 간접적으로 압축기의 윤활 문제를 일으키는 원인이 된다.

슬러깅(slugging)은 냉매나 오일이 너무 많을 때 발생된다. 압축기는 증기펌프이기 때문에 액체를 압축할 수는 없다. 슬러깅에 의한 손상은 빠르고 복잡한데, 주로 깨진 피스톤 봉, 피스톤, 그리고 크랭크축으로 나타난다.

반밀폐형 압축기 제조업자들은 보증기간이 아직 지나지 않았어도 기술자들에게 망가진 압축기를 해체하는 것을 장려한다. 압축기 교체와 같은 문제가 되풀이되는 것을 방지하려면 손상의 원인을 조사하는 것은 필수적이다.

사이클이 단속운전을 반복하면 압축기에 무리가 간다. 용량제어는 운전시간을 연장시키고, 낮은 부하조건에서 압축기의 손상을 방지하고, 압축기의 효율을 증가시킬 뿐만 아니라 에너지 사용량도 줄인다. 용량제어의 몇 가지 방법은 핫가스 바이패스, 멀티 압축기, 그리고 언로더의 적용이다.

저온 시스템에서 첫 번째 문제점은 흡입압력 감소로 인해 압축기의 효율이 떨어지는 것이다. 압축비가 증가함에 따라 실린더 열이 증가하고, 모터 냉각이 줄어들며, 적은 냉매의 질량유량을 나타난다.

극저온 시스템에서는 이단 압축 복합시스템을 사용한다. 2개의 압축기 또는 2단에 따른 단단 압축기는 모두 −30°F와 −80°F의 작동온도 조건에서도 잘 작동한다.

스크롤 압축기는 상업용 냉동에도 사용되기 시작했다. 스크롤 압축기가 왕복동식 압축기보다 나은 점은 거의 100%의 체적효율 가진다는 점이다. 스크롤 압축기는 피스톤 형태의 압축기에서 틈새체적의 내재에 의해 증기가 다시 팽창하는 현상을 보이지 않는다.

대형 모터에서 사용되던 가변 주파수 구동(VFD) 기술은 압축기의 효율을 증가시킨다. 모터의 주파수를 조절하면 압축기의 속도와 용량을 제어할 수 있다.

연습문제(REVIEW QUESTIONS)

1. 토출증기의 온도를 상승시키며 흡입증기가 압축기를 통과할 때 얻는 현열의 추가적인 두 가지 원천은 다음 중 어떤 것인가?

a. 모터열과 압축열
b. 증발기 과열과 모터열
c. 모터열과 응축열

2. 틈새체적은 무엇이며 압축기 효율에 어떤 영향을 미치는가?

3. 체적효율이란?

a. 틈새체적과 관련된 실린더의 크기
b. 압축기 설계 용량에 비해 얼마나 잘 작동하는지
c. 흡입압력에 의해 분할된 압력수두

4. 만약 R404A 상업용 냉동기가 −20°F의 증발기 온도와 125°F의 응축온도를 설계조건으로 가진다면 압축비는 얼마인가?

a. 14.1:1
b. 12.3:1
c. 11.2:1
d. 10.5:1

5. 위의 예제에서 같은 압력수두에 맞춰 증발기가 −30°F에서 작동하기 위해 고객이 고내 온도를 낮춘다면 압축비는 얼마인가?

a. 14.1:1
b. 12.3:1
c. 11.2:1
d. 10.5:1

6. 위의 냉동고 증발기 온도가 −20°F로 유지된다고 가정하고, 응축기는 25°F 응축기 분기를 가지고 응축온도가 120°F까지 떨어지게 설계한다. 압축비는 얼마인가?

a. 14.1:1
b. 12.3:1
c. 11.2:1
d. 10.5:1

7. 흡입압력이 5 psig만큼 낮거나 압력수두가 20 psig로 증가하는 상황에서 위의 냉동고 압축기는 빠르게 손상된다. 그 이유는 무엇인가?

a. 낮은 흡입압력 이상으로 압축비 증가에 따른 압력수두가 높아지기 때문
b. 압력수두 증가 이상으로 압축비 증가에 따른 흡입압력이 낮아지기 때문
c. 거의 같은 압축비 증가로 인해 압축기 중 하나를 손상시키기 때문

8. 위의 문제에서 어떤 종류의 손상이 압축기에 발생하겠는가?

a. 슬러깅(slugging)
b. 플러딩(flooding)
c. 과열

9. 흡입냉매 냉각 압축기에서 흡입압력을 낮추면 모터 냉각은 증가하는가, 감소하는가?

a. 모터 냉각을 감소시켜 모터 과열의 원인이 된다.
b. 증기의 온도가 낮기 때문에 모터 냉각을 증가시킨다.

연 습 문 제(REVIEW QUESTIONS)

10. 반밀폐형 압축기에서 수리할 수 있는 것은 무엇인가?

a. 모터 고정자만 교체할 수 있다.

b. 모터 회전자만 교체할 수 있다.

c. 크랭크케이스 오일과 밸브 판을 교체할 수 있다.

11. 공냉식 압축기와 흡입냉매 냉각 압축기의 차이점은 무엇인가?

12. 압축기 안에 오일이 너무 많은 이유는 무엇인가?

a. 공장에서 오일을 많이 넣어서

b. 압축기를 여러 차례 교체했거나 또는 다른 기술자가 오일을 더 넣어서

c. 고객이 매달 오일을 더 넣어서

13. 압축기 안에 오일이 매우 적은 이유는 무엇인가?

a. 충전된 냉매의 양이 적고 부하가 낮다.

b. 오일이 제대로 반환되게끔 하는 파이프에 문제가 있다.

c. 증발기가 얼어붙었거나 스터빙이 발생했다.

d. 압축기 운전 사이클이 짧다.

e. 위의 모든 경우가 해당한다.

14. 만약 오일이 부족하면 압축기 분해 시 어떤 현상이 보이는가?

a. 타버린 밸브

b. 피스톤 상단에 있는 오일

c. 모든 로드와 베어링의 마모 또는 균열(틈새)

15. 플러딩과 슬러깅의 원인은 무엇인가?

a. 압축기로 돌아가는 냉매가 너무 많아서

b. 시스템에 있는 냉매가 너무 적어서

c. 압축기를 실행하는 증기펌프가 너무 느려서

16. 압축기 운전에서 플러딩 또는 슬러깅이 발생했다는 것을 가장 확실하게 보여주는 신호는 무엇인가?

a. 습기가 찬 흡입관

b. 높은 과열

c. 과열이 낮거나 없음

d. 압축기 소음

17. 만약 흡기밸브가 파손된다면 그 원인은 무엇인가?

a. 플러딩

b. 슬러깅

c. 플러디드 기동

18. 블로우 바이(blow-by)가 작동하지 않고 실린더 벽에 균열이 가는 원인은 무엇인가?

a. 플러딩

b. 슬러깅

c. 플러디드 기동

19. 플러딩과 슬러깅의 차이점은 무엇인가?

a. 슬러깅은 냉매의 양이 매우 적고 플러딩은 액체가 많다.

b. 플러딩은 냉매의 양이 매우 적고 슬러깅은 액체가 많다.

c. 피스톤에서 오일이 없어지므로 이 두 경우 모두 과열이 발생한다.

연습문제(REVIEW QUESTIONS)

20. 플러디드 기동의 첫 번째 원인은 무엇인가?

a. 냉매 이동

b. 역류

c. 짧은 압축기 운전 사이클

21. 플러디드 기동을 어떻게 예방할 것인가?

a. 과열과 과냉을 조절한다.

b. 크랭크케이스 히터 또는 펌프다운(pump-down) 솔레노이드를 설치한다.

c. 크랭크케이스에 압력조절 밸브를 설치한다.

22. 압축기 분해 시 플러디드 기동은 어떤 현상을 보여주는가?

a. 크랭크축에서 표석의 마모 패턴

b. 크랭크축에서 연속적인 마모

c. 망가진 밸브와 변형된 상단의 개스킷

23. 공냉식 압축기에서 높은 모터 열은 어떤 현상을 일으키는가?

a. 응축기 팬에서 부적절한 공기유량

b. 압축기 모터가 냉각될 때까지 흡입 기상냉매의 낮은 질량유량

c. 토출밸브의 파손

24. 흡입냉매 냉각 압축기에 높은 모터 열이 발생하면 무슨 문제가 발생하는가?

a. 응축기 팬에서 부적절한 공기유량

b. 압축기 모터가 냉각될 때까지 흡입 기상냉매의 낮은 질량유량

c. 토출밸브의 파손

25. 압축기 용량제어란 무엇인가?

a. 워크인의 부하가 증가되는 것에서부터 소비자를 보호하는 것

b. 압축기의 부하 증대를 방지하기 위해 압력수두를 상승시키는 것

c. 압축기가 수행할 수 있는 일의 총량을 제어하는 것

26. 다음 중 짧은 사이클에 해당되는 것은 무엇인가?

a. 시간당 6 사이클

b. 시간당 4 사이클

c. 시간당 2 사이클

27. 언로더 압축기는 어느 것인가?

a. 압축기가 작동과 멈춤을 반복하는 사이클

b. 용량 감소를 위해 토출밸브를 막는 것

c. 압축되는 흡입기체를 막는 것

28. 언로더 과정을 시작하기 위해 주로 사용하는 방법은?

a. 흡입압력의 감소

b. 흡입압력의 증가

c. 압력수두의 상승 또는 감소

29. 압축기에서 압축비가 증가하면 어떤 현상이 일어나는가?

a. 압축기 상단에서 발생하는 열량이 적어진다.

b. 시스템으로 냉매가 많이 토출된다.

c. 시스템으로 냉매가 적게 토출된다.

연습문제(REVIEW QUESTIONS)

30. Copeland사 압축기에서 토출관의 최대온도는 얼마인가?

a. 200°F

b. 225°F

c. 275°F

31. 이단 압축 시스템은 주로 어떤 환경에서 사용되는가?

a. 낮은 온도(0°F에서 −20°F 사이)

b. 극저온(−30°F에서 −80°F 사이)

c. 초저온(−100°F에서 −150°F 사이)

32. 이단 압축시스템에서 중간단이란 무엇인가?

a. 다른 토출로 들어가는 토출구

b. 다른 토출로 들어가는 흡입구

c. 흡입압력을 높이기 위해 냉매를 더하는 곳

33. 스크롤 압축기가 왕복동식 압축기에 비해 효율이 높은 이유는 무엇인가?

a. 낮은 압력에서 작동하기 때문에

b. 냉매의 단위질량당 열량이 더 크기 때문에

c. 높은 체적효율 때문에

34. 가변 주파수 구동(VFD)은 압축기의 용량을 어떻게 변화시키는가?

a. 모터 저항의 증가로 인해 모터의 속도가 변화한다.

b. 용량 변화를 위해 흡입밸브를 반복적으로 작동시키지 않는다.

c. 주파수를 전기적으로 조절한다.

CHAPTER 5

팽창장치

개요

액냉매가 직접 증발기로 유입될 경우 증발기에서 냉방효과가 나타나지만, 모든 냉매가 증발되지는 않는다. 이 경우 증발기 출구의 액상 냉매는 습압축을 유발한다. 이 장에서는 압축기의 손상이 없이 증발기에서 최고 효율을 나타내며 열흡수를 하기 위해 증발기로 유입되는 냉매유량조절에 대한 내용을 다루고자 한다.

상업용 냉동시스템에서 온도자동팽창밸브와 모세관은 대표적인 냉매유량조절장치이다. 전자팽창밸브에 대해서는 다루지 않았으나, 특별한 적용에 대해서 언급해 본다.

학습목표(OBJECTIVES)

이 장을 마치고 나면 아래와 같은 내용들을 알 수 있다.

- **온도자동팽창밸브와 모세관의 구조와 원리**
- **증발기로 유입되는 냉매유량조절**
- **팽창밸브 크기 선정**
- **팽창장치에 의한 시스템의 압력과 온도 변화**
- **온도자동팽창밸브와 모세관의 과열도 조절 특성**
- **팽창장치의 문제점과 고장**

팽창장치의 역할

팽창장치의 주요 기능은 증발기에서 충분한 열을 흡수할 수 있도록 증발기에 적절한 냉매를 공급하는 것이다. 이를 위해서 팽창장치는 액냉매 라인에 있는 만액의 액냉매가 증발기에서 쉽게 증발 또는 기화될 수 있도록 작은 냉매 액적으로 바꾸어주어야 한다. 액냉매는 오리피스(orifice)를 관통하게 된다. 이는 물이 정원에 사용하는 호스의 노즐을 통과한 후 호스 출구에서 미세하게 분무되는 것과 유사하다(그림 5-1~5-3 참조).

이상적인 경우 거의 대부분의 증발기 속에는 액상의 냉매와 기상의 냉매가 존재하며, 증발기 출구에서 모든 냉매는 기화된다. 그러나 실제적으로 증발기의 부하가 빈번히 변화되며, 이로 인해 팽창장치의 유량 조절 대응 능력이 부족하여 증발기에 냉매가 **부족**(starve)하거나 **과다**(flood)할 수 있다. 증발기에 냉매가 부족하면 냉방효율이 감소하며, 반대로 증발기에 냉매가 과다할 경우 압축기 손상을 유발할 수 있다.

팽창장치는 액상의 냉매를 분무 형태로 바꾸며, 증발기로 유입되는 냉매의 온도를 낮춘다. 증발기에서 냉매의 포화온도는 냉동공간의 공기온도보다 낮으므로 냉매는 따뜻한 공기로부터 열을 흡수한다. 이로 인해 증발기 내의 냉매는 기화되며 냉동공간의 온도가 낮아진다.

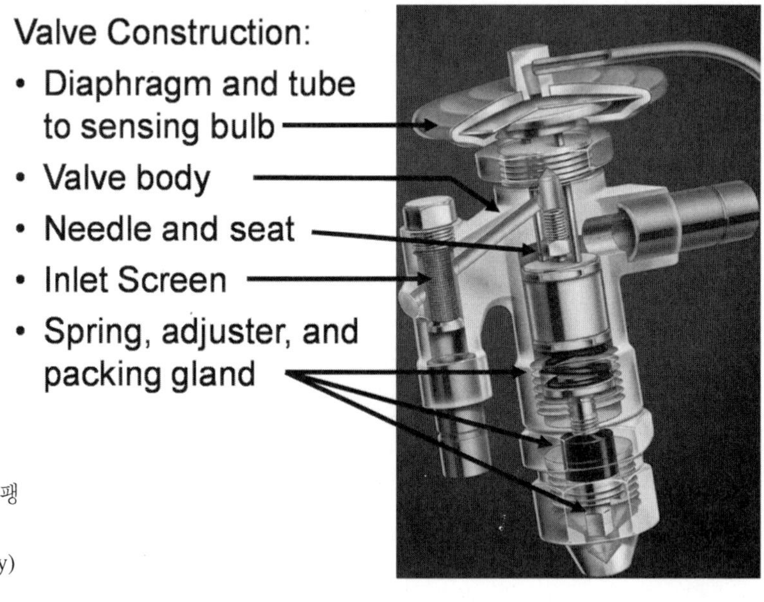

그림 5-1 Spolan 온도자동팽창밸브 단면도
(출처: Sporlan Valve Company)

그림 5-2 Danfoss 온도자동팽창밸브 구조도
(출처: Dick Wirz)

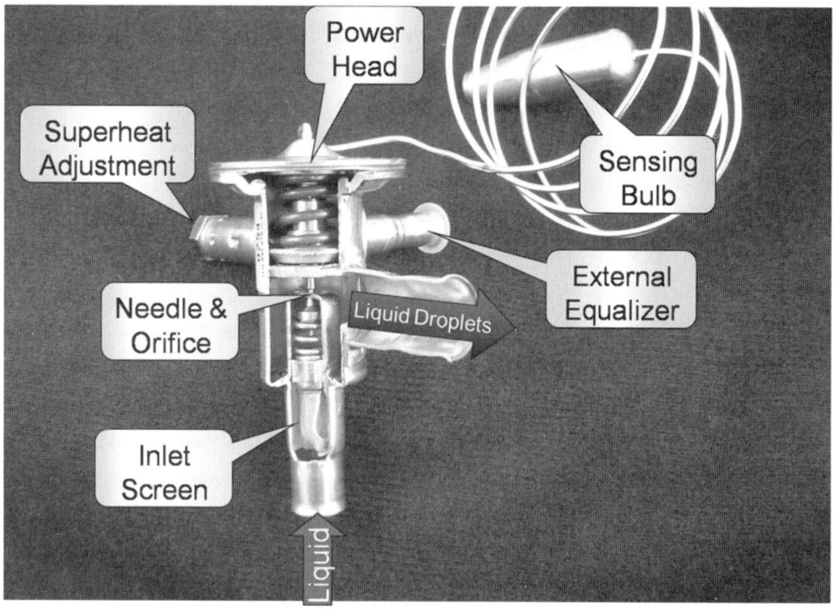

그림 5-3 모세관 사진
(출처 : Dick Wirz)

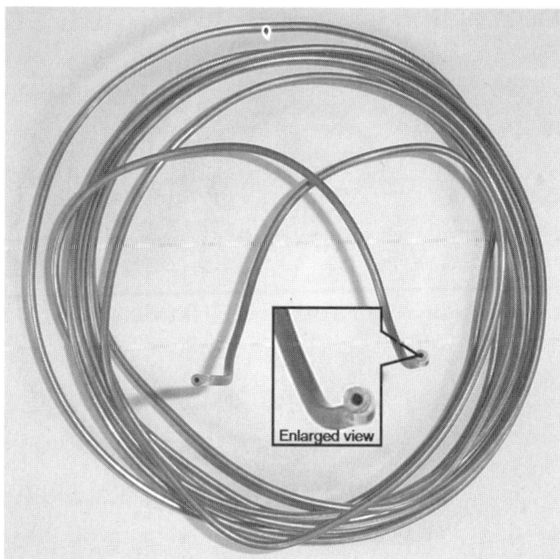

증발기로 유입되는 냉매의 온도저하는 냉매가 팽창장치를 통과하면서 압력이 낮아짐에 따라 부분적으로 이루어진다.

예제: ❶ R22 냉매는 196 psig 압력에서 100°F의 포화온도를 갖는다(압력/온도

선도 참조). 팽창장치를 통해서 냉매 압력이 49 psig로 감소하면 냉매의 포화온도는 약 25°F로 감소한다.

압력강하와 함께 증발기로 유입되는 냉매의 온도저하는 팽창장치 내부에서 냉매가 일부 기화(flashing)되면서 이루어지며, 이러한 현상을 **단열팽창**(adiabatic expansion)이라한다. 단열팽창 과정에서는 일부 기화된 냉매가 기화되지 않은 냉매를 냉각하게 된다. 팽창장치에서 발생하는 단열팽창 과정의 냉매 기화는 시스템의 냉동효과와는 무관하므로 팽창장치에서 기화되는 냉매의 양을 가능한 한 적게 하는 것이 바람직하다. 팽창장치 출구에서의 냉매 온도저하와 압력강하량을 크게 하기 위해서는 더욱 많은 냉매가 필요하다. 운전조건에 따라 다르지만 약 25%~33%의 액냉매가 증발기 유입 전에 팽창장치 출구에서 기화되고, 나머지 액냉매는 증발기를 통과하면서 공간으로부터 열을 흡수하면서 증발하여 잠열 열전달이 이루어진다.

팽창장치 입구의 압력과 온도가 증가함에 따라 시스템 효율이 크게 떨어지며, 팽창장치 출구에서 저온의 냉매를 얻기 위해서는 더욱 많은 냉매가 팽창장치에서 기화하게 된다. 이로 인해 증발기에서 증발할 수 있는 액상의 냉매량이 감소하므로, 냉동 공간의 온도는 증가하게 된다. 이에 관한 내용은 7장에서 응축온도의 상승에 따른 문제점과 함께 상세히 다루도록 한다.

과열도

온도자동팽창밸브의 가장 중요한 역할은 증발기에 적절한 양의 냉매를 공급하여 시스템의 과열도(superheat)를 유지하면서 압축기에 액냉매가 유입되는 것을 방지하는 것이다. 온도자동팽창밸브 적용 시스템은 상대적으로 많은 양의 냉매가 시스템에 충전되며, 플러딩(flooding)을 방지하기 위하여 **안전범위**(margin of safety)를 갖는다. 이것은 증발기 코일의 대부분의 영역에 액상의 냉매가 존재하도록 온도자동팽창밸브가 기계적으로 냉매량을 조절하여 이루어진다. 적절한 냉매량 충전 상태는 과열도 계산을 통해 쉽게 계산된다. 2장에서 과열도 영역에 대하여 충분히 논의하였으나, 팽창장치의 작동원리와 고장에 대한 이해를 위하여 간략히 다시 설명하도록 한다.

과열도는 모든 액상의 냉매가 완전히 증발하여 기체가 된 후에 냉매에 흡수된 현열 열전달량이다. 증발기에서 냉매가 증발하는 과정에서 냉매는 많은 양의 잠열(혹은 기화열)을 흡수한다. 주어진 압력과 온도에서 가능한 모든 잠열을 냉매가 흡수한 후에 냉매가 추가로 흡수할 수 있는 열은 오직 현열이다. 전체 냉각과정에서 총 열량 대비 현열량이 매우 작을지라도 이를 통해 과열도는 정확히 측정된다.

예제: ❷ 대형 냉장고의 증발온도가 25°F일 때, 과열도 계산을 위해서는 증발기 코일 출구온도(또는 압축기 흡입온도)만이 필요하며, 주어진 조건에서 코일 출구온도에 따른 과열도는 다음과 같다.

- 코일 출구온도가 35°F이며 과열도는 10°F이다(35°F−25°F).
- 코일 출구온도가 45°F이며 과열도는 20°F이다(45°F−25°F).
- 코일 출구온도가 25°F이며 과열도는 0°F이다(25°F−25°F).

과열도 값으로부터 증발기의 열효율과 압축기의 액압축 여부를 평가할 수 있다.

과열도 선정

과열도 조절은 증발기와 시스템의 운전특성에 기반을 둔다(그림 5-4 참조). 공기조화기에서는 기류 문제와 필터의 오염으로 인하여 압축기에 액냉매가 유입될 수 있다. 그러므로 압축기 보호 측면에서 높은 과열도를 설정하는 것이 바람직하다.

기술자의 경험법칙(T.R.O.T)

시스템별 권장 증발기 과열도는 다음과 같다.

1. 공기조화기 과열도: 15°F
2. 중온 냉동기 과열도: 10°F
3. 저온 냉동기 과열도: 5°F

참고: 이 과열노는 일반적인 지침이며, 가능할 경우 각 장치별 제조업체에서 제시하는 과열도를 따르는 것이 바람직하다.

냉동기에서는 냉동 공간으로부터 열을 최대한 제거하기 위하여 증발기를 최대한 활용해야 하는데 이를 위해서는 과열도를 최소화하여 증발기 효율을 극대화하는 것이 필요하다.

중온 냉동기는 서로 다른 두 시스템 사이에서 최고 성능을 보이는 온도 지점에서 최대 성능을 나타낸다.

과열도를 적절히 계산하는 것은 최적의 과열도를 선정하는 것만큼 중요하다. 다음은 적절한 과열도 계산을 위한 3가지 권장사항이다.

1. 정밀도 높은 계기와 전자온도계를 사용한다.

휴대용 온도계는 배관에 삽입되고 단열이 잘 되어 있는 경우에도 과열도를 측

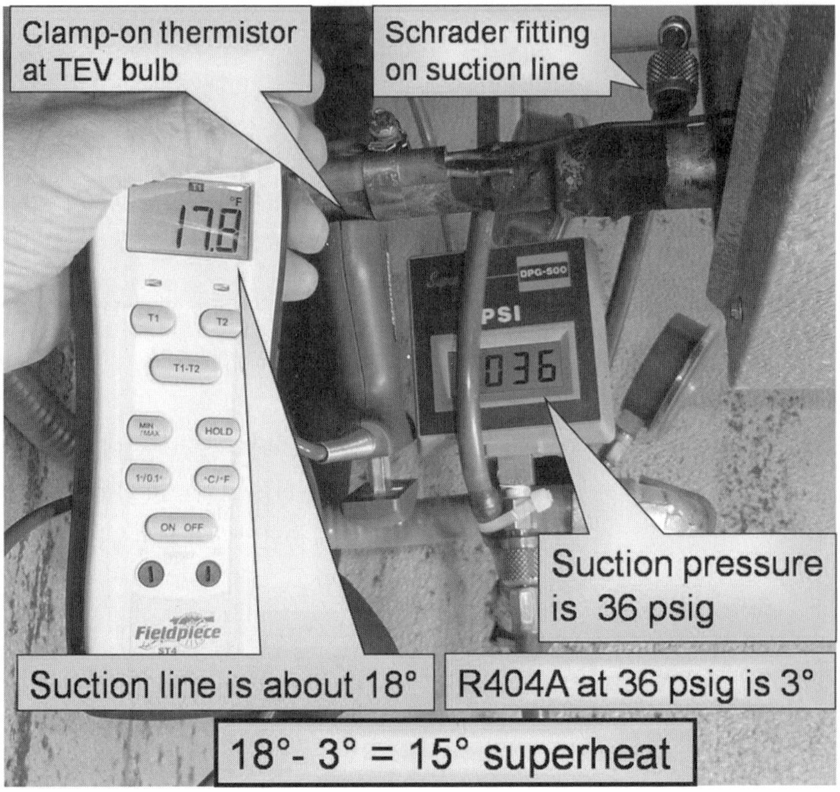

그림 5-4 대형 냉동기의 증발기 과열도 측정 사진 (출처: Dick Wirz)

정하기 위해 충분한 정밀도를 갖지 않는 경우가 많다. 일반적으로 전자온도계가 휴대용보다 정확하며, 많은 전자온도계 제조사들은 온도측정을 위한 서미스터(thermistor)와 함께 배관부에 온도계를 설치 및 제거하기 위한 부속장치를 제공한다. 이 부속장치들은 100달러 이상의 추가 비용이 필요하지만, 과열도 측정의 신속성과 정밀도 확보 등을 위해 반드시 필요하다.

2. 압력은 온도측정 부위와 근접한 지점에서 측정한다.

압축기 흡입 배관부의 온도는 증발기 출구에 설치된 팽창밸브의 감온부에서 측정되어야한다. 이상적으로 흡입압력은 이 감온부 또는 감온부와 인접한 지점에서 측정되어야 한다. 증발기 코일 출구에서 시스템 흡입압력을 측정하기 위하여 증발기 코일 출구의 흡입배관에 압력 측정용 피팅부를 설치하거나 팽창장치 외부균압 라인에 T자 피팅을 설치하기도 한다.

압축기가 증발기 출구로부터 5 피트 이내로 설치된 경우에는 서비스밸브에서 압력을 측정한다. 압축기가 증발기로부터 멀리 떨어져 있거나, 흡입배관부에 어큐뮬레이터(accumulator) 또는 엘보(elbow) 등이 다수 설치된 경우에는 냉매의 압력강하가 발생하게 된다. 이 경우에는 압축기 서비스밸브에서 측정한 압력값과 증발기 출구의 흡입배관에서 측정한 온도값으로 과열도를 계산할 경우 그 정확도가 감소하게 된다.

증발기 출구 또는 외부 균압 배관부에 압력계를 설치하는 것이 시간과 비용 측면에서 효율적이지 않을 수 있다. 그러므로 이러한 경우에는 측정된 증발압력을 이용하여 새롭게 추정하는 방법을 선택한다. 일례로 흡입 배관부의 배관과 부속품 등이 적절히 선정된 경우 일반적으로 흡입 배관부에서의 압력강하는 2 psig 이하이다. 이 경우 서비스밸브에서 측정된 압력에 2 psig를 더하여 증발압력을 보상하고, 보상된 증발압력과 증발기 출구에서 측정된 흡입온도를 이용하여 과열도를 계산한다.

3. 설계조건의 5°F 내에서 측정한다.

시스템의 설계온도 또는 설계점의 5°F 이내에서 과열도를 선정하는 것이 바람직하다. 일례로 냉동공간이 35°F로 설계된 경우에는 냉동공간이 40°F 이하로 감소한 후에 과열도를 측정하여야 한다.

온도가 높은 조건에서 시스템의 시동상태는 풀다운(Pull-down) 조건이므로 이 경우에 과열도를 측정해서는 안된다. 왜냐하면 시동조건에서 팽창밸브는 최대로 냉매를 공급하며, 냉동 공간의 높은 열부하로 인하여 증발기에서 냉매가 급속히 증발하게 되어 과열도는 매우 높고 증발기에서의 냉매는 매우 부족한 현상이 발생하기 때문이다. 그러므로 과열도는 반드시 냉동 공간이 설계온도 영역 범위 내로 설정될 때까지 시스템을 운전한 후 측정하여야 한다.

냉동 공간의 부하가 낮을 경우에는 전술한 부하가 높은 경우처럼 이상현상이 발생한다. 냉동 공간이 설계온도보다 5°F 이상 낮거나 고압 조절없이 낮은 외기 조건에서 운전될 경우 팽창장치는 냉매유량조절 기능을 상실한다. 즉 과열도 조절을 위해 팽창밸브가 냉매를 지나치게 많거나 적게 증발기에 공급하는 일을 반복하게 되는데, 이를 **헌팅**(hunting)이라 부른다. 그러므로 반드시 팽창밸브를 조절하기 전에 부하가 매우 낮은 경우에 대한 개선이 필요하다.

온도자동팽창밸브의 작동원리

온도자동팽창밸브에는 다음의 힘이 작용한다.

1. 감온통으로부터 다이어프램에 작용하는 압력—밸브 개방
2. 증발압력—밸브 닫힘
3. 스프링 압력—개도 조절 압력

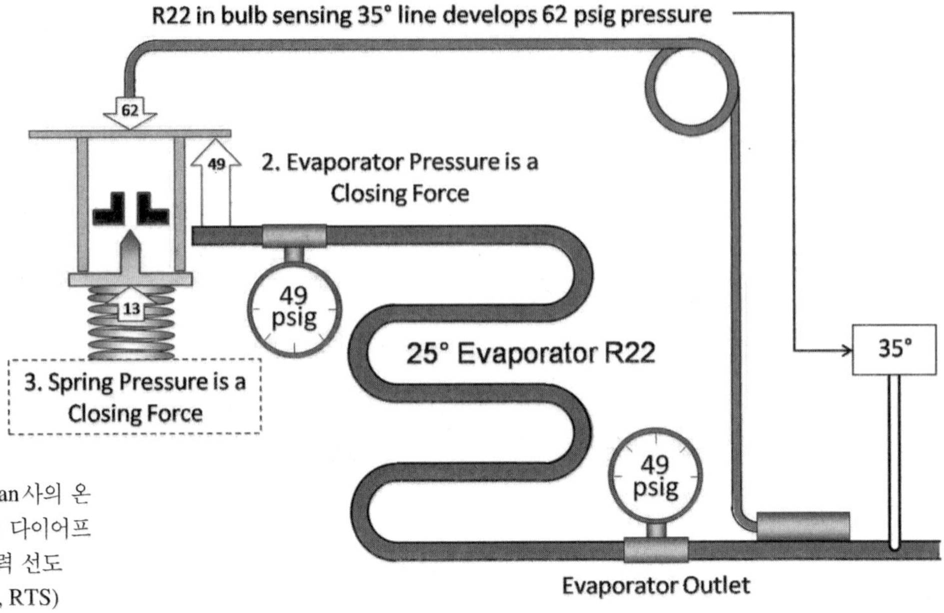

그림 5-5 Sporlan사의 온도자동팽창밸브의 다이어프램에 작용하는 압력 선도 (출처: Irene Wirz, RTS)

참고: 온도자동팽창밸브에는 상기 3개 힘 외에 밸브로 들어가는 액냉매의 압력에 의한 4번째 힘이 있다. 그러나 액냉매의 압력이 너무 높거나 낮아 팽창밸브 설계조건에서 크게 벗어나지 않은 경우에 이 액냉매 압력에 의한 영향은 없다. 이러한 특수한 조건은 7장에서 상세히 다루도록 한다.

그림 5-5와 5-6에 나와 있듯이 온도자동팽창밸브에서 밸브의 개방과 관련된 유일한 힘은 다이어프램의 아래로 작용하는 압력에 의한 힘이다. 이 압력은 온도자동팽창밸브 감온통 내부의 냉매의 증발로 인해 발생한다. 감온통은 설치된 흡입배관 라인의 온도에 의해 영향을 받는다. 그림 5-6에서 감온통이 설치된 흡입배관 라인의 온도는 35°F이다. 팽창장치의 감온통에 R22가 충전되었다고 가정할 경우 35°F에서 R22의 압력은 62 psig이며, 이 압력이 다이어프램의 아래쪽으로 힘을 준다.

증발압력은 팽창밸브를 닫히도록 하는 힘으로 작용한다. 증발압력이 다이어프램을 위로 밀어주는 힘으로 작용하면서 니들(needle)이 위로 이동하여 액냉매 통로의 저항으로 작용한다. 그림 5-6에서 증발온도는 25°F이며, 이 온도에서 R22의 증발압력은 49 psig이다.

감온통에 의한 다이어프램의 개방압력이 62 psig이고 밀폐압력이 증발압력에 의한 49 psig뿐일 경우 팽창밸브는 개방상태를 유지하면서 증발기로 많은 냉매가 흘러 들어가게 된다. 플러딩 현상을 방지하기 위하여 스프링 조절을 통하여 밸브 니

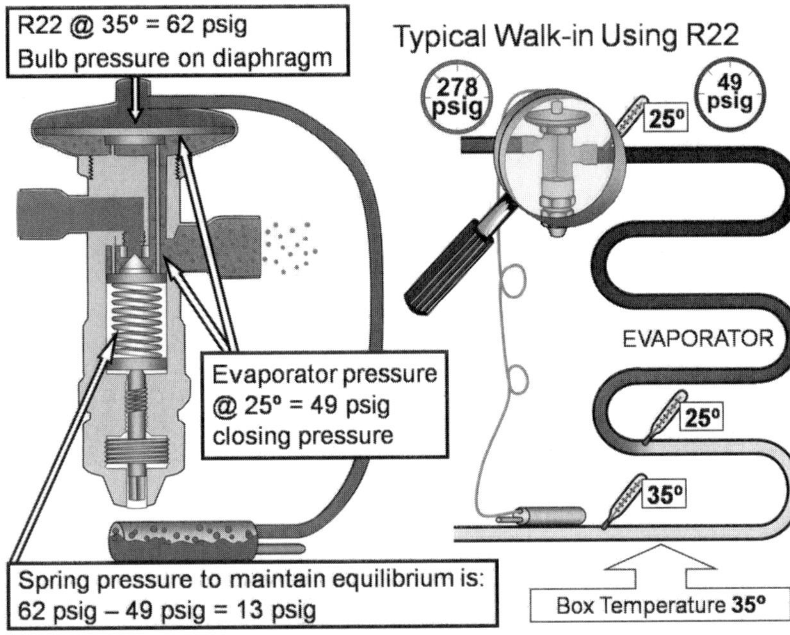

그림 5-6 온도자동팽창밸브에 작용하는 압력 구조도 (출처: Refrigeration Training Services)

들의 밀폐압력이 작용한다. 스프링에 의한 밀폐압력은 감온통에 의한 개방압력과 증발압력에 의한 밀폐압력의 차이인 13 psig(감온통의 62 psig − 증발기의 49 psig)이다. 개방압력은 밀폐압력과 동일하며, 이는 밸브가 평형상태에 있음을 나타낸다. 온도자동팽창밸브가 평형상태에 있을 때 증발기로 유입되는 냉매의 유량은 증발기가 흡수하는 열량과 과열도 확보에 필요한 열량의 합과 균형을 이룬다.

온도자동팽창밸브의 본체 구조

상업용 냉동에 사용되는 대부분의 온도자동팽창밸브는 그림 5-7에 나와 있는 바와 같이 플레어(flare) 또는 용접형(sweat-piping) 배관 피팅을 사용한다. 용접형 배관 피팅은 공장의 조립 라인에서 매우 손쉬운 공정이므로 제품 출하 전에 온도자동팽창밸브를 증발기에 조립하여 공장에서 출하하는 제조업체에서 주로 사용한다. 특히 용접형 배관 피팅은 플레어 방식에 비하여 제품 배송과 운반 등의 과정에서 냉매가 누설되는 일이 없는 장점을 갖는다.

용접형 배관 피팅 시 밸브의 과열을 방지하기 위하여 용접(brazing)과정 동안 밸브 본체를 젖은 천으로 감싸주고, 용접 불꽃이 밸브에 직접 접촉되지 않도록 해야 한다. 공장의 조립 라인 등에서는 반원형의 용접재가 주로 사용되며, 현재는 주택 등의 현장 설치 시에도 사용되고 있다. 반원형의 용접재는 다수의 용접 토치를 용접부에 동시 사용할 수 있으므로 용접시간을 감소시켜 밸브 본체가 가열되는 것

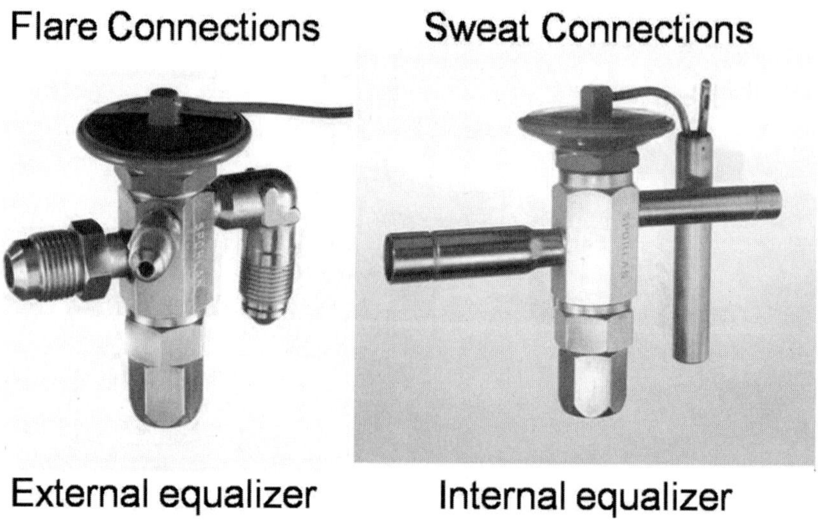

그림 5-7 온도자동팽창밸브의 종류 및 배관 피팅 (출처: Sporlan Valve Company)

을 방지할 수 있다.

내부 균압형 및 외부 균압형 밸브

내부 균압형 온도자동팽창밸브는 팽창밸브 출구의 냉매압력을 팽창밸브를 닫히는 힘으로 사용하는 온도자동팽창밸브로서, 이 힘은 다이어프램의 아래쪽에서 위쪽으로 작용하며, 감온통에 의하여 다이어프램 상부에서 작용하는 힘과 '평형'을 이룬다. 단일 냉매회로의 증발기에서의 압력강하는 약 2 psig이므로, 증발기 출구압력은 증발기 입구 및 팽창밸브 출구압력과 유사한 값을 나타낸다. 따라서 팽창밸브 출구압력을 증발기 출구압력과 온도 지표로 사용하는 것이 가능하다. 내부 균압형 온도자동팽창밸브는 제빙기(ice machine)등의 소형 시스템이나 단일 회로 증발기를 사용하는 시스템에 주로 적용된다.

외부 균압형 온도자동팽창밸브는 대형 또는 멀티 냉매회로로 구성된 증발기를 사용하는 시스템에 적용된다. 외부 균압형 온도자동팽창밸브의 사용 여부는 팽창장치 출구와 증발기 입구 사이에 분배기(distributor)의 설치 여부에 따라 결정된다. 분배기는 멀티회로 증발기만이 가지고 있으며, 대부분의 경우 증발기 출구에는 1/4 인치(inch)의 균압관이 설치되어 있다.

대부분의 멀티회로 증발기의 분배기에서는 35 psig의 압력강하가 발생하므로 증발압력은 온도자동팽창밸브 출구압력보다 약 35 psig가 낮다. 팽창장치 출구압력이 너무 높은 경우 팽창밸브에서 다이어프램에 작용하는 밸브를 닫기 위한 힘이 지나치게 커지므로, 분배기와 증발기에 적절한 냉매를 공급하기 위해서는 다이어

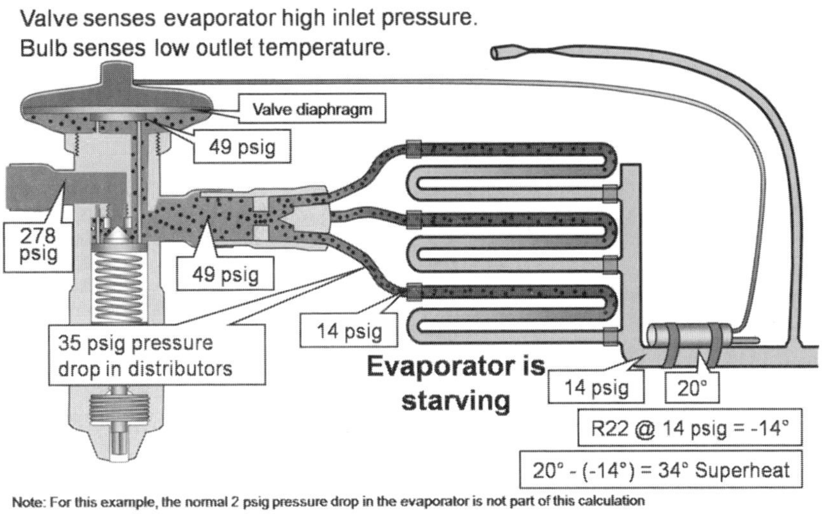

그림 5-8 멀티회로 증발기에 적용된 내부 균압형 온도자동팽창밸브
(출처: Refrigeration Training Services)

프램에 작용하는 밸브를 닫기 위한 힘이 증발기 출구압력보다 낮아야 한다.

외부 균압형 온도자동팽창밸브는 외부 균압형이란 이름에서 알 수 있듯이 밸브 출구부의 밸브 내부압력이 아닌 밸브 외부압력을 밸브 균압을 위한 힘으로 사용한다. 외부 균압 라인은 증발기 출구와 팽창밸브 다이어프램이 연결되도록 구성된다. 그러므로 외부 균압형 온도자동팽창밸브는 증발기 출구압력이 팽창밸브를 닫는 힘으로 작용하도록 하여, 팽창밸브 출구압력이 팽창밸브를 닫는 힘으로 작용하는 내부 균압형과 구조적 차이가 있다.

그림 5-8은 멀티회로의 증발기 시스템에 내부 균압형 온도자동팽창밸브가 설치된 경우에 증발기에서 냉매 부족현상과 과열도가 지나치게 상승함을 보여 준다. 내부 균압형 온도자동팽창밸브에는 균압 라인이 밸브 내부에 설치되어 있어서 외부에서는 보이지 않는다.

참고: 그림 5-8과 5-9에서는 그림을 단순화하여 이해도를 증진시키기 위하여 스프링압력과 증발기에서의 일반적 압력강하량인 2 psig는 고려하지 않았다.

그림 5-8에서 다이어프램의 하부에 작용하는 밸브를 닫는 압력은 온도자동팽창밸브 출구압력인 49 psig이다. 분배기에서의 압력강하는 35 psig이므로 증발기 출구의 압력은 14 psig(49−35)로 매우 작다. R22 냉매의 경우 14 psig에서의 포화온도는 −14°F로 매우 낮으므로 온도자동팽창밸브의 감온통에서는 다이어프램 상부에 작용하여 밸브를 열기 위한 충분한 압력을 갖지 못한다. 따라서 증발기로 유입되는 냉매량이 매우 부족하게 된다.

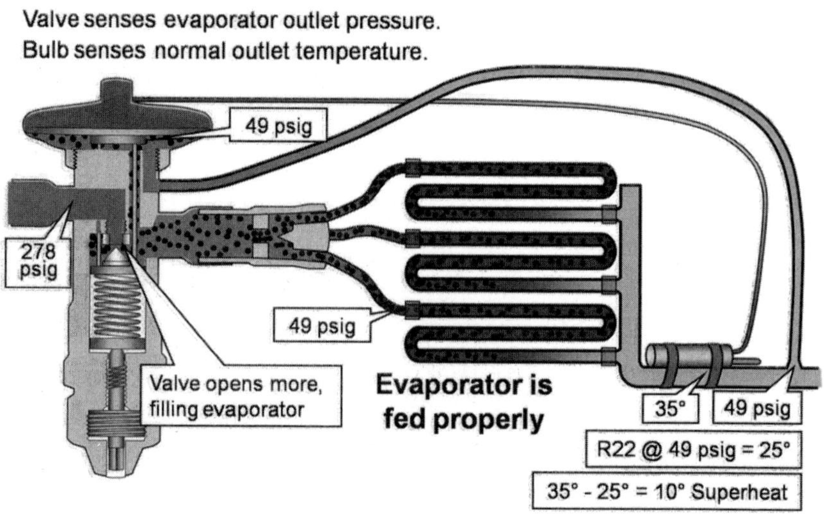

그림 5-9 멀티회로 증발기에 적용된 외부 균압형 온도자동팽창밸브
(출처: Refrigeration Training Services)

그림 5-9에 나와 있는 바와 같이 외부 균압형 온도자동팽창밸브는 외부 균압라인에 설치되어 있다. 밸브를 닫기 위한 압력은 증발기 출구압력에 의하여 형성된다. 분배기에서의 압력강하량인 35 psig를 포함하여 증발기 출구압력을 49 psig로 유지하기 위하여 온도자동팽창밸브의 개도는 증가한다. 증발기 출구에서의 압력이 높은 것은 온도도 높다는 것을 의미하며, 이는 감온통의 압력을 증가시킨다. 그러므로 감온통의 압력은 다이어프램 상부에 작용하여 밸브를 열기 위한 힘을 증가시켜 충분한 양의 냉매를 공급할 수 있도록 한다. 이를 통해 증발기는 필요한 냉방용량을 가질 것이며, 증발기의 과열도는 스프링의 압력조절을 통해서 최적화될 것이다.

그림 5-10은 온도자동팽창밸브의 외부 균압관이 압축기 흡입배관에 설치된 사진인데, 외부 균압관은 온도자동팽창밸브 감온통의 하류 측 압축기 흡입배관에 설치된다. 많은 팽창밸브 제조사의 매뉴얼 등에서는 그림 5-10과 같이 흡입배관을 외부 균압라인 설치 위치로 권장하고 있다. 팽창밸브 제조사들이 외부 균압관을 감온통 이후의 흡입배관에 설치하는 것은 외부 균압관 내에 액상의 냉매가 존재할 경우 감온통으로 역류하는 것을 방지하기 위해서이다. 하지만 증발기 제조사에서는 일반적으로 외부 균압관을 감온통의 상류인 증발기 헤더에 설치한다. 그러므로 실제 설치 시에 증발기 제조사에서 감온통 상류에 설치한 외부 균압라인의 위치를 팽창밸브 제조사의 지침에 따라 감온통 하류로 변경하여야 하는 문제에 봉착하게 된다. 주요 팽창밸브 제조사에서는 증발기 제조사에서 설치한 것과 같이 외부 균압관이 감온통 이전에 설치되어도 큰 문제가 발생한 사례는 없는 것으로 보고하고 있지만, 외부 균압관이 감온통 이후에 설치되는 것이 신뢰성 측면에서는 더욱 바

그림 5-10 흡입 헤더부에 설치된 외부 균압라인 (출처: Dick Wirz)

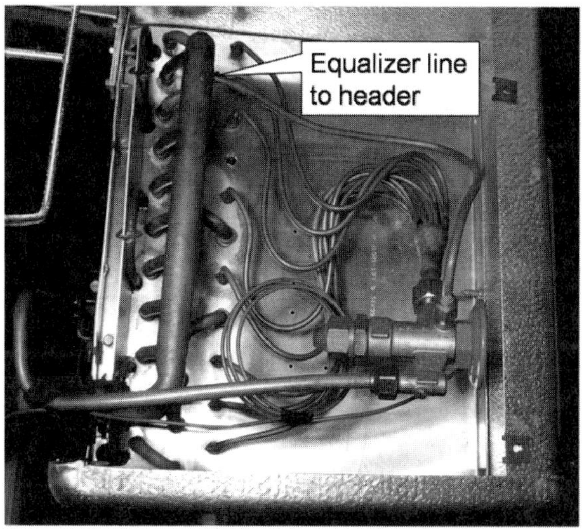

람직하다고 보고하고 있다. 따라서 외부 균압관 내에 액상의 냉매가 존재하는 경우는 거의 발생하지 않는 것으로 알려져 있다.

과열도 조절

주의: 온도자동팽창밸브의 문제점 진단 시에 과열도를 조절하는 것은 가장 먼저 수행해야 할 사항이 아니라 최종적으로 수행하여야 하는 진단사항이다. 팽창밸브의 과열도는 처음에 공장에서 제조할 때 적용 제품에 따라 설정되며, 현장에서의 추가적인 조정이나 일반적인 운전 중에 이에 대한 조정은 불필요하다. 과열도 조정이 필요할 경우에는 위치 변화에 따른 과도한 힘이 과열도 조절부에 작용하지 않도록 세심한 주의가 필요하다. 과도한 힘이 작용될 경우 밸브의 니들이 손상을 입거나 냉매가 누설될 수 있다.

밸브의 과열도를 처음으로 조절할 때 과열도 변화가 발생하지 않을 경우에는 과열도와 관련된 문제점을 점검하기 이전에 밸브의 과열도 조절 위치를 원래대로 재설정하여야 한다. 궁극적으로 온도자동팽창밸브 내부의 과열도 조절부를 변경하는 것은 팽창장치의 운전원리에 대한 전문적 지식을 보유한 전문가에 의해 수행되어야 한다.

대부분의 온도자동팽창밸브는 밸브 하부의 스템(stem)에 과열도 조절장치를 가지고 있다. 밸브 내부의 과열도 설정부를 시계방향으로 회전시키는 것은 스프링 장력을 증가시킨다. 스프링 압력(장력)의 증가는 밸브를 잠그는 것으로 증발기로의 냉매순환 유량을 감소시키고 과열도를 증가시킨다.

대부분의 문헌과 밸브 제조사들의 지침에 따르면, 팽창밸브의 과열도 조절을 위해서는 밸브 스템을 90° 회전시킨 후 15분의 안정화 시간을 가진 뒤에 과열도 변화를 확인하도록 하고 있다. 추가 조정이 필요한 경우에도 동일한 과정을 반복하도록 하고 있다. 스템의 360° 회전 시마다 온도자동팽창밸브의 제조사와 종류에 따라 1~5°F가 변화되는 것으로 알려져 있다. Sporlan사의 대부분의 온도자동팽창밸브는 스템의 각 회전마다 4°F가 변화된다. 다음의 예제는 Spolan 온도자동팽창밸브로 가정한 것이다.

예제: ❸ 6°F의 과열도 변화가 필요할 경우에 과열도 조절부를 한 바퀴 반 회전시킨 후 15분의 안정화 시간을 가진 뒤에 과열도가 적절히 변화되었는지 확인한다.

팽창밸브의 설정이 완전히 벗어난 경우에는 제품 출하 시의 설정값으로 재설정하는 것이 바람직하며, 이 설정값은 과열도 조절기 스템의 중간 영역에 위치한다. 밸브 스템의 중간 위치로 초기화하기 위해서는 다음의 절차를 따른다.

1. 스템 조절기를 시계방향으로 최대한 회전시킨다. 이때 니들이 손상되기 쉬우므로 부드럽게 밸브 조절기를 회전시킨다.
2. 시계반대방향으로 최대한 스템을 역회전시킨다.
3. 마지막으로 최대 회전수의 중간 회전수로 스템을 시계방향으로 회전시킨다.

제품 출하 시의 설정값으로 설정이 완료되어 스템 조절기가 중간 위치에 이른 후, 설계조건에 도달하기에 충분한 시간 동안 운전하고 과열도를 재확인해 본다.

참고: 팽창밸브가 조절된 후에는 재조정을 하지 않도록 한다. 과열도를 확인하는 것은 바람직하지만, 최소한 다음의 조건을 우선적으로 확인하지 않고 밸브를 재조정하지는 말아야 한다.

- 시스템이 설계조건의 5°F 이내인지 확인한다.
- 과열도가 너무 높은 경우에는 우선 냉매가 부족하여 밸브를 흐르는 유량이 부족한 것인지 검토한다. 과열도가 높은 것은 밸브 입구에 설치된 필터드라이어의 저항이나 여과기(strainer)가 이물질로 막혀서 발생할 수도 있다.
- 과열도가 너무 작은 경우에는 감온통이 흡입배관의 적절한 위치에 설치되었는지 검토 후에 설치 표면이 오염되었거나 적절하게 표면에 접촉되어 있는지 확인한다.

온도자동팽창밸브의 감온통 설치

대부분의 문헌과 밸브 제조사들은 다음과 같은 흡입배관에 감온통 설치에 대한 지침을 제시하고 있다(그림 5-11 참조).

- 7/8 인치 이상의 외경을 가진 배관에 대해서는 중심부로부터 45°의 위치에 감온통을 설치한다. 배관의 단면을 시계로 대응할 경우 8시 또는 4시 위치에 감온통을 설치한다.

배관의 상부는 온도가 가장 높고, 배관 하부는 오일이 모여 있으므로 전술한 위치는 배관 내에서 온도가 가장 낮은 위치이다. 오일은 단열재의 역할을 하므로 감온통이 흡입배관 온도를 측정하는 데 오차를 유발할 수 있다.

- 5/8 인치 이하의 외경을 가진 배관에 대해서는 배관 하부를 제외하고 어느 위치에 설치해도 된다.

그림 5.12에 나와 있는 바와 같이 오일은 배관의 하부 영역으로 흐르면서 배관 내의 냉매와 배관부 사이에서 단열효과를 나타내므로 반드시 감온통은 배관의 하단부에 설치해서는 안 된다.

흡입배관이 작은 경우 냉매의 온도는 배관 내에서 균일하지만, 감온통을 배관의 상부에 설치 및 고정하는 것이 설치 측면에서도 매우 용이하므로 감온통을 배관 상부에 설치하는 것은 다른 위치에 설치하는 것보다 바람직하다.

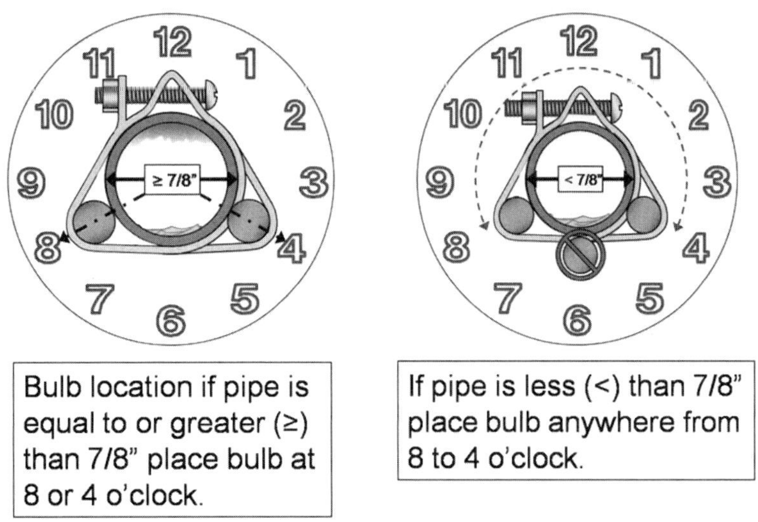

그림 5-11 온도자동팽창밸브 감온통의 설치 지침 (출처: Refrigeration Training Services)

기술자의 경험법칙(T.R.O.T)

실제로는 감온통을 흡입배관의 측면에 부착한다.

흡입배관이 수직으로 설치된 배관부에는 오일이 배관 내부 전체에 분포하므로 수직 배관부에 감온통을 설치할 경우 감온통과 실제 냉매의 흡입온도 사이에 오차가 발생할 수 있다. 따라서 감온통을 수직방향의 흡입배관에 설치하는 것은 바람직하지 않다.

사실 확인 #1

실제 제품에서 온도자동팽창밸브의 감온통 설치가 가능한 흡입배관부가 수직으로 설치된 배관부에만 가능할 경우가 있다. 일반적으로 수직 흡입배관부 내부 전체의 오일막의 두께가 얇아서 감온통이 흡입증기 냉매의 온도 측정에 큰 영향을 미치지는 않는다. 감온통을 수직 흡입배관부에 설치하여야 될 경우에는 그림 5-12와 같이 배관 상부 쪽으로 모세관이 위치하도록 감온통을 설치하도록 한다.

팽창밸브 제조사들이 감온통의 설치 위치로 제시하고 있는 8시와 4시 위치, 10시와 2시 위치, 9시와 3시 위치는 현장에서 엔지니어가 실제 설치 시에 다소 혼동을 일으킨다. 그러므로 $1\frac{5}{8}$ 인치의 배관까지는 흡입배관의 측면 중간 위치에 설치하는 것으로 기억하면 될 것이다.

온도자동팽창밸브의 감온통은 배관 용접부나 엘보가 아닌 수평한 배관의 깨

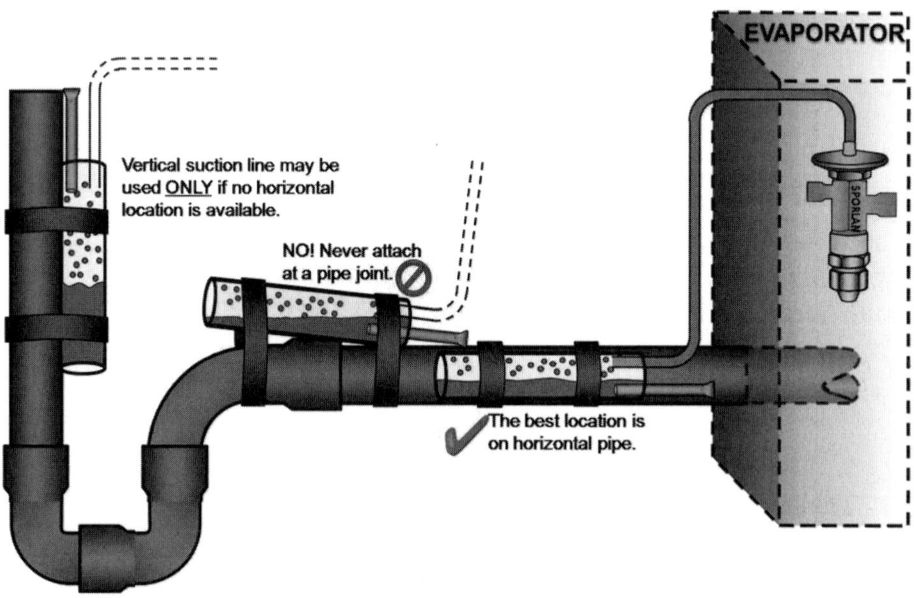

그림 5-12 감온통의 수직배관부 설치 (출처: Refrigeration Training Services)

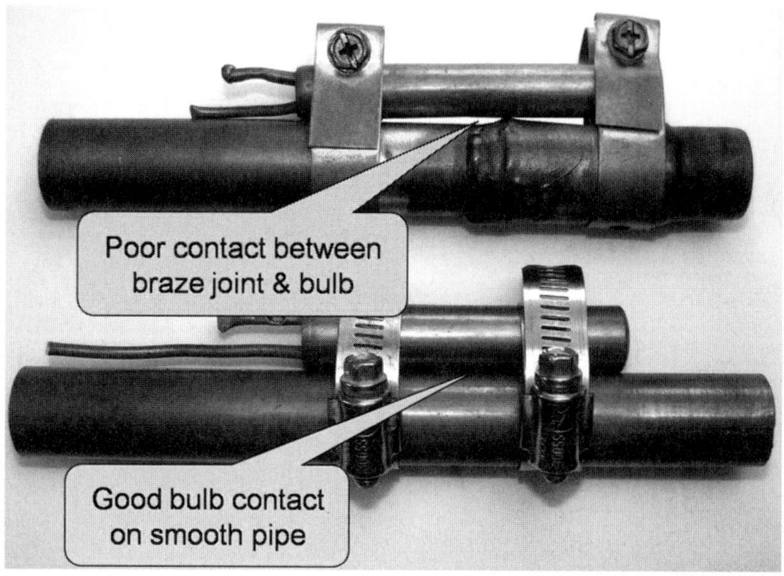

그림 5-13 감온통의 배관용접부 설치와 클램프 사용 사례 (출처: Dick Wirz)

끗하고 편편한 부위에 설치하여야 한다. 그림 5-13과 같이 감온통을 불균일한 배관부에 큰 장력으로 장착하여도 배관과 감온통 사이에 공간이 발생하게 된다.

대부분의 온도자동팽창밸브 제조사들은 감온통을 흡입배관에 고정하기 위하여 황동 스트랩(brass strap)과 볼트를 제공하여 조립 및 설치하도록 하고 있으나, 때로는 설치가 어려운 경우가 있다. 이 경우에 스크루 형태의 조립이 가능한 스테인리스 강 라디에이터 클램프(stainless steel radiator clamp)를 사용하여 설치 작업을 좀더 용이하게 수행하고 있다. 스크루 클램프는 감온통과 배관 접촉부 사이에 부식이나 동결 발생 여부를 쉽게 점검할 수 있도록 해 준다. 그러나 스테인리스 강 라디에이터 클램프를 너무 강하게 조일 경우에 감온통을 손상시켜 형상을 변화시킬 수 있다. 스테인리스 강 라디에이터 클램프를 동관에 처음 사용할 때에는 전류가 발생하여 부식이 일어날 수 있다는 우려가 있으나, 이런 현상이 발생한 사례는 없다. 실제로 한 제조업체는 스테인리스 강 라디에이터 클램프를 현재 사용하고 있다. 감온통의 형상이 많이 변형된 경우에는 팽창밸브 다이어프램에 작용하는 압력을 변화시킬 수 있으며, 이로 인해 온도자동팽창장치가 적절한 과열도 유지 기능을 상실할 수 있다.

감온통이 흡입배관의 온도를 정확히 측정하기 위해서는 감온통과 배관 조합부가 주위 공기의 영향을 받지 않아야 한다. 이를 위해서는 단열을 하여야 하는데 단열재는 수분을 흡수하지 않아야 하며, 3/8 인치 또는 1/2 인치 두께를 가지면서 배관을 원형으로 감쌀 수 있어야 한다.

온도자동팽창밸브의 시스템 적용 방법

온도자동팽창밸브는 흡입배관 온도와 증발기의 압력 및 온도를 이용하여 증발기로 유입되는 냉매의 유량을 조절한다. 온도자동팽창밸브는 감온통이 열부하가 큰 것으로 감지한 경우에는 냉매유량을 증가시켜 부하에 대응하며, 증발온도가 감소한 경우에는 냉매유량을 감소시킨다. 반대로 온도자동팽창밸브는 응축기 측의 외기온도가 높은 조건에 대해서는 영향을 받지 않으므로, 팽창밸브 입구압력이 높은 경우에도 냉매가 많이 흘러 증발기가 액상으로 가득 차는 것을 방지할 수 있다.

온도자동팽창밸브는 밸브로 유입되는 액상의 냉매온도와 응축기와 증발기 사이의 압력강하량에 대하여 균형을 이루도록 한다. 압력차이가 증가함에 따라 밸브 용량은 증가하지만, 액상의 냉매온도가 증가하는 경우에는 밸브용량이 감소한다. 압력 차이와 액상의 냉매온도는 반대효과를 이루어 밸브의 용량이 거의 일정하도록 조절한다.

그림 5-14의 일례는 온도자동팽창밸브의 작동원리를 명확히 보여준다. 그림 5-14는 증발온도가 25°F이고, 공간온도가 35°F인 대형 냉동기에 대한 대략적인 압력과 온도표이다. 외기온도는 50°F에서 100°F까지의 조건이며, 밸브 입구압력에 영향을 준다. 분리형 응축기의 응축온도는 30°F이며 R22를 냉매로 사용한다.

밸브의 용량 증가와 감소를 설명하기 위하여 실제로 보정계수(correction factor)를 사용한다. 보정계수는 설계조건에서의 밸브용량 대비 실제 운전조건에서의 용량에 대한 백분율을 나타낸다. 팽창밸브가 설계조건에서 운전될 경우 보정계수는 1.00이다. 보정계수 0.90과 1.10은 각각 설계조건에서의 용량 대비 90%와 110%의 용량을 나타낸다.

참고: 그림 5-14에 주어진 표의 수치는 버림에 의한 대략적인 값을 나타낸다.

보정계수는 온도자동팽창밸브의 크기 선정 시에 제품설계 엔지니어들이 주로 사용하지만, 단순 기능직들도 반드시 밸브에서의 압력강하량과 밸브로 유입되는

Outdoor Ambient A	Condensing Temperature B	Head Pressure C	Evaporator Pressure D	Pressure Drop (C − D)	Correction Factor for Pressure Drop E	Correction Factor for Liquid Temperature F	Overall Correction Factor (E × F)
100°	130°	300 psig	50 psig	250 psig	1.40	.80	1.10
70°	100°	200 psig	50 psig	150 psig	1.10	1.00	1.10
50°	80°	150 psig	50 psig	100 psig	.90	1.15	1.05

그림 5-14 온도자동팽창밸브 용량과 보정계수 (출처: Sporlan 201 카탈로그)

액상의 냉매온도에 의한 밸브 운전특성을 이해하고 있어야 한다.

그림 5-14의 표는 높은 응축기 부하가 팽창장치에 미치는 영향을 보여 준다. 팽창장치 입구압력이 증가함에 따라 밸브에서의 압력강하량도 증가하며, 이로 인해 냉매유량이 증가하여 밸브용량도 증가한다.

외기온도가 100°F인 경우에 밸브에서의 압력강하량은 250 psig이다. 밸브 유입압력이 증가함에 따라 증발기로 유입되는 냉매유량이 증가한다. 증가된 냉매유량은 설계용량 대비 증발기 용량이 40% 증가하며 압력강하량에 대한 보정계수는 1.40이 된다. 그러나, 액상의 냉매온도 증가는 130°F의 응축온도를 25°F로 감소시키기 위하여 증발기로 유입되는 냉매의 증발량이 증가하여 용량을 감소시키는 현상도 함께 일으켜 응축온도에 의한 보정계수는 0.80이며, 이는 설계조건 대비 20%의 용량감소를 의미한다. 용량 측면에서 반대 역할을 하는 압력강하에 의한 보정계수와 응축온도에 의한 보정계수가 서로 영향을 주어 총 보정계수는 1.10이 되어 설계조건 대비 최종적으로 10%의 용량이 증가한다.

10%의 용량증가는 증발기를 흐르는 냉매유량이 증가한 것을 의미하지는 않으며, 증발기 부하가 증가한 경우에 팽창장치의 유용한 용량이 유지되는 것과 유사한 현상이다. 온도자동팽창밸브의 감온통은 흡입온도를 감지하고 과열도를 일정하게 유지한다. 그러므로 증발기 부하 증가로 과열도가 증가하여 감온통의 압력이 증가한 경우가 아니면 팽창밸브 입구압력이 증가하여도 팽창장치의 냉매유량은 증가하지 않는다. 즉 다이어프램에 작용하는 감온통의 압력이 증가하여 밸브가 열리는 경우에만 유량이 증가한다.

온도자동팽창밸브는 응축압력 증가로 인하여 증발기에 유입되는 냉매유량이 증가하는 것을 방지할 수 있다. 그러므로 고온의 외기조건과 응축기 오염 및 냉매 충전량이 증발압력의 증가나 과열도 증가 등을 감소시킬 수 있다. 이 내용은 7장에서 보다 상세히 다루도록 한다.

온도자동팽창밸브의 크기

가장 널리 사용되는 팽창밸브 크기 선정 방법은 팽창밸브의 용량을 증발기 용량과 맞추는 것이다. 그러나 이는 응축기와 증발기 용량이 동일할 경우에만 적용 가능하다. 다음은 팽창밸브 선정에 대한 기본적인 절차를 나타낸다.

1. 증발기와 응축기의 조합을 기반으로 총 시스템 용량을 계산한다.
2. 다음의 3가지 사항을 고려하여 적절한 팽창밸브를 선정한다.
   A. 시스템 총 용량
   B. 증발온도

C. 응축기 액상온도

증발기와 응축기의 용량이 다를 경우에는 시스템 총 용량과 실제 증발온도를 재산정하여야 하며, 이에 관한 내용은 11장에서 상세히 다루도록 한다.

온도자동팽창밸브는 12,000 Btuh를 1톤으로 공칭한다.

예제: ❹ 정격조건에서의 증발온도와 팽창장치 유입 액냉매 온도조건에서 6,000 Btuh 용량의 시스템은 1/2톤의 팽창장치를 사용해야 한다.

온도자동팽창밸브의 크기를 적절히 선정하기 위해서는 밸브 제조사들에 의하여 작성된 표나 선도를 사용하는 것이 가장 바람직하다. 팽창밸브 크기가 크게 선정된 것은 작게 선정된 것만큼이나 나쁘다. 때로는 밸브용량과 증발기 용량을 정확히 맞추는 것이 불가능할 수도 있다.

예제: ❺ R22를 냉매로 사용하는 대형 냉동기의 증발기 용량이 9,000 Btuh이고, R22 냉매에 대하여 6,000 Btuh(1/2톤)와 12,000 Btuh(1톤)의 팽창밸브만이 가능할 경우 팽창장치 크기 선정 방법은 다음과 같다.

그림 5-15에서 상기 예제에 대하여 선택 가능한 두 개의 밸브는 굵은 글씨로 나타내었다(FVE-1/2와 FVE-1). 밸브가 작은 경우에는 증발기에 냉매 부족을 유발하므로 1톤의 큰 밸브를 선택하는 것이 타당하다. 대부분의 팽창밸브 제조사들은 증발기 용량이 예제와 같이 두 개의 팽창밸브 용량 사이일 경우에는 용량이 큰 팽창밸브를 선택하는 것이 액냉매가 압축기 흡입배관으로 유입되지 않으면서 적절한 과열도를 유지할 수 있다고 기술하고 있다.

예제 5에서 증발기 용량이 7,000 Btuh일 경우 밸브용량과 보정계수 표를 이용하는 것이 바람직하다. 일반적 설계조건에서 1/2톤 밸브의 보정계수는 1.10이며, 이는 증발기 7,000 Btuh의 용량에 해당한다(6,000×1.10=6,600 Btuh).

흡입라인 열교환기(suction line heat exchanger)가 설치된 증발기 용량이 8,000 Btuh인 경우에는 액상 라인의 보정계수를 적용할 경우 1/2톤의 밸브 선정을 통해 충분한 용량을 얻을 수도 있다. 흡입라인 열교환기의 장점에 대해서는 6장에서 상세히 논의하도록 한다.

온도자동팽창밸브의 크기를 적절히 선정하기 위해서는 증발온도와 온도자동팽창밸브 용량 관계에 대한 이해가 필요하다. 특히 저온 냉동시스템에서 이는 매우 중요하다. 일례로 36,000 Btuh의 용량을 갖는 제빙시스템은 3톤 용량의 온도자동팽창밸브가 필요하다. 그림 5-16에서 알 수 있는 바와 같이 +20°F의 증발온

SPORLAN Type F Valve Selection Chart								
REFRIGERANT (Sporlan Code)	TYPE F SAE Flare		TYPE EF ODF Solder		NORMAL CAPACITY Tons of Refrigeration	Thermostatic Charges Available	CONNECTIONS - Inches SAE Flare / ODF Solder Blue figures are standard and will be furnished unless otherwise specified	
	Internal Equalizer Flare	External Equalizer Flare	Internal Equalizer Solder	External Equalizer Solder			INLET	OUTLET
22 (V) 407C (N) 407A (V)	FV-1/5	FVE-1/5	EFV-1/5	EFVE-1/5	1/5	C Z ZP40	1/4 OR 3/8	3/8 OR **1/2**
	FV-1/3	FVE-1/3	EFV-1/3	EFVE-1/3	1/3			
	FV-1/2	**FVE-1/2**	EFV-1/2	EFVE-1/2	**1/2**			
	FV-1	**FVE-1**	EFV-1	EFVE-1	**1**			
	FV-1-1/2	FVE-1-1/2	EFV-1-1/2	EFVE-1-1/2	1-1/2		3/8	1/2
	-	FVE-2	-	EFVE-2	2			
	FV-2-1/2	-	EFV-2-1/2	-	2-1/2			
	-	FVE-3	-	EFVE-3	3			
134a (J) 12 (F) 401A (X) 409A (F)	FJ-1/8	FJE-1/8	EFJ-1/8	EFJE-1/8	1/8	C	1/4 OR 3/8	3/8 OR **1/2**
	FJ-1/6	FJE-1/6	EFJ-1/6	EFJE-1/6	1/6			
	FJ-1/4	FJE-1/4	EFJ-1/4	EFJE-1/4	1/4			
	FJ-1/2	FJE-1/2	EFJ-1/2	EFJE-1/2	1/2			
	FJ-1	FJE-1	EFJ-1	EFJE-1	1		3/8	1/2
	FJ-1-1/2	FJE-1-1/2	EFJ-1-1/2	EFJE-1-1/2	1-1/2			
	-	FJE-2	-	EFJE-2	2			
404A (S) 502 (R) 408A (R)	FS-1/8	FSE-1/8	EFS-1/8	EFSE-1/8	1/8	C Z ZP	1/4 OR 3/8	3/8 OR **1/2**
	FS-1/6	FSE-1/6	EFS-1/6	EFSE-1/6	1/6			
	FS-1/4	FSE-1/4	EFS-1/4	EFSE-1/4	1/4			
	FS-1/2	FSE-1/2	EFS-1/2	EFSE-1/2	1/2			
	FS-1	FSE-1	EFS-1	EFSE-1	1		3/8	1/2
	FS-1-1/2	FSE-1-1/2	EFS-1-1/2	EFSE-1-1/2	1-1/2			
	-	FSE-2	-	EFSE-2	2			

그림 5-15 Sporlan의 F형 온도자동팽창밸브 선정 표 (출처: Sporlan Valve Company)

도 조건에서 3톤의 정격용량을 갖는 팽창밸브가 −20°F의 증발온도 조건에서는 2.10톤의 용량을 나타내므로 저온조건에서는 크기가 더욱 큰 온도자동팽창밸브가 필요하다. 그림 5-16에 의하면 정격조건에서 4톤의 용량을 갖는 팽창밸브가 −20°F의 증발온도 조건에서 3톤의 용량을 갖는다.

팽창밸브 명판

대부분의 온도자동팽창밸브 제조사들은 밸브의 형태와 적용 냉매 및 적용 시스템을 표기하기 위한 코드를 사용하여 밸브의 명판을 제시하고 있다.

밸브의 코드가 팽창밸브의 형태 등을 파악하기에 어려움이 있음에도 불구하고, Sporlan 밸브 제조사는 밸브 코드인 그림 5-17 등을 적용하고 있다. 그림 5-17

그림 5-16 증발온도 감소에 따른 온도자동팽창밸브 용량 저하
(출처: Sporlan 201 카탈로그의 RTS)

THERMOSTATIC EXPANSION VALVE CAPACITIES				
Commercial Refrigeration Applications R404A REFRIGERANT				
Valve Types	Nominal Rated Capacity	Tonnage at Evaporator Temperature		
		20°	−10°	−20°
C-S	3 Ton	3	2.45	2.1
C-S	4 Ton	4.28	3.42	2.94

의 코드표에서 첫 코드문자 F는 본체 형태, 2번째 코드문자는 냉매, 3번째 코드문자 E는 외부 균압형, 4번째 코드숫자인 1은 정격용량을 나타낸다.

밸브 피팅 관련 주의사항: 본체 형태 앞에 코드문자가 없는 것은 플레어 피팅을 나타내며, 본체 형태 앞에 S 또는 E 코드문자가 있으면 각각 용접부가 짧거나 긴 용접형 피팅을 의미한다. 만일 본체 형태 앞에 F 코드문자가 있으면 플레어 또는 피팅부 연장이 가능한 용접형 피팅을 나타낸다.

균압관 관련 주의사항: 냉매 코드문자 다음의 E 코드문자는 외부 균압관을 나타내지만, 냉매 코드문자와 정격용량 코드문자 사이에 문자가 없는 경우는 내부 균압관을 의미한다.

용량코드 다음의 코드문자는 적용 시스템을 나타낸다. 코드문자 GA는 공기조화기, C는 상업용 중온 제품, Z는 냉동기 적용 제품을 의미한다. 그림 5-17에서 코드문자 P는 '압력한계'의 의미로 증발기로 유입되는 냉매압력의 한계값을 나타

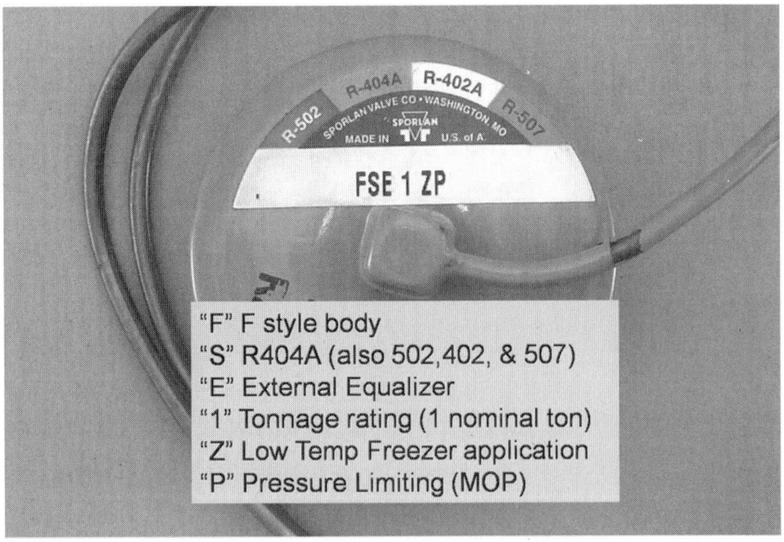

그림 5-17 Sporlan 온도자동팽창밸브 명판
(출처: Dick Wirz)

내며, 약 40 psig를 갖는다. 그림 5-17의 제품은 풀다운 시에 압축기를 과부하로부터 보호하기 위한 저온형 온도자동팽창밸브이다. 일례로 R404A 적용 시스템이 −20°F의 증발온도에서 운전될 경우 흡입압력은 16 psig이다. 저온형 압축기는 저압조건에서 운전되도록 설계되었으므로 고압에서 운전될 경우 전류 소비량이 매우 크다. 제상운전 후에 증발기에 남은 잔열은 흡입압력을 100 psig 이상으로 상승시키며 제빙용 압축기에 과부하가 걸린다. 압력한계를 가진 온도자동팽창밸브를 적용할 경우 압축기는 저압에서 기동될 것이며, 이는 과전류와 과부하를 방지할 수 있다.

일부 밸브는 최대작동압력(maximum operating pressure, MOP)으로 알려진 정격용량이 있다. 이 값은 흡입압력을 제한하기 위하여 증발기를 순환하는 냉매유동 저항으로 작용하는 온도자동팽창밸브의 기능에 대한 또 다른 표기방법이다.

온도자동팽창밸브의 고장해결

팽창밸브의 적절한 운전 여부 판단은 다음의 3가지 평가 기준에 의해 결정된다.

1. 밸브의 크기는 반드시 적절히 선정되어야 한다.
2. 감온통은 반드시 흡입배관에 바르게 장착되어야 한다.
3. 밸브 입구의 냉매는 반드시 모두 과냉의 액체여야 한다.

냉매량 과다 현상

과열도를 측정할 수 없는 경우는 증발기에 냉매가 과다한 경우이며, 증발기에서 모두 증발할 수 있는 열량에 해당하는 냉매량보다 냉매가 증발기로 과다하게 공급된 경우이다. 냉매량 과다의 주요 원인 중 하나는 밸브에 동결이 발생하는 경우이다. 필터드라이어를 통과한 수분은 밸브를 동결시킬 수 있다. 동결에 의하여 밸브가 열려 있으면 밸브는 증발기에 냉매를 과다하게 공급하게 된다. 동결문제를 점검하기 위해서는 시스템 운전을 정지시킨 뒤에 뜨거운 천이나 압축공기를 이용하여 밸브에 열을 가한다. 이때 가열을 위해 토치를 사용해서는 안 된다. 밸브가 동결된 냉매를 녹이기에 충분할 만큼 온도가 상승한 뒤에 시스템을 재가동한다. 시스템이 일반적 운전온도 범위에 있으면 과열도는 다시 정상적인 값을 나타낸다.

온도자동팽창장치의 동결문제는 대부분 필터드라이어에 최대 수분 제거량 이상의 수분이 공급되어 필터드라이어로부터 수분이 온도자동팽창장치로 공급되어 발생한 것이므로 필터드라이어를 교체하면 동결문제를 해결할 수 있다. 동결문제 발생에 따른 보다 더 심도 있는 대응방법은 필터드라이어의 교체와 더불어 냉매를 모두 회수하고 시스템을 진공상태로 만든 후에 새로운 냉매로 시스템을 충전하는 것이다.

동결된 수분이 녹는 기간 동안, 온도자동팽창밸브의 감온통이 흡입배관의 깨끗한 표면에 잘 설치되어 있는지 점검한다. 혹시 감온통의 접촉상태가 다소 좋지 않은 경우에는 클램프를 제거하고 배관과 감온통 표면을 청소한 뒤 재설치 및 단열하도록 한다. 감온통이 흡입배관의 온도를 감지하지 못하는 것은 따뜻한 주위 공기온도를 감지한 것으로 이 경우에도 팽창밸브는 필요 이상으로 증발기에 냉매를 공급하게 된다.

감온통과 동결문제가 아닌 경우에는 과열도를 공장출하 상태로 재조정하도록 하며, 전술한 조치 이후에도 냉매량 과다현상이 계속될 경우에는 온도자동팽창밸브를 교체하도록 한다.

냉매량 부족 현상

과열도가 매우 높은 것은 온도자동팽창밸브가 증발기에 충분한 냉매를 공급하지 못하여 증발기에 냉매가 부족한 것을 의미한다. 냉매량이 부족한 경우 흡입압력이 감소하거나 진공상태가 될 수 있으며, 응축기에서 충분한 열량을 확보하지 못하여 응축압력이 다소 감소할 것이다. 이 경우 팽창밸브 내부에 동결문제가 또다시 발생한 것일 수도 있으며, 이때는 동결된 수분이 냉매의 유동 저항으로 작용할 수 있다. 밸브를 따뜻하게 할 경우 동결된 수분이 녹으면서 압축기 흡입압력이 급격히 증가하면 필터드라이어를 교체하고 시스템을 재가동한 뒤에 과열도를 확인한다.

감온통이 흡입 배관부 접촉이 느슨한 경우에 밸브개도를 감소시키지 않지만, 감온통 내부 충전량이 부족한 경우에는 밸브개도가 감소할 수 있다. 감온통 내의 충전량이 부족한 경우에는 다이어프램 상부에 밸브를 열기 위해 작용하는 감온통의 압력이 작용하지 않기 때문에 냉매 순환유량이 감소할 수 있다. 그러므로 감온통과 밸브 헤드부 사이의 모세관에 균열이나 손상된 부분이 없는지 점검하여야 한다. 장비의 기계적 진동이 모세관 등에 손상을 유발할 수 있다.

또 다른 냉매량 부족 현상은 스트레이너가 막혀 냉매가 공급되지 않아서 발생할 수 있다. 그림 5-18에 나와있는 바와 같이 일부 용접형 밸브는 볼트 아래에 스크린이 설치되어 있을 수 있다. 플레어 피팅형 밸브의 입구 피팅부에는 스크린이 설치되어 있다. 밸브 교체 보다 비용 및 시간 측면에서 스크린을 먼저 점검하여야 한다.

상기 조치 이후에도 밸브에 냉매량 부족 현상이 발생하면 온도자동팽창밸브를 교체하여야 한다.

온도자동팽창밸브의 헌팅

낮은 과열도와 높은 과열도가 10～15초 간격으로 빈번히 변동되는 것을 팽창밸브의 **헌팅**(hunting)이라고 한다. 온도자동팽창밸브는 적절한 증발온도와 과열도를

그림 5-18 Sporlan 온도자동팽창밸브 입구 스트레이너 (출처: Dick Wirz)

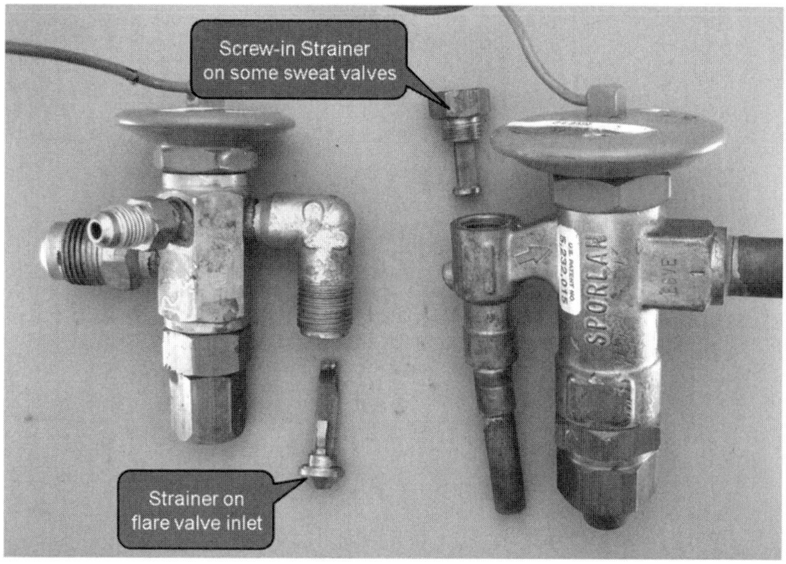

유지할 수 있도록 균형점을 찾는다.

팽창밸브가 적절한 크기로 선정된 경우에는 밸브로 과냉의 액체가 유입된다. 헌팅 발생 시에 밸브 스템을 반시계방향으로 돌려서 밸브를 열도록 하고 있다. 밸브를 지나는 냉매의 체적이 커지면 헌팅현상을 해결할 수 있으며, 이때 과열도도 함께 조절된다.

평형공 팽창밸브

헌팅은 응축압력의 빈번한 변동으로 발생할 수도 있다. 응축기 팬에 낮은 외기온도에서 잦은 단속운전에 의한 사이클링이 발생할 경우 응축압력은 50 psig 정도 증가 및 감소할 수 있으며, 이는 팽창장치 입구압력을 유사하게 변화시킨다. 이 경우에 일반적인 온도자동팽창밸브에서 증발기로 공급되는 냉매유량은 빈번하게 변화되어 증발기에 냉매량 과다 또는 냉매량 부족 현상을 유발한다.

평형공 팽창밸브(balanced port expansion valve)는 전술한 바와 같은 저온 및 고온의 외기조건에서 응축기 팬의 사이클링 시에 팽창밸브의 냉매 공급량 변화를 안정시키기 위해 사용된다. 응축압력이 낮은 경우 일반적인 온도자동팽창밸브는 밸브에서의 압력차이가 작아서 증발기에 냉매량 부족현상이 발생한다. 평형공 밸브에서는 밸브입구의 낮은 압력조건에서도 니들밸브의 편평한 헤드부를 눌러서 냉매가 증발기로 충분히 공급될 수 있도록 한다. 냉매량이 과도하게 공급되는 것을 방지하기 위하여 팽창밸브 흡입압력이 다이어프램 하부에서 상부로 작용하여 밸브가 닫히거나 균형을 이루도록 한다(그림 5-19 참조).

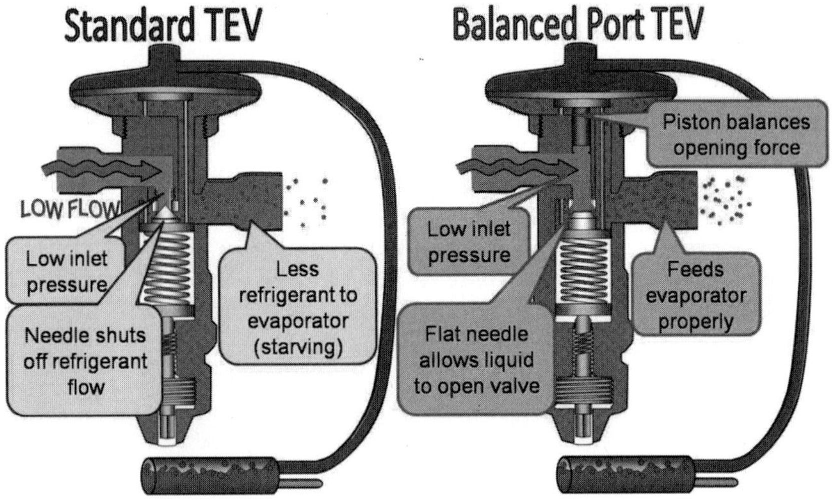

그림 5-19 낮은 외기조건에서 일반적인 온도자동팽창밸브와 평형공 팽창밸브 (출처: Refrigeration Training Services)

외기온도가 매우 높은 경우 밸브 입구의 높은 압력은 니들밸브를 열어서 증발기에 냉매량이 과도하게 공급될 수 있다. 이를 방지하기 위하여 다이어프램 하부쪽에 작용하는 반대의 힘이 있어서 니들밸브가 균형을 이루도록 한다. 이때 감온통의 압력과 흡입배관의 압력은 증발기 부하에 따른 밸브의 열림힘으로서 일정하게 유지될 수 있다(그림 5-20 참조).

평형공 팽창밸브는 일반적인 온도자동팽창밸브와 유사한 성능표를 가지고 있으나, 용량이 정해진 수치가 아니라 범위를 가지고 있다. 그러므로 평형공 팽창밸브는 용량선정 시 장점을 가진다(그림 5-21 참조).

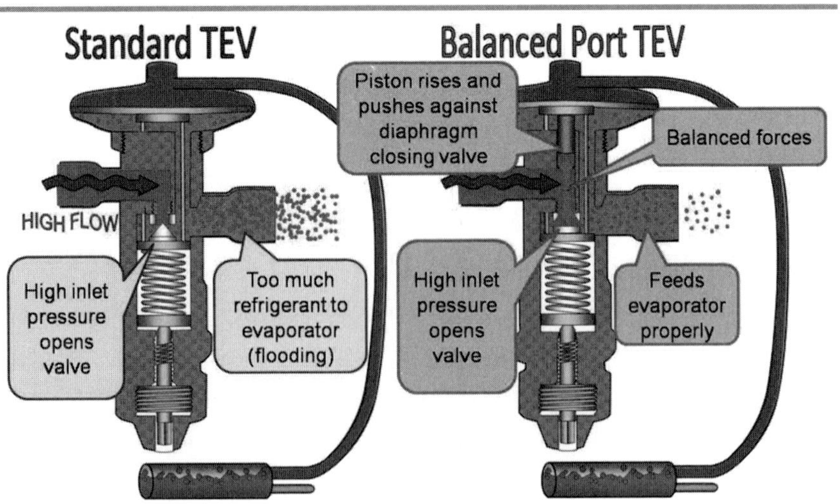

그림 5-20 높은 외기조건에서 일반적인 온도자동팽창밸브와 평형공 팽창밸브 (출처: Refrigeration Training Services)

SPORLAN Balanced Port Type F Valve Selection Chart								
REFRIGERANT (Sporlan Code)	TYPE SAE Flare		Port Size	NORMAL CAPACITY Tons of Refrigeration	Thermostatic Charges Available	CONNECTIONS - Inches Blue figures are standard and will be furnished unless otherwise specified SAE Flare		
	Internal Equalizer	External Equalizer				INLET	OUTLET	External Equalizer
22 (V) 407C (N) 407A (V)	BFV-AAA	BFVE-AAA	AAA	1/8 thru 1/3	C Z ZP40	1/4 OR 3/8 1/4 OR 3/8 3/8		1/4
	BFV-AA	BFVE-AA	AA	1/2 thru 2/3				
	BFV-A	BFVE-A	A	3/4 thru 1-1/2				
	BFV-B	BFVE-B	B	1-3/4 thru 3				
	BFV-C	BFVE-C	C	3-1/4 thru 5-1/2				
134a (J) 12 (F) 401A (X) 409A (F)	BFJ-AAA	BFJE-AAA	AAA	1/8 thru 1/5	C	1/4 OR 3/8 1/4 OR 3/8 3/8	3/8 or 1/2	
	BFJ-AA	BFJE-AA	AA	1/4 thru 1/3				
	BFJ-A	BFJE-A	A	1/2 thru 1				
	BFJ-B	BFJE-B	B	1-1/4 thru 1-3/4				
	BFJ-C	BFJE-C	C	2 thru 3				
404A (S) 502 (R) 408A (R)	BFS-AAA	BFSE-AAA	AAA	1/8 thru 1/5	C Z ZP	1/4 OR 3/8 1/4 OR 3/8 3/8		
	BFS-AA	BFSE-AA	AA	1/4 thru 1/3				
	BFS-A	BFSE-A	A	1/2 thru 1				
	BFS-B	BFSE-B	B	1-1/4 thru 2				
	BFS-C	BFSE-C	C	2-1/4 thru 3				

그림 5-21 평형공 온도자동팽창밸브의 용량 범위 (출처: Sporlan Valve Company)

모세관 팽창장치

모세관은 단순한 작은 동관이다. 모세관은 입구의 고압 액상냉매가 출구의 분무상태 저압냉매로 변화되는 과정에서 냉매유량을 조절한다. 모세관은 다양한 내경(inside diameter, ID)과 길이를 갖는다. 모세관은 소형의 상업용 냉동설비에 사용된다.

모세관은 저가이며 유동부가 없어서 온도자동팽창밸브와 달리 기동 시에 압축기에 부하가 크게 걸리지 않는다. 그러므로 모세관 적용 시스템의 압축기는 기동 축전기(capacitor)가 필요 없다. 온도자동팽창밸브는 리시버와 여분의 냉매가 필요하지만 모세관은 필요 없다.

모세관 적용 시스템은 냉동식품 저장용 냉동시스템으로는 매우 적합하지만, 부하 변동 시 시스템 대응 능력은 좋지 않다.

예제: ❻ 40°F의 소형 냉장고가 레스토랑의 그릴 옆에 설치되어 있다. 저녁 영업 전에 주방의 뒤편에 있는 35°F 대형 냉장고에서 고기패티는 소형 냉장고로 옮겨진다. 그릴 옆의 소형 냉장고는 고기패티를 요리되기 전까지 차갑게 유지해 주면 된다. 그러므로 모세관 적용 냉장고는 증발기 부하가 크지 않고 변동이 적으므로 일정한 온도를 유지하는 데 전혀 문제가 없다.

모세관의 작동원리

배관을 통과하는 작동유체(냉매)는 관마찰에 의하여 압력이 감소한다. 모세관은 이러한 관마찰을 이용하여 액상의 고압냉매를 저압의 분무형태의 냉매로 바꾸어 준다. 모세관의 길이가 길거나 내경이 작을수록 모세관 출구와 증발기로 유입되는 냉매의 압력은 낮아진다.

모세관 길이와 내경의 크기를 선정하는 것은 중요하다. 특히 내경은 길이보다 더욱 중요하다. 일례로 0.026 인치에서 0.031 인치로 단지 0.005 인치의 모세관 내경이 변화된 경우에 증발기로 유입되는 냉매의 유량은 2배가량 증가된다.

그러나 모세관은 내경과 더불어 길이에도 큰 영향을 받는다. 모세관 제조사들은 다양한 냉동시스템의 용량에 따라 모세관 내경과 길이 조합에 의하여 용량을 선정하고 있다. 그림 5-22는 모세관 선정을 위한 표이다. 내경과 길이는 응축기 용량과 냉매 및 증발온도로부터 선정된다.

예제: ❼ R22를 사용하고, 1/3 마력의 응축기 유닛과 15°F의 증발온도를 갖는 시스템에는 TC36(0.036 인치) 6 피트 모세관을 선정하여야 한다.

모세관 교체 시에 때로는 처음에 설치된 모세관 대비 모세관의 내경만을 바꾸는 것이 가능할 수도 있다. 그림 5-23은 모세관 교체 시에 모세관 크기와 길이를 처음에 설치된 모세관과 비교해 보는 방법을 나타낸다. 처음에 설치된 모세관과 동일한 압력강하량을 얻기 위해 처음 설치 모세관 대비 대체할 모세관의 길이를 선정하기 위하여 표의 승수(multiplier)를 사용한다.

처음에 설치된 모세관 대비 대체할 모세관의 직경이 큰 경우를 가정해 보면, 대체 설치될 모세관은 동일한 압력강하량을 얻기 위해서는 처음에 설치된 모세관보다 길이가 길어져야 한다. 대체 설치될 모세관의 길이는 처음에 설치된 모세관에 보정계수를 곱하여 얻어진다.

예제: ❽ 그림 5-23에서 처음에 설치된 모세관의 내경과 길이는 각각 0.040 인치와 9 피트이고, 교체될 모세관의 내경이 0.042 인치이면, 교체될 모세관의 길이는

Capillary Tube Sizing Chart (R-12 AND R-22)									
		NORMAL EVAPORATING TEMPERATURE DEGREES F							
H.P.	REF.	−10 to +5		+5 to +20		+20 to +35		+35 to +50	
1/5	R-12	8 Ft.	TC-31	8 Ft	TC-36	10 Ft.	TC-42	6 Ft.	TC-42
1/4	R-22	12 Ft.	TC-36	6 Ft	TC-36	8-1/2 Ft.	TC-42	6 Ft.	TC-49
1/4	R-12	10 Ft.	TC-36	6 Ft	TC-36	8 Ft.	TC-42	6 Ft.	TC-49
1/3	R-22	10 Ft.	TC-36	6 Ft	TC-36	11 Ft.	TC-49		
1/3	R-12	12 Ft.	TC-42	6 Ft	TC-42	9 Ft.	TC-49	6 Ft.	TC-54
1/2	R-22	6 Ft.	TC-36	9 Ft	TC-42	7-1/2 Ft.	TC-54	10 Ft.	TC-64
1/2	R-12	11 Ft.	TC-54	9 Ft	TC-49				
3/4	R-22	11 Ft.	TC-54	9 Ft	TC-54				
3/4	R-12	7-1/2 Ft.	TC-54	12 Ft	TC-70	10 Ft.	TC-80		
1	R-22	10 Ft.	TC-64	12 Ft	TC-70				
1	R-12	10 Ft.	TC-70	11 Ft	TC-54	7-1/2 Ft.	TC-54 (2 pcs)		
1-1/2	R-22	7-1/2 Ft.	TC-54 (2 pcs)	7-1/2 Ft	TC-54 (2 pcs)	8 Ft.	TC-64 (2 pcs)		
1-1/2	R-12			9 Ft	TC-64 (2 pcs)	10 Ft.	TC-80 (2 pcs)		
2	R-22			10 Ft	TC-70 (2 pcs)	9 Ft.	TC-75 (2 pcs)		
2	R-12	10 Ft.	TC-70 (2 pcs)	9 Ft	TC-75 (2 pcs)	10 Ft.	TC-85 (2 pcs)		
3	R-22			10 Ft	TC-70 (3 pcs)	9 Ft.	TC-75 (3 pcs)		
3	R-12	10 Ft.	TC-70 (2 pcs)	8 Ft	TC-64 (4 pcs)	10 Ft.	TC-80 (4 pcs)		
4	R-22			10 Ft	TC-70 (4 pcs)	9 Ft.	TC-75 (4 pcs)		
4	R-12			10 Ft	TC-70 (5 pcs)	9 Ft.	TC-75 (5 pcs)		
5	R-12			10 Ft	TC-80 (5 pcs)	9 Ft.	TC-85 (5 pcs)		

그림 5-22 모세관 선정 표 (출처: J/B Industries)

9 피트보다 길어야 한다.

- 그림 5-23에 의하면 최초의 배관 길이(9 피트)에 보정계수 1.25를 곱한다.
- 1.25×9 피트=11.25 피트에 의하여 0.042 인치의 모세관 길이는 11.25 피트이다.

교체될 모세관의 내경이 처음에 설치된 모세관보다 작을 경우 교체될 모세관의 길이는 더 짧아져야 한다. 내경이 처음에 설치된 모세관보다 작을 경우 압력강하량이 증가하므로 길이는 증가할 필요가 없다.

예제: ❾ 그림 5-23에서 처음에 설치된 모세관의 내경과 길이는 각각 0.040 인치와 9 피트이고, 교체될 모세관의 내경이 0.036 인치이면, 교체될 모세관의 길이는 9 피트보다 짧아야 한다.

CAPILLARY TUBE LENGTH CONVERSION CHART

This conversion chart enables the user to translate the recommended length of tube diameter into sizes stocked by J/B. In using the chart it is recommended that conversions be made using factors within the unshaded area.

TO USE CHART

(1) Locate recommended cap tube I.D. in left hand column.

(2) Read across and find conversion factor under copper cap tube size.

(3) Multiply the given length of the recommended cap tube by the conversion factor.

(4) The resultant length (Min. 5 feet/Max. 16 feet) of copper cap tube will give the same flow characteristics as the original recommended cap tube.

EXAMPLE

Recommended cap tube: 9′-.040 I.D.

Locate .040 in left hand column and reading across gives the following conversion factor: No. TC-36 (.62) and TC-42 (1.25).

Multiplying the recommended cap tube length of 9′ by the conversion factor gives the following results:

5-1/2′ (5′6″) TC-36 and 11-1/4′ (11′3″) TC-42. Either of these two cap tubes will give the same results as the original cap tube of 9′-.040 I.D.

Part No.	TC-26	TC-31	TC-36	TC-42	TC-44	TC-49	TC-50	TC-54	TC-55
Tube I.D.	.026	.031	.036	.042	.044	.049	.050	.054	.055
.024	1.44								
.025	1.20								
.026	1.00	2.24							
.035		.58	1.16	2.31					
.036		.50	1.00	2.10					
.037		.45	.90	1.79	2.22				
.038		.39	.80	1.59	1.92				
.039		.35	.71	1.41	1.75				
.040		.31	.62	1.25	1.55	2.51			
.041		.28	.56	1.12	1.38	2.26	2.50		
.042		.25	.50	1.00	1.24	2.03	2.23		
.043		.23	.45	.87	1.11	1.83	1.98		
.044		.20	.39	.81	1.00	1.62	1.79		
.045			.35	.73	.90	1.47	1.60	2.32	
.046			.32	.67	.82	1.34	1.47	2.08	2.27
.047				.59	.74	1.20	1.31	1.89	2.06

$$9' \times .062 = 5\tfrac{1}{2}'$$

$$9' \times 1.25 = 11\tfrac{1}{4}'$$

그림 5-23 모세관 길이 변경 표 (출처: J/B Industries)

- 그림 5-23에 의하면 최초의 배관 길이(9 피트)에 보정계수 0.62를 곱한다.
- 0.62×9 피트=5.5 피트에 의하여 0.036 인치의 모세관 길이는 5.5 피트이다.

시스템 조건에 따른 모세관의 특성

모세관은 배관에 들어가는 액체에 가하는 압력을 기반으로 증발기로 들어가는 냉매의 양이 결정된다. 증발기 압력이 일정할 경우에 모세관 입구압력이 증가할수록 더욱 많은 냉매가 증발기로 유입된다.

> **기술자의 경험법칙(T.R.O.T)**
>
> **모세관 교체**
>
> 내경이 커지면 길이가 길어지고, 내경이 작아지면 길이가 짧아진다.

모세관은 증발기 부하 변동에 따른 대응성이 좋지 않다. 증발기의 열부하가 큰 경우에 증발기로 유입되는 한정된 냉매는 빨리 증발하여 냉매량 부족과 과열도가 증가할 것이다. 그러므로 모세관 시스템은 온도자동팽창밸브 시스템보다 공간의 온도 감소에 많은 시간이 소요될 것이다.

모세관 적용 시스템 제조사들은 압축기 손상을 주지 않고 시스템을 최적으로 운전하기 위한 시스템의 **임계충전량**(critical charge)을 결정할 것을 권장하고 있다. 시스템이 과충전된 경우 증발기 부하가 작거나 응축기 부하가 큰 경우에 액압축이 발생할 수 있다. 시스템에 충전량이 부족한 경우에는 냉각용량이 부족하거나 압축기가 과열될 수 있다.

모세관 시스템의 고장해결

과열도가 매우 높게 나타나는 냉매량 부족 현상은 증발기의 부하가 큰 경우에 모세관으로부터 증발기에 공급되는 냉매량의 한계로 인하여 냉동 공간에 있는 증발기에서의 냉매가 급속히 증발하여 발생한다. 이 경우 압축기에서 부족한 냉매를 흡입함에 따라 정상적인 운전조건에 비하여 흡입압력은 감소하며, 응축기에서는 부하가 증가하여 모세관 입구압력은 다소 증가할 것이다.

이러한 이상현상은 냉동 공간으로부터 열을 제거하거나 냉동 공간으로 얼음과 같은 찬 매개체를 가하는 경우 또는 냉동 공간의 온도가 감소할 경우에 해결될 수 있다. 다음의 예제는 냉동부하가 큰 경우에 시스템이 안정화되는 과정을 나타낸다.

예제: ⑩ 새로 개발된 전시용 냉장고에 따뜻한 음료를 채워서 운반한다. 냉장고는 음료를 40°F로 냉각시키기 위해 거의 24시간 작동할 것이다. 모세관 적용 시스템은 음료를 빠르게 냉각시키기 위해 설계된 것이 아니라 제품을 차갑게 유지하기 위해 설계되었으므로 음료를 냉각시키는 데 특별한 문제점은 없을 것이다.

모세관에서 애프터 서비스(A/S)가 요구되는 고장은 주로 모세관의 유동저항

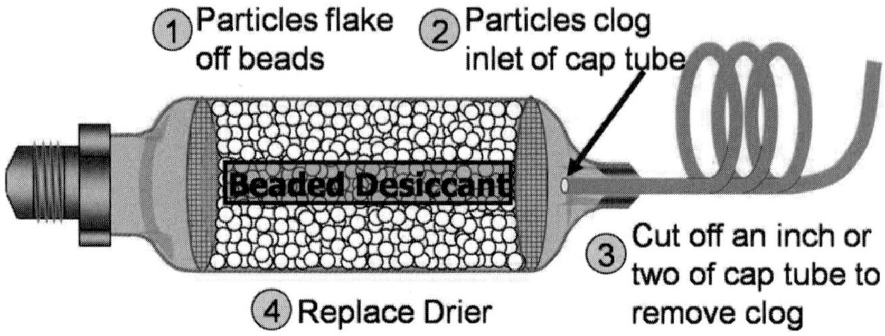

그림 5-24 모세관과 드라이어 (출처: Refrigeration Training Services)

변화이다. 모세관의 내경은 매우 작아서 쉽게 막히는 일이 발생하며, 주로 필터드라이어의 이상이 주원인이다.

모세관에 적용되는 대부분의 소형 드라이어는 비드(bead) 형태의 **건조제**(desiccant)나 여과소재를 사용한다. 그림 5-24에 나와 있듯이 가끔씩 비드가 파괴되거나 작은 입자가 손실된다. 이로인해 미세한 건조입자가 모세관을 막는 일이 발생한다. 이러한 일이 일어나면 시스템이 정상적으로 운전되는 경우에 비하여 저압이 발생하거나 모세관 입구압력이 감소한다.

모세관의 막힘은 대부분의 경우 모세관 입구에서 발생하므로 모세관 전체를 교체할 필요는 없다. 다음의 모세관 보수 절차가 권장되고 있다.

- 충전된 냉매를 회수한다.
- 설치되어 있는 필터드라이어를 제거한다.
- 모세관 입구 측의 1 인치 또는 2 인치를 절단한다.
- 새 드라이어를 설치한다.
- 시스템을 진공상태로 만든 후에 적절한 냉매량을 다시 충전한다.

참고: 모세관의 1 인치 또는 2 인치를 제거하는 것이 시스템 성능에 큰 영향을 주지는 않는다.

모세관 내경이 변화되지 않도록 절단하는 것은 매우 중요하므로, 배관의 크기를 감소시킬 수 있는 배관 커터(tubing cutter)를 사용하지 않도록 한다. 배관에 줄 등을 이용해 날카로운 **노치**(score 또는 notch)를 만들어 절단하는 방법이 권장된다. 노치를 배관 상부에 만들고 엄지손가락을 노치 쪽에 놓고 나머지 손가락으로 배관을 감싼 후 두 손을 아래쪽으로 꺾으면 배관은 절단되고 내경은 형상을 그대로 유지할 것이다.

모세관의 재설치 시에 너무 많은 용접을 하지 않도록 한다. 드라이어의 배관은 일반적으로 1/4 인치로 작으므로 용접재가 배관에 차거나 모세관이 막힐 수 있다. 모세관을 드라이어 배관부로 약 2 인치 정도를 넣고 용접하는 것이 권장되고 있다. 모세관을 스크린으로 너무 밀어 넣을 경우 모세관 끝단이 막힐 수 있으므로 적정 길이를 삽입하여야 한다. 삽입 후에 1/4 인치 관을 오므리면서 모세관을 1/4 인치 관의 측면에 고정하고 적정량의 용접재를 이용하여 용접한다.

모세관 시스템에서 냉매량 부족은 대개 증발기 부하가 커서 발생하며, 냉매량 과다는 응축기 부하가 커서 발생한다. 모세관으로 유입되는 냉매량은 입구 액상의 냉매압력에 비례한다. 입구압력이 증가하면 많은 냉매가 모세관을 통과하여 증발기로 공급된다.

그러나 냉매량 과다는 시스템의 냉매 충전량에 의하여 영향을 받는다. 시스템의 냉매 충전량은 압축기가 손상되지 않는 조건 하에서 시스템 액상의 냉매량에 의하여 결정된다.

서비스 팁(Service Tip): 모세관 등의 시스템에 최적의 냉매량이 충전되었을 때, 운전상태 점검을 위하여 계기(gauge)를 사용하는 것은 바람직하지 않다. 왜냐하면 계기를 제거할 때마다 냉매량이 미소량 누설되기 때문이다. 정격 최적 충전량 대비 10% 이상 충전량이 부족한 경우에 시스템은 정상적으로 작동되지 않을 것이다.

따뜻한 제품으로 시스템에 과부하를 주는 경우 외에 시스템 문의 개스킷(gasket)이 안 좋거나 문을 지나치게 자주 여닫는 경우에도 냉매량 부족 현상이 발생한다. 또한 응축기나 증발기 오염 및 팬 모터 상태도 점검하도록 한다.

아주 필요할 때를 제외하고는 계기를 사용하지 않도록 한다. 압력이 다소 낮더라도 냉매를 추가로 충전하지 말고, 모든 냉매를 회수하고 진공상태로 만든 후에 적정량의 냉매를 재충전하도록 한다.

시스템의 저압 측이 진공상태이고 모세관 입구압력이 주어진 외기조건에서 다소 낮은 경우에 발생하는 대부분의 문제는 모세관의 저항 증가 때문이다. 이 경우에 냉매 필터드라이어를 제거하고 모세관의 입구쪽을 1~2 인치 절단하고, 새 필터드라이어를 재설치한 뒤에 시스템 진공상태로 만든 후에 적정량의 냉매를 다시 충전한다. 냉매를 재충전한 후에는 유닛을 재가동하고 온도 등이 안정화될 때까지 기다린다.

참고: 시스템에 이상이 발생한 경우 대부분의 소비자들은 온도조절기(thermostat)의 설정값을 낮추므로 고장발생에 따른 시스템 점검 시 온도조절기의 설정값이 적절한지 반드시 체크하도록 한다.

시스템이 안정화되도록 기다리는 동안에 수리 가능한 모든 사항들을 점검한다. 시스템이 온도를 충분히 감소시키지 못한다면 이는 대부분 압축기의 비효율성에 의한 고장이다.

모세관 시스템의 고장 및 해결 방안은 7장에서 상세히 다루도록 한다.

자동팽창밸브

자동팽창밸브(automatic expansion valve)는 매우 일정한 부하가 요구되는 시스템에 적용되는 팽창장치이다. 이 장치는 증발압력을 일정하게 유지하기 위한 압력조절 밸브이며 모세관 시스템과 달리 응축기 측의 부하에 영향을 받지 않는다. 과열도를 조절하지 않는다는 측면에서 온도자동팽창밸브와도 다른 특성을 갖는다. 증발온도의 급격한 저하로 인한 이상이 발생하는 시스템에 적합한 장치이다(그림 5-25 참조).

자동팽창밸브는 온도자동팽창밸브와 반대로 작동한다. 증발기 부하가 증가할 경우에 증발압력과 흡입배관의 온도가 증가한다. 이 경우 온도자동팽창밸브는 개도가 열리고 냉매가 증발기로 더욱 많이 유입되며 증발온도를 낮춘다. 자동팽창밸브는 냉매유량을 감소시켜 증발기에 냉매량이 다소 부족하도록 만든다. 이는 부하를 빠르게 낮추지는 않지만 증발기가 지나치게 냉각되는 것을 방지한다.

자동팽창밸브는 차가운 물의 온도 유지를 위한 음용수용 냉각기로 사용된다. 이 시스템은 증발기가 적상조건보다 높은 온도에서 운전되도록 하여 냉각된 음용수 탱크가 동파되는 것을 방지할 수 있다.

자동팽창밸브는 음용수 외에 1°F나 2°F의 설계조건을 갖는 소프트 아이스크림 제조기와 슬러시 디스펜서에 사용된다.

그림 5-25 자동팽창밸브
(출처: Dick Wirz)

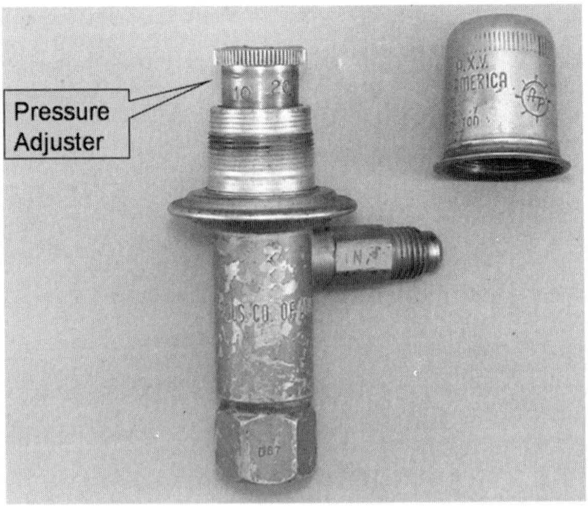

전자팽창밸브

최근에 밸브의 전자제어는 밸브 자체와는 별도로 분리되므로 **전자팽창밸브**(electric expansion valves)에 대한 좀더 명확한 표현은 '전자적으로 제어되는 전기밸브(electronically controlled electric valve)' 이다. 이 교재에서는 표현의 편리성을 위하여 '전자팽창밸브' 로 기술하도록 한다.

전자팽창밸브의 주요 기능은 증발기의 과열도를 적절히 유지하는 측면에서 온도자동팽창밸브와 동일하다. 증발기가 적절한 과열도를 나타내면 증발기와 시스템에 적절한 냉매가 흐르고 있음을 의미하며, 압축기에서 습압축이 발생하지 않는다. 전자팽창밸브와 온도자동팽창밸브 모두 증발압력과 흡입배관온도를 측정하고 과열도를 일정하게 유지한다. 표준 온도자동팽창밸브는 압력과 온도로부터 증발기에 적절한 냉매를 공급하는 자기조절 기능을 가진다.

전자팽창밸브가 온도자동팽창밸브와 동일한 기능을 수행하지만 적절히 운전되기 위하여 신호와 전력을 밸브로 보내는 별도의 장치가 필요하다. 센서로부터는 해당 데이터를 받은 뒤에 밸브를 적절히 조절하기 위한 방법을 결정하여야 한다. 밸브 상부에는 작은 전기모터가 설치되어 밸브를 열거나 닫는다. 전자기술이 필요하여 전자팽창밸브가 온도자동팽창밸브보다 비용은 많이 들지만 전자팽창밸브가 온도자동팽창밸브보다 정밀한 운전제어가 가능하여 시스템 효율을 증가시키고 운전비용을 절감시킬 수 있다. 대형 시스템에서 초기 투자비의 증가는 에너지 절감 효과에 의하여 경제성을 갖는다.

전자팽창밸브는 제어기에 프로그램이 가능하므로 팽창장치 이외의 다른 많은 기능을 수행할 수 있다. 다음은 전자팽창밸브가 냉동시스템의 부품으로 사용되는 목록이다.

- 팽창밸브
- 핫가스 바이패스 밸브
- 증발압력 조절기
- 크랭크케이스 압력조절기
- 고압 조절기
- 열회수형 3방향 밸브

밸브의 역할과 상관없이 전자팽창밸브 모터부는 모든 경우에 유사하다. 전자팽창밸브에 적용되는 모터는 여러 종류가 있지만, 현재 대부분의 전자팽창밸브는 스텝모터를 사용하고 있다(그림 5-26, 5-27, 5-28 참조). 전원이 인가된 상태에서 회전하는 전통적인 유도모터가 팬과 펌프 및 압축기에 적용되지만, 스텝모터는 정해진 회전각이나 거리만을 회전하고 멈춘다. 매번 전원이 인가되었다가 제거되며

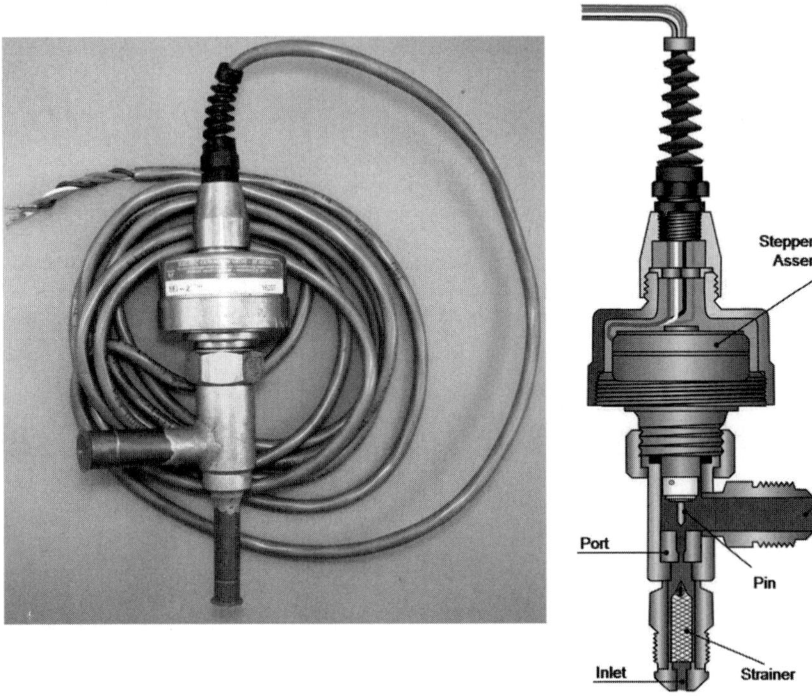

그림 5-26 Sporlan 전자팽창밸브 (출처: Sporlan Photo by RTS)

모터는 고정된 양 또는 스텝만을 회전하고 정지한다. 작은 스텝을 이동하므로 밸브는 정밀하게 냉매유량을 제어할 수 있다. 그림 5-27과 같이 작은 전자팽창밸브는 포트를 열고 닫기 위하여 모터와 스템을 직접 연결할 수 있지만, 그림 5-28과 같이 큰 밸브는 모터 출력을 증가시키기 위하여 기어를 사용하여야 한다.

전자팽창밸브 제어기는 그림 5-29와 같이 트랜지스터(transistor)로 불리는 고체소자(solid-state) 스위치를 사용한다. '고체소자'로 불리는 이유는 실리콘에 가공되어 유동부가 없기 때문이다. 고체소자는 미소한 전기신호를 큰 신호로 변환하여 단속(on/off)을 해주는 스위치나 릴레이 기능을 한다. 제어기 내부에는 마이크로프로세서가 내장되어 있으며, 신호를 트랜지스터로 보내어 스텝모터가 정밀하게 개폐되도록 한다.

밸브, 제어기, 마이크로프로세서와 전선이 '하드웨어'이며, '소프트웨어'는 팽창밸브 기능을 수행하기 위한 명령어나 **알고리즘**(algorithm)이다. 밸브 조작에 적합한 알고리즘을 확인하기 위하여 많은 실험이 요구되며, 실험에 많은 비용이 필요하므로 대부분의 제어기 제조사들은 과열도 조절 알고리즘을 공개하지 않고 있다. 알고리즘은 'if-then' 로직에 근거하고 있으며, 일례로 '과열도를 1°F 올리려면, 전자팽창밸브를 두 단계 열어라'와 같다.

그림 5-27 Alco 전자팽창밸브 (출처: Dick Wirz)

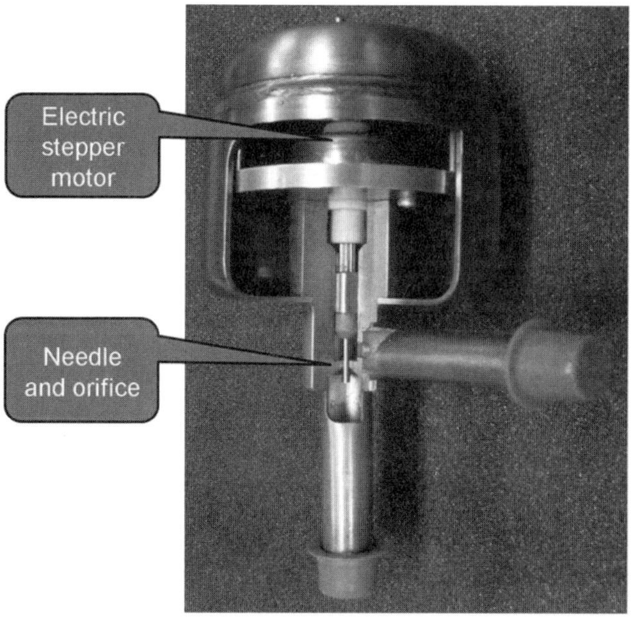

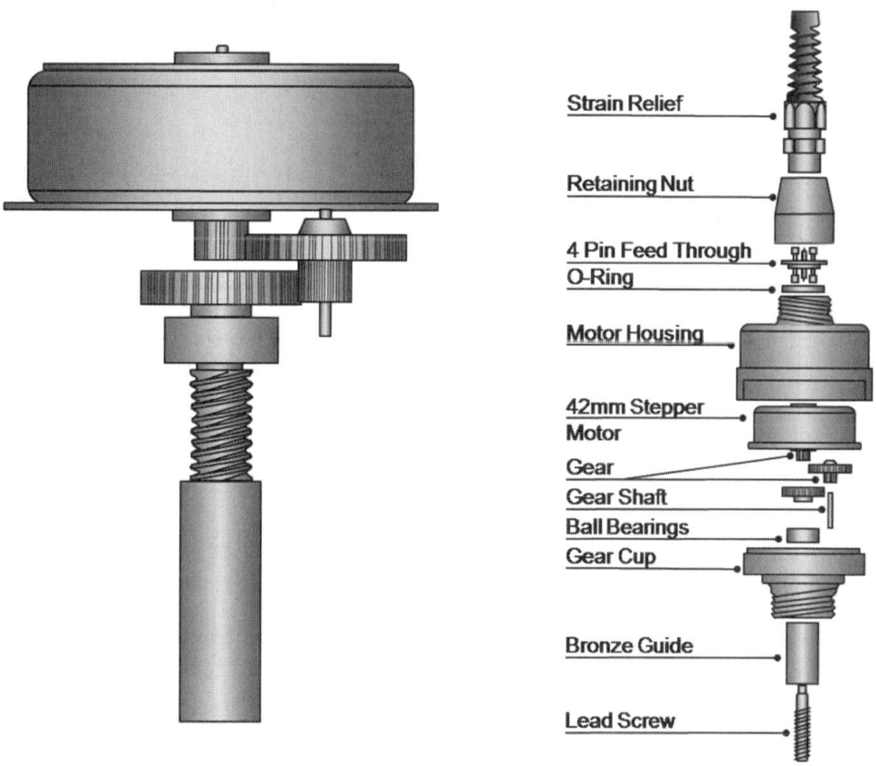

그림 5-28 Sporlan 대형 전자팽창밸브 (출처: Sporlan Photo by RTS)

그림 5-29 Sporlan 전자팽창밸브 제어기 (출 처 : Sporlan Valve Company)

과열도를 산정하기 위해서 제어기는 흡입 포화온도와 흡입 배관온도를 알아야한다. 그림 5-30과 같이 제어기는 **압력트랜스듀서**(pressure transducer)와 **서미스터**(thermistor) 같은 전자신호형태의 흡입 포화온도와 흡입 배관온도 관련 정보를 받아들여야 한다.

압력트랜스듀서는 3선식 장치로서, 2선은 전원을 공급하고, 나머지 1선은 제어기로 출력신호를 보내는 것이다. 서미스터는 전기저항을 온도로 변환시키는 고체소자이다. 제어기는 서미스터로부터의 전기신호에 의한 저항을 온도로 변환할 수 있어야 한다.

밸브는 전기적으로 제어되기 때문에 압력과 온도 및 과열도 등의 시스템 주요 정보를 매우 정확하게 모니터링하고 조절할 수 있다. 전자팽창밸브는 중온 냉동기와 대형 냉동기에 사용되며, 전통전인 온도자동팽창밸브에 비하여 증발온도를 보다 적절히 제어하여 결상량 등을 저감시킬 수 있다(그림 5-31 참조).

전자팽창밸브는 밸브개도를 완전히 닫을 수 있어서 펌프다운(pump-down)을 위한 솔레노이드밸브가 필요 없다. 또한 전자팽창밸브는 시스템 정지 시에 고압과 저압 측의 압력차이를 유지할 수 있어서 재가동 시에 다음의 이유로 빠른 시동을 할 수 있다.

1. 압축기는 이전 사이클에서의 토출압력이 크게 감소하지 않았기 때문에 재시동 시에 고압을 빨리 올릴 수 있다.

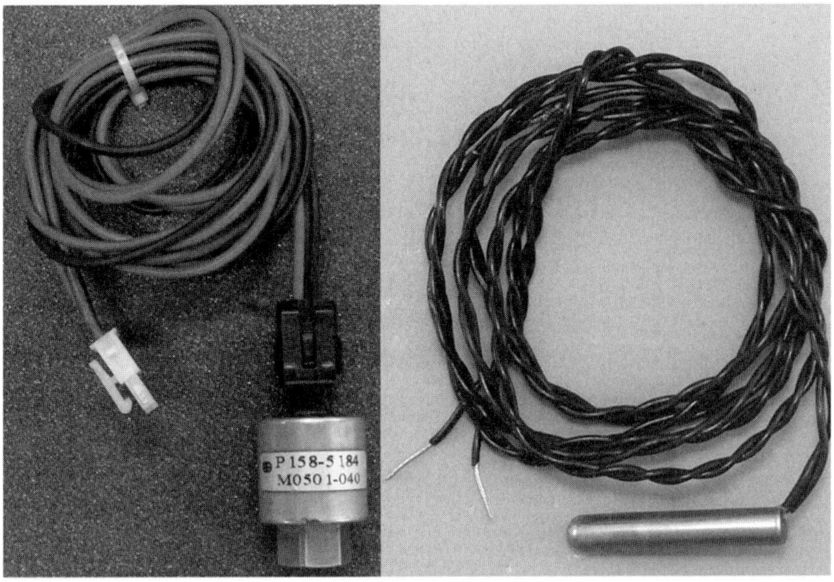

그림 5-30 압력트랜스듀서(왼쪽)와 써미스터(오른쪽) (출처: Dick Wirz)

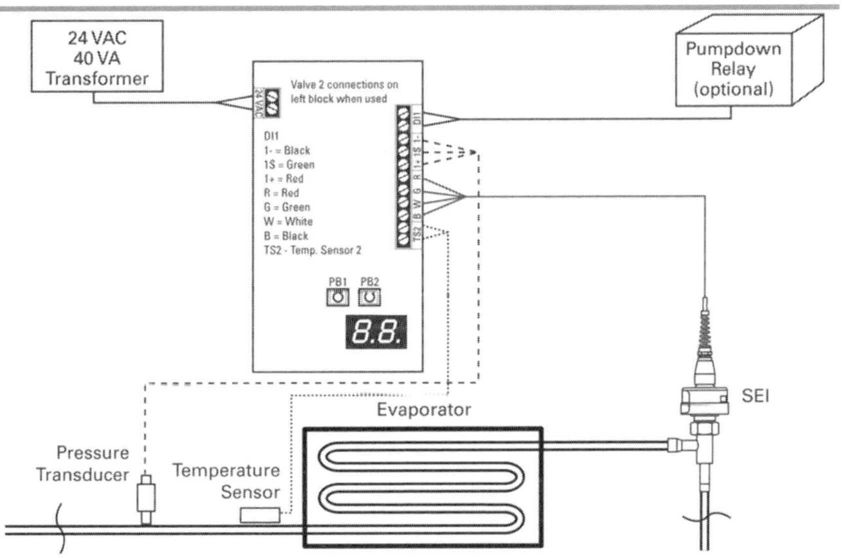

그림 5-31 Sporlan 전자팽창밸브와 제어기 (출처: Sporlan Valve Company)

2. 압축기는 이전 사이클 후에 흡입압력이 크게 증가하지 않았으므로 재시동 시에 저압을 낮추는데 많은 시간이 소요되지 않는다.

용량 가변형 압축기가 시스템에 적용된 경우에 전자팽창밸브는 압축기 용량에 따른 냉매순환유량을 조질힐 수 있으므로 시스템을 최적화할 수 있다. 일례로 언로더(unloader)가 가동된 경우에 압축기 용량은 감소하며, 전자팽창밸브는 이에 따라 압축기 용량에 대응할 수 있다.

고도의 하드웨어와 소프트웨어를 적용하여 전자팽창밸브의 이상은 크게 발생하지 않는다. 시스템이 적절하게 운전되지 않을 경우에 기술자는 그들이 이해못하는 시스템부를 비난할 수 있다. 전자적인 부분에 대해서 이런 일은 흔하게 발생될 수 있다. 에어컨이나 얼음제조기의 제어판과 같이 전자팽창밸브는 제어기로부터 나온 신호에 따라 작동된다. 전자팽창밸브의 오작동을 비난하기 이전에 기술자들은 제어기로부터의 신호가 적절한지를 먼저 점검하여야 한다. 대부분의 최근 제어기들은 진단기능이 내장되어 있으며, 제어기와 전자팽창밸브에 대한 점검절차를 가지고 있다. Sporlan의 SMA-12 스텝모터의 액추에이터는 스텝모터의 조작이 제대로 이루어지는가에 대한 진단 시스템을 가지고 있다.

참고: 전자팽창밸브는 이론적으로 1°F의 매우 낮은 과열도를 유지할 수 있다. 그러나 엔지니어가 과열도를 적절히 점검할 수 있는 능력이 있음에도 불구하고 과열도 점검을 위한 전자적인 서미스터 등의 오차가 크므로 최소한 5°F 이상의 과열도를 갖는 것을 권장하고 있다.

요약

팽창장치는 냉동 공간으로부터 열을 흡수하기 위하여 증발기에 냉매를 공급하는 기능을 갖는장치이다. 팽창장치로 유입되는 액상의 냉매압력과 온도는 증발온도까지 팽창장치에서 저하되어야 한다. 모세관은 소형의 상업용 유닛에 적합한 팽창장치이다. 온도자동팽창밸브는 증발기 부하변동에 대응할 수 있으며, 다중회로를 갖는 증발기를 가진 큰 시스템에 적용된다.

팽창장치 크기(용량)의 적절한 선정은 시스템의 효율적 운전을 위해 매우 중요하다. 팽창장치에서 발생한 문제점을 해결하기 위해서는 팽창장치의 크기와 운전원리 및 시스템과의 연계성 등에 대한 종합적인 이해가 필요하다. 전자팽창밸브는 상업용 냉동시스템에 적용이 증가하고 있다. 기존의 온도자동팽창밸브에 비하여 고가임에도 불구하고, 효율적 운전에 의한 에너지 절감으로 투자비용 회수가 매우 빠르다.

연습문제(REVIEW QUESTIONS)

1. 팽창장치의 주요 기능은 무엇인가?
a. 열을 흡수하기 위하여 증발기에 냉매를 공급
b. 압축기에 액냉매 유입 방지
c. 과열도 유지

2. 팽창장치가 주요 기능을 수행하기 위한 2가지 방법은 무엇인가?
a. 압축기 액냉매 유입 방지 및 증발기 만액
b. 유입된 액냉매를 분무형태로 바꾸고 온도를 낮춤
c. 증발압력과 과열도 증가

3. 팽창장치에서 증발기로 유입되는 냉매의 온도를 낮추기 위한 2가지 방법은 무엇인가?
a. 과냉도와 과열도
b. 압력강하와 과열도 증가
c. 압력강하와 단열팽창

4. 온도자동팽창밸브 시스템에서 과열도가 중요한 이유는 무엇인가?
a. 압축기가 액체에 의한 손상을 방시하기 위한 시스템에 여유를 줌
b. 증발온도를 동결점 이상으로 유지
c. 증발기가 최대효율을 유지하도록 해 줌

5. R404 냉매를 사용하고, 증발기 출구압력이 65 psig이며, 흡입배관 온도가 35°F일 때 과열도는 얼마인가?
a. 6°F
b. 8°F
c. 10°F
d. 12°F

6. 기술자의 경험법칙(TROT)에 의하면 중온 대형 냉동기의 과열도 설정값은 대략 얼마인가?
a. 5°F
b. 10°F
c. 15°F
d. 20°F

7. 기술자의 경험법칙(TROT)에 의하면 워크인 냉장고의 과열도 설정값은 대략 얼마인가?
a. 5°F
b. 10°F
c. 15°F
d. 20°F

8. 과열도 계산을 위해 휴대용 온도계를 사용할 수 있는가?
a. 예, 휴대용 온도계는 매우 정확하므로 사용 가능함
b. 아니오, 배관 온도를 측정하기에 충분한 정확도를 갖지 않으므로 사용이 어려움

9. 압축기가 증발기에서 60 피트 떨어진 경우 압축기 흡입밸브의 흡입압력으로 과열도를 산정해도 되는가?
a. 예, 흡입압력이 저압 전체 압력과 동일하므로 사용해도 됨
b. 아마도, 흡입배관에서 2 psig의 압력강하를 산정하여 사용할 수 있음
c. 아니오, 실제 증발압력을 알 수 없으므로 사

연습문제(REVIEW QUESTIONS)

용할 수 없음

10. 과열도 측정을 위한 가장 좋은 시점은 언제인가?

a. 공간온도가 설계값의 5°F 이내일 때

b. 시스템 초기 기동 시

c. 시스템 정지 직후

11. 온도자동팽창밸브에 작용하는 3개의 주요 힘은 무엇인가?

a. 팽창장치 입구압력, 흡입압력, 밸브압력

b. 감온통 압력, 증발압력, 스프링압력

c. 감온통 압력, 액냉매 라인 압력, 증발압력

12. 온도자동팽창밸브의 개도를 열기 위한 유일한 힘은 무엇인가?

a. 스프링압력

b. 증발압력

c. 감온통 압력

13. 용접형 온도자동팽창밸브 설치 시의 주요 고려사항은 무엇인가?

a. 밸브를 과열시키지 않음

b. 밸브에 수분이 유입되지 않도록 함

c. 밸브에 산소가 유입되지 않도록 함

14. 외부 균압형 온도자동팽창밸브는 어떤 형태의 증발기에 적용되는가?

a. 균압관이 없는 단일회로 증발기

b. 균압관이 있는 멀티회로 증발기

15. 외부 균압형 팽창밸브가 일부 증발기에 필요한 이유는 무엇인가?

a. 분배기에서의 압력강하량이 크기 때문

b. 코일 핀 수 때문

c. 증발기 출구의 흡입헤더 때문

16. Sporlan 온도자동팽창밸브에 2°F의 과열도를 더 주기 위한 스템의 회전방향과 회전수는 얼마인가?

a. 반시계방향으로 한 바퀴 반

b. 시계방향으로 한 바퀴 반

c. 시계방향으로 한 바퀴

17. Sporlan 팽창밸브의 과열도를 공장출하 시로 설정하기 위한 방법은 어느 것인가?

a. 스템 조절에 의하여 과열도 중간치를 찾음

b. 밸브가 모두 닫힐 때까지 스템을 한 방향으로 돌림

c. 밸브가 모두 열릴 때까지 스템을 한 방향으로 돌림

18. 제조사들의 지침에 따르면 직경이 7/8 인치 이상인 수평배관의 어느 위치에 온도자동팽창밸브의 감온통을 설치해야 하는가?

a. 흡입배관의 상부

b. 흡입배관의 하부

c. 4시 또는 8시 방향의 위치

19. 18번 문제에서 배관이 5/8 인치 이하일 때의 설치 위치는 어디인가?

a. 흡입배관의 하부

연습문제(REVIEW QUESTIONS)

b. 흡입배관의 하부를 제외한 위치

20. 팽창밸브 흡입압력 감소 시에 온도자동팽창밸브의 용량은 어떻게 변화되는가?

a. 밸브에서의 압력강하량 증가로 용량 증가

b. 밸브에서의 압력강하량 감소로 용량 감소

21. 액냉매 라인의 온도 감소 시에 온도자동팽창밸브의 용량은 어떻게 변화되는가?

a. 단열팽창량이 감소하여 용량 증가

b. 냉매량 감소로 용량 감소

22. 18,000 Btuh 증발기에 필요한 온도자동팽창밸브 크기는 얼마인가?

a. 18,000 Btuh, 1.5 톤

b. 12,000 Btuh, 1 톤

c. 12,000 Btuh, 1.5 톤

23. 온도자동팽창밸브가 적절히 운전되기 위한 3가지 필요사항은 무엇인가?

a. 적절한 밸브 크기, 감온통의 적절한 설치, 액냉매 유입

b. 적절한 밸브 크기, 감온통의 빽빽한 배관 접속, 고압의 밸브 입구압력

c. 적절한 밸브 크기, 감온통의 배관 하부 설치, 밸브 입구압력

24. 온도자동팽창밸브의 만액을 알 수 있는 방법은 무엇인가?

a. 낮은 과열도

b. 높은 과열도

c. 과열도가 없음

25. 온도자동팽창밸브 시스템에 냉매가 많을 경우 3가지 점검사항은 무엇인가?

a. 밸브의 결빙, 팽창장치 입구압력, 과열도

b. 팽창장치 입구압력, 흡입압력, 과열도

c. 밸브의 결빙, 감온통 감지의 적절성, 과열도

26. 온도자동팽창밸브의 냉매부족을 알 수 있는 방법은 무엇인가?

a. 낮은 과열도

b. 높은 과열도

c. 과열도가 없음

27. 온도자동팽창밸브 시스템에 냉매가 부족할 경우 4가지 점검사항은 무엇인가?

a. 밸브의 결빙, 감온통 충전량, 스트레이너 막힘, 과열도

b. 팽창장치 입구압력, 흡입압력, 스트레이너, 과열도

c. 밸브의 결빙, 감온통 위치, 흡입압력, 과열도

28. 온도자동팽창밸브의 헌팅을 알 수 있는 방법은 무엇인가?

a. 낮은 과열도

b. 높은 과열도

c. 과열도 변동

29. 온도자동팽창밸브 시스템에 헌팅발생 시 3가지 점검사항은 무엇인가?

연습문제(REVIEW QUESTIONS)

a. 밸브 크기, 액냉매 유입 여부, 밸브 개도 정지 시 헌팅 여부
b. 밸브 크기, 팽창장치 입구압력, 감온통 위치
c. 밸브 크기, 과열도, 밸브 중간 위치

30. 모세관 시스템의 냉매유량조절 원리는 무엇인가?
a. 과열도 설정값으로 증발압력을 낮춤
b. 액냉매 압력을 증발압력으로 낮춤
c. 액체를 증발기로 분무시킴

31. 교체할 모세관이 최초에 설치된 모세관의 내경보다 크다면, 새로 설치할 모세관의 길이는 어떻게 되어야 하는가?
a. 길어짐
b. 짧아짐

32. 편의점에서 모세관 적용 냉장고를 구입하였다. 점심시간 후에 냉장고에 넣은 따뜻한 병맥주가 오후 5시에도 차가워지지 않아서 냉장고를 수리하고자 한다. 어떻게 수리하라고 일러 주겠는가?

33. 모세관 적용 시스템이 정상적인 온도조건보다 10~20°F 높은 조건에서만 운전된다. 계기를 시스템에 설치하기 전에 어떻게 점검해야 하는가?

34. 33번 문제에서 계기를 유닛에 설치하여 점검한 결과 외기온도 조건에서 팽창장치 입구압력이 다소 낮고 저압 측이 진공상태로 되었다. 어떤 문제이고 어떻게 해결해야 하는가?

35. 온도자동팽창밸브의 주요 기능은 무엇인가?
a. 적절한 과열도 유지
b. 증발기를 액냉매로 가득 채움
c. 압축기에 문제가 발생하지 않도록 충분한 냉매를 보냄

36. 표준 온도자동팽창밸브보다 비싼 전자팽창밸브를 사용하는 이유는 무엇인가?
a. 소비자가 첨단 기술 사용을 원함
b. 시스템 효율 및 제어 성능 향상
c. 전자팽창밸브가 이윤이 높음

37. 알고리즘이란 무엇인가?
a. 전자팽창밸브 개발에 사용된 전기 이론
b. 온도자동팽창밸브를 운전하기 위한 파라미터에 관한 수학적 함수
c. 전자팽창밸브를 제어하기 위한 마이크로프로세서의 명령어 모음

38. 압력트랜스듀서란 무엇인가?
a. 저압을 막기 위한 안전제어
b. 모니터링을 위한 압력 측정장치
c. 제어기에 정보를 보내 주는 압력 측정장치

39. 서미스터란 무엇인가?
a. 저온 방지 안전제어기
b. 고온 방지 안전제어기
c. 온도변화에 따른 저항 변환장치

연 습 문 제(Review Questions)

40. 사이클 정지 시 시스템의 고압과 저압이 유지되는 경우의 장점은 무엇인가?

a. 시스템 기동 후에 정격용량에 빠르게 도달함

b. 압축기에 액냉매가 공급되는 것을 증발기가 막음

c. 압축기의 기동전류를 감소시킴

41. 전자팽창밸브 제조사로부터 권장되는 최소 과열도는 얼마인가?

a. 1°F 과열도

b. 5°F 과열도

c. 10°F 과열도

CHAPTER 6

제어장치와 부속장치

개요

앞 장에서는 냉동시스템의 4가지 기본 구성요소인 증발기, 응축기, 압축기, 팽창장치에 대해서 다루었다. 이 장에서는 시스템 운전을 위한 제어장치와 시스템 성능향상을 위한 부속장치에 대해서 다루어 본다.

냉동시스템에 적용되는 많은 제어장치와 부속장치가 있지만, 이 장에서 일반적으로 약 7.5마력 용량까지의 음식용 냉동장비 관련 제어장치 및 부속장치를 주로 다룬다. 대형 장비에서는 각 구성품이 더 크거나 복잡할 수 있으나, 운전특성은 이 장에서 다루는 내용들과 유사하다.

학습목표(OBJECTIVES)

이 장을 마치고 나면 아래와 같은 내용들을 알 수 있다.

- 온도 제어
- 서비스밸브의 작동원리
- 펌프다운과 핫가스 바이패스를 위한 솔레노이드 밸브
- 핫가스 바이패스밸브의 작동원리
- 크랭크케이스 압력조절기와 증발기 압력조절기
- 저압과 고압 제어
- 오일분리기와 오일안전 제어
- 리시버와 어큐뮬레이터의 작동원리
- 필터드라이어와 가시유리의 작동원리
- 열교환기와 진동감쇠장치

온도 제어

온도조절을 위한 주 제어장치는 온도조절기(thermostat)이다. 온도에 따라 전기회로의 스위치가 온/오프(on/off) 상태로 되어 압축기가 기동 및 정지된다. 상업용 냉동시스템의 온도조절기는 가스 또는 액체로 채워진 감온통을 사용하고, 전위차로 온도를 측정한다. 다음의 온도 중 하나를 측정하고, 감온부의 압력은 모세관을 통하여 제어용 다이어프램에 전달된다.

- 재순환 공기나 냉동공간온도
- 급기온도
- 증발온도
- 흡입배관 온도

대부분의 온도조절기는 냉동공간의 평균온도를 나타내는 재순환공기를 모니터링한다. 온도조절기는 온도범위나 온도편차(정지 및 기동 온도차이)를 이용하여 작동한다. 공기온도를 측정할 경우에 약 3～5°F의 상당히 넓은 온도편차를 사용하는데, 이는 압축기의 잦은 사이클링(cycling)을 방지하고 대부분의 중온 냉동기의 정지 시에 자동으로 제상되도록 하기 위해서이다.

예제: ❶ 냉동온도가 40°F인 냉동기에서 냉동공간의 온도가 40°F일 때 온도조절기는 압축기를 기동하며, 온도조절기의 온도편차가 5°F인 시스템을 가정해 보자. 냉동공간의 온도가 35°F로 낮아지면 온도조절기는 압축기를 정지시키지만, 냉동공간에 공기를 계속 순환시키기 위하여 증발기의 팬은 계속 운전된다. 공기온도가 40°F로 증가하면 온도조절기는 압축기를 기동하며, 그림 6-1과 같이 사이클링이 계속적으로 반복된다.

중온 냉동기의 코일에 과도한 결상(frosting)이 발생하는 문제가 생기는 경우가 있다. 이러한 현상은 대개 부하가 크거나 증발온도가 낮은 경우 발생한다. 냉동기의 증발기는 약 15～20°F의 온도편차를 갖는다. 이는 40°F의 냉동공간일 경우 20～25°F의 증발기 온도를 갖는 것을 의미하며, 압축기 운전에 따라 결상이 발생하게 된다(그림 6-2 참조).

사이클 정지 기간 동안 증발기의 결상을 모두 제거하기 위하여 일부 제조사들은 온도조절기의 센서를 증발기 핀(fin)이나 흡입배관에 설치한다. 이 경우에 온도조절기는 냉동공간의 온도보다는 증발기 코일의 온도에 따라 작동한다. 온도조절기가 40°F에서 정지하도록 설정된 경우에 증발기 온도가 40°F보다 높게 되면 정지한다. 이것은 증발기 핀을 관통하는 공기온도를 사용하는 경우와 유사하지만, 증

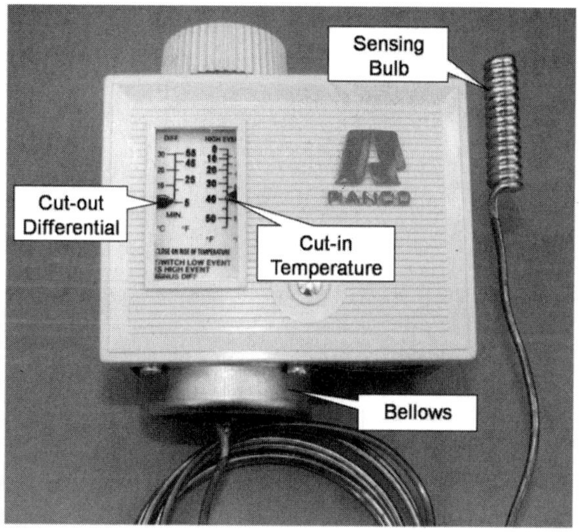

그림 6-1 공기온도 측정 온도조절기
(출처: Dick Wirz)

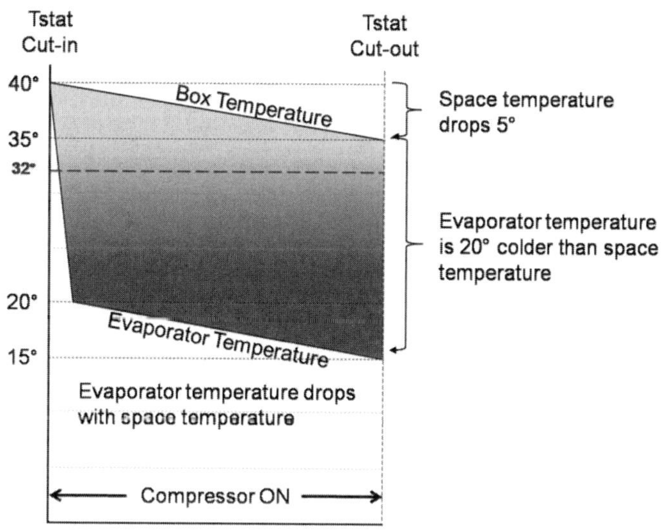

그림 6-2 20°F 온도편차를 갖는 냉동기에서 냉동공간 온도와 증발온도와의 관계 선도
(출처: Refrigeration Training Services)

발기 온도가 40°F에 도달하기 전에 시스템 가동 중 증발기 표면에 발생한 서리가 제거된다는 점이 다르다. 즉 압축기 가동 전에 제상이 완료되므로 이런 유형의 온도조절기는 자체 제상기능을 제공한다. 그림 6-3은 냉동공간보다는 증발기 온도를 감지하기 위하여 감온통을 증발기에 삽입한 소형 냉동기를 나타낸다. 사진은 증발기와 온도조절기 및 결선을 보여 주기 위해 응축수용 팬(pan)을 제거한 천장 설치형 증발기이다.

온도조절기에서 감지되어 시스템 가동 및 정지를 위해 모니터링되는 증발기

그림 6-3 증발온도를 감지하는 온도조절기 적용 냉동기 (출처: Dick Wirz)

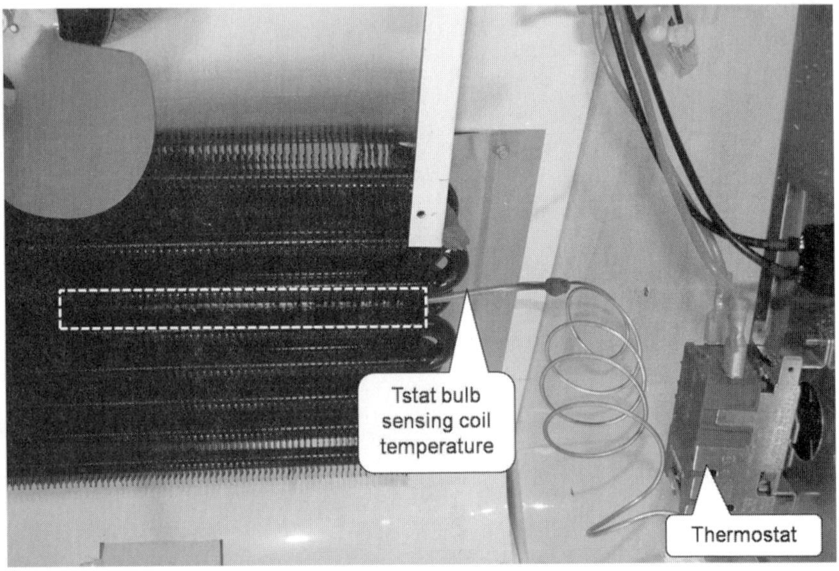

온도는 충분한 온도편차를 가지고 있어야 하며, 대개 소형 냉동기에서 15~20°F의 온도편차를 갖는다. 소형 냉동기에서 냉동공간 온도가 40°F일 때 압축기가 가동하고, 35°F일 때 정지하는 시스템의 특성을 고찰해 보자. 공간온도가 40°F일 때 증발기 온도편차를 20°F로 가정한 경우 증발온도는 20°F이다. 온도제어 시에 공간온도가 35°F로 낮아질 때, 압축기가 정지되며 증발온도는 약 15°F가 된다. 그림 6-4에 의하면 온도조절기에 의하여 40°F에서 시스템이 가동되고 15°F에서 정지된다.

그림 6-4 압축기 가동 전 사이클 정지 시 증발기 제상에 대한 설명 (출처: Refrigeration Training Services)

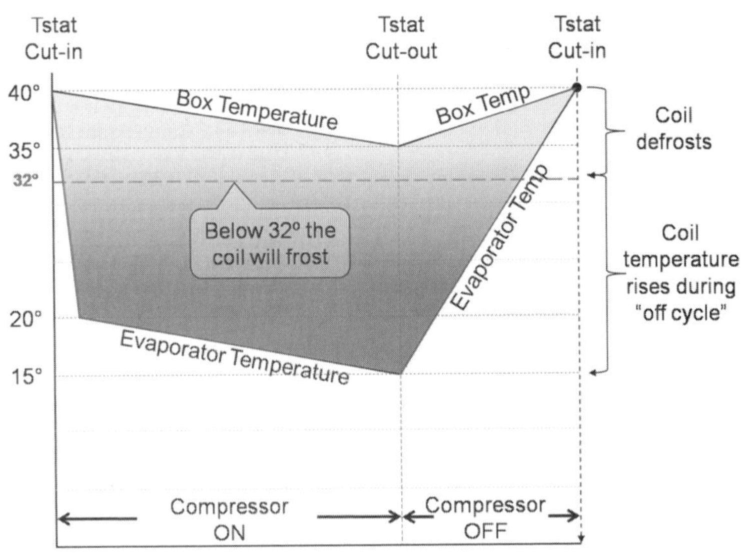

다음은 증발기에 감온통이 설치된 온도조절기가 냉동공간 온도를 감지하는 온도조절기보다 결상문제 해결에 유리함을 보여 주는 예이다.

예제: ❷ 냉동기에 따뜻한 제품이 들어 있고, 냉동공간 온도가 60°F까지 증가하였다. 압축기가 가동되어 공간온도는 40°F로 낮아진 후 곧 코일에 결상이 발생하여 공기흐름과 열전달 성능이 저하되었다. 결상은 냉동공간과 코일 사이의 단열 기능을 수행하기 때문에 증발온도는 지속적으로 저하되었다. 공기온도를 감지하는 온도조절기는 압축기 가동을 지속시켜 결상에 의한 시스템 이상을 유발할 것이다. 하지만 증발기 핀에 감온통이 설치된 온도조절기는 증발온도가 시스템 정지온도까지 감소하면 압축기를 정지하도록 한다. 압축기가 정지된 동안 팬은 냉동공간의 따뜻한 공기를 증발기에 계속 공급하여 제상기능을 수행하게 된다. 코일이 제상되었을 때 증발온도는 시스템 가동온도인 40°F에 도달하여 압축기가 다시 가동된다. 이러한 사이클이 반복되면서 냉동공간과 제품의 온도가 설정온도인 40°F에 이르게 된다.

온도조절기에서 냉동공간 온도만을 감지할 경우 코일에 결상이 발생한 경우에도 압축기는 계속 운전된다. 이 경우 팬모터는 공간에 열부하를 가하게 되고, 증발기는 결상에 의하여 공기와 단열되면서 코일 배관의 안쪽과 바깥쪽 모두에 서리가 쌓이게 된다.

대형 냉동기에서도 그림 6-5와 같이 증발기가 멀리 설치되어 있어도 감온통

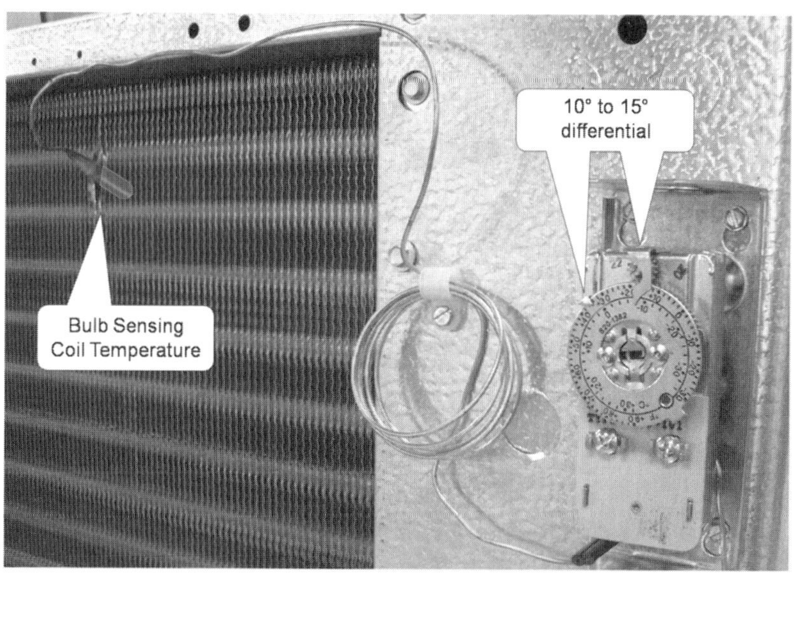

그림 6-5 감온통이 원거리의 증발기에 설치된 온도조절기 (출처: Dick Wirz)

을 증발기에 설치한 온도조절기를 적용하여 전술한 방법과 동일하게 결상을 방지할 수 있다.

온도조절기의 큰 감온통은 증발기의 상부에서 약 3 인치 거리의 증발기 중간의 핀 사이에 아래쪽을 향하도록 설치한다. 핀 사이에 감온통이 설치될 공간을 만들기 위하여 스크루드라이버를 사용하여 핀간격을 부드럽게 확장할 수 있다. 감온통은 배관부에는 접촉되지 않고 핀에만 접촉되어야 한다.

감온통이 멀리 설치되는 온도조절기는 정면부에 다이얼 기계식 온도설정 지시계와 시스템 정지온도 설정 지시계가 구비되어 있다. 그림 6-5의 온도조절기에서와 같이 큰 수치는 온도 설정값을 나타내며, 작은 수치는 장비 정지온도 설정을 위한 것으로 온도편차로 구성된다. 온도편차가 15°F인 시스템은 시스템 가동을 위한 설정온도 대비 약 10~15°F 낮은 온도에서 시스템이 정지된다.

그림 6-6은 감온통이 원거리에 설치되는 전자 온도조절기를 나타낸다. 기계식 모델에 비하여 정확도가 높으며 온도편차도 30°F로 크게 설정이 가능하여 기계식보다 더욱 다양하게 적용될 수 있다.

소형 냉동기에서 코일에 감온통이 설치되는 온도조절기는 대형 시스템보다 소형이다. 또한 일부 제품은 그림 6-7과 같이 일정 온도에서 가동되는 '고정온도' 온도조절기를 사용한다. 이 제품은 기동온도는 고정되어 있으나 시스템 정지를 위한 온도편차는 냉동기의 증발기 온도편차에 따라 조정 가능하다. 이 제품은 정지 및 기동의 사이클링 시에 자체 제상 기동을 효과적으로 수행하면서 공간의 온도를 고정 설정온도로 유지할 수 있는 장점이 있다.

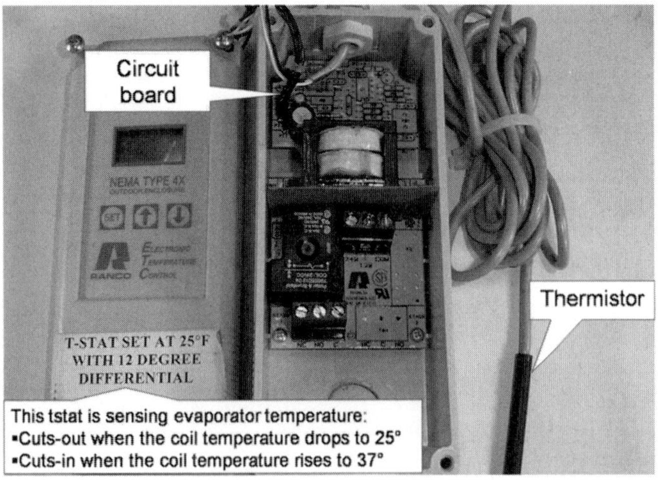

그림 6-6 감온통이 원거리에 설치된 전자 온도조절기 (출처: Dick Wirz)

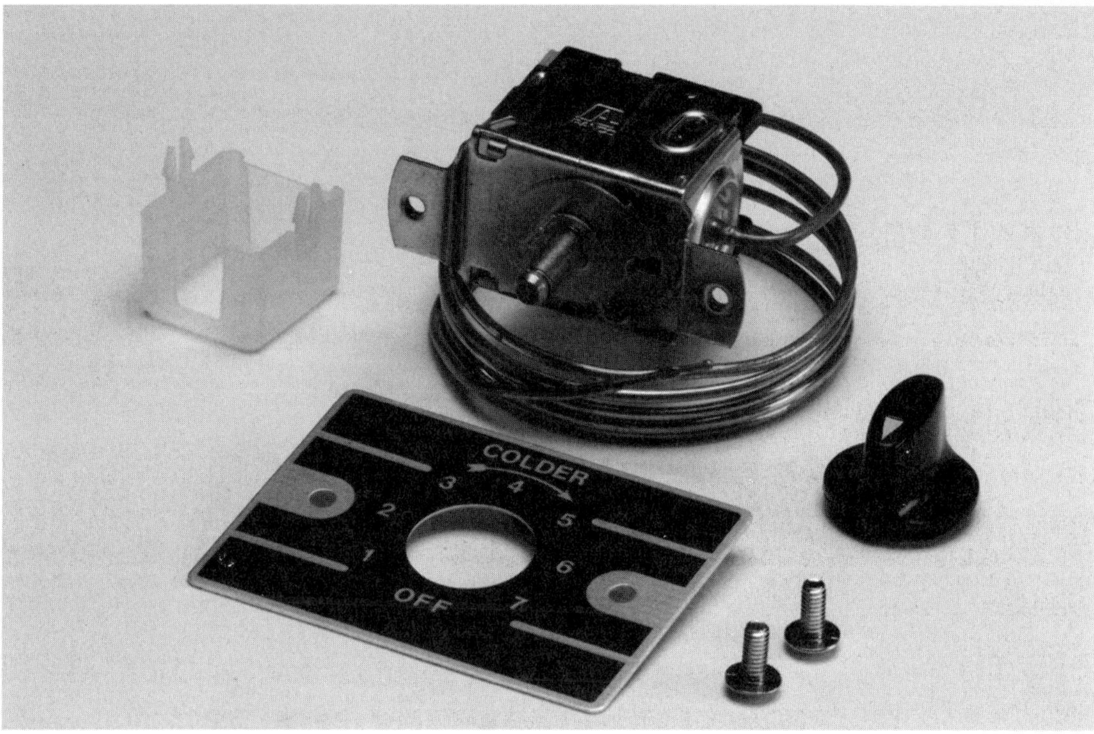

그림 6-7 Ranco의 고정온도 온도조절기 (출처: Ranco Controls)

압축기 서비스밸브

압축기 서비스밸브(compressor service valves)는 시스템 압력 점검 기능 외에 추가 기능을 갖는다. 압축기 서비스밸브는 압축기 리드밸브 점검 및 압축기를 시스템과 차단할 때 등에 사용된다. 그림 6-8은 설명을 위해 흡입 서비스밸브를 확대한 것이다. 그림에서 스템의 위치는 백시트(back-seated)로 불리는데, 이는 스템 플랜지의 뒤쪽이 시트에 지지되어 있기 때문이다.

모든 밸브는 냉매누설을 방지하기 위하여 스템 주위에 패킹이 설치되어 있다. 일부 밸브는 회전방향에 따라 밸브 스템을 열거나 닫기 위한 패킹너트(packing nut)가 설치되어 있다. 밸브 스템의 커버는 그림에 나와 있지는 않지만 더스트 캡(dust cap)으로 불리며, 밸브 스템의 오염을 방지한다. 밸브 스템에 먼지와 녹이 발생하면 스템의 회전 시에 밸브에 손상을 주어 균열이나 스템의 위치 변화로 냉매가 누설될 수 있다. 밸브가 백시트되면 냉매누설을 막을 수 있다.

참고: 압축기의 비효율성은 흡입 서비스밸브를 프런트시트(front-seated, 플랜지의

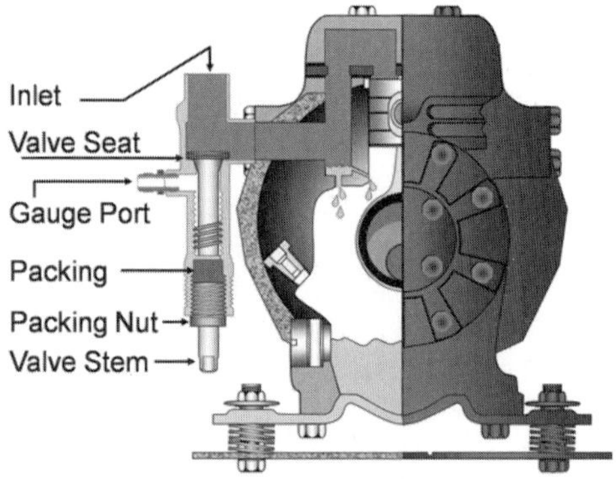

그림 6-8 흡입 서비스밸브 (출처: Refrigeration Training Services)

앞쪽이 시트에 지지되도록 하는 위치)에 위치시키고, 압축기를 진공상태에 두어 점검할 수 있다. 크랭크케이스의 압력이 증가하는 것은 압축기 내부의 리드밸브의 이상을 나타낸다. 또한 서비스밸브의 누설은 압력을 증가시키고 리드밸브 누설에 대한 고장진단 결과를 나타낸다.

그림 6-9의 (a)는 밸브의 균열이나 미드시트(mid-seated,플랜지가 중간에 위치한 경우) 위치를 나타낸다. 밸브를 시계방향으로 회전시키면 밸브 스템이 안쪽

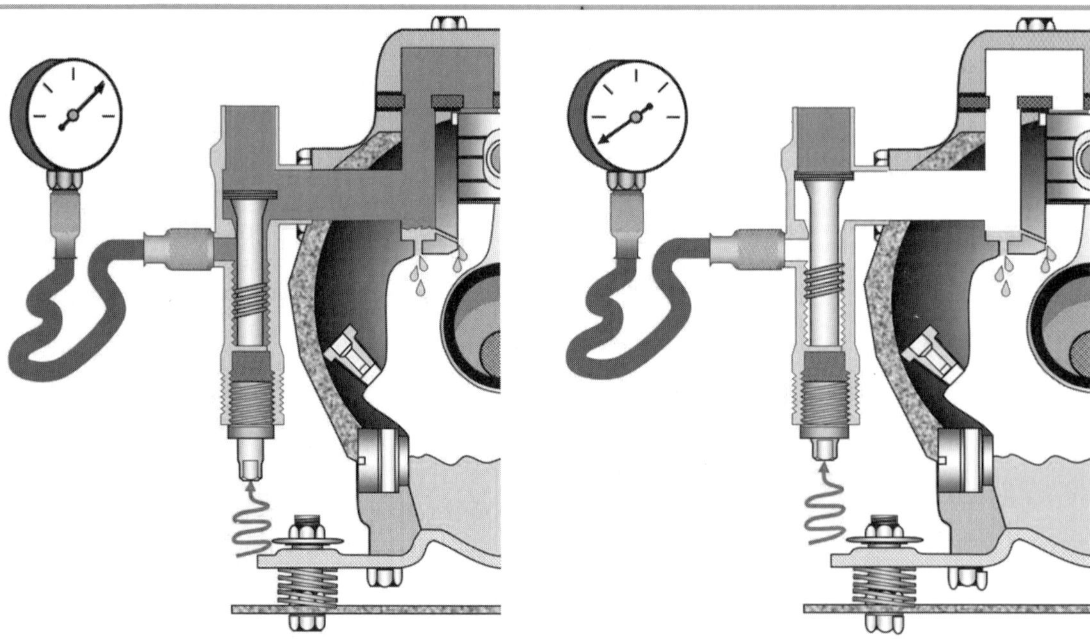

(a) (b)

그림 6-9 서비스밸브 균열 또는 미드시트 (a)와 프런트시트 (b) (출처: Refrigeration Training Services)

으로 회전하고, 백시트의 반대방향으로 멀어지게 되며, 스템 주위와 압력계 포트에 시스템 압력이 작용한다.

그림 6-9의 (b)는 프런트시트로 불리며, 흡입 서비스밸브의 플랜지 앞쪽이 지지되도록 한 경우를 나타낸다. 밸브 프랜지 앞쪽이 지지되어 흡입라인과 압축기가 차단된다. 이 경우 다음 4종류의 고장검사 절차를 수행할 수 있다.

1. 리드밸브 점검

크랭크케이스가 진공상태로 될 때까지 압축기를 가동한 후 압축기를 정지하고 흡입계기를 점검한다. 계기의 압력이 상승하면 서비스밸브가 누설되거나 토출증기가 피스톤과 실린더 벽 사이로 누설되는 것을 나타낸다.

2. 흡입압력으로 인한 과부하 점검

저온 시스템 설치 후 초기 가동 시에 압축기에 과부하가 발생할 수 있다. 또한 과부하는 제상 시에 제빙기에서도 발생할 수 있다. 두 경우 모두 압축기 가동 후 짧은 기간 시스템이 운전된 후 나타나는 과부하로 압축기에서 감당할 수 있는 흡입압력보다 높은 흡입압력이 높은 증발기 온도로 발생한 것이다.

그러나 흡입밸브를 프런트시트에 위치시키고 압축기를 기동하여 압축기 기동 시의 부하를 감소시킬 수 있다. 압축기가 운전되는 동한 압축기의 전류를 점검하면서 흡입 서비스밸브를 한 번에 한 회전씩 개방한다. 전류가 압축기 명판에 표기된 정격부화 암페아(rated load ampere, RLA))에 도달하면 서비스밸브 개방을 중지한다. 냉동공간의 온도가 감소함에 따라 흡입압력과 전류가 감소하게 된다. 밸브를 모두 개방할 때까지 정격부하 암페이를 모니터링하면서 밸브를 계속 개방한다. 냉동공간이 냉각되고 온도조절기에 의하여 압축기 사이클이 정지된 후 재가동되면 압축기는 정상적으로 운전될 것이다.

높은 흡입압력 조건에서 압축기가 기동될 때 과부하에 의한 시스템 이상(trip)이 계속되면 일부 조치가 필요하다. 크랭크케이스 압력조절기(crankcase pressure regulator,CPR) 또는 압력제한 온도자동팽창밸브를 사용하여 이 문제를 해결할 수 있다. 두 개의 압력제한 장치에 대해서는 이 장의 후반부에서 상세히 다루도록 한다.

3. 오일교환을 위한 압축기 흡입부 차단

흡입밸브가 프런트시트에 위치할 경우 시스템 저압부의 모든 냉매는 밸브 플랜지의 반대쪽에 놓이게 된다. 서비스밸브와 실린더 사이의 잔여 냉매를 외부로 배출하면 반밀폐형 압축기에서는 오일 교체가 가능하다. 오일 교체는 9장에서 상세히 다루도록 한다.

그림 6-10 압축기 차단
(출처: Refrigeration Training Services)

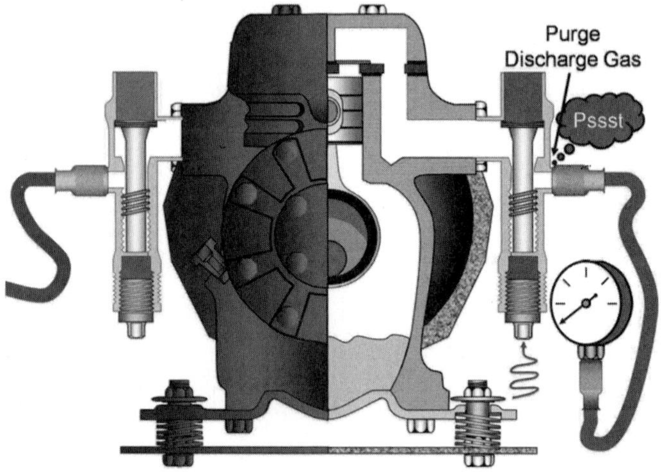

4. 밸브판 검사와 압축기 교체를 위한 압축기 차단

그림 6-10에 나와 있는 바와 같이 흡입 서비스밸브와 토출 서비스밸브를 모두 프런트시트에 위치시키고 압축기 헤드부의 냉매를 제거하면 압축기는 시스템과 완전히 차단된다.

압축기를 차단하면 밸브판 검사 및 교체가 가능하다.

주의

안전 지침: 토출 서비스밸브를 프런트시트에 위치시키고 압축기를 절대 가동하지 않는다. 이 경우 밸브판의 개스킷이 손상될 수 있으며, 매니폴드게이지 호스가 서비스밸브에 연결된 경우에 호스에 이상 고압이 가해질 수 있다.

주의

안전 지침: 압축기 헤드의 볼트를 풀기 전에 반드시 압축기의 모든 냉매를 방출하여 압력을 빼낸다. 헤드 냉매를 대기로 방출하는 경우 단지 몇 파운드의 냉매만 빼내면 된다.

시스템과 차단된 압축기는 압축기를 제외한 시스템 내의 냉매를 제거하지 않고 교체된다. 다음은 압축기 교체에 대한 기본적인 절차이다.

1. 압축기와 서비스밸브를 연결하는 볼트를 해제한다.
2. 기존에 설치된 압축기를 빼낸다.
3. 새로운 압축기를 설치한다.
4. 서비스밸브와 새 압축기를 볼트로 연결한다.
5. 새 압축기를 진공시킨다.
6. 서비스밸브를 백시트에 위치시킨다.
7. 시스템은 재가동해도 된다.

펌프다운과 핫가스 바이패스를 위한 솔레노이드밸브

상업용 냉동시스템에서 솔레노이드(solenoid,전기적인 자기 코일)가 설치된 밸브는 그림 6-11과 같이 냉매의 흐름을 단속하는 데 사용된다. 솔레노이드에 전원이 차단되면 원형의 금속 피스톤이 원형의 밸브시트를 막아서 황동밸브 본체의 내부 냉매 흐름을 차단한다. 전자기 코일에 전원이 인가되면 코일 내부의 자기장부가 금속 피스톤을 들어올리고 냉매 압력에 의해 밸브시트가 올라가면서 냉매가 밸브를 흐르게 된다.

4장에서 기술한 바와 같이 냉동시스템 사이클 정지 시에 냉매가 이동하는 것을 막기 위한 가장 효율적인 방법은 펌프다운(pump-down) 솔레노이드밸브를 사용하는 것이다. 밸브는 액냉매 흐름을 막고, 압축기는 증발기와 흡입배관부의 모든 냉매를 흡입한다. 펌프다운용 솔레노이드밸브는 그림 6-12와 같이 응축기 유닛 또는 증발기 근처의 액냉매 배관부에 설치한다. 다음은 펌프다운 솔레노이드 밸브의 작동순서를 나타낸다.

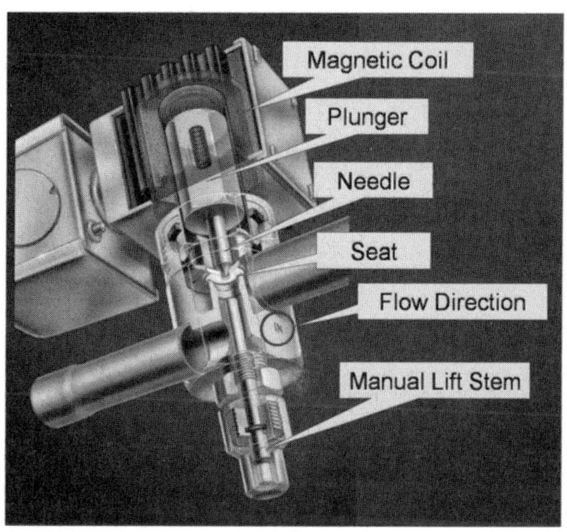

그림 6-11 솔레노이드 밸브 (출처: Sporlan)

그림 6-12 펌프다운용 솔레노이드 밸브
(출처: Dick Wirz)

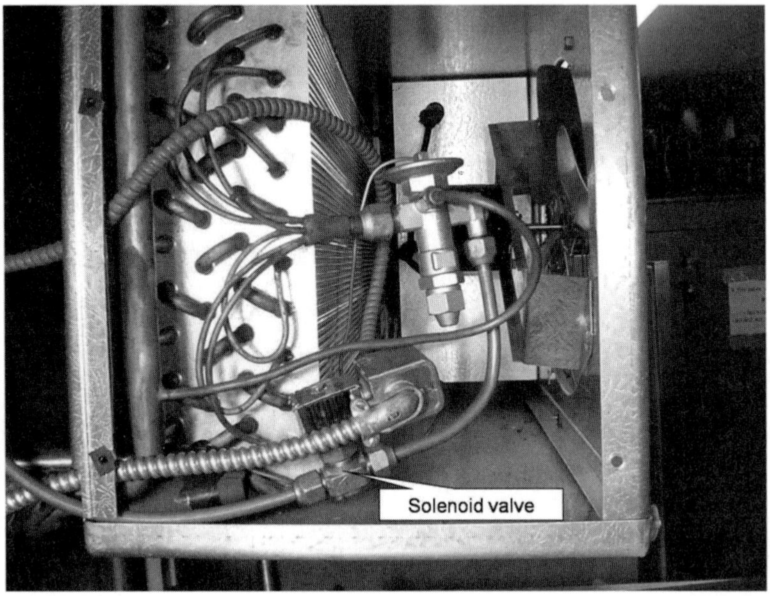

1. 온도조절기가 적절할 때, 즉 설정온도에 도달했을 때 솔레노이드 밸브 전원을 차단한다.
2. 밸브 실린더가 아래로 이동하고 시트는 액냉매 흐름을 차단한다.
3. 압축기는 계속 가동되면서 증발기와 흡입 배관부의 냉매는 시스템 고압측으로 이동한다.
4. 흡입압력이 저압 제어기의 차단압력으로 떨어졌을 때 압축기는 정지된다. 이때, 일부 저압 증기만이 솔레노이드 밸브와 압축기 흡입부에 남아 있다.
5. 온도조절기에서 냉동기가 가동되면, 솔레노이드에 전원을 인가한다.
6. 밸브 실린더가 솔레노이드 코일 내로 올라가면서 밸브가 개방된다.
7. 냉매는 밸브와 증발기를 통하여 흡입 배관부로 흘러간다.
8. 흡입압력이 증가한다.
9. 압력이 저압 제어기 가동 압력에 도달할 때까지 압축기가 가동된다.
10. 시스템은 냉동모드로 복귀된다.

전술한 펌프다운 방법은 자동 펌프다운이라고 부른다. 이 방법은 복잡하지 않으면서 매우 효율적이지만, 문제점이 없는 것은 아니다. 일단 펌프다운이 수행된 후 솔레노이드 밸브나 압축기 밸브를 통한 누설이 있으면 시스템 압력은 동일해진다. 크랭크케이스의 압력이 저압제어기 가동압력까지 높아지면, 압축기는 또 다른

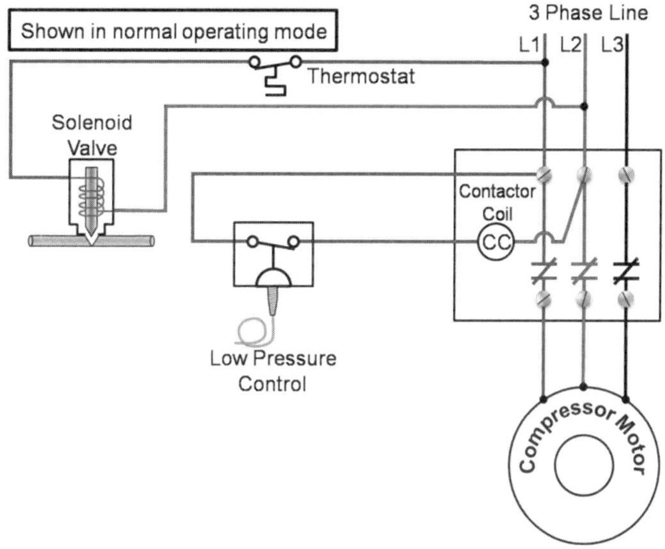

그림 6-13 펌프다운 제어 다이어그램
(출처: Refrigreation Training Services)

펌프다운 사이클을 위해 운전될 것이다. 이 경우 압축기는 압력을 빨리 떨어뜨릴 것이나 밸브에서의 누설로 인해 온도조절기가 시스템 냉각모드를 작동시킬 때까지 매우 짧은 간격으로 사이클링(short-cycle)이 계속 일어날 것이다.

펌프다운 후 잦은 사이클링은 '단일 펌프다운(one time pump-down)'으로 방지할 수 있다. 단일 펌프다운은 펌프아웃(pump-out)이라고도 한다. 온도조절기는 솔레노이드 밸브와 릴레이를 제어한다. 릴레이는 온도조절기에서 냉각모드를 작동시킬 때까지 펌프다운 후에 압축기가 재가동되지 않도록 한다.

그림 6-13과 6-14는 자동 펌프다운 시의 펌프다운과 펌프아웃의 차이점을 나타낸다. 그림 6-13은 자동 펌프다운 시스템을 나타낸다. 시스템이 설정온도에 도달했을 때 솔레노이드의 전원이 차단되면 팽창장치로의 냉매흐름이 차단된다. 압축기는 증발기와 흡입 배관부로부터 냉매가 제거될 때까지 계속 운전된다. 압력이 저압 제어기의 설정값까지 떨어지면 압축기를 정지한다.

그림 6-14에서는 보조 접점이 릴레이 제어에 추가된다. 온도조절기가 개방되면 솔레노이드 밸브와 제어기의 릴레이에서 전원이 차단된다. 연결된 보조 접점이 접촉기 코일에 전원을 인가하기 때문에 압력제어 접점이 붙어 있는 동안 압축기는 계속 펌프다운을 진행한다. 시스템의 압축기가 정지했을 때 압력 제어기가 개방되고, 접촉기 코일의 회로가 차단된다. 압축기 접점이 개방될 때 보조 접점도 개방된다. 여기서 중요한 것은 흡입압력이 저압 제어기를 차단하기에 충분한 압력으로 증가한 경우에도 압축기는 계속 정지해 있는데, 이는 접촉기의 보조접점이 개방되었기 때문이며, 접촉기 코일로 전원이 인가되는 것을 계속 차단한다.

압축기 가동을 위해서는 온도조절기에 먼저 전원이 인가되어야 한다. 온도조

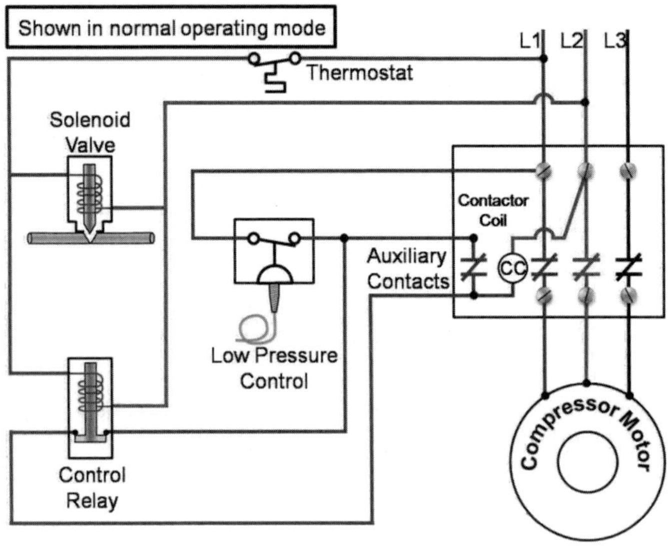

그림 6-14 펌프아웃 다이어그램
(출처: Refrigreation Training Services)

절기에 전원이 인가되면 제어 릴레이에 전원이 인가되며, 이는 릴레이의 접점을 인가한다. 전원은 압력 제어기와 보조접점을 건너뛰고 접촉기 코일로 직접 공급된다. 접촉기가 압축기를 재가동시킴과 동시에 보조접점을 이어준다. 제어회로는 원상복귀되었으므로 다음에는 온도조절기가 설정온도를 만족시켰을 때 또 다른 펌프아웃이 수행된다. 이 과정에 대한 각각의 단계를 보여주기 위한 파워포인트 슬라이드가 본 교재 맨 뒤의 CD에 포함되어 있다.

솔레노이드 밸브는 수직 배관부에 설치될 수 있으나, 수평 배관부에 설치되었을 때 더욱 잘 작동된다. 솔레노이드 밸브를 수평 배관부에 설치할 때는 직관부에 설치하여야 하며, 거꾸로 설치되면 밸브가 완전히 차단될 수 없다.

또한 밸브는 적합한 냉매 유동방향에 대해서 설치되어야 한다. 밸브 본체 스탬프의 화살표나 문장으로 밸브의 적절한 설치 유무를 확인할 수 있다. 솔레노이드 밸브가 거꾸로 설치된 경우에는 액냉매 압력으로 밸브가 완전히 차단될 수 없으므로 시스템이 펌프다운될 수 없으며, 압축기가 정지하지 않게 되고 냉동공간의 온도는 계속 감소한다.

참고: 전자팽창밸브는 완전히 닫힐 수 있으므로 팽창장치뿐만 아니라 시스템 펌프다운에도 사용될 수 있다.

핫가스 바이패스밸브

핫가스 바이패스 밸브(hot gas bypass valve)는 압축기의 최소 흡입압력을 유지하기 위하여 토출가스를 시스템 저압부로 바이패스시키는 유량조절 밸브이다.

예제: ❸ 하나의 압축기에서 3개의 유닛에 냉매를 공급한다. 각각의 유닛은 펌프다운 솔레노이드밸브를 조절하기 위한 온도조절기를 가지고 있다. 2개 유닛이 정지한 경우, 하나의 증발기는 압축기가 냉동기능을 수행하기에 충분한 냉매를 공급할 수 없을 수 있다.

핫가스 바이패스 밸브는 흡입밸브에 냉매를 공급하여 위 예제의 문제점을 해결한다. 제어 설정값보다 흡입압력이나 온도가 낮은 경우에 제어기는 밸브를 개방한다.

핫가스가 흡입 배관부로 유입되는 대신에 증발기 입구로 유입되도록 할 수도 있다. 이 경우에 핫가스는 압축기의 과열방지 기능과 증발온도가 너무 낮아지는 것을 방지하는 기능을 갖는다(그림 6-15 참조).

증발기가 압축기에서 매우 멀리 떨어진 경우나 다수의 증발기가 있는 경우에 핫가스는 대개 응축기에서 흡입배관으로 직접 주입된다. 이 방법은 핫가스가 압축기로 유입되는 흡입증기의 온도를 크게 증가시킬 수 있는 문제점이 있다. 이 경우 압축기에 과열을 유발할 수 있다. 이를 해결하기 위해서는 과열 저감(desuperheating) 팽창밸브로부터 얻은 차가운 냉매와 핫가스를 섞어서 핫가스가 흡입배관으로 유입되기 전에 온도를 낮추어준다. 과열 저감 밸브의 감온통은 압축기로 유입되는 증기의 온도를 모니터링하기 위하여 흡입배관에 설치된다. 특수한 용도의 과열 저감 밸브는 과열도 설정값이 매우 높은 일반적인 표준 팽창밸브이다(그림 6-16

그림 6-15 증발기로의 핫가스 바이패스
(출처: Sporlan diagram)

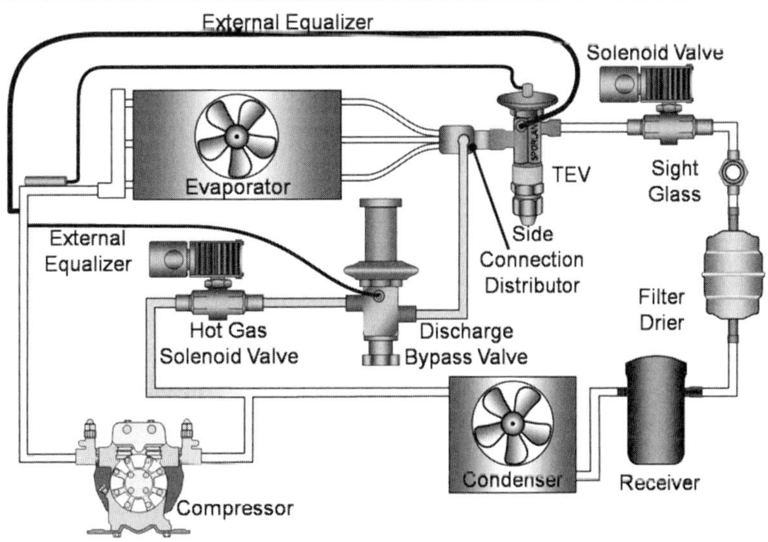

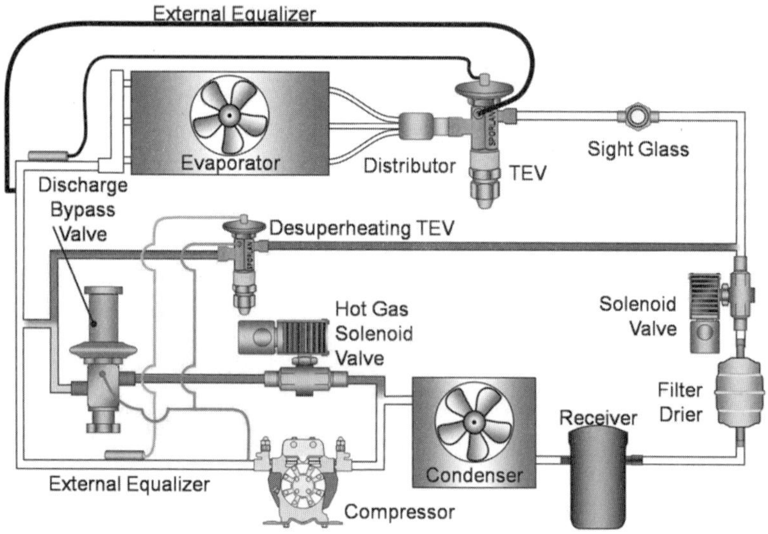

그림 6-16 과열 제거 밸브가 설치된 흡입 배관부로의 핫가스 바이패스 (출처: Sporlan diagram)

참조).

어떤 방법이든지 핫가스 바이패스는 고압축비와 잦은 사이클링 때문에 발생한 압축기 과열에 의한 저부하 조건을 방지하는 것이 주목적이다.

크랭크케이스 압력조절기

앞 절에서 저온 냉동기에서 풀다운 동안의 과부하로 인한 압축기 이상 작동에 대한 문제점을 기술하였다. 크랭크케이스 압력조절기(CPR)는 이 문제점을 해결하기 위해 사용된다. 이 밸브는 압축기가 부하를 감당할 수 있을 때까지 고압의 흡입증기를 자동으로 교축한다. CPR 밸브는 그림 6-17에 나와 있는 바와 같이 압축기 서비스밸브에 근접한 흡입 배관부에 설치되어야 한다.

저온 압축기는 제빙과정 동안 저압의 낮은 밀도인 흡입증기를 압축함에 따라 RLA 부근에서 운전된다. 그러나 제상 후에 실린더로 유입되는 흡입증기는 고압의 높은 밀도를 가지며 이는 종종 압축기에 과부하를 유발한다.

예제: ❹ −10°F의 소형 아이스크림 제조기가 −30°F의 증발온도를 갖는다. R404A가 충전된 이 시스템의 흡입압력은 10~24 psig의 범위를 갖는다. 제상 후에 증발온도는 50°F까지 가열되며, 이 경우 흡입압력은 기동 시에 100 psig 이상으로 증가한다. 제상 후의 기동압력은 보통의 제빙 사이클보다 4배 이상의 압력을 갖는다.

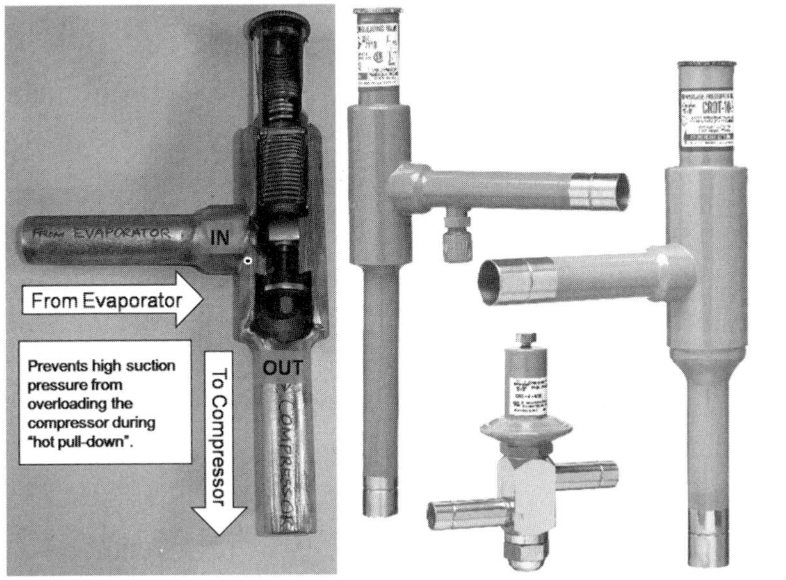

그림 6-17 크랭크케이스 압력조절기 (출처: Sporlan)

75°F의 증발온도에서 기동하는 공기조화기를 가정해 보자. R22 시스템인 경우 CPR 밸브에서 교축이 발생할 때까지 초기 흡입압력은 약 132 psig이다. 흡입압력은 정상 흡입압력의 4배 또는 528 psig이다. 공기조화기용 압축기에서도 이와 같이 흡입압력이 높은 상태에서의 기동은 문제를 일으킨다.

CPR은 밸브의 출구압력이 증가하면 흡입증기의 유동에 저항을 증가시켜서 과부하가 발생하는 것을 방지한다. Sporlan은 이 밸브를 CRO(closes on rise of outlet) 밸브로 명명하고 있다.

예제: ❺ 압축기가 시동 시에 오직 30 psig 정도를 감당할 수 있으면, 밸브로 유입되는 흡입압력이 100 psig일지라도 크랭크케이스로 유입되는 허용 가능 최대압력은 30 psig로 밸브가 조절되어야 한다.

사실 확인 #1

압축기에 과부하가 발생하는 것을 방지하는 여러 가지 방법이 있다.

압축기가 40 psig까지의 압력을 감당할 수 있으면, 압력제한 팽창장치를 사용할 수도 있다. 또는 흡입압력을 약 38 psig까지 유지할 수 있는 Sporlan 저온밸브 'ZP40'을 사용해도 된다. 여기서 Z는 제빙기, P는 제한압력, 40은 대략적인 최대압력을 나타낸다. 38 psig 이상의 어느 경우에도 밸브는 완전히 개방된다.

반드시 필요한 경우가 아니면 압력제한밸브나 CPR 밸브를 설치하지 않는 것이 좋다. 풀다운 동안 흡입압력을 제한하는 것은 매번 시스템 기동 후에 증발압력을 낮추는데 많은 시간이 소요되는 것을 의미한다.

압축기 설치 후 초기 기동 시에 어려움이 있으면, 서비스밸브 개도 조절에 의하여 압축기 과부하는 수동으로 조절될 수 있다. 전술한 바와 같이 흡입 서비스밸브는 기동 시에 프런트시트에 위치시키고 흡입압력이 감소하고 전류가 안정화됨에 따라 개도를 천천히 개방하여 운전할 수 있다.

기동 시에 전류를 낮추기 위한 또 다른 방법은 응축기에 약간의 스프레이를 뿌리는 것이다. 때때로 소형 이동형 스프레이로 압축기가 과부하에 의하여 오작동되는 것을 방지할 수 있다. 일단 냉동공간의 온도가 감소하면 이러한 조치는 제상운전 후에도 필요 없다. 그러나 과부하에 의한 압축기 기동에 어려움이 계속 존재하면 CPR 밸브와 압력제한밸브 중 어느 것을 사용할지를 결정해야 한다.

다음은 압축기가 감당할 수 있는 최대압력을 결정하는 절차이다. 최대압력을 알면 ZP(저온, 압력제한밸브) 팽창밸브가 문제점을 해결할 수 있을지 또는 CPR 밸브가 필요한지를 결정할 수 있다.

1. 흡입 서비스밸브를 프런트시트로 설정한다.
2. 증발기가 따뜻해지면 압축기를 가동한다.
3. 흡입 서비스밸브를 천천히 열고 압축기 전류량을 확인한다.
4. 압축기가 RLA에 도달할 때의 흡입압력을 기록한다.
5. 4번의 흡입압력이 압축기가 감당할 수 있는 최대압력이고, CPR 밸브 설정값이다.

증발기 압력조절기

증발기 압력조절기(evaporator pressure regulator,EPR)는 증발기의 압력을 증가시키는데 사용되는 밸브이다. EPR은 증발기 출구 흡입 배관부에 설치된다. 이 밸브가 압력에 대응하는 방법 때문에 Sporlan은 이 밸브를 ORI(opens on rise of inlet)로 명명한다. 이 밸브는 증발압력이 밸브 설정값보다 증가한 경우에만 개방된다(그림 6-18 참조).

EPR은 증발온도 조절장치이며, 증발온도가 너무 높아지는 경우보다는 너무 낮아지는 것을 방지하기 위한 장치이다. 다음은 하나의 압축기에 여러 대의 냉동기 유닛을 가진 시스템에 대한 EPR 밸브 적용 사례이다.

예제: ❻ R22를 냉매로 사용하고 36,000 Btuh 압축기에 12,000 Btuh 시스템이 3대 연결된 시스템으로 25°F와 49 psig의 흡입온도와 압력을 갖는다. 각 시스템에

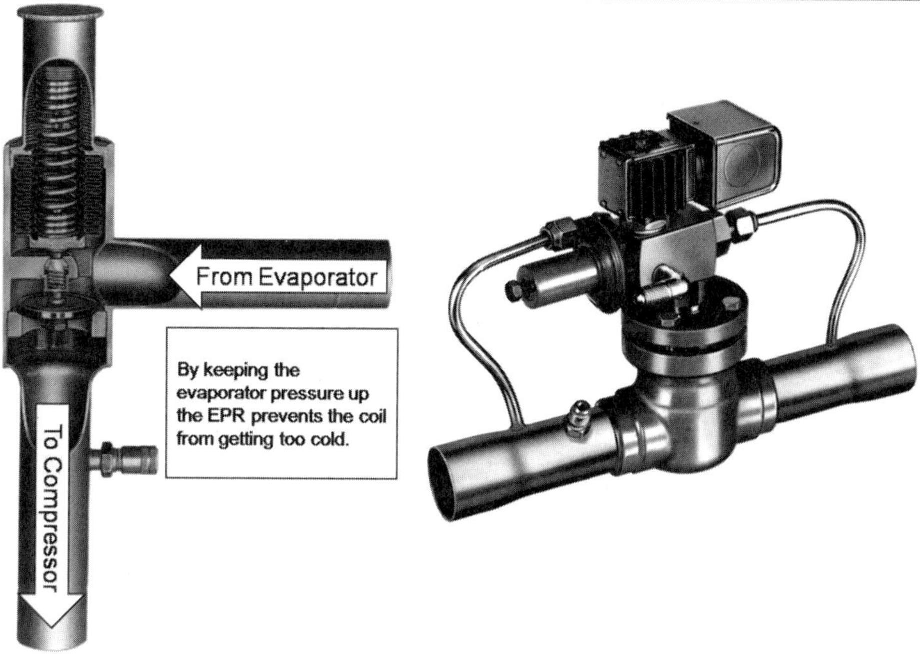

그림 6-18 증발기 압력조절기 (출처: Sporlan)

는 온도조절기와 펌프다운 솔레노이드가 설치되어 있다. 2대가 정지해 있으면 3번째 유닛에서 12,000 Btuh의 부하가 36,000 Btuh 압축기에 적용된다. 압축기는 큰 진공청소기와 같이 작동하며, 하나의 증발기로 유입되는 냉매보다 많은 냉매를 빠르게 흡입한다. 용량이 큰 압축기에 의하여 증발기 감당 용량이 부족하게 되어 압력과 함께 증발온도가 감소하여 설계온도인 25°F보다 저하된다. 이는 코일과 제품에 결빙을 발생시킨다. 그리니 EPR 밸브는 증발압력을 필요 압력인 49 psig까지 증가시키고, 증발온도도 최소 온도인 25°F까지 증가시킨다.

이 시스템은 주요 흡입배관으로 냉매를 공급하기 위한 핫가스 바이패스 밸브가 필요할 수 도 있다. 단지 하나의 증발기가 기체 냉매를 흡입 배관부로 보내므로 압축기를 냉각시키기에 냉매가 부족할 수 있다.

선택적인 방법으로 각각의 시스템에 개별 EPR을 사용하고, 압축기가 항상 운전되므로 용량조절을 위하여 핫가스 바이패스 밸브를 설치한다. 온도조절기로서의 EPR은 10장에서 보다 상세히 다루도록 한다.

다음은 하나의 압축기에 2개의 다른 온도 조건을 갖는 유닛에 대한 사례이다.

예제: ❼ 압축기가 35°F 대형 냉동기와 55°F의 캔디 케이스(candy case)에 연결

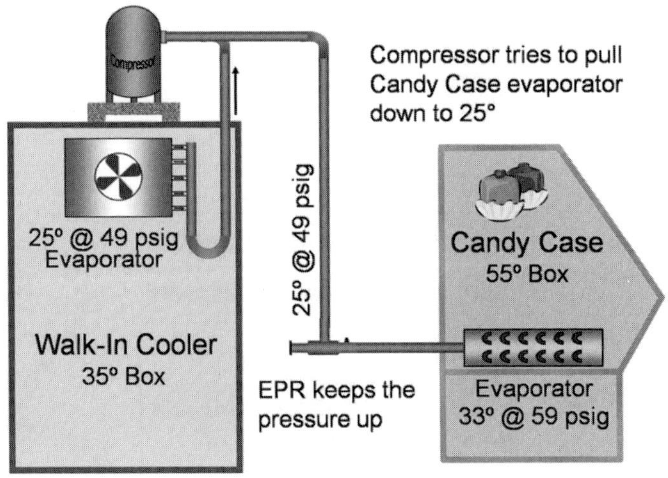

그림 6-19 고온조건에서의 증발기 압력조절기 (출처: Refrigeration Training Services)

되어 있다. 압축기가 운전됨에 따라 캔디 케이스의 흡입압력과 온도는 대형 냉동기의 수준으로 낮아지려고 한다. 이 경우에 캔디 케이스는 대형 냉동기와 유사한 온도를 갖는다. 캔디 케이스의 출구 쪽에 설치된 EPR은 55°F를 유지하기 위한 증발압력(및 온도)을 확보하려고 한다.

이 예제에서 대형 냉동기는 두 시스템 중 용량이 더 크고 더욱 많은 운전시간이 필요하므로 EPR이 필요 없을 것이다. 또한 대형 냉동기의 증발온도와 압력은 응축기 유닛과 맞추어져 있다(그림 6-19 참조).

고기나 음식을 전시하기 위한 경우에 사용되는 시스템에서는 고습도를 유지하기 위하여 큰 증발기가 사용되고 공기의 유속이 작다. 증발기 코일은 전시 제품의 팬 아래에 설치된다. 증발기의 온도가 너무 낮아지면 제품은 얼거나 습도가 낮아지게 된다.

예제: ❽ 36°F의 델리 케이스는 케이스 안에 높은 습도를 유지하기 위해서 증발기의 온도편차가 6°F이다. 증발기 온도는 30°F를 유지해야 한다. R404A 냉매에 대하여 30°F의 증발온도를 유지하기 위해서 EPR은 70 psig로 설정되어야 한다. EPR은 증발기 코일온도와 케이스의 습도를 유지할 것이다.

일부 케이스는 동일 시스템에서 정지되거나 다른 케이스와 분리되어야 한다. 시스템이 액상 라인의 펌프다운 솔레노이드 밸브를 사용할 경우 펌프다운 기간이 길어지면 증발기 온도는 매우 낮아진다. 흡입배관에 설치된 펌프다운 솔레노이드 밸브는 이 문제점을 해결할 수 있다. 밸브의 일부분이 펌프다운 솔레노이드 밸브

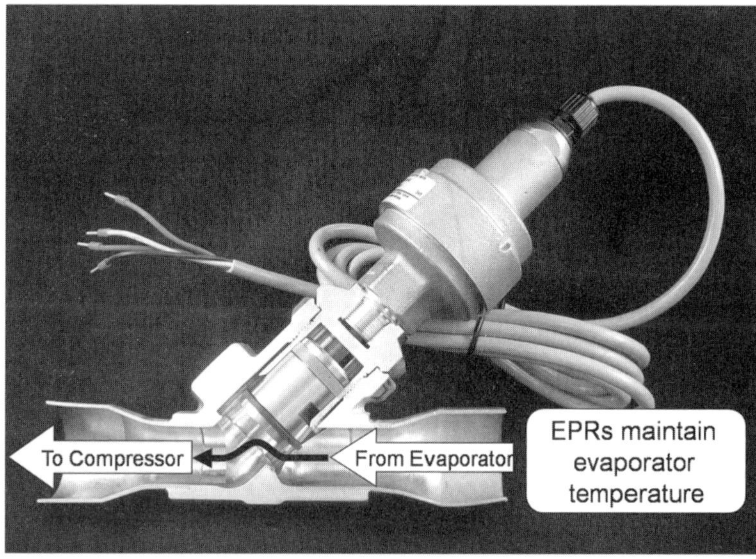

그림 6-20 전자 증발기 압력조절기
(출처 : Dick Wirz)

로 사용될 수 있는 EPR 밸브도 있다(그림 6-18 참조). 그림 6-20의 전자 EPR 밸브는 필요한 경우 흡입배관을 완전히 차단하도록 프로그래밍할 수도 있다.

저압 제어

저압(low-pressure,LP) 제어기는 그림 6-21에 나와 있는 바와 같이 시스템의 압력이 시스템 정지압력까지 낮아지면 전기회로를 차단하며, 시스템 재가동 압력까지 압력이 증가하면 회로를 연결한다. LP 제어기는 주로 다음의 목적으로 사용된다.

1. 냉매 누설에 따른 압축기 손상을 막기 위한 경우
2. 풀다운 사이클에서 압축기 정지가 필요한 경우
3. 온도조절기가 냉동공간의 온도를 유지하기 위한 목적

다음은 LP 제어기 설정 시의 주요 고려사항이다.

1. 압축기의 짧은 사이클링
2. 압축기 정지 전의 과열
3. 제어기 조작에 영향을 주는 외기온도, 일례로 실외기 유닛의 LP 제어기가 시스템을 50 psig 또는 26°F에 재가동하도록 설정되어 있다. 외기온도가 0°F까지 떨어졌을 때, 송풍기는 시스템 압력보다 낮은 외기온도에 따라 제어된다.

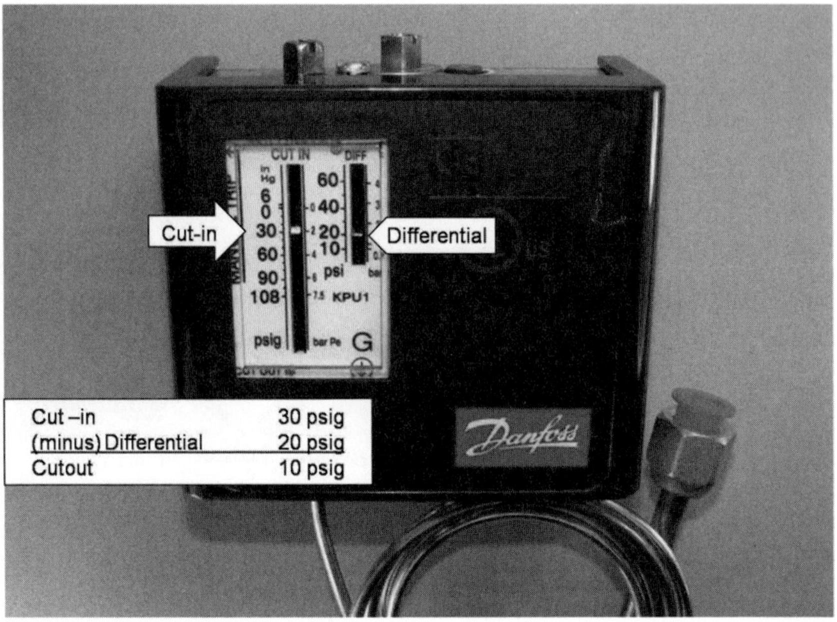

그림 6-21 저압 제어
(출처: Dick Wirz)

표 6-1은 실외기 유닛에서 LP 세팅에 대한 권장 값이다.

참고: 실내에 설치된 유닛에는 30°F의 최소 외기온도에 대한 설정값을 사용한다.

참고: 많은 제어기에는 압축기 기동 및 정지보다는 '고온'과 '저온' 조건으로 표기되어 있다.

일부 냉동장비는 LP 제어기를 냉동공간의 온도를 유지하기 위해 사용하거나, 냉매누설 시의 안전장치로 사용한다. 이러한 제어방법은 일부 소형 냉동기와 전시

표 6-1 실외 응축기 유닛에 대한 LP 제어기 세팅

Minimum Outdoor Ambient (°F)	R22 (+35°F Refrigerator) (psig)		R404A-R507 (+35°F Refrigerator) (psig)		R404A-R507 (−10°F Freezer) (psig)		R134a (+35°F Refrigerator) (psig)	
	Cut-in	Cutout	Cut-in	Cutout	Cut-in	Cutout	Cut-in	Cutout
30°F	50	30	60	40	20	5	25	10
10°F	30	10	40	20	20	5	12	1
0°F	20	1	25	5	20	5	8	1
−10°F	15	1	20	1	20	5	—	—
−20°F	10	1	15	1	15	1	—	—

냉동기에 사용된다. 제어기의 세팅 시에는 항상 제조사의 지침을 검토하여야 한다. 설계 엔지니어는 개별 목적에 따라 케이스의 온도를 유지하기 위하여 압축기 기동-정지 및 온도편차의 조합을 사용한다.

온도제어기처럼 작동하는 LP 제어기는 흡입배관 또는 증발기에 설치된 감온통과 함께 온도조절기를 사용하는 것과 유사하다. LP 제어기는 증발온도와 깊은 관계가 있는 냉매압력을 감지한다. 이러한 관계는 케이스 온도를 정밀하게 유지하고 압축기 재가동 전에 증발기가 충분히 자체 제상되도록 한다.

시스템 정지 시에 온도자동팽창밸브 적용 시스템만이 고압과 저압이 유지되므로 오직 온도자동팽창밸브 시스템만이 LP 제어기를 온도제어기로 사용할 수 있다. LP 제어기가 시스템 정지 설정값을 감지하면 압축기가 정지된다. 압축기 가동 없이 증발압력은 LP 밸브의 다이어프램을 위로 올려 밸브 니들을 시트로 당겨서 밸브를 닫는다. 밸브를 통하여 고압과 저압부의 균압이 발생하지 않기 때문에 냉동공간의 온도상승에 의한 냉매 증발만이 흡입 배관부의 압력을 증가시킨다.

장비 제조사는 장비에 대한 적절한 제어 설정값을 제공할 수 있어야 한다. 그러나 제조사 정보를 얻을 수 없으면, 소형 냉동기에 대해 다음의 일반적인 절차를 따르도록 한다.

1. 재가동 압력을 냉동공간 온도를 환산하여 세팅한다.
2. 시스템 정지압력을 냉동공간 온도보다 28°F 낮은 온도로부터 환산하여 세팅한다.

예제: ❾ 그림 6-22와 같이 R134a를 냉매로 사용하는 소형 냉동시스템의 냉동공

그림 6-22 LP 제어기의 온도조절기로의 사용. 예제는 R134a를 사용하는 소형 냉동기 (출처: Refrigeration Training Services)

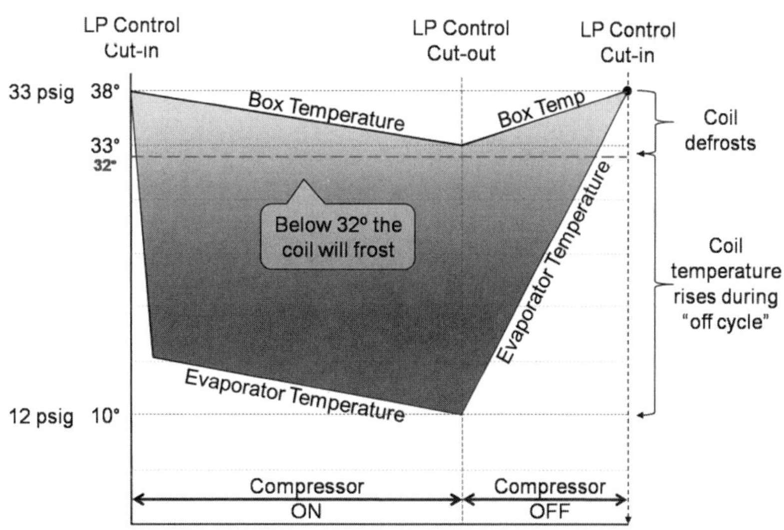

간 설계온도가 38°F이다. LP 제어기는 33 psig(38°F)에서 가동하고, 12 psig(10°F)에서 정지하도록 세팅한다. 28°F의 온도편차는 다음의 과정으로부터 산정하였다.

- 5°F의 냉동공간 온도변화
- 20°F의 증발기 온도편차
- 증발기 압력강하량 2 psig에 해당하는 환산온도 3°F

LP 제어기의 가동 및 정지 온도차이는 상기 과정의 합이다.

고압 제어

응축기 오염, 눈, 팬 이상, 과충전과 시스템 내의 공기가 일반적으로 시스템의 이상 고압을 유발하는 원인이다. 압축기를 보호하기 위한 최선의 방법은 압력이 제어기의 설정값 이상일 때 전기회로를 차단하여 압축기를 정지시키는 고압제어이다.

대부분의 냉동유닛에서 155°F의 최고 응축압력보다 높으면 압축기가 손상된다. 압축기 정지를 위한 최고압력이 표 6-2에 나타나 있다. R22 냉매의 경우 그림 6-23에 나와있는 바와 같이 시스템 재가동 압력은 시스템 정지압력보다 약 50 pisg 낮다.

참고: 고압 제어기의 수동 리셋 시에 리셋버튼을 눌러도 시스템 압력이 재가동 압력 이하로 떨어질 때까지 압축기는 재가동되지 않는다.

오일분리기

오일분리기(oil separator)는 10마력 이상의 큰 압축기나 병렬의 압축기 시스템에 설치된다. 이 장에서는 오일분리기에 대한 소개만 하고 자세한 사항은 10장에서 다루도록 한다.

압축기와 리시버가 가게의 지하 상점에 설치되어 있다고 가정해 보자. 압축기 토출배관은 3층의 지붕에 설치된 응축기까지 올라간다. 응축기 출구의 냉매 배관

표 6-2 실외 응축기 유닛의 고압 제어기 최대 설정값

Maximum Condensing Temperature	R22	R404A–R507	R134a
155°F	400 psig	475 psig	275 psig

그림 6-23 수동 리셋형 고압 제어기
(출처: Dick Wirz)

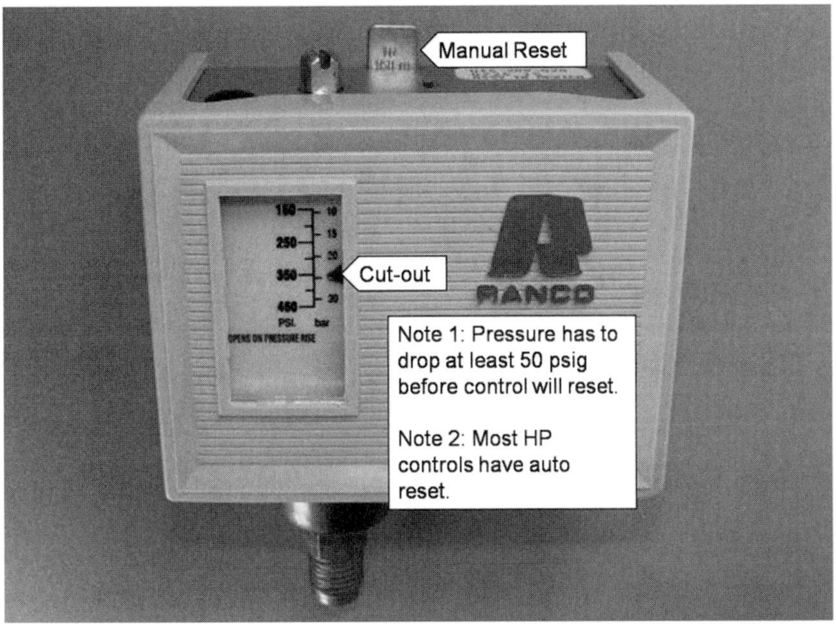

은 리시버가 있는 아래 위치까지 내려온다. 액냉매 라인은 빌딩의 반대쪽으로 100 피트 떨어져 있는 냉동 케이스로 간다. 냉매와 오일은 최종적으로 흡입배관에 연결된 압축기로 돌아온다.

초기 기동 시에 일부 트랩되거나 배관으로 흘러 나간 오일을 보충하기 위하여 크랭크케이스에 오일을 보충해야 한다. 최종적으로 시스템에 오일이 너무 많거나 적은 일이 발생한다.

오일분리기는 압축기에서 나온 토출가스로부터 오일을 회수 또는 제거한다. 고압 증기는 오일분리기를 나가기 전에 토출가스로부터 오일을 거르기 위한 스크린이나 배플을 통과한다. 그림 6-24와 같이 오일분리기 내부는 부유되어 크랭크케

그림 6-24 오일분리기
(출처: Refrigeration Training Services)

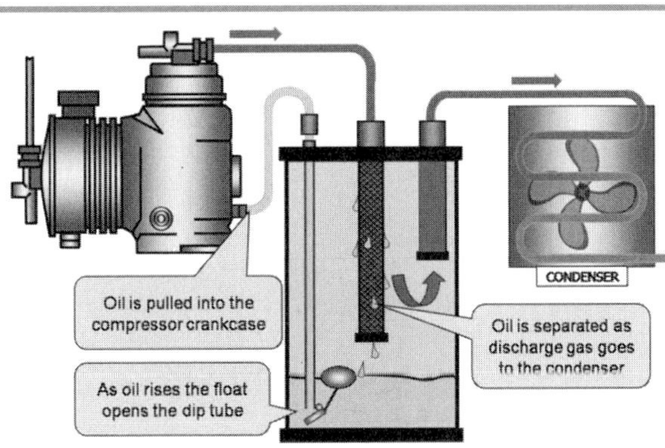

이스 내부의 오일 레벨을 유지한다.

오일분리기에서 대개 문제를 일으키는 것은 플로트 밸브의 오염물질이다. 플로트가 완전히 닫히지 않으면 크랭크케이스는 오일로 가득 찬다. 오일필터 조립부는 이런 문제를 방지한다. 그러므로 각각의 오일분리기가 설치되는 것이 권장된다.

오일분리기는 50~90%의 효율을 가지며, 일부 오일은 시스템 배관부로 유입되므로 시스템의 오일은 반드시 압축기로 재순환되어야 한다. 그러므로 오일 회수에 적합하지 않은 냉매배관의 설치를 오일분리기가 완전히 보상할 수는 없다.

오일안전제어

오일안전제어기는 오일고장제어기로도 불리며, **순오일압력**(net oil pressure)을 모니터링하는 것이다. 그림 6-25에서 그림 6-27에 나와있는 바와 같이 오일안전제어기는 크랭크케이스의 흡입압력과 오일펌프의 토출압력 차이를 측정하여 순오일압력을 결정하는 것이다.

적절한 순오일압력은 10 psig와 60 psig 사이의 값이다. 표 6-3은 흡입압력과 오일펌프 토출압력으로부터 순오일압력을 결정하는 방법을 나타낸다.

표 6-3의 마지막 열은 순오일압력이 낮은 경우(10 psig)에 대한 일례로서 오일펌프가 충분히 오일을 공급하지 못하는 것이다. 오일압력이 낮은 것은 대개 크랭크케이스의 오일 레벨이 낮거나 오일포밍이 매우 많거나 펌프가 손상된 경우이다.

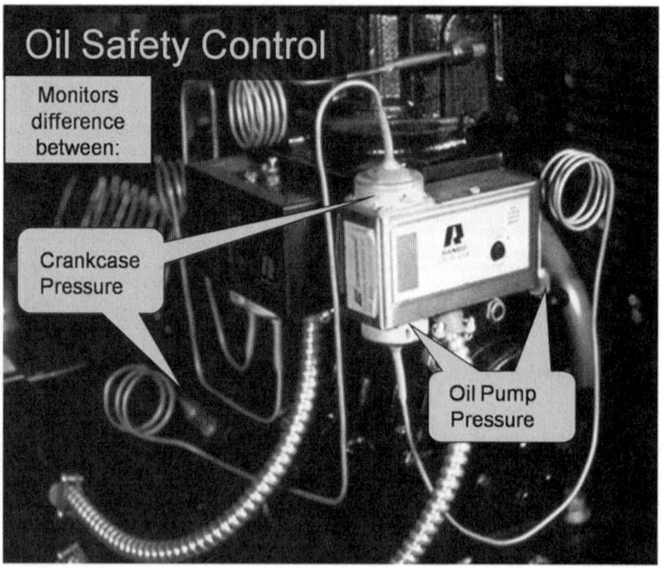

그림 6-25 압축기에 설치된 오일압력 제어 (출처: Emerson Education-Copeland)

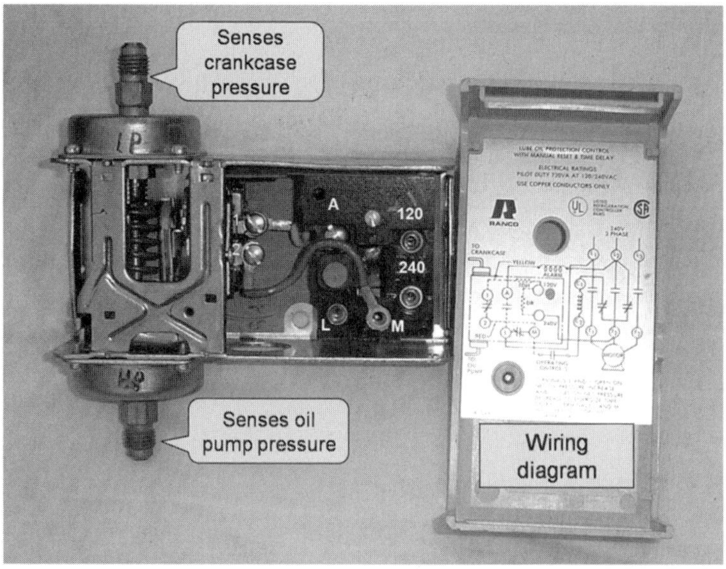

그림 6-26 표준 오일압력 제어 (출처: Dick Wirz)

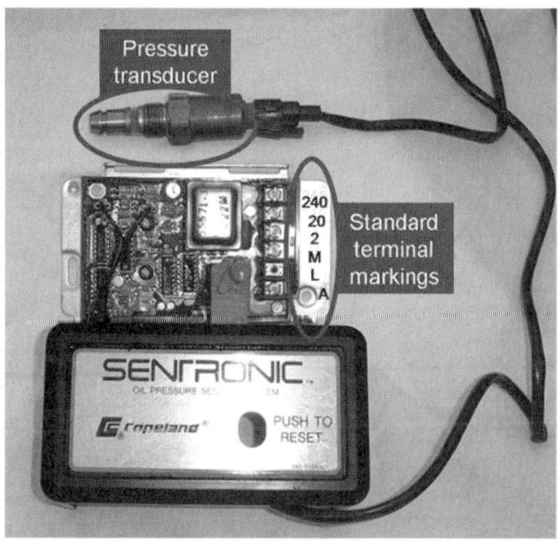

그림 6-27 반도체 소자를 이용한 오일압력 제어 (출처: Dick Wirz)

표 6-3 흡입압력과 순오일압력의 예

Suction Pressure (A)	Pump Discharge Pressure (B)	Net Oil Pressure (B − A)
25	50	25
50	75	25
75	125	50
100	110	10

사실 확인 #2

오일 제어기가 트립(trip)되어 리셋하고 압축기를 재가동할 때 압축기가 정상적으로 작동하는 것으로 보이므로 오일안전 제어기가 필요 없는 것으로 생각되기도 한다. 그러나 실제적으로 제어기에 트립이 발생하면 트립의 원인을 찾아야 한다.

오일펌프는 매우 견고하며 좀처럼 고장나지 않기 때문에 순오일압력을 점검하지 않고 오일펌프의 고장을 진단하는 것은 바람직하지 않다.

압축기 기동 시에 순오일압력이 10 psig 이하로 낮아지는 것은 일반적인 일이다. 불필요한 트립 발생을 방지하기 위하여 압축기 정지를 지연할 수 있는 120초의 타이머를 제어기에 내장한다. 타이머의 설정시간 후에 압력이 최소한 10 psig로 상승하지 않으면 오일안전 제어기는 압축기를 정지시키며, 수동으로 제어기를 리셋하여야 한다. 제어기의 선택사양으로 원격 알람이 제어기에 장착되기도 한다. 알람은 압축기에 오일 이상이 발생할 경우 소비자에게 알려 주는 역할을 한다.

타이머 회로(타이머 또는 타임ELF레이)는 핵심요소이다(그림 6-28 참조). 그림 6-28에서와 같이 타이머 기능을 수행하기 위해 2개 단자가 사용된다. 하나의 단자는 L1으로부터 운전제어기와 L과 M 터미널을 통과한 후 최종적으로 터미널 2에 연결되어 타이머 회로의 한쪽 단자를 연결한다. 공통(common) 단자는 L2로부터 부하측에 연결되어 단자에 전원을 인가한다. 오일압력이 공통단자에서 단속

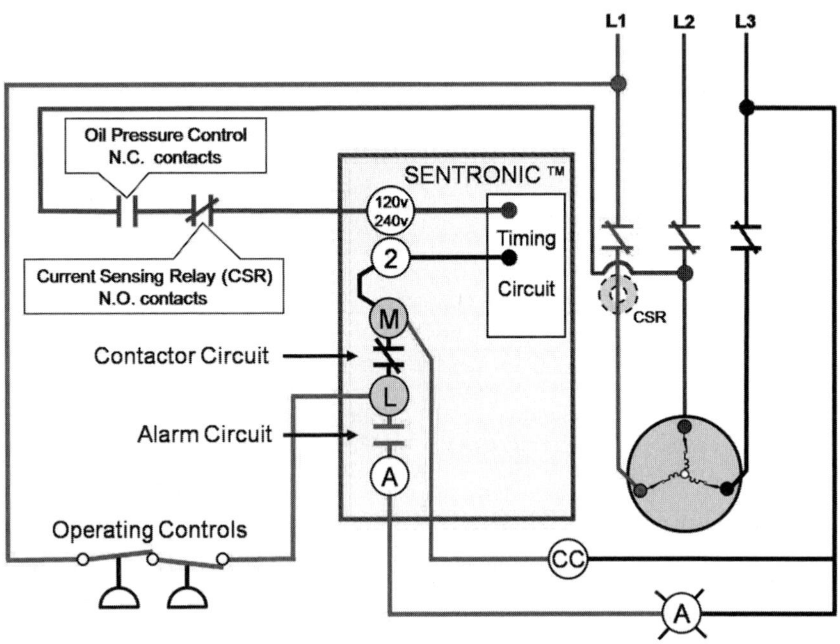

그림 6-28 압력제어 다이어그램
(출처: Refrigeration Training Services)

되며, NC 접촉으로 되어 있다. 그림 6-28에서 압축기가 운전되고 오일압력이 충분히 높은 경우에는 접촉이 개방되어 있으므로 스위치는 접촉되지 않는다. 오일압력이 10 psig 이하로 낮아질 경우 스위치는 접촉되고 타이머가 작동한다. 2분후에도 오일압력이 낮으면 접촉기 L과 M이 개방되면서 압축기 접촉기가 떨어진다.

경우에 따라서, 오일안전 제어기는 설계된 조건과 다른 문제로 인하여 트립된다. 압축기의 접촉기는 접촉되어 있는데 압축기가 정지하면 오일압력 제어기는 트립된다. 일례로 압축기 내부에 과부하가 발생하면 압축기는 접촉기가 붙은 상태에서 압축기가 정지한다. 펌프가 압축기 크랭크샤프트에 붙어 있고 크랭크샤프트의 회전에 의하여 압력이 증가하면 펌프는 작동하지 않는다. 그러나 접촉기는 붙어 있어서 타이머의 양쪽에는 전원이 인가되어 있다. 오일압력이 없고 제어기는 활성화되어 제어기 접점은 120초 후에 개방되어 오일안전장치의 리셋기능이 트립된다. 현재 상태가 자체적으로는 정상적이어도 안전 제어기가 수동으로 리셋되기 전에는 압축기가 재가동되지 않는다.

비정상적인 풀다운에 의해 압축기 흡입압력이 지나치게 높거나 기타 순간적인 조건에 의하여 발생한 압축기에 과부하가 발생되었다가 없어진 경우를 가정해보자. 초기의 이상 조건이 더 이상 존재하지 않으므로 엔지니어가 제어기를 리셋하면 압축기는 다시 기동되어 잘 운전될 것이다. 그러나 소비자는 본인의 시스템이 정지되었고, 원인이 명확하지 않으므로 불만을 가질 수 있다. 더욱 안 좋은 것은 엔지니어가 소비자에게 동일한 현상이 발생하지 않을 것이라 장담할 수 없는 것이다.

CSR(current-sensing relay)이라는 제어기는 이와 같은 불만을 해결할 수 있다(그림 6-29와 6-30 참조). CSR은 가운데에 하나의 구멍이 있고 측면에서 2개의 전선이 나오는 소형 검정박스이다.

CSR은 오일안전장치의 한 단자에 직렬로 연결된다. 그림 6-28에서 CSR 내

그림 6-29 CSR
(출처: Dick Wirz)

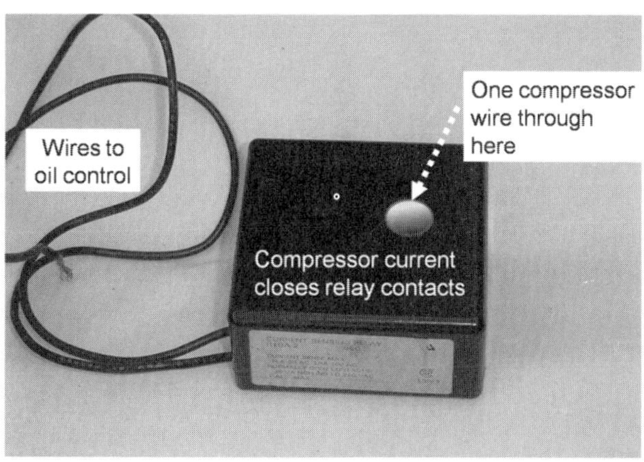

그림 6-30 CSR 단면
(출처: Dick Wirz)

부의 NO(normal open) 접점은 L2에서 타이머의 공통단자 측에 의하여 나타난다. 압축기로 들어가는 전원선의 하나는 박스 중간의 구멍으로 들어간다. 그림 6-28에서 접촉기와 압축기 사이의 L1 선상의 도넛으로 표현되었다. 압축기가 운전되는 동안 전선 주위의 자기장은 CSR을 활성화하여 접점을 끊는다.

압축기에 과부하가 가해지면, 압축기는 정지하고 전선 주위의 자기장은 없어진다. 이는 타이머로 들어가는 릴레이 접점을 개방하고 제어기가 타이머와 수동 리셋 기능을 수행하지 못하도록 한다. 결과적으로 압축기는 과부하 문제가 없어졌을 때 압축기가 자체적으로 재가동되도록 한다. 소비자는 장비가 리셋되는 것을 기다릴 필요가 없고 관리자는 오일문제를 조사할 필요가 없다.

다음은 오일안전장치 트립을 리셋한 후 점검해야 되는 몇 가지 사항을 나타낸다.

- 전기 진단
  - 접촉기의 전압을 점검
  - 홈이 있는 접촉기의 접점에 대한 전압을 점검
  - 압축기 기동전압 점검
  - 압축기 전류 점검

- 냉동시스템 진단
  - 순오일압력과 한 사이클에 대한 오일레벨을 모니터링
  - 제빙기에서 제상운전 전의 오일레벨을 점검

- 압축기 기동 시 액압축 여부와 압축기로의 냉매량 과다 유무 조사
- 비정상적인 고압이나 저압 검토
- 짧은 사이클링 점검

참고: 짧은 사이클링은 시스템의 오일이 크랭크케이스로 회수되도록 충분하게 압축기가 운전되지 않은 상태에서 오일을 시스템으로 유입시킨다. LP 제어기에 의한 시스템 기동 및 정지 편차가 너무 작으면 펌프다운 시에 짧은 사이클링이 발생할 수 있다.

리시버

리시버(receivers)는 단순 냉매 저장탱크이다. 온도자동팽창밸브 시스템은 모든 운전조건에서 충분한 냉매가 있는 것을 보장하기 위해서 여유분의 냉매가 충전되어 있어야 한다.

시스템의 총 충전량은 리시버의 80%를 채워야 한다. 리시버 크기는 시스템의 요구조건에 따라 달라진다. 장기 운전을 위해서는 리시버의 용량이 커져야 하고, 특히 펌프다운 솔레노이드 밸브가 응축기 유닛에 있는 경우 리시버의 용량은 더욱 커진다. 이 시스템에서는 압축기가 정지되기 전에 액냉매 라인의 모든 냉매가 리시버로 펌핑되어야 한다. 또한 고압조절밸브가 있는 유닛은 추운 외기조건에서 응축기를 액상으로 채우기 위해 더욱 많은 냉매가 필요하다. 따뜻한 외기조건에서 리시버는 과충전된 냉매량을 저장하기 위해 사용된다.

기술자의 경험법칙(T.R.O.T)

'짧은 사이클링'이란 무엇인가?

압축기가 2분 이하로 운전되는 것이다.

펌프다운 과정에서 짧은 사이클링을 방지하기 위하여 일부에서는 LP의 시스템 중지 압력을 0 psig로 설정한다. 유닛이 펌프다운되고 정지하면 시스템은 계속 정지하고 있어야 한다. 그러나 압축기 제조사는 펌프다운 시간이 길면 압축기가 과열될 위험이 있다고 경고하고 있다. 그러므로 압축기 제조사는 LP 제어기의 압축기 정지점을 가능한 한 높게 설정하기를 권장하고 있다. 또한 압축기가 완전히 정지하기 전에 몇 회의 사이클링이 되는 것은 별다른 문제가 없다고 발표하고 있다.

기술자의 경험법칙(T.R.O.T)

처음의 펌프다운 후에 최대 2회의 추가적인 사이클링이 가능하다.

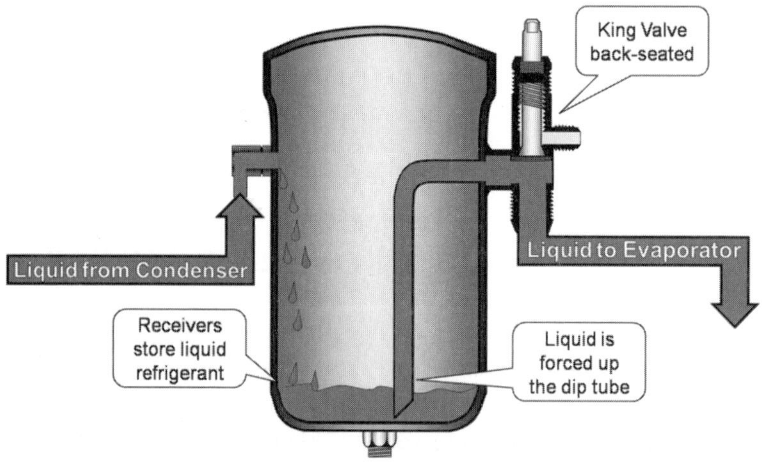

그림 6-31 리시버 킹밸브 (출처: Refrigeration Training Services)

리시버 출구에 있는 서비스밸브의 **킹밸브**(king valve)는 서비스 시의 펌프다운을 위해 매우 유용하다(그림 6-31 참조). 압축기를 운전하면서 킹밸브를 프런트 시트에 위치시킨다. 이는 냉매가 액라인으로 유입되는 것을 차단한다. 흡입압력이 0 psig로 낮아지면 압축기를 정지시킨다. 모든 냉매는 액냉매 라인으로부터 증발기와 흡입배관으로 이동해야 한다.

이러한 일련의 절차는 필터드라이어, 증발기, LP 제어기를 위한 솔레노이드밸브 및 리시버에서 압축기 사이의 어느 부품이나 냉매누설을 수리하기에 매우 유용하다. 리시버의 킹밸브를 열기 전에 수리된 각 요소 부품 쪽에 진공작업을 하여야 한다.

어큐뮬레이터

저온시스템에서 풀-다운 동안 플러드백(floodback) 현상이 쉽게 일어난다. 어큐뮬레이터는 압축기 쪽 흡입배관에 설치되어 압축기가 액체에 의해 손상되는 것을 방지한다(그림 6-32 참조).

어큐뮬레이터는 압축기 근처의 흡입배관에 액냉매를 모아 놓는다. 액냉매가 흡입배관에 생기면 어큐뮬레이터의 바닥 부위에 고이게 된다. 어큐뮬레이터 주위의 공기온도가 따뜻하면, 액냉매가 증발하여 기체로 된다. 냉매 증기는 어큐뮬레이터 상부의 U 관으로 들어가고 냉매증기는 압축기 흡입 서비스밸브로 들어가게 된다.

오일은 어큐뮬레이터 탱크의 바닥에 모이게 된다. U 관 측면의 구멍으로 오일이 흡입되면 증기냉매와 함께 어큐뮬레이터를 나가서 압축기로 들어간다.

어큐뮬레이터는 대개 공장 설계조건에서 시스템의 구성품으로 설치된다. 시스

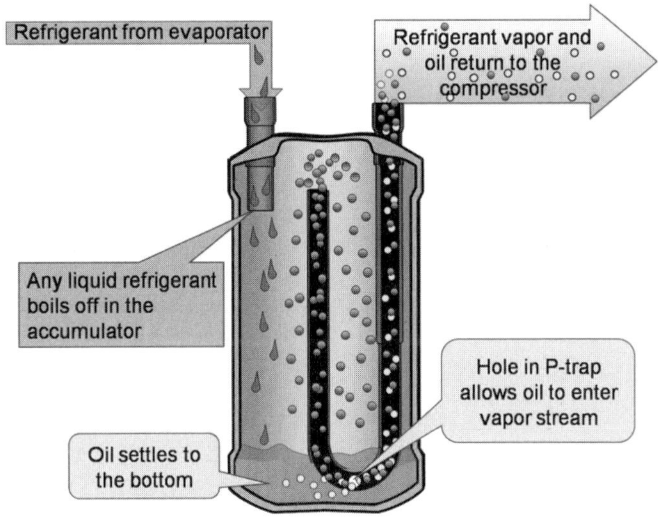

그림 6-32 흡입배관 어큐뮬레이터
(출처: Refrigeration Training Services)

템이 어큐뮬레이터를 갖지 않아서 제상이나 기동 시에 플러딩이 발생하면 시스템 고장 등에 대해 가장 먼저 이를 점검한다. 어큐뮬레이터가 필요하게 되면 적절한 크기와 형태를 제조사에 먼저 문의하도록 한다.

어큐뮬레이터는 저온의 흡입배관에 위치하므로 수분이 발생한다. 그러나 탱크의 액냉매를 증발시키기 위하여 주위 공기로부터 열이 필요하면 단열하지 않는다. 어큐뮬레이터는 강철로 만들어지면 지속적인 수분의 발생으로 녹이 생기게 된다. 녹이 심하게 발생하면 어큐뮬레이터 표면에 누설이 발생할 수 있는 작은 구멍을 만들 수 있다. 그러므로 시스템에 누설이 발생하면 어큐뮬레이터를 점검하여야 한다.

필터드라이어

에어컨 서비스 요청 시 기사가 가장 먼저 점검하는 것은 공기필터이다. 이는 기사가 공기필터 상태가 공기 흐름과 시스템 전체 성능에 큰 영향을 미치는 것을 이해하고 있기 때문이다. 이와 달리 냉매 필터드라이어(filter driers)의 성능이 냉동시스템의 내부성능에 얼마나 큰 영향을 미치는지 잘 몰라서, 아직까지 대부분의 기사들이 이를 점검하지 않고 있다. 필터드라이어가 적절하게 설치되고 시스템이 진공되면 수년 동안 잘 작동한다(그림 6-33 참조). 그러나 필터드라이어는 모든 서비스 절차와 시스템 유지보수를 위한 표준 부품으로서 점검되어야 한다.

기술자의 경험법칙(T.R.O.T)

필터드라이어는 시스템이 수리를 위해 개방된 경우에는 반드시 교체되어야 한다.

그림 6-33 필터드라이어
(출처: Sporlan)

냉동 필터드라이어에는 시스템을 순환하는 미세입자를 제거하기 위하여 스크린과 섬유필터가 들어 있다. 또한 여기에는 산, 밀랍, 수분 등의 불순물을 제거하기 위한 **건조제**(desiccant)가 들어 있다. 수분이 냉매, 오일, 열 등과 합쳐지면 슬러지와 산을 만들어 시스템 고장을 유발한다. 실리카겔은 수분 흡수제로서 대부분의 필터드라이어용 건조제로 사용되고 있다.

기술자가 시스템에 냉매를 충전하거나 수리를 위해 시스템을 열어볼 때, 시스템에 수분이 유입될 가능성이 있다. 냉매가 시스템을 순환함에 따라 수분이 필터드라이어의 건조제에서 트랩된다. 저온의 액냉매 온도에서 필터드라이어는 고온에서보다 더욱 많은 수분을 제거할 수 있다. 여름의 첫 무더운 날 시스템에는 수분 관련 문제가 발생할 수 있는데, 이는 팽창장치의 오리피스에 얼음이 생겨서 팽창밸브가 막힐 수 있기 때문이다.

필터드라이어는 불순물 입자나 수분이 포함된 냉매가 처음 지나갈 때 필요한 만큼 트랩할 수 없을 뿐만 아니라 필터드라이어의 최대 용량에 도달하면 트랩상태를 유지할 수 없다. 시스템의 불순물에 의하여 저항이 증가한 것은 쉽게 찾아진다.

필터에서 압력강하량이 증가하는 것은 불순물에 의한 막힘이 증가하였기 때문이다. 흡입밸브 필터드라이어는 대개 입출구에 압력탭이 있어서 압력강하량이 쉽게 측정된다. 항상 제조사의 사양을 참조해야 하지만, 통상적으로 냉동기용 흡입

필터와 제빙용 흡입필터는 각각 2 psig와 1 psig의 압력강하량을 갖는다. 흡입배관의 압력강하는 액배관의 압력강하량보다 중요하다. 대부분의 장비 제조사들은 압축기 흡입배관에 설치된 필터드라이어는 압축기 교체 후에는 청소하도록 권장하고 있다. 또한 압력강하량이 허용값을 초과하면 필터드라이어를 교체하도록 권장하고 있다. 필터드라이어는 시스템 청소 시 제거된다. 흡입필터가 영구적으로 설치된 경우에는 압력강하량은 주기적으로 모니터링하여야 한다.

흡입 라인 필터드라이어는 압축기 교체 후 청소 및 수분을 제거하기에 매우 좋다. 일부 제조사들은 흡입배관 필터드라이어는 실제적으로 액냉매 라인에 설치된 것보다 좋다고 보고한다. 수분은 저온의 흡입배관에서 쉽게 응축되므로 흡입라인 필터드라이어에 쉽게 트랩될 수 있다.

액냉매 라인 드라이어는 압력강하량이 증가하면 반드시 교체하여야 한다. 그러나 이 드라이어는 압력탭이 없으므로 압력강하량을 측정하는데 매우 어렵다. 필터드라이어의 입출구온도 차이를 측정하여 압력강하량 측정과 동등한 성능을 얻을 수 있다. 온도차이가 발생하면 압력강하량도 발생한 것이다. 측정의 정확도를 확보하기 위하여 2개의 서미스터가 장착된 정확도 높은 듀얼 온도 전자온도계를 사용하여야 한다.

기술자의 경험법칙(T.R.O.T)

온도차이가 3°F 이상이면 액냉매 라인 필터드라이어를 교체한다.

이러한 규정은 R22와 R404A와 같이 약 110°F의 응축온도를 갖는 고압 냉매에서 잘 적용된다. 3°F 차이는 약 10 psig의 압력강하량에 해당된다. 3°F 규정은 R134a와 같은 저압 냉매에서도 적용될 수 있다. 보다 정확한 적용을 위하여 제조사의 사양을 따르도록 한다.

일부 기사들은 필터드라이어의 입출구 온도측정을 손으로 감지하여 필터드라이어의 저항을 점검한다고 기술하는데, 실제 실험에 의하면 사람의 손으로는 108°F 이하의 온도차이는 구별할 수 없다. 108°F는 R22 시스템에서 30 psig의 압력차이에 해당한다.

필터에서의 압력강하 증가는 시스템 내에 불순물이 증가하는 것을 의미하지만, 수분량의 평가는 다소 다르다. 수분량은 압력강하에 영향을 주지 않는다. 필터드라이어에서 제거할 수 있는 최대 수분량이 필터드라이어에 포집되어도 압력강하량은 거의 없다. 수분지시계 형태의 가시유리를 사용하면 도움이 된다. 그러나 전술한 바와 같이 추운 아침에 점검하면 시스템에 수분이 없는 것으로 보이지만, 더운 오후에는 수분이 나타난다.

사실 확인 #3

필터드라이어를 구하기 어려울 경우 대부분의 기사들은 필터드라이어를 점검하지 않고, 교체하지 않으려고 한다.

기술자의 경험법칙(T.R.O.T)

액라인 필터드라이어 교체 시기

- 수리를 위해 시스템이 개방된 경우
- 가시유리에 수분이 보이는 경우
- 필터드라이어에서 38°F 이상 온도강하가 발생한 경우
- 교체 시기로 판단된 경우

영구적인 흡입라인 필터드라이어 교체 시기

- 중온 시스템에서 2 psig 이상의 압력강하가 발생한 경우
- 저온 시스템에서 1 psig 이상의 압력강하가 발생한 경우

온도자동팽창밸브의 설치 위치 선정 이전에 필터드라이어를 설치하는 경우가 있는데 이 때는 필터드라이어의 교체 등이 용이하지 않을 수 있다. 그러므로 필터드라이어는 교체 및 점검이 용이한 응축기 유닛에 설치하는 것이 바람직하다.

시스템 유지보수 측면에서 교체가 용이한 플레어 형태의 필터드라이어가 선호된다. 플레어 피팅에 적합한 교체 도구를 사용하는 것도 시스템의 누설 방지 측면에서 매우 중요하다.

용접형 필터드라이어의 유지보수 시에는 적절한 절차를 수립하여야 한다. 용접형 필터드라이어 교체 시에는 교체할 필터드라이어는 피팅부를 절단하여 제거하는 것이 바람직하다. 용접형 필터드라이어 교체 시에 용접된 부위를 토치로 가열하여 제거할 경우에 필터드라이어에 트랩된 수분이 시스템으로 흘러들어가게 되므로 용접형 필터드라이어 교체 시에는 교체할 필터드라이어는 피팅부를 절단하여 제거하는 것이 바람직하다.

새로운 필터드라이어 설치 시에 필터드라이어가 과열될 경우 내부가 손상될 수 있으므로, 이를 방지하기 위하여 필터드라이어 본체 주변을 젖은 천으로 감싸거나 토치 불꽃을 드라이어의 반대방향으로 향하도록 한다(그림 6-34 참조).

교체가능한 코어형 필터드라이어(replaceable core-type filter drier)는 액냉매라인과 흡입라인에 모두 사용될 수 있다. 시스템 정지 후 하우징(housing)의 볼트

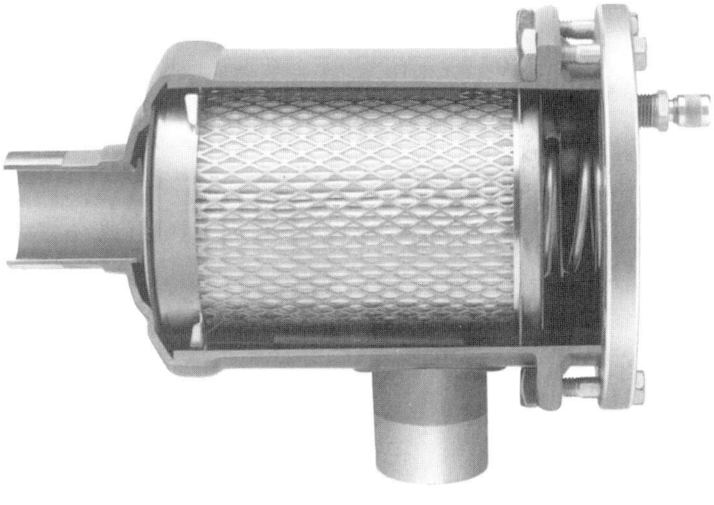

그림 6-34 필터드라이어 교체 (출처: Sporlan)

를 풀어 교체가 가능하므로 교체가 매우 용이하다. 수분, 산, 밀랍, 또는 단순 불순물 등의 오염물질에 따라 제습제 조합이 다양하다.

필터드라이어는 제습 충전량을 세제곱 인치 단위로 표기하고, 배관 크기는 8인치에 대한 상대비로 나타낸다. 일례로 그림 6-35와 같이 Sporlan 필터드라이어 C-163-S는 16 세제곱 인치의 제습제를 갖고 3/8 인치의 배관 크기를 갖는다. 용접형 드라이어는 모델번호 뒤에 'S'를 붙이고, 플레어 형태에는 문자가 없다.

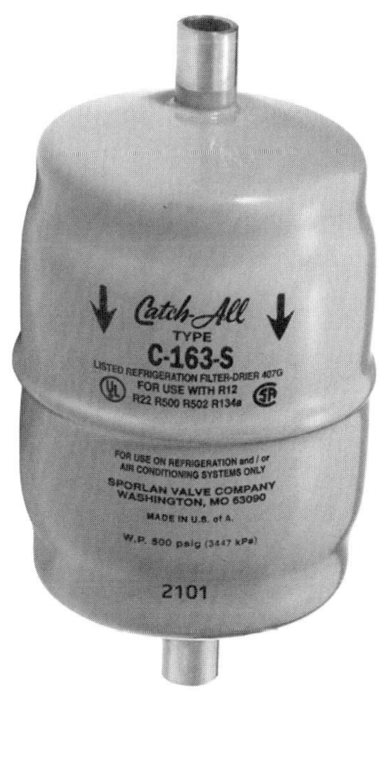

그림 6-35 필터드라이어 모델번호 (출처 : Sporlan)

필터드라이어 선정을 위해서는 제조사의 적정 크기에 대한 차트를 이용한다. 작은 사이즈보다는 큰 크기를 선정하는 것이 바람직하다. 그러나 모세관 시스템에서 용량이 큰 필터드라이어를 적용할 경우 리시버 기능을 하게 되어 시스템의 충전량이 변화될 수 있기 때문에 모세관 적용 시스템은 대개 3 세제곱 인치 이하로 사용을 제한된다. POE 오일을 사용하는 시스템에서는 냉동시스템의 오작동을 일으키는 수분의 양이 증가된다. 그러므로 수분지시계로서 필터드라이어와 가시유리를 설치하는 것은 냉동시스템의 설치 및 유지보수 측면에서 매우 중요하다.

가시유리

수분지시계로서 가시유리(sight glass)를 설치하는 것이 모든 온도자동팽창밸브 시스템에서 권장된다. 가시유리는 액냉매 라인에 설치되어 냉매 유동상태를 보여준다. 수분지시계 기능이 가시유리에 있는 경우, 그림 6-36과 같이 시스템에 수분이 함유되어 있는지 여부에 관한 추가 정보를 얻을 수 있다.

제조사의 사양에 의하면, 가시유리는 필터드라이어의 전후 어느 위치에 설치하여도 된다. 일부에서는 필터드라이어의 압력강하가 클 경우에 출구에 기포가 발생하므로 필터드라이어 출구에 가시유리를 설치하는 것이 바람직한 것으로 알려져 있다.

예제: ⑩ R22 냉매이고, 226 psig 압력과 110°F의 응축온도를 갖는 경우에 대해

그림 6-36 수분지시계가 설치된 가시유리 (출처: Refrigeration Training Services)

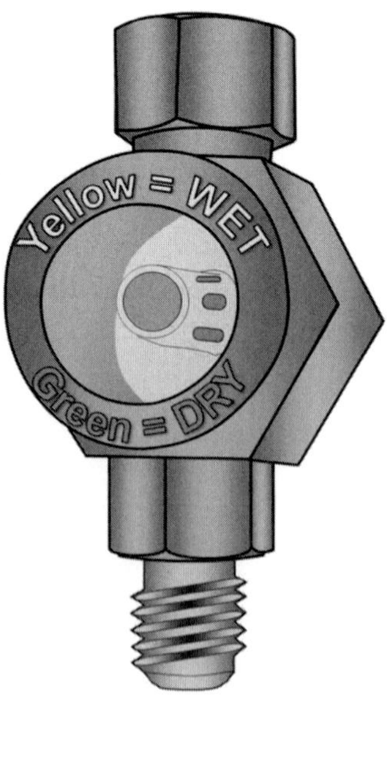

서, 필터드라이어에서 압력강하가 10 psig 발생하여 필터드라이어 압력이 216 psig로 낮아졌다. 이 경우 107°F가 끓는점이어서 110°F의 냉매는 증발하기 시작하여 가시유리에 기포가 나타날 것이다. 그러나 시스템에서 액냉매가 5~105°F의 과냉도를 가지고 있다면 10 psig의 압력강하가 발생하여도 기포가 생기지 않는다.

사실 확인 #4

과냉도가 충분한 시스템에서는 필터드라이어의 압력강하로 기포가 발생하지 않는다.

사실 확인 #5

수분이 시스템에서 안정화되어 있는 경우에는 수분지시계가 냉매 라인의 어느 곳에 설치되어도 시스템 내에 수분이 포함된 것을 보여 줄 것이다.

가시유리가 응축기 유닛과 증발기에 설치되고 서로 멀리 떨어져 있는 경우에 증발기에 설치된 가시유리가 수분지시계로서 더욱 신뢰성이 있다. 5장의 팽창장치에서 설명한 바와 같이 온도자동팽창밸브 시스템의 액냉매 라인은 대개 액냉매로 가득 차게 된다. 그러므로 2개의 가시유리를 설치한 경우 액냉매 라인의 압력강하량은 크게 증가하지 않으므로 시스템 운전 진단을 위해서는 바람직하다.

일부에서는 가시유리에서 기포가 나타나면 냉매를 추가로 충전한다. 이것은 시스템에 과충전을 유발할 수 있으므로 바람직한 조치가 아니다. 시스템 기동 시나 부하량이 작은 조건에서 기포가 보이는 것은 일반적인 현상이며 일시적이므로 이 경우 냉매를 추가로 충전해서는 안된다.

시스템이 대기와 개방된 경우 습도지시계는 시스템에 수분이 포함됨을 나타낸다. 시스템이 충분히 진공상태일 때에도 가시유리는 시스템이 건조상태가 아님을 나타낼 수 있다. 이것은 일반적인 현상이며, 12시간 이상 시스템이 진공상태일 경우에 건조상태를 나타낼 것이다. 12시간 이상 진공상태에서도 가시유리가 건조상태로 바뀌지 않으면 필터드라이어를 교체하여야 한다.

흡입배관 열교환기

3장에서 온도자동팽창밸브 이전에 압력강하와 열이 액냉매 라인에 가해진 경우 냉매의 증발이 발생하는 것에 대해 다루었다. 액냉매 라인에서의 증발현상에 대처하기 위하여 증발기 출구의 흡입라인에 설치된 열교환기에 의하여 액냉매가 과냉될 수 있다(그림 6-37 참조).

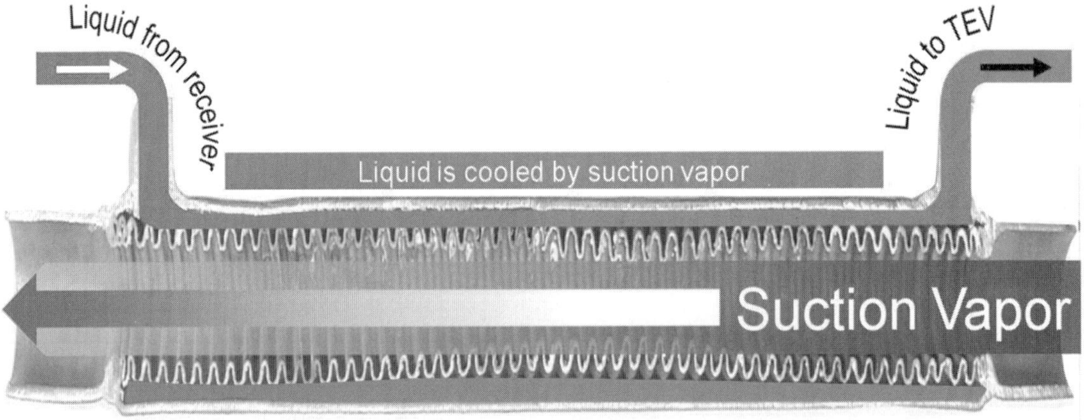

그림 6-37 흡입배관 열교환기 (출처: Refrigeration Training Services)

액냉매 라인의 온도를 낮추는 것은 온도자동팽창밸브의 용량을 증대시킨다. 액냉매 라인의 온도를 낮추는 것은 때때로 시스템 설계 시에 증발기에 적절한 냉매 공급 및 소용량의 온도자동팽창밸브를 사용하기 위해 사용된다.

가끔 모세관을 흡입 배관부에 용접하는데, 이것은 주방과 같이 외기온도가 높은 모세관 시스템에서 모세관을 통과하는 충분한 냉매량을 얻기 위해 냉매를 과냉시키는 열교환기 역할을 한다.

진동제거기

반밀폐형 압축기는 기동 시에 진동이 있으며, 이는 자동차의 기동 및 가속 시에 엔진에 뒤틀림이 작동하는 것과 유사하다. 그림 6-38에 나와 있는 바와 같이 진동제거기(vibration eliminator) 또는 진동흡수기는 압축기에 연결된 배관부의 손상이나 냉매누설을 방지하기 위하여 뒤틀림이나 진동을 흡수하기 위해 사용된다.

진동제거기는 아코디언의 송풍기처럼 주름진 동관 형태이다. 강도를 확보하기 위하여 유연한 호스가 메시로 둘러싸여 있다. 기동 시 뒤틀림을 흡수하기 위하여 진동제거기는 크랭크샤프트에 병렬로 설치되어야 한다. 진동제거기가 크랭크샤프트에 수직으로 연결되면, 기동시 압축기의 진동은 아코디언 송풍기와 같이 흡수기를 압축하며, 이는 얇고 유연한 배관을 파손시킬 수 있다.

시스템 냉매누설 점검 시에 진동제거기를 누설 점검 항목에 포함시키는 것이 바람직하다.

그림 6-38 진동제거기
(출처: Dick Wirz)

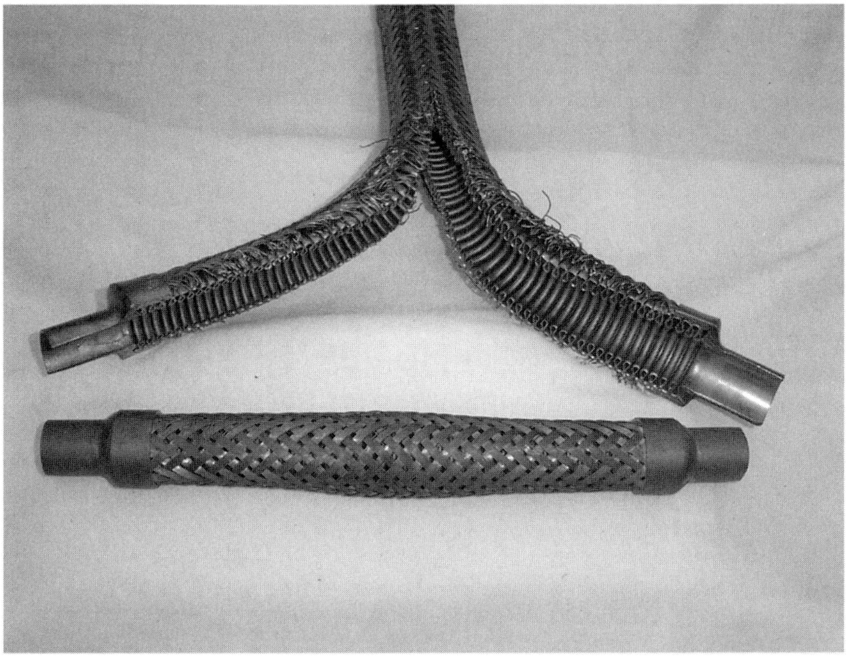

요약

재실 공간의 온도차이가 크기 때문에 교류 온도조절기 사용 시에 온도변화 폭은 2°F로 설정한다. 그러나 냉동시스템의 온도조절기는 증발기에서의 자체 제상운전에 충분한 시간을 확보하기 위하여 최소한 3~5°F의 온도편차를 갖도록 한다. 대부분의 냉동기에 사용되는 온도조절기는 공기온도를 감지하지만, 일부에서는 증발온도를 감지온도로 사용한다.

압축기 서비스밸브는 시스템 압력과 리드밸브 점검 및 시스템 유지보수를 위해 압축기를 시스템과 단속시킬 때 매우 유용한 부품이다. 압축기 운전 시에 토출 서비스밸브를 프런트시트에 위치시켜서는 안 된다.

시스템 펌프다운 시 압축기 정지 전에 솔레노이드 밸브가 흔하게 사용된다. 펌프다운은 사이클 정지 시에 냉매가 유출되는 것을 방지한다. 그러므로 솔레노이드 밸브는 모든 응축기 유닛에 설치되어야한다. 전자팽창밸브는 시스템 정지 시에 완전히 닫힐 수 있으므로 전자팽창밸브 시스템에서는 솔레노이드 밸브가 필요 없다.

핫가스 바이패스 밸브는 저부하 조건에서 압축기가 과열되는 것을 방지하기 위하여 냉매를 저압 측으로 주입하는 기능을 수행한다. 또한 핫가스 바이패스 밸브는 증발압력과 온도를 일정 수준 이상으로 유지하여 증발기에 결상이 발생하는 것을 방지할 수 있다.

풀다운 시에 CPR 밸브는 증발기로부터 흡입증기를 교축하여 압축기가 부하에 대응할 수 있도록 해 준다. CPR 밸브는 저온압축 시스템에 사용된다.

EPR 밸브는 증발기의 흡입압력을 높여주는 기능을 수행한다. 증발압력이 감소하지 않으면 증발온도도 감소하지 않는다. EPR 밸브는 케이스별로 요구되는 증발온도를 유지시켜 주는 기능을 수행한다.

LP 제어기는 흡입압력이 너무 낮은 경우 압축기를 정지시키는 기능을 한다. 시스템에 냉매가 누설되었거나 시스템 펌프다운 시에 유용한 제어기이다. LP 제어기는 일부 소형 냉동기의 온도조절기로 사용될 수도 있다.

고압 제어기는 시스템 고압 증가 시에 압축기를 정지시키는 기능을 한다. 시스템 고압의 이상 상승은 높은 외기온도, 응축기 오염, 또는 응축기 팬 모터 고장 시 발생한다.

오일 안전 제어기는 오일펌프의 고장 등으로 인한 윤활유 부족으로부터 압축기 손상을 방지한다. 오일 부족현상은 주로 압축기로의 액냉매 유입이나 잦은 사이클링, 증발기 결상 및 배관의 부적절한 크기 등으로 발생한다. 이 외에 드물기는 하지만, 오일펌프 고장 또는 오일 레벨 감지의 오작동으로 발생하기도 한다.

오일분리기는 토출증기의 오일을 압축기 크랭크케이스로 회수하는 역할을 한다. 오일분리기는 주로 응축기가 멀리 설치되어 있거나 배관이 긴 경우의 대형시스템에 사용된다.

리시버는 온도자동팽창밸브 시스템의 냉매 저장탱크로 사용된다. 크기는 시스템의 냉매충전량에 따라 변화된다. 리시버의 킹밸브는 액냉매 배관부와 흡입 배관부의 수리 이전에 시스템 펌프다운 시 매우 유리하다.

어큐뮬레이터는 제상 후 시스템 풀다운 시에 저온압축기에 액냉매가 유입되는 것을 방지하는 기능을 수행한다.

연 습 문 제(REVIEW QUESTIONS)

1. 냉동공간의 공기온도를 감지하는 상업용 냉동 시스템의 온도조절기의 온도변화 허용폭은 얼마인가?

a. 28
b. 58
c. 128
d. 158

2. 중온용 증발기의 결상량 증가를 방지하기 위해 온도조절기가 증발기 온도를 감지해야 되는 이유는 무엇인가?

a. 작은 온도 변동폭을 가지기 때문
b. 온도조절기의 온도조건이 충족되면 재가동 전에 증발기의 결상이 모두 녹기 때문
c. 온도조절기가 제상운전 모드에 대한 정보를 가지고 있기 때문

3. 서비스밸브 스템의 캡(cap)의 주된 사용목적은 다음 중 무엇인가?

a. 냉매누설 방지
b. 밸브스템이 충격을 받는 것을 방지
c. 밸브 개방 시에 먼지로 패킹이 손상되는 것을 방지

4. 흡입밸브를 프런트시트에 위치시켜서 해결할 수 있는 2가지 시스템 이상 현상은 다음 중 무엇인가?

a. 리드밸브 점검과 과부하에 의한 고압 발생
b. 과열도와 과냉도 점검
c. 고압 및 저압 점검

5. 토출 서비스밸브가 프런트시트에 위치한 경우 압축기 가동 시 발생할 수 있는 사항은 다음 중 무엇인가?

a. 흡입 리드밸브 고장
b. 액냉매 라인의 이상 고압
c. 밸브 플레이트 개스킷 손상

6. 토출 및 흡입 서비스 밸브를 이용하여 반밀폐형 압축기를 교체하기 위한 절차를 설명하라.

7. 펌프다운 솔레노이드 밸브는 무엇으로 작동되는가?

a. 온도조절기
b. 액라인 서비스밸브
c. 팬 스위치

8. 펌프다운 절차를 설명하라.

9. 펌프다운 솔레노이드 벨브가 반대방향으로 설치되면 다음 중 어떤 현상이 발생하는가?

a. 방향성이 없으므로 아무 일도 발생하지 않음
b. 시스템이 펌프다운 상태를 계속 유지
c. 시스템이 펌프다운되지 않고 압축기도 꺼지지 않음

10. 핫가스 바이패스 밸브의 주요 기능은 무엇인가?

a. 최소한의 압축기 흡입압력 유지
b. 풀다운 시 압축기에 과부하 발생 방지
c. 증발압력을 낮게 유지

연 습 문 제(REVIEW QUESTIONS)

11. CPR 밸브의 주요 기능은 무엇인가?

a. 최소한의 압축기 흡입압력 유지
b. 풀다운 시 압축기에 과부하 발생 방지
c. 증발압력을 높게 유지

12. EPR 밸브의 주요 기능은 무엇인가?

a. 최소한의 압축기 흡입압력 유지
b. 풀다운 시 압축기에 과부하 발생 방지
c. 증발압력을 높게 유지

13. Sporlan 온도자동팽창밸브의 'ZP'는 무엇을 의미하는가?

a. 압축기의 압력제한을 위한 제빙기 밸브
b. 저압 제빙기의 중간온도 제어 밸브
c. 증발압력 증가를 위한 다단계 조절 밸브

14. 압축기의 최대 흡입압력 결정 및 CPR 밸브 설정을 위한 과정을 설명하라.

15. 하나의 압축기에 2개의 서로 다른 설정온도를 갖는 두 개의 케이스가 있다. 케이스 설정온도가 358°F와 508°F일 때 EPR 밸브가 필요한 케이스는 어느 경우인가?

a. 고온 케이스
b. 저온 케이스

16. LP 제어기의 3가지 용도는 무엇인가?

a. 냉매누설에 의한 손상방지, 온도제어 및 펌프다운 후 압축기 정지 기능
b. 냉매누설에 의한 손상방지, 온도제어 및 펌프다운 시 압축기에 과부하 발생 방지 기능
c. 온도와 압력제어 기능 상실 방지 및 펌프다운 전에 압축기 정지 기능

17. 안전성 확보 또는 펌프다운 시에 LP 제어기 설정 시의 3가지 고려사항은 무엇인가?

a. 잦은 사이클링, 압축기 과열, 저온 외기조건에서 압축기 가동 제어 기능
b. 잦은 사이클링, 압축기 과열, 고온 외기조건에서 압축기 정지 제어 기능
c. 안전성, 고압 상승, 저온 외기조건에서 압축기 재기동 방지

18. 동절기 최저 설정온도가 0°F인 경우, R22 냉매를 적용한 실외 응축기 유닛의 대형 냉동기에서 저압 기동 및 정지 압력값은 어떻게 되는가?

a. 기동압력 50 psig, 정지압력 30 psig
b. 기동압력 20 psig, 정지압력 1 psig
c. 기동압력 20 psig, 정지압력 5 psig

19. 18번 문제에서 R404A를 적용한 실외기 제빙기에서의 저압 기동 및 정지 압력값은 어떻게 되는가?

a. 기동압력 20 psig, 정지압력 1 psig
b. 기동압력 25 psig, 정지압력 5 psig
c. 기동압력 20 psig, 정지압력 5 psig

20. 18번 문제에서 R404A를 적용한 실내 응축기 유닛에서의 저압 기동 및 정지 압력값은 어떻게 되는가?

a. 기동압력 40 psig, 정지압력 20 psig
b. 기동압력 30 psig, 정지압력 20 psig

연습문제(REVIEW QUESTIONS)

c. 기동압력 60 psig, 정지압력 40 psig

21. 38°F를 유지하는 R22 적용 소형 냉동기의 온도 제어기인 LP 제어기를 교체하는 경우를 가정해 보자. 금요일 저녁이며, 공장은 문을 닫아서 제어기 설정을 위한 어떠한 정보도 주어져 있지 않다. LP 제어기를 위한 온도를 어떻게 설정하겠는가?

a. 기동압력 38 psig, 정지압력 10 psig
b. 기동압력 66 psig, 정지압력 33 psig
c. 기동압력 33 psig, 정지압력 12 psig

22. R404A 적용 실외기 유닛의 고압 제어를 위한 정지압력은 어떻게 되는가?

a. 155 psig
b. 400 psig
c. 475 psig

23. 오일분리기의 기능은 무엇인가?

a. 토출가스에서 오일 분리
b. 압축기로의 액냉매 유입 방지
c. 사이클 정지 시 냉매의 오일 용해 방지

24. 오일분리기가 설치된 경우 오일회수를 위하여 흡입배관에 기울기와 트랩이 필요한가?

a. 오일이 배관부로 유입되기 전에 크랭크케이스로 회수되므로 필요 없다.
b. 오일의 일부가 배관부로 유입되므로 필요하다.

25. 오일안전 제어를 위해 모니터링되어야 하는 2개의 압력은 무엇인가?

a. 흡입압력 및 팽창장치 입구압력
b. 크랭크케이스 압력과 오일펌프 토출압력
c. 저압 측 압력과 리시버 압력

26. 오일안전 제어를 위한 타이머 작동을 위한 최소 오일압력은 어떻게 되는가?

a. 5 lb
b. 10 lb
c. 60 lb

27. 오일안전장치가 고장나기 전에 최소 오일압력이 지속되는 시간은 얼마인가?

a. 10초
b. 60초
c. 120초

28. 압축기 내부에 과부하가 발생하면 오일안전장치에 이상이 발생하는가?

a. 압축기는 가동되나 오일압력이 없으므로 고장난다.
b. 과부하는 전력을 차단하므로 오일안전장치는 고장나지 않는다.

29. 전압이 낮은 등의 전기적 문제에 의한 오일 제어 이상현상을 방지하기 위한 조치는 무엇인가?

a. 압축기 기동 릴레이 설치
b. 전류 측정 릴레이 설치
c. 저압 오일안전장치 설치

연습문제(REVIEW QUESTIONS)

30. **전류측정 릴레이의 작동원리를 설명하라.**

31. **오일안전장치를 수동으로 리셋한 후에 제어기의 이상 원인을 파악하기 위한 전기 및 냉동기 점검사항을 기술하라.**

32. **시스템의 총 충전량은 리시버 용량 대비 얼마인가?**

a. 80%
b. 90%
c. 100%

33. **리시버 밸브 출구밸브의 명칭은 무엇인가?**

a. 킹밸브
b. 퀸밸브(queen valve)
c. 솔레노이드 밸브

34. **리시버 출구의 서비스밸브 용도는 무엇인가?**

a. 시스템 수리 시 펌프다운과 액냉매 라인 점검
b. 팽창장치 입구압력과 과냉도 점검
c. 압축기 교체 시에 압축기 전후를 단속

35. **어큐뮬레이터의 주요 기능은 무엇인가?**

a. 시스템 기동 시 온도자동팽창밸브에 충분한 냉매를 저장
b. 풀다운 시에 압축기를 액냉매로부터 보호
c. 저온의 외기조건에서 팽창장치 입구압력 상승

36. **어큐뮬레이터 주변에 응축수가 생기면 단열해야 하는가?**

a. 주위 공기로부터 열을 냉매에 가하여 증발하기 위해서 단열이 필요 없음
b. 어큐뮬레이터에 열을 저장하기 위하여 필요

37. **필터드라이어 내의 제습제는 시스템 내의 무엇을 주로 제거하기 위하여 설계된 것인가?**

a. 산
b. 밀랍
c. 슬러지
d. 수분

38. **동절기에 잘 운전되던 시스템에서 외기온도가 따뜻해짐에 따라 수분 문제가 시스템에 발생하는 이유는 무엇인가?**

a. 추울 때 필터드라이어가 포화되었으나, 따뜻해짐에 따라 수분이 필터드라이어에서 시스템으로 배출되기 때문
b. 고압이 드라이어의 수분을 밀어내기 때문
c. 동절기보다 여름철에 더 많은 수분 제거가 필요하기 때문

39. **필터에 트랩된 오염물질은 처음 드라이어로 유입되면 흡수되지 않고 통과하는가?**

a. 통과함
b. 통과하지 않음

40. **필터드라이어에 트랩된 오염물질이 다시 시스템으로 유입될 수 있는가?**

a. 유입될 수 있다.
b. 유입될 수 없다.

연습문제(REVIEW QUESTIONS)

41. 중온 시스템에서 흡입배관 필터드라이어가 교체되기 전의 최대 허용압력은 얼마인가?

a. 1 psig
b. 2 psig
c. 3 psig
d. 10 psig

42. 시스템 번아웃(burnout) 후에 산 성분을 제거하기 위하여 흡입배관 필터를 설치한다면, 이를 제거하기 전에 설치해 놓을 수 있는 최대 시간은 얼마인가?

a. 하루
b. 이틀
c. 사흘

43. 흡입배관 필터드라이어는 시스템의 수분을 제거하기 위해 사용될 수 있는가?

a. 사용될 수 있음
b. 사용될 수 없음
c. 사용될 수 있을 것임

44. 기술자의 경험법칙(TROT)에 의하면, 액냉매라인 필터드라이어의 최대 허용 온도강하는 얼마인가?

a. 18
b. 38
c. 68
d. 108

45. 필터드라이어의 수분을 제거할 수 있는 최대 용량에 도달한 것을 어떻게 점검할 수 있는가?

a. 드라이어에서의 압력 또는 온도강하량 점검
b. 가시유리의 수분지시계 점검
c. 시스템을 펌프다운하고, 진공상태를 유지하는 지 점검

46. 수분으로 포화된 드라이어 교체를 위한 최선의 절차는 어느 것인가?

a. 수분제거가 가장 빠른 토치를 사용
b. 토치로부터의 열은 수분을 시스템으로 유입시키므로 드라이어를 절단

47. Sporlan 필터드라이어 C052의 제습제 용량과 배관 크기 및 피팅 형태는 무엇인가?

a. 2 세제곱 인치, 5/8 인치 배관, 플레어 피팅
b. 5 세제곱 인치, 1/2 인치 배관, 용접형 피팅
c. 5 세제곱 인치, 1/4 인치 배관, 플레어 피팅

48. 가시유리에 기포가 보이면 냉매를 추가로 충전해야 하는가?

a. 압축기를 과열시키므로 냉매를 추가로 충전
b. 냉매 충전 전에 모든 기포가 없어지는지 기다리고 충전하지 않음
c. 시스템이 기동되었거나 저부하이면 냉매를 충전하지 않음

49. 흡입배관 열교환기의 용도는 무엇인가?

a. 압축기에 액냉매가 유입되는 것을 방지하기 위하여 냉매를 증발시킴
b. 온도자동팽창밸브 이전의 냉매를 과냉시킴
c. 흡입압력을 압축기 압력으로 유지시킴

연습문제(REVIEW QUESTIONS)

50. 진동제거기는 압축기 크랭크샤프트에 병렬 또는 수직으로 설치되어야 하는가?

a. 압축기가 기동 시 진동함에 따라 아코디언의 송풍기에서 진동을 흡수하는 것과 같은 역할을 하기 위해서 진동제거기는 크랭크샤프트에 수직으로 설치되어야 함

b. 아코디언의 송풍기처럼 압축되면 내부 주름관에 균열이 발생하지만, 압축기 진동에 따라 뒤틀림이 발생하면 균열이 발생하지 않으므로 병렬로 설치되어야 함

CHAPTER 7

냉동시스템 고장점검

개요

이 장은 기술자들이 가장 기대하는 장이다. 모든 퍼즐 조각이 마침내 제자리에 맞아 들어가는 단계라고 할 수 있다. 앞 장은 상업용 냉동시스템의 이해를 통해서 개발을 도와줄 수 있도록 설계되어 있다. 이 장은 지금까지 얻은 지식을 토대로 이제부터는 시스템을 진단하는 데 필요한 기술을 개발하는 데 초점을 맞춘다.

앞서 다른 장에서 살펴본 정보들 중 중요한 것은 이 장에서 되풀이하되 다소 다른 방식으로 언급할 것이다. 분량이 좀 길어지더라도 같은 개념을 다른 말로 되풀이함으로써 이해하기가 더 쉽도록 할 것이다. 만약 여러분들이 이미 그 개념을 완전히 이해했다면 배운 것을 보강하는 것이라고 여겨주기 바란다.

진단의 기술이란 알고 있는 것을 실전에 대입하여 활용하는 것이다. 기술자들은 그 과정을 통해 성취감과 자존심을 얻는다. 고장점검이 쉬운 것이라면 누구라도 할 수 있을 것이다. 하지만 사실 고장점검은 쉽지 않다. 그렇지만 이 장을 끝까지 마친 사람이라면 대다수 냉동시스템 문제들을 적절히 분석할 수 있을 것이다. 문제를 해결하는 과정에서 재미를 얻을 수도 있다. 고장점검을 더 잘 할수록 재미도 더 커질 것이다.

학습목표(OBJECTIVES)

이 장을 완전히 이해하고 나면 여러분들은 모든 냉동시스템 진단을 잘 이해하고 특히 다음 시스템 문제들을 잘 이해할 수 있을 것이다.

- 먼지나 얼은 증발기 또는 증발기 전반의 낮은 기류
- 냉매의 불충분한 충전
- 비효율적인 압축기
- 제약이 있는 조절장치
- 리시버 뒤 액라인에서의 제약
- 리싯버 앞 고압측에서의 제약
- 먼지 낀 응축기
- 시스템 내 공기
- 냉매의 과대 충전
- 오일 움직임이 둔해진 증발기

복습 및 예습

특정한 개별 문제들의 고장점검에 들어가기에 앞서 냉동시스템과 그 4가지의 주요 구성요소들을 간단히 되돌아보면 도움이 될 것이다. 이 장에서는 그 밖에도 냉동시스템에서 어떤 조건들이 이들 구성요소들에게 영향을 미치는지, 그리고 구성요소들은 어떻게 서로 영향을 주는지를 알아볼 것이다. 냉동시스템을 효과적으로 진단하려면 시스템의 다른 부품들이 어떻게 상호작용하는지 이해하는 것은 필수적이다.

한 가지 시스템을 고장점검하는 법을 익힌 다음 어떤 냉동시스템에 거의 똑같은 진단기구를 적용하는 것은 상당히 쉽다. 우선, 점검할 유닛이 정상작동 상황에서 어떤 온도와 압력에서 서비스되도록 설정되어 있는지를 확인하라. 다른 말로 표현하자면, 이 시스템은 어떻게 작동하도록 제작되어 있는가?

시스템의 어느 부분이 적절히 기능하지 못하는지를 결정한 다음 단계는, 진단기술을 사용하여 무엇이 문제를 일으키는지 찾아내는 것이다. 다음은 고장점검에 필요한 최소한의 정보 항목이다.

- 응축기에 들어가는 대기온도
- 응축온도
- 응축기 분기
- 응축기 과냉
- 증발기에 들어가는 냉동공간온도

- 증발기 온도
- 증발기 온도차(TD)
- 증발기 과열

계기와 온도계로 대다수 정보를 얻을 수 있지만, 그 자료들을 적절히 사용하려면 기술자가 시스템의 설계조건을 알아야 한다. 기술자가 응축기 분기와 증발기 온도차가 얼마인지 모른다면 실제로 그 시스템이 적절히 작동하고 있는지 아닌지 알 수 없다.

예제: ❶ 95°F인 날에 R22 시스템이 압력수두가 278 psig, 응축온도가 125°F다. 이 시스템은 제대로 작동하고 있는가?

만약 유닛이 10 SEER A/C 유닛과 같이 30°F(125°F−95°F=30°F)이거나 표준 응축 유닛을 가진 중간온도 워크인 박스가 있다면 '예' 라고 할 수 있다. 하지만 유닛이 20°F 응축기 분기, 25°F 응축기 분기를 갖는 냉동기, 또는 분기가 10°F인 고효율 상업용 냉동 원격 응축기를 갖는 14 SEER A/C 유닛이라면 답은 '아니요' 다. 이 예에서 말하는 바와 같이 시스템의 높은 쪽을 고장점검하려면 기술자는 응축기 분기가 어떻게 설계되어 있는지를 파악하고 있어야 한다.

시스템의 낮은 쪽에 있어서, 흡입압력은 증발온도를 나타내주며 온도계는 박스온도가 얼마인지 알려준다. 그러나 코일온도가 조건에 정확한지 알려면 설계된 증발기 온도차를 알아야 한다.

계속해서 기본에 초섬을 맞추기 위해, 복습과 나중에 나올 예제에 여러 모로 도움이 될 두 가지 응용을 살펴보자.

- 95°F 외기온도에서 중간온도 워크인(그림 7-1 참조)
  - 30°F 응축기 분기
  - 125°F 응축온도
  - 10°F 응축기 과냉
  - 35°F 박스온도
  - 10°F 증발기 온도차
  - 25°F 증발기 온도
  - 10°F 증발기 과열
  - 온도자동팽창밸브(TEV) 조절장치
- 95°F 외기온도에서 중간온도 리치인(그림 7-2 참조)
  - 30°F 응축기 분기

그림 7-1 TEV가 달린 워크인 냉장고 (출처 : RTS)

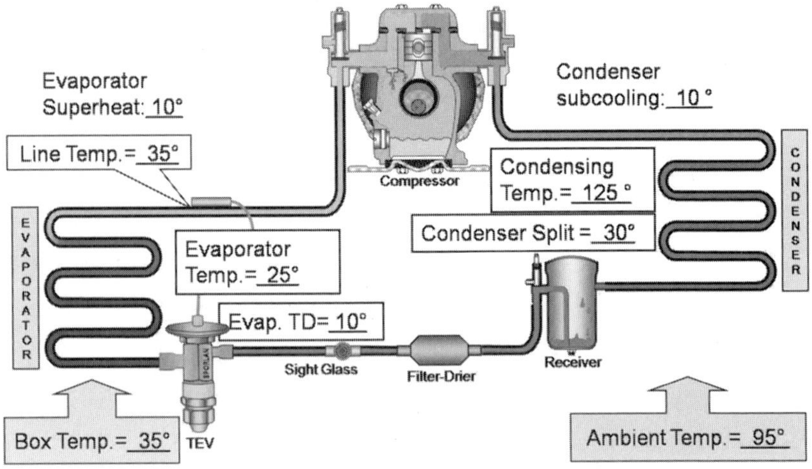

그림 7-2 모세관 조절장치가 달린 리치 인(Reach-in) 냉장고 (출처 : RTS)-모세관 조절장치

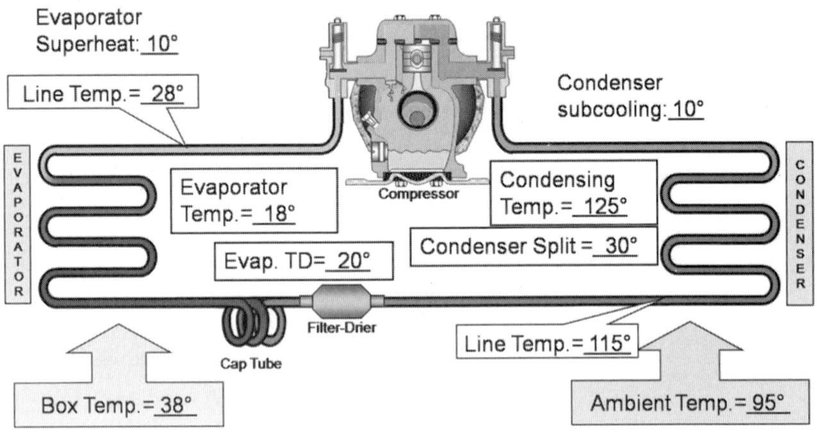

- 125°F 응축온도
- 10°F 응축기 과냉
- 38°F 박스온도
- 20°F 증발기 온도차
- 18°F 증발기 온도
- 10°F 증발기 과열

2가지 샘플 시스템에 기입되어 있는 냉매의 종류나 압력은 없다는 것을 명심하라. 중요한 것은 냉매의 종류가 아니라 바로 포화온도이기 때문이다. 예를 들면, 위에서 예로 든 두 시스템이 만약 R134a나 R404a 또는 R410a를 사용한다면 포

화온도는 똑같다. 단지 압력이 다를 뿐이다. 물론 압축기와 조절장치는 사용된 냉매에 맞도록 설계되어야 한다.

증발기

증발기에서 증발하는 냉매는 냉동공간에서 열을 흡수한다. 모든 액상냉매 방울이 증발했을 때 포화증기는 단지 현열만 흡수한다. 과열을 측정하면 증발기가 효과적으로 작동하는지, 그리고 압축기로 돌아오는 액체 중 손상받는 부분이 있는지 알아낼 수 있다. 과열은 증발기 출구에서 흡입라인의 온도로부터 증발기 온도를 빼면 측정할 수 있다.

이 장은 대다수 전형적인 샘플 냉동시스템에 10°F 과열이 있는 것으로 전제한다.

참고: 통상 과열은 공기조화 유닛에서 15°F로 높고, 냉장고에서는 6°F로 낮으며, 제빙기에서 3°F로 더 낮다. 과열이 없는 것(0°F)은 어떤 경우에든 플러드백(flood-back)을 의미한다.

그러므로 증발기에 들어가는 냉매가 과잉인 예에서, 과열을 5°F 이하로 충분히 떨어뜨리면 보통 플러딩 조건이라 생각한다. 증발기에 들어가는 냉매가 충분하지 못해 과열이 20°F 이상이 된다면 증발기가 확실히 스터빙되고 있다고 가정할 수 있다.

참고: 이 장 샘플에는 다음 과열 가이드라인을 사용하라.

- 플러딩 : 5°F 이하 과열
- 스터빙 : 20°F 이상 과열

설계조건 하에서 35°F 워크인 박스 내 8,000 Btuh 증발기가 8,000 Btuh를 흡수하고 그 열을 시스템에서 제거하기 위해 응축기로 보낸다. 만약 워크인 안에 따뜻한 제품을 둔다면 8,000 Btuh보다 많은 열이 흡수될 것이다. 증발기에서 냉매의 온도는 상승하고 액체는 더 빨리 증발한다. 그 열은 냉매분자의 운동을 증가시키고 그것은 증발압력을 상승시킨다.

반면에 증발기가 성에로 덮이면 어떠한 따뜻한 공기도 증발기를 통하여 냉매를 데우지 않게 된다. 결상은 단열재처럼 작용하여 박스 내 따뜻한 공기와 증발기 내보다 찬 냉매 사이의 열전달을 막거나 적어도 줄인다. 만약 냉매에 어떠한 열도 가하지 않으면 그 온도와 압력은 떨어진다.

증발기 온도를 해석하는 것은 때때로 당황스러울 수 있다. 예를 들면, 증발기를 떠나는 공기가 얼었거나 먼지가 쌓였거나 냉매가 스터빙되었다면 확실히 정상일 때보다 따뜻하다. 증발기로 오는 공기와 떠나는 공기 사이 온도를 측정해 본다면 이런 상황은 낮은 온도차(ΔT)로 나타날 것이다.

그러나 이 장에서 우리는 증발기 내 냉매의 온도를 토대로 분석을 한다. 증발기 온도는 냉매압력의 함수다. 압력은 냉매분자의 운동의 함수다. 흡수되는 열이 작으면 작을수록 분자는 더 천천히 움직이고 냉매 압력은 더 낮아진다.

만약에 증발기가 얼었거나 먼지가 쌓였거나 냉매가 비면 열은 증발기로 흡수되지 않는다. 냉매에서 열이 작다는 것은 분자가 천천히 가라앉아 더 낮은 압력을 야기한다는 의미다. 압력이 떨어진다는 것은 증발기 내에서 온도가 떨어진다는 것을 뜻한다. 그러므로 평상 시보다 더 낮은 증발기 온도는 열이 냉매로 가지 않거나 증발기 내 냉매가 충분하지 않다는 것을 나타낸다.

압축기

압축기는 들어가는 흡입증기의 압력과 온도를 증가시키는 펌프다. 떠나는 증기의 온도는 응축기로 들어가는 외기에 의해 냉각될 때 응축할 수 있을 만큼 충분히 높아야 한다. 샘플 시스템에서 압축기는 95°F의 외기가 뜨거운 증기를 액체로 응축할 만큼 충분히 차갑도록 흡입증기온도를 250°F로 올린다.

35°F 워크인 냉각기가 25°F 포화증기와 125°F 응축온도에서 정격 8,000 Btuh 압축기를 가지고 있다고 가정하자. 흡입온도 또는 응축온도가 그들 최대치 위로 오르지 않는 한 압축기는 증발기에서 응축기로 8,000 Btuh를 움직이는 데 문제가 없다.

그러나 따뜻한 제품이 박스 내에 있다면 증발기 온도는 25°F 이상 올라간다. 증발기로부터 추가되는 열은 응축기 내 열을 증가시키고, 압축기는 냉매를 증발기에서 응축기로 이동시키기 위해서 그 토출압력을 증가시켜야 한다.

반면에, 증발기에 성에가 끼어 있으면 박스로부터 8,000 Btuh를 흡수하지 않는다. 압축기와 응축기는 냉매를 보내느라 열을 덜 갖게 되므로 응축온도와 압력은 떨어진다.

이 두 가지 예는 증발기에서 일어나는 일이 응축기에 매우 비슷한 영향을 미친다는 것을 보여준다. 즉, 증발기 온도가 상승할 때 응축기 온도도 올라가며 그 반대 경우도 성립된다.

응축기

응축기는 압축기 모터 열과 압축열과 마찬가지로 증발기 잠열과 과열을 제거할 수 있도록 크기가 정해진다. 70°F 외기조건에서 30°F 분기로 설계된 응축기는 100°F 응축온도에서 정격용량의 열을 제거할 수 있다. 만약 외기가 95°F로 오르면, 응축온도는 같은 일을 수행하기 위해서 125°F까지 상승해야 한다.

박스 내 따뜻한 제품은 더 많은 냉매를 증발기로 이송시키기 위해서 온도자동팽창밸브 시스템을 작동시킨다. 증가한 냉매유량은 더 많은 열을 흡수하여 증발기 압력을 상승시킨다. 그 밖의 열과 냉매의 양은 응축기를 더 채우고(더 많은 응축공간을 차지) 응축압력과 온도를 더 높인다.

만약 증발기가 결상으로 덮여 있으면, 응축기가 처리해야 할 열이 더 적을 것이고 따라서 응축온도와 압력은 떨어질 것이다. 증발기에서 열을 덜 흡수하면 응축기에서 열을 덜 방출한다. 역으로 증발기에 부하(뜨거운 제품이나 뜨거운 풀다운: pull-down)가 있다면 응축온도는 올라갈 것이다. 먼지가 낀 응축기 또한 냉매가 열 모두를 방출할 수 없기 때문에 응축온도를 올린다.

응축압력과 온도는 또한 응축기 내 냉매의 양으로부터 영향을 받는다. 이것은 과냉을 측정함으로서 판단할 수 있다.

참고: 이 장에서의 예에 대해 다음 과냉 가이드라인을 사용하라.

- 냉매의 과소충전 = 5°F 이하 과냉
- 냉매의 과대충전 = 20°F 이상 과냉

조절장치

온도자동팽창밸브(TEV)와 고정 조절장치(모세관)는 둘 다 응축된 냉매의 온도를 더 낮추고 액상냉매를 증발기 내로 물방울로 분무하기 위한 노즐로서 작용한다. 응축기에서의 고압, 고온냉매는 조절장치로 들어가고 냉매의 압력을 더 낮게 하는 오리피스를 강제로 통한다. 냉매의 약 25%가 플래시 오프(flash-off)하고 남은 냉매를 차게 한다. 증발기로 들어가는 냉매의 온도는 밸브를 통한 압력강하가 얼마나 되느냐에 달렸다. 조절장치는 주어진 온도에서 주어진 양의 냉매를 공급하도록 설계되어 있다. 그러나 증발기에 들어가는 액체의 온도는 조절장치에 들어가는 냉매의 온도로부터도 영향을 받는다. 슈퍼마켓 냉동이 어떻게 기계적 과냉을 통해서 증발기 효율을 증가시키기 위해 이 사실을 사용하는지는 뒤에 다른 장에서 설명하겠다.

밸브 하나나 모세관 하나 사이의 압력강하는 모든 냉매에 대해 똑같은 증발기 온도를 만들지 못한다. 그러므로 조절장치는 특정 냉매에 대해 특정한 증발기 온도 범위 내에서 특유의 Btuh 용량으로 정격된다.

예제: ❷ Sporlan 모델 G 1/2 C 팽창밸브는 R22 중간온도(25°F 증발기) 시스템용으로 설계되어 있다. 대다수 조건에서 이 시스템은 1/2 톤(6,000 Btuh) 냉동효과를 얻기에 충분한 냉매를 증발기에 공급할 것이다.

고정 조절장치는 시스템 조건에 어떻게 반작용하는가?

다음은 고정 조절장치가 특정한 증발기 온도를 일으키기 위해 압력강하를 어떻게 사용하는지를 보여준다. 또한 더 높은 압력의 냉매가 똑같은 증발기 온도를 만들려면 어떻게 해서 더 큰 압력강하가 필요한지도 보여준다.

예제: ❸ 20°F 증발기 온도 및 120°F 응축에서 정격용량이 2,500 Btuh인 리치인 냉장고가 있다. 만약 시스템이 R134a로 작동한다면 모세관 사이의 압력강하는 얼마이며, 거기서 쓰는 모세관의 크기는 어떠한가? 만약 R22 시스템인 경우에는 어떠한가?

압력-온도(P/T) 선도에 따르면 R134a는 153 psig(120°F에서 171 psig−20°F에서 18 psig)떨어져야 할 것이다. 모세관 선도를 보면 모세관의 안지름은 0.049 인치, 길이는 9피트여야 요구되는 압력강하에 필요한 냉매의 양을 공급할 수 있다.

R22는 같은 응축을 하는 데 증발기 온도강하에 비해 더 큰 압력강하 217 psig(120°F에서 260psig−20°F에서 43psig)를 요구한다. R134a에 대해 안지름 0.049인치, 길이 9피트를 추천한 위 보기의 모세관 선도를 보면 R22에 대해서는 안지름 0.042인치, 길이 9피트를 추천한다. 더 작은 안지름 모세관은 R22시스템에 필요한 것보다 더 큰 압력강하를 공급할 것이다.

다음 예는 증가한 응축압력과 온도가 고정 조절장치 시스템의 증발기와 박스 온도에 어떻게 직접 영향을 끼치는지를 보여준다.

예제: ❹ 앞의 R22 모세관 유닛에는 먼지가 낀 응축기가 있어서(또는 대기온도가 상승해서) 압력수두가 260 psig에서 290 psig로 올라간다.

고정 조절장치는 고정 압력강하를 갖도록 설계되어 있다. 그러므로 압력수두가 더 높을수록 증발기 압력이 더 높다. 이 예에서 압력수두 30 psig의 상승은 증발기 압력을 30 psig까지 증가시킬 것이다. 만약 증발기 온도가 43 psig 흡입압력에서 20°F라면, 그때 73 psig의 흡입압력으로 30 psig의 증가는 박스온도를 올리는 증발기 온도를 43°F로 증가시킬 것이다.

냉매가 증발하지 않기 때문에 증발기 과열은 떨어질 것이다. 증발이 일어나려면 냉매온도는 박스온도보다 더 낮아야 한다. 증발기 과열이 떨어지는 다른 이유는 높은 응축압력이 증발할 기회를 갖지 못하는 많은 냉매를 증발기로 흘려보내기 때문이다.

모세관 시스템이 응축기 부하에 어떻게 반작용하는지를 본 후 증발기에 열부하가 있다면 무슨 일이 일어나는지를 보도록 하자.

예제: ❺ 뜨거운 물품이 박스 내에 있다면 무슨 일이 일어나는가?

모세관은 단지 정해진 양의 냉매를 증발기로 들어가게 하므로 증가된 열부하는 제한된 양의 냉매를 빨리 증발시킨다. 증발기 압력은 냉매가 완전히 증발했거나 또는 모두 포화되면 오르는 것을 멈춘다. 잠열을 흡수하기 위한 액상냉매의 양이 제한되어 있다면, 증발기 압력은 증가된 열부하 때문에 그다지 많이 오르지 못한다.

비슷한 이유로, 응축압력은 그만큼 오르지 않는다. 따뜻한 증발기에 공급된 냉매의 양은 정상적인 박스 부하 하에서 공급된 것과 비슷한 양으로 제한된다. 그러므로 증발기는 단지 보통 때와 같은 양의 잠열을 흡수하여 그것을 응축기로 통과시킬 수 있을 뿐이다.

제한된 양의 냉매가 증발기의 첫 번째 부분에서 빨리 증발하므로 좀 더 많은 잠열을 흡수한다. 이것은 증발기를 떠나는 흡입라인 온도가 더 높다는 것으로 입증할 수 있다. 그 외에, 증발기에서 흡수한 현열은 응축기의 압력을 올리기에 충분한 부하를 가하지는 않는다. 종합해 보면, 모세관이 달린 증발기에 가해진 열은 증발기와 응축온도를 조금 올릴 뿐이다. 그러나 과열은 많이 증가시킨다.

증발기에 높은 열부하가 있을 때 무슨 일이 일어나는지를 알았으니, 이제는 증발기에 낮은 부하가 있을 때 무슨 일이 일어나는지를 알아보자.

예제: ❻ 만약 증발기가 결상되면 어떻게 되는가?

증발기 핀을 통해 기류가 없다면 증발기에 부하가 없고 냉매를 증발시킬 열도 거의 없다. 만약 냉매가 증발하지 않는다면 압력과 온도는 떨어진다. 또한 냉매가 증발하지 않기 때문에 과열이 거의 없거나 아예 없다.

만약 증발기가 열을 흡수하지 못한다면 응축기는 방출할 열도 거의 없다. 결과적으로 응축온도와 압력은 낮다.

TEV 시스템은 시스템 조건에 따라 어떻게 반응하는가?

모세관과 달리 온도자동팽창밸브(TEV)는 증발기로 적당히 이송할 능력을 가지고 있고, 대부분의 부하 조건에서 일정 과열을 유지한다. TEV의 감지구(sensing bulb)는 증발기 출구측 흡입라인에 부착되어 있다. 만약 구가 흡입라인 온도상승(높은 과열)을 감지한다면 밸브는 열리고 많은 냉매를 증발기로 이송한다. 흡입라인이 차게 되면(낮은 과열) TEV는 증발기로 이송되는 냉매의 양을 되돌린다.

TEV 감지구 내 냉매는 특정한 온도범위 내에서 증발한다. 과열 조정은 밸브로 하여금 특유의 흡입라인 온도를 유지하도록 한다. 예를 들면, 표준조건에서 10°F 과열을 갖는 25°F에서 워크인 냉장고 증발기는 감지구가 달려 있는 35°F의 흡입라인 온도를 가질 것이다. 만약 증발기 온도가 35°F로 오른다면, 감지구에서의 온도는 45°F가 될 것이다. TEV는 증발기 출구에서 10°F 과열을 여전히 유지하는 동안 10°F에 이르는 여분의 증발기 열을 다루기에 충분할 만큼 넓게 열릴 것이다.

다음은 TEV 시스템이 증가된 증발기 부하에 반응하는 예다.

예제: ❼ 온도자동팽창밸브(TEV) 시스템이 있는 증발기를 지닌 워크인 냉장고 안에 뜨거운 물품을 두면 어떻게 되는가?

먼저, 냉매가 증발기 내에서 빨리 증발한다. 증발기 출구에 있는 TEV 감지구는 더 높은 흡입라인 온도를 감지한다. 밸브는 열리고 증발기 온도를 더 낮추기 위해 더 많은 냉매를 이송한다. 냉매는 열을 더 많이 흡수할수록 더 맹렬히 증발한다. 냉매의 증발률이 증가하면 증발기 압력과 온도도 올라간다.

제한범위 내에서 TEV가 냉매를 증발기로 더 많이 이송할수록 증발기는 워크인 내 물품에서 더 많은 열을 흡수한다. 증발기에서 흡수한 모든 열은 직접 응축기로 전달된다. 응축기로 가해지는 열량이 클수록 응축온도와 압력의 증가도 더 커진다.

물품의 온도가 떨어지면 증발기의 온도 또한 떨어진다. TEV는 더 찬 흡입라인을 감지하고 증발기로 이송하는 냉매의 양을 되돌린다. 박스와 물품 온도가 설계조건 이하로 떨어지면 TEV는 당초 설계된 흡입라인 온도를 유지하기 위해서 증발기에 필요한 냉매의 양만을 조절한다. 감지구에서 흡입라인의 온도는 증발기 온도에 바람직한 과열을 더한 것이다. 종합하자면, TEV 조절 증발기에 열이 가해지면 증발기 온도와 응축온도가 올라간다. 다음 예는 TEV 시스템이 응축기에 증가된 부하에 어떻게 반응하는지를 보여준다.

예제: ❽ 응축기에 먼지가 끼어 있거나 외기가 상승한다면 어떻게 될까?

응축압력과 온도는 증가하고, 이것은 밸브 입구에 더 많은 압력을 가한다. 그러나 TEV는 증발기 출구에 있는 감지구에 반응하는 것이며 밸브 입구에 있는 응축압력에 반응하지는 않는다. 증발기 온도차와 과열은 거의 똑같다. 그러나 증발기 온도는 약간 오른다.

응축온도가 오르면 오를수록 설계 증발기 온도를 유지하기 위해서 플래시 오프(단열팽창)하는 데 더 많은 냉매가 필요하게 된다.

예제: ❾ 100°F의 액상냉매가 25°F 증발기로 들어간다. 냉매의 25%가 바람직한 증발기 온도로 냉매의 나머지(75%)를 차게 하기 위해 플래시 오프(단열팽창)한다고 가정하라. 만약 액체온도가 125°F까지 오른다면 냉매의 33%가 플래시 오프하

는데 쓰이고, 공간에서 열을 흡수하기 위해서 더 적은 냉매(67%)를 남겨둔다.

적절하게 높은 응축기 부하는 압력수두를 올릴 것이지만 증발기 온도에 그렇게 큰 영향을 끼치지는 않는다. 그러나 온도자동팽창밸브(TEV)는 한계를 지닌다. 만약 응축기가 매우 먼지가 많이 끼었거나 외기온도가 매우 높으면 압력수두는 다소 더 높은 온도의 냉매를 증발기로 보내 증발기 온도를 올릴 수 있다.

이제 TEV 시스템이 낮은 증발기 부하에 어떻게 대응하는지 보자.

예제: ⑩ 증발기가 결상되면 어떻게 될까?

결상은 증발기로 하여금 많은 열을 흡수하는 것을 막는다. 그러므로 증발기 온도는 떨어진다. TEV 감지구는 더 낮아진 증발기 온도를 감지하고 과열을 유지하기 위해서 냉매흐름을 되돌린다.

만약에 증발기가 열을 취하지 못하면, 그때는 응축기가 많은 열을 제거하지 못한다. 응축온도와 압력은 낮고 과냉은 정상 수준으로 유지된다.

외부 온도변화가 냉동시스템에 어떻게 영향을 끼치는가(요약)?

다음 온도에 대한 규칙은 포화된(증기로 증발하는 과정에서 또는 액체로 응축하는 과정에서) 냉매에 적용한다.

기술자의 경험법칙(T.R.O.T)

냉매온도가 증가하면 압력도 증가한다.

날씨가 따뜻할 때 응축기에 들어가는 공기온도는 증가하여 수압도 올라간다. 만약에 따뜻한 제품이 냉장고 내에 놓이면 박스온도는 증가하고 흡입압력도 증가한다.

기술자의 경험법칙(T.R.O.T)

냉매온도가 감소하면 그 압력도 감소한다.

해가 지면 응축기에 들어가는 공기온도가 낮아지고 수압도 내려간다. 냉장고 내에 따뜻한 제품의 온도가 내려가면 흡입압력도 내려간다.

이들 두 가지 규칙을 마음 속에 새기고 다음 예를 통해 외부 온도의 변화가 시스템에 어떤 영향을 끼치는지 생생하게 확인하라.

예제: ⓫ 외기가 80°F인 날 온도자동팽창밸브(TEV)를 가지고 있는 워크인 냉장고가 적절한 작동온도가 35°F라 상상하라. 그 워크인은 건물 내에 있고 응축 유닛은 밖에 있다.

우리가 증발기에 대해 배운 것을 돌이켜보면, 워크인은 10°F의 증발기 스플릿을 가지고 있다. 그러므로 증발기 온도는 25°F(35°F−10°F=TD=25°F)다. 만약 시스템이 R22이면 흡입압력-온도 선도에 따라 압력은 49 psig다.

표준 냉동유닛은 응축기 분기의 30°F를 갖는다. 80°F 외기에서 응축온도는 226 psig의 토출압력에서 110°F가 될 것이다.

압축기는 외기 80°F에서 박스 내 온도 35°F를 유지하기 위해서 R22 냉매압력/온도를 49 psig에서 25°F를 226 psig에서 110°F로 증가시킬 것이다.

앞서 시스템 작동에 관해 언급할 때에는 온도가 시스템에 어떻게 영향을 끼치는가를 설명하기 위해 상당히 일반적인 용어들을 사용했다. 다음 예는 상황에 우리 주변에서 일어나는 '실제 생활'을 나타내기 위하여 비교적 더 구체적이다. 또한 결과들은 짧지만 실제 사용 현황을 보여줄 것이다.

다음은 워크인 시스템에 영향을 끼치는 공통적인 조건들을 무슨 일이 왜 일어나는지를 중심으로 설명한 것이다.

- 응축기에서 80°F 외기가 100°F로 올라간다. 그 이유는 무엇인가?
  - 압력수두가 297 psig에서 130°F까지 올라간다. 왜 그럴까?
  - 기술적인 답은 온도가 올라갈 때 냉매분자가 더 빨리 움직이기 때문이다. 이렇게 운동이 증가하면 압력도 증가한다.
  - 좀 더 간단하게 설명하자면, 냉매온도와 압력은 유닛에 설계된 응축기 분기에 정비례하여 외기와 함께 상승한다.
- 비록 압력수두가 증가하더라도 흡입압력이 25°F 및 49 psig에 있다. 그 이유는 무엇인가?
  - 팽창밸브는 정상 조건 하에서 증가 또는 감소하는 압력수두의 영향을 받지 않는다.
  - 외기는 건물 내 워크인 냉장고에 무슨 일이 일어나는지에 영향을 받지 않기 때문에 증발기 상의 부하를 증가시키지도 감소시키지도 않는다.

- 누군가 워크인 박스의 문을 열어두고 갔거나 워크인 박스 내에 따뜻한 물품을 두었다. 무슨 일이 일어날까?
  - 증발기 내 압력과 온도가 상승한다. 그 이유는 무엇인가?
    - 증가한 물품의 열은 증발기의 냉매에 더해진다. 이것이 냉매분자의 운동을 증가시키고, 그것이 압력을 올린다. (예: 35°F 워크인 박스는 50°F로 상승하고 증발기 압력이 오른다.)

- 응축기의 압력과 온도가 올라간다. 그 이유는 무엇인가?
    - 이것은 꼭 이해해야 할 중요한 개념이다. 만약 압축기가 증가된 압력과 온도에서 흡입증기를 받는다면, 그것은 단순히 응축기로 열을 통과시킨다. 응축기는 그 응축온도에 적정하게 설계되어 있는 것보다 더 많은 열을 취급하게 된다. 그러므로 압력과 온도는 정상 이상으로 오르기 시작한다. (예: 외기 100°F에서 정상 응축온도는 130°F이다. 그러나 증발기로부터 여분의 부하는 응축온도를 145°F로 올리게 된다.)

응축기에 열을 가하는 것이 어떻게 해서 시스템의 일부분에만[온도자동팽창밸브(TEV) 시스템에서] 영향을 끼치게 되는지를 이해하는 것은 중요하다. 하지만 증발기에 열을 가하는 것은 시스템의 양쪽에 영향을 끼친다. 이 관계를 이해하는 것은 적절한 고장점검의 기본이다.

압력 변화가 냉동시스템에 어떻게 영향을 끼치는가(요약)?

복잡한 자연법칙을 지나치게 단순화시키려 들지 않더라도, 다음 기본 법칙은 압력/온도 관계에서 중요한 것들을 확인해 줄지도 모른다.

압력 법칙 #1 : 냉매압력이 증가하면, 온도도 증가한다. 압축기는 그 온도를 올리기 위해서 흡입압력을 증가시킨다.

압력 법칙 #2 : 냉매압력이 감소하면 온도도 감소한다. 조절장치는 그 온도를 더 낮추기 위해서 액체압력을 떨어뜨린다.

응축기를 통과하는 제한된 기류와 더 높은 외기온도 말고도 높은 압력수두에 대한 주요 원인으로는 다음 2가지가 더 있다.

- 높은 흡입압력 : 이것은 증발기 부하가 높다는 것을 보여준다.
- 냉매 과충전 : 초과 냉매는 응축기 공간을 차지하고 압력수두를 증가시킨다.

또한 위 두 가지의 반대 역시 사실이다.

- 냉매의 손실은 응축기 내 초과 공간을 의미하고 따라서 응축압력은 떨어진다.
- 증발기로 가는 냉매가 부족하면 증발작용이 줄고, 이는 증발기 압력이 낮아진다는 것을 뜻한다.
- 흡입압력이 낮을수록 압축기를 떠나는 토출압력도 낮다.

과열과 과냉

기술자들은 의사가 체온을 확인하는 것처럼 과열과 과냉을 확인하여 진단에 이용한다. 정상보다 증가 또는 감소하는 것은 곧 시스템 내에 무슨 일인가 일어난다는 얘기다.

냉매가 완전히 포화되면(완전히 증발하거나 응축되면) 온도의 변화는 압력변화를 일으키지 않는다.

과열 법칙: 만약 냉매가 완전히 증발하면 단지 가해진 열은 온도(과열)를 증가시키나 압력은 그대로다.

조절장치가 달린 증발기가 과열 10°F에서 작동하면, 고내에 따뜻한 물품이 더 들어가면 (초기에는) 과열을 증가시키고 압력증가는 거의 없다. 사실 압축기는 압력을 더 낮출 것이다. 이상해 보일지 몰라도 모세관은 일정량의 냉매만을 증발기로 보낸다. 만약 그 양이 압축기 실린더를 채우기에 충분하지 않다면 압력은 떨어진다.

모세관 시스템에서 핫풀다운(hot pull-down) 동안 이런 상황이 벌어지는 것은 정상이다. 시스템은 박스온도가 내려갈 때까지는 당분간 계속 작동해야 한다. 경험이 없는 기술자들은 때때로 이 상황을 잘못 분석하고 냉매를 더한다. 우선은 시스템에 도움이 되겠지만 기술자가 떠난 뒤에는 문제가 생긴다.

반면에 낮은 과열은 증발기로 이송된 냉매가 너무 많다는 것을 의미한다. 플러딩 온도자동팽창밸브(TEV) 시스템에서 확인해 봐야 할 몇 가지는 다음과 같다.

- TEV 과열 조정이 너무 낮다.
- TEV 감지구가 흡입라인을 감지하지 못한다.
  - 열감지구가 적당히 설치되지 않았다.
  - 열감지구를 단열재로 감을 필요가 있다.
- TEV가 열려 움직이지 못한다.
- TEV가 과대 크기가 되었다. (보통은 플러딩과 빔 사이에서 구하거나 변한다.)

모세관 시스템이 플러딩일 때 확인해야 하는 몇 가지는 다음과 같다.

- 높은 압력수두(과대 충전, 먼지 낀 응축기, 높은 외기온도)
- 부적절한 모세관 크기(너무 크다)

TEV 시스템 상에서 높은 과열은 증발기를 통하는 냉매의 부족을 나타낸다. 빈 TEV 시스템에서 확인해 봐야 할 몇 가지는 다음과 같다.

- 과열조정이 너무 높다.
- TEV에 제약이 있다.
- 밸브로 가는 냉매가 충분하지 않다(낮은 충전, 방해가 되는 필터 드라이어,

제약이 있는 액라인).

모세관 시스템 상에서 높은 과열은 다음 중 하나가 원인일 수 있다.

- 낮은 충전
- 제약이 있는 필터드라이어나 모세관
- 부적절한 모세관 크기(너무 작다)

과냉 법칙: 냉매가 완전히 응축되면 제거된 열은 그 온도를 떨어뜨릴 것이지만(과냉) 압력은 변하지 않는다.

제조업자들은 특정한 응축기 분기와 과냉에 맞춰 응축기를 설계한다. 리치인은 과냉 약 5°F만을 필요로 한다. 반면에 대다수 워크인용 원격 유닛은 약 10°F를 갖는다. 응축기 제조업자들은 완전한 응축을 위해서 관을 충분히 사용하고 원하는 만큼 과냉을 주는 데 필요한 만큼 여분의 관을 더한다.

높은 과냉은 보통 단 두 가지 이유로 일어난다.

- 응축기 내 냉매가 과도해지는 원인이 되는 과대충전
- 응축기 내 공간을 차지하는 불응축성 물질(공기)

낮은 과냉은 단지 한 가지 이유로 일어난다.

- 응축 및 과냉에 필요한 냉매가 부족해 생기는 과소충전

고장점검 팁: 냉동시스템의 각 부분은 시스템의 다른 부분으로부터 영향을 받을 수 있다. 만약 부품이 적절히 작동하지 않는다면, 우선 다른 시스템 부품 중 하나가 그 문제를 일으키는지를 확인하기 전까지는 그것을 교체하지 말라.

예제: ⓬ 만약 온도자동팽창밸브(TEV)가 냉매를 이송하지 않으면 그것은 밸브 결함이 아닐 수도 있다. 다른 이유들로는 시스템의 냉매가 낮거나 압축기 효율이 좋지 않거나 필터드라이어가 끊어졌을 수도 있다.

9가지 시스템 문제 분석

냉동시스템이 완전히 꺼졌다면 문제를 분석하는 것은 매우 쉽다. 예를 들면, 만약에 모든 냉매가 유닛에서 새어나왔거나 압축기 밸브가 완전히 멈추었거나 응축기가 완전히 먼지로 뒤덮였거나 증발기 팬이 작동하지 않는다면 이 유닛이 냉동을 할 수 없는 이유를 빨리 판단할 수 있다. 그러나 앞으로 주어질 예들은 더욱 까다

로운 상황들을 시뮬레이션을 해보일 예정이다. 이들 문제에서 유닛은 작동하지만 고객이 요구하는 온도에서 바로 정지하지 않는다. 이러한 종류의 조건에서 고장점검은 냉동시스템에 대한 더욱 철저한 이해를 요구한다.

예제들에는 기술자들이 가장 흔하게 직면하게 되는 다음 9가지 시스템 문제들이 포함된다. 가능한 경우에는, 똑같은 문제가 모세관 시스템과 온도자동팽창밸브(TEV) 시스템 사이에서 어떻게 다른 징후로 나타나는지도 함께 설명하겠다.

- 냉매의 과소 충전
- 냉매의 과대 충전
- 먼지가 낀 응축기 또는 낮은 응축기 기류
- 응축기에 있는 불응축성 물질
- 비효율적인 압축기
- 제약이 있는 조절장치
- 리시버 뒤 액라인에서의 제약
- 리시버 앞 제약
- 먼지가 끼거나 얼은 증발기 또는 낮은 증발기 기류

예제들은 38°F로 설계된 리치인 냉장고 및 35°F로 설계된 워크인 냉장고에만 해당된다. 두 유닛은 외기온도 95°F에서 작동하고 R22 냉매를 사용한다. 55°F 와인쿨러에서 240°F 분사 냉동고(blast freezer)까지 많은 다른 응용이 있는 것은 분명하다. 또한 외기온도 및 냉매가 다양하면 압력들도 다를 것이다. 그러나 같은 문제를 가지고 있는 단 두 가지 시스템의 예를 사용함으로써, 독자 대부분이 어떤 다른 종류의 시스템과 작동조건을 대하더라도 같은 분석 절차를 적용할 수 있을 것이라고 기대한다. 특정한 냉동 유닛이 어떻게 문제에 대응하는지를 확실하게 잘 이해해 놓으면, 대다수 다른 시스템과 조건에도 똑같은 일반적인 분석 원리를 적용할 수 있다.

우선, 기술자는 모든 것이 잘 작동하고 있을 때 어떻게 시스템이 동작하는지를 알아야 한다. 다음은 고장점검 연습 예제에 사용되는 2가지 유닛의 적절한 작동조건들이다.

- 외기 95°F에서 중간온도 리치인(그림 7-3 참조)
  - 30°F 응축기 분기
  - 125°F 응축온도
  - 10°F 과냉
  - 38°F 박스온도
  - 20°F 증발기 온도차

그림 7-3 모세관이 달린 R22 리치인 냉동기의 적절한 작동 (출처 : RTS)

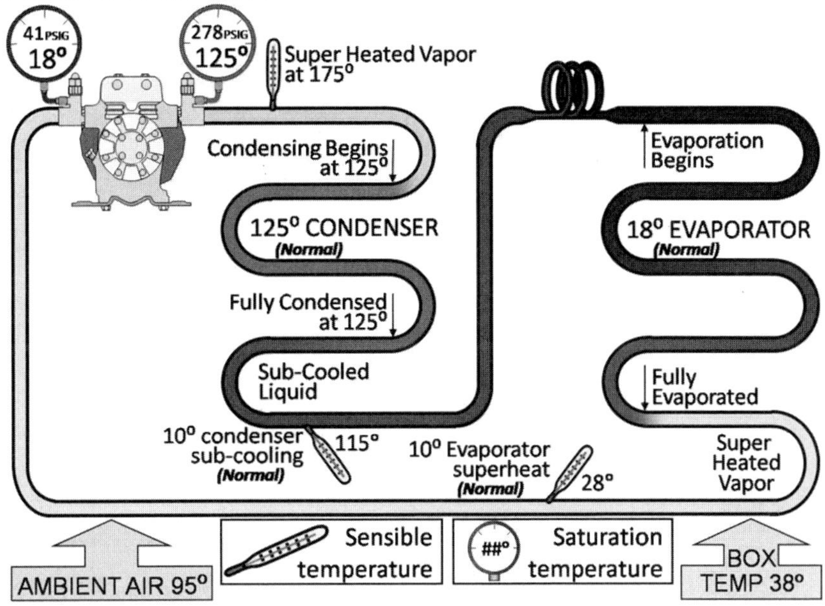

- 18°F 증발기 온도
- 10°F 과열
- 모세관 조절장치

· 외기 95°F에서 중간온도 워크인(그림 7-4 참조)

- 30°F 응축기 분기
- 125°F 응축온도
- 10°F 과냉
- 35°F 박스온도
- 10°F 증발기 온도차
- 25°F 증발기 온도
- 10°F 과열
- 온도자동팽창밸브(TEV) 조절장치

유닛의 현재의 작동온도는 그것의 원래 작동온도와 비교되어야 한다. 이것을 돕기 위해, 각 그림에는 원래 압력과 온도가 있지만 그것들은 현재 조건에 의해서 조금씩 가려진다. 다음 4가지 질문 사항에 답하려면 현재 조건을 분석해야 한다.

1. 응축온도 : 정상인가, 높은가 아니면 낮은가?
2. 응축기 과냉 : 정상인가, 높은가 아니면 낮은가?

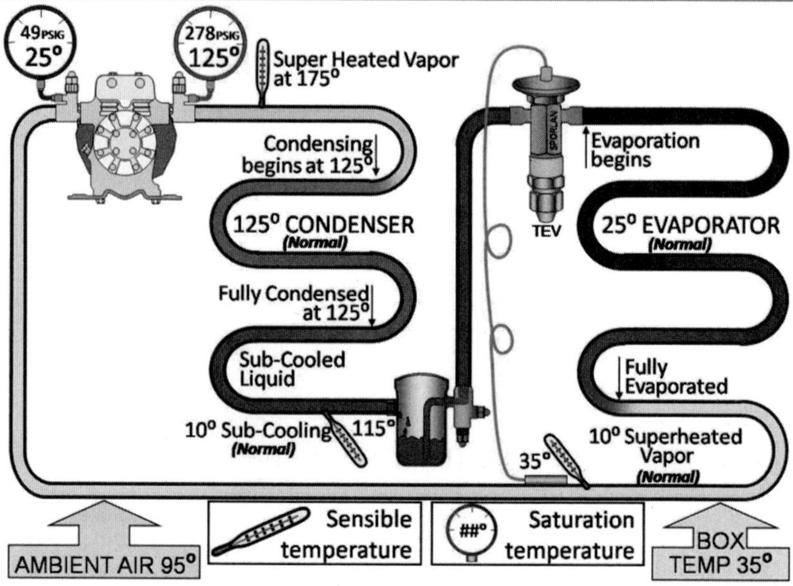

그림 7-4 TEV가 달린 R22 워크인 냉동기의 적절한 작동 (출처 : RTS)

3. 증발기 온도 : 정상인가, 높은가 아니면 낮은가?
4. 증발기 과열 : 정상인가, 높은가 아니면 낮은가?

냉동시스템을 적절하게 분석할 수 있는 능력은 단지 모든 작동 정보를 이들 4가지 주요 요인으로 응축시킬 수 있느냐 하는 문제다. 그러고 나서 이 4가지 조건을 정상조건에서 달라지게 만든 것이 무엇인지를 판단하는 것이다.

냉매의 과소 충전

과소 충전은 모세관 시스템이 달린 리치인에 어떤 영향을 끼치는가?

냉매가 완전히 다 없어진 유닛은 분석하기가 쉬울 것이다. 다음에 볼 모세관 시스템의 낮은 충전 예제에서는 냉매가 압력을 정상 수준으로 유지하기에는 부족하지만 얼마간 있다고 가정한다. 아슬아슬하게 충전된 유닛에서, 냉매의 양이 정격충전의 10% 이하라면 시스템을 제대로 움직이지 않을 것이다. 냉매가 단지 1파운드인 리치인 시스템에서는 2온스만 과소 충전해도 문제가 생긴다. 모세관 시스템에서 낮은 충전은 너무 자주 기술자로 하여금 누설이 있는지 보다 유닛에 그 계기를 대게 하는 원인이 된다. 이것은 응축하기에 쉽다는 것인데 계기 상에서 평균 높은 쪽 호스가 약 1온스의 액체를 가진다. 만약에 유닛이 적절하게 충전이 되었는지 의심스럽다면 가장 효율적인 방법은 기존 냉매를 회수하여 적당한 양의 새 냉매의 무게를 재는 것이다. 다른 심층분석을 통하면 유닛이 적절히 충전되어 있다는 것

그림 7-5 저충전 모세관 시스템 (출처 : RTS)

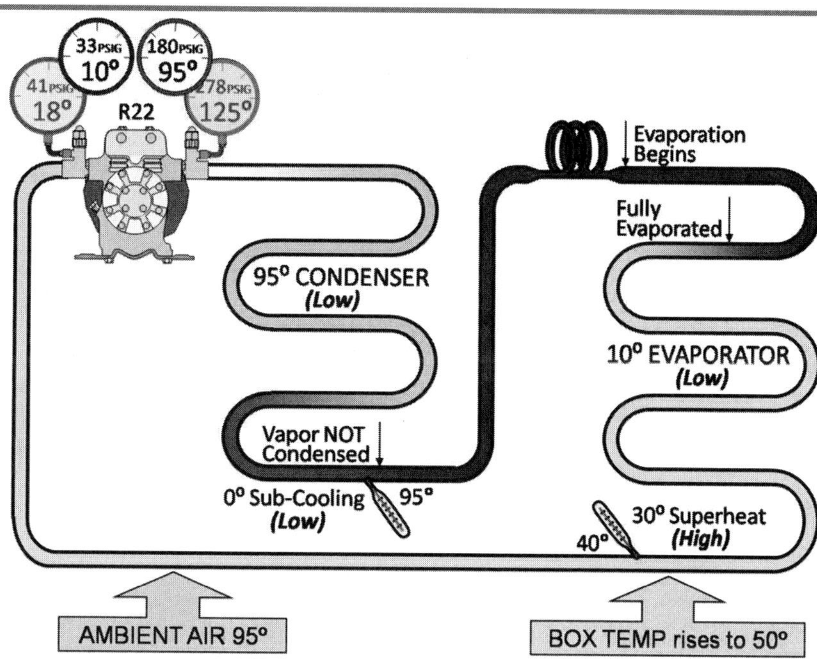

을 훨씬 더 정확히 알 수 있을 것이다.

다음은 각 고장점검 예제에 대해 대답해야 하는 질문들이다. 여러분들이 현장에서 기기를 서비스할 때 스스로 묻지 않으면 안 되는 질문들과 똑같은 것들이다.

- 증발기
  - 증발기 온도가 높은가 아니면 낮은가? 그 이유는 무엇인가?
  - 과열은 높은가 아니면 낮은가? 그 이유는 무엇인가?
- 응축기
  - 응축온도가 높은가 아니면 낮은가? 그 이유는 무엇인가?
  - 과냉은 높은가 아니면 낮은가? 그 이유는 무엇인가?

그림 7-5에서 증발기 온도는 18°F에서 10°F로 떨어져 증발기 과열은 30°F(40°F−10°F)까지다. 응축온도가 외기와 같으므로 응축기 분기는 없다. 응축기에는 과냉이 없지만, 액란인에서 조금 있을지도 모른다.

다음은 저충전 모세관 시스템의 징후다.

- 증발기
  - 낮은 증발기 온도. 냉매 부족이 압력과 온도를 더 낮춘다.
  - 높은 과열. 제한된 냉매가 증발기 내에서 빨리 증발한다.

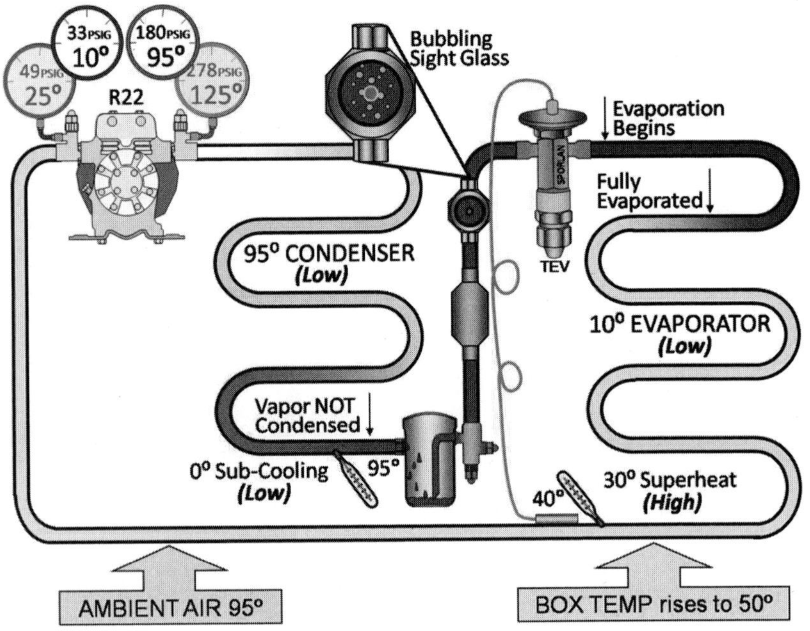

그림 7-6 저충전 TEV 시스템 (출처 : RTS)

- 응축기
  - 낮은 응축기 온도. 응축온도를 올리기 위해서 결과적으로 비효율적인 열이 되어 빈 증발기에 의해 거의 열이 흡수되지 않는다.
  - 낮은 과냉. 과냉할 냉매가 거의 없다.

참고: '낮다' 라는 말은 저충전 유닛에서 중요한 단어다. 과열을 제외하고는 모든 것이 낮다. 과열은 높다. 낮은 과냉만 유닛이 저충전될 때 일어난다.

과소 충전은 온도자동팽창밸브(TEV) 시스템에 어떤 영향을 끼치는가?

저충전 TEV 시스템의 징후(그림7-6 참조)는 모세관 시스템과 똑같다. 그러나 TEV 시스템은 종종 액라인 가시유리(sight glass)에 기포가 발생한다.

- 증발기
  - 낮은 증발기 온도. 냉매 부족이 압력과 온도를 더 낮춘다.
  - 높은 과열. TEV로 가는 액체가 충분하지 않다면 증발기는 비고 과열이 일어날 것이다.

- 응축기
  - 낮은 응축기 온도. 빈 증발기에서 흡수되는 열이 거의 없다면 응축온도를 올릴 충분한 열이 없다.

- 낮은 과냉. 과냉할 냉매가 거의 없다.

모세관 시스템에서와 마찬가지로, 유일하게 온도자동팽창밸브(TEV) 시스템에 낮은 과냉이 일어나는 경우는 유닛이 저충전일 때다.

참고: TEV 시스템에서 저충전은 늘 냉매 부족을 의미하지는 않는다. 시스템이 추운 외기조건에서 위치한 원격 응축 유닛을 가진다고 생각하라. 만약 유닛이 응축기에서 냉매를 백업(back-up)하는 압력수두 조절밸브를 가지고 있다면 시스템에 충분한 냉매가 없을지도 모른다. 만약 냉매가 따뜻한 기후에서 충전되었다면 기술자가 지금의 추운 조건을 감안하여 여분의 냉매를 충분히 더하지 않았을 수도 있다. 충전에 관한 장에서 이러한 문제를 전면적으로 다룬다. 또한 유닛이 팬 사이클 제어를 사용하고 있다면 팬 오프 세팅(fan off setting)을 충분히 낮게 조정하지 않았을 수도 있다.

냉매의 과대 충전

과대 충전은 모세관 시스템에 어떻게 영향을 끼치는가?

그림 7-7에서 응축온도는 125°F에서 145°F로 증가했고 과냉은 25°F(145°F 응축 −120°F 액라인)까지 갔다. 증발기 온도는 18°F에서 40°F로 올랐다. 그리고 과열은 없다. 2가지 증발기 조건이 응축기에서 여분의 고압액이 증발기가 증발할 수

그림 7-7 과대 충전된 모세관 (출처 : RTS)

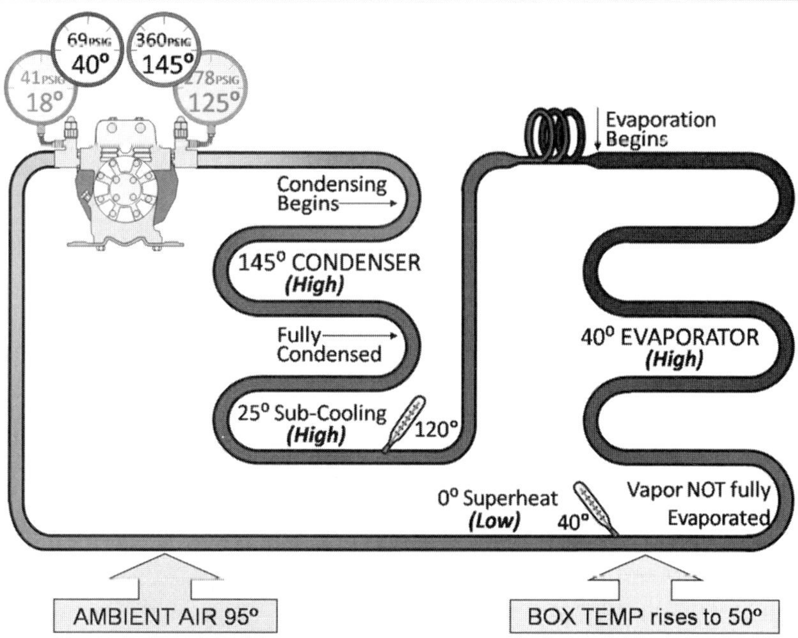

있는 것보다 더 많은 양으로 증발기를 뚫고 나가기 때문에 일어난다.

다음은 모세관 시스템의 과대 충전의 징후다.

- 응축기
    - 높은 응축온도와 압력. 여분의 냉매는 응축기에서 공간을 차지한다.
    - 높은 과냉. 과냉해야 할 액체가 더 있다.
- 증발기
    - 더 높은 온도 증발기. 응축기에서 높은 압력이 모세관을 통해 더 많은 냉매를 밀어낸다.
    - 낮은 과열. 모세관을 통해 밀려나간 냉매가 증발기를 가득 채운다.

참고: 모세관 시스템을 과대 충전하는 것은 그다지 힘든 일이 아니다. 정격 냉매 충전량의 10% 이상 충전하면 위 상황이 발생한다. 다른 기술자가 최근에 유닛을 서비스하고 냉매를 보충했는지를 알아보려면 고객에게 확인하라. 그는 냉매가 부족해서 대개는 긴 풀다운(pull-down) 기간을 잘못 취했는지도 모른다. 아니면 핫풀다운(hot pull-down)으로 인해 저충전이 나타나는 동안 계기를 유닛에 두고 낮은 흡입압력을 가정했을지도 모른다.

과대 충전은 온도자동팽창밸브(TEV) 시스템에 어떤 영향을 끼치는가?

그림 7-8에서 TEV 시스템은 과대 충전 모세관 시스템과 비슷한 조건을 갖는다. 그러나 TEV는 압력을 억제하고 증발기를 떠나는 흡입라인의 온도를 기본으로 하여 증발기로 냉매를 조절한다.

다음은 TEV 시스템에서 너무 많은 냉매의 징후다.

- 응축기
    - 높은 온도와 압력. 여분의 냉매는 응축기에서 공간을 차지하고 과열된 토출증기는 차게 응축될 공간을 갖지 못한다.
    - 높은 과냉. 여분의 냉매는 즉시 모여 응축기를 통해서 들어온 외기에 의해 과냉된다.
- 증발기
    - 과충전량에 따라 살짝 더 높은 온도. TEV는 심지어 높은 응축압력에서도 억제를 잘한다.
    - 정상 과열. TEV는 찬 흡입라인을 감지하면 닫는다.

그림 7-8 과대 충전된 TEV 시스템 (출처 : RTS)

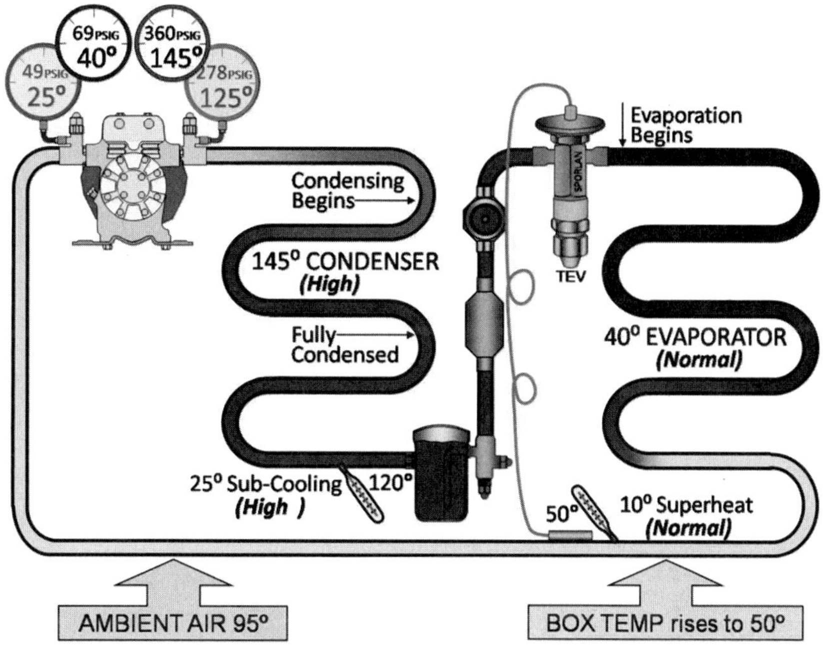

참고: 유닛이 압력수두 제어를 하지 못하기 때문에 누군가 겨울 동안 시스템을 과대 충전했을지도 모르고 압력수두 제어가 작동되지 않았을 수도 있다. 아니면 정상적인 가시유리 기포발생이 일어났을 때 그것을 기술자가 충전이 낮은 상태로 착각하고 낮은 부하조건 동안 냉매를 가했을 수도 있다.

응축기 기류 문제

모세관 시스템 상에서의 응축기 문제

높은 외기조건, 응축기 토출공기가 재순환하여 응축기 공기흡입으로 되돌아오는 것, 다른 유닛에서의 토출공기가 응축기로 들어가는 것, 팬 모터와 블레이드 문제, 그리고 응축기에 먼지가 쌓이는 것 모두 비슷한 징후다. 먼지가 쌓이는 것은 가장 일반적인 원인이 분명하므로, 방금 언급된 모든 응축기 문제는 이 장에서 '먼지가 낀 응축기' 라고 부를 것이다.

그림 7-9에서 응축기를 통하는 기류가 감소하면서 응축온도가 145°F로 올라갔다. 과냉은 냉매의 양이 변하지 않았기 때문에 정상을 유지했으며, 응축기를 떠나기 전에 여느 때와 같이 10°F(145°F−135°F)로 냉각되었다.

다음은 모세관 시스템 상에서 먼지가 낀 응축기의 징후다.

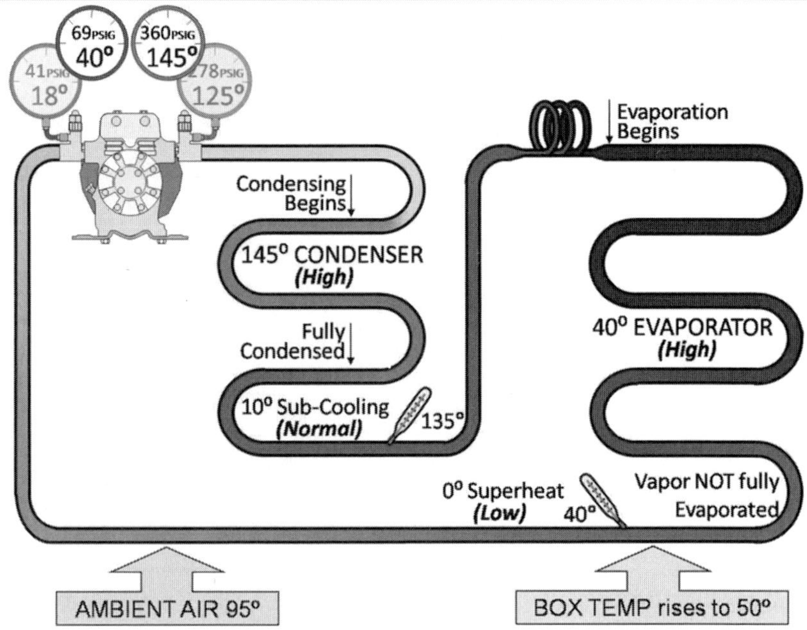

그림 7-9 먼지 낀 응축기를 갖는 모세관 시스템 (출처 : RTS)

- 응축기
    - 더 높은 온도. 응축기에 먼지가 끼면 깨끗할 때만큼 외기가 효율적으로 열을 전달할 수 없다.
    - 정상 과냉. 냉매의 양은 변하지 않았다.

- 증발기
    - 더 높은 온도. 응축압력이 높으면 증발기를 통한 냉매의 압력도 높다.
    - 과열이 낮거나 없다. 높은 응축압력은 냉매를 증발할 수 있는 것보다 더 빨리 증발기로 밀어 넣는다.

온도자동팽창밸브(TEV) 시스템 상에서의 응축기 문제

응축기는 표면상으로 깨끗하게 보일지 모르지만 핀은 깊은 안쪽으로 먼지가 쌓였을지도 모른다. 응축기 내부 열이 외기로 적절히 배출되지 않는 것을 알아보는 특정한 지표가 있다.

그림 7-10에서 열전달이 나쁘면 응축온도는 올라가지만 과냉은 거의 평균으로 유지된다. 과대충전에서처럼 TEV는 다시 한 번 더 높은 응축압력을 억제하려고 하고 적절한 과열을 유지하기 위해서 충분한 냉매를 증발기로 이송한다. 그러나 높은 응축압력 때문에 TEV가 취급할 수 있는 것 이상으로 영향을 받게 되면 증발기 온도는 강제로라도 다소 오를지(그리고 과열은 떨어질지)도 모른다.

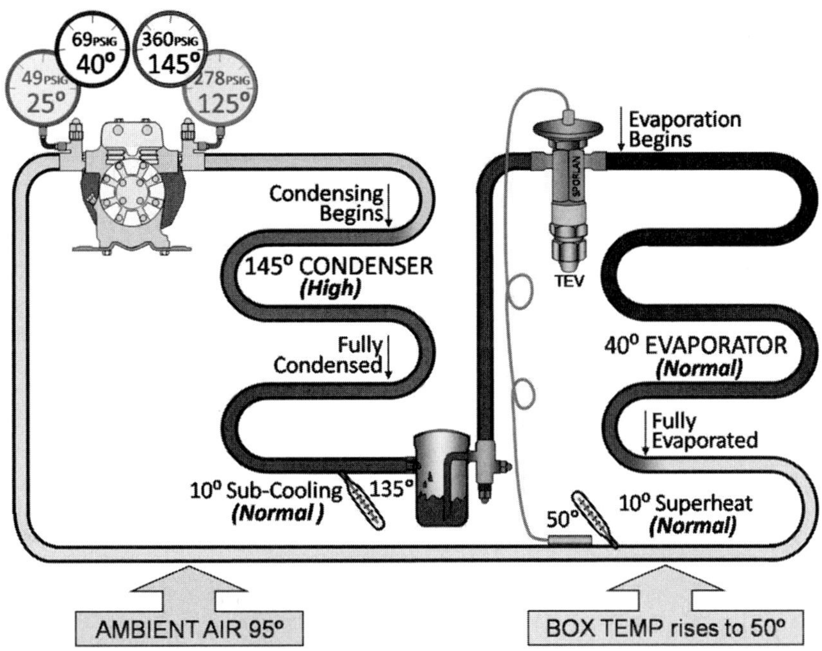

그림 7-10 먼지 낀 응축기를 가진 TEV 시스템 (출처 : RTS)

다음은 온도자동팽창밸브(TEV) 시스템에서 먼지 낀 응축기가 보이는 징후다.

- 응축기
  - 더 높은 온도. 응축기 상의 먼지는 적절한 열전달을 줄인다.
  - 과냉은 냉매의 양이 변하지 않기 때문에 거의 정상이다.

- 증발기
  - 약간 더 높은 온도. 조금 더 많은 냉매가 밸브로 밀려나오거나 시스템 효율이 낮아 공간을 적절히 냉각시키지 못한다.
  - 압력이 밸브가 감당할 수 있는 것보다 높아질 때까지 정상 과열

불응축성 물질

오로지 냉매만이 증발하고 응축하기 때문에 우리는 냉매가 아닌 다른 증기들은 모두 불응축성이 있다고 여긴다. 형편없는 서비스나 설치의 결과로서 공기나 질소 같은 불응축성 가스들이 시스템 내에 남을 수 있다. 액상냉매가 제자리를 유지하기 위해서 P트랩처럼 작동하기 때문에 공기가 응축기의 꼭대기에 갇힐 수 있다. 공기는 응축기의 유효 면적을 줄이면서 소중한 공간을 차지한다. 그러므로 압력수두와 온도는 응축기의 더 작은 면적에서 냉매의 열을 방출해야 하므로 증가해야

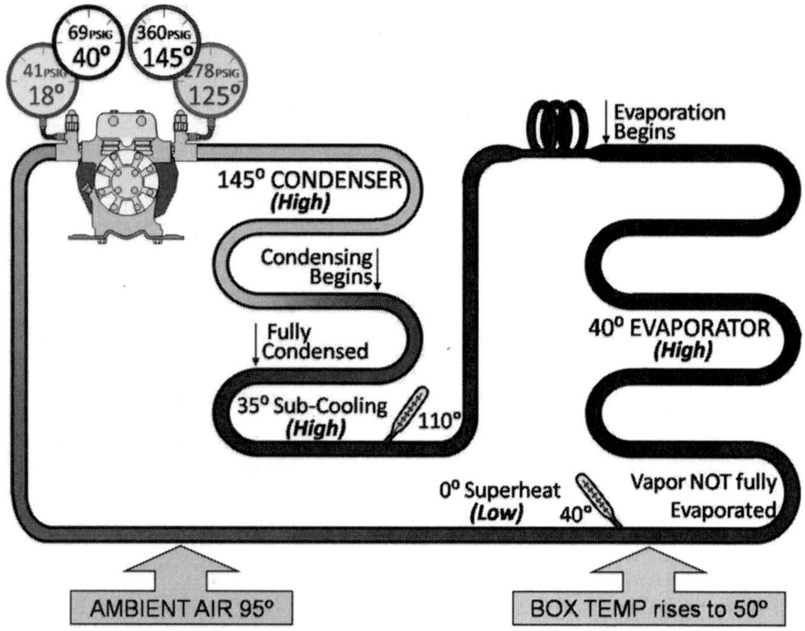

그림 7-11 모세관 시스템 내에 있는 불응축성 물질 (출처 : RTS)

한다. 과냉의 양은 매우 높은데, 이것은 냉매가 더 많아서가 아니라 단순히 응축온도가 너무 높기 때문이다. 그리고 그것과 응축기를 떠나는 액체의 온도 간의 차이는 엄청나다.

과대 충전이나 먼지 낀 응축기와 마찬가지로, 불응축성 물질이 있는 모세관 시스템은 온도를 올리고 과열을 더 낮추면서 증발기로 더 많은 냉매를 보낸다.

다음은 모세관 시스템(그림 7-11 참조)에 불응축성 물질이 있다는 것을 보여주는 징후다.

- 응축기
  - 고온. 공기가 공간을 차지하여 응축할 공간이 줄어든다.
  - 높은 과냉. 응축온도와 액체가 응축기를 떠나는 온도 사이에 더 큰 차이가 있다.

- 증발기
  - 높은 온도와 압력. 모세관은 일정한 압력강하를 가진다. 높은 응축압력은 높은 증발기 압력을 의미한다.
  - 과열이 낮거나 없다. 증발기는 냉매로 플러디드(flooded)된다.

그림 7-12는 시스템 내에 공기가 있는 것이 상대적으로 더 높은 압력과 더 높은 과냉이 발견될 수 있다는 것을 제외하고, 과대 충전이거나 먼지 낀 응축기의 경

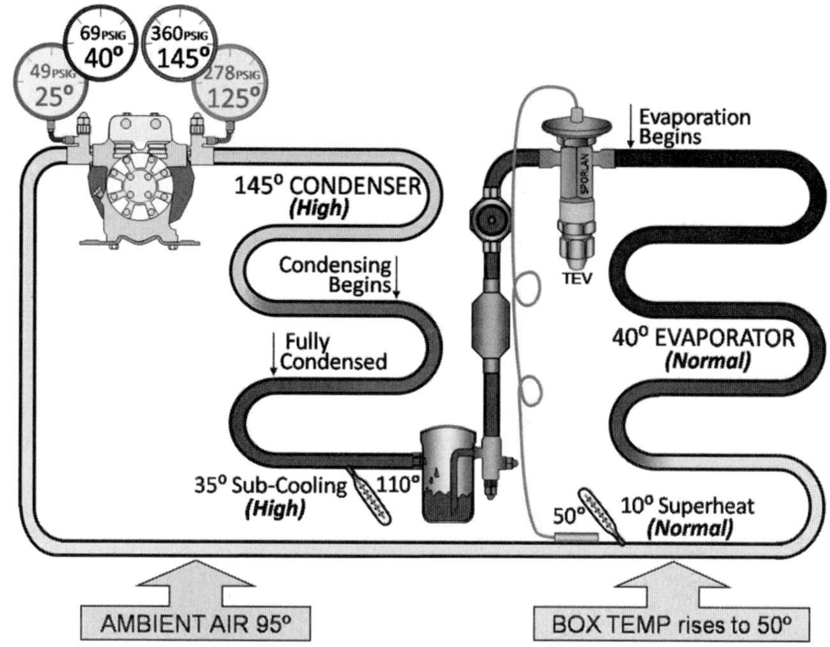

그림 7-12 TEV 시스템 내 불응축성 물질 (출처 : RTS)

우와 얼마나 비슷한지를 보여준다.

다음은 온도자동팽창밸브(TEV) 시스템 내에 불응축성 물질이 있을 때의 징후다.

- 응축기
  - 고온. 공기가 공간을 차지하고 응축할 공간이 더 줄어든다.
  - 매우 높은 과냉. 높은 응축온도와 떠나는 액체온도 사이에 더 큰 차이가 있다.
- 증발기
  - 정상 또는 조금 더 높은 온도. 시스템은 효율이 떨어지고 박스온도를 유지하지 못한다.
  - 정상 또는 조금 더 낮은 과열. 밸브는 흡입라인 온도를 유지하기 위해서 최선을 다한다. 그러나 고압 냉매가 TEV를 통해서 너무 많은 냉매를 강제로 밀어내 증발기에 플러딩(flooding)이 생길지도 모른다.

참고: 무엇을 보고 그저 과대 충전이 있거나 응축기 핀에 먼지가 숨겨져 있는 것이 아니라 시스템 내에 공기가 있다고 말할 수 있겠는가?

불응축성 물질은 먼지나 과대 충전보다 더 높은 과냉을 일으키지만 얼마나 많은 더 높은지는 말하기가 어렵다. 극단적으로 충전된 리치인은 냉매가 거의 없어 그것을 회수하여 진공을 좋게 하게 하는 것이 쉽다. 이 방법을 이용하면 시스템 내에는 확실히 공기가 없어진다. 또한 새 냉매의 무게를 측정하면 유닛이 정확히 충전되었는지를 입증할 수 있다. 만일 처음에 얼마나 많은 냉매가 유닛 내에 있는지 궁금하다면 없어진 냉매의 양을 측정하면 된다.

더 큰 시스템에서는 압축기를 닫고 높은 쪽 계기에서 압력수두를 관찰함으로써 불응축성 물질이 있는지 진단할 수 있다. 정상 시스템에서 압력수두는 응축기가 냉각되는 동안 꾸준히 떨어진다. 그러나 시스템 내에 공기가 있으면 압력이 정상 시스템에서처럼 떨어지지 못한다. 만약 압축기가 꺼진 후 압력수두가 몇 분 동안 계속 높으면 시스템 내 공기가 있는 것으로 볼 수 있다. 이 방법은 불응축성 물질이 없는 것으로 알려진 시스템에 실시할 것을 추천한다. 이 방법을 쓰면 올바로 작동하는 시스템 내에서 압축기가 꺼진 뒤 바로 압력수두가 얼마나 빨리 떨어져야 하는지 감을 잡는 데 도움이 될 것이다. 어떤 기술자들은 압축기를 끈 뒤 응축기 팬을 계속해 회전시킴으로서 분석시간을 절약한다. 시스템 내 공기가 없다면 응축기 팬은 더욱 일찍 압력수두를 떨어뜨릴 것이다.

더욱 정확하게 불응축성 물질을 확인하는 방법은 약 15분 동안 시스템을 끄는 것이다. 이러면 응축기 내 냉매가 외기온도까지 떨어질 시간이 생긴다. 과정을 촉진하기 위해서 일시적으로 압축기가 정지되는 동안 응축기 팬을 회선하도록 전선을 가설해라. 응축기에 들어가는 동관과 나오는 동관의 온도가 외기온도와 같을 때, 압력수두를 확인하라. 압력수두를 기본으로 응축온도를 알아내려면 압력/온도 선도를 사용하라. 만약에 응축온도가 외기온도와 같다면 시스템 내에는 공기가 없다. 그러나 만약에 두 온도가 다르다면 그때는 시스템에서 불응축성 물질을 제거할 필요가 있다.

비효율적인 압축기

비효율적인 압축기는 펌프 능력에 영향을 매우 심하게 미칠 만큼 손상을 받은 밸브나 피스톤 링을 가지고 있는 것을 말한다. 그 상태는 모세관과 온도자동팽창밸브(TEV) 시스템 두 가지 경우에서 마찬가지일 것이다.

다음은 TEV나 모세관 시스템 상에서 나타나는 비효율적인 압축기의 징후다 (그림 7-13 참조).

- 응축기
  - 토출압력은 낮다. 누설밸브나 링은 압축행정 동안 압력이 쌓이게 하지 않는다.
  - 정상 과냉. 냉매는 움직이지 않고 응축기 내에서 과냉되어 있다.

그림 7-13 TEV나 모세관 시스템 상에서 비효율적인 압축기 (출처 : RTS)

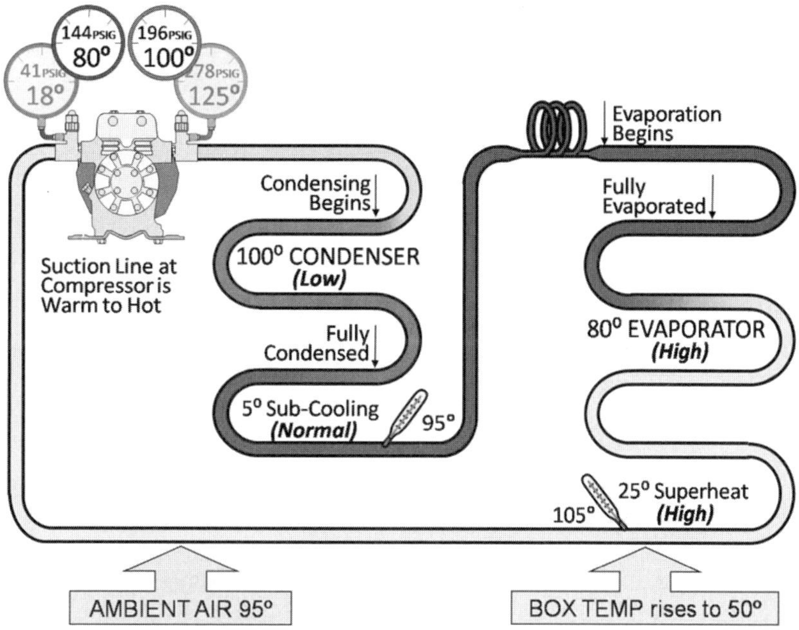

- 증발기
  - 흡입압력은 높다. 토출가스는 시스템의 흡입측 안으로 밀려나간다.
  - 높은 과열. 증발기는 압축기가 냉매를 조절장치를 통해서 펌핑(pumping)하지 않기 때문에 빈다.

참고: 압축기가 비효율적일 때 주로 나타나는 현상은 정상 흡입압력보다 더 높은 곳에서 작동하는 것, 그리고 동시에 정상보다 더 낮은 압력수두를 갖는 것이다.

이 징후를 고장점검하는 기술자는 이 문제가 있는 압축기가 진공으로 펌프다운하지 않을지도 모른다는 것을 알아야 한다. 그러나 만약 그렇다면 낮은 쪽 계기압력이 오르기 시작하기 전에 2, 3분 이상으로 진공을 유지하지 못할 것이다.

참고: 중요한 것은 압축기가 얻는 진공의 양이 아니다. 중요한 것은 압축기가 조금이라도 진공을 얻는가, 그리고 그것을 유지할 수 있는가이다. 분당 3 psig보다 더 많은 압력상승은 일반적으로 과도한 밸브 누설이라고 본다.

좋은 여분의 저온 압축기는 일반적으로 매우 낮은 진공을 얻는다. 반면 고온 냉동 압축기는 단지 5인치 수은주(in Hg) 진공 밖에 못 얻을지도 모른다. 그러나 압축기가 진공을 얻지 못하면 밸브나 링 문제가 있는 것이다.

비록 압축기가 진공을 얻고 그것을 유지한다 할지라도 반드시 압축기가 좋다는 말은 아니라는 것을 명심하기 바란다. 심지어 깨진 커넥팅 로드(connecting rod)를 가지는 압축기가 진공시험을 통과할지도 모른다. 덜 철저하지만 똑같이 정확하게 위치를 나타내기에 어려움은 커넥팅 로드나 리스트 핀(Wrist pin)에 생기는 과도한 베어링 마모다. 이 상태는 피스톤을 압축행정 동안만큼 높이 오르지 못하게 할 것이다. 피스톤 끝과 밸브 플레이트 사이의 증가된 틈새체적은 흡입밸브가 열리기 전에 과도한 재팽창을 요구할 것이다. 결과는 압축기 체적효율의 감소다.

참고: 대다수 공조 압축기는 진공을 얻도록 설계되지 않는다. 하나를 위한 운반장치는 밸브가 유지되는지를 확인하기 전에 단지 약 5 psig로 풀다운을 제안한다.

압축기 제조업자들은 압축기 작동을 확인할 때 사양서를 참조하기를 권한다. 그것은 압력을 토대로 넓은 조건의 범위 하에서 압축기의 용량을 선도로 그린 그래프다. 제조업자의 정보를 사용하는 것은 문제의 압축기가 작동해야 할 때 작동하는지를 분명히 입증해 줄 것이다. 압축기가 사양서에 표시된 대로 전류를 나타내지 않는다면 그때는 문제가 있는 것이 분명하다. 표 7-1은 특정 압축기에 대한 코플랜드(Copeland) 압축기 성능 선도의 설명이다.

표 7-1 수정된 코플랜드 압축기 성능 선도

RATING CONDITIONS 65°F Return Gas 0°F Subcooling 95°F Ambient Air Over		COMPRESSOR Model 9RJ1-0765-TFC COPELAMETIC® HCFC-22 208/230-3-60 Evaporating Temperature (°F) 15	20	25
130°F Condensing	Capacity Btuh	52,500	59,500	66,500
	Amperage	27.8	29	30.2
120°F Condensing	Capacity Btuh	57,000	64,000	72,000
	Amperage	27.1	28.1	29.2
110°F Condensing	Capacity Btuh	61,500	69,000	77,500
	Amperage	26.3	27.2	28.2
100°F Condensing	Capacity Btuh	66,000	74,500	83,500
	Amperage	25.5	26.3	27.1

Performance values (±5%) and current at 230 V.

제약이 있는 조절장치

부분적으로 제약이 있는 모세관

그림 7-14에서 증발기 온도는 떨어지고 과열은 증발기로 이송할 만큼 냉매가 충분하지 않으므로 오른다. 응축온도는 응축기가 방출할 증발기 내에서 흡수하는 열이 거의 없기 때문에 낮다. 과냉은 증발기로 가는 냉매의 양이 줄면서 응축기에 백업되기 때문에 정상보다 높다. 응축기에서 냉매의 양이 초과된다는 것은 더 높은 과냉을 뜻한다.

사실 확인 #1

문제가 있다는 것을 고객이 알아차릴 때쯤이면 작은 관은 완전히 막혀버리기 때문에, 모세관이 부분적으로 제약이 있는 것을 발견하기란 어려운 일이다. 완전히 막힌 모세관은 진단하기가 쉽다. 증발기는 진공 중에 있을 것이고 아직 응축기가 그 속에 냉매를 가지고 있다는 것을 표시하기 위해서 충분한 압력수두와 과냉이 있을 것이다.

다음은 부분적으로 제약이 있는 모세관의 징후다.

- 증발기
  - 낮은 온도. 냉매 부족이 압력과 포화온도를 더 낮춘다.
  - 높은 과열. 증발할 냉매가 더 적다.

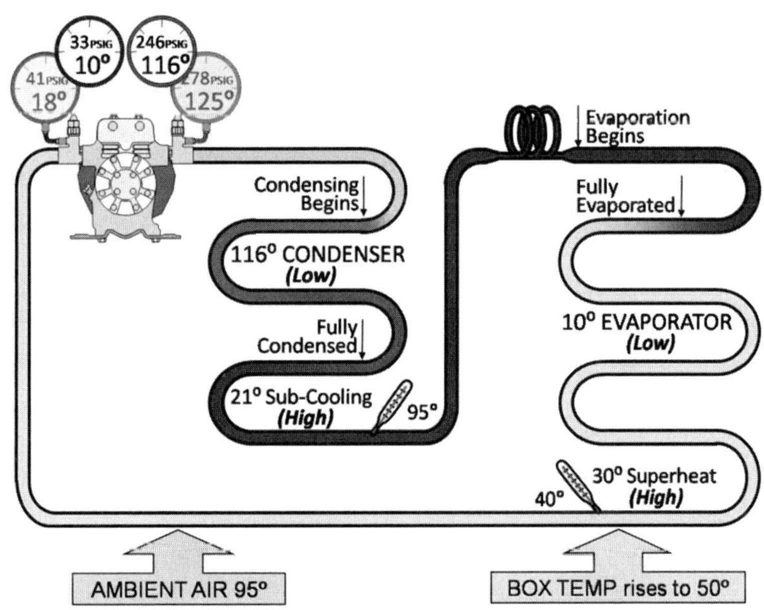

그림 7-14 부분적으로 제약이 있는 모세관 (출처 : RTS)

- 응축기
  - 낮은 응축온도. 증발기에 열이 거의 없다.
  - 높은 과냉. 증발기에서 사용하지 않은 냉매는 응축기에서 저장된다.

모세관에서 가장 흔하게 나타나는 제약은 흰 가루다. 그것은 필터드라이어에 있는 제습제의 알갱이에서 생기는 것이며 모세관의 입구에 축적된다. 이 문제를 해결하는 일반적인 답은 모세관을 1~2인치 잘라내고 필터드라이어를 바꾸는 것이다.

참고: 모세관에 제약이 있으면 압력수두가 올라가야 한다고 믿는 기술자들도 있다.

사람들은 냉매가 증발기에 있지 않다면 응축기로 되돌렸거나 압력수두를 올렸기 때문이라고 믿는다. 냉매가 응축기 내로 되돌아갔다는 말은 맞다. 압력수두가 증가한 것은 아니다. 시스템이 아슬아슬하게 충전되었다면 냉매의 전체 양은 응축기를 채우기에 충분하지 못하다. 사실 압력수두는 응축기로 되돌아오는 증발기에서의 열이 없기 때문에 심지어는 정상 이하로 떨어질 수도 있다.

압력수두가 모세관 시스템 상에서 증가하게 만드는 유일한 방법은 다음과 같다.

- 높은 외기온도
- 응축기를 통과하는 기류가 좋지 않음(먼지, 기름, 또는 팬 문제)
- 냉매의 과대 충전

유닛에 높은 수두를 가지는 막힌 모세관이 있다면, 그것은 아마도 이전 기술자가 낮은 흡입수두와 압력수두를 잘못 진단 분석하고 냉매를 더했기 때문이다. 훌륭한 기술자는 결코 즉시 아슬아슬하게 충전된 유닛에 냉매를 더하지 않는다. 기술자는 언제나 오래된 냉매를 제거하고 정격 플레이트 당 새 냉매의 무게를 측정해야 한다.

부분적으로 제약이 있는 온도자동팽창밸브(TEV)

그림 7-15에서 부분적으로 제약이 있는 TEV는 제약이 있는 모세관 시스템과 비슷한 징후를 보인다. 주요한 차이는 여분의 냉매가 응축기에서 트랩되지 않지만 저장 리시버로 흐르기 때문에 과냉이 TEV 유닛 내에서 정상이라는 것이다. 또한 깨끗한 가시유리을 통해 조절장치로 가는 액체가 있다는 것을 입증할 수 있다.

다음은 부분적으로 제약이 있는 TEV에서 나타나는 징후다.

- 증발기
  - 더 낮은 온도. 냉매 부족은 더 낮은 압력을 의미하고, 그것은 곧 더 낮은 포화온도를 의미한다.

그림 7-15 부분적으로 제약이 있는 TEV (출처 : RTS)

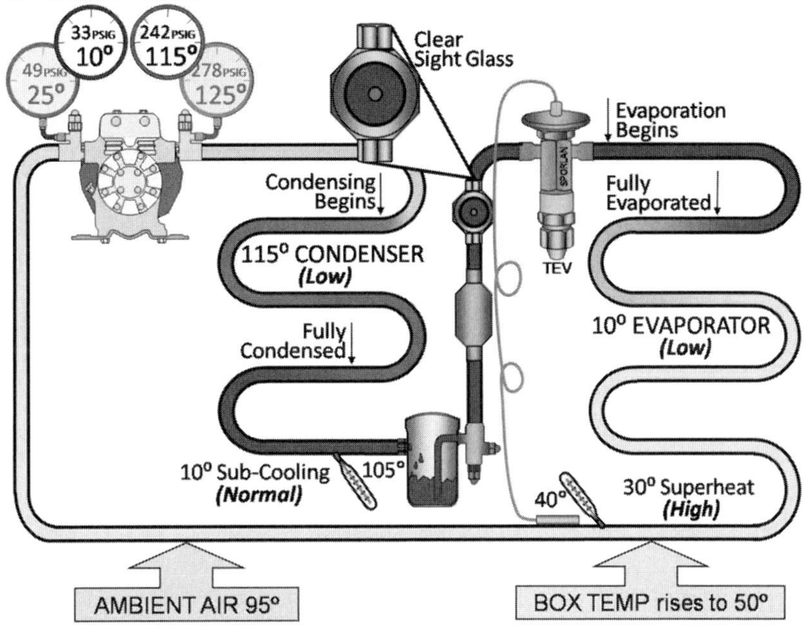

  - 높은 과열. 제한된 냉매는 빨리 증발한다.

- 응축기
  - 낮은 온도. 증발기에서 거의 열이 흡수되지 않는다.
  - 정상 과냉. 냉매는 리시버 내에서 저장되고 응축기에서 저장되지 않는다.

리시버 뒤 액라인에서의 제약

리시버(receiver)는 온도자동팽창밸브(TEV) 시스템에만 있다. 그림 7-16에서 제약이 있는 부분은 수액기 뒤쪽이지만 조절장치보다는 앞이다. 액라인에 제약이 있다는 것을 나타내는 지표로는 두 가지가 있다. 첫째, 응축기는 정상 과냉을 갖지만 액은 105°F에서 응축기를 떠나고 그것이 조절장치로 갈 때쯤이면 85°F로 급격하게 떨어진다. 압력강하는 온도강하를 일으킨다. 20°F라는 낮은 온도까지 압력강하를 일으킬 수 있는 것은 조절장치나 제약뿐일 것이다. 만약 기술자가 전자온도계를 사용하여 수액기와 조절장치 사이의 온도를 취하면 곧 제약을 찾아낼 것이다.

만약 가시유리가 필터드라이어 뒤에 위치한다면, 두 번째 지표는 가시유리에서 기포가 발생하는 것이다. 만약 얽힌 라인이 분명하지 않다면 제약이 있을 가능성이 가장 높은 위치는 필터드라이어다. 드라이어의 입구와 출구 사이에서 온도강하가 3°F 이상이라면 문제가 있는 것이 확실하다.

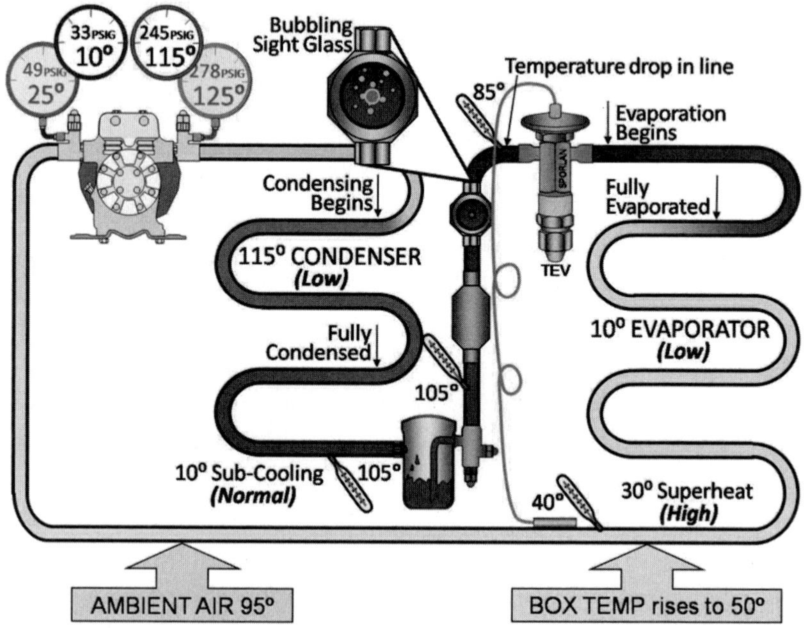

그림 7-16 리시버 뒤 제약 (출처 : RTS)

다음은 리시버 뒤 제약이 있을 때 나타나는 징후다.

- 증발기
  - 더 낮은 온도. 냉매의 부족으로 인해 나타나는 낮은 압력.
  - 높은 과열. 빨리 증발하는 제한된 냉매.
- 응축기
  - 낮은 응축온도. 증발기는 극히 적은 열을 흡수한다.
  - 정상 과냉. 제약이 있으면 액상냉매는 응축기가 아니라 리시버로 되돌아간다.
  - 액라인은 TEV로 들어가면서 상대적으로 차가워질 것이다.

리시버 앞 높은 쪽에서의 제약

그림 7-17은 액라인 온도강하가 리시버에서 또는 리시버 앞에서 있다는 것을 제외하면 리시버 뒤에서의 제약과 비슷한 징후를 나타낸다.

사실 확인 #2

수액기 전 제약은 드물다. 그러나 이 장에서 그에 관한 진단분석을 다루는 것은 그 징후가 때때로 높은 쪽 제약을 가리키기 때문이다. 더욱 중요한 것은, 기술자가 가능성 있는 문제로서 이런 종류의 제약을 빨리 확인하거나 제거할 수 있어야 한다는 것이다.

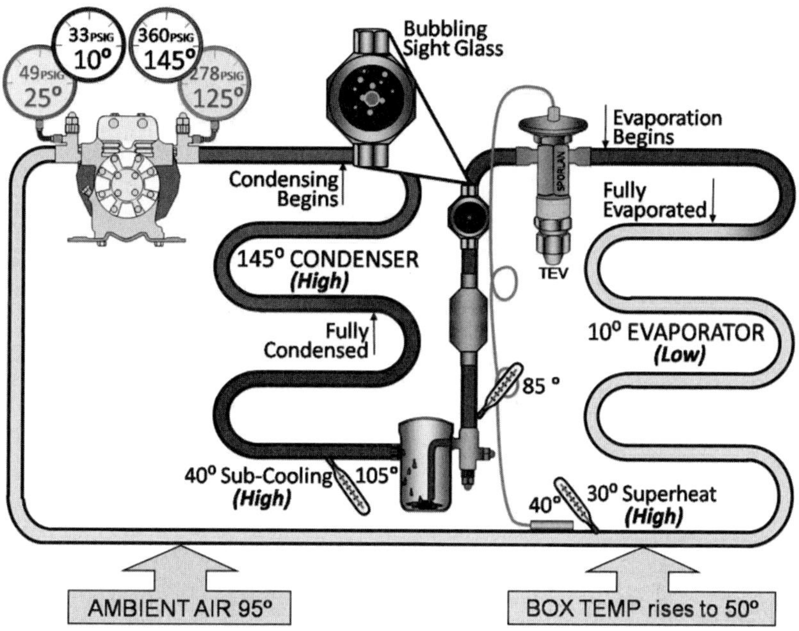

그림 7-17 리시버 앞 제약 (출처 : RTS)

다음은 리시버 앞 제약이 있을 때 나타나는 징후다.

- 증발기
  - 낮은 증발기 온도 및 압력은 증발기로 오는 냉매의 부족에 기인한다.
  - 제한된 냉매가 빨리 증발하기 때문에 높은 과열이 생긴다.
- 응축기
  - 높은 온도와 압력. 리시버에 정상적으로 저장된 여분의 냉매는 모두 응축기로 들어간다.
  - 높은 과냉은 응축기 내 더 많은 액체에 기인한다.

참고: 이런 종류의 제약이 있을 가능성이 가장 높은 장소는 액라인이 응축기로부터 리시버 입구로 연결되는 곳이다. 특히 이런 제약은 액라인이 1/4인치 내지 3/8인치 동관인 작은 응축 유닛에서 더 확실하게 나타난다. 그것이 일어나는 유일한 다른 장소는 응축기에서 손상되거나 편평해진 U벤드(U-bend)다. 다시 한번 말하건대, 온도강하가 일어나는 곳을 정확히 결정하기 위해서 전자온도계를 사용하면 제약이 정확하게 어디서 일어나는지 알 수 있다.

먼지가 낀 증발기, 언 증발기, 또는 낮은 기류

모세관 시스템 상에서의 증발기 문제

그림 7-18에서 증발기가 먼지, 성에, 또는 셀로판 랩으로 덮여 있거나 또는 팬 모터가 나쁘면 열전달이 거의 없기 때문에 증발기 온도는 낮다. 만약 열이 증발기로 흡수되지 않는다면 방출할 열이 거의 없으므로 응축온도는 낮다. 과냉은 냉매 충전이 정확하고 자연스럽게 모세관으로 흘러가므로 정상이다.

다음은 먼지가 끼었거나 얼음이 언 증발기 또는 모세관 시스템 상에 낮은 기류가 있을 때 나타나는 징후다.

- 증발기
  - 낮은 온도와 압력. 냉매는 냉매를 아주 많이 증발시키기에 충분한 열을 흡수하지 못한다.
  - 과열이 낮거나 없음. 냉매는 증발하지 않았다.
  - 압축에서 약간의 과열은 냉매가 증발기가 아니라 흡입라인에서 증발하고 있음을 암시한다.
- 응축기
  - 낮은 온도와 압력. 증발기는 응축기가 방출할 증발기 열을 흡수하지 않는다.

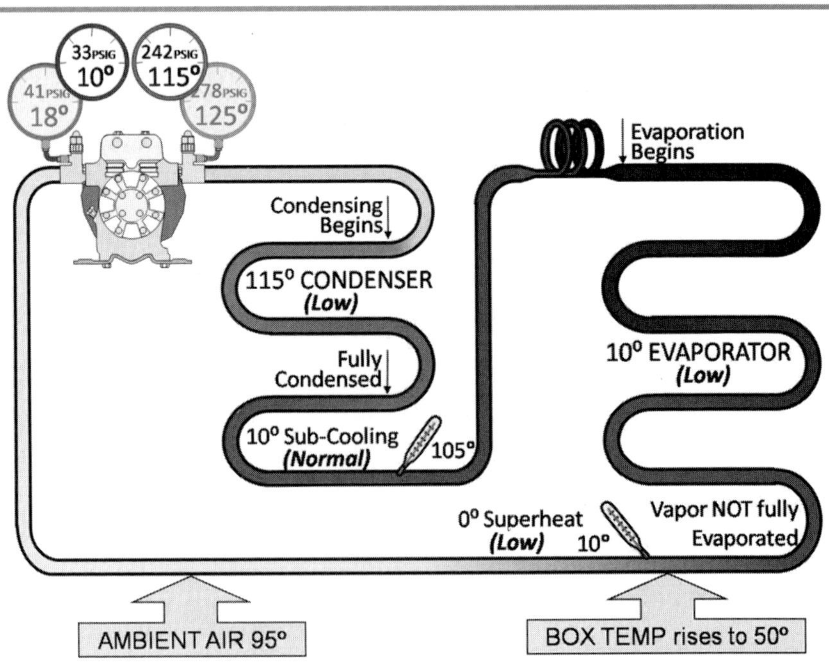

그림 7-18 먼지가 끼었거나 얼음이 언 증발기 또는 모세관 시스템 상에서 낮은 기류 (출처 : RTS)

그림 7-19 먼지가 끼거나 얼음이 언 증발기 또는 TEV 시스템 상에 낮은 기류 (출처 : RTS)

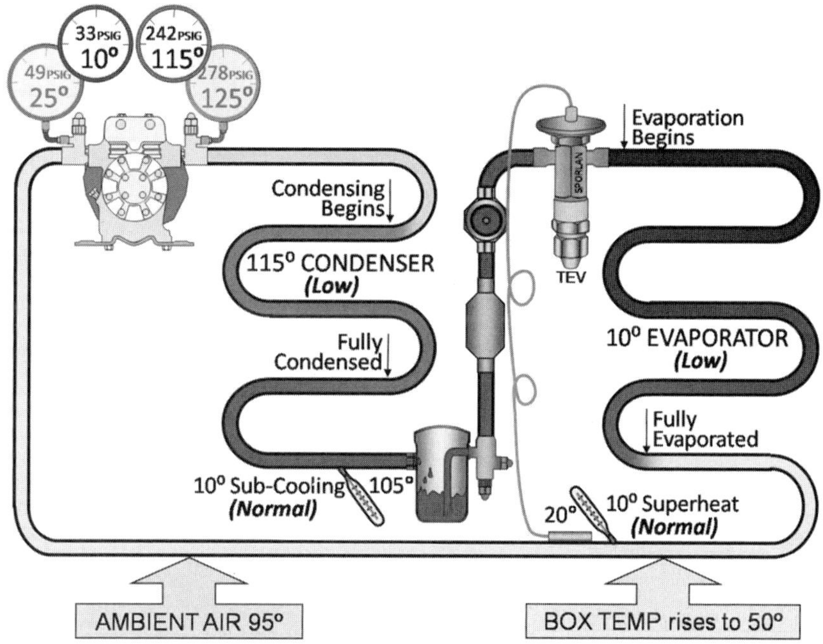

  - 정상 과냉. 시스템은 정확한 양의 냉매를 가지고 있고 그것은 증발기를 통해서 응축기로 되돌아 흘러간다.

온도자동팽창밸브(TEV) 시스템 상에서의 증발기 문제

그림 7-19에서 증발기 온도는 약간 더 낮고 아직 모세관 시스템만큼 많지는 않다. 다시 한 번 TEV 감지구는 증발기 출구온도를 감지하고 증발기에 들어가는 냉매의 양을 조정한다. 증발기가 많은 열을 흡수하지 않는다고 하면 응축기는 방출할 열이 적기 때문에 더 차다. 과냉은 시스템이 적절히 충전되어 있기 때문에 정상이다.

다음은 먼지가 끼었거나 얼음이 언 증발기 또는 TEV 시스템 상에 낮은 기류가 있을 때 나타나는 징후들이다.

- 증발기
  - 낮은 온도와 압력. 이것은 열전달이 줄어든 것에 기인한다.
  - 정상 과열에 비해 낮다. TEV는 감지구가 흡입라인 상에서 감지하는 것을 토대로 특정 온도를 유지하려고 한다.

- 응축기
  - 낮은 응축온도. 증발기에서 흡수되는 열이 거의 없다.
  - 정상 과냉. 시스템은 적절한 양의 냉매를 가지고 있다.

이제는 전체 시스템 상에서 온도와 압력이 변하는 이유를 알기 위해 뚜렷한 패턴을 확인하기 시작해야 할 때다. 이들 개념을 잘 이해하면 냉동기 유닛을 고장점검하고 정확한 진단분석을 내놓는 것이 훨씬 더 쉬울 것이다.

올바른 정보를 얻는 것

문제를 적절히 분석하기 위해서 기술자는 첫째로 정확한 정보를 모아야 한다. 여기에는 시스템의 종류, 그것이 어떻게 작동되어야 마땅한지, 그리고 그것이 현재 어떻게 작동하는지가 포함된다. 이 정보를 모으는 데 도움이 되는 것으로 그림 7-20에 있는 시스템 정보 시트를 사용할 수 있다. 더욱 필수적인 자료들은 맨 처음 나오는 '압력과 온도' 라는 항목 아래에 나열된다.

빈칸 1에서 5까지를 채우면 과열을 계산하는 것이 쉬워지고, 빈칸 6에서 10까지는 과냉 계산에 사용된다. 다음을 읽으면서 그림 7-20을 참조하라.

- 증발기에 들어가는 공기온도를 넣어라.
- 흡입온도를 넣어라.
- 증발기 온도차(TD)(line1-line2)를 계산하라.

Pressures & Temperatures: **(Makes calculations easy)**

Design temp of box ________ Air temp. entering evaporator (1) A Air temp. entering the condenser (6) X

Refrigerant Type ________ Suction: Pressure ______ Temp. (2) B Condensing: Pressure ______ Temp (7) Y

Evaporator TD (3) A−B Condenser split (8) Y−X

Temp. of suction line at TEV bulb (or coil outlet, if cap tube) (4) C Temp. of liquid line leaving condenser (9) Z

Superheat (Suction line temp. – Suction temp.) (5) C−B Subcooling (Liq. line temp. – Cond. temp) (10) Y−Z

System Components & Accessories:

Cap Tube? ________ Exp. Valve? ________ Pumpdown Sol? ________ Evap. below compressor? ________

Remote? ________ Where? ________ HPR? ________ Fan Cycle? ________ P-trap? ________

Current Operation & Condition:

Evap. coil clean clear through? ________ Condenser clean clear through? ________ Drain clear? ________

Comp. cycling on L.P. control? ________ ,on H.P. control? ________ ,on Compr. O.L.? ________ Comp. noisy? ________

Sight glass full? ________ Door closed & gasket sealing? ________

Additional information relative to compressor operation:

Nameplate Amps (RLA) ________ Actual Amps ________

Nameplate Volts ________ Actual Voltage @ comp. ________ Actual Voltage on Start-up ________

Temp. of Suction line 3"– 6" from the compressor ________ Temp. of Discharge line 3"– 6" from the compressor ________

그림 7-20 시스템 정보 시트 (출처 : RTS)

- 증발기를 떠나는 흡입라인의 온도를 넣어라,
- 과열(line4-line2)을 계산하라.
- 응축기를 떠나는 공기온도를 넣어라.
- 응축온도를 넣어라.
- 응축기 분기(line7-line6)를 계산하라.
- 응축기를 떠나는 액라인의 온도를 넣어라.
- 과냉(line7-line9)을 계산하라.

적절한 조사를 위해서는 시트에 있는 모든 정보가 필요하다. 그러나 두세 번 사용 후 대부분의 기술자들은 대부분의 체크 항목을 직접 기록하기 보다는 머릿속에서 생각하면서 운용하곤 한다. 일일이 쓰기보다는 단계적으로 생각하는 것이 훨씬 더 빠르기 때문에 바람직한 결과다. 그것은 서비스 견적이나 작업 주문서에 압력, 온도, 그리고 전기 정보를 적는 것은 여전히 좋은 습관이다. 그것은 여러분들이 알아낸 것을 기록하는 데 도움이 되며 해당 기기의 작동 이력서 역할을 할 것이다.

분석 선도 사용하기

고장점검은 문제를 분석하기 위해서 논리적 시계열에 따라 정신적으로 관찰을 진행하는 연습이다. 상황이 허락한다면, 선도를 사용하면 사용자가 문제의 해결책을 결정하는 데 도움이 되도록 체계적으로 관찰할 수 있다. 그림 7-21은 이 장에서 언급된 9개 시스템 문제의 고장점검에 도움이 되도록 만들어진 분석 선도다.

4가지 주요 징후는 응축온도, 과냉, 증발기 온도, 그리고 과열이다. 이 선도를 사용하려면 유닛이 작동하고 있는 상태가 정상인지, 아니면 정상보다 높거나 낮은지를 결정하라. 각 징후에 관해서는 어떤 상태를 가리켜 정상이라고 하는지, 그리고 정상과 어느 정도 차이가 있는 것을 가리켜 너무 높거나 너무 낮다고 하는지가 설명되어 있다.

마지막 카테고리는 온도자동팽창밸브(TEV) 시스템에 대한 가시유리이다. 기포가 발생하고 있는지 깨끗한지로 구분한다.

선도를 사용하려면, 관찰한 조건에 해당하는 열에 있는 모든 'X' 표시에 동그라미를 쳐라. 예를 들면, 유닛의 응축 유닛이 정상 위 10°F 이상이면 첫 번째 줄(HIGH) 6에서 9번 행까지 X에 동그라미를 쳐라. 만약 증발기 온도가 정상 위 10°F 이상이면 HIGH 열, 4, 7, 8, 9행의 X에 동그라미를 쳐라. X는 TEV 시스템과 모세관 시스템 모두에 적용되는 조건이다. X_{CT}는 모세관 시스템에만 적용되는 조건이고, X_{EV}는 팽창밸브를 사용하는 시스템에만 적용된다.

각 카테고리에 대해 적절한 X에 모두 동그라미를 치고 나면, 각 행에 있는 X

Determine which symptoms apply, then circle all the X's in the row for each symptom.
Total all the X's in each column. The column with the most X's is the problem.

"X" by itself means Cap Tube and Expansion Valve symptoms are the same for that category.
"CT" means this symptom would be important in a Cap Tube "fixed metering device" system only.
"EV" means this symptom is important for an Expansion Valve system.

	Column Number ▶	1	2	3	4	5	6	7	8	9
Ambient temperature + Condenser split	***HIGH*** (10° higher than Normal)						X	X	X	X
Condensing Temperature	**NORMAL**									
Standard Units = Ambient + 30°	***LOW*** (10° lower than Normal)	X	X	X	X	X				
Condensing temp. - Liquid line temp	***HIGH*** (Subcooling above 20°)		X CT				X		X	X
Condenser Subcooling	**NORMAL**	X	X EV		X	X		X		
Normal Subcooling = 10°	***LOW*** (Subcooling below 5°)			X						
Air Entering Evaporator – TD	***HIGH*** (10° higher than Normal)				X			X CT	X CT	X CT
Evaporator Temperature	**NORMAL**							X EV	X EV	X EV
TD for A/C (35°), R/I (20°), W/I (10°)	***LOW*** (10° lower than Normal)	X	X	X		X	X			
Evaporator temp. - Evap. Outlet temp.	***HIGH*** (Superheat above 20°)		X	X	X	X	X			
Evaporator Superheat	**NORMAL**	X EV						X EV	X EV	X EV
Superheat = 10° (Approx.)	***LOW*** (Superheat below 5°)	X CT						X CT	X CT	X CT
Sight Glass	**FULL**	X	X		X	X		X	X	X
	BUBBLING			X		X	X			
	Total of Circled X's in each Column =									
	DIAGNOSIS (problem):	DIRTY ICED EVAP	REST TEV CAPT	LOW CHG	COMP VLVS	REST AFTR RECV	REST BEFR RECV	DIRTY COND	AIR IN SYSTEM	OVER CHG.

그림 7-21 분석 선도 (출처 : RTS)

의 총 수를 선도 아래쪽에 있는 빈 칸에 적어 넣어라. 정보를 정확히 파악해서 넣었다면 X표 수가 가장 높은 행에 문제가 있는 것이다.

그림 7-22는 이 장에서 언급한 한 가지 문제를 발견하기 위해서 분석 선도를 어떻게 사용하는지를 보여주는 예다.

예제: ⑬ 온도자동팽창밸브(TEV) 시스템에 있는 문제의 온도와 압력을 가정하라. 시스템은 다음 조건을 나타낸다.

- 낮은 응축온도
- 낮은 과냉
- 낮은 증발기 온도
- 높은 과열
- 가시유리에 기포 발생

그림 7-22를 보고 다음 조건에 대해 적절한 X에 동그라미를 쳤는지 확인하라.

Determine which symptoms apply, then circle all the X's in the row for each symptom.
Total all the X's in each column. The column with the most X's is the problem.

"X" by itself means Cap Tube and Expansion Valve symptoms are the same for that category.
"CT" means this symptom would be important in a Cap Tube "fixed metering device" system only.
"EV" means this symptom is important for an Expansion Valve system.

	Column Number ▶	1	2	3	4	5	6	7	8	9
Ambient temperature + Condenser split	***HIGH*** (10° higher than Normal)						X	X	X	X
Example: Condensing Temp. is LOW	**NORMAL**									
Standard Units = Ambient + 30°	***LOW*** (10° lower than Normal)	(X)	(X)	(X)	(X)	(X)				
Condensing temp. – Liquid line temp	***HIGH*** (Subcooling above 20º)		X CT				X		X	X
Example: Subcooling is LOW	**NORMAL**	X	X EV		X	X		X		
Normal Subcooling = 10°	***LOW*** (Subcooling below 5º)			(X)						
Air Entering Evaporator – TD	***HIGH*** (10° higher than Normal)				X			X CT	X CT	X CT
Example: Evaporator Temp. is LOW	**NORMAL**							X EV	X EV	X EV
TD for A/C (35º), R/I (20º), W/I (10º)	***LOW*** (10° lower than Normal)	(X)	(X)	(X)		(X)	(X)			
Evaporator temp. – Evap. Outlet temp.	***HIGH*** (Superheat above 20º)		(X)	(X)	(X)	(X)	(X)			
Example: Superheat is HIGH	**NORMAL**	X EV						X EV	X EV	X EV
Superheat = 10° (Approx.)	***LOW*** (Superheat below 5º)	X CT						X CT	X CT	X CT
Example: Sight Glass is BUBBLING	**FULL**	X	X		X	X		X	X	X
	BUBBLING			(X)		(X)	(X)			
Total of Circled X's in each Column =		2	3	5	2	4	3			
DIAGNOSIS (problem):		DIRTY ICED EVAP	REST TEV CAPT	LOW CHG	COMP VLVS	REST AFTR RECV	REST BEFR RECV	DIRTY COND	AIR IN SYSTEM	OVER CHG.

그림 7-22 분석 선도를 사용하여 문제 발견하기 (출처 : RTS)

- *LOW*의 오른쪽 열에 있는 응축온도에 대해 모두 5개의 X를 동그라미를 쳐라.
- *LOW*의 오른쪽 열에 있는 과냉에 대해 동그라미 칠 X는 단 하나다.
- *LOW* 열에서 증발기 온도에 대해 동그라미를 칠 X가 5개 있다.
- *HIGH* 열에서 증발기 과열에 대해 또한 5개의 X가 있다.
- *BUBBLING* 열에 있어 가시유리에 대해 3개의 X가 있다.

각 행마다 X의 개수를 모두 더하고 나면 결과는 3행이 다른 행들보다 X가 더 많다(5개). 그러므로 진단 결과는 낮은 충전이다.

참고: 만약 이 시스템이 모세관 시스템(가시유리가 없는)이어도 3행이 여전히 가장 많은 X를 갖는다. 심지어 가시유리 정보가 없다 하더라도 같은 '낮은 충전' 징후는 온도자동팽창밸브(TEV)와 모세관 둘 다에 적용된다.

냉동 고장점검을 위해 분석 선도를 사용하는 것은 수학에서 계산기를 사용하는 것과 비슷하다. 모든 문제에 필요하지는 않지만 어려운 상황을 해결하는 데 좋고 여러분의 계산을 입증할 수 있다. 선도는 또 다른 도구다. 여러분이 고장점검 기술을 더 많이 습득할수록 선도는 덜 사용하게 될 것이다. 분석 자료가 유용하게 쓰이는 경우는 다음과 같다.

- 사용자가 자신이 점검하는 시스템의 적절한 작동조건이 어떤 것인지 아는 경우
- 사용자가 시스템의 현재 작동상황을 아주 정확하게 읽어내는 경우

분석 선도 상에서 *HIGH* 나 *LOW* 의 징후는 검사하고 있는 시스템이 정상적인 작동 조건과 차이를 보이는 것이다. 예를 들면, 대부분의 냉동 응축기는 30°F 온도차를 가지지만 냉장고는 단지 25°F 응축기 분기를 가지고 큰 원격 응축기는 단지 10°F를 가진다. 꼭 기억해야 할 중요한 사항은 서비스되는 유닛에 대한 정상보다 10°F 이상 높으면 너무 높은 것이고, 10°F 이상 낮으면 너무 낮다는 것이다. 그 밖에 10°F 과열은 냉동고의 경우 정상이다. 그러나 냉장고는 5°F에 가깝고 많은 공조 유닛은 15°F에 가깝다.

과열을 확인할 때마다 정상에서 5°F 이상 높거나 또는 5°F 이상 낮으면 문제가 있다고 본다. 모든 경우에 있어서 5°F 이하 과열은 실제 압축기를 플러딩할 위험이 있다는 것을 뜻하고 20°F 이상의 과열은 증발기가 빈다는 것을 의미한다.

참고: 과열 눈금은 공간온도가 설계조건에서 5° 이내이기만 하면 정확하다.

증발기 오일 로깅

증발기에서 트랩된 오일은 종종 고장점검하기 어려운 유일한 문제다. 보통 모든 다른 가능성을 모두 배제하고 나서야 진단을 내릴 수 있는 문제다. 관찰한 조건이 여기서 언급한 9가지 문제 가운데 어느 것에도 해당되지 않는다면 문제는 오일 움직임이 둔해진(oil-logged) 증발기일 가능성이 아주 크다.

증발기는 만약 흡입라인이 적당한 오일 회수가 가능하도록 배관이 되어 있지 않으면 오일을 트랩(trap)한다. 또한 낮은 코일 온도가 증발기에서 오일이 모이는 지점으로 흘러가는 속도를 늦춘다. 냉장고 코일의 제상은 핀에서 결상을 녹이는 데 중요한 것만큼이나 오일회수를 위해서도 중요하다.

다음은 오일 흐름이 느린 증발기에서 나타나는 몇 가지 공통된 징후다.

- 시스템은 '온도를 유지하지 못하는 것 같다' 는 일이 잦았다.

- 일반적인 시스템 문제와 들어맞지 않는 징후를 보인다.
- 시스템에 온도자동팽창밸브(TEV) 헌팅(hunting), 플러드백(floodback) 또는 조종할 수 없는 과열이 있다.

위 징후는 심지어 TEV를 교체한 뒤에도 그대로 남을 수 있다. 이유는 오일이 흡입라인을 단열하기 때문이다. TEV 감지구는 흡입온도를 감지할 수 없다. 그것은 심지어 여러분들의 온도계를 속일 수도 있다.

- 증발기 출구 가까이에 있는 몇몇 U벤드는 다른 것처럼 물기가 서리거나 결상되지 않는다.
- 압축기를 교체한 이력이 있다.

첫 번째 압축기는 오일 부족 또는 증발기에서 트랩된 오일 또는 시스템 어딘가에 발행한 흐름의 제약으로 인해 일어난 손상때문에 망가졌다. 번번이 압축기를 교체해도 문제는 해결되지 않는다. 그래 봐야 오일만 더 공급하여 오일 흐름이 느린 문제를 가중시킬 뿐이다.

오일은 시스템 내에서 소모되고 나서 기동 동안 돌아오거나 제상 후 돌아온다.

- 압축기가 소음이 나고 진동이 난다.

오일이 부족하면 베어링 마모와 피스톤 슬랩(slap)으로 인해 소음이 생긴다. 오일이 너무 많으면 크랭크케이스 내 오일을 크랭크샤프트가 때리면서 소음이나 진동의 원인이 된다.

- 플러딩이나 슬러깅(slugging)의 증거가 있다.

압축기 입구에서 비과열이 낮음은 플러드백(floodback)을 나타낸다. 또한 망가진 압축기를 분해하는 동안 플러딩 손상과 피스톤 상에 남은 오일의 흔적을 관찰할 수 있을 것이다.

참고: 오일 슬러깅은 액체 슬러깅보다 압축기를 더 많이 손상시킨다. 시스템이 작동할 때 진단을 내리는 것은 어렵다. 그러니 분해하는 동안 피스톤과 밸브 영역에 여분의 오일이 축적되었는지 찾아보아라.

- 원격 상업용 냉동 응축 유닛 상에 펌프다운 솔레노이드가 없다.

펌프다운은 증발기에서, 그리고 압축기가 정지하기 전 흡입라인에서 오일과 냉매가 움직이게 돕는다.

- 냉장고가 단 한 번만 제상을 한다.

매우 건조한 날씨에 냉장고 코일은 하루에 한 번 또는 두 번 제상과 함께 적당히 결상을 제거한다. 그러나 오일 회수가 문제라면 제상을 가하는 것이 해답일지도 모른다.

- 배관을 부정확하게 설치한 증거가 있다.
  - 압축기가 증발기 위에 있을 때 p 트랩은 없다.
  - 흡입라인은 냉매가 흐르는 방향으로 기울어져 있어야 한다.
  - 흡입라인, 특히 흡입 라이저(riser)가 너무 클지도 모른다. 오일을 냉매증기와 함께 움직이도록 하려면 흡입라인은 충분한 속도를 유지해야 한다.

계기가 없는 고장점검

계기가 없이 어떤 유닛을 고장점검하는 것은 가능하고 종종 바람직한 경우도 있다. 아슬아슬하게 충전된 유닛(냉매 고유의 동작 중량만큼 충전된 것들)은 반드시 필요한 경우가 아니라면 계기가 부착되어 있지 않아야 한다. 압력을 확인하는 것은 시스템을 오염과 냉매충전 손실에 노출시킨다. 아슬아슬하게 충전된 유닛이 시스템 명판에 적힌 정격 충전량의 10% 이상 과소 충전(또는 과대 충전)되었다면 적절히 작동하지 못할 것이다. 예를 들어, 어떤 상업용 싱글도어 리치인 냉동고가 10 온스 덜 충전하고 있다. 냉매 1 온스의 손실(전체 충전의 10%)은 높은 제품 온도와 더 오랜 운전시간으로 인한 에너지 비용 과다의 원인이 될 수 있다.

표준 3 피트 계기호스는 대략 액상냉매 1 온스를 보유할 것이다. 냉매가 시스템으로 회수되지 않는 경우, 그 손실은 작은 시스템 상에서는 중요할 수 있다. 비록 1/4 인치 계기호스의 증기 용량은 거의 무시(1 인치당 0.02 온스)할 수 있어도 유닛이 작동할 때마다 계기를 거듭 사용하면 결국은 문제를 일으키게 된다.

계기가 없이 고장점검하는 것이 가장 좋은 연습이지만 기술자는 특정 유닛에 대해 공기와 냉매라인 온도는 어떠해야 하는지를 알아야 한다. 그런 정보는 제조업체의 서비스 부서로부터 얻는 것이 최선이다. 또한 교정된 전자온도계 세트도 필수다.

온도계만 사용해서 냉동 유닛의 고장점검을 하는 법을 설명하기 위해, 어느 싱글도어 리치인 제조업체가 그림 7-23에 보인 정보를 제공했다고 가정해 보자. 왼쪽에서 첫 번째 박스는 계기를 사용하는 경우, 적절하게 작동하는 냉동고나 냉장고에 대해 20°F의 증발기 온도차가 있을 것이라는 것을 가리킨다. 오른쪽에서 첫 번째 박스는 온도계만을 사용하는 경우, 적절히 작동하는 유닛은 10°F 증발기 ΔT(증발기의 입구와 출구로 공기온도 사이 차)를 가져야 한다는 것을 가리킨다.

왼쪽 두 번째 박스는 계기로 확인하는 경우, 적절히 작동하는 유닛이 약 30°F 응축기 분기를 가진다는 것을 보여준다. 한편 오른쪽 두 번째 박스는 온도계를 사용함으로써 응축기 건너 ΔT는 약 20°F이어야 한다는 것을 보여준다.

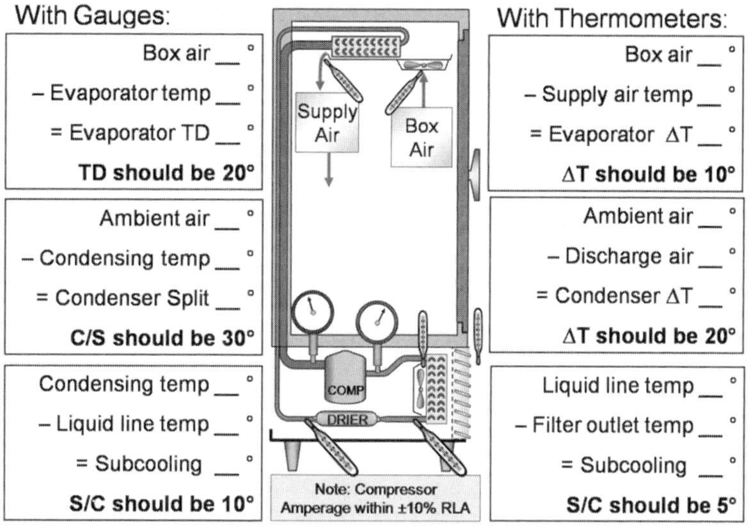

그림 7-23 리치인 시스템을 진단, 분석하는 경우에 공장에서 추천한 예
(출처 : Irene Wirz, RTS)

참고: 응축기를 떠나는 공기의 온도는 응축기 코일과 팬 날개 사이 공간에서 측정해야 한다. 응축기 팬 출구에서 떠나는 공기온도가 정확히 얼마인지 측정하는 것은 팬 날개에 의해 생기는 공기의 난류 때문에 거의 불가능하다. 온도계 설치를 위해서는 그림 7-24를 보라.

왼쪽 맨 아래 박스는 계기를 사용하는 경우, 10°F의 적절한 과냉이 있음을 가리킨다. 만약 온도계를 오른쪽 박스를 따라 사용한다면 응축기 코일을 떠나는 액라인 온도와 필터드라이어 출구에서의 라인 온도 사이에 5°F의 차이가 있어야 한다.

그 외에, RLA(정격 부하 암페어 수)의 90% 보다 작은 압축기 암페어 수는 시스템이 적절히 기능하지 못한다는 것을 가리킨다.

온도를 정확하게 측정했다고 가정하면, 다음 진단분석은 냉동시스템에 발생한 특정 문제들이 어떤 것인지 결정하는 데 도움이 될 것이다. 각 문제에 대해 나열한 모든 지표는 동시에 나타날 것이다.

1. 낮은 냉매 충전

a. 낮은 과냉(5°F 이하)
b. 낮은 증발기 온도차(ΔT)(10°F 이하)
c. 낮은 응축기 온도차(ΔT)(20°F 이하)

2. 막힌 모세관

a. 약간 높은 과냉(7°F ~ 10°F)
b. 낮은 증발기 온도차(ΔT)(10°F 이하)

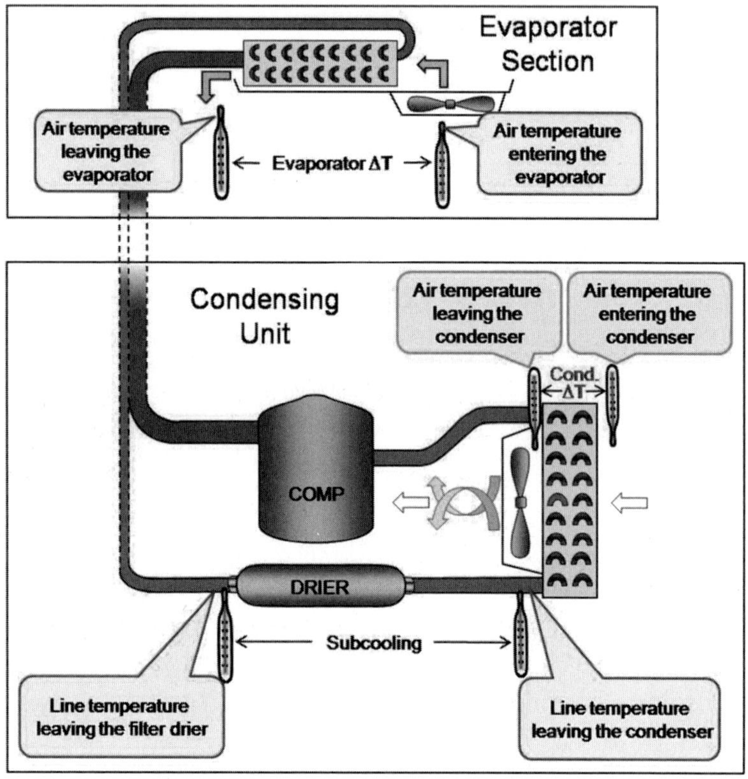

그림 7-24 계기없이 조사하는 데 필요한 온도계 위치
(출처 : Irene Wirz, RTS)

c. 낮은 응축기 온도차(ΔT)(20°F 이하)
d. 흡입라인은 아주 약간만 차갑다.

참고: 제약이 있는 필터 드라이어는 그 사이 3°F 이상의 온도강하를 가질 것이다.

3. 나쁜 압축기 토출밸브
a. 과냉이 거의 없거나 없다
b. 낮거나 증발기 온도차(ΔT)가 없다.
c. 낮거나 응축기 온도차(ΔT)가 없다.
d. 압축기 흡입라인이 따뜻하다.
e. 압축기 돔이 뜨겁다.

냉동 계기 세트를 이용하면 가장 정확한 증발기 온도와 응축온도를 얻을 수 있다. 그러나 전자온도계는 아슬아슬하게 충전된 유닛, 그리고 공장에서 장착한 서비스 밸브가 없는 유닛들을 진단, 분석하는 데 적절한 정보를 제공할 수 있다. 정보를 모으는 데 어떠한 방법을 사용하든 간에, 기술자는 우선 무엇을 찾을 것인지를 알아야 한다. 경험법칙이 도움이 되기는 하지만, 정확한 진단 정보는 오로지 기기 제조업체로부터만 얻을 수 있다.

요약

의사는 환자가 말하는 것, 그리고 환자의 병력, 체온, 채혈, X-ray, 그리고 다른 검사들을 토대로 환자의 병을 분석한다. 만약 분석이 부정확하면 의사는 다른 검사를 시도하고 거기에는 부가비용이 따른다. 어떤 의사 한 명은 "그런 과정을 '업무(practice)' 라고 부르는 것은, 환자를 무엇을 치료할지 알아낼 때까지 계속하여 '연습(practice)' 을 하기 때문이다." 라고 얘기하기도 했다.

그러나 냉동 시스템에 문제가 생긴 사람은 기기를 가지고 '연습' 하는 데 비용을 지불할 턱이 없다. 그들은 서비스 기술자들이 단번에 문제를 발견하고 정확하게 수리하기를 기대한다. 그러기 위해서는 적절한 도구를 사용하여 적절한 진단분석에 필요한 모든 정보를 모아야 한다. 이것은 바로 시스템이 올바르게 작동하는 기준과 현재 어떻게 작동하고 있는지를 비교하는 문제다.

이 장에서 논의한 시스템 문제들은 "냉방은 되는데 보통 때 같은 온도로 바로 내려가지 않아요." 같은 고객들의 서비스 요청에 대응하기 위한 것이다. 상황은 아직 치명적이지 않을 수도 있지만 불편하거나 짜증난다고 보는 것이 더 맞는 상황이다. 이런 성격의 서비스 요청은 박스가 뜨겁고 아무것도 작동하지 않는 것처럼 보일 때보다 진단하기가 더 어렵다. 예를 들어, 먼지가 있는 대로 낀 응축기를 가진 유닛은 높은 압력수두 제어 또는 압축기 과부하 문제가 있을 것이기 때문에 진단하기가 쉽다. 마찬가지로 냉매가 없는 시스템은 저압으로 정지하고 시스템에 압력이 없음을 보일 것이다.

고장점검에 관해 다룬 이 장은 대다수 서비스 기술을 무력화시키는 험난한 문제의 해결법을 여러분들에게 알려주기 위해 앞 장에서 배운 정보들에 의지한다. 이 장에서는 참으로 많은 것들을 폭넓게 다루었으나 여러분들이 배운 것들을 적용할 이상적인 기회를 주었다. 풍부한 기초지식을 토대로 삼는다면, 여러분들의 고장점검 기술은 경험과 더불어 빨리 성장할 것이다.

분석 선도는 더욱 어려운 시스템 문제를 해결할 때 도움이 될 것이다. 선도의 첫 번째 이점은 사용자로 하여금 필요한 모든 정보를 갖추게끔 하는 것이고, 그것은 서비스 분석에서 가장 결정적인 부분이다. 최종 진단은 가장 많은 징후를 보이는 문제를 선택하기만 하면 된다. 선도는 우리를 정확한 분석으로 이끌어준다는 것을 기억하라. 단, 모든 정보가 정확하고 적절하게 해석되었다면 말이다.

"우리는 우리가 완전히 이해하지 못하는 것을 옳지 않다고 봅니다. 우리는 우리가 입증할 수 없는 것을 의심합니다." (Dick Wirz)

연습문제(REVIEW QUESTIONS)

1. 고장수리를 하려는 시스템에 관해서 기술자가 처음으로 파악해야 하는 것은 무엇인가?

a. 시스템이 어떻게 작동되는지

b. 얼마나 많은 서비스 비용이 필요한지

c. 시스템의 모델과 일련번호

2. 시스템 문제를 분석하는 데 필요한 8가지 정보는 무엇인가?

3. 따뜻한 물품이 박스 안에 들어가면 증발기 온도와 압력은 어떻게 반응하는가?

a. 온도는 올라가고 압력은 떨어진다.

b. 온도와 압력은 올라간다.

c. 온도와 압력은 떨어진다.

4. 냉매의 온도가 올라가면 냉매압력도 올라가는 이유는 무엇인가?

a. 압축기를 더 열심히 펌프하게 한다.

b. 더 높은 온도는 냉매의 끓는점을 더 낮춘다.

c. 가해진 열은 냉매를 더 빨리 증발하게 한다.

5. 증발기가 성에나 먼지로 덮여 있거나 팬 모터가 멈추면 증발기 온도와 압력은 어떻게 반응하는가?

a. 증발기 온도와 압력이 떨어진다.

b. 증발기 온도는 떨어지지만 압력은 오른다.

c. 증발기 온도와 압력이 오른다.

6. 따뜻한 물품이 박스에 들어가면 응축온도와 압력은 어떻게 반응하며, 그 이유는 무엇인가?

a. 증발기 열이 여분의 열을 방출하기 위해 응축압력을 정상보다 더 많이 오르게 하기 때문에 응축온도와 압력은 오른다.

b. 응축기 분기가 그대로 있으므로 응축온도와 압력은 그대로 있다.

c. 응축온도는 오른다. 그러나 압력은 응축기 표면적이 일정하기 때문에 그대로다.

7. 증발기가 성에나 먼지로 덮여 있고 팬 모터가 정지하면 응축온도와 압력은 어떻게 반응하며 그 이유는 무엇인가?

a. 응축온도는 증가한다. 그러나 압력은 증발기가 차가워지므로 떨어진다.

b. 응축온도와 압력은 둘 다 증발기에서 흡수되는 열이 거의 없거나 아예 없으므로 떨어진다.

c. 응축온도는 떨어진다. 그러나 압력은 온도가 오르지 않더라도 항상 오르기 때문에 오른다.

8. 응축온도가 110°F이고 증발기 온도가 25°F이면 R404A 사용 조절장치 사이의 압력강하는 얼마인가?

a. 178 psig

b. 200 psig

c. 210 psig

9. 응축기에 들어가는 외기온도가 70°F에서 90°F로 증가하면 응축온도는 증가하는가? 그 이유는 무엇인가? 증가하지 않는다면 그 이유는 무엇인가?

a. 증가한다. 응축기 분기가 일정한 값이므로

연습문제(REVIEW QUESTIONS)

외기의 증가는 응축온도를 증가시킨다.

b. 증가한다. 응축온도를 결정하는 유일한 것은 외기온도이기 때문이다.

c. 증가하지 않는다. 응축기 분기는 응축온도의 증가를 제한하기 때문이다.

10. **문제 9를 참조하여, 만약 모세관 시스템이라면 증발기 온도, 증발기 압력, 그리고 과열에 끼치는 영향과 그 이유는 무엇인가?**

11. **문제 9를 참조하여, 온도자동팽창밸브(TEV) 시스템이라면 증발기 온도, 압력 그리고 과열에 미치는 영향과 그 이유는 무엇인가?**

서비스 문제 7-1에서 7-6에 대해서 여러분들은 TEV를 가진 워크인에서 작업하고 있다고 상상할 필요가 있다. 표준조건은 중간온도에 대해서는 35°F 박스온도이고, 냉동용으로서는 −10°F, 증발기 온도차는 10°F, 10°F 과열, 중간온도에 대해서 30°F 응축기 분기, 냉동고에 대해서는 25°F 응축기 분기 그리고 둘 다에 대해서는 10°F 과냉이다. 여러분들은 주어진 정보로부터 1에서 6까지 번호가 매겨진 빈칸을 채울 수 있을 것이다. 이 자료로부터 문제 7, 8, 9에 답할 수 있어야 한다. 그림 7-21에 있는 고장점검 선도를 사용하지 않고 초기 진단을 해보라. 그런 다음에는 선도를 사용하여 여러분들의 답을 입증해 보라.

힌트: 현 조건을 토대로 응축온도, 증발기 온도, 과열, 그리고 과냉이 정상인지, 아니면 높거나 낮다고 생각하는지 결정하라.

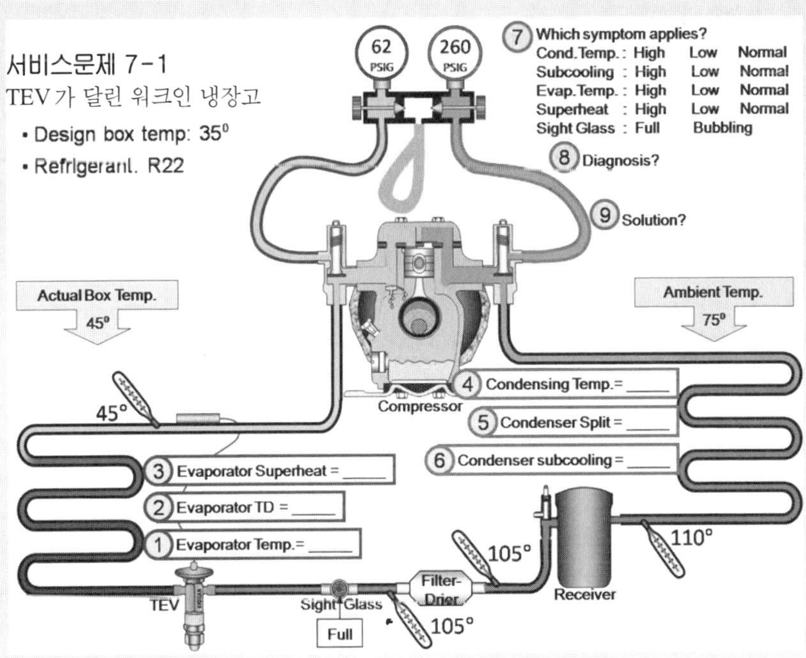

연습문제(REVIEW QUESTIONS)

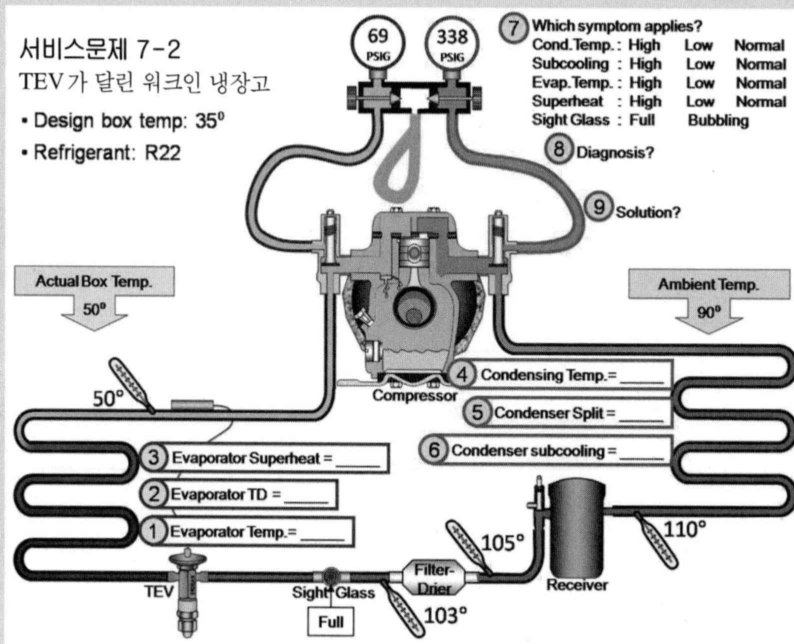

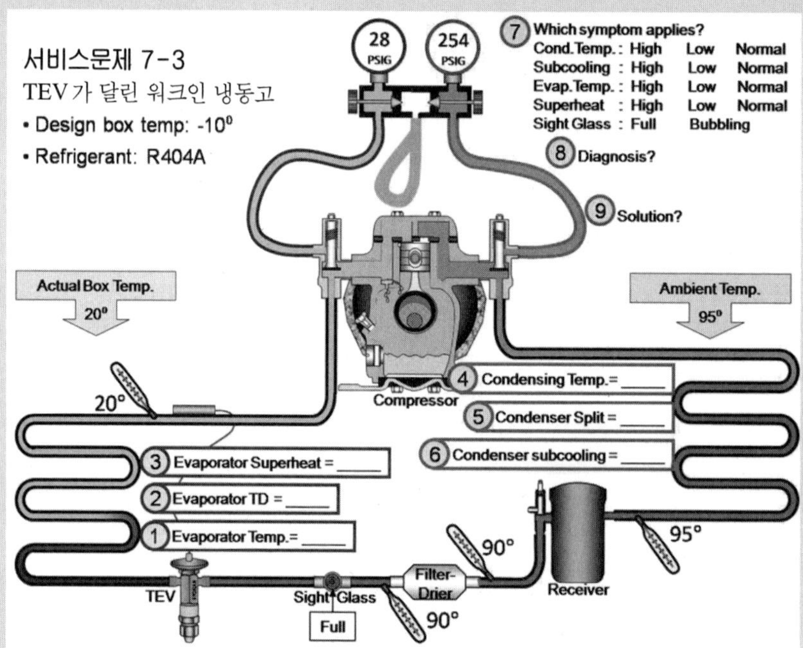

연습문제(REVIEW QUESTIONS)

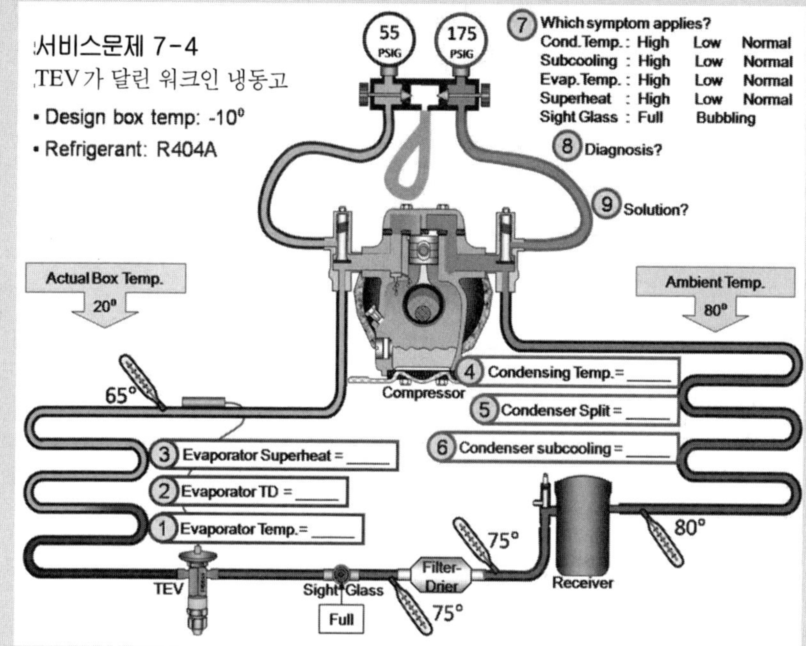

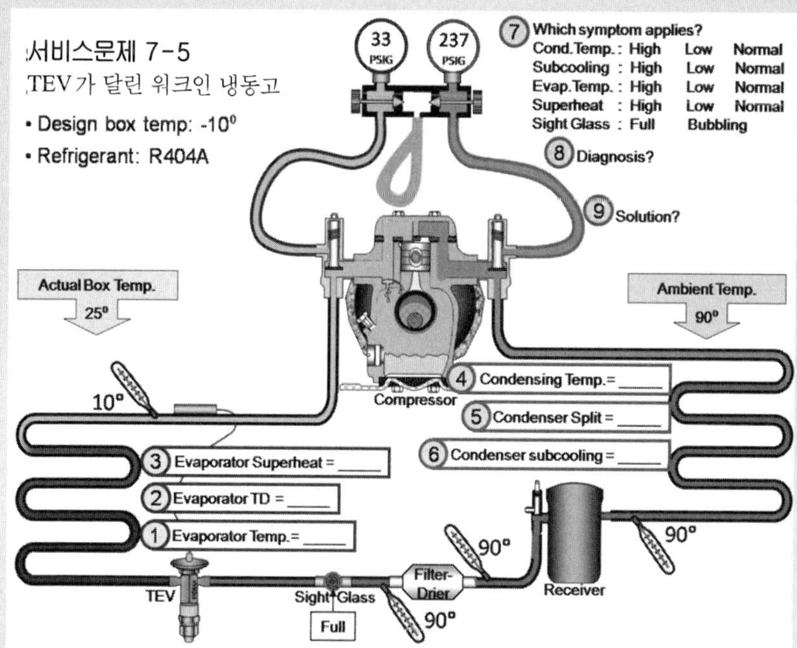

연습문제(REVIEW QUESTIONS)

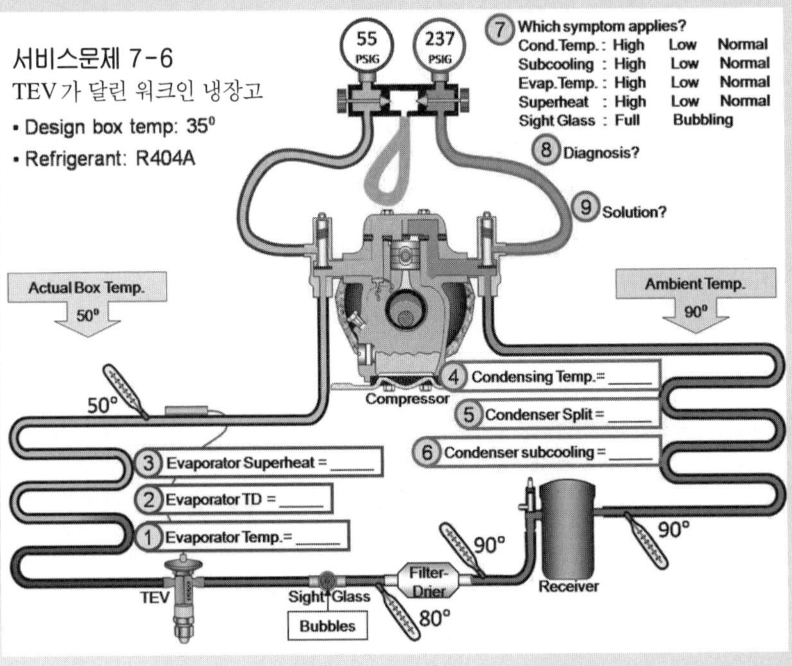

연습문제(REVIEW QUESTIONS)

서비스문제 7-7

모세관이 달린 리치인 냉장고

- Design box temp: 38°
- Refrigerant: R134a

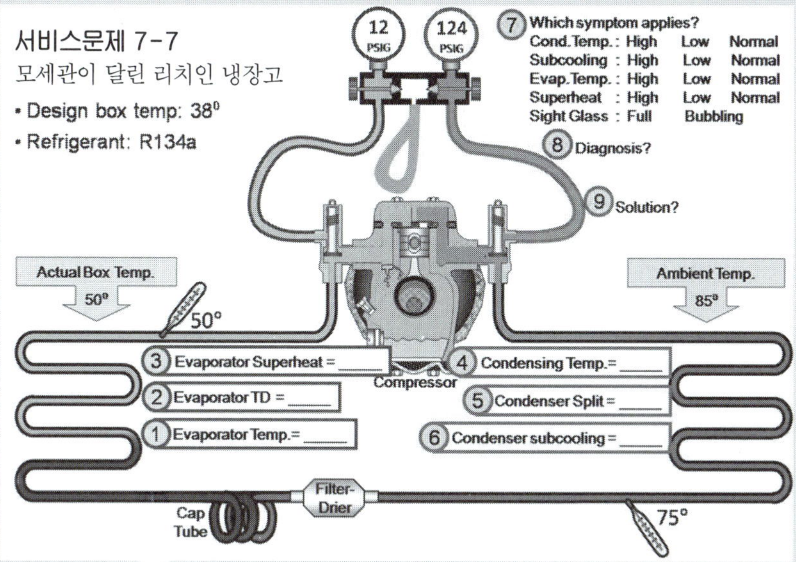

서비스문제 7-8

모세관이 달린 리치인 냉장고

- Design box temp: 38°
- Refrigerant: R134a

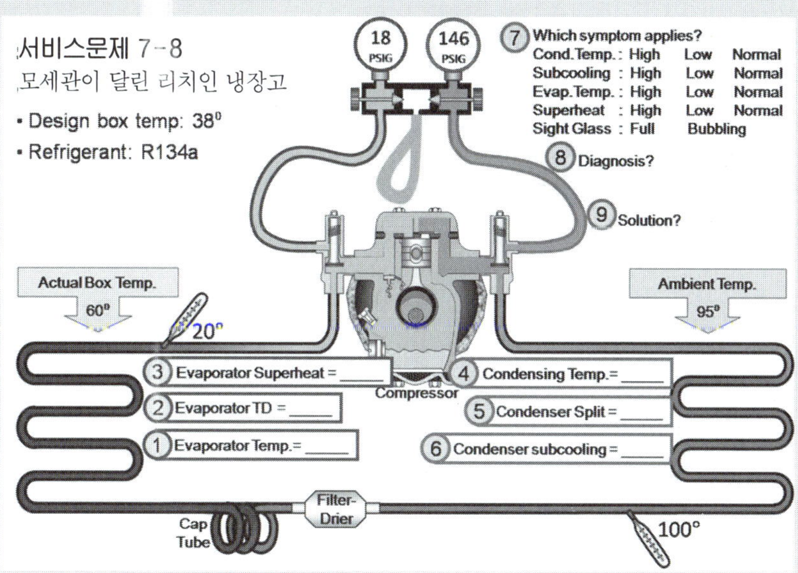

연 습 문 제(REVIEW QUESTIONS)

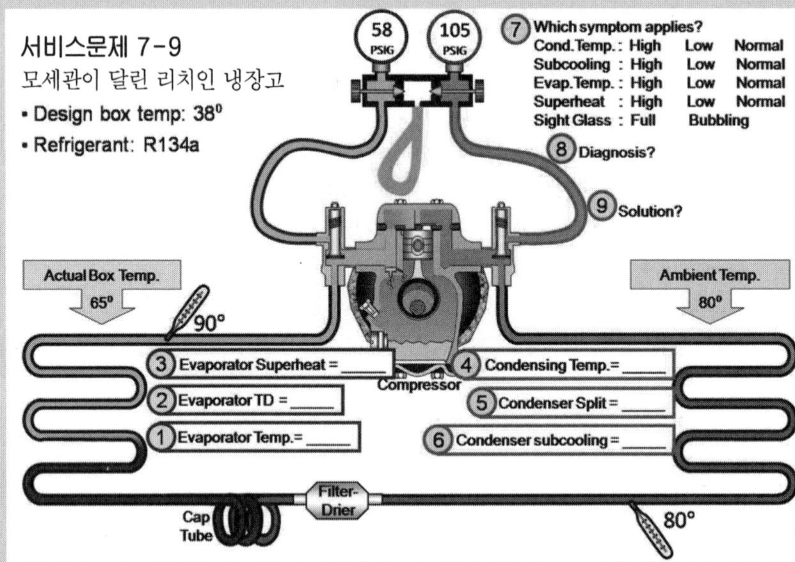

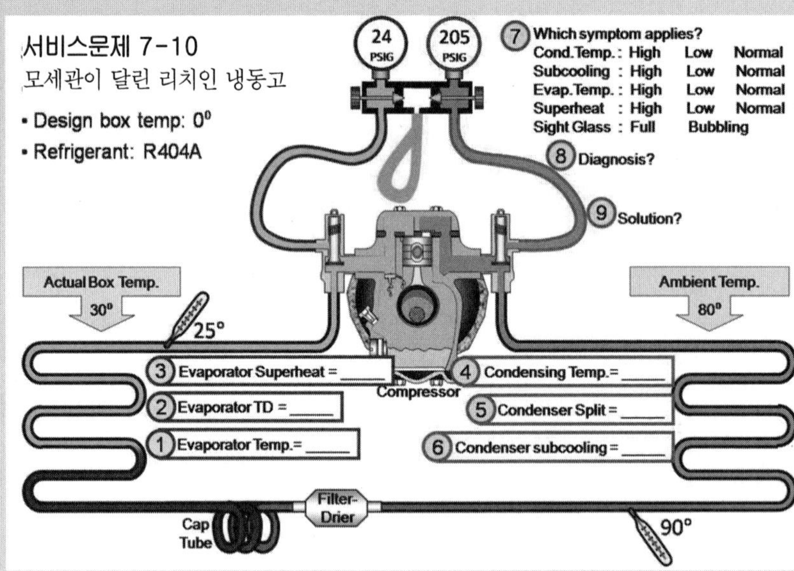

연 습 문 제(REVIEW QUESTIONS)

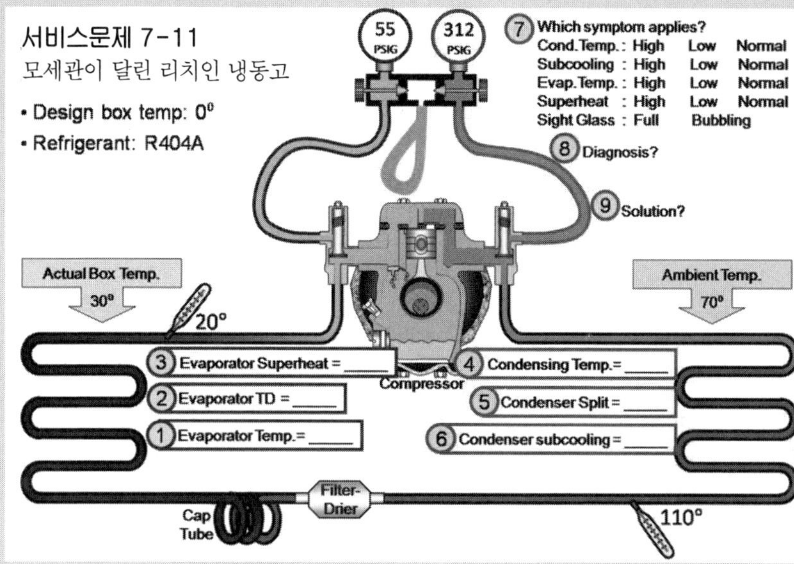

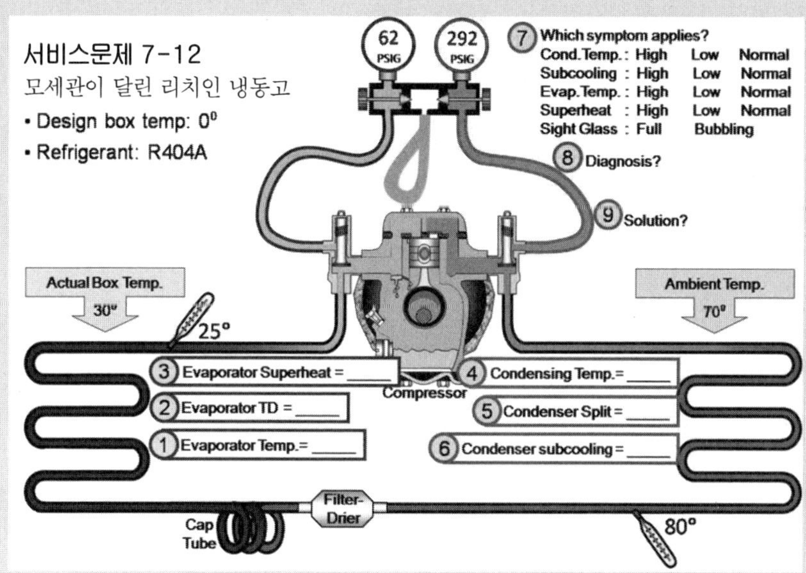

CHAPTER 8

압축기 모터 제어

개요

압축기 문제들 중에서는 전기적인 문제들이 큰 비중을 차지한다. 그러므로 무엇이 압축기 모터를 제어하는지를 잘 이해하는 것은 고장점검에 필수적이다.

여러분들은 7장에서 냉동 유닛의 부품 하나를 진단분석하려면 시스템의 다른 부분들이 얼마나 그 부품에 영향을 미치는지 이해해야 한다는 것을 배웠다. 모터도 마찬가지다. 전기의 흐름을 따라가다 보면, 기술자는 정확히 어떤 회로가 모터가 작동하는 것을 방해하고 있는지, 또는 모터 그 자체에 문제가 있는지를 판단할 수 있다.

학습목표(OBJECTIVES)

이 장을 마치고 나면 아래와 같은 내용들을 알 수 있다.

- 3상 모터
- 접촉자와 기동기
- 단상 모터
- 기동 릴레이와 콘덴서
- 모터 과부하
- 고장점검 모터

3상 모터

단상(1Ø) 압축기보다는 3상 압축기를 사용하는 쪽이 여러 가지 이점이 있다.

- 3상 모터는 단상 모터보다 운전비용이 덜 든다.
- 3상 모터는 전류를 덜 끌어들이므로 모터 회로에 더 작은 와이어가 필요하다.
- 3상 모터의 기동 토크는 단상 모터 기동 토크의 2배다.
- 3상 모터는 기동 부품을 요구하지 않는다. 3 권선은 서로의 상(phase)에서 단지 120도이다. 그런데 단상 모터의 기동과 작동 권선은 서로 180도이다.

3상 모터의 모든 강도로, 그들의 초기 약점은 상 손실과 전압 불균형이다. 상 손실이란 상 가운데 하나(3가지 전력회로 중 하나)가 방해를 받는다(열려 있다)는 뜻이다. 단지 두 개의 감은 수만 에너지를 받아도, 모터는 높은 암페어수를 끌어들여 과부하하게 되며 때로는 모터 회로가 타기도 한다.

전압 불평형 또는 불균형은 3개의 전력회로에 적용된 전압 사이의 차이다. 3상 모터의 3회선은 똑같은 저항, 또는 옴(ohm) 크기를 갖는다. 그러므로 만약 다른 전압이 코일 감김에 적용된다면 전기 불균형이 모터 코일 감김을 과열하게 한다. 사실 2% 이상의 모터 전압 불균형은 3상 모터에 나쁜 영향을 미친다.

전압 불균형은 다음 식으로 결정할 수 있다.

$$\text{전압 불평형}(V_u) = \text{전압차}(V_d)/\text{전압평균}(V_a)$$

여기서 전압차(V_d)는 평균에서 가장 큰 차이다.

예제: ❶ L1 → L2=230 볼트, L2 → L3=240 볼트, 그리고 L1 → L3=245 볼트

$$\text{전압 평균}(V_a) = (230+240+245)/3 = 238 \text{ 볼트}$$

$$\text{전압차}(V_d) = 238-230 = 8 \text{ 볼트} ;\ 240-238 = 2 \text{ 볼트} ;\ 245-238 = 7 \text{ 볼트}$$

평균에서 가장 큰 차는 8 볼트이다.

$$V_u = V_d \div V_a = 8 \div 238 = 0.034$$

퍼센트(%)로 바꾸어 표현하기 위해 100을 곱하면 0.034 ×100=3.4 % 전압 불평형(V_u)

모터 과부하는 모터 내에 있는 3가닥의 회로를 모두 연다. 그러나 때로 모터 손상은 내부 과부하가 일어나기 오래 전에 일어나기도 한다. 모터 기동기와 상 모니터는 좀 더 정밀한 3상 모터를 보호하기 위해 이루어진다.

Carlyle 압축기 서비스 가이드에 따르면, 전압 불평형은 전류 불평형을 일으킨다. 그러나 전류 불평형은 반드시 전압 불평형이 존재한다는 것을 뜻하지는 않는다. 예를 들면, L1에 느슨한 터미널 연결 또는 오목한 접촉은 다른 2개의 다리보다 L1에 더 높은 저항을 일으킨다. 전류는 저항의 가장 적은 경로를 따르기 때문에 L1보다 L2 및 L3에 더 높은 전류가 흐른다. 더 높은 전류는 모터 코일 감김에 열 축적을 일으킨다.

최대로 받아들일 수 있는 전류 불평형은 10%다. 전류 불평형은 전압 불평형과 같은 방법으로 계산한다.

확실히 전류 측정에 있어서 정확성은 결정적이다. 그러나 표준 전류계는 마이크로 프로세스가 전원을 받는 전기 시스템에 끼치는 효과를 고려하지 않기 때문에 정확한 값을 준다고 신뢰할 수 없다. 어떤 종류의 컴퓨터 시스템은 공기조화장치와 냉동장치가 설치되는 거의 모든 건물에 쓰인다. 전자 펄스는 교류와 한데 얽히기 때문에 표준 전류계로 측정은 40%까지도 오차가 있을 수 있다. 기술자들이 컴퓨터 전자기술의 영향을 받은 시스템 상에서 정확한 암페어수를 읽을 수 있도록 "True Root Mean Square meters"가 개발되었다. 물론 True RMS 계기는 표준 시스템에서도 사용할 수 있다.

접촉자

접촉자는 모터로 열고 닫는 큰 회로다. 접촉자 내에 있는 전자 마그네틱 코일은 함께 접촉을 당기고 전원은 압축기로 보낸다. 온도조절기(tstat), 고압제어, 저압제어는 접촉자 코일과 직렬로 연결된다.

3상 모터를 멈추게 하려면 3개의 전원선이 모두 동시에 열려야 한다. 단상 압축기에서 모터를 멈추게 하려면 두 전원 다리 중 하나만 열리면 된다.

다음은 접촉자를 선택할 때 고려해야 할 요소들이다.

1. 극수
   A. 3상 모터는 3극을 요구한다,
   B. 단상 모터는 1 또는 2극을 요구한다.

2. 접촉자의 암페어수 정격은 압축기 명판에 표시된 대로 다른 팬이라든가 역시 접촉자를 통해 작동하는 액세서리 상에 나타난 압축기 정격과 같거나 압축기 정격부하 암페어수(RLA)보다 더 커야 한다. 대부분의 접촉자는 두

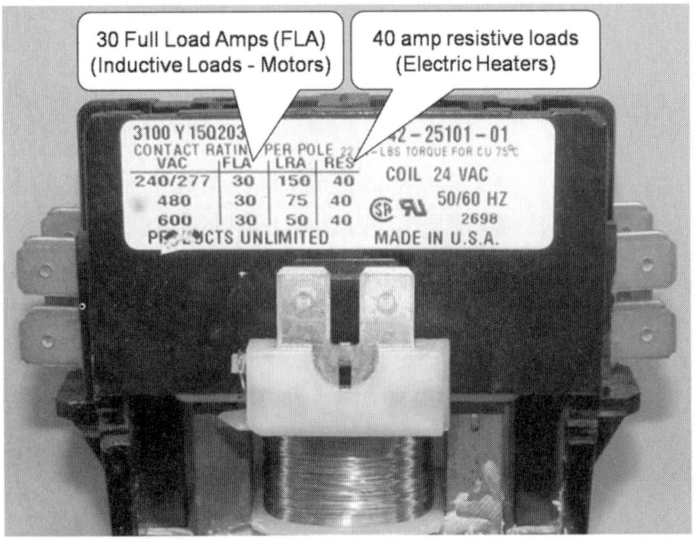

그림 8-1 접촉자에 열거된 암페어수 정격
(출처 : Dick Wirz)

가지 정격을 가지고 있다. 압축기에 대한 유도부하 암페어 정격을 사용하라(그림 8-1 참조).

A. 유도부하 암페어: 고유입 전류(모터)

B. 저항력이 있는 부하 암페어수: 어떠한 유입 전류가 없다(저항 히터)

3. 부하회로의 라인전압 정격

4. 코일전압 정격

그림 8-2는 단상 모터로 충전되어 밀려있는 공급전원 접촉자를 나타내고 있다. 만약 접촉자가 좋으면 L1과 T1 사이 그리고 L2와 T2 사이에 0볼트의 전압크기가 있게 된다. 접촉자 건너편에 전압크기가 있다면 접촉자는 타버리거나 오목해진다. 그러면 접촉자 또는 접촉기를 교체해야 한다.

참고: 압축기를 교체할 때마다 접촉자도 교체해야 한다. 이것은 3상 유닛에서 특히 중요하다.

접촉자에는 2가지 종류가 있다. NEMA(National Electrical Manufactures Association)는 일반 목적의 접촉자와 상세 목적의 접촉자를 규정한다. NEMA 접촉자는 일반적으로 모터 마력(HP)과 암페어수를 규정하는 크기에 따라 열거할 수 있다. 그것들은 대부분 엄격하게 산업 용도로 만들어지고 수명이 최소 2백만 사이클로 설계되어 있다. 그것들은 많은 다른 응용에 적용할 수 있어야 하기 때문에 NEMA는 규격 접촉자는 안전 요소 기준이 높고 결과적으로 크기도 하고 비싸기

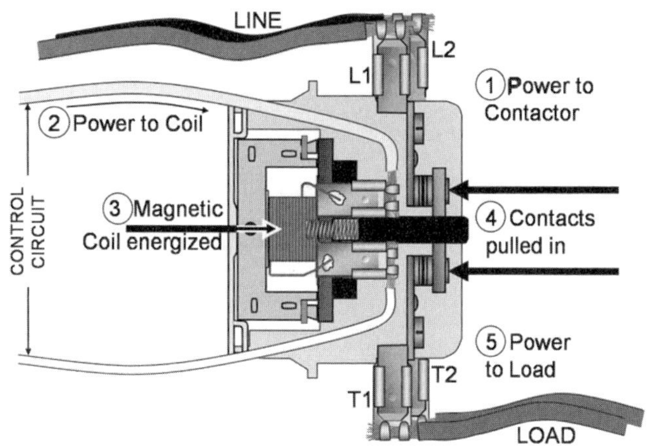

그림 8-2 접촉자 절단면과 배선 다이어그램
(출처 : Refrigeration Training Services)

도 하다.

상세한 목적의 접촉자는 냉동과 공기조화장치 응용을 위해서 특별히 설계되어 있고 암페어수(amps)로 정격되어 있다. 그것들은 낮은 전압은 물론이거니와 빠른 회전, 광범한 과부하와 같은 거친 조건을 해결할 수 있게 설계되어 있다. 그러나 250,000 사이클의 수명이 그 특별한 목적에 적절하므로 접촉자는 더 작고 덜 비싸다. NEMA 의 다른 규격 및 상세 목적 접촉자의 한 예로 표 8-1 을 참조하라.

모터 기동자

모터 기동자는 기본적으로 과부하를 갖는 접촉자다(그림 8-3 참조). 기동자에서 과

표 8-1 NEMA(일반 목적)와 상세 목적 접촉자 전류 규격
(출처 : Refrigeration Training Services)

NEMA size	NEMA amp rating	Definite purpose available amp ratings
1	27	25
7.5 hp @ 230V		30
10 hp @ 460V		40
2	45	50
15 hp @ 230V		60
25 hp @ 460V		75
3	90	90
30 hp @ 230V		120
50 hp @ 460V		150

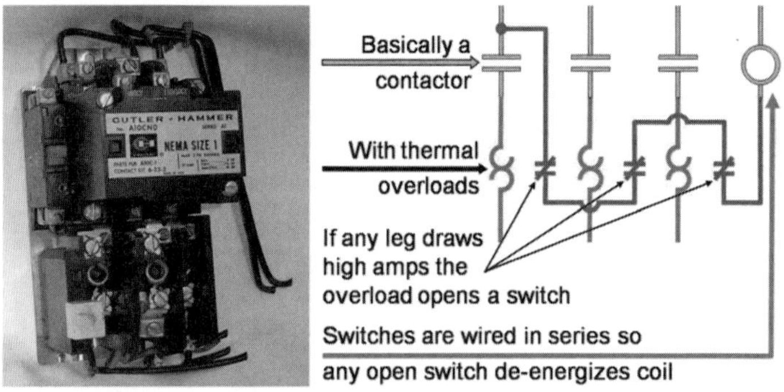

그림 8-3 모터 기동기와 배선 다이어그램 (출처 : RTS)

부하는 압축기의 전압과 정격부하 암페어수(RLA)에 따라 선정된다. 이들 보호 장치는 전압강하 암페어수 증가에 기인한 열의 변화에 대응한다. 만약 기동자가 모터 회로의 어떤 조건에서 과부하 조건을 감지하면, 접촉자를 열게 하고 모든 회로의 전원을 차단한다. 기동자는 대개 모터의 내부 과부하가 열리기 전에 전원을 차단한다. 모터 기동자는 기동자가 과부하에 곱드러지는 후 수동으로 리셋하도록 설계되어 있다. 여기서는 그 다음으로 제어를 리셋하는 사람이 무엇이 모터 보호를 열리게 했는지를 판단하기 위하여 모터 작동을 모니터한다고 가정한다.

단상 모터

단상 모터의 권선은 서로 180도다. 그 결과, 기동기(정지상태의 코일 권선)가 에너지를 받으면, 회전자(회전하는 영구 마그넷)는 회전자의 양쪽에서 크기는 같으나 방향은 반대로 잡아당기는 힘이 있으므로 움직이지 못한다.

회전자가 돌기 시작하는 동안, 직접적으로 회전자의 +, −극을 반대로 하는 것보다는, 작은 각도에서 발휘한 다소의 기동기의 자력을 가질 필요가 있다. 이것을 하기 위해서는 분리되는 기동 코일 권선이 사용된다. 높은 저항 기동 코일로 들어오는 전압 중 일부를 전환함으로써 상 변이가 일어나고, 다소 다른 각도에서 회전자에 자기의 당김을 일으킨다. 그리고 이것이 회전자를 회전하게 한다. 2, 3초 내로 모터 속도가 올라가고, 그러고 나면 기동 코일은 에너지를 잃는다. 회전자는 오로지 회전 코일을 통해서만 발생하는 자장 내에서 계속해 회전한다.

압축기에서 쓰이는 단상 모터는 기동 코일과 회전 코일이라는 두 가지 코일로 분리되기 때문에 **분기 상 모터**(split-phase motor)라고 부른다.

그림 8-4의 모터는 더 작은 기동 권선, 꼭대기에서 하나, 바닥에 하나를 보이고 있다. 더 큰 와이어 번들 2개는 동작 코일이고, 모터의 오른쪽에 하나, 왼쪽에 하나 있다. 모터에 2세트의 동작 코일이 있기 때문에 2극 모터라 부른다. 만약 모터 명판

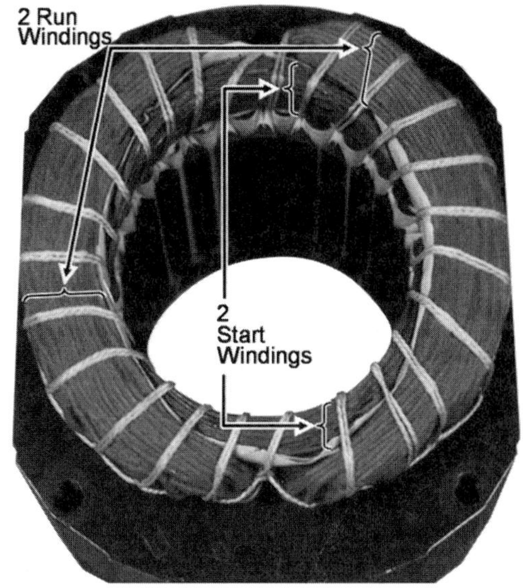

그림 8-4 기동 및 회전 코일을 갖는 단상 모터
(출처 : Copeland Corporation)

이 없으면 기술자는 극수를 헤아려서 모터의 대략적 속도를 결정할 수 있다.

$$동위상의\ 모터\ 속도 = (120 \times 주파수) \div 극수$$

여기서 120은 상수이고 주파수는 60 사이클(120×60=7,200)이다.

2극 모터는 분당 3,600 회전수(7,200÷2)에서 작동하고, 실제 회전수는 미끄럼을 고려하면 3,450에 가깝다. 밀폐식 압축기는 2극 모터를 사용한다.

4극 모터는 실제 속도 1,725 rpm에 가깝게 1,800(7,200÷4)에서 더 천천히 작동한다. 반밀폐식 압축기는 4극 모터를 사용한다.

단상 압축기를 기동하는 데 사용하는 기본 방법으로는 다음 2가지가 있다.

1. 기동 릴레이가 기동 코일에 동력을 전하고, 이어서 모터가 작동하면 기동 코일에서 전원이 떨어진다.
2. 동작 콘덴서가 동작과 기동 터미널 사이를 영구적으로 연결한다. 그러면 기동 효율과 동작 효율 모두에 대해 기동 코일 내에서 약간의 상 이동을 일으킨다. 이 방법은 압축기와 팬의 영구 분리 콘덴서(PSC) 모터에서만 사용된다.

기동 릴레이와 콘덴서

압축기 모터는 기동할 때마다 **기동 회전자 암페어수**(locked rotor amperage, **LRA**)를 끌어낸다. 회전자가 속도를 올리면 암페어수는 떨어진다. 모터가 거의 전

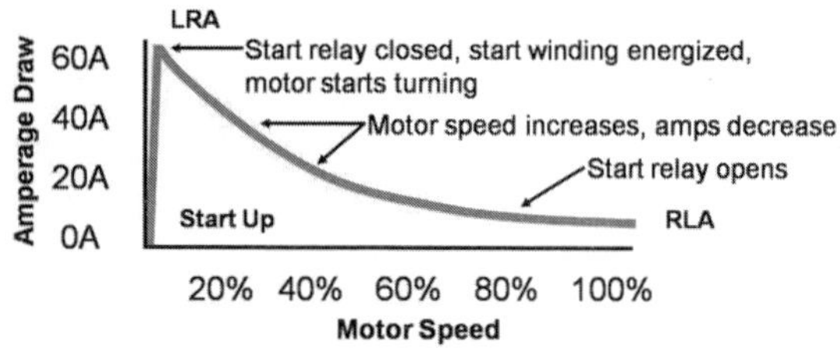

그림 8-5 모터 전류는 기동 동안 떨어진다.
(출처 : Refrigerant Training Services)

속력에 다다르면 기동 릴레이는 열리고 기동 코일로 전원을 차단한다. 모터는 계속 작동하고, 오로지 작동 코일을 통해서만 전원을 받는다. 전류 끌어당김으로 모터의 정격부하 암페어수(그림 8-5 참조)로 떨어진다.

그림 8-6은 기동 릴레이가 L1에서 어떻게 전원을 가져오고 기동 터미널에 그것을 직접 건네는지를 설명한다. 가해진 토크(회전자가 회전을 시작하는 힘) 때문에 기동 콘덴서는 릴레이와 함께 직렬로 더해질 수 있다. 기동 릴레이는 기동 시에 전 전력을 기동 코일로 보낸다. 압축기 모터가 가속되면 릴레이는 기동 코일에서 전원을 떨어뜨린다.

기동 릴레이에는 3가지가 있다.

1. 전류 릴레이
2. 포텐셜 릴레이
3. 양의 온도계수 릴레이(PTCR)

전류 릴레이

분수의 마력(1 마력 이하) 압축기에서 전류 릴레이는 매우 잘 움직인다. 와이어 연

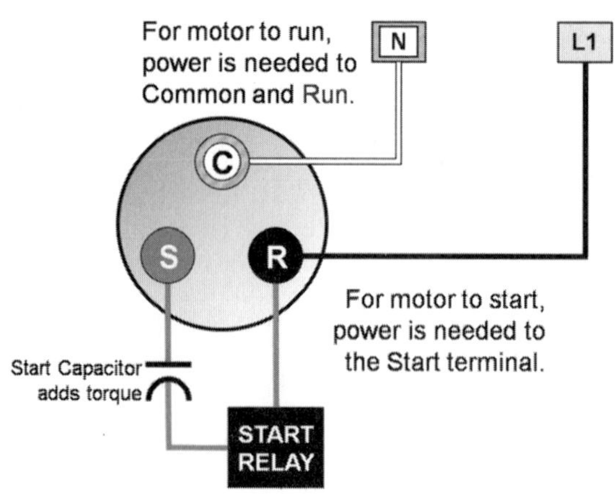

그림 8-6 간단한 기동 릴레이 배선 다이어그램
(출처 : Refrigerant Training Services)

그림 8-7 기동 용량을 가지는 전류 릴레이 작동
(출처 : Copeland Corporation/Refrigerant Training Services)

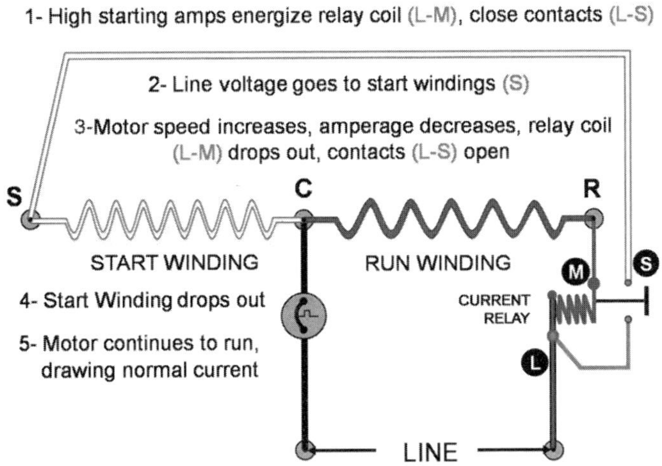

결은 다음과 같이 설계되어 있다.

- 라인 전원에 대해 *L*
- 주 코일에 대해 *M*(동작 코일)
- 기동 코일에 대해 *S*

그림 8-7은 전류 릴레이로 기동하는 다음 설명의 모터 기동을 분류하는 것을 도와준다. 기동 시에 암페어 끌림은 회전자가 회전을 시작하기 전에 기동 회전자 암페어수(LRA) 가까이 있다. M에서 R을 지나 작동 코일로 가는 전원의 높은 전류는 터미널 L과 M 사이의 릴레이 코일에 전원을 준다. 이 코일은 일반적으로 열린 접촉자 L 및 S로 민다. 라인 전압은 닫힌 접촉자를 지나 기동 코일로 보내지고 그로 인해 회전자 회전이 시작된다.

모터가 가속되면 R로 전원 암페어수가 떨어지기 시작한다. L과 M 사이의 릴레이 코일 전류의 감소로 인해 기동 코일(L에서 S로)로 회로가 다시 열린다. 모터는 PLA에서 자동 코일에서만 계속해 작동한다.

전류 릴레이는 스스로 모세관 시스템에 설치된 냉동 압축기를 기동하기에 충분하다(그림 8-8 참조). 모세관은 시스템 내의 압력을 난손 운전 동안 동일하게 유지한다. 그러므로 압축기는 높은 부하에서는 기동하지 않는다.

그러나 열팽창밸브 시스템에서 압력은 동일하게 조절되지 않고 압력은 이에 반해서 기동하는 데 상당히 부하를 가진다. 전류 릴레이와 직렬로 가해진 기동 콘덴서는 부가적인 상 이동(phase shift)을 공급한다. 이로써 압축기가 고압에 대해 기동할 수 있게 된다.

그림 8-8 전류 릴레이 단면도 (출처 : Refrigerant Training Services)

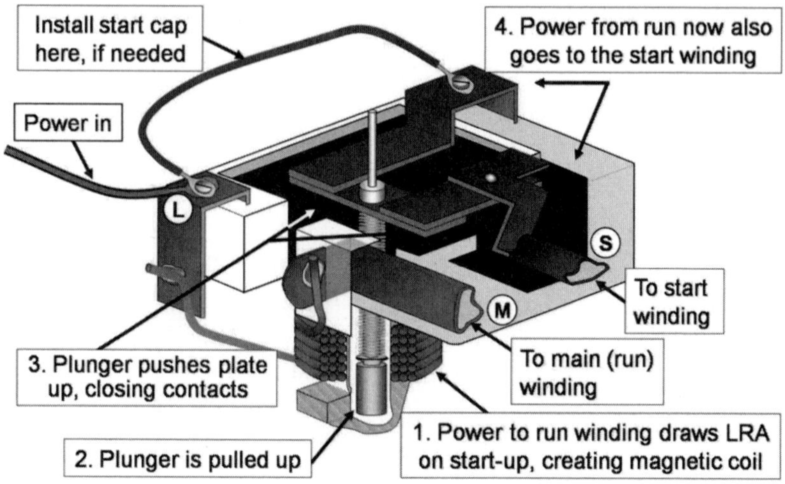

기동 콘덴서

기동 콘덴서(start cap)는 위상각(그림 8-9 참조)을 증가시켜서 기동 토크를 증가시킨다.

그림 8-9에서 저항기가 있는 기동 콘덴서는 기동 릴레이와 직렬로 연결되어 있고, 기동 릴레이가 전원이 줄 때 전기회로에서 얻는다. 코플랜드(copeland) 사에서 자사 압축기를 위해 판 콘덴서는 모두 릴레이 접촉자가 열려 있을 때 아크를 방지하기 위해서 콘덴서 터미널을 가로질러 **블리드 레지스터**(bleed resister)가 있다. 레지스터는 기동 코일에 전원을 주는 데 사용된 다음 콘덴서 내에 남은 전하를 제거한다. 레지스터는 릴레이의 생명을 연장시킬 뿐만 아니라 콘덴서를 보호한다.

그림 8-9 저항체를 갖는 기동 콘덴서 (출처 : Dick Wirz)

참고: 기동 콘덴서를 확인할 때 블리드 레지스터를 제거하라. 만약 레지스터가 라인의 왼쪽에 있다면 콘덴서 확인자는 정격 용량보다 훨씬 더 높은 값으로 잘못 읽을 것이다.

콘덴서는 전압이 가해지면 다량의 전기 에너지를 모은다. 이 에너지는 콘덴서를 확인하기 전에 토출되어야 한다. 어떤 기술자는 터미널에 스크루드라이버를 걸쳐 둠으로써 콘덴서를 토출한다. 이 짧은 회로는 콘덴서에 손상을 줄 수 있고 기술자에게 해를 입힐 수도 있다. 콘덴서를 토출하는 적당한 방법은 약 5초 동안 커넥터에 걸쳐 20,000 옴, 5 와트 레지스터를 사용하는 것이다.

기동 콘덴서 상에 있는 마이크로패럿(MFD, microfarad) 눈금은, 예를 들면 145-174 MFD처럼 범위로 표시된다. 콘덴서 체커(capaciter checker)를 사용할 때면 중간 밸브가 이상적이지만, 콘덴서는 대략 그 값보다 10% 위아래에서도 여전히 제대로 작동한다. 예를 들면, 이전 콘덴서의 중간 범위는 약 160 MFD다. 10%(즉 16)를 높이면 176 MFD고 10%를 내리면 144 MFD다(그림 8-10 참조).

교체 콘덴서의 전압전류용량(VAC; Volt Amp Capacity)은 처음 것과 똑같거나 그보다 더 커야 한다. 콘덴서의 VAC 값은 모터 제조업자에 의해 결정되고 기동 콘덴서에서 생긴 백 전자동기력(back EMF)에 기인하기 때문에 모터의 정격 작동 전압보다 더 크다. 그림 8-11에는 같은 MFD값을 갖는 콘덴서가 4개 있지만 VAC는 서로 다르다.

포텐셜 릴레이

전류 릴레이는 통상 열린 접촉(NO)을 하고, 기동 전류를 감지하는 곳에서 포텐셜 릴레이(potential relay)는 보통 닫힌 접촉(NC)을 하고 전압을 감지한다(그림 8-12 참조). 사실 감지하는 전압은 회전하는 회전자가 고정자에 닫힘으로 인해 기동 코

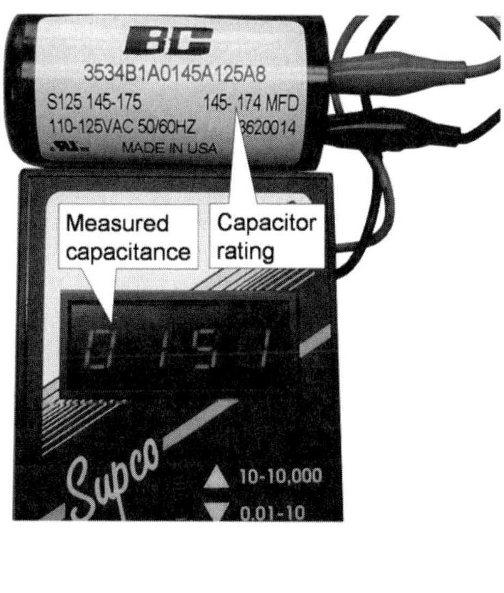

그림 8-10 기동 콘덴서 확인
(출처 : Dick Wirz)

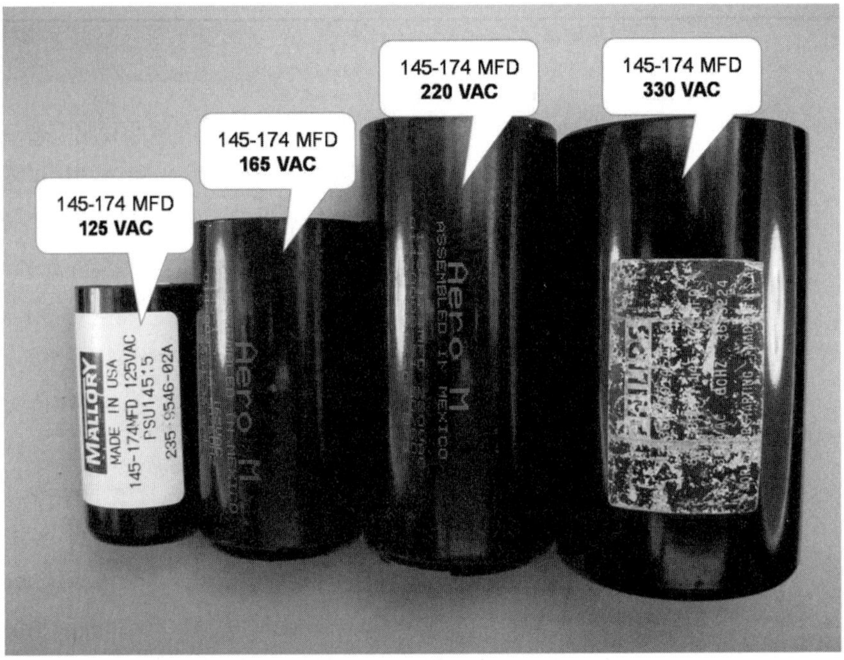

그림 8-11 다른 145-174 MFD 콘덴서의 예 (출처 : Dick Wirz)

일에서 발생하는 백 전자동기력(back EMF)이다(그림 8-13 참조). 기동하는 동안 백 전자동기력이 증가하면서, 릴레이 코일(5와 2 사이)에 전원이 가고 기동 코일과 기동 콘덴서를 빠져나가기 위해서 터미널 1과 2 사이 접촉자가 열린다. 연속적인 백 전자동기력은 압축기가 작동하는 한 접촉자를 열린 채로 둔다.

참고: 거의 모든 포텐셜 릴레이는 똑같은 번호 체계를 사용한다. 압축기 터미널에서 와이어는 5에 공통, 2에 시작, 1에 동작하는 순서대로 포텐셜 릴레이 상에 있는 번호

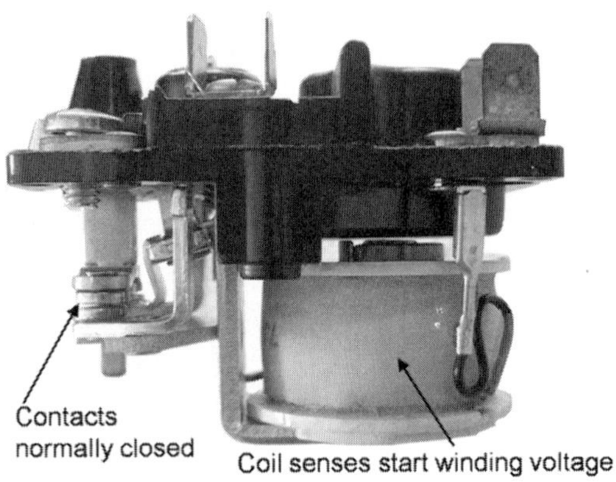

그림 8-12 포텐셜 릴레이 (케이스가 제거됨, 출처 : Copeland Corporation)

그림 8-13 포텐셜 릴레이와 기동 콘덴서을 갖는 배선 다이어그램
(출처 : Copeland Corporation / Refrigeration Training Services)

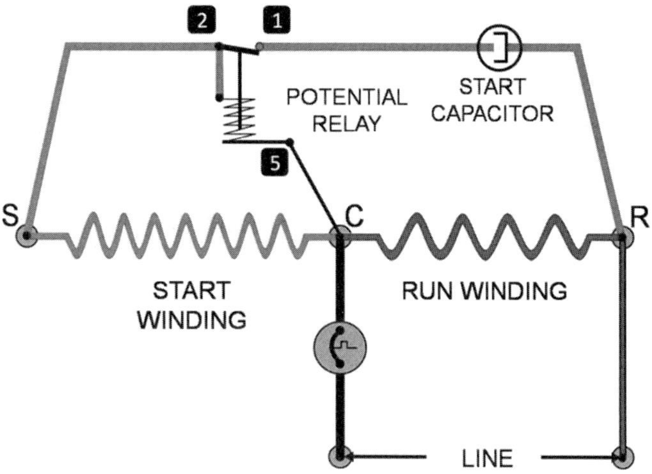

가 매겨진 터미널에 연결된다. 이들 터미널을 기억하는 데 사용되는 좋은 후렴은 5, 2, 1, 작동 가능합니까? 이다.

포텐셜 릴레이에는 여러 가지 전압 정격이 있다.

1. 픽업 전압: 접촉자 1과 2를 여는 전압
2. 드롭아웃 전압: 접촉자를 연채로 계속 두는 데 필요한 최소 전압
3. 지속 전압: 코일(5-2)이 취급할 수 있는 최대한의 연속 전압

작동 콘덴서

작동 콘덴서는 상 이동을 하게 함으로써 모터가 작동하도록 돕는다. 기동 릴레이나 기동 콘덴서와 달리 작동 콘덴서는 압축기가 작동하는 전 시간 동안 회로 내에 남게끔 설계되어 있다. 기동 코일에 약간 전원을 공급하면 작은 상 이동이 생긴다. 이로써 압축기 작동이 효율적으로 이루어진다.

그림 8-14에서 작동 콘덴서는 비록 포텐셜 릴레이가 열린 뒤에라도 늘 회로 내에서 머물도록 와이어로 연결되어 있다.

작동 콘덴서가 불량이라는 것을 보여주는 현상으로는 압축기가 정상적으로 기동할지라도 약간 높은 암페어수에서 작동하는 것을 들 수 있다. 이것은 처음에는 작동 콘덴서와 함께, 그리고 나서는 작동 콘덴서 없이 유닛의 작동 암페어를 살펴봄으로써 확인할 수 있다.

기동 콘덴서와 같이 모터가 작동 콘덴서를 적절히 작동하려면 용량이 적어도 정격 용량의 10%가 되어야 한다. 이것이 콘덴서 체커(condenser checker)로 쉽게

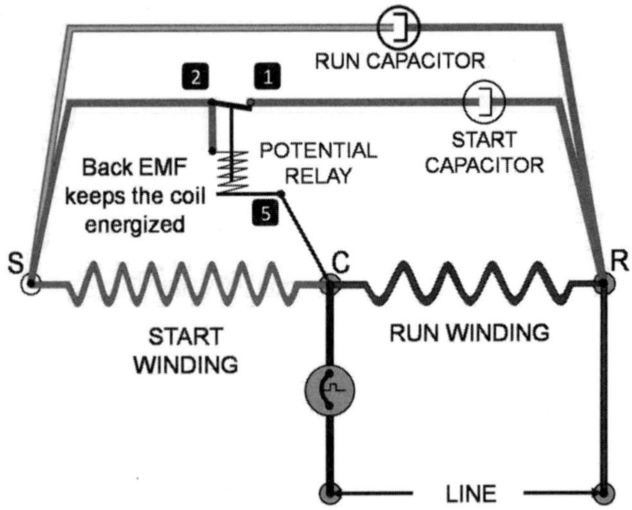

그림 8-14 작동 콘덴서가 있는 배선 다이어그램 (출처 : Copeland Corporation / Refrigeration Training Services Adaption)

판단할 수 있다. 그림 8-15는 작동 콘덴서를 확인하는 방법을 설명해 줄 뿐만 아니라, 이 특별한 제조업자는 보통 제시하는 10%보다 ±6%의 최대 차이를 추천한다. 그림에 있는 텍스트 박스에는 두 인자 간 차이에 대한 설명이 들어 있다.

비상 시, 기술자가 정확한 MFD(μF) 교체 작동 콘덴서를 가지고 있지 않은 경우라면 그림 8-16과 그림 8-17에서 볼 수 있는 바와 같이 콘덴서 조합을 사용할 수 있다.

참고: 반드시 콘덴서의 VAC 정격이 교체되는 것과 같거나 더 크게 하라. 이것은 작

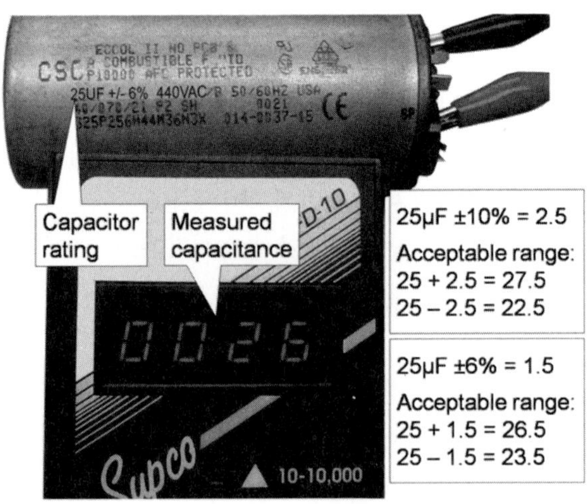

그림 8-15 작동 콘덴서 확인 (출처 : Dick Wirz)

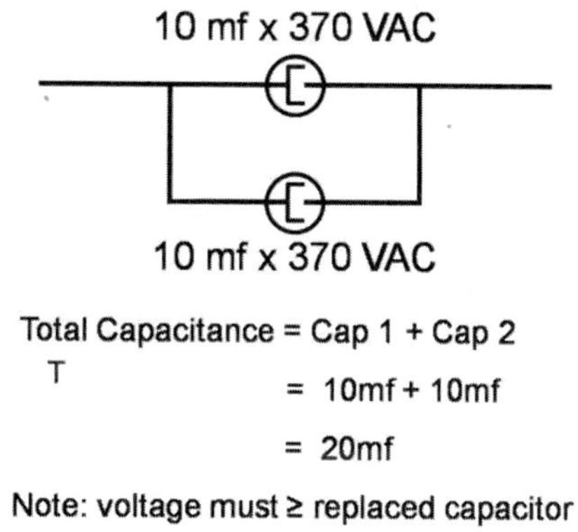

그림 8-16 더 큰 콘덴서를 위해 병렬 연결한 2개의 콘덴서
(출처 : Refrigeration Training Services)

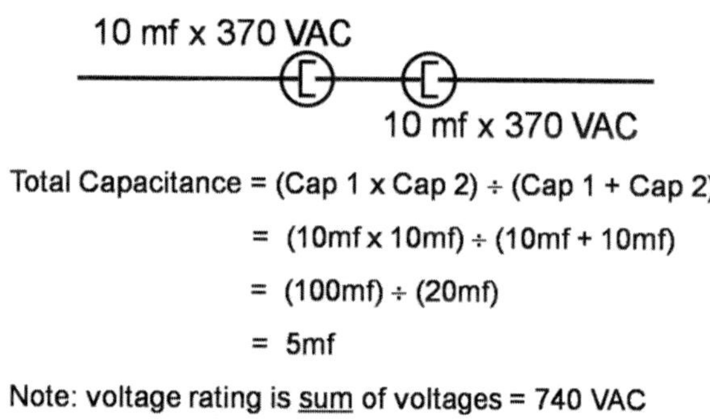

그림 8-17 더 작은 콘덴서를 위해 직렬 연결한 2개의 콘덴서
(출처 : Refrigeration Training Services)

동과 기동 콘덴서 모두를 위한 것이다.

PTC 릴레이

PTC 릴레이는 가열될 때 전류에 대한 저항을 증가시키는 고체 상태의 릴레이다(그림 8-18 참조). 압축기 모터가 기동하면, 기동 코일까지 PTC 릴레이를 통해 전 전력이 흐른다. 2, 3초 내로 압축기의 전류 끌어냄은 릴레이 내의 세라믹 디스크를 가열시킨다. 열은 디스크의 전도 성질을 단열재로 변환시킨다. 물질은 일련의 접촉자의 열림만큼 효과적으로 기동 코일로의 전원 흐름을 멈추게 하되, 움직이는 기계적 움직임을 사용하지 않는다.

PTC 릴레이는 보통 작동 콘덴서와 연결되어 사용된다(그림 8-19 참조). 릴레이를 통과하는 회로가 열려 있으면, 전압은 작동 콘덴서를 통과하는 쪽으로 방향을 고쳐 잡는다. 이것은 다소의 전류가 기동 권선으로 길을 공급하고 압축기의 작동 효율을 증가시키는 데 필요한 약간의 상 이동을 공급한다.

이러한 배치는 오랫동안 PSC 모터가 달린 가정용 교류(AC) 밀폐식 압축기에

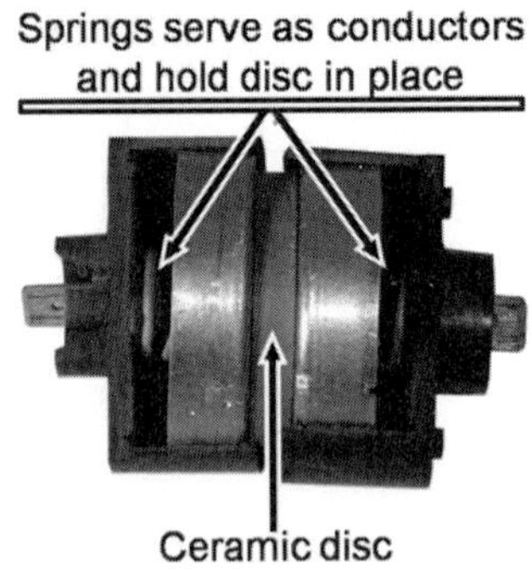

그림 8-18 PTC 릴레이의 단면도
(출처 : Refrigeration Training Services)

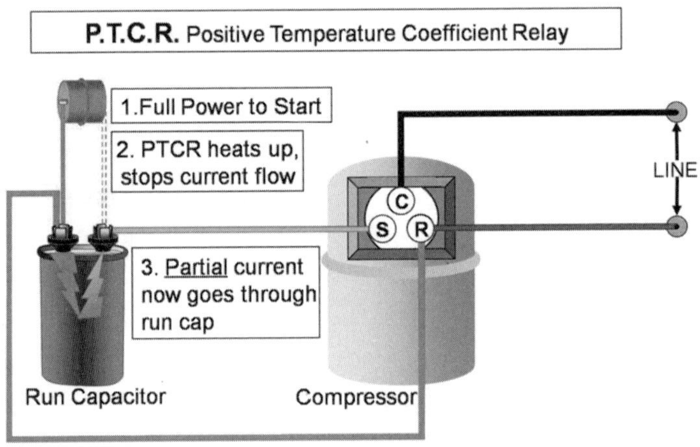

그림 8-19 PTC 릴레이와 작동 콘덴서
(출처 : Refrigeration Training Services)

서 일반적으로 볼 수 있었다. 그러나 이제는 Manitowoc 사업용 제빙기에서 대성공적으로 사용되고 있다.

모터 과부하의 종류

압축기 모터 손상을 막기 위해 제조업체는 모터 과부하 보호를 한다. 이 과부하는 과열, 과 암페어수, 또는 이들 둘 모두에 반응하여 열린다. 압축기 내에는 다소의 과부하가 있다. 그들은 내부 과부하 또는 고유의 모터 과부하라 하며, 모터열을 정확히 감지할 수 있도록 모터 코일 내에 있다(그림 8-20 참조).

외부 과부하는 보통 압축기 터미널 박스에 있다(그림 8-21 참조). 이런 종류의 과부하는 압축기 모체의 열과 암페어수 드로우 때문에 회로에 발생한 열을 감지하는 열 디스크다.

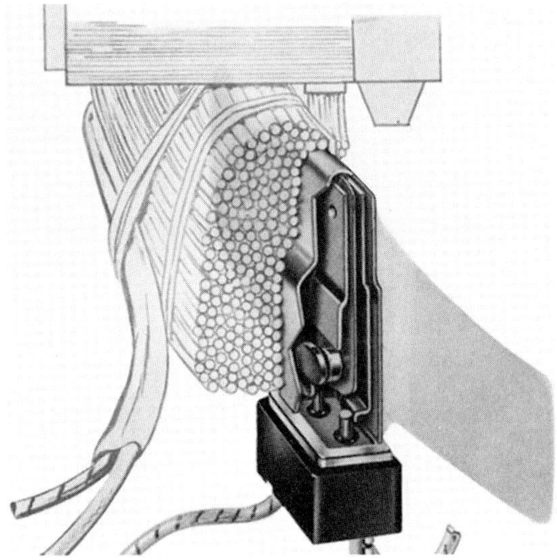

그림 8-20 내부 또는 고유의 모터 과부하
(출처 : Dick Wirz)

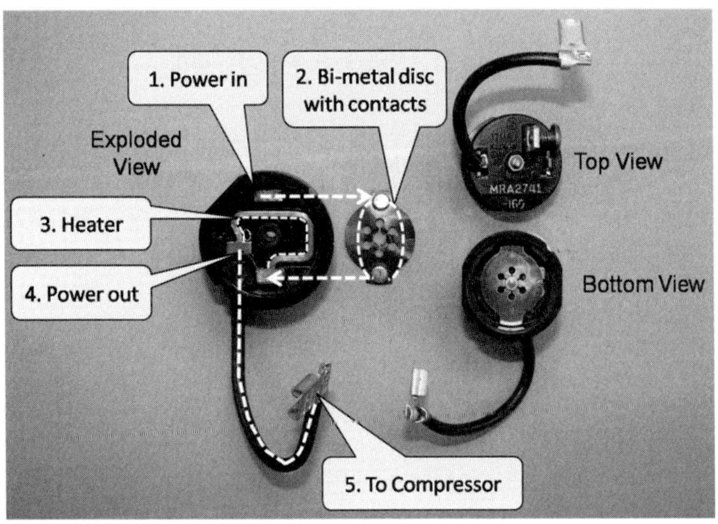

그림 8-21 외부의 압축기 과부하
(출처 : Tecumseh Products)

참고: 압축기 터미널 박스 커버는 과부하가 적절히 압축기 온도를 감지하도록 닫혀 있어야 한다. 커버는 또한 터미널 박스에서 들어오는 먼지나 오일을 막고, 화재 위험을 알릴 수 있어야 한다. 그 밖에도 압축기 터미널 박스 커버는 노출된 와이어로 인한 감전사로부터 기술자를 보호한다.

자기 과부하는 더 큰 압축기에 사용된다. 그들은 압축기의 각 전원 레그에 부착되며, 크기가 트럼프 한 벌만 한 작고 검은 박스들이다. 이들 과부하는 보통 압축기 모체에 있는 전기 터미널 박스가 아니라 콘덴싱 유닛의 컨트롤 박스 내에 있다. 자기 과부하는 압축기 암페어수에 정확히 반응하는 매우 민감한 전자장치지만 주위 공기의 온도에 영향을 받지 않는다.

이로써 과부하의 종류에 관해 매우 간략하게 설명했다. 좀 더 복잡하게 설명한다면 전기공학 영역까지 들어가야 할 것이다. 그러나 여기서는 과부하가 모터에 해가 되는 문제를 감지할 때마다 압축기 모터에 전원을 끊는다는 것만 알고 넘어가면 된다.

과부하 확인

과부하는 리셋되기 전에 냉각할 시간이 있어야 한다. 내부 과부하의 경우 시간이 많이 걸리는데 비해 외부 과부하의 경우 시간이 2, 3분밖에 걸리지 않는다. 만약 압축기를 온과 오프 사이클을 순환하는 바이메탈 형 과부하라면, 리셋한다는 사실은 과부하가 여전히 좋다는 것을 입증해 준다. 이러한 보호 장치들은 매우 튼튼하며 고장 나는 일이 극히 드물다. 릴레이와 콘덴서를 교체할 때, 외부 과부하는 확실히 불량인 게 아니라면 굳이 교체할 필요가 없다.

참고: 결코 과부하를 뛰어넘지 말라.

과부하를 바이패스하면 모터에서 일어나는 유일한 비상 차단과 전기적 보호의 기회가 없어진다. 많은 압축기에서, 압축기 터미널은 과부하가 압축기를 끊지 못하는 경우에 비상 압력 릴리프다. 만약 과부하가 바이패스되기 때문에 터미널이 끊어진다면 압축기는 파손될 것이다. 좀 더 심각한 경우라면 기술자가 다치거나 죽을 수도 있다.

모터 고장 점검

고장점검에서 가장 어려운 부분은 모터 코일 내에서 어떤 일들이 진행되는지를 시각화해서 보여주는 것이다. 그림 8-22는 기동 저항과 작동 코일이 있는 단상 모터의 다이어그램이다.

3상 모터에는 각각 똑같은 저항을 갖는 작동 코일이 3개 있다. 단상 모터에는 작동 코일 하나와 저항이 높은 기동 코일이 있다. 다음은 단상 모터 상에 있는 코일을 확인하는 방법이다.

- 공통(R-C)으로 작동은 가장 낮은 옴값이다.
- 공통(S-C)으로 기동은 약 3내지 6배 높은 작동 코일이다.
- 기동(R-S)으로 작동은 두 코일 R-C와 S-C의 합이다.

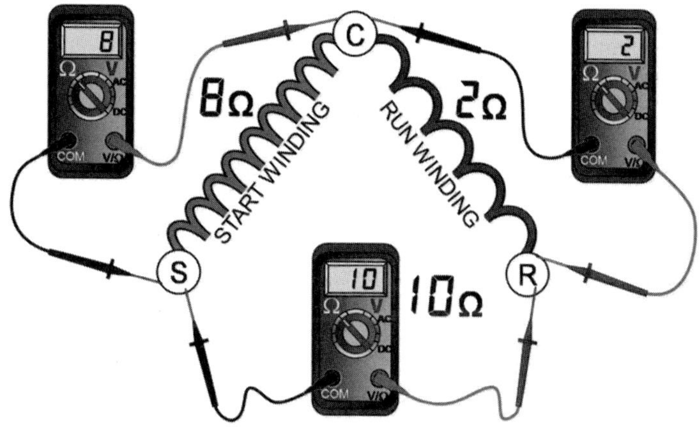

그림 8-22 단상 모터 코일의 저항
(출처 : Refrigeration Training Services)

$$R-S=[R-C]+[S-C]$$

그 값을 확인하면 터미널이 작동하고, 기동하고, 공통이 되는 것을 결정하는데 도움이 된다. 그 외에도 보통의 옴값과의 차이는 열린 코일, 짧은 코일, 또는 내부 과부하가 열려 있는지 같은 문제를 표시한다.

압축기가 작동하지 않는 2가지 기본적인 조건이 있다.

1. 소리가 나지 않는다. 기동조차 되지 않는다.
2. 기동할 것처럼 소리가 나지만 회전자가 돌지 않는다.

소리가 나지 않는 경우

만약 소리가 없다면 압축기로 전류가 정확히 흐르는지 확인하라. 만약 전원이 없다면 회로 브레이커와 퓨즈를 확인하라. 잘못된 회로 브레이커와 팽창한 퓨즈는 보통 짧은 회로를 나타낸다. 그러므로 그림 8-23 및 그림 8-24에서 설명한 대로 쇼트나 그라운드용 모터 코일을 확인하라. 쇼트 코일이라면 옴미터 상에 0(또는 0에 가까운) 옴으로 나타날 것이다.

그라운드된 압축기를 확인하려면 각 터미널에서 그라운드(보통은 흡입라인)까지 옴값을 취하라. 그 결과 열린회로가 있거나 OL(무한대 옴)의 계기값을 가진 무한대 저항이 있어야 한다. 그러나 크랭크 케이스 오일 내 오염이 있으면 작은 저항값이 나타날 수도 있다. 그러므로 대부분의 압축기 제조업체는 그라운드로 허용할 수 있는 최소한의 저항은 작동 볼트 당 1,000 옴이라고 설명한다. 240 볼트 모터용 240,000 옴 또는 120 볼트용 120,000 옴보다 작은 옴값은 그라운드 상태에 가능한 쇼트를 나타낸다. 3상 모터라면 높은 작동 전류를 끌어당기거나 종종 과부하 또는 모터 기동기를 방해하기도 한다.

그림 8-23 서로 쇼트된 코일 (출처 : Refrigeration Training Services)

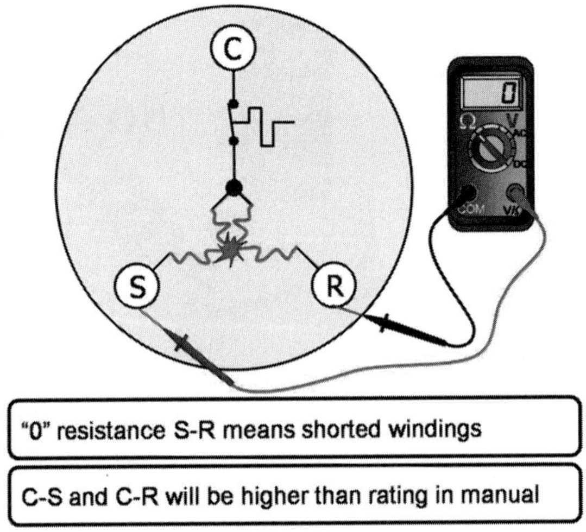

그림 8-24 그라운드에 쇼트된 코일 (출처 : Refrigeration Training Services)

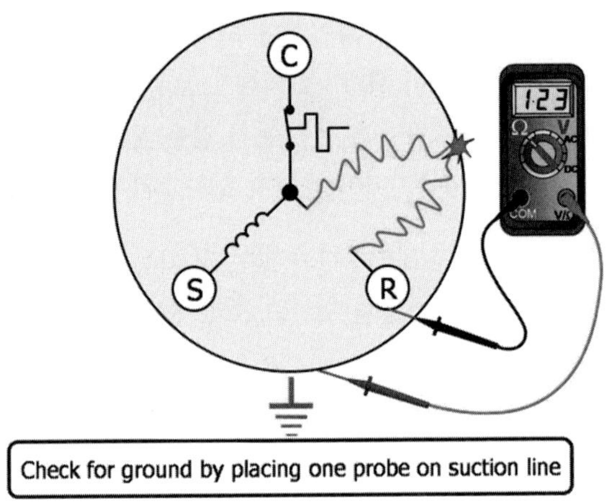

모터 회로 상에 전기 패널로부터 전원이 있으나 모터 터미널로 전압이 없다고 가정해 보라. 압력 컨트롤, 접촉자, 릴레이, 그리고 외부 과부하 같은 패널과 모터 사이에 있는 회로의 모든 컨트롤을 확인하라. 모터 터미널에 전체 전원이 있는 경우, 내부 과부하가 있는지 아닌지를 보려면 모터 배선 다이어그램을 확인하라. 만약 그렇다면, 과부하로 향한 배선을 단락시키고 옴미터를 사용해서 그것이 열렸는지를 판단하라.

모터가 기동하려 하는 경우

모터가 기동하려고 하면 붕붕거리는 잡음이 난다. 잡음은 과부하가 모터 회로를 열면 멈춘다. 모터 회로의 전압이 정확한지 확인하라. 모터가 기동을 시작할 때

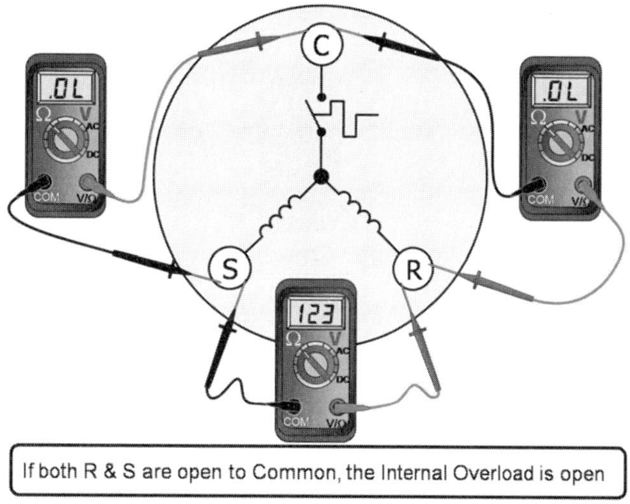

그림 8-25 단상 압축기 상에 있는 열린 내부 과부하 (출처 : Refrigeration Training Services)

10% 이상의 전압강하가 있다면 그것은 전원 문제이지 모터 문제가 아니다.

참고: 압축기 터미널에서 기동 전압을 잴 때에는 주의를 기울여라.

터미널에서 미터 프로브를 가지고 전압을 확인하는 것은 위험할 수 있다. 특히 공간이 제한된 작은 압축기 상에서는 특히 더 그렇다. 프로브가 미끄러지면 뜻하지 않게 쇼트를 일으키고 압축기 터미널이 끊어질 수 있다. 이렇게 발생하는 쇼트 회로는 기술자에게 치명적일 수 있다.

참고: 미터 프로브와 압축기 터미널 포스트 사이에 단열된 앨리게이터 클립을 가지고 와이어 점퍼를 사용하는 것이 더 안전하다.

그림 8-25는 옴미터가 R에서 C까지 그리고 또한 S에서 C까지 OL을 보일 때 열린 내부 과부하를 설명한다. 단상 압축기는 공통 회로에 (내·외부) 과부하가 있다.

그림 8-26은 3개 터미널 모두 사이에서 옴미터 값이 OL일 때 3상 압축기 상에 있는 열린 내부 과부하를 보여준다. 3상 압축기 과부하는 3가지 레그 모두를 코일로 열어야 한다. 만약 코일 중 하나가 여전히 에너지를 받고 있다면 과열하여 폭발할 것이다.

내부 과부하가 리셋하는 데 시간이 오래 걸리는 경우가 많다. 모터가 식을 시간을 충분히 두고 과부하를 낟아라. 기술자들이 압축기의 코일 3개가 모두 불량이라고 생각하고 압축기를 아예 교체하는 잘못을 저지르는 경우가 무척 흔하다.

그림 8-26 3상 압축기 상에 있는 열린 내부 과부하 (출처 : Refrigeration Training Services)

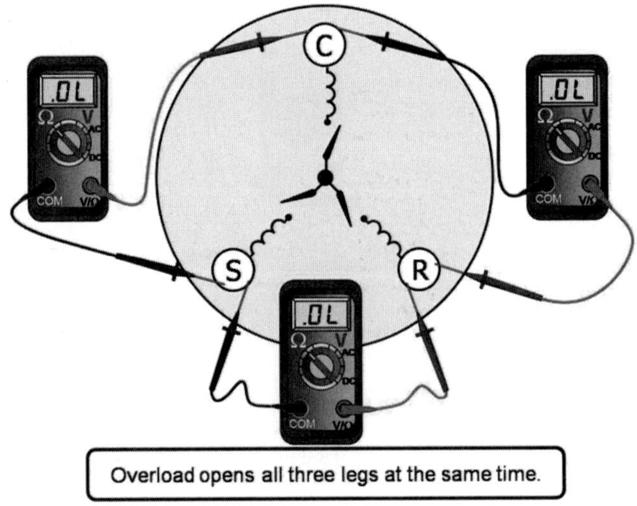

참고: 단 하나의 코일에서 OL 값이 나타나면 열린 코일을 나타내며, 곧 압축기가 교체되어야 한다는 징조다.

과부하가 리셋하면, 코일이 열려 있거나, 쇼트되거나 또는 그라운드되지 않는다는 것을 검증하라. 만약 옴 검사가 좋은 경우, 압축기가 기동하지 않을 수 있는 경우는 기동 전압이 부적절하거나 아니면 압축기가 기계적으로 움직이지 못하게 되어 있는 것, 이렇게 두 가지다.

만약 3상 압축기가 움직이지 못하게 되어 있는 것 같으면, 2전원 와이어 중 어떤 것이든 교체하면 모터 회전이 역전되고 모터 기동이 일어난다. 그런 경우가 아니라면, 기동이 되려고 할때 모터로 들어가는 전압을 확인하라. 만약 기동 전압이 좋지만 압축기가 여전히 작동하지 않고 다시 과부하가 된다면 이것은 곧 압축기가 움직이지 못하게 되어 있는 것을 말한다. 압축기를 교체하라.

참고: 3상 스크롤이나 스크루 압축기 상에 도선을 역전시키지 마라. 그것들의 회전은 민감해서 거꾸로 돌면 손상될 수 있다.

참고: 압축기는 죽지 않는다. 사살될 뿐이다.

압축기 고장에는 거의 언제나 외부 요인이 있다. 고장 원인을 밝혀내지 못한다면 압축기를 교체해 봤자 또 다시 고장이 나게 되어 있다.

단상 압축기 기동 부품들

지금까지 단상 및 3상 압축기의 점검 과정은 매우 비슷했다. 그러나 단상 압축기에는 작동이 되지 않는다고 단정하고 폐기하기 전에 추가로 더 진단해 봐야 하는 기동 부품들이 있다. 적절한 전압, 좋은 코일 상태, 그리고 과부하가 닫혔다는 것까지 다 검증하고 나면, 기술자는 압축기가 계속해서 자신에게 무엇을 말하려고 하는지에 귀를 기울여야 한다.

1. 소음은 없다. 모터는 기동할 기미도 보이지 않는다.

이것은 전원이 없을 때 나타나는 것과 똑같은 결과다. 그러나 여기서 기술자는 기동 부품들로, 그리고 그것들을 지나 모터 터미널까지 전원이 연결되어 있는지를 검증해야 한다.

- 포텐셜 릴레이 상에서(그림 8-13 참조) 1과 2 사이의 접촉자는 NC여야 한다. 만약 그렇지 않으면 릴레이는 잘못이다.
- 전류 릴레이 상에서(그림 8-7 참조) M과 S 사이의 접촉자는 열려 있어야 하고, 모터가 기동하면 닫혀야 한다. 만약 그렇지 않다면 릴레이는 잘못이다.

압축기 기동 릴레이를 고장점검하려면 옴미터를 쓰거나 그 기동 릴레이를 건너뛰어서 확인할 수 있고, 아니면 그것을 기동 키트(start kit)로 교체해 볼 수도 있다. 이런 방법들은 뒤에서 더 논의하겠다.

2. 모터가 기동하는 것 같은 소리가 있으나 회전자가 회전하지 않고 과부하를 방해한다.

만약 모터가 기동할 것 같은 기미를 보인다면, 기동 릴레이로 전원은 들어가지만 회전자는 여전히 돌리지 못하고 있는 것이다. 우선, 전압이 적절한지를 확인하라. 다음으로 회로에 기동 콘덴서가 있다면 콘덴서 시험기로 확인하라. 만약 릴레이를 통해서 정확한 전원이 공급되고 있고 콘덴서는 양호하다면, 압축기가 움직이지 못하는 상황인 것이다. 압축기를 교체하라.

3. 압축기가 2, 3초간 작동하고 나서 과부하를 방해한다.

압축기가 기동하고 작동하기 때문에, 전원은 기동 터미널로 공급되고 있는 것이다. 기동 콘덴서(혹시 있다면)는 모터가 기동하기에 충분한 용량이므로 아마 문제가 없을 것이다. 모터 속도가 올라가면 릴레이 접촉자가 기동 회로를 열지 않는 것으로 여겨진다. 그러므로 기동 릴레이에 문제가 있다.

기동 릴레이 확인

기동 릴레이의 두 가지 기능 중 하나는 기동 코일에 전원을 공급하는 것이고, 다른 하나는 모터가 가속될 때 회로를 여는 것이다. 기동 릴레이는 옴미터로 확인한다.

다음은 각 종류의 릴레이를 옴아웃하기 위한 몇 가지 가이드라인이다.

1. 전류 릴레이(그림 8-7 참조) : L-S 스위치 접촉은 열림(OL)이어야 한다. L-M은 어떤 측정 가능한 값으로 옴아웃해야 하는 릴레이 코일이다. 만약 옴이 0이라면 코일은 쇼트되고, 무한(OL)이면 코일은 열려 있다.
2. 포텐셜 릴레이(그림 8-13 참조) : 스위치 접촉, 터미널 1과 2, 닫혀 있어야(0 옴) 한다. 릴레이 코일 터미널 5에서 2까지는 전류 릴레이와 마찬가지로 확인되어야 한다.
3. PTC 릴레이(그림 8-18 참조) : 옴값은 15~45 옴이어야 하고, 제조업체에 따라 달라진다. 열리고 쇼트된 값은 다른 릴레이와 같다.

참고: 주위 공기 온도로 냉각될 때 PTC 릴레이를 확인하라. 5분까지 걸릴 수 있다. 고체 상태 릴레이 내 세라믹 디스크는 그 온도가 200~300°F이를 때, 약 80,000 옴에서 회로를 연다. 적절히 작동하는 PTC 릴레이는 압축기 사이클이 오프(Off)될 때까지 열을 유지함으로써 기동 회로를 연 채로 둔다. 릴레이는 압축기가 재시동을 시도하기 전에 냉각되어야 한다.

많은 기술자들은 의심이 가는 기동 릴레이 대신에 점퍼 와이어(jump wire)를 사용해서 결함이 있는 기동 릴레이를 매우 손쉽게 검증한다. 점퍼 와이어는 작동 터미널(R)을 기동 터미널(S)에 연결한다. 만약 콘덴서가 있으면 점퍼 와이어를 직렬로 잇는다. 기술자는 전원을 넣고 3까지 세고 나서 점퍼 와이어 리드의 하나를 끊는다. 경험이 있는 기술자들에게는 이 방법이 매우 효과적이지만 제대로 진행하지 못하면 위험할 수 있다.

의심이 가는 기동 릴레이를 점핑아웃하는 추천할 만한 방법은 그림 8-27에서 보는 것처럼 전자 포텐셜 릴레이를 사용하거나 그림 8-28에 있는 전류 릴레이와 콘덴서 교체 키트를 사용하는 것이다. 적절한 기동 키트를 사용해서도 만족스런 결과를 얻지 못한다면 압축기를 교체해야 한다.

압축기의 OEM 업체들은 유닛 상에 이들 전자 기동 부품들을 남기는 것을 권장하지 않는다. 공장은 다른 압축기의 특정한 기동 전류 및 전압에 맞게끔 특정한 전기기계 릴레이를 공급한다. 교체전자 릴레이는 전류보다도 오히려 시간의 함수로서 좀 더 회로를 열고 그러므로 OEM 릴레이만큼 정확하지 않다. 아마 압축기 제조업체들은 비상시에 또는 압축기가 불량인지 아닌지 검증할 때 전자 릴레이를 써도 상관하지 않을 것이다. 그러나 그것을 만드는 공장에서는 압축기의 수명을 최장기로 유지하려면 OEM 기동 부품들을 사용하라고 권장한다.

책임감 있는 기술자들은 이 모든 정보를 고객에게 전하고 그들로 하여금 결정을 내리게 한다. 고객은 기술자들이 제대로 된 부품들을 가지고 다시 오기를 원하

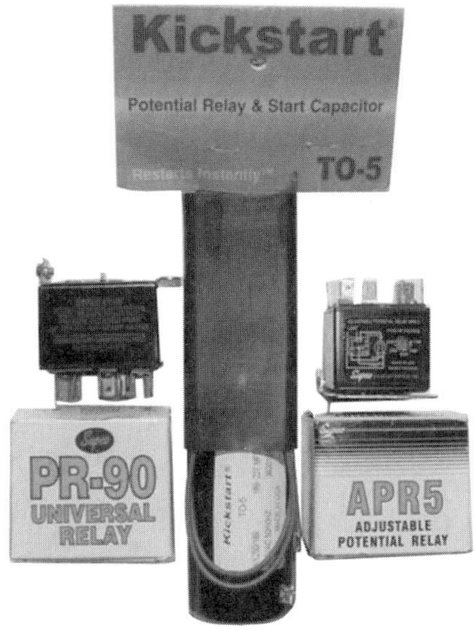

그림 8-27 전자 포텐셜 릴레이 기동 키트
(출처 : Dick Wirz)

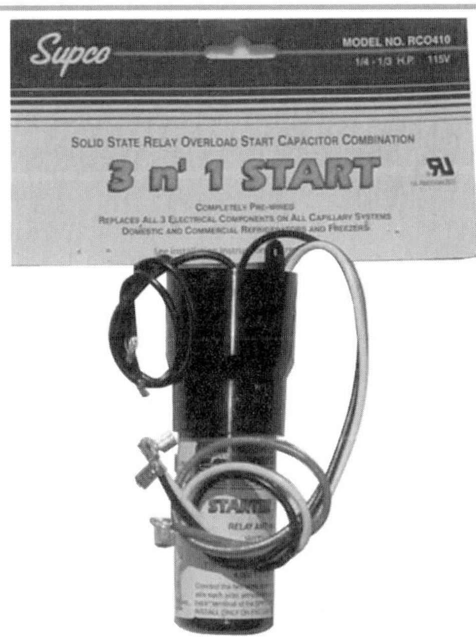

그림 8-28 전자 전류 릴레이 기동 키트
(출처 : Dick Wirz)

겠는가, 아니면 기술자로 하여금 압축기 상에 현재의 교체 키트들을 남겨 두게 하는 쪽을 택하겠는가?

참고: 기동 릴레이가 교체될 때마다 콘덴서 또한 교체되어야 하고 그 반대도 마찬가지다. 이들 부품들 중 하나가 고장 나면 다른 부품에 변형이 생길 수도 있다.

기술자들이 단상 압축기에서 경험할 수 있는 상황이 한 가지 더 있다. 압축기가 기동하고 작동도 하지만 정상 상태보다 더 높은 암페어수를 가져오는 경우다.

이것은 상당히 보기 드문 문제로, 모터가 비교적 긴 사이클 동안 잘 작동하는 것 같다가 과부하를 방해하는 것 같다면 특히나 분석하기 까다롭다. 기계적으로 보자면 모터 베어링이 멈추게 될지도 모른다. 전기적으로 보자면, 작동 콘덴서가 있는 경우 그것이 문제일 수 있다. 일단 모터가 기동하기만 하면, 작동 콘덴서는 단지 압축기 작동을 좀 더 효과적으로 하기 위해서 회로 안에 있는 것이다. 만약 작동 콘덴서가 불량이거나 약하다면, 압축기는 보통 때보다 더 높은 RLA를 가져오고 과부하로 나갈 수 있다.

참고: 작동 콘덴서가 열려 있거나 쇼트되어야만 문제를 일으키는 것은 아니다. 그것이 정격용량보다 약하기만 해도 문제가 될 수 있다. 콘덴서 테스터로 확인하라.

요약

3상 모터는 강하고 효율적이며 전기적으로 상당히 간단하다. 그러나 전원 레그의 손실이나 2% 이상의 상 불균형 탓에 손상을 입을 수 있다. 상 모니터, 자기 모터 기동기 그리고 모터 과부하로 3상 모터를 적절하게 보호할 수 있다.

압축기 터미널에서 정확한 전압과 상은 적절한 모터 작동을 한 우선적인 요구조건이다. 그것이 없다면 압축기는 기동하지 않을 것이다. 만약 3상 압축기에 적절한 전압이 있으나 여전히 작동하지 않는다면 압축기는 반드시 교체되어야 한다.

단상 모터가 회전자를 회전시키는 데 들어오는 전류의 상을 이동시키려면 기동 코일이 필요하다. 기동 릴레이는 작동 코일에서 기동 코일에 이르기까지 일시에 전원을 공급하는 데 사용된다. 모터가 가속되면, 릴레이는 회로를 열고 모터는 작동 회로 상에서 계속해서 회전한다.

TEV 팽창장치를 가지고 있는 시스템 상에서 단상 압축기가 기동 동안 여분의 토크를 공급하려면 기동 콘덴서가 필요한 경우가 많다. 작동 콘덴서는 단상 모터를 좀 더 효율적으로 작동시키기 위해 몇몇 단상 모터에 사용된다.

기동 코일, 기동 릴레이, 작동 콘덴서, 그리고 기동 콘덴서는 단상 모터가 기동하고 적절히 작동하도록 돕는다. 그러나 이런 추가 부품들은 단상 압축기의 전기문제를 적절히 분석하는 데 있어서 어려움을 더한다. 콘덴서 테스터와 전자 릴레이 키트는 단상 압축기를 더 쉽고 더 안전하게 고장점검하는 데 유용하다.

연습문제(REVIEW QUESTIONS)

1. 3상 모터의 2가지 주요 약점은 무엇인가?
a. 상 손실과 전압 불평형
b. 높은 암페어수와 낮은 전압
c. 와이어 크기와 회로 브레이커 크기

2. 다음 중 전압 불평형의 비율을 측정하는 데 사용하는 방정식은 무엇인가?
a. $V_u = V_d / V_d$
b. $V_u = V_d / V_a$
c. $V_u = V_d / (V_a + V_d)$

3. 접촉자를 고를 때 기술자가 알아야 할 4가지는 무엇인가?

4. 압축기 접촉자의 암페어수 부하 정격은 어느 정격, 유도 정격 또는 저항성의 부하 정격 하에 리스트되는가 ?
a. 유도 부하 정격
b. 저항성 부하 정격

5. 나음 중 접촉사에서 접촉이 불량이라는 것을 보여주는 지표는?
a. 접촉자가 떨리거나 붕붕 소음을 낸다.
b. 끌어당길 때 접촉자의 접촉 건너 전압 정격이 있다.
c. 끌어당길 때 전촉자의 접촉 건너 볼트가 있다.

6. 접촉자는 3상 압축기가 교체될 때마다 교체되어야 한다.
a. 맞다.
b. 틀리다.

7. 모터 기동자는 접촉자와 어떻게 다른가?
a. 모터 기동자는 과부하를 갖는다.
b. 모터 기동자는 3개의 회로 모두를 끊고 만든다.
c. 모터 기동자는 회로 브레이커를 차단하고 리셋한다.

8. 단상 모터가 모터를 회전시키는 데 왜 상 이동이 필요한가?
a. 코일이 상에서 120도이므로 재조사하기에 어렵다.
b. 단상 모터는 저항이 동일하지 않으므로 그들은 상 이동을 균일하게 해주는 무엇인가가 필요하다.
c. 코일이 상에서 180도다. 그러므로 기동 상에서 고정자와 회전자는 크기는 같지만 방향은 반대인 인력을 지닌다.

9. 단상 모터는 상 이동을 어떻게 하는가?
a. 전압은 더 일찍 작동 권선에 에너지를 부여하기 위해시 지연된다.
b. 작동 결선은 모터가 기동할 때 저항을 바꾸는 데 사용된다.
c. 기동 결선은 더 많은 저항을 가지고 있으며, 그것이 상 이동을 일으키고 고정자의 자기적 당김에 약간 다른 각도를 일으킨다.

10. 3상 모터에서와 단상 모터에서 결선 사이의 차이는 무엇인가?
a. 단상 모터에는 기동과 작동 결선이 모두 있다.

연습문제(REVIEW QUESTIONS)

b. 3상 모터에는 기동 결선만 있다.
c. 단상 모터에는 작동 결선만 있다.

11. 모터의 극수는 무엇이라고 생각하는가?
a. 회전자와 고정자
b. 작동 결선이나 기동 결선을 위한 와이어 번들
c. 자기 반응기의 마이너스와 플러스 자장

12. 2극 모터, 4극 모터, 6극 모터의 명칭 상의 rpm은 각각 어떻게 되는가?
a. 3,000, 1,600, 및 1,200 rpm
b. 3,600, 1,800, 및 1,200 rpm
c. 7,200, 3,200 및 1,600 rpm

13. 기동 동안, 압축기 모터속도가 증가할 때 암페어수는 어떻게 되는가?
a. 증가
b. 감소

14. 모터는 모터가 기계적으로 움직이지 못하게 될 때에만 LRA를 끌어당긴다.
a. 맞다.
b. 틀리다.

15. 기동 릴레이의 2가지 기본 기능은 무엇인가?
a. 기동 릴레이는 기동 상에서 기동 결선에 전 전원을 공급하고 그리고 나서 모터가 가속될 때 기동 결선에 에너지를 제한다.
b. 기동 릴레이는 기동 시 기동 결선에 전 전원을 공급하고 그리고 나서 모터가 계속 회전하도록 상 이동을 시킨다.
c. 기동 릴레이는 모터를 기동시키기 위해서 한 방향에서 상 이동을 시키고 그리고 나서 모터가 계속하여 회전하도록 상 이동을 역전시킨다.

16. 기동 릴레이의 3가지 종류는 무엇인가?

17. 전류 릴레이는 어떤 크기의 압축기를 사용하는가?
a. 1 hp 이상의 압축기
b. 3 hp 이하의 압축기
c. 백분율 hp 압축기

18. 전류 릴레이 상에서 터미널 명 중 L, M 및 S는 무엇을 의미하는가?
a. 선, 주요 결선, 기동 결선
b. 부하, 중간 결선, 쇼트 결선
c. 선, 마이너 결선, 기동 결선

19. 기동 콘덴서는 모세관 시스템 또는 TEV 시스템 중 어떤 종류의 시스템에서 압축기를 위한 기동 릴레이에 더해지는가? 그 이유는 무엇인가?
a. 모세관 시스템. 관을 통해 밀기 위해 압력이 필요하기 때문이다.
b. TEV 시스템. 오프 사이클 동안 시스템이 같지 않기 때문이다.
c. TEV 시스템. 기동 시에 밸브가 열리고 시스템을 가압하기 때문이다.

20. 기동 콘덴서는 전기회로에서 어떻게 연결되는가?

연습문제(REVIEW QUESTIONS)

a. 작동 결선과 직렬로
b. 작동 결선과 병렬로
c. 기동 릴레이와 직렬로

21. 왜 어떤 제조업체는 기동 콘덴서에 저항체를 더하는가?
a. 콘덴서를 더 싸게 만들기 위해서
b. 콘덴서가 회로 상에 있지 않을 때 초과 전하를 흘러내리게 하므로
c. 기동 동안 더 많은 상 이동을 하기 위해서 콘덴서에 초과 전하를 더하므로

22. 콘덴서를 확인하기 위해서 미터기를 사용하기 전에 저항체를 제거하는 이유는?
a. 미터기가 부정확한 값을 주기 때문에
b. 전기미터기에 해를 끼치기 때문에
c. 과열로 인한 화재를 일으킬 수 있기 때문에

23. 전류 릴레이의 접촉(L-S)은 보통 열려 있는가(NO) 아니면 닫혀 있는가(NC)?
a. NO
b. NC

24. 포텐셜 릴레이의 접촉(1-2)은 NO인가 NC인가?
a. NO
b. NC

25. 포텐셜 릴레이의 배선 터미널을 기억하는 데 유용한 후렴은 무엇인가?

26. 포텐셜 릴레이의 3가지 전압 정격은 무엇이며, 그것들은 무엇을 의미한가?

27. 기동 콘덴서의 작동과 다른 작동 콘덴서의 작용은 어떻게 다른가?
a. 기동 콘덴서는 더 높은 VAC를 가지고 있다.
b. 기동 콘덴서는 더 긴 회로에 남아 있지만 작동 콘덴서는 더 낮은 MFD 정격을 가지고 있다.
c. 작동 콘덴서는 회로에 남아 있지만 기동 콘덴서는 압축기가 가속된 다음 떨어진다.

28. 기술자가 비상 상황에 있고 15 μF×370 VAC 작동 콘덴서가 필요하다고 가정하자. 기술자는 다음 콘덴서를 각각 2개씩 가지고 있다. 5 μF, 7.5 μF, 그리고 10 μF 콘덴서들이며 모두 370 VAC에서 정격되었다. 기술자는 어떤 조합을 사용할 수 있으며, 그들을 직렬 또는 병렬 중 어떤 방식으로 연결해야 하겠는가?
a. 2개의 7.5 μF 콘덴서가 직렬로 연결되고 5 μF가 직렬로 연결된다.
b. 10 μF와 5 μF 콘덴서가 직렬로 연결되고, 7.5 μF가 병렬로 연결된다.
c. 2개의 7.5 μF 콘덴서가 병렬로 연결되고, 10 μF와 5 μF가 병렬로 연결된다.

29. 콘덴서를 교체할 때, 콘덴서 VAC 정격에 관한 규칙은 무엇인가?
a. 새 콘덴서의 VAC 정격은 교체되는 콘덴서와 같거나 더 커야 한다.
b. 새 콘덴서의 VAC 정격은 항상 교체되는 콘

연습문제(REVIEW QUESTIONS)

덴서보다 더 커야 한다.

c. 만약 MFD 정격이 원래 콘덴서와 똑같으면 VAC는 원래보다 더 낮거나 더 높아도 된다.

30. PTC 릴레이는 무엇인가? 기동 결선하기 위해 어떻게 회로를 여는가?

31. 모터 과부하는 무엇에 반응하여 회로를 여는가?

a. 외부 과부하가 있다면 전압에만 반응한다.

b. 내부 과부하만 있다면 암페어수에만 반응한다.

c. 과부하로 인한 열, 암페어수, 또는 2개의 조합에 반응한다.

32. 압축기 터미널 박스 커버는 왜 필요한가?

a. 과부하가 적절하게 모터 온도를 감지하고 과부하 조건 동안 열리도록

b. 컨트롤 박스 안에 먼지와 오일이 들어가는 경우 화재 위험을 막기 위하여

c. 기술자가 전류가 흐르는 와이어에 접촉하는 사고를 막기 위해서

d. 위 내용 모두

33. 자기 과부하는 열디스크형 외부 과부하와 어떻게 다른가?

a. 자기 과부하는 열형 과부하만큼 정확하지 않다.

b. 자기 과부하는 암페어수에만 정확히 반응하고 주위 공기온도에 의해서 영향을 받지 않는다.

c. 열 과부하는 열린 모터에만 사용해야 하고, 자기 과부하는 압축기에만 사용해야 한다.

34. 압축기 모터 과부하를 건너뛰는 것은 왜 위험한가?

a. 과부하 없이는 모터 보호도 없다. 모터가 손상되거나 기술자가 해를 입을 수 있다.

b. 회로 브레이커를 방해할 수 있다.

c. 기술자는 연결을 끊는 동안 과부하를 쇼트할지도 모른다.

35. 3상 압축기 모터에서 만약 옴값이 T1에서 T2이면, T2와 T3 사이 그리고 T3과 T1 사이 옴값은 얼마가 되는가?

a. T2-T3=6, T3-T1=8

b. T2-T3=8, T3-T1=6

c. T2-T3=2. T3-T1=2

36. 3상 압축기에서 T1-T2, T2-T3 그리고 T3-T1의 옴 값이 모두 무한대 저항이라면, 문제는 무엇인가?

a. 압축기 모터가 그라운드에 쇼트되었다.

b. 모든 압축기 결선이 열려서 쇼트되었다.

c. 모터 과부하가 열려 있다.

37. 3상 압축기에서 T1-T2와 T2-T3 옴값이 각 3옴이고 T3-T1이 무한대의 저항을(OL 또는 무한대 옴) 보인다면, 문제는 무엇인가?

a. T3-T1 결선이 그라운드로 쇼트된다.

b. T3-T1 결선이 열려 있다.

c. 모터 과부하가 열려 있다.

연습문제(REVIEW QUESTIONS)

38. **T2에서 그라운드까지 옴값이 무한대(OL)라면 문제는 있는가? 아니면 왜 안 그런가?**

a. 그렇다. 그라운드로 저항을 측정할 수 있어야 한다.

b. 아니다. 그라운드로 측정 가능한 저항이 있어서는 안 된다.

c. 상황에 따라 다르다. 모터는 그것을 확인하기 위해서 작동하고 있어야 한다.

39. **단상 모터에서 R-5의 옴값이 6 옴이고 R-C의 옴값이 1.5 옴이면, S-C 옴값은 얼마여야 하는가?**

a. 4.5 옴

b. 7.5 옴

c. 3 옴

40. **압축기 터미널에서 기동전압을 확인하면 위험할 수 있다. 그 이유는 무엇인가?**

a. 전압은 반드시 전원을 끈 채로 확인해야 하기 때문에

b. 미터 프로브의 슬립은 쇼트 회로를 일으킬 수 있기 때문에

c. 어떤 것이 기동 터미널이고 어떤 것이 공통인지 구분하기 어렵기 때문에

41. **만약 3상 압축기가 바로 시동하지 못한다면 첫 번째로 확인할 것은 무엇인가?**

a. 모터가 압축기 터미널에 전 전압을 갖는지

b. 내부 과부하가 열려 있는지

c. 모터가 기계적으로 움직이지 못하는지

42. **3상 압축기가 전 전압을 받고 시동을 시작하지만 내부 과부하에 꺼진다면 문제는 무엇인가?**

a. 압축기가 그라운드되어 있다.

b. 압축기 결선이 열려 있다.

c. 압축기가 기계적으로 움직이지 못하거나 잠겨 있다.

43. **3상 압축기가 기계적으로 잠겨 있다면 다음 단계는 무엇인가?**

a. 고객이 새 압축기를 구매한다.

b. 압축기가 작동하는지를 보고 모터 회전을 역전시킨다.

c. 압축기를 다시 설치한다.

44. **단상 모터가 소리가 나지 않고 시동이 걸리지 않는다. 첫 번째로 확인해야 할 것은 무엇인가?**

a. 모터가 압축기 터미널에 전압을 갖는지

b. 내부 과부하가 열려 있는지

c. 모터가 기계적으로 움직이지 못하는지

45. **붕붕 소음을 내며 시동하지만 과부하에 꺼지는 단상 모터의 문제는 무엇인가?**

a. 압축기에 낮은 전압

b. 기동 콘덴서 불량

c. 잠긴 압축기

d. a, b, c 모두

46. **기동하고 2, 3초간 작동하나 과부하에 꺼지는 단상 모터의 문제는 무엇인가?**

a. 기동 릴레이의 접촉이 닫혔다.

b. 약한 과부하

연습문제(REVIEW QUESTIONS)

c. 기동 콘덴서 불량

47. 기동 릴레이의 2가지 기능은 무엇인가?

48. 옴미터로 확인한 전류 릴레이는 어떠한가?

a. L-S 접촉은 열려야 하고, 릴레이 코일(L-M)은 측정 가능한 저항을 가져야 한다.

b. L-S 접촉은 닫혀야 하고, 릴레이 코일(L-M)은 무한대 저항을 가져야 한다.

c. L-S 접촉은 열려야 하고, 릴레이 코일(L-M)은 저항을 갖지 않아야 한다.

49. 옴미터로 확인한 포텐셜 릴레이는 어떠한가?

a. 스위치 접촉(1-2)은 닫혀야 하고, 릴레이 코일(5-2)은 측정 가능한 저항을 가져야 한다.

b. 스위치 접촉(1-2)은 열려야 하고, 릴레이 코일(5-2)은 무한대 저항을 가져야 한다.

c. 스위치 접촉(1-2)은 닫혀야 하고, 릴레이 코일(5-2)은 저항을 갖지 않아야 한다.

50. 압축기 기동 릴레이를 교체해야 한다면, 기동 콘덴서도 교체해야 하는가? 그렇지 않다면 이유는 무엇인가?

a. 그렇다. 새 콘덴서는 늘 교체 릴레이와 오기 때문이다.

b. 아니다. 여러분이 알기로 불량인 것만 교체하면 되기 때문이다.

c. 그렇다. 릴레이가 불량이라면, 그것은 콘덴서에도 마찬가지로 압박을 가하기 때문이다.

CHAPTER 9

리트로피팅, 회수, 진공작업 및 충전

개요

R12와 R502 냉매는 모든 냉동시스템에서 HCFC(hydrogen, chlorine, fluorine, and carbon)나 HFC(hydrogen, fluorine, and carbon)계열 냉매로 대체될 것이다. 이 장에서는 냉매가 대형 또는 소형 냉동시스템에서 변경될 때 어떤 선택이 가능한지에 대한 내용을 다루고자 한다. 냉매의 교체에는 흔히 압축기 오일 변경이 요구되는데, 반밀폐형 압축기에 대하여 오일 변경을 위한 일련의 과정을 상세히 다루고자 한다. 밀폐형 압축기는 오일 변경 과정이 매우 어렵고, 시간적·경제적 측면에서 수행할 가치가 크지 않다.

리트로피팅(retrofitting)은 또한 냉매의 회수와 시스템 진공작업 및 냉매 충전 기술을 필요로 한다. 진술한 모든 과정을 상세히 다루며, 전문가들의 경험을 기반으로 이러한 일련의 과정을 다수 빠르고 간편하게 수행할 수 있는 기반으로 많은 정보와 유용한 기술 내용을 전달하고자 한다.

학습목표(OBJECTIVES)

이 장을 마치고 나면 아래와 같은 내용들을 알 수 있다.

- CFC 냉동시스템의 리트로피팅 관련 기술
- 냉매 회수 절차
- 시스템 진공작업
- 시스템 기동과 충전

냉동시스템의 리트로피팅

수년간 R12와 R502가 대부분의 가정용 및 상업용 냉동 시스템에 사용되었다. **CFC**(chlorofluorocarbon 또는 chlorine, fluorine, and carbon) 냉매는 오존층 파괴와 지구온난화의 주범으로 1995년부터 생산되지 않았다.

HCFC 냉매는 CFC 냉매보다 염소(chlorine)를 적게 가지고 있고 수소가 혼합물에 포함되어 있다. 수소는 염소분자를 분해하여 성층권의 오존과 반응하기 전에 대기 중으로 방출한다. HCFC 냉매가 CFC에 비하여 환경에 덜 유해하지만 2030년부터는 사용하지 못하도록 규정되어 있다. HCFC-22(R22)는 HCFC 계열 중 특수한 경우로 2010년 이후에는 새로운 장비에 사용할 수 없도록 되어 있으며, 2020년부터는 어떤 곳에도 사용이 금지되어 있다.

HFC 냉매는 CFC와 HCFC 냉매에 비하여 보다 장기적으로 사용 가능한 대체물질이다. HFC 냉매는 오존층 파괴를 일으키지 않지만, 지구온난화를 유발한다.

새로운 냉매는 기존 시스템에 적용하여 기존의 냉매를 적용한 경우와 유사한 성능을 확보하기 위하여 여러 냉매를 혼합하여 기존의 냉매와 유사한 상태량을 갖도록 하고 있다. HCFC 계열의 새로운 냉매는 CFC 냉매와 기존의 HCFC 냉매에 대한 단기적인 대체냉매이다.

R502 같은 공비 혼합냉매와 HCFC-22와 HFC-134a 같은 단일성분으로 구성된 냉매는 주어진 각 압력에서 단일 끓는점과 응축점을 가진다. 비공비 혼합냉매의 각 냉매는 서로 다른 압력에서 각각 증발하므로 비공비 혼합냉매가 초기 조성을 유지하기 위해서는 액상으로 냉매를 충전하여야 한다. 또한, 비공비 혼합냉매의 과열도와 과냉도를 계산할 때에는 **온도글라이드**(temperature glide)를 고려하여야 한다.

리트로피팅 기초

냉매 리트로피팅(refrigerant retrofitting)은 시스템에 사용된 냉매를 다른 종류의 냉매로 교체하는 것을 의미한다. 현재 리트로피팅된 대부분의 시스템은 기존에 사용한 CFC 냉매가 HCFC나 HFC 냉매로 대체되었다. 이 과정은 다음의 2가지 사항을 제외하면 매우 쉽다.

1. 오일 변경에 따른 냉매와의 혼합성
2. 교환된 냉매의 효율 및 무게 변화

오일 혼합성

미네랄 오일은 CFC 냉매와 매우 **잘 섞인다**. 그러나 냉매 제조사에 따르면 HCFC

와 HFC 계열 냉매는 미네랄 오일과 잘 섞이지 않으므로 HCFC와 HFC 냉매 적용 시스템 내에서 미네랄 오일이 잘 순환되지 않아 압축기에 윤활 문제를 야기한다. 그러므로 냉매 제조사는 다음의 2가지 사항을 권고하고 있다.

1. CFC 시스템을 HCFC 냉매 시스템으로 교체 시에는 현재 사용된 미네랄 오일의 50% 이상을 알킬벤젠 계열의 오일로 교체한다.
2. CFC 시스템을 HFC 냉매 시스템으로 교체 시에는 현재 사용된 미네랄 오일의 95% 이상을 POE (polyolester) 오일로 교체한다.

냉매효율

대부분의 경우 CFC 냉매를 교체하면 무게 측면에서 신냉매의 효율이 높다. 이는 대체냉매 사용에 따른 큰 장점으로 보일 수 있으나 원래 R12인 시스템에 주입해야하는 신냉매의 충전량 결정에 어려움이 있다. 또한 HCFC 냉매가 더 많은 열을 흡수한다는 것은 최대부하 조건에서 압축기의 과부하 운전을 유발할 수 있음을 의미한다.

대부분의 냉매 제조사들은 리트로피팅에 의하여 시스템에 냉매량 충전 시에 전술한 냉매량보다 적게 충전할 것을 권장하고 있다. 반면에 온도자동팽창장치는 충분히 과냉된 액냉매가 팽창장치에 유입되도록 최대로 충전하여야 한다. 다음 예제는 온도자동팽창밸브가 과대 설계된 경우에 대체냉매 적용에 따른 냉동효과 증가가 압축기에 과부하를 줄 수 있는 경우를 나타낸다.

예제: ❶ 1톤(12,000 Btuh)의 정격용량을 갖는 온도사동팽창밸브를 사용한 8,000 Btuh의 R12 시스템이 있다. R401A로 냉매가 교체되었고, 응축기의 외기온도가 90°F 이상일 때 압축기에 과부하가 발생된다. 1톤의 온도자동팽창밸브가 1/2톤의 작은 용량으로 교체되었을 때, 압축기는 부하에 대응하며 대형 냉동기는 냉매가 교체되기 전과 같이 운전되었다.

참고: 이런 실제 현상은 R12 냉매가 신냉매로 교체된 경우에 R12보다 효율이 증가함을 나타낸다. 또한 온도자동팽창밸브가 과대 설계 및 과부하 조건에서 증발기의 냉매는 압축기 용량보다 더 큰 열량을 흡수하게 된다. 이 결과는 매우 의미있는 결과이지만, 모든 리트로피팅 시에 작은 온도자동팽창밸브를 설치해야 되는 것을 의미하지는 않는다.

오일 교체

CFC 냉매를 HCFC 냉매로 교체할 때에는 최소한 처음 미네랄 오일의 반은 알킬벤젠 계열 오일로 교체하여야 한다. 대개 크랭크케이스의 모든 미네랄 오일을 알

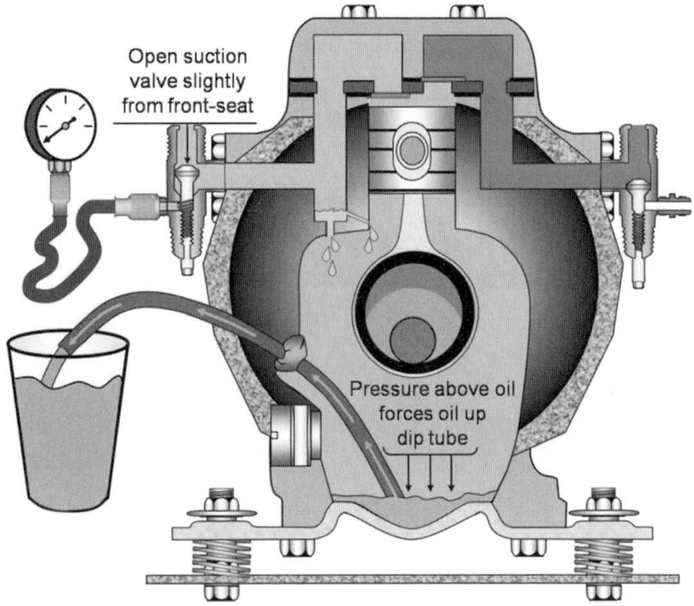

그림 9-1 반밀폐형 압축기의 오일 교환 (출처 : RTS)

킬벤젠 계열 오일로 교체하면 전술한 조건은 달성된다.

제조사들은 HFC 냉매로 변경 시에는 최소한 리트로피팅 이전 미네랄 오일의 95% 이상을 POE 오일로 교체할 것을 권장하고 있다. 이는 최소한 3번 이상 크랭크케이스의 오일을 교체하여야 달성될 수 있다. 각각의 크랭크케이스의 오일 교체 후에는 수시간 이상 시스템을 운전하여 오일이 시스템을 순환하도록 하여야 한다. 오일 혼합물에 POE 오일이 최소한의 양을 가지고 있는지를 오일 측정계를 이용하여 확인하여야 한다.

95%의 POE 오일 순도를 갖고 3번의 오일 교환으로 인한 비용과 어려운 작업들 때문에 대부분의 기술자들은 새로운 냉매로 교체하기를 꺼리고 있다. 그러므로 리트로피팅에 대한 냉매로 주로 HCFC 계열이 사용되고 있다.

반밀폐형 압축기에서의 오일 교체는 작은 동관과 동관 주위를 봉인하기 위한 실리콘으로 매우 쉽게 수행될 수 있다. 그림 9-1과 다음은 오일 교체과정을 나타낸다.

1. 압축기를 가동하면서 흡입 서비스밸브를 대기로 개방한다.
2. 크랭크케이스의 압력이 0이 되면 압축기를 정지한다.
3. 압축기 측면의 오일 플러그를 제거한다.
4. 1/4 인치 또는 3/8 인치 배관의 끝단이 크랭크케이스 바닥에 닿을 때까지 구멍에 삽입하여 넣는다.

5. 배관 주변을 실리콘으로 봉인한다.
6. 흡입밸브를 열어 크랭크케이스 내부 압력을 증가시킨다.

참고: 오일을 배관을 통하여 크랭크케이스로부터 밀어내기 위해서 오일 상부에는 약 2 psig의 압력이 필요하다.

7. 크랭크케이스에서 제거된 오일의 양을 측정한다.
8. 제거된 오일과 동일한 양의 새 오일을 크랭크케이스에 주입한다.
9. 오일플러그를 재설치하고 크랭크케이스를 진공상태로 만든다.
10. 흡입밸브를 열고, 압축기를 가동하여 오일의 양을 가시유리를 통하여 확인한다.

참고: 전술한 오일 제거 작업을 용이하게 하기 위하여 플라스틱 배관과 피팅류가 포함된 오일 제거 키트(kit)가 있다.

밀폐형 압축기 오일을 교체하는 것은 매우 어려운 작업이다. 밀폐된 압축기의 오일을 제거하는 가장 효율적인 방법은 냉매를 회수하고 압축기를 시스템으로부터 분리한 뒤에 흡입 배관쪽으로 오일이 드레인 되도록 압축기를 뒤집는 것이다. 오일 제거 후에 새 오일을 주입하고 압축기를 시스템에 재설치한다.

사실 확인 #1

밀폐형 압축기의 경우 오일을 교체하는 것보다 압축기를 교체하는 것이 더욱 경제적일 수 있다. 두 작업은 모두 동일한 시간이 소요되지만 새로운 압축기를 사용하면 적절한 오일이 주입된다. 또한 기존에 사용하던 밀폐형 압축기는 오일 교체과정에서 손상이 발생하여 재가동되지 않을 수 있다.

사실 확인 #2

소형 냉장고의 냉매 교체 시 많은 서비스 업체들이 밀폐형 압축기로부터 미네랄 오일을 제거하지 않는다. 이는 증발기와 응축기 유닛이 매우 가까이 설치되어서 미네랄 오일이 시스템 전체를 순환하면서 별 문제를 일으키지 않기 때문이다.

냉매 교체

실제로 교체 가능한 냉매는 많지 않으며, 가까운 미래에 좀더 많은 냉매가 있을 것으로 예상된다. 그러나 다음의 냉매 교체에 대한 논의는 이미 많이 보급되어 현장에서 경험적으로 알려진 몇 종류의 대체냉매에 국한된 것이다.

냉매 교체 시의 주요 문제점은 고온이나 부하가 큰 조건에서의 운전보다 양호한 운전조건에서 시스템에 더욱 많은 문제가 발생한다는 것이다. 일부 유닛에서 압축기에 과부하가 발생하였으며, 어떤 유닛에서는 액압축이 발생하였다.

냉매 교체에 따른 문제점을 발견하고 이를 해결하기 위하여 R12를 사용하는 냉동기에 대하여 2주간 필드테스트를 실시하였다. 테스트 냉동기는 총 3대로서 모세관을 가진 소형 냉장고와 제빙기 및 온도자동팽창밸브가 설치된 냉장고이다. 처음에 제조사에서 권장하는 온도와 압력조건에서 R12를 충전한 뒤에 설계조건에서 시스템을 가동하고 데이터를 취득하였다. 다음에 따뜻한 제품을 냉동공간에 놓는 조건에서 실험하였다. 마지막으로 더운 주방 등에서 구현될 수 있는 높은 온도의 외기조건에서 실험하였다.

각각의 유닛을 HCFC 계열의 서로 다른 3종류의 냉매로 교체하였다. 각각의 냉매 교체 후에 각각의 유닛은 전술한 3가지 운전조건에서 운전되었다. HCFC 냉매를 R12와 동일한 냉매량으로 충전한 경우에 외기온도가 높은 조건에서는 항상 문제가 발생하였다. 그러므로 대체냉매 적용에 따른 충전량을 변화시켜서 각 운전조건에서 원래의 R12 적용 시스템과 유사한 성능을 갖기 위한 충전량을 검토하였다. 실험에 사용된 3종류의 HCFC 냉매는 R401A, R409A와 R414B이다.

모세관 시스템의 리트로피팅

냉매 교체를 수행하고 있는 대부분의 제조사들은 리트로피팅 시에 원래 충전된 R12 양에 대하여 상대적으로 작은 냉매량(대개 80%)을 충전할 것을 권장하고 있다. 하지만 운전조건과 냉매에 따라 상대적인 양도 변화된다. 각각의 냉매에 대해서도 냉동기와 제빙기에 따라 주입량이 달라지게 된다. 어떤 냉매가 가장 적합하고 사용이 용이한 것인지를 결정하는 것도 매우 중요한 현안이다.

궁극적으로 몇 가지 유사성이 발견되었으며, 이는 대형 압축기 제조사의 선임 엔지니어에 의하여 검증되었다. 실험결과로부터 모세관을 적용한 R12 시스템을 R401A, R409A, R414B로 리트로피팅하는 몇 가지 절차가 수립되었다.

참고: 기술자의 경험법책(T.R.O.T.)의 충전절차를 따르기 위해서는 반드시 응축기가 오염되어 있지 않아야 한다.

예제: ❷ R12 적용 유닛의 정격 충전량은 20 온스(oz)이다. 응축온도 110°F에서 팽창장치 입구압력은 136 psig이다(부록에 나와 있는 압력-온도 선도 참조).

예제 2의 시스템을 외기온도 80°F에서 HCFC 냉매로 리트로피팅 하기 위해서는 팽창장치 입구압력이 동일한 136 psig가 되어야 한다. HCFC 냉매로 R401A 또는 R414B가 사용될 경우 136 psig를 얻기 위해서 각각의 냉매는 14 온스(70%)와 18 온스(90%)가 충전되어야 한다. 각 냉매 모두 적절히 시스템을 작동할 것이며, 각 냉매의 충전량이 다름에도 유사한 성능을 확보할 것이다.

과냉도(subcooling)도 시스템에 충전된 냉매량을 나타내는 주요 변수 중 하나이다. 과냉도가 20°F 이상일 경우 시스템은 대개 약간 과충전된 상태일 것이지만, 고온의 외기조건에서 증발기 과열도를 점검하기 전에 과냉도만으로 냉매를 시스템에서 제거하지는 말아야 한다.

고온의 외기 조건은 응축기의 공기 흡입부를 일부 막아서 응축온도를 125°F까지 상승시켜 모사할 수 있으며, 이 응축온도는 외기온도 95°F에 상응한다. 고온의 외기조건에서 과열도가 존재하면 시스템이 과충전되지 않은 것이며, 압축기에 액냉매가 흡입되지 않는다. 반대로 과열도가 존재하지 않을 경우에는 액압축을 방지하기 위하여 일부 냉매를 시스템에서 제거하여야 한다.

기술자의 경험법칙(T.R.O.T)

모세관 시스템의 리트로피팅 충전

1. R12와 대등한 팽창장치 흡입압력을 갖도록 시스템을 충전한다.

참고: 냉동기에는 응축온도와 외기온도가 30°F 차이가 나도록, 제빙기에는 25°F 차이가 나도록 한다.

예제: 소형 냉동기에 대하여 외기온도 80°F에서 응축온도 110°F(136 psig)까지 충전한다.

1. 과냉도는 5~10°F 범위여야 한다.
2. 냉동공간이 설계온도일 때(냉동기는 38°F, 제빙기는 0°F), 과열도는 5~10°F 범위여야 한다.

참고: 온도 프로브(temperature probe)를 냉동공간 내의 증발기 출구에 설치하기가 용이하지 않다. 따라서 냉동공간 벽에 위치하는 압축기 흡입라인의 온도를 측정하도록 한다.

1. 응축온도가 125°F에 이르도록 응축기의 공기흡입부를 막는다.
2. 압축기로부터 약 6 인치 떨어진 흡입배관 온도로부터 측정된 과열도는 약 1~2°F로 감소할 것이다. 과열도가 없을 경우에는 과열도가 발생할 때까지 냉매를 제거하도록 한다.

모세관 시스템의 리트로피팅 시 가장 중요한 점은 R12와 동일한 양의 냉매량이 아니라 R12 적용 시스템과 동일한 팽창장치 흡입압력을 갖도록 새로운 냉매를 충전하는 것이다. HCFC 냉매를 R12 적용 시와 유사한 팽창장치 흡입압력으로 충전할 때 대체 냉매 충전량은 R12 대비 약 70~90%의 충전량을 갖는다.

R408A는 R502 시스템의 리트로피팅 냉매로 가장 널리 알려진 냉매인데, 이는 단지 냉매 교체만으로 시스템 운전이 가능하기 때문이다. R408A는 R502 시스템의 명판(name plate) 상의 냉매량과 동일량 충전으로 시스템이 잘 작동한다. 기술적으로 R408A는 HCFC 냉매이므로 알킬벤젠 계열 오일로 교체되어야 하지만, 대형 시스템이나 응축기 유닛이 멀리 설치된 경우에도 오일을 교체하지 않아도 별 문제가 없다. 이는 R502 시스템은 대부분 제빙기로서 제상 사이클을 가지므로, 제상 사이클에서 압축기로 오일이 회수되기 때문이다.

온도자동팽창밸브 시스템의 리트로피팅

R12를 적용한 온도자동팽창밸브 시스템은 충전량에 아주 민감한 시스템을 제외하고는 모든 온도자동팽창밸브 시스템과 동일하게 충전된다. 즉 외기온도와 응축온도가 30°F 차이 나고(제빙기의 경우 25°F) 과냉도가 10°F일 때까지 충전한다. 시스템에 새로운 냉매를 적용할 때 냉매가 최적량 충전된 경우에도 가시유리(sight glass)에 약간의 기상 냉매가 보이는 이상 현상이 존재한다. 충전량 부족으로 기상의 냉매가 존재하는 것인지를 확인하기 위해서는 가시유리에서 과냉도를 측정하여야 한다. 과냉도가 존재하는 한 가시유리는 액상의 냉매로 가득차 있어야 한다. 하지만 새로운 HCFC나 HFC 계열의 냉매는 압력과 온도에 따라 끓는점이 다른 냉매의 혼합물이어서 가시유리에 여러 혼합물 중 하나의 냉매가 증발될 수 있으며, 가시유리에 기상의 냉매가 존재하여도 냉매 혼합물 모두가 증발된 것이 아니다.

가시유리에 기상의 냉매가 보일 수 있는 또 다른 이유는 가시유리의 직경이 배관입구 직경보다 커서 순간적으로 일부 냉매가 증발된 것이나, 가시유리 출구의 액상 배관 영역으로 진행됨에 따라 다시 액상으로 변화될 수 있다. 이 경우 가시유리의 기상 냉매는 온도자동팽창밸브에 영향을 미치지 않는다. 그러므로 이 경우 가시유리를 액상으로 보이게 하기 위하여 냉매를 추가로 주입할 경우 시스템은 과충전되어 팽창장치 입구압력이 지나치게 상승할 수 있다.

냉매 회수 절차

이 절에서는 푸시풀(push-pull) 방식의 냉매 회수에 관한 기초 이론을 다루도록 한다. 이 기술은 많은 양의 액상 냉매를 이용하여 냉매 회수 속도를 빠르게 할 수 있다. 본 절의 마지막 부분에서는 냉매회수기를 사용하지 않고, 그림 9-2와 같이 순간적으로 저온진공 냉매회수탱크로 액상의 냉매를 회수할 수 있는 방법을 다루도록 한다.

냉매 회수는 항상 냉동기의 압축기를 정지하고 수행된다. 다음은 냉매회수기와 냉매회수탱크와의 접속절차를 나타낸다.

그림 9-2 표준 냉매 회수 과정 (출처: RTS)

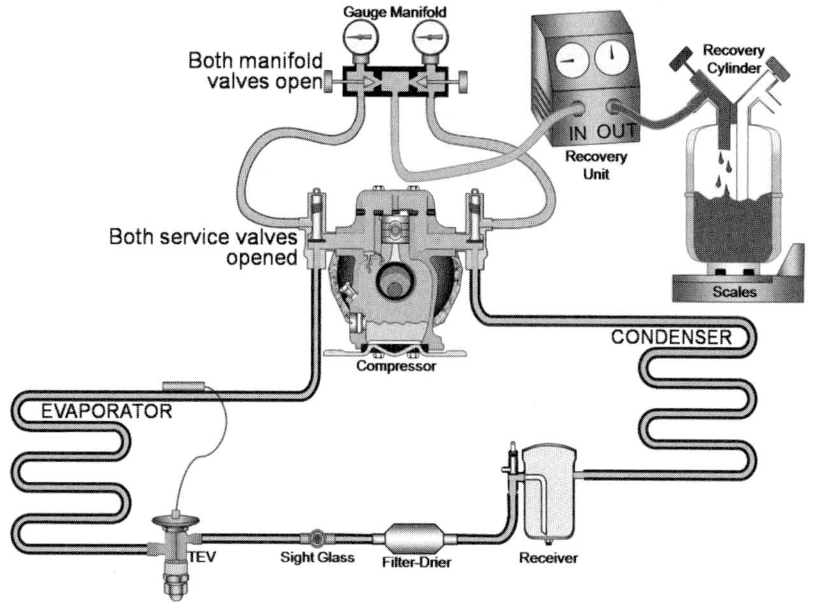

1. 충전메니폴드의 흡입 및 토출관을 냉동기 유닛의 서비스밸브에 연결한다.
2. 충전매니폴드의 중간에 있는 충전호스를 냉매회수기의 입구에 연결한다.
3. 냉매회수기의 출구호스를 냉매회수탱크(실린더)의 증기 쪽 밸브에 연결한다.
4. 냉매회수기의 입출구 밸브를 개방한다.
5. 냉매회수탱크의 증기 쪽 밸브를 개방하고 냉매회수기를 가동한다.
6. 냉동 유닛의 흡입 서비스밸브와 충전매니폴드의 흡입벨브를 개방한다.
7. 약 2분 후에 냉동 유닛의 토출 서비스밸브와 충전매니폴드의 토출밸브를 개방한다.
8. 시스템 저압 측 계기가 제로 또는 낮은 값을 나타내면 모든 냉매가 회수된 것이다.

참고: 냉매회수탱크에 냉매가 회수됨에 따라 냉매회수기의 무게를 측정하여 회수탱크의 약 80%가 회수된 경우에는 냉매 회수 작업을 중지하고, 냉매회수탱크를 빈 것으로 다시 교체 한 후 냉매 회수 작업을 종료하도록 한다.

냉매회수기는 기본적으로 응축기가 구비된 소형 압축기이다. 리트로피팅을 위하여 냉매회수기의 압축기는 냉동기 유닛으로부터 증기냉매를 빨아들이는 기능을 가진다. 냉매회수기로부터 액상의 냉매가 방출되어 냉매회수탱크에 서상된다.

냉매회수기의 압축기는 냉동기 유닛의 압축기와 같이 액압축에 의하여 손상을 받을 수 있다. 그러므로 냉매회수기 입구 포트(port)에는 증기만이 흡입되어야 한다. 냉매회수기의 매뉴얼 상에 액상의 냉매를 회수할 수 있다고 되어 있어도, 실제로 냉매는 냉매회수기의 압축기 흡입 이전에 증발되도록 되어 있다. 액상의 냉매가 냉매회수기로 유입될 경우 액상의 냉매가 압축기로 흡입되기 이전에 설치된 오리피스나 유량조절 장치에 의하여 증기로 변환된다.

액상의 냉매를 냉동기로부터 냉매회수탱크로 이동하는 것보다 냉매회수기에서 액상의 냉매를 증발시키는 속도가 느리므로, 다음과 같이 증발과정을 통한 냉매회수기 없이 냉동시스템으로부터 액상의 냉매를 얻는 몇 가지 방법이 사용되고 있다.

푸시풀 액냉매 회수

그림 9-3과 같이 리시버가 설치된 냉동시스템에서는 처음에 리시버의 액냉매를 냉매회수탱크로 주입하고, 나머지 냉매를 증기로 회수하면 냉매회수 시간을 단축시킬 수 있다.

매니폴드게이지를 냉동 유닛에 설치한 후에 푸시풀 냉매회수 작업 수행을 위해 다음의 절차에 따라 냉매회수기와 냉매회수탱크를 연결한다.

1. 충전호스를 리시버의 킹밸브로부터 냉매회수탱크의 액체 밸브와 연결한다.
2. 충전호스로 냉매회수탱크의 기체 밸브 측과 냉매회수기의 입구를 연결한다.
3. 충전호스로 매니폴드게이지의 중간과 냉매회수기의 출구를 연결한다.
4. 압축기 토출밸브와 매니폴드게이지의 고압 측 밸브를 개방한다.

그림 9-3 푸시풀 방식 액냉매 회수 구조도
(출처: RTS)

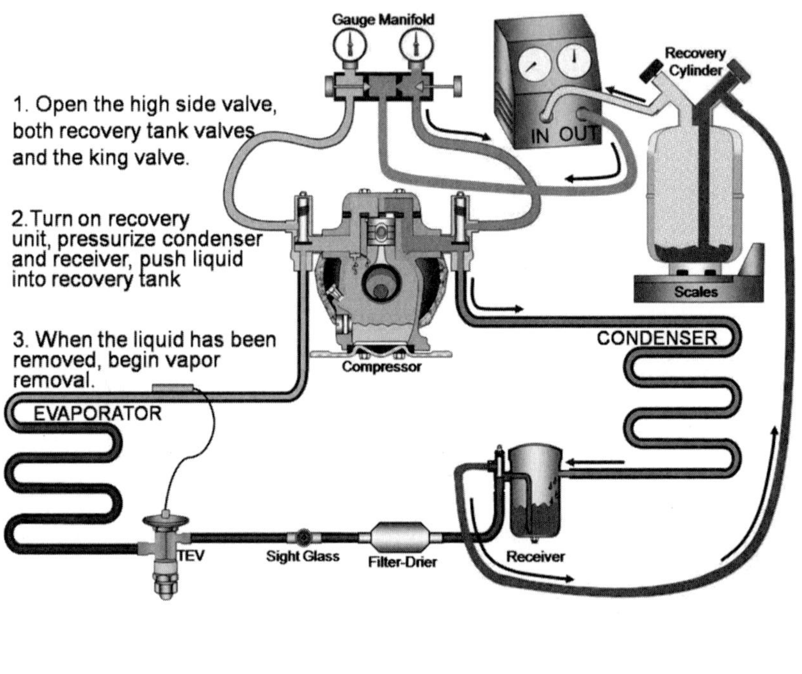

그림 9-4 Appion 냉매회수기 (출처: Appion, Inc.)

5. 냉매회수기의 입구와 출구 밸브를 개방하고 냉매회수탱크의 기체와 액체 측 밸브를 개방한다.
6. 냉매회수기를 가동하고 리시버의 킹밸브를 최대한 개방한다.

냉매회수기는 냉동시스템의 압력을 증가시키면서 냉매회수탱크의 기체 압력을 낮추므로 액냉매는 리시버의 킹밸브로 토출되어 냉매회수탱크로 주입된다. 액냉매가 리시버로부터 모두 토출된 뒤에 호스를 원위치로 변경한 후에 기체 냉매 회수 절차에 따라 냉동 유닛으로부터 기체 냉매를 회수한다.

액체를 펌핑할 수 있는 냉매회수기가 시중에 판매되고 있다. 그림 9-4의 Appion 제품은 다른 제조사들의 제품과 유사한 기체 냉매 회수 능력을 가지고 있으나, 액냉매 회수 속도는 다른 제조사 제품보다 몇 배 빠르다. 냉매 회수 속도가 빠른 것은 시간적 측면에서 소비자와 엔지니어 모두에게 매우 이롭다.

진공탱크를 이용한 액냉매 회수

그림 9-5에 나와 있는 바와 같이 진공상태의 냉매회수탱크는 리시버로부디 매우 빠른 속도로 냉매를 흡입한다. 소형 시스템에서 이 방법은 시스템으로부터 모든 액냉매를 회수하기에 적합하다. 진공펌프는 냉매회수탱크를 진공상태로 만들기 위한 단순한 목적으로 사용된다. 충전호스로 리시버의 킹밸브와 냉매회수탱크를 연결하고, 냉매회수탱크에 눈금(scale)을 표시하고 충전호스의 양쪽을 개방한다. 냉매는 항상 고압 측에서 저압 측으로 흐르며, 냉매가 눈금 표시 지점까지 도달하면 모든 액냉매가 회수탱크에 회수된 것이므로 이후에는 냉매회수기를 이용하여 남은 증기를 신속히 제거한다.

얼음을 사용하면, 대형 시스템에 대해서도 모든 액상의 냉매를 냉매회수기 사용 없이 냉매회수탱크로 회수할 수 있다. 냉매회수탱크를 얼음물 용기 안에 넣어두면, 냉매회수탱크의 온도가 낮아서 냉동시스템으로부터 액상의 냉매가 자동으로 냉매회수탱크로 유입된다. 또한 리시버의 따뜻한 액상의 냉매는 냉매회수기에

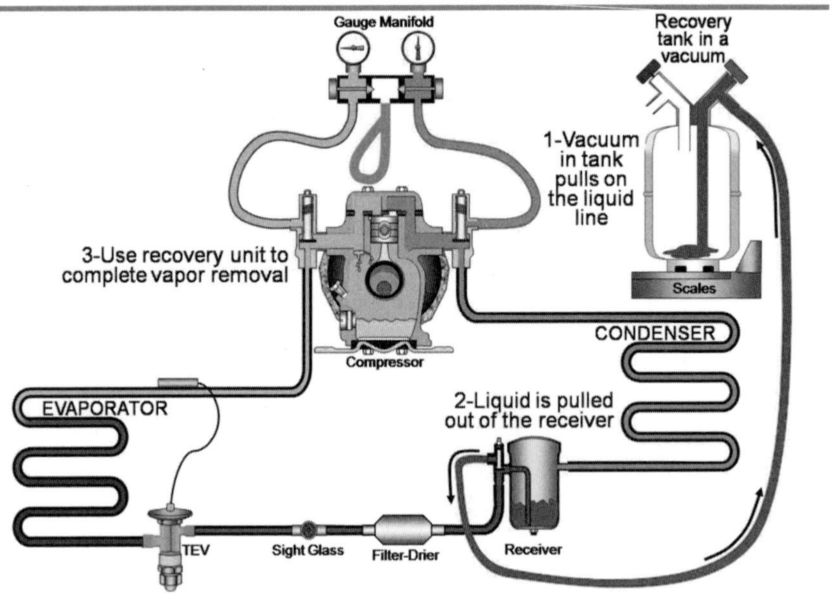

그림 9-5 진공상태로 된 냉매회수탱크로의 액냉매 회수 (출처: RTS)

서 냉각되면서 압력이 저하된다. 그러므로 냉매는 고압 측에서 저압 측으로 지속적으로 이동하게 된다.

긴 충전호스의 한쪽 끝을 리시버의 킹밸브에 연결하고, 다른 쪽 끝을 얼음물에 잠긴 냉매회수탱크에 연결한다. 충전호스의 양쪽 밸브가 개방될 때 리시버의 액냉매는 저온의 냉매회수탱크로 유입되기 시작한다.

냉매회수기 유지보수

소형(약 3 세제곱 인치)의 드라이어를 냉매회수기의 입구 쪽에 설치한다. 대부분의 필터드라이어는 작업의 편리성을 위하여 1/4 인치 수나사(male) 플레어 입구와 1/4 인치 암나사(female) 플레어 형상을 갖는다(Sporlan C-032-F). 필터드라이어를 사용하는 것은 냉매회수장치를 산, 불순물 등으로부터 보호하여 유지보수 측면에서 경제성을 갖는 것으로 조사되었다. 일반적으로 냉매를10회 회수한 이후에는 필터드라이어를 교체하는 것이 바람직하다.

냉매회수 탱크

냉동시스템에서 회색 또는 노란색의 냉매회수탱크는 흔하게 사용되지만, 이에 대해 몇 가지 중요한 사항을 고려하여야 한다. 냉매회수탱크 상부에는 액상의 냉매와 기상의 냉매를 위한 2개의 밸브가 있지만, 액상과 기상을 구별하기 위한 밸브 색깔에 대한 규약이 없으므로 각각의 밸브 중 어느 밸브가 액상 또는 기상의 냉매와 연결되는지 반드시 확인하여야 한다.

서비스 작업을 위한 냉매회수탱크는 일반적으로 50 파운드(lb) 또는 25 파운드이다. 각각의 냉매회수탱크에는 날짜 스탬프(stamp)가 찍혀 있으며, 유효기간이 지났을 때는 각각의 냉매회수탱크에 대해서는 재검사를 수행하여야 한다. 또한 스탬프에는 TW 표시가 있는데, 이는 탱크가 '빈 상태에서의 무게(tare weight)'를 나타낸다. 탱크가 TW보다 다소 무거워도 이는 반드시 냉매가 탱크에 남아 있는 것을 의미하지는 않는다. 경우에 따라서는 이전의 냉매회수작업 시에 오일이 탱크에 남아 있기 때문이다. 또한 탱크에는 회수용 냉매의 명칭을 표시하여, 서로 다른 종류의 냉매가 탱크에서 섞이는 것을 방지하고 있다.

안전 지침: 냉매회수탱크에는 반드시 탱크 최대용량의 80% 이상의 냉매를 회수하지 않도록 한다.

탱크 최대 용량의 80% 이하를 채우도록 하는 것은 안전 관련 사항이다. 만약 탱크에 80% 이상의 냉매가 가득 차고 온도가 125°F 이상 증가할 경우 냉매의 팽창에 의하여 탱크가 균열 또는 파손될 수 있다. 탱크의 정격용량은 탱크가 물을 보유할 수 있는 양으로 이에 대한 정보도 스탬프에 WC(water capacity)로 표시되어 있다. 탱크가 실제로 저장할 수 있는 냉매량은 냉매의 종류와 온도에 따라 변화된다. 탱크의 냉매 저장량을 정밀하게 산정하기 위해서는 냉매의 비중을 계산하여 물로 표현된 탱크의 정격용량을 냉매로 환산한 뒤에 20%를 제외하면 된다. 일반적으로 단순히 탱크의 공칭용량(nominal capacity)의 80% 이하로 냉매 저장량을 제한하는 것이 편리하다. 일례로 25 파운드의 탱크에 대하여 냉매를 20 파운드($25 \times 0.80 = 20$) 이하로만 회수하도록 한다. 탱크에 냉매가 최대량 이하로 주입된 것인지 점검하기 위하여 주입된 20 파운드에 빈통의 무게를 더하여 최대 무게로 산정한다. 그림 9-6은 냉매회수탱크의 스탬프에 대한 일례를 나타낸다.

시스템 진공작업

시스템 내에 들어 있는 기체 상태의 공기는 산소, 질소 및 수분 등으로 구성되어 있다. 산소와 질소의 개별 분압은 시스템의 냉매 압력과 온도를 증가시킨다. 압력 증가는 시스템 내의 공기의 트랩(trap) 양에 따라 변화되나 일반적으로 팽창장치 입구압력을 50 psi 이상 증가시킬 수 있다. 시스템 내의 산소는 다른 성분들과 쉽게 반응하여 녹과 부식 및 산화를 일으킨다. 수분은 산소와 함께 냉매와 오일을 빠르게 산화시키고, 슬러지 등을 생성하여 동관을 오염시킨다.

많은 냉매회수기들은 냉매 회수와 함께 시스템을 저진공상태로 만들 수 있다. 하지만 냉동시스템에서 수분과 응축수를 모두 제거하기 위해서는 고진공이 요구

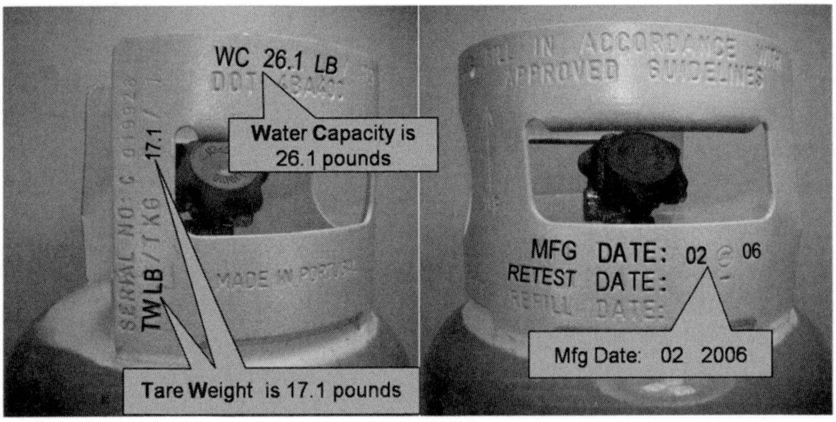

그림 9-6 냉매회수탱크의 스탬프에 표기된 정보(*WC*, *TW*, 날짜)
(출처: Dick Wirz)

된다. 대부분의 냉동기 업체에서는 그림 9-7에 나와 있는 바와 같이 시스템에 냉매 충전 이전에 500미크론의 진공상태를 유지하고 있다.

참고: 시스템에 진공작업을 수행하기 전에 장비를 설치할 때 시스템에 누설이 발생하지 않도록 해야 한다.

매니폴드게이지로 시스템과 진공펌프를 연결하고, 시스템의 서비스밸브는 개

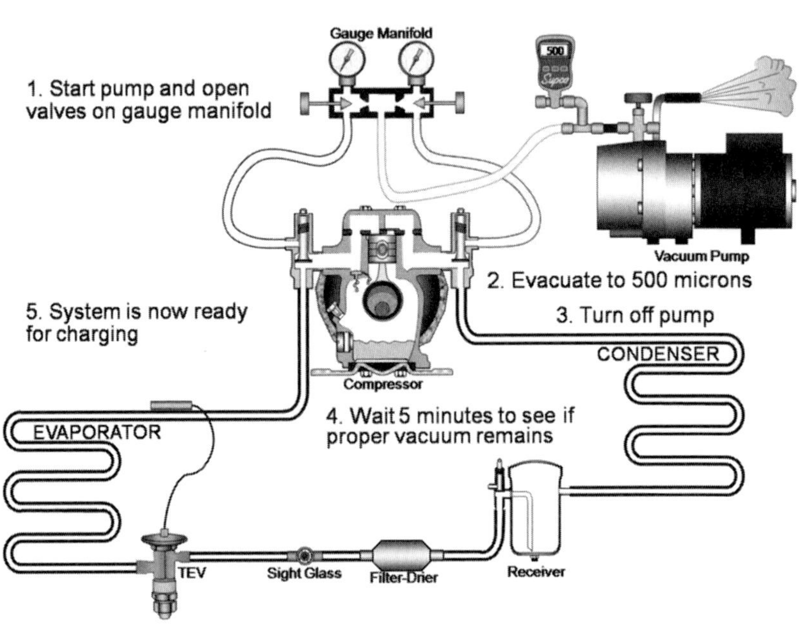

그림 9-7 단일 진공작업
(출처: RTS)

사실 확인 #3

미크론의 진공게이지는 때때로 진공펌프 정지 후에 750미크론에서 1,000 미크론까지 증가하는데, 이는 미소량의 수분이나 기체 냉매가 남아 있기 때문이다. 이 경우 어느 정도까지 진공압이 상승한 후 정지하여 있으면 시스템에 진공작업을 시작하여도 되지만, 지속적으로 진공압이 상승하면 누설이 발생한 것이므로 이에 대한 점검이 필요하다.

방하지 않는다. 진공펌프를 가동한 후 250~500미크론으로 진공작업을 수행한 뒤에 진공펌프를 정지한다. 미크론 단위의 진공 표시기(indicator)로 진공장비와 시스템 연결부위에 누설이 없는지 확인한다.

냉동시스템의 서비스밸브를 개방하고 진공펌프를 재가동하며, 진공이 유지되지 않으면 이는 냉동시스템에 누설이 발생한 것이다.

삼단 진공작업

다음 사항들이 일반적으로 모두 성립된다.

- 진공이 500~1,000미크론에서 유지되면, 시스템에는 수분 및 응축수가 존재하지 않는 것이다.
- 대부분의 단일 진공작업은 소량의 수분이나 공기가 시스템에 있는 경우에 수행된다.
- 500미크론의 단일 진공작업은 대개 삼단 진공작업보다 작업속도가 매우 빠르다.

그러나 때로는 삼단 진공작업이 필요한 경우가 있다. 일례로 수냉식 응축기가 파열되어 물이 시스템으로 유입된 경우나 시스템의 저압부에 누설이 발생됐을 때 진공을 수행하여 공기와 수분이 시스템으로 유입된 경우 등이다. 궁극적으로 시스템이 일정 기간 대기에 개방되어 오염물질이 시스템에서 고장 등을 일으킬 수 있는 경우에 삼단 진공작업이 필요하다.

삼단 진공작업을 위한 진공장비는 건질소(dry nitrogen)를 시스템에 주입하는 것을 제외하고는 단일 진공작업 장비와 동일한 방법으로 시스템에 연결된다. Copeland 압축기 제조사(Emerson Climate Technologies, Inc.)는 1,500미크론까지 2회의 진공작업을 수행한 뒤에 최종적으로 500미크론까지 시스템 진공작업을 수행할 것을 권장하고 있다. 처음 2번의 진공작업 후에는 매번 건질소를 이용하여 2 psig까지 시스템 진공작업을 해제하는데, 건질소는 남아 있는 수분을 흡수하여 다음 진공작업이 보다 효율적으로 수행되도록 한다. 일례로 처음 진공작업 시에 98%의 오염물질이 제거된 경우 다음 진공작업에서는 잔여 2% 오염물질의 98%

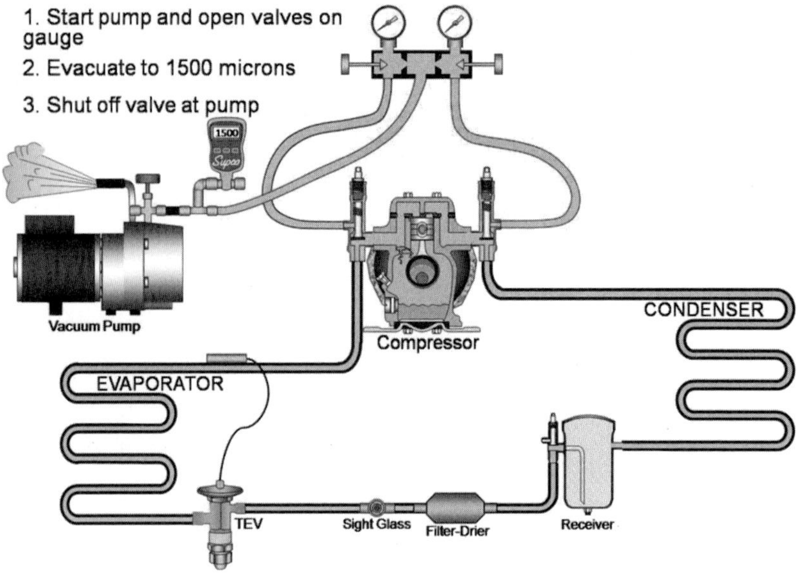

그림 9-8 삼단 진공작업 1단계 (출처: RTS)

를 제거할 수 있다. 결과적으로 3번째 마지막 진공작업 후에는 0.0008% (2%×2%×2%)의 오염물질만이 남게 된다. 잔여 오염물질의 양이 매우 적으므로 시스템에 영향을 미치지 않는다.

시스템에 다량의 수분이 존재하는 경우에 적절한 진공작업에 의하여 대부분의 수분이 제거될 수 있다. 하지만 시스템의 수분이 가열 등의 방법으로 오일로부터 분리되어 있지 않으면 진공작업 시에도 수분이 냉매 오일에 액적 상태로 용해되어 있으므로 진공작업 전에 수분은 기체 상태로 존재하여야 한다. 삼단 진공작업 과정에는 전술한 수분의 잔재 가능성을 배제하기 위하여 처음과 2번째 진공작업 중간에 압축기를 수초간 운전하는 과정이 포함되어 있다.

다음은 삼단 진공작업의 세단계를 요약한 것이다.

1단계: 1,500미크론까지 시스템에 진공작업을 한다(그림 9-8 참조).

2단계: 시스템 압력이 2 psig에 이를 때까지 질소를 시스템에 주입하여 진공작업을 해제한다. 질소 공급 밸브를 닫고 압축기를 약 5초간 가동한다. 압축기를 정지한 후 1,500미크론까지 진공작업을 반복한다(그림 9-9 참조).

3단계: 질소를 주입하여 시스템 진공작업을 재해제한 뒤에 질소 공급밸브를 닫는다. 500미크론까지 다시 진공작업을 한다.

시스템에는 반드시 수분과 응축수가 없어야 하며, 냉매 충전 전에는 시스템이 1,000미크론의 진공을 유지해야 한다.

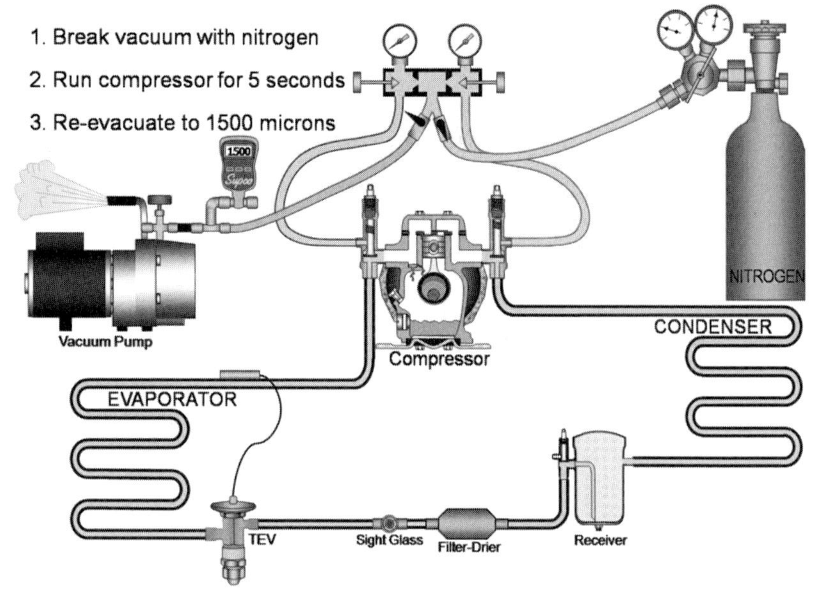

그림 9-9 삼단 진공작업 2단계 (출처: RTS)

진공펌프, 미크론 게이지, 유지보수

진공펌프는 산, 슬러지, 불순물, 액체 등을 제거할 수 없고 단지 기체만을 제거할 수 있다. 냉동시스템의 필터드라이어는 전술한 기체 이외의 오염물질을 제거하기 위해 제작되었다.

진공펌프에 가스 밸러스트(gas ballast) 스위치가 있는 경우 펌프 가동 전에 이를 개방한다. 가스 밸러스트 스위치를 개방하면 2단 펌프의 첫 단계로서 펌프의 오일 오염이 없이 시스템 내의 공기 중에 포함된 수분을 제거한다. 수분간 첫 단계 운전 후에 밸러스트를 닫고 두 번째 단계로서 펌프가 고진공작업을 수행하도록 한다.

수분이 다량 함유되거나 압축기가 번아웃(burnout)된 뒤에 시스템 진공작업을 하고 나면 진공펌프의 오일을 교환하도록 한다. 일반적인 조건 하에서 5회의 진공작업 후에는 펌프 오일을 교체하도록 한다. 진공펌프의 오일은 정지 상태에서 상점에 전시되거나 이송 중에 수분을 흡수할 수 있으므로 시스템의 진공작업 능력이 저하된 것으로 판단될 때에는 오일을 교체하도록 한다.

서비스 작업 시에 펌프성능 유지를 위해 적절한 호스와 피팅부의 크기를 사용하는 것이 바람직하다. 소형 시스템에서는 1/4 인치의 호스가 적합하지만, 대형 시스템에서는 3/8~1/2 인치의 호스가 사용된다. 표 9-1과 9-2는 로터리 방식 진공펌프의 속도를 나타낸 펌프 제조사의 카탈로그를 변형한 것이다.

참고: 표 9-1과 표 9-2에서 5 세제곱 인치의 내부 체적은 상대적으로 대형 시스템을 나타낸다. 대략 9/8 인치 냉동배관 100 피트 길이나 3/8 인치 직경에 920 피트 길

표 9-1 1,000미크론 진공을 위한 진공펌프 속도 (출처: Emerson Climate Technologies, Inc. Refrigeration Manual)

Vacuum Pump Size (CFM)	Pumping Capacity with 6″ Hose (CFM)		
	¼″ ID hose	⅜″ ID hose	½″ ID hose
1	0.23	0.60	0.87
2	0.26	0.83	1.50
5	0.29	1.11	2.95

Adapted from Refrigeration Manual by Emerson Climate Technologies, Inc.

표 9-2 5 ft^3의 내부 체적에 대해 500미크론 진공을 얻기 위한 소요 시간 (출처: Emerson Climate Technologies, Inc. Refrigeration Manual)

Vacuum Pump Size (CFM)	Pull-Down Time to 500 Microns with a 6″ Hose (Minutes)		
	¼″ ID hose	⅜″ ID hose	½″ ID hose
1	78	51	45
2	56	29	23
5	43	16	10

System volume is 5 cubic feet.

Adapted from Refrigeration Manual by Emerson Climate Technologies, Inc.

이, 또는 공칭 25 파운드의 냉매회수탱크의 내부 체적은 대형 시스템의 약 1/10 (0.50 세제곱 피트)이다.

표 9-1에 따르면 배관 내경이 1/4 인치에서 3/8 인치로 증가할 때 1 CFM(ft^3/min)의 진공펌프를 적용하는 것이 1/4 인치 배관 접속에 5 CFM의 펌프를 적용하는 것보다 효율이 높다. 효율 증가 효과는 배관크기와 게이지 포트(gauge port)의 크기가 증가할수록 크다.

표 9-2는 큰 배관 사용에 따른 진공작업 시간의 감소를 나타낸다. 일례로 1 CFM의 진공펌프를 1/2 인치 배관경에 적용하여 500미크론의 진공을 얻는 시간은 5 CFM의 진공펌프를 1/4 인치 호스에 적용한 경우와 유사하다. 또한 5 CFM의 진공펌프를 호스 관경 1/4 인치에서 3/8 인치로 증가시킬 경우 진공시간에 소요되는 시간은 약 66% 감소한다.

시스템에 적절한 진공을 얻기 위한 시간을 절약하고자 할 경우에는 관경이 큰 호스를 사용하는 것이 권장된다.

적절한 진공작업 시간을 결정하기 위해서는 여러 가지 변수가 고려되어야 하므로 매우 복잡하며, 사용하는 펌프의 설계 및 기술 수준에 따라 진공작업 시간이 변화된다. 그러므로 표 9-2는 대략적인 최소한의 수치이며, 설치 목적에 따라 변화될 수 있다.

게이지 호스가 클수록 진공상태를 빨리 얻을 수 있다. 큰 호스가 작은 원래 게이지 포트에 연결된 경우에도 진공작업 동안에 큰 호스 사용에 따라 전체 저항이 감소한다. 일부에서는 유연한 스테인리스강 호스를 사용하는데, 금속 호스 제조사들은 금속 호스가 고무재질의 게이지 호스보다 압력강하량이 작은 것으로 보고하고 있다. 삼단 진공 시에 질소 주입을 위하여 솔레노이드 밸브의 바이패스를 위한 추가 탭(tap)이 필요한 시스템이나 진공 완료 후에 냉매충전을 위하여 추가 라인이 필요하므로 진공작업용 매니폴드게이지에 4방 밸브를 사용하는 방법도 고안되고 있다.

미크론 단위의 진공 측정계기는 오일과 고압에 매우 민감하다. 대부분의 디지털 미크론 게이지는 입구 포트와 출구 포트가 구성되어 냉동시스템과 진공펌프 사이에 용이하게 설치될 수 있다. 진공작업 시에 오일이 증기에 포함되어 미크론 게이지에 유입될 경우 게이지의 전장부를 막아서 게이지가 오작동할 수 있다. 이 경우 미소량의 알코올을 게이지에 주입하여 오일을 세척하여야 한다.

미크론 게이지를 이용하여 진공작업을 하는 대신에 진공 라인에 T라인을 만들어 게이지 포트만을 이용하여 시스템을 진공상태로 만들 수 있다. 150 psig 이상의 압력이 작용할 경우 전자계기가 손상을 입을 수 있으므로 시스템 충전 시나 운전 중에는 계기와 시스템을 분리하여야 한다.

기동 및 냉매 충전

CFC 냉매를 충전하는 표준 방법은 압축기를 가동하고 흡입 서비스밸브를 통하여 기체의 냉매를 충전하는 것이다. 하지만 새로운 냉매가 냉매 탱크로부터 기체 상태로 유입되면, 혼합냉매들은 분리되거나 냉매별로 증발될 것이다. 그러므로 모든 HCFC와 HFC 혼합냉매는 그림 9-10과 같이 흡입밸브를 통하여 액체 상태로 충전되어야 한다.

액냉매에 의한 압축기 손상을 방지하기 위하여 충전과정 동안에 압축기의 전류량을 점검한다. 압축기 기동 시에 압축기 명판의 전류보다 10% 이상의 전류가 발생하면, 압축기에 너무 많은 액냉매가 유입되는 것이다. 또한 압축기의 흡입밸브에 결빙이 발생하면 결빙이 없어질 때까지 천천히 충전하거나 충전을 중지한다.

대형 시스템에서 액냉매가 시스템의 고압 쪽으로 유입되면 충전과정은 빠르게 진행되는데, 이는 압축기 정지 시나 시스템 진공상태에서만 가능하다. 진공상태

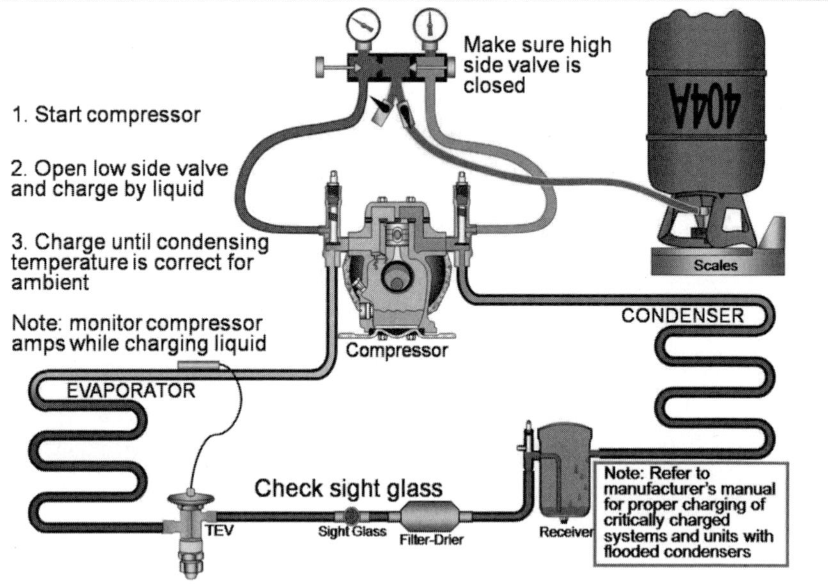

그림 9-10 압축기 운전에 의한 저압 측으로의 액냉매 충전 (출처: RTS)

에서 높은 곳에 위치한 냉매통과 고압 측 충전밸브 및 압축기 토출 측 서비스밸브(또는 리시버의 킹밸브)를 통하여 최초에 많은 양의 액냉매가 시스템으로 주입된다. 압력이 동일해지면(냉매통과 시스템의 압력이 같아지면) 충전 매니폴드의 고압 측을 닫는다. 충전 매니폴드의 저압 측을 개방하고 압축기를 가동하여, 흡입 서비스밸브를 통하여 충전을 완료한다(그림 9-11 참조).

참고: 5 파운드보다 적은 냉매를 사용하는 소형 시스템에서는 초기 진공작업으로 인해 너무 많은 냉매가 시스템으로 주입되어 과충전될 수 있으므로 이런 소형 시스템에서는 전술한 방법을 사용하지 말고, 압축기를 가동하고 흡입 서비스밸브를 이용하여 냉매를 충전하도록 한다.

적정 충전량 판정

충전량에 민감한 시스템에는 공장 제조 시에 냉매 무게를 기준으로 냉매를 충전한다. 냉동 유닛 명판에 R404a 냉매 20 온스 또는 R134a 냉매 50 온스로 기록되어 있으면 이 시스템은 충전량에 매우 민감하다. 그러므로 전자저울을 이용하여 정확한 냉매량을 시스템에 충전한다. 시스템의 모든 구성 부품이 정상적으로 작동하고, 적정량의 냉매가 충전된 경우 시스템은 정상적인 압력과 온도를 유지할 것이다. 그러나 10% 이상 냉매가 과충전되거나 부족할 경우 시스템은 정상적으로 운전되지 않을 것이다.

충전량에 아주 민감하지 않은 다른 시스템에서는 고압을 모니터링하면서 흡

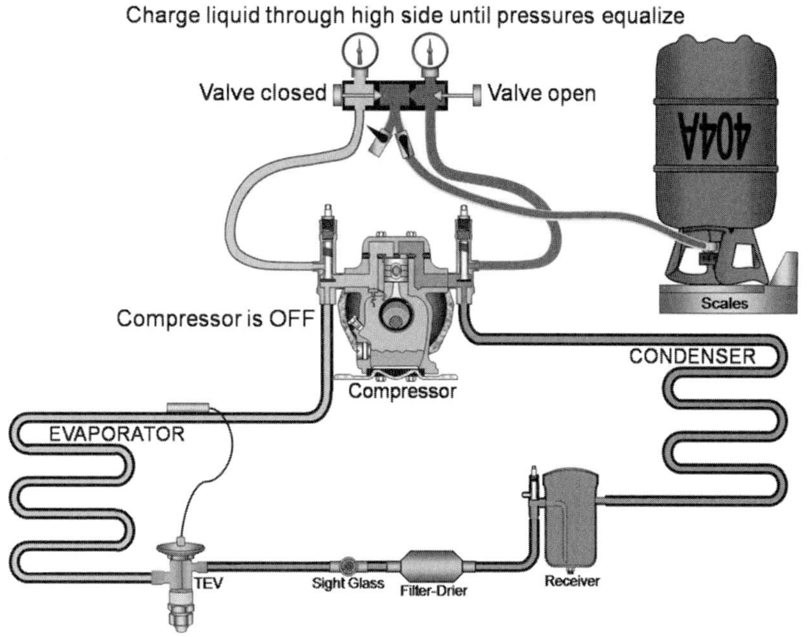

그림 9-11 압축기 정지 조건에서 고압 측으로의 액 냉매 충전 (출처: RTS)

입밸브를 통하여 냉매를 충전하다가 응축온도가 외기온도와 설계 응축온도와 외기온도와의 차이의 합에 이르면 충전을 중지한다.

예제: ❸ 외기온도 85°F 조건에서 표준 대형 냉동기에 R404A 냉매를 충전한다. 설계 응축온도와 외기온도와의 차이가 30°F이므로 응축온도는 115°F이다. 응축온도 115°F에 해당하는 R404A의 응축압력은 약 292 psig이다.

충전량이 적절함을 평가하기 위하여 과냉도를 체크한다 과냉도가 5°F보다 낮으면 충전량이 부족한 것이고, 과냉도가 20°F보다 높으면 과충전된 것이다. 가시유리가 있는 경우에는 이 절의 전반부에 기술한 바와 같이 새로운 냉매 사용에 따른 미세한 증기를 제외하고는 증기 기포가 없이 가시유리가 깨끗해야 한다.

그림 9-12부터 그림 9-14까지는 냉동기 운전 중 냉매가 충전되는 동안 응축기에서의 물리적 현상을 가시화한 것이다. 그림 9-12는 충전 초기 단계를 나타내는 것으로 응축기 내부는 대부분 기체로 가득 차 있으며, 과냉도가 매우 작거나 없으며 가시유리에는 증기 기포가 존재한다.

그림 9-13은 냉매를 추가로 충전함에 따라 기체가 액체로 응축되는 현상을 나타낸다. 시스템에 냉매량이 증가함에 따라 응축기 출구 라인을 채우기에 충분한 액상의 냉매가 응축기 하부에 형성된다. 액냉매 라인이 충분히 만액되면 가시유리에는 증기 기포가 모두 없어져 투명하게 나타난다.

그림 9-12 저충전량이 응축기에 미치는 영향 사례 (출처: Refrigeration Training Services)

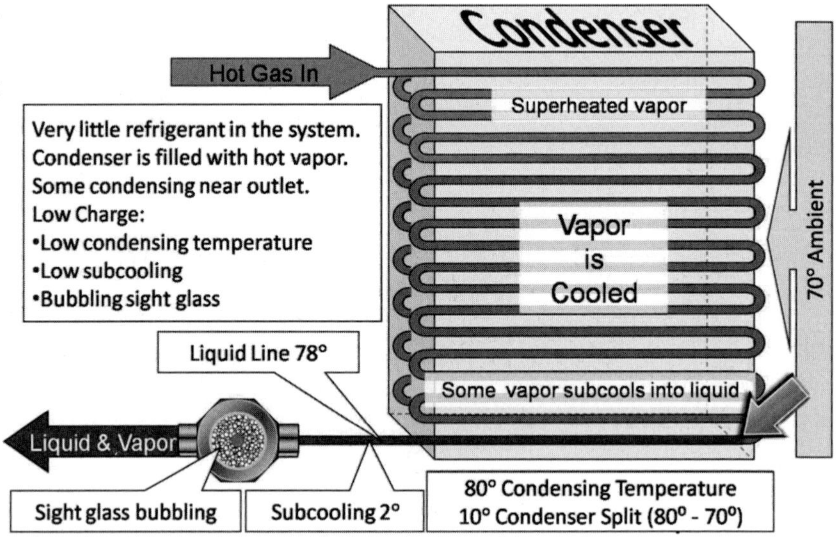

액냉매 라인이 증발기까지 매우 긴 시스템이 아닌 경우에는 응축기 출구의 가시유리가 투명하다고 해서 냉매가 모두 충전된 것을 의미하지는 않는다. 그림 9-13에서와 같이 시스템의 가시유리가 투명하고, 응축온도와 외기온도의 차이가 30°F이지만, 과냉도는 5~20°F의 범위를 나타낼 수 있다. 증발기가 응축기에서 10 피트 떨어진 경우에 큰 과냉도가 필요하지 않지만, 배관이 더욱 길고 수직방향의 길이를 가질 경우에는 압력강하량을 보상하기 위하여 더욱 큰 과냉도가 필요하다.

그림 9-14와 같이 냉매가 과충전된 경우에는 시스템에 이상이 발생한다. 과충전은 응축기에서 필요한 액냉매보다 많은 냉매가 응축되는 것을 의미하며, 이는 압축기가 토출압력을 더욱 증가시켜 기체냉매가 응축기로 더욱 많이 유입될 수 있도록 해야 할 것을 요구한다. 그러므로 응축온도의 증가와 과냉도가 큰 것은 과충전을 의미한다.

시스템에 적절한 냉매가 충전되었을 때는 응축온도가 적절하고 가시유리에 증기 기포가 존재하지 않고 투명하다. 하지만 응축기에서의 냉매가 충분한지 확인하기 위하여 과냉도를 점검하도록 한다. 더불어 증발기 과열도를 점검하여 증발기에 냉매가 충분한지 확인하도록 한다. 시스템이 설계된 냉동공간 온도보다 낮으면 과열도를 점검한다. 시스템은 온도조절기에 의하여 사이클링 후에 설정온도로 복귀될 수 있다. 시스템이 제상 운전 기능을 가지고 있을 경우에는 제상 운전이 적절히 수행되는지와 하루 중 제상 운전 시간이 적절한지에 대해 점검하여야 한다.

시스템으로부터의 계기 제거

다음은 압축기가 운전되는 동안에 시스템으로부터 적절하게 계기를 제거하는 절

그림 9-13 적정 충전량 조건에서의 응축기 내부 상태 사례
(출처: Refrigeration Training Services)

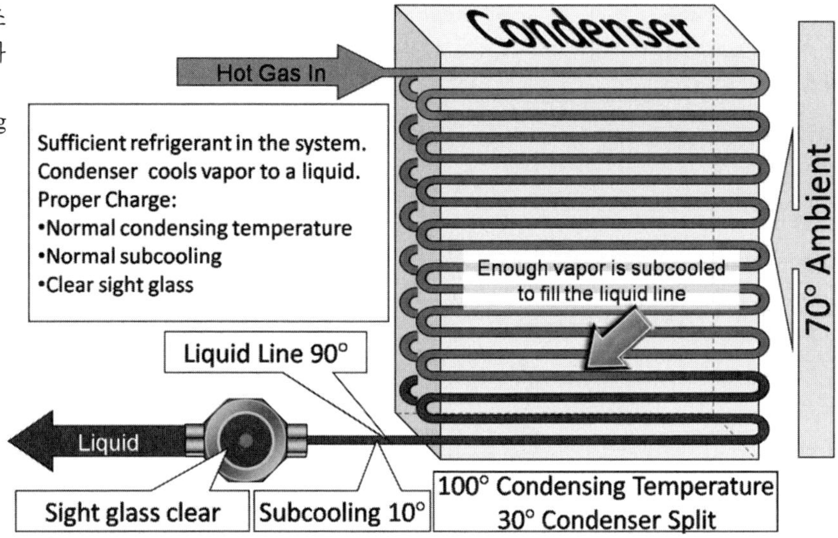

그림 9-14 과충전 조건에서의 응축기 내부 상태 사례 (출처: Refrigeration Training Services)

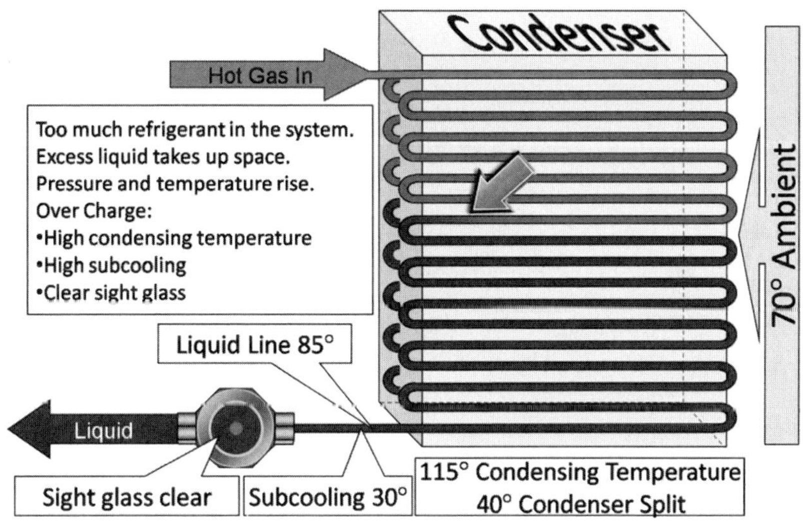

차이다.

1. 계기 고압 측 호스가 연결된 고압 서비스밸브를 잠근다(매니폴드 측을 닫는다).
2. 냉매통 밸브를 닫는다.
3. 매니폴드게이지의 고압 측 밸브를 개방한다.
4. 매니폴드게이지의 저압 측 밸브를 개방한다.

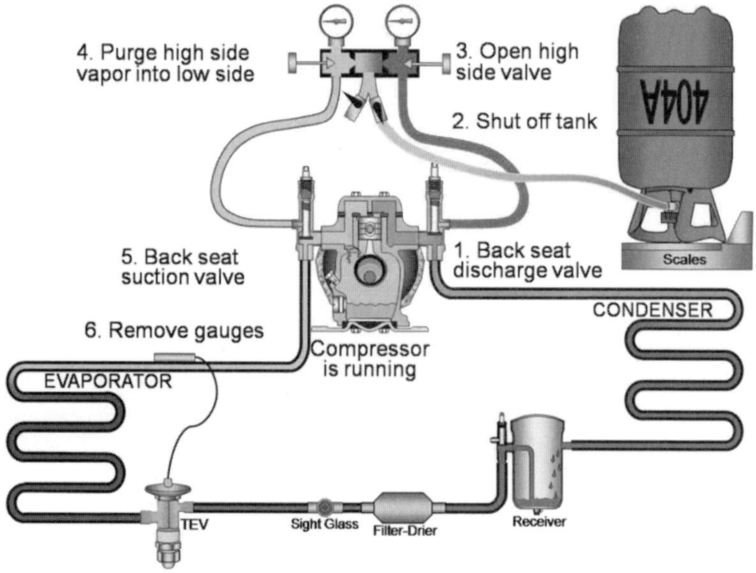

그림 9-15 압축기 운전 중 매니폴드게이지의 제거 방법 (출처: RTS)

5. 흡입 서비스밸브를 개방한다. 이 과정에서 고압 측 호스의 냉매가 시스템 저압 측으로 퍼지(purge)된다.
6. 흡입 서비스밸브를 잠그고(매니폴드 측을 닫음) 매니폴드게이지를 제거한다.

상기 절차는 냉매의 방출뿐만 아니라 매니폴드게이지 제거 시에 고압 호스로부터 고온가스와 오일이 배출되는 것을 방지할 수 있다(그림 9-15 참조).

저온의 외기조건에서의 냉매 충전

저온의 외기조건에 대한 제어장치가 없는 일반 응축기에서 가시유리가 투명할 때까지 냉매를 충전하는 것은 충전 시의 외기온도 조건이나 따뜻한 외기온도 조건에서만 적합한 냉매량을 충전하는 것이다. 외기온도가 저하되면 고압이 감소하면서 액냉매 라인의 냉매가 증발하게 된다. 일례로 100°F에서 가시유리가 투명하도록 냉매를 충전하여도 외기온도가 70°F로 감소한 경우에 대형 제빙기에서의 냉매량은 적절하지 않다. 이 경우에 저온에서 적절한 운전 및 과냉도 증가를 위하여 대부분 냉매를 추가 주입한다. 다시 외기온도가 60°F로 감소하면 냉매를 다시 추가로 주입하게 되는데, 이 경우에 시스템 기동 시 문제가 발생한다.

저온에서의 별도 제어기가 설치되지 않은 시스템은 저온에서 고압이 감소하게 된다. 고압이 최소값(대개 90°F의 응축온도에 해당하는 포화압력)보다 감소하면, 액냉매 압력은 일반적인 온도자동팽창밸브의 유입 압력으로 적합하지 않다. 온도자동팽창밸브의 입구압력이 낮은 경우 밸브에 헌팅현상이 발생하고, 증발기에 냉매의 플러딩(flooding)이나 스터빙(starving)을 유발한다.

HPR 밸브가 설치된 응축기는 낮은 외기온도 조건에서 정격조건의 최소 응축압력을 유지한다. HPR 밸브는 응축기 출구에 설치되며, HPR 밸브의 최소 정격압력 이하일 경우에는 응축기로부터 냉매를 팽창장치로 흐르지 못하도록 한다. 응축기에 액냉매를 저장하는 것은 유효 응축면적을 감소시키게 되며, 응축압력을 증가시킨다. 이런 현상은 표준 시스템에서 냉매가 과충전된 경우에 발생한다. HPR 밸브는 냉매가 적정량 충전된 경우에 저온의 외기조건에서 응축압력을 유지할 수 있도록 하는 기능을 한다. 적절한 냉매량은 일정 응축압력을 유지하기 위하여 응축기 용량의 적정 부분을 냉매가 충분히 채울 수 있는 양이다. 외기온도가 0°F 이하의 조건에서 최소한의 응축온도를 유지하기 위해서는 응축기 용량의 75%~ 85%가 액냉매로 채워져 있어야 한다.

대부분의 경우에 액냉매 라인의 가시유리가 투명할 때까지 시스템에 냉매를 충전한다. 일단 가시유리가 투명해진 경우에 HPR 밸브가 저온의 외기조건에서 최소한의 응축압력을 유지하기 위해서 어느 정도의 냉매를 더 충전해야 되는지를 결정해야 하며, 이는 주로 다음의 3개 사항에 의하여 결정된다.

1. 응축기의 크기
2. 충전 시의 외기온도
3. 시스템이 운전될 최소 외기온도

적절한 충전량 결정을 위한 최선의 방법은 제품 제조사의 권장사항을 따르는 것이다. 일례로 Russell(Carrier의 HTP 그룹)사는 생산제품에 대한 충전량 태그(tag)와 응축기 유닛에 대한 충전량 선도를 제시하고 있다. 응축온도가 105°F 이상이면 가시유리가 투명할 때까지 충전한 뒤에 제시된 선도와 태그에 따라 냉매를 추가로 충전하도록 하고 있다. 저온의 외기온도 조건에서 충전할 경우에는 응축기를 일부 블록킹(blocking)하고 응축온도가 105°F로 증가할 때까지 충전하고 제시된 선도와 태그에 따라 냉매를 추가로 충전하도록 하고 있다.

제조사에서 제시된 지침이 없는 경우에는 차선책으로서 Sporlan(Parker)사의 웹사이트에 게시된 문서인 Bulletin 90-30-1(http://sporlan.jandrewschoen.com/90-30-1.pdf) 를 다운로드해서 사용한다. 게시 문서는 다음의 각 요소 기기 및 주요 운전 범위에서의 냉매 충전 방법을 명확하게 기술하고 있다:

- 업로딩 방식 및 일반 방식의 압축기를 사용한 응축기 유닛,
- −35°F에서 +50°F까지의 증발온도 조건,
- 13종류의 가장 많이 쓰이는 냉매,
- 응축기 배관 크기 3/8 인치 ~11/8 인치,
- 외기온도 −40°F~+80°F.

엔지니어들도 저온의 외기조건에서 개인적으로 선호하는 충전방법을 가지고

있다. 일부엔지니어는 70°F에서 가시유리가 투명할 때까지 냉매를 충전하고 25%의 냉매를 추가로 충전하고 있다. 일부 엔지니어들은 1마력당 4.5 파운드의 냉매를 충전하여 사용하고 있다. 또 어떤 엔지니어는 리시버 크기를 확인하고 리시버 크기의 약 90%에 해당하는 냉매를 충전하고 있다. 리시버의 90%에 해당하는 냉매 충전량은 외기조건과 무관하게 시스템에 충전할 수 있는 최대 충전량이다.

냉매 충전 시에는 다음의 사항을 주의하여야 한다: 첫째, 시스템 제조사에서 제시한 특별한 권장사항이 없는 한 리시버 용량의 90% 이상은 절대 충전하지 않는다. 둘째, 펌프다운을 위한 솔레노이드밸브가 설치된 경우는 매우 중요하다. 시스템의 총 충전량은 액냉매 라인의 냉매를 포함하며, 액냉매 라인의 냉매가 어디에 저장되는가는 펌프다운 솔레노이드밸브의 위치에 따라 변화된다. 솔레노이드밸브가 온도자동팽창밸브 부근인 액냉매 라인의 끝단에 설치된 경우에는 펌프다운 시에 액냉매 라인이 리시버 외에 추가로 냉매를 저장할 수 있는 공간으로 사용된다. 그러나, 솔레노이드밸브가 리시버 출구 근처의 응축기 유닛에 설치된 경우에는 액냉매 라인의 냉매가 모두 리시버로 저장된다. 액냉매 라인이 매우 길 경우에 리시버로 유입되는 액냉매 라인의 냉매는 리시버에 모두 저장될 수 없으며, 펌프다운 시 시스템에 이상 고압을 유발한다.

냉매 충전 시 주의할 사항으로 다음은 Sporlan 게시 문서를 요약한 내용으로서 3/8 인치와 1/2 인치의 응축기 배관을 가진 7.5 HP 용량까지의 시스템에서 매우 정확해야 하는 사항이다.

1. 응축기의 직관부 총 길이를 계산한다.
2. U 벤드의 총 개수에 0.25 피트를 곱한다.
3. 상기의 두 길이를 모두 더하여 응축기 배관의 총 상당길이를 구한다.

예제: ❹ 90 피트 배관+40개 U 벤드=90+(40×0.25)=90+10=100 피트.

4. 단위 튜브에 저장될 수 있는 냉매량과 튜브 길이를 곱한다(3/8 인치 배관과 1/2 인치 배관에서 단위 피트당 액냉매 저장 무게는 각각 0.05와 0.10 파운드).

그림 9-16을 이용하여 1/2 인치의 배관경에 100 피트 길이를 갖는 응축기의 배관 길이 및 냉매량을 계산해보자.

예제: ❺ 100 피트×0.10 파운드/피트=10 파운드 냉매.

70°F 외기온도 조건에서 중간온도 시스템에 대하여 냉매충전 과정을 기술해 본다. 가시유리가 투명하고 과냉도가 5°F 이하이면 시스템은 70°F 이상에서 운전될 경우 시스템에는 충분한 냉매가 충전된 것이다.

응축기가 1/2 인치 배관경에 총 100 피트의 길이를 가질 경우 가시유리를 투

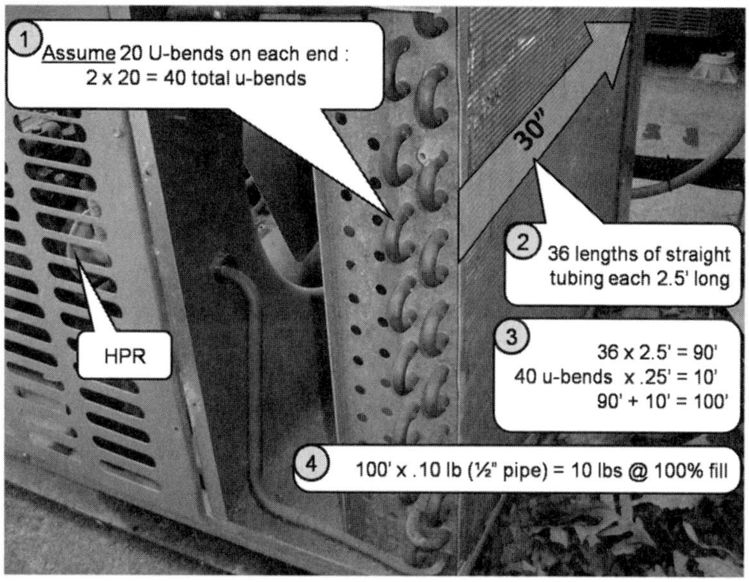

그림 9-16 응축기 충전량 산정을 위한 배관 길이 계산 (출처: Dick Wirz)

명하게 만든 후 응축기를 액상의 냉매로 모두 채우기 위해서는 10 파운드의 냉매가 필요하다. 물론 응축기를 액상의 냉매로 모두 채워 고압이 상승할 경우에 시스템이 파손될 수 있다.

하지만 외기온도가 낮아질 경우 HPR 밸브는 시스템 고압 측을 정격운전 조건에서의 압력으로 증가시키기 위해 응축기에 냉매를 저장한다(R22 냉매의 경우 대개 정격 조건의 고압은 180 psig 임). 응축기가 저온의 외기조건에서 HPR 밸브를 이용하여 시스템 고압을 정격조건으로 유지하기 위하여 응축기에 추가로 충전해야 하는 냉매량은 표 9-3 으로부터 결정할 수 있다.

표 9-3 −10°F에서 80°F의 외기 조건에서 응축기를 채우기 위한 냉매량 백분율

Ambient ∪ (°F)	Low −25°F Evaporator (Percent Fill)	Medium +20°F Evaporator (Percent Fill)	High (AC) +40°F Evaporator (Percent Fill)
80	15	0	0
70	50	0	0
60	65	35	20
50	75	50	40
40	80	60	50
30	80	65	60
20	85	70	65
10	85	75	75
0	90	80	80
−10	90	85	85

표 9-3은 HPR 밸브가 구비된 저온, 중간온도, 고온의 응축기에 대하여 응축기에 채워질 냉매량에 대한 백분율을 요약한 것이다. 각 열(column)은 표 맨 첫 열의 외기온도 조건에서 HPR 밸브가 응축기를 액상의 냉매로 채워야 하는 응축기 전체에 대한 백분율을 나타낸다.

외기온도 70°F 조건에서 중간온도의 대형 냉동기는 가시유리가 투명해질 때까지 충전해야 되는 것은 이미 기술한 바 있다. 응축기의 총 상당길이를 계산한 후에 응축기 용량의 100%를 냉매로 채우기 위해서는 추가로 5 파운드를 충전해야 한다. 동절기 설계 외기온도 조건이 0°F일 경우 표 9-3에 따라 80%의 냉매를 추가로 주입해야 한다. 그러므로 4 파운드(5 파운드×80%=4 파운드)를 추가로 주입한다.

외기온도가 40°F일 때 상기의 중간온도의 대형 냉동기에 충전해야 되는 냉매량과 외기온도가 0°F일 때 가시유리가 투명하도록 냉매를 충전한 뒤에 적절한 시스템 고압을 유지하기 위해 추가 충전해야 되는 냉매량을 산정해보자.

40°F 외기조건에서 가시유리가 투명하도록 냉매를 충전했다면 HPR 밸브는 이미 응축기의 60%를 채우기에 충분한 냉매가 충전된 것이다(표 9-4 참조). 그러므로 0°F 조건에서 필요한 80%를 충전하기 위해서는 응축기 용량의 20%만을 추가로 충전하면 된다. 즉 1 파운드(5 파운드×20%=1 파운드)만 추가로 충전하면 된다.

다음은 몇 개의 추가 사례이다.

1. 중간온도 유닛(+20°F 증발기)이 외기온도 80°F 조건에서 가시유리가 투명하도록 충전되어 있고, 동절기 낮은 외기온도가 +10°F이다(표 9-5 참조).

표 9-4 40°F 외기 조건의 중간온도 냉동기가 0°F 외기 조건에서 적절히 운전되기 위한 냉매충전 사례

Ambient ∪ (°F)	Low −25°F Evaporator (Percent Fill)	Medium +20°F Evaporator (Percent Fill)	High (AC) +40°F Evaporator (Percent Fill)
80	15	0	0
70	50	0	0
60	65	35	20
50	75	50	40
40*	80	60*	50
30	80	65	60
20	85	70	65
10	85	75	75
0†	90	80†	80
−10	90	85	85

*Clear sight glass (60 percent full).
†Add 20 percent more (80 percent − 60 percent).

표 9-5 80°F 외기 조건의 중간온도 냉동기가 10°F 외기 조건에서 적절히 운전되기 위한 냉매충전 사례

Ambient ∪ (°F)	Low −25°F Evaporator (Percent Fill)	Medium +20°F Evaporator (Percent Fill)	High (AC) +40°F Evaporator (Percent Fill)
80*	15	0*	0
70	50	0	0
60	65	35	20
50	75	50	40
40	80	60	50
30	80	65	60
20	85	70	65
10†	85	75†	75
0	90	80	80
−10	90	85	85

*Clear sight glass (0 percent full).
†Add 75 percent more (75 percent − 0 percent).

- 응축기는 3/8 인치 배관경에 190 피트의 직관을 가지며, 40개의 U벤드가 있다.
- 배관의 등가길이는 200 피트이다(190 피트+40 U벤드×0.25 피트/U벤드).
- 응축기 용량의 100% 충전을 위해 10 파운드의 추가 냉매가 필요하다(200 피트×0.05 파운드/피트).
- 80°F 외기조건에서 가시유리가 투명하도록 냉매가 충전된 경우에 응축기에는 총 용량의 0%만이 추가로 충전하면 된다.
- 10°F의 외기 조건에서 응축기는 75%의 액냉매 충전이 필요하다.
- 저온에서 운전되기 위해서는 7.5 파운드의 추가 냉매가 필요하다(10 파운드×75%).

2. 저온 유닛(−25°F 증발기)이 외기온도 70°F 조건에서 가시유리가 투명하도록 충전되어 있고, 동절기 낮은 외기온도가 0°F이다(표 9-6 참조).

- 응축기는 1/2 인치 배관경에 90 피트의 직관을 가지며, 40개의 U벤드가 있다.
- 배관의 등가길이는 100 피트이다(90 피트+40 U벤드×0.25 피트/U벤드).
- 응축기 용량의 100% 충전을 위해 10 파운드의 추가 냉매가 필요하다(100 피트×0.10 파운드/피트).
- 70°F 외기 조건에서 가시유리가 투명하도록 냉매가 충전된 경우에 응축기에는 이미 총 용량의 50% 냉매가 충전되어 있다.

표 9-6 70°F 외기 조건의 저온 냉동기가 0°F 외기 조건에서 적절히 운전되기 위한 냉매충전 사례

Ambient ∪ (°F)	Low −25°F Evaporator (Percent Fill)	Medium +20°F Evaporator (Percent Fill)	High (AC) +40°F Evaporator (Percent Fill)
80	15	0	0
70*	50*	0	0
60	65	35	20
50	75	50	40
40	80	60	50
30	80	65	60
20	85	70	65
10	85	75	75
0†	90†	80	80
−10	90	85	85

*Clear sight glass (50 percent full).
†Add 40 percent more (90 percent − 50 percent).

- 0°F의 외기 조건에서 응축기는 90%의 액냉매 충전이 필요하다(9 파운드).
- 0°F의 외기 조건에서 운전되기 위해서는 40%의 냉매가 추가로 충전되어야 한다(90%−50%=40%).
- 4 파운드의 냉매를 시스템에 추가로 충전하여야 한다(40%×10 파운드).

요약

이 장에서는 냉매회수에 대한 기초사항을 소개하고, 액냉매 회수를 위한 푸시풀 방법, 진공작업 방법, 탱크 냉각 방법을 다루었다. 시스템 내의 수분과 응축수 제거를 위해서는 고진공이 필요하며, 오염이 많이 된 시스템에는 삼단 진공작업 절차를 사용하도록 하였다.

냉매 충전량에 민감한 시스템은 냉매 무게를 측정하여 충전하여야 한다. 그러나 R12를 HCFC 냉매로 리트로피팅할 경우에는 응축온도를 모니터링하면서 충전한다. 또한 새로운 혼합 대체냉매로 리트로피팅 시에는 흡입밸브를 통하여 액상의 냉매를 천천히 충전하여야 한다. 대형 시스템에서 냉매충전 시간을 줄이기 위해서는, 처음에는 압축기를 정지하고 시스템을 진공상태로 만든 후에 액상의 냉매를 시스템 고압측으로 충전한 뒤, 최종적으로 압축기를 운전하면서 저압 측으로 냉매를 충전하여 완료한다.

일반적으로는 응축온도가 외기온도와 설계된 응축기와 외기온도와의 차이를

합한 온도에 이르면 적정량의 냉매가 충전된 것이며, 과냉도를 체크하여 적정량의 냉매가 충전된 것을 확인한다.

시스템의 설치 및 유지보수 시에 시스템 내에 수분과 응축수가 존재하지 않도록 하는 것은 매우 중요하다. 큰 관경의 충전호스를 사용하는 것과 진공펌프의 오일을 주기적으로 교환하는 것은 시스템 진공작업 및 충전시간을 절약하는데 크게 기여한다.

냉매를 충전하는 가장 바른 방법은 장비 제조사의 권장 절차를 따르는 것이다. 이 장에서는 엔지니어들이 주로 사용하는 냉매충전 절차를 일부 다루었다. 공장에서 적용되는 단순한 방법이 소개되었으며, 이 방법은 응축기 용량 결정 과정과 서로 다른 외기 조건에서 응축기를 냉매로 채우기 위해 응축기에 대해 백분율로 주어진 표를 사용하는 과정으로 구성되었다.

연습문제(REVIEW QUESTIONS)

1. 냉동시스템 리트로피팅이란 무엇인가?

2. 냉동시스템 리트로피팅 시에 오일 용해성이 왜 고려되는가?

a. 시스템에서 오일이 냉매에 용해되지 않으면, 압축기의 윤활에 문제를 일으킴
b. 시스템에서 오일이 냉매에 용해되지 않으면, 팽창장치가 오일로 막힘
c. 시스템에서 오일이 냉매에 용해되지 않으면, 팽창장치 입구압력에 문제가 생김

3. 새로운 냉매가 기존 냉매 적용 시보다 효율이 높을 경우 발생할 수 있는 문제점은 무엇인가?

a. 윤활 문제로 새로운 냉매가 압축기 손상을 일으킴
b. 압축기 용량 범위에 비해 냉매가 공간으로부터 더욱 많은 열을 제거함
c. 새로운 냉매가 시스템 흡입압력을 큰 폭으로 낮추어 시스템에 손상을 유발할 수 있음

4. 알킬벤젠 오일이 50%의 오일 혼합물이 되려면 오일 교환을 몇 번 해야 하는가?

a. 대개 1회 오일 교환
b. 대개 2회 오일 교환
c. 대개 3회 오일 교환

5. 95%의 POE 오일 혼합도를 이루기 위해 몇 회의 오일 교환을 해야 하는가?

a. 대개 1회 오일 교환
b. 대개 2회 오일 교환
c. 대개 3회 오일 교환

6. 반밀폐형 압축기의 크랭크케이스에 튜브를 삽입하여 오일을 제거하는 10단계를 설명하라.

7. 밀폐형 압축기의 오일은 어떻게 교환하는가?

8. 대부분의 서비스 회사가 소형 냉장고 리트로피팅 시에 미네랄 오일을 교체하지 않는 이유는 무엇인가?

a. 시스템 구성품이 가까이 설치되어 원래 미네랄 오일이 적절히 순환되어 압축기에 공급되기 때문
b. 새로운 오일이 압축기에 손상을 주기 때문
c. 오일 교체 비용이 커서, 소비자가 새로운 냉장고를 구매하기 때문

9. 응축기로 유입되는 외기온도가 75°F일 때 30온스의 R12가 충전된 소형 냉장고를 R401A로 리트로피팅한다고 가정한다. 시스템이 적절히 충전된 경우 팽창장치 입구의 대략적인 압력은 얼마인가?

a. 155 psig
b. 145 psig
c. 125 psig

10. R502가 30온스 충전된 소형 제빙기를 리트로피팅한다. R408A 냉매를 얼마만큼 충전하여야 하는가? 밀폐형 압축기인 시스템의 미네랄 오일은 어떻게 해야 하는가?

a. R408A를 24온스 충전하고, 미네랄 오일은 교체하지 않음
b. R408A를 24온스 충전하고, 미네랄 오일

연 습 문 제(REVIEW QUESTIONS)

을 알킬벤젠으로 교체
c. R408A를 30 온스 충전하고, 미네랄 오일은 교체하지 않음

11. **충전량에 민감하지 않은 온도자동팽창밸브 시스템의 리트로피팅 시 충전방법을 설명하라.**

12. **온도자동팽창밸브 시스템의 리트로피팅 시에 가시유리의 모든 증기 기포는 항상 없애야 하는가?**

13. **액냉매가 냉매회수기의 압축기를 손상시킨다면, 냉매회수기 제조사들은 냉매회수기의 액냉매 저장 정격용량을 산정할 수 있는가?**
a. 제조사의 용량은 신뢰성이 없음
b. 회수기의 압축기는 튼튼해서 액냉매를 펌핑할 수 있음
c. 압축기 흡입 전에 오리피스를 이용하여 액냉매를 증발시켜 냉매회수기에 유입시킴

14. **시스템으로부터 액냉매를 회수하기 위한 푸시풀(push-pull) 절차를 간단히 설명하라.**

15. **진공탱크는 시스템으로부터 액냉매를 어떻게 제거하는가?**
a. 진공상태의 탱크는 시스템의 압력과 균압을 이루고 탱크로부터 액냉매를 밀어냄
b. 진공탱크는 응축기와 같은 역할을 하면서 증기 냉매를 액냉매로 변화시킴
c. 응축기의 고압 액냉매가 진공탱크로 흡입됨

16. **얼음통의 빈 탱크는 왜 따뜻한 냉매 용기나 리시버로부터 냉매를 흡입하는가?**
a. 열역학적 법칙에 의하여 냉매는 항상 얼음 쪽으로 유인됨
b. 자연 원리에 의해 고압의 따뜻한 냉매는 저압의 저온부로 이동함
c. 무한 법칙에 의해 차가운 것은 따뜻한 것을 흡입함

17. **냉동시스템의 회수과정에서 냉매회수기가 오염물질로부터 보호될 수 있는 이유는 무엇인가?**
a. 냉매회수기의 출구에 어큐뮬레이터 설치
b. 냉매회수기에 리시버 설치
c. 냉매회수기 입구에 필터드라이어 설치

18. **시스템으로부터 공기 및 수분을 제거하기 위해 대부분의 제조사에서 권장하고 있는 진공도는 얼마인가?**
a. 500 미크론
b. 1,000 미크론
c. 29 인치 수은주

19. **시스템 진공작업 전에 진공펌프와 계기 피팅부의 누설 여부를 점검하는 것이 왜 필요한가?**
a. 진공 누설 등이 계기와 피팅부에서 발생하지 않고 시스템에서 발생하는 것을 확인하기 위해
b. 시스템 진공작업 전에 진공펌프와 호스로부터 공기를 제거하기 위해
c. 전체 시스템에 진공작업을 하기 전에 진공펌프가 잘 작동하는지 확인하기 위해

연 습 문 제(REVIEW QUESTIONS)

20. 삼단 진공작업 절차를 간단히 설명하라.

21. 진공펌프가 산, 슬러지, 불순물을 제거하는 데 사용될 수 있는가?

a. 진공펌프는 시스템으로부터 모든 것을 제거할 수 있음

b. 기체 냉매와 수분만을 제거할 수 있음. 다른 불순물 제거를 위해서는 필터드라이어가 사용되어야 함

c. 고진공을 얻기 위해 진공펌프는 우선 오염물질을 제거해야 함

22. 2단 진공펌프에서 펌프 기동 시에 가스 밸러스트는 왜 개방되어야 하며, 수분 후에 왜 닫혀야 하는가?

a. 첫 단계에서 펌프오일이 오염되기 전에 공기의 수분을 제거하고, 이후에 2단계 작업을 수행하기 위함

b. 두 번째 단계에서 펌프오일이 오염되기 전에 공기의 수분을 제거하고, 이후에 1단계 작업 수행하기 위함

c. 펌프 시동을 쉽게 하기 위해 가스 밸러스트를 열고, 이후 펌프 가동 시에 2단계를 모두 수행하기 위해 가스 밸러스트를 닫음

23. 진공펌프에서 오일은 언제 교체해야 하는가?

a. 많은 물과 함께 시스템에 진공작업을 한 경우나 압축기가 번아웃된 경우 및 오일 색깔이 희거나 검게 변한 경우

b. 많은 물과 함께 시스템에 진공작업을 한 경우나 압축기가 번아웃된 경우 및 정상 진공작업을 5회 수행한 경우

c. 진공작업을 한 이후 매번

24. 미크론 계기가 적절히 작동하지 않는 경우 발생하는 문제점과 해결방법은 무엇인가?

a. 미크론 계기에 오일이 들어가면 오작동을 유발할 수 있음. 알코올로 계기 입구 부위를 깨끗이 청소

b. 오일 오염 시에 미크론 계기가 작동하지 않음. 액냉매로 오일을 밀어냄

c. 미크론 계기는 매우 민감하고 쉽게 고장나므로, 오작동 시에 새것으로 교체함

25. 미크론 계기에서의 최대 허용압력은 얼마인가?

a. 50 psig

b. 150 psig

c. 250 psig

26. 새로 교체된 대체냉매가 흡입 서비스밸브에서 액상의 상태일 때 압축기가 손상되지 않게 하기 위한 방법은 무엇인가?

a. 압축기 전류는 RLA의 10% 이내로 유지하고 흡입 서비스밸브에 동력이 발생하기 시작하면 충전량을 줄임

b. 압축기 전류는 RLA로 유지하고 흡입 서비스밸브에 동력이 발생하기 시작하면 충전량을 줄임

c. 압축기에 노킹(knocking)이 발생한 뒤 역류할 때까지 액냉매 충전

27. 압축기가 정지되고 진공상태일 때, 고압 측으

연습문제(REVIEW QUESTIONS)

로 액냉매를 충전하는 절차를 설명하라.

28. 소형 제빙기의 명판에 '24 온스, R404A' 라고 적힌 경우 R404A를 얼마만큼 충전해야 하며, 충전량이 적합한지는 어떻게 알 수 있는가?
a. 시스템이 진공상태로 된 후에 24 온스의 R404A가 시스템에 주입되면 적절히 충전된 것임
b. R12의 응축압력에 이르면 적절히 충전된 것임
c. 명판의 80%인 19.2 온스의 R404A가 시스템에 주입되면 적절히 충전된 것임

29. 응축기로 유입되는 외기온도가 90°F이고, 온도자동팽창밸브와 R404A를 사용한 대형 제빙기가 있다고 가정한다. 시스템이 최적 충전량으로 충전된 경우를 나타내기 위한 압력 및 온도는 얼마인가?
a. 146 psig 팽창장치 입구압력, 10°F 과냉도
b. 292 psig 팽창장치 입구압력, 10°F 과냉도
c. 312 psig 팽창장치 입구압력, 16 psig 흡입압력, 5°F 과냉도

30. 시스템 운전 중에 게이지를 제거하기 위한 적절한 절차는 무엇인가?
a. 토출 서비스밸브를 닫고, 고압호스를 저압 서비스밸브로 빼냄
b. 토출 서비스밸브를 열고, 저압호스를 냉매통으로 빼냄
c. 흡입 서비스밸브를 닫고, 고압호스를 토출 배관으로 빼냄

CHAPTER 10

슈퍼마켓 냉동

개요

비록 기본적인 냉동원리는 동일하지만, 슈퍼마켓 설비는 앞에서 설명한 상업용 냉동과는 다른 면이 있다.

식품을 구매할 때, 대부분의 고객은 가격에 아주 민감하다. 따라서 슈퍼마켓은 그들의 가격 경쟁을 유지해야 한다. 가격을 낮게 책정하고 운영비를 많이 지출한다면 상점당 평균 순이익은 단지 1~2%에 머물게 될 것이다. 성공하기 위하여 슈퍼마켓은 그들의 운영비를 최소로 하면서 제품을 대량으로 판매해야 한다.

이 장에서는 상점과 고객의 요구에 부응할 수 있는 적절한 설계와 슈퍼마켓 장비 설치에 중점을 둔다.

학습목표(OBJECTIVES)

이 장을 마치고 나면, 슈퍼마켓 냉동의 중요한 아래와 같은 내용에 대하여 설명하고 기술할 수 있어야 한다.

- 제품 진열과 고객 접근
- 다중 냉장 케이스와 온도
- 평행 랙 시스템
- 제어와 제어기
- 에너지 효율
- 코일 제상
- 기계적인 과냉각
- 열재생과 재열
- 진열장 기류
- 설치, 서비스, 그리고 유지관리
- 냉장고 누출 탐지
- 새로운 기술

제품 진열과 고객 접근

슈퍼마켓의 식품 진열은 그 자체가 과학이다. 식품 구입은 대부분이 충동적으로 이루어진다. 그러므로 제품을 잘 진열하고 고객이 쉽게 접근할 수 있도록 하는 것이 중요하다. 냉장 케이스의 개방문과 유리문은 구매자들이 원하는 물건을 쉽게 찾을 수 있도록 해 준다(그림 10-1 참조).

다중 냉장 케이스와 온도

슈퍼마켓에는 여러 가지 상하기 쉬운 식품이 있다. 각각의 식품에는 가능한한 오랫동안 신선함을 유지할 수 있도록 냉장되어야 하는 최적의 온도가 있다. 다음은 몇몇의 친숙한 제품 및 권장되는 케이스 온도이다

- 농산물 40°F
- 유제품 36°F
- 조제식품 34°F
- 육류 28°F
- 냉동 주스 −5°F
- 냉동 식품 −10°F
- 아이스크림 −15°F

그림 10-1 Hussmann Training Center의 전면 개방 냉장 케이스
(출처:Hussmann Training Center)

평행 랙 시스템(멀티시스템)

평행 랙 시스템에는 다중 콘덴싱 유닛 대신에 냉매와 오일을 공유하여 케이스 그룹을 냉각시키는 다중 압축기가 있다(그림 10-2, 10-3 참조). 이러한 시스템은 온도가 서로 다른 케이스의 온도조절이 잘 되도록 설계되어있다(그림 10-4 참조). 또한 에너지 효율을 높이는 데 도움이 될 수 있도록 용량조절이 뛰어나다. 랙 시스템은 중온과 저온 시스템으로 구분 된다.

압축기는 공통적으로 매니폴드 또는 케이스로부터 나오는 개별 라인이 설치되는 **헤더**(header)를 공유한다. 케이스의 액체 라인은 액헤더로부터 시작되고, 케이스로 돌려보내는 흡입라인은 흡입헤더에 연결된다. 각 압축기의 토출물은 헤더로 들어가 응축기로 가게 된다. 그리고 돌아나오는 액은 커다란 리시버로 들어간다. 랙 시스템에 있어서 리시버는 시스템의 크기와 필요에 따라 100 파운드~2,000 파운드의 냉매를 수용할 수 있다.

긴 배관과 다중 압축기를 사용하기 위해서는 적당한 압축기 윤활을 보장할 수 있는 특별한 장치가 필요하다. 오일분리기는 응축기로 들어가기 전 토출가스에서 많은 오일을 분리시키는 데 사용된다. 오일분리기로부터 오일레벨 제어기에 의해 각 압축기 크랭크케이스 내로 오일이 흘러간다(그림 10-5 참조). 압축기 윤활시스템에 문제가 생기면 오일레벨 제어기에 설치된 알람은 상점 관리자에게 경고를 보낸다(그림 10-6 참조). 오일 필터는 오일을 청결하게 유지하는 데 유용하다.

그림 10 2 Hussmann Training Center의 평행 랙 시스템 (출처: Dick Wirz)

그림 10-3 진열용 Hussmann 랙 (출처: Hussmann Training Center)

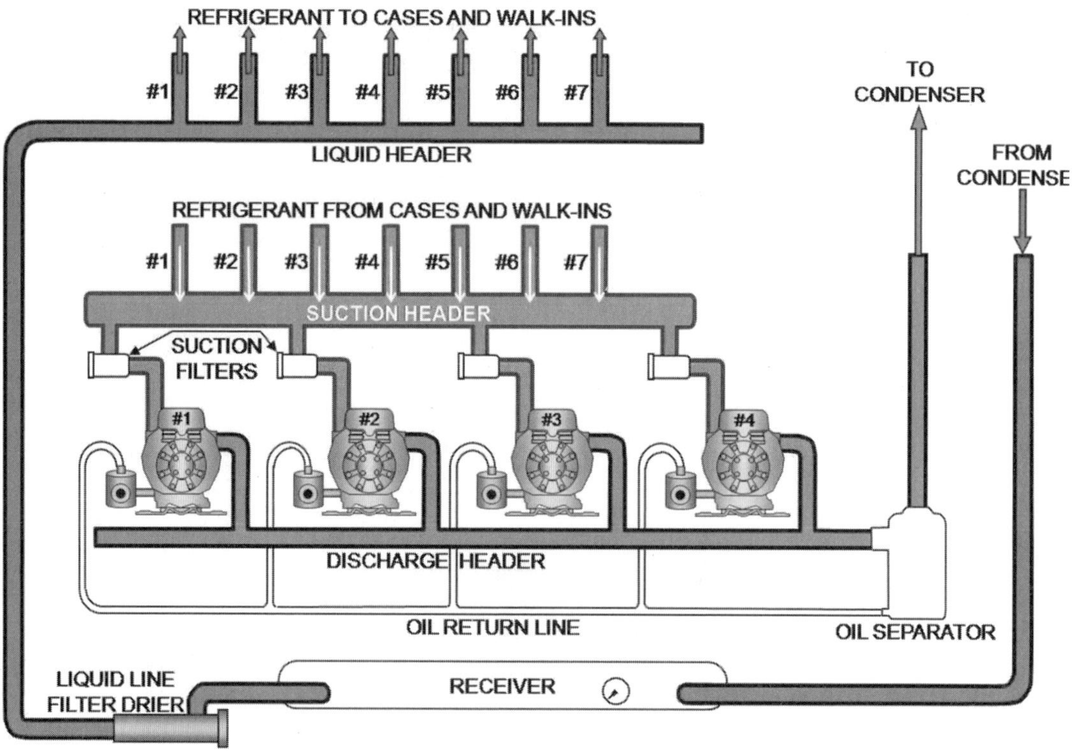

그림 10-4 기본 평행 랙 시스템의 개요 (출처: Hussmann Training Center/Refrigeration Training Services)

그림 10-5 압축기 말단에 설치된 오일분리기 (출처:Dick Wirz)

그림 10-6 압축기에 설치된 오일레벨 제어기 (출처: Hussmann Training Center / Parallel Rack System Controls)

평행 랙 시스템 제어

정확한 조절 설정은 랙 시스템의 적절한 가동을 유지할 수 있다. 매우 안정된 케이스 온도는 전기와 기계적인 제어의 조합에 의해 달성된다. 냉동시스템의 압력은 케이스 내의 열부하에 따라 올라가고 내려간다. 이 압력에 대응하여 압축기는 효율적인 작동을 유지하기 위해 필요에 따라 기동과 정지를 한다.

다음의 예제에서는, 20 hp 압축기 4대가 설치된 랙 시스템이 요구되는 중온 냉동기가 상점에 있다. 이 상점에는 업무용 박스와 농산물 케이스, 유제품 케이스, 그리고 몇 개의 육류 케이스 등이 있다. 모든 케이스와 업무용 박스에 냉동을 해야 하는 전부하 상태에서는 부하를 처리할 수 있도록 압축기 4대를 동시에 가동해야만 한다. 케이스에서 온도가 내려갈 때 랙 시스템의 압력도 내려간다. 4개의 저압 제어장치가 있는데, 각 제어장치는 시스템 압력이 제어장치에 설정된 압력까지 내려갈 때 압축기 중 하나를 중지시킨다. 정확한 압축기 차단 압력은 특정 시스템 요구조건에 따라 제작소에 의해 결정된다. 하지만 다음에 나와 있는 4대 압축기 랙의 압력 설정은 설계자에게 좋은 예가 된다.

예제: ❶ 시스템 압력은 70 psig, 모든 압축기(A, B, C, 그리고 D)는 작동하고 있다.

- 시스템 압력강하 65 psig까지: 압축기 A 정지, B, C 및 D 가동
- 시스템 압력강하 60 psig까지: 압축기 B 정지, C와 D 계속 가동
- 시스템 압력강하 55 psig까지: 압축기 C 정지, D 계속 가동

압축기 D는 50 psig에서 차단된다. 그러나 종종 일반적인 압축기 D의 차단에 대한 압력을 유지하기 위한 온도와 압력에 기인하는 열부하 때문에 지속적으로 가동이 된다.

- 시스템 압력 55 psig보다 상승: 압축기 C 기동, D도 함께 가동
- 시스템 압력 60 psig보다 상승: 압축기 B 기동, C, D도 함께 가동

압축기는 사이클링을 위해 연속적이고 시스템 압력변화에 따라 중지된다.

케이스 온도는 각 제품 구역을 위해 설치된 증발압력조절기(EPR)에 따라 규정되어 있다 (그림 10-7 참조). 증발압력조절기(EPR)에 대한 예제는 다음과 같다.

예제: ❷ 36°F 유제품 케이스가 26°F 증발온도에서 작동된다. R404 시스템에서 26°F 증발기는 흡입압력이 64 psig이다.

6장에서는 EPR 밸브가 요구되는 증발기 압력까지 흡입압력을 유지한다고 하였다. 그러므로 EPR을 64 psig를 유지하도록 설정해 두면 증발기는 26°F에 머물 것이다. 증발기가 10°F 온도차로 설계되었다고 가정하면, 케이스와 제품온도를 36°F로 유지한다.

또한 6장에서는 몇몇의 개별 케이스 증발기 출구에 설치된 EPR은 단일 압축기에 의해 이용될 수 있다고 언급하였다. 온도가 서로 다른 케이스에서는 온도가 높은 케이스에 EPR을 설치한다. 그러나 슈퍼마켓에서는 온도가 동일한 여러 개의

그림 10-7 표준 기계식 EPR 밸브(왼쪽), Alco 전자식 EPR 밸브(오른쪽) (출처: Dick Wirz)

케이스가 한 라인에 설치되어 있다. 그러므로 EPR의 가장 논리적인 위치는 압축기 랙에서 흡입헤더로 들어가는 흡입라인 탭이다. 긴 배관에서 조차 EPR은 케이스 내의 적절한 증발압력을 유지하기 위해 조정할 수 있다.

대부분의 새로운 슈퍼마켓 장치에는 더 정확한 온도조절을 위해 전자식 EPR 밸브를 사용하고 있다. 전자식 EPR 밸브는 **압력트랜스듀서**(pressure transducer) 또는 케이스 온도를 감지하는 **서미스터**(thermistor)의 입력신호에 따라 반응한다. 이러한 제어방법은 0.1°F 내에서 케이스 온도를 유지할 수가 있다(그림 10-8 참조). EPR 밸브를 폐쇄하면 흡입라인이 완전하게 닫힌다. 이 차단 특성은 온도조절기와 펌프다운 솔레노이드 밸브를 없애기 위해 사용될지도 모른다.

EPR 이외에 전자식 팽창밸브(EEV)는 폐쇄조절, 완벽한 차단, 펌프다운 솔레노이드의 필요성 제거 등과 같은 비슷한 장점을 가지고 있다.

그림 10-8 모니터링 압력 조절 센서 예

현재 전자식 제어기는 표준 기계설비 밸브에 선택사항으로 제공되고 있다. 이 기술 비용이 내려가면 전자식 밸브는 모든 유닛의 표준장비가 될 수 있다.

랙 시스템 제어기

제조된 모든 랙 시스템은 전자식 제어패널 또는 **제어기**(controller) 를 가지고 있다 (그림 10-9 참조). 이 패널에는 시스템을 통하여 중요한 위치에 설치된 서미스터와 압력트랜스듀서에서 신호를 수신하는 전자식 입력보드가 있다. 출력보드는 입력보드에서 어떤 활동을 통해 생산되는 정보를 이용한다. 예를 들어 압력트랜스듀서가 흡입헤더에서 압력강하를 감지했을 때, 제어기는 평행 압축기 중 한 대를 차단시킨다. 이것은 기계적으로 저압제어에 의해 가능하지만, 이 제어기가 더 정확하게 정보를 메모리에 입력할 수 있다. 그뿐만 아니라 이러한 정보를 멀리 떨어진 모니터에 보낼 수가 있다. 이 모니터는 빌딩 엔지니어의 사무실 또는 수천 마일 떨어진 곳에 있을 수도 있다. 시스템 운영을 감시할 뿐만 아니라 먼 곳에서도 제어할 수가 있다.

이와 유사한 시스템이 현재 큰 사무실 건물의 공기조화와 난방을 제어하기 위하여 이용되고 있다. 이 제어기를 직접 디지털 제어(direct digital control, DDC) 시스템이라 한다.

그림 10-9 Hussmann Training Center의 평행 랙 전자식 제어 패널

수두압 제어

랙 시스템의 헤드압력 제어는 팬 사이클링과 헤드압력조절(HPR) 밸브를 가진 만액식 응축기의 조합으로 이루어진다. 소형 원격시스템에서는 헤드압력 유지를 위해 비조정 싱글 HPR 밸브를 이용한다. 슈퍼마켓의 대형 냉동시스템에서는 헤드압력을 유지하기 위해 조절이 가능한 압력조절밸브를 사용한다. 그리고 리시버 압력 유지를 위해 차압밸브를 이용하기도 한다(그림 10-10 참조).

새로운 시스템에서는 HPR 밸브와 함께 **분리 응축기**(split condenser) 개념이 사용된다 (그림 10-11 참조). 응축기는 두 부분으로 나누어진다(그림 10-12 참조). 이 두 부분은 여름철 그리고 고부하 상태에서 이용될 수 있다. 추운 날씨 또는 낮은 부하 상태에서는 밸브가 응축기의 한쪽 부분으로 들어가는 토출 증기의 흐름을 자동적으로 차단한다. 분리 응축기의 장점은 시스템의 전체 경비가 상당히 경감되는 것이다. 이는 HPR 밸브가 헤드압력을 유지하기 위하여 실질적으로 응축기의 절반 정도로만 냉매를 차단시키기 때문이다.

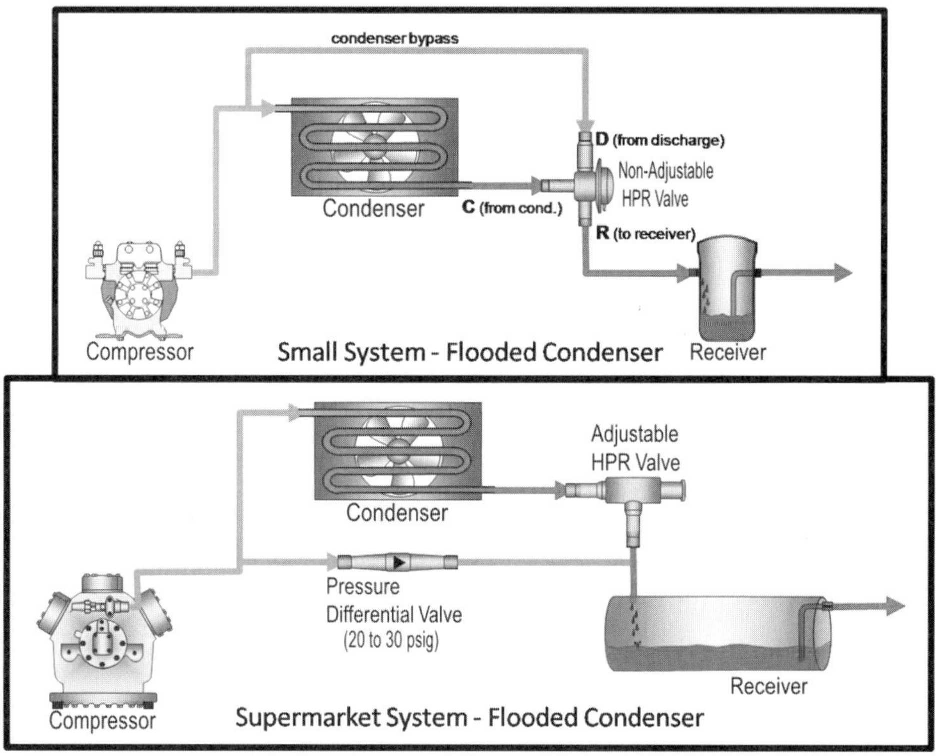

그림 10-10 소형 시스템용 HPR(위), 슈퍼마켓 설비용 차동밸브식 HPR(아래)

그림 10-11 분리 응축기 배관

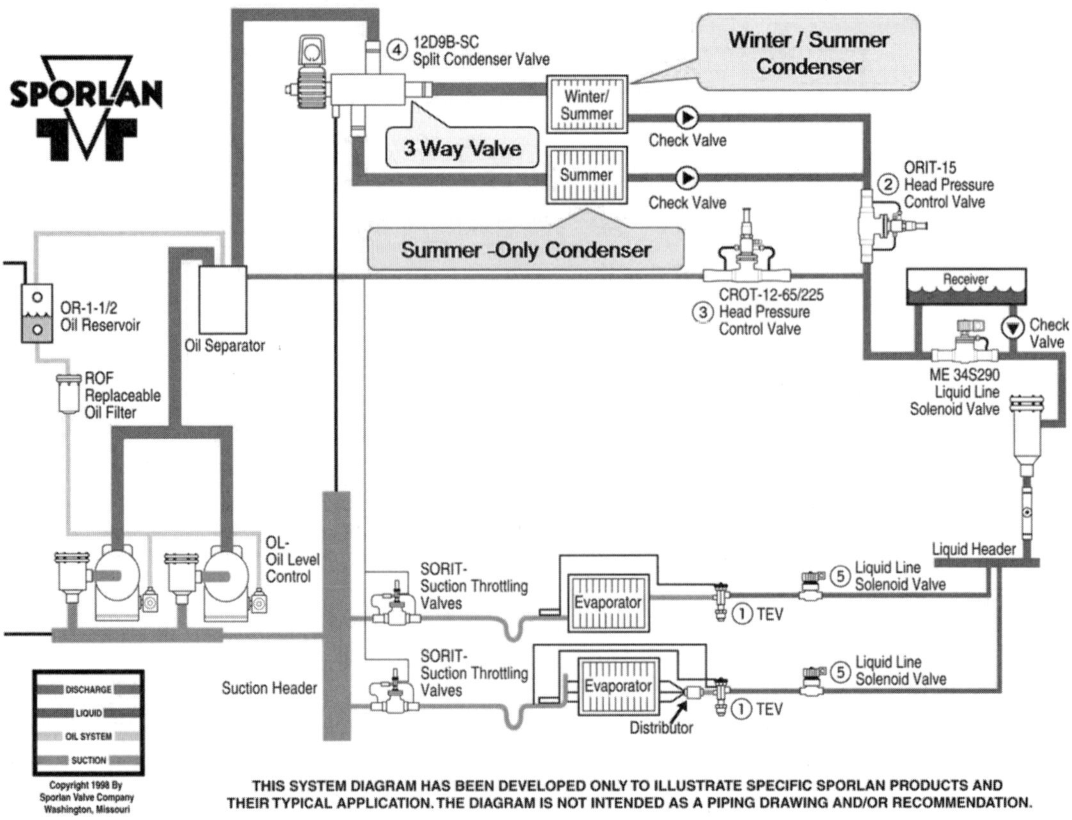

그림 10-12 Sporlan의 분리 응축기 개요

에너지 효율

이윤폭이 1% 정도이므로 슈퍼마켓은 장비 운영비를 가능한 한 낮게 유지하는 데 관심이 많다. 장비는 더 효율적이고, 운영 비용은 더 적게 들어야 하는 것이다. 전자제어 또는 제어기는 냉동설비를 정확하게 작동시켜 효율을 증대시킨다. 냉동이 식품을 신선하게 그리고 오래 보존하게 되면 버리는 것이 줄어들므로 경비가 절감된다. 다음은 슈퍼마켓 장비에 있어서 에너지를 절약하는 방법이다:

1. 다중 압축기 사용으로 에너지가 절약되고 용량제어가 한 대의 큰 압축기를 사용할 때보다 우수하다.
2. 온도자동팽창밸브(TEV) 그리고 EPR은 3°F 또는 그 이하로 과열도를 낮춤으로써 증발기 효율을 증가시킨다.
3. 핫가스를 이용하는 제상은 전기식 제상방법보다 에너지를 적게 사용한다(그림 10-13, 10-14 참조).
4. 단지 필요할 때에만 제상을 하는 요구제상(demand defrost)은 일정한 스케줄에 의해 정해진 시간대에 제상을 하는 방식보다 더 효율적이다.
5. 흐릿한 현상을 막기 위해 전기히터 보다 특수한 필름을 가진 유리문을 사용한다.
6. 방수 전기히터가 필요없는 비금속 도어 프레임을 제작한다.
7. 기계적으로 액 과냉각을 증가시킨다(그림 10-15, 10-16 참조).
8. 열재생과 재열을 이용한다(그림 10-17, 10-18 참조).

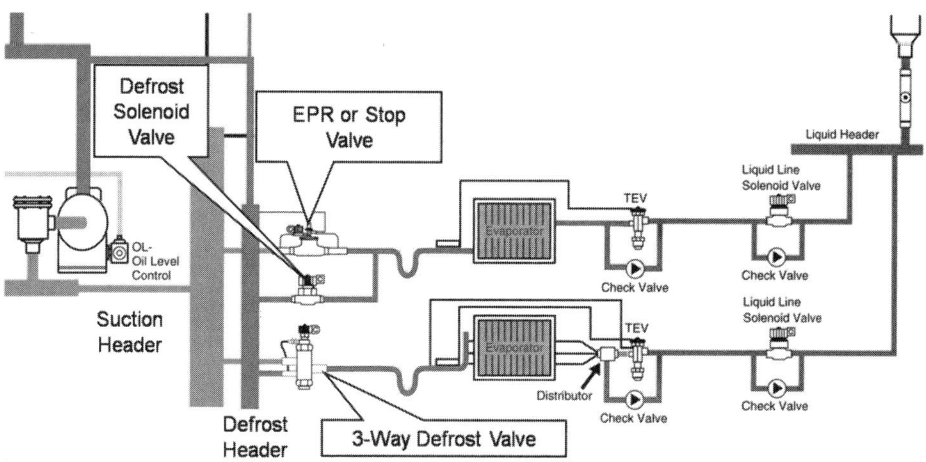

그림 10-13 증발기 출구로 들어가는 역 핫가스 제상을 수행하기 위하여 사용되는 다양한 밸브 형태의 sporlan 개략도 (출처: Courtesy of Sporlan Valve Company)

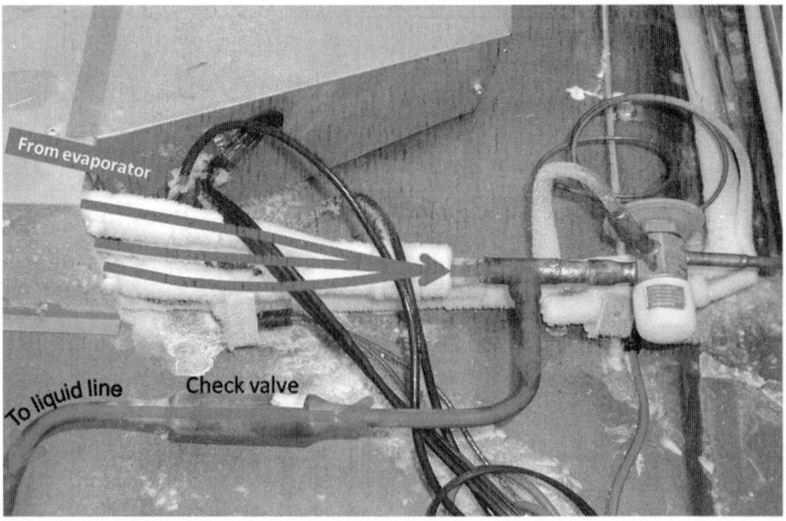

그림 10-14 분배기의 티와 체크밸브들은 증발기에서 나오는 증기를 핫가스 제상에 이용할 수 있도록 설계되어 있음.

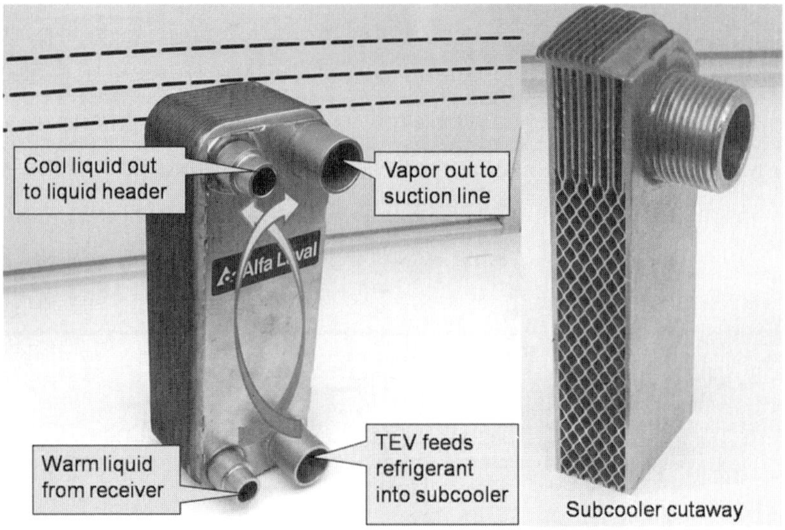

그림 10-15 Hussmann의 판형 과냉각기

코일 제상

상업용 냉동기의 제상법으로는 중온의 코일을 공기로 제상하는 방법과 저온 코일을 전기히터로 제상하는 2가지 방법이 있다. 유감스럽게도 이 2가지 제상방법은 속도가 느리다. 슈퍼마켓 냉동기에서는 절대적으로 필요한 온도보다 올라가는 것을 방지하기 위해 가능한 한 증발기 제상이 빨라야 한다.

내부 제상의 2가지 방법은 기존의 공기 및 전기히터를 사용한 제상보다 더 빠

그림 1-16 기계적 과냉각

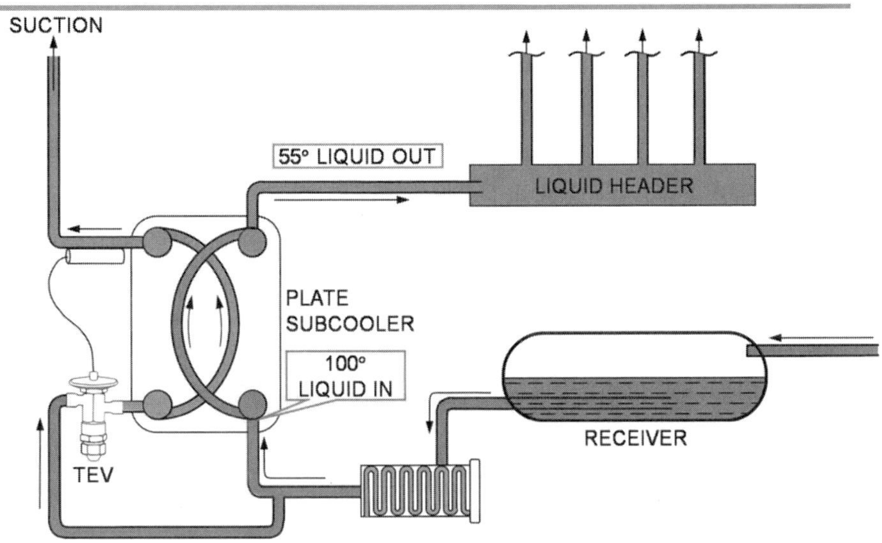

그림 10-17 Hussmann Training Center의 고온수 생산을 위한 열재생

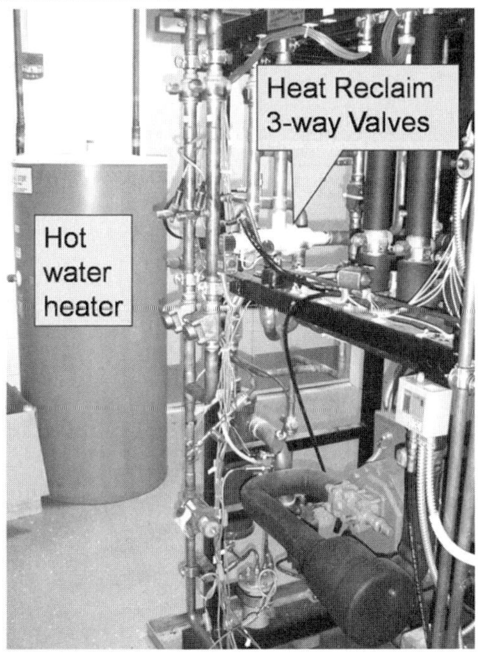

르고 에너지도 절약된다. 하나는 증발기 제상에 압축기로부터 나오는 고온 토출가스를 이용하는 것이다. 다른 하나는 리시버의 상부의 따뜻한 증기를 이용하는 것이다. 고온 토출가스가 더 뜨겁지만, 리시버로부터 나오는 증기는 실질적으로 승기 1파운드당 더 많은 열을 가지고 있다. 이 2가지 방법에서는 열이 서리 지역까지 통과

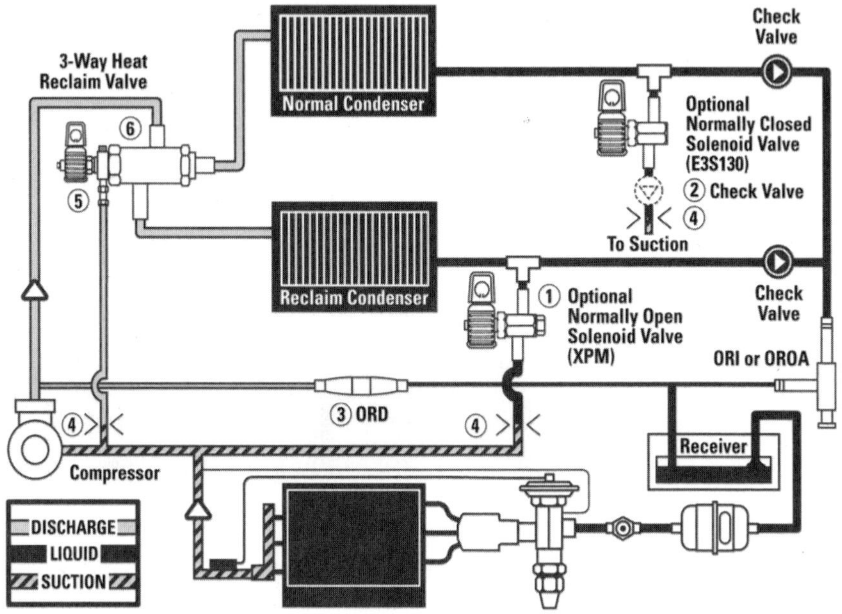

그림 10-18 Sporlan의 열재생 개요

해야만 하는 코일 외부 제상법보다는 서리 근원에 가까운 증발기 내부에서 제상이 일어난다는 것이 장점이다. 그러므로 내부 제상방법은 더 빠르고 더 효율적이다.

제상 시 증발기로 흐르는 냉매를 차단하는 액라인에 전자밸브가 필요하다. 동시에 제상밸브 헤드가 열리고 증발기로 고압의 냉매(고온가스 또는 뜨거운 증기)가 흘러 누적된 서리를 녹이게 된다. 한 가지 기술은 제상증기가 증발기 출구인 흡입 쪽으로 들어간다. 그리고 TEV와 분배기 사이의 티(tee)에서 배출되게 하는 것이다(그림 10-13 참조). 고온의 가스가 배출된 후, 코일 그리고 TEV와 액라인 솔레노이드 바이패스관을 통해 고온가스가 액라인으로 들어가 빨리 응축되어 액으로 변한다. 그림 10-14는 체크밸브와 고온가스 제상에 사용된 TEV와 분배관 사이의 티 사진이다. 또 다른 기술은 이와 유사하지만 흐름의 방향을 반대로 한다. 분배관 티에서 증발기 입구로 증기가 들어가서 증발기 출구에서 배출된다.

기계적인 과냉각

단단 압축기 시스템에서는 응축기 과냉도를 5°F와 15°F 사이로 설계한다. 과냉각은 TEV에 도달하기 전에 액의 증발을 막기 위한 안전장치이다. 하지만 액냉매가 TEV로 들어갈 때 과냉각되면 유닛의 성능은 증가하게 된다.

참고: TEV에서 과냉각 1°F에 따라 증발기 용량이 0.5%씩 증가한다.

슈퍼마켓 냉동기에서는 기계적인 과냉각으로서 과냉을 45°F까지 할 수 있도록 한다. 시스템 용량은 20% 이상 증가한다.

그림 10-16에 나와 있는 것처럼 판형 과냉각기(subcooler)는 액 리시버 뒤에 설치한다. 액은 케이스 액라인이 시작되는 헤더로 들어간다. 이것은 냉매액을 대략 100°F에서 55°F까지 냉각시킬 수 있는 TEV를 가진 특별한 증발기이다.

열재생과 재열

압축기의 고온가스가 빌딩 난방 또는 가정용 온수 히터의 예열기로 사용된다면 부가적인 에너지 절약을 실현할 수 있다. 이것은 필수적인 자유 에너지 공급이다.

외부 공기에 모든 시스템과 압축열을 버리는 대신에 3방 밸브(3 way valve) 전환에 의해 고온가스를 가열 유닛으로 전환할 수 있다. 고온가스는 가열 유닛의 열교환기를 통해 흐르게 된다. 따라서 압축열과 모터열은 과열이 되지 않는다. 그리고 비과열 증기는 고온가스가 액으로 응축되는 응축기로 유입된다.

압축기 열은 건물의 습도를 조절하는 데 이용될 수 있다. 슈퍼마켓의 오픈 케이스는 상점의 습도가 60% 이상일 경우에는 정확하게 작동되지 않는다. 이것은 다습한 지역에서 실제적인 문제이다. 다행히 압축기 고온가스는 공기조화기(AC) 시스템의 공급 덕트 내에서 재열코일로서 전환이 될 수 있다. 공급 공기온도를 약간 올리면 상점에서 토출되는 공기의 상대습도는 낮아진다. 상대습도는 주어진 온도에서 공기가 갖고 있는 습기 총량에 대한 퍼센트이다. 공기 1파운드의 습기량이 일정한 경우 온도가 올라가면 상대습도는 감소한다.

부가적으로 환기(return air)로부터 더 많은 습기를 제거하기 위해 공기조화기는 조금 더 운전이 된다. 빌딩의 낮은 습도는 케이스 성능을 더 좋게 할 뿐만 아니라 직원과 고객을 위한 더 편리한 상점 환경을 제공한다.

진열장 기류

공기조화 기술자는 공기조화기 그리고 난방 시스템에서의 기류의 중요성을 알고 있다. 하지만 일부 기술자는 슈퍼마켓의 개방형 진열장 (그림 10-19 참조)에서 어떻게 중요한 기류를 만들 것인지를 알고 있다. 케이스 상단에 설치한 '허니콤(honeycomb)' 이라 불리는 에어그릴이 에어커튼을 강제적으로 밀어낸다 (그림 10-20 참조). 공기는 케이스 정면의 일직선 아래 방향으로 흐르고, 환기는 케이스 개구부 바닥 가장자리의 공기 배기구로 흡입된다. 공기 흐름은 케이스를 냉장할 뿐만 아니라 케이스로 들어가려는 개방형 진열장 지역의 따뜻한 주위 공기를 막아주는 에어커튼의 역활을 한다. 개방형 수직 냉동고는 여러 개의 에어커튼이 필요

그림 10-19 개방형 진열장의 에어커튼

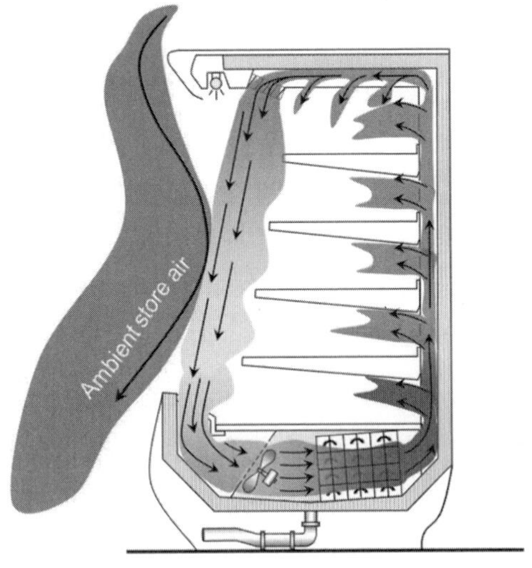

그림 10-20 토출공기 '허니콤'

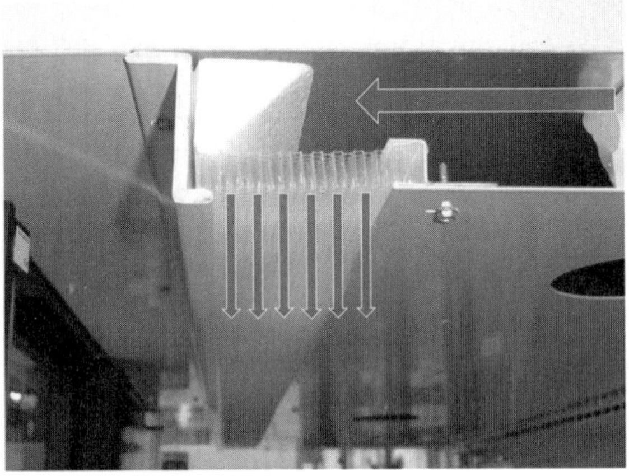

하다. 하지만 대부분의 상점에서는 더 효율적인 유리문 냉동고 케이스를 사용하고 있다. 수평형 개방 냉동고 또는 'coffin case'는 냉기가 위에서 떨어지므로 아직까지 사용되고 있다. 그러므로 냉각된 공기는 케이스 내에 머물고 있다.

만약 에어커튼이 개방형 진열장에서 분쇄된다면 냉장고의 기능을 상실하게 된다. 기류 문제가 생기는 일반적인 원인은 오염된 허니콤, 팬문제, 또는 에어커튼에 방해가 되는 부적당한 제품 쌓기이다.

기류의 다른 형태는 유리로 둘러싼 진열장에서 이용되고 있다. 그림 10-21과 같은 중력코일은 제품의 건조를 막기 위해 필수적인 높은 습도를 유지해야 하는 케이스에서 매우 효과적이다. 공기가 포장되지 않은 식품을 통과할 때 습기가 제

그림 10-21 유제품 케이스의 중력코일

거된다. 습기는 강제 에어 팬 코일의 높은 증발기 온도차로 인해 공기에서 제거된다. 하지만 중력코일은 자연대류식이다. 잔잔한 공기 순환은 제품을 거의 건조시키지 않는다. 또한 코일을 통과하는 공기온도가 습기를 너무 많이 제거하지 않게 낮은 온도로 되지 않도록 코일을 설계한다. 이것을 실현하기 위해 증발기는 케이스 내부의 가장 높은 곳에 설치한다. 케이스의 아래쪽 공기는 제품에 의해 가열된다. 그리고 공기는 케이스 내의 인테리어 정상까지 올라가 차가운 증발기 코일과 접촉하게 된다. 따라서 열은 코일에 의해 제거되고 찬 공기는 잔잔하게 케이스 바닥으로 떨어져 제품을 냉각하게 된다.

설치, 서비스, 그리고 유지관리

대형 슈퍼마켓의 설치작업은 완료하는 데 1년이 걸릴 수도 있다. 이 설치작업은 어려우며 케이스의 정확한 무게, 압축기, 그리고, 응축기 등을 정하는 데 많은 시간이 소요된다(그림 10-22 참조). 대형 업무용 박스 설치, 스틸 선반의 열맞춤, 그리고 냉동배관과 전선의 정확한 길이 계산 등은 쉬운 업무가 아니다(그림 10-23 참조). 빌딩의 벽이 세워지기 전에 냉매 그리고 드레인 배관을 개략적으로 해야 한다. 높이 6피트×폭 6피트의 바닥 아래의 터널은 냉매 그리고 드레인 배관으로 거의 가득찬다. 장치를 설치한 후 운전을 하기까지 시스템을 점검해야 하기 때문에 일주일 혹은 몇 달이 걸린다. 슈퍼마켓 설치 기술자는 정확한 작업, 좋은 계획, 우수한 작업 능력, 그리고 강한 신체 등을 갖추어야 한다.

슈퍼마켓 설비의 서비스는 적어도 도전이라고 할 수 있다. 터널에서의 수천

그림 10-22 케이스 설치

그림 10-23 랙 시스템 배관

피트 배관, 천장 위, 지붕, 그리고 많은 케이스 내부 등의 시스템에서 냉매 누설을 찾는다는 것은 얼마나 어려울지 상상해 보라. 서비스 기술자의 작업은 쉬운 것이 아니지만, 만약 능숙한 설치기술과 일에 대한 자부심이 있고 기동 전에 시스템의 누설 체크 등을 한다면 반드시 어려운 것만은 아니다. 슈퍼마켓 시스템에서 냉매 누설이 발생하면 주인은 수천 달러의 손해를 감수해야 하는 것이다.

슈퍼마켓 서비스 기술자는 전체 시스템 작업에 익숙해야 하고 제어와 제어기에 대해 완벽하게 이해하고 있어야 한다. 기술자는 문제점을 빨리 찾아 적절하게 조치해야 한다.

비싼 긴급 서비스의 필요성을 막기 위해 광범위한 유지관리 프로그램은 모든 슈퍼마켓의 예산의 일부가 되어야 한다. 시스템의 초기 기동 동안 모든 장치의 온도, 압력, 전압, 그리고 전류 등이 반드시 기록되어야 한다. 정기적인 검사를 할 동안 유지관리 기술자는 원래의 기동운전 정보와 현재 작동되는 상태를 비교한다. 이들에 대한 어떤 편차는 비상상태가 일어나기 훨씬 전에 발생 가능한 문제들을 미리 분석하는 데 도움이 될 것이다.

냉매 누설 탐지

아무리 설치를 잘하고 유지관리를 잘한다고 해도 거의 모든 시스템에서는 냉매누설이 있다. 슈퍼마켓의 냉매손실은 국가 평균적으로 연간 약 10% 정도이다. 상점에서는 매년 평균적으로 500 파운드의 손실을 입는다. 비록 큰 금액은 아니지만, 지구환경에 손상을 입힌다. 많은 상점에서 사용되는 전자 누설 탐지기는 누설을 감지했을 때 소리가 나도록 설정되어 있다. 지시기의 원격센서는 누설이 발생했다는 것을 알려준다. 초기 경보 시스템의 형태는 과도한 냉매와 제품 손실을 막을 수가 있으며, 적은 냉매 봉입에 기인하는 설비손상을 저감시켜 준다. 그림 10-24는 현재 사용되고 있는 전자식 누설 탐지기를 나타낸다.

신기술

전자밸브는 슈퍼마켓 냉동기에서 잠시 동안 사용되었다(그림 10-25 참조). 하지만

그림 10-24 전자식 원격 누설 탐지기

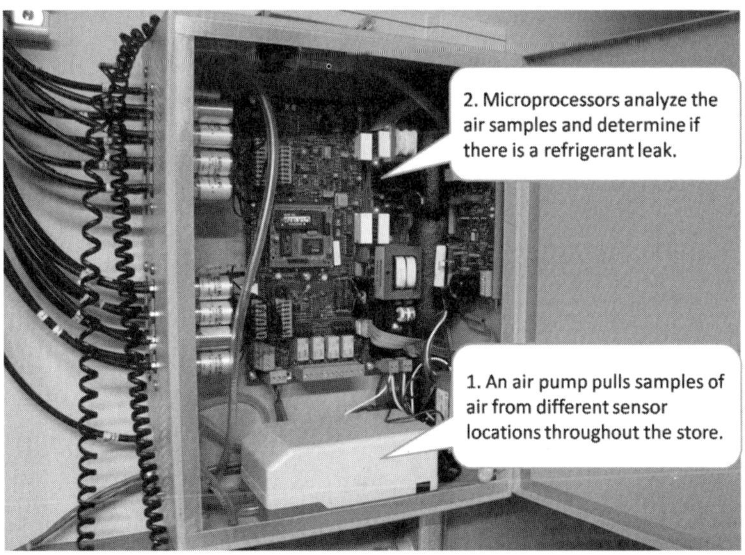

그림 10-25 전자밸브와 제어기가 부착된 냉장케이스 증발기

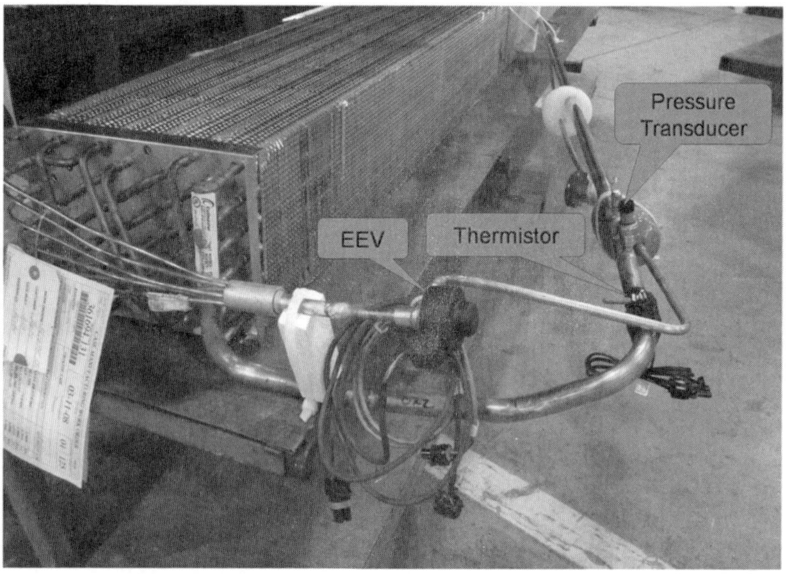

밸브 디자인과 밸브를 제어하는 장치에 대해서는 상당한 진전을 이루었다. 신기술의 좋은 예는 냉장 케이스와 냉동기 제조사인 Hill PHOENIX에서 사용되는 과열관리 시스템(superheat management system, SMS)이다. 각 케이스에는 전자식 팽창밸브(EEV), 압력트랜스듀서, 온도서미스터, 그리고 제어모듈이 있다(그림 10-26 참조). 과열 관리 시스템(SMS)은 주위 조건, 케이스 부하, 그리고 다양한 시스템 변수의 변화에 따라 과열도를 자동적으로 조절한다. 만약 과열도 설정값의 변

그림 10-26 Hill PHOENIX의 과열 관리 시스템.

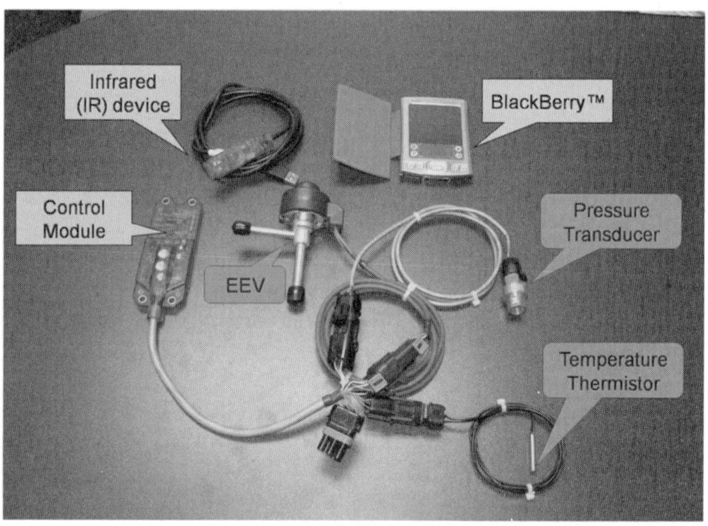

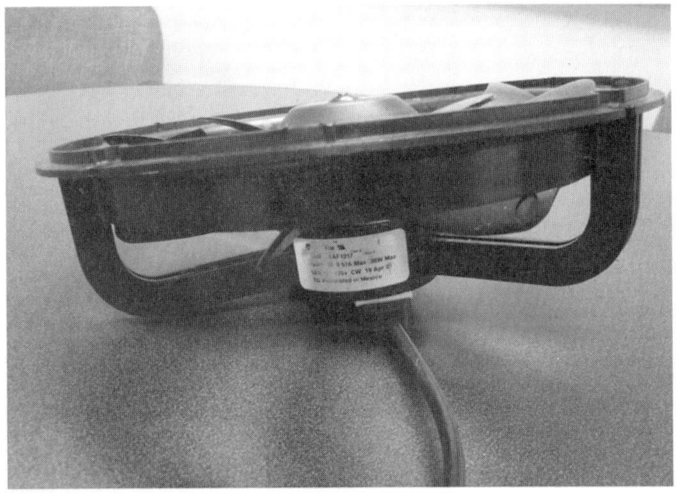

그림 10-27 ECM 증발기 팬

경이 필요할 경우에는 랩톱(laptop) 컴퓨터 또는 제어기에서 적외선 장치에 간단하게 포인팅할 수 있는 BlackBerry™를 이용하여 냉장 케이스 내의 제어모듈 프로그램을 다시 작성한다. 단순하게 컴퓨터 키를 눌러 냉장 케이스 작동을 조절할 수 있는 가능성은 냉장 케이스 하부의 표준 팽창밸브를 조절하는 어려운 작업을 해야 하는 기술자에게 매우 매력적이다.

가변 주파수 구동(variable frequency drive, VFD) 기술은 용량조절과 에너지 효율을 위해 압축기, 응축기 그리고 펌프 모터의 속도를 광범위하게 조절하는 것이다. 하지만 모터 기술이 대형장비만을 위한 것은 아니다. 냉동 케이스에 ECM(electrically commutated motor) 증발기 팬의 사용은 또 다른 기술적 신보이다. 이 팬 모터는 더 적은 에너지를 사용하며 케이스, 토출 및 공기온도를 조절하기 위해 회전수를 다양하게 조절할 수가 있다(그림 10-27 참조).

냉장 케이스 내의 적당한 조명은 가능한 모든 방식을 동원한 상품 진열을 위해 매우 중요하다. 하지만 조명에 의해 에너지가 사용되고 열이 발생하는 것은 케이스 제조사 그리고 고객들에게 항상 걱정이 된다. 새로운 조명 기술은 그 문제를 해결하고 있다. LED (light emitting diode) 조명의 사용은 낮은 운영비로서 좋은 빛을 제공하며, 매우 작은 열을 발생시킨다(그림 10-28 참조).

대형 공조기에 냉각된 물을 사용하는 옛날 방식은 현재 상업용 냉동 목적으로 사용되고 있다. Hill PHOENIX는 이 방식을 슈퍼마켓에 적용하기 위해 2차 냉매 시스템으로 발전시켰다. 1차 냉매는 R404A로 하고 2차 냉매로는 프로필렌 글리콜을 사용한다. 기본적인 냉동 랙 시스템은 글리콜 용액을 차게 하는 기계 장비실에 한정된다. 냉각된 물은 플라스틱 배관을 통하여 기계실에서 케이스로 보내진다. 냉매를 조금만 사용하는 시스템에서는 설치 노동자와 재료비용을 크게 저감할 수

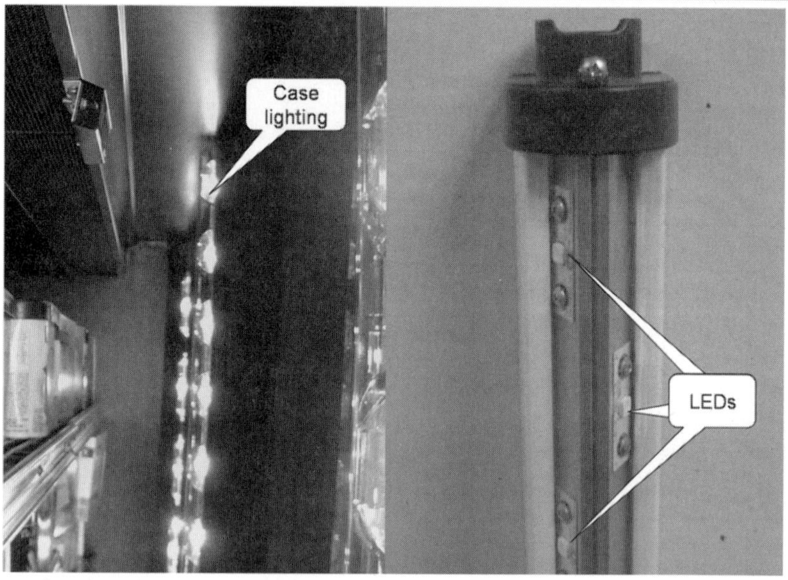

그림 10-28 LED 케이스 조명(왼쪽), LED 전구(오른쪽)

있는 기존 시스템이 필요하다. 냉매 누설의 가능성이 줄어들 뿐만 아니라 직접 팽창식 증발기와 팽창밸브에 관련된 훨씬 많은 문제를 가지고 있다. 그림 10-29는 기존 냉동시스템과 Hill PHOENIX 사에서 설계된 '2차 냉매' 시스템의 차이를 나타내고 있다. 그림 10-30은 순환펌프가 있는 2차 냉동시스템의 칠러 부분의 사진이다. 그림 10-31은 슈퍼마켓 응용에서 작동하는데 필요한 물냉각 시스템의 온도가 얼마나 낮은가를 보여주고 있다. 그림 10-32는 냉각수를 위해 설치해 둔 증발기 사진이다. 그림 10-33은 제품 냉각에 사용되는 냉각수 팬(pan)을 갖춘 유제품 케이스를 나타낸다. 증발기 제상은 코일로 따뜻한 글리콜 수용액이 순환함으로써 효율적으로 이루어진다. 제상 용액은 기본적으로 냉동 배관의 토출증기에 의해 가열된다.

또 다른 신기술은 2차 냉매로 이산화탄소를 이용하는 것이다. 그림 10-34는 기본 냉매로서 R404A를 사용하고 2차 냉매로서는 이산화탄소를 사용하는 시스템 그림이다. HFC 냉매 보다 액체 이산화탄소는 케이스 그리고 대형 냉장고로부터 열을 제거하기 위해 상점 내를 순환한다. 코일에서 열을 흡수함으로써 액체 이산화소 일부가 기화한다. 액체와 기체의 혼합물은 분리기로 돌아온다. 이산화탄소 증기는 1차 냉매가 흐르는 캐스케이드 열교환기로 흘러간다. HFC R404A는 이산화탄소 기체와 액체가 기액분리기로 돌아가기 전에 이산화탄소 증기를 액으로 만들기 위해 사용된다.

또한 이산화탄소는 저온 냉동에서 기본 냉매로 사용된다. 기존의 R404A 시스템 배열은 2가지 기능을 한다. 중온도 케이스를 냉각하는 글리콜 수용액을 냉각하며, 이산화탄소 응축기의 냉각에 의해 저온 시스템의 상위 캐스케이드 역할을 한

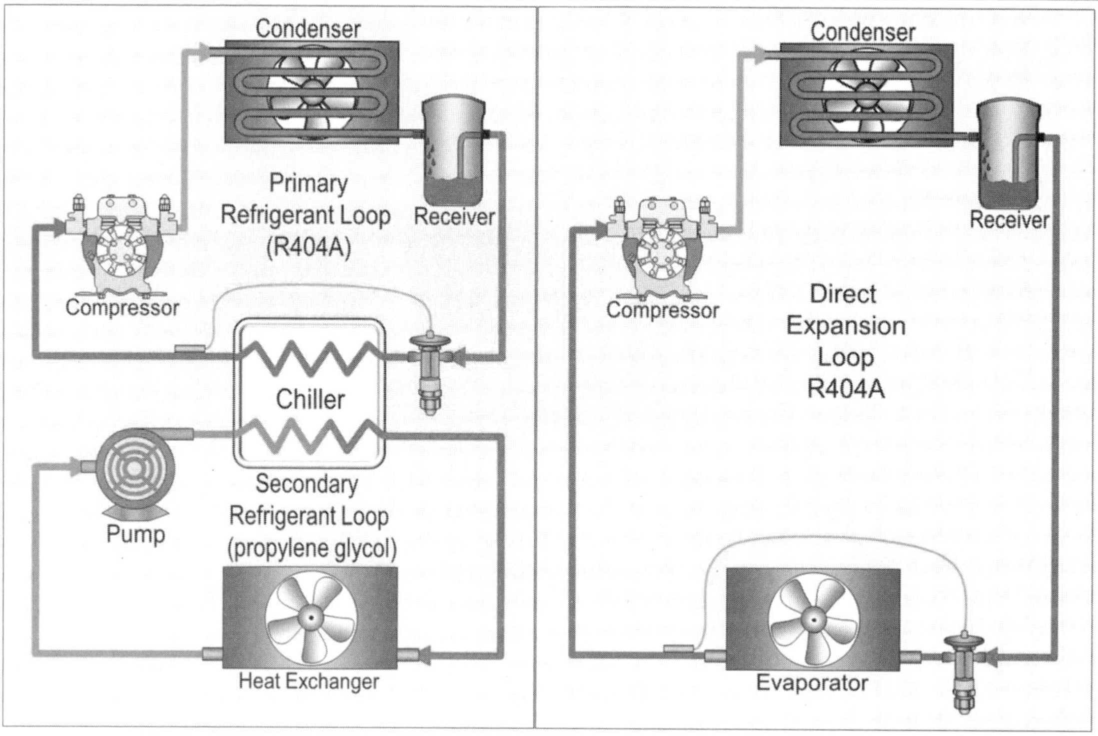

그림 10-29 Hill PHOENIX사의 2차 자연냉매 시스템(왼쪽), 기존 직접팽창식(DX) 시스템(오른쪽)

그림 10-30 칠러와 2차 냉매 시스템에 사용하는 순환펌프

그림 10-31 슈퍼마켓 냉동을 위한 글리콜 온도

그림 10-32 냉각수용 코일 배관

그림 10-33 냉각수 팬이 설치된 유제품 케이스

그림 10-34 CO_2를 2차 냉매로 사용하는 2차 자연냉매 시스템

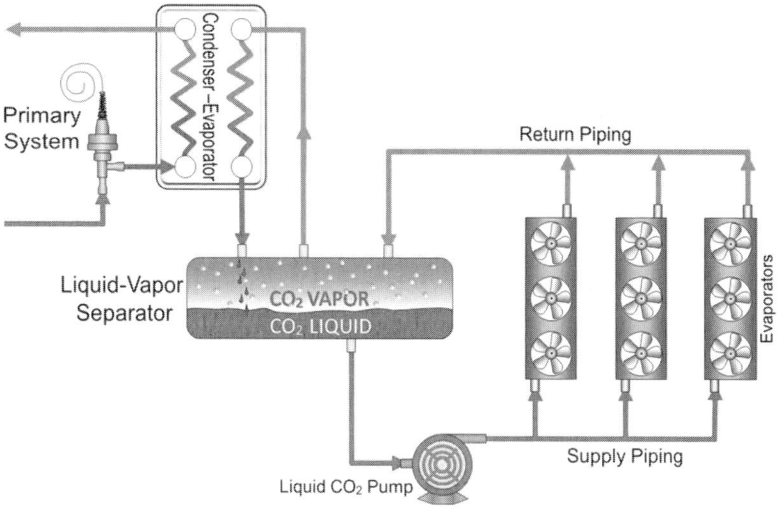

그림 10-35 캐스케이드 시스템에서 CO_2를 1차 냉매로 사용한 2차 자연냉매 시스템

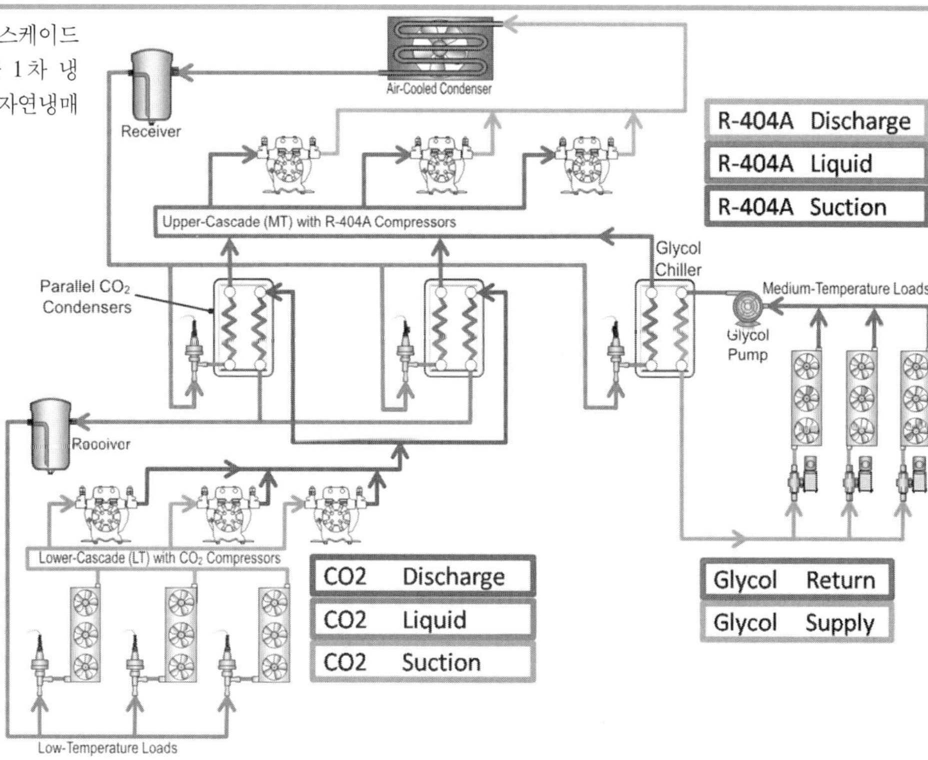

다. 그림 10-35는 캐스케이드 시스템의 저온부 기본 냉매로서 이산화탄소를 이용한 2차 냉매시스템을 나타낸 것이다.

요약

슈퍼마켓 냉동은 식품을 더 신선하게 오래 보관할 수 있도록 설계되어야 한다. 슈퍼마켓 냉동은 고객에게 상품을 더 매력적으로 보이게 할 수 있을 뿐만 아니라 식품 손상과 낭비를 감소시켜 제품 비용을 절감시킨다. 또한 설비는 최소 비용으로 유지되도록 효율적으로 작동하여야 한다. 이러한 목적을 달성하기 위해서 가장 효율적인 설비 디자인, 설치, 그리고 가능한 서비스 등을 담은 이 책에서 모든 냉동 원리를 논의하였다.

슈퍼마켓 냉동은 도전이고 전문화된 것이다. 이 장에서는 이런 형태의 작업에서 요구되는 교육과 전문화된 기술에 대하여 평가할 수 없다. 하지만 식품점 설비 설치, 서비스, 또는 유지관리에 대해서는 만족할 수가 있다.

신기술은 슈퍼마켓 냉동 산업을 변형시키고 있다. 이들 시스템이 항상 에너지 효율에 초점을 두고 설계되고 있지만, 슈퍼마켓 체인은 효율을 올리기 위해 새롭고 혁신적인 방법을 찾기 위해 더 적극적으로 변하고 있다. 더 나아가, 이 산업은 지구 온난화에 기인하는 HFC 냉매, 동(copper), 그리고 다른 제품들의 사용을 줄여 지구 환경에 대한 영향을 줄이는 데 최선을 다해야 한다. 슈퍼마켓 산업이 오늘날 하고 있는 것들이 가까운 장래에 상업용 냉동을 이용하는 다른 산업으로 확대될 것이다.

연 습 문 제(REVIEW QUESTIONS)

1. 육류상자의 적당한 온도는 얼마인가?
a. 36°F
b. 34°F
c. 28°F

2. 다음 중 평행 랙 시스템은 무엇인가?
a. 케이스 그룹의 냉각을 위해 냉매와 오일을 분배하는 다중 압축기 시스템
b. 서로 마주하기보다는 옆으로 정렬된 콘덴싱 유닛 그룹
c. 서로 평행하게 설치되고 냉동배관을 지지하는 랙

3. 평행 랙 시스템은 왜 슈퍼마켓 냉동에서 이용되는가?
a. 분리형 콘덴싱 유닛보다 설치하기가 쉽기 때문
b. 온도와 용량을 효과적으로 제어하고 분리형 콘덴싱 유닛보다 더 에너지 효율적이기 때문
c. 케이스가 많아서 압축기가 많이 필요하기 때문

4. 긴 배관일 경우, 랙 시스템에서 어떻게 압축기로 오일을 돌려보내는가?
a. 더 나은 오일회수를 위해 흡입배관보다 더 급격한 경사를 사용
b. 오일트랩으로서 더 많은 p 트랩을 사용하여 압축기로 오일회수
c. 압축기 랙을 떠나기 전에 오일을 잡기 위해 오일분리기 사용

5. 랙 압축기의 온과 오프는 무엇이 결정하는가?
a. 랙 상의 압력과 온도조절이 냉동부하를 점검하고 압축기를 사이클링한다.
b. 상점 직원이나 사람이 케이스 온도를 점검하고 압축기를 사이클링한다.
c. 시스템이 낮은 온도를 요구할 때 HPR 밸브는 응축기를 폐쇄한다.

6. 평행 랙 시스템에서 케이스 온도는 무엇으로 조절되는가?
a. EPR 밸브
b. HPR 밸브
c. CPR 밸브

7. 슈퍼마켓에서 EPR 밸브의 위치는 어디인가?
a. 각 케이스의 증발기 출구
b. 압축기 랙 흡입헤더
c. 지붕 위의 응축기

8. 제어기는 무엇이며 랙 시스템에서 어떻게 사용되는가?
a. 전자식 제어패널로 시스템의 작동을 조절하기 위해 사용된다.
b. 콘덴싱 유닛을 위한 온도조절기로 팬을 사이클링한다.
c. 밸브로 압축기로의 냉매흐름을 조절한다

9. 랙 시스템의 헤드압력 조정을 위해 어떠한 방법이 사용되는가?
a. 응축기 팬 사이클링
b. HPR 밸브를 이용하는 만액식 응축기

연습문제(REVIEW QUESTIONS)

c. 분리형 응축기
d. 위의 답 모두

10. 왜 슈퍼마켓에서 에너지 효율이 중요한가?
a. 환경보호국(EPA)이 슈퍼마켓의 활동을 감시한다.
b. 슈퍼마켓의 이윤폭은 단지 대략 1%이다.
c. 에너지효율이 좋은 장비만 제품을 제대로 냉장하여 유지할 것이다.

11. 슈퍼마켓 냉동시스템에서 에너지를 절약할 수 있는 8가지 방법은 무엇인가?

12. TEV의 모든 과냉각에 따라 증발기 용량이 어느 정도 증가하는가?
a. 0.5%
b. 1%
c. 5%

13. 대부분의 슈퍼마켓 냉동시스템에서 이용되는 최대 과냉각도는 얼마인가?
a. 15°F
b. 25°F
c. 45°F

14. 열재생이란 무엇인가?
a. 적당한 응축을 위해 냉매에 열을 주는 것
b. 건물이나 물을 가열하기 위해 고온가스에서 과열을 제거하는 것
c. 분리형 코일을 가진 응축기 밖으로 나오는 열

15. 상점 습도가 ___ 이상인 경우에, 냉장 케이스 작동에 악영향을 미치게 된다.
a. 50%
b. 60%
c. 70%

16. 적절한 공기조화기 크기와 더불어 상점의 습도를 유지하는데 냉동시스템은 어떻게 도움이 되는가?
a. 열재생 시스템에서 조절된 공기 재가열
b. 헤드압력을 유지하기 위해 응축기를 분리
c. 적당한 증발온도 유지를 위해 EPR 조정

17. 개방형 진열장 전시 케이스 내부에 어떻게 냉각된 공기가 머무는가?
a. 개방형 케이스 정면 아래로 흐르는 에어커튼이 외부의 공기가 케이스 내로 들어오는 것을 방지한다.
b. 열은 찬 쪽으로 흐르기 때문에 케이스 내에 찬 공기가 머문다.
c. 냉동에 많이 필요하기 때문에 케이스 내에 머물지 않는다.

18. 냉장 케이스에서 기류 문제의 일반적인 원인은 무엇인가?

19. 슈퍼마켓 장비의 정확한 설치가 왜 그렇게 중요한가?
a. 효율은 오직 좋은 설치에서만 파생되기 때문에
b. 대형 시스템 그리고 긴 배관 때문에 문제가

연습문제(REVIEW QUESTIONS)

더 많이 발생하고 문제를 해결하기가 더욱 어렵기 때문에

c. 슈퍼마켓을 서비스하기 위한 서비스 기술자가 한정되어 있기 때문에

20. 좋은 냉동설비 유지관리 프로그램은 식료품 상점 주인에게 어떻게 혜택을 주는가?

a. 정규 유지관리는 중요한 고장과 비상 서비스 호출을 방지할 수 있다.

b. 서비스 기술자는 주인이 원하는 것이 무엇인지 잘 알게 된다.

c. 손상된 제품과 비상 서비스에는 비용이 많이 든다.

d. 위의 답 모두

CHAPTER **11**

워크인 냉장고와 냉동고

개요

워크인 창고는 상업용 냉동에서 가장 매혹적인 제품 중 하나이다. 이들은 냉동시설 중 가장 크며, 소비자들의 운용에도 매우 중요하다. 워크인 창고로 인해 상점주들은 대량구매를 통하여 경비절약 및 상점 운영을 위한 상품의 충분한 확보가 가능하다.

이 장에서는 워크인 창고를 위한 냉동시스템 선택 방법을 소개하고, 창고와 냉동기의 설치법, 워크인 창고와 관련된 특별한 서비스 문제들을 제공할 것이다. 모든 문제해결과 마찬가지로, 이러한 시스템에서는 정확한 크기, 워크인 창고와 냉동시스템 설치 등의 기본적인 지식을 요구한다.

학습목표(OBJECTIVES)

이 장을 마치고 나면 아래와 같은 내용들을 알 수 있다.

- **워크인 창고의 유형과 크기**
- **워크인 창고 설치법**
- **워크인 창고 문의 유형과 조절장치**
- **워크인 창고의 응용**
- **시스템 구성요소 선택**
- **냉동 배관**
- **드레인 배관**
- **워크인 창고 문제의 해결**

워크인 창고의 유형과 크기

워크인 창고의 단열 패널은 일반적으로 두께가 4인치이며 특별한 잠금장치로 잠겨 있다(그림 11-1 참조). 대부분의 패널은 R33에 관한 단열값을 가진 폴리우레탄 폼(polyurethane foam)을 사용하며, 이는 10인치 유리섬유(fiberglass) 단열재의 값과 동일하다. 유리섬유와는 다르게, 밀폐 셀 구조의 폴리우레탄은 습기를 흡수하지 않기 때문에 워크인 창고의 수명 동안 단열성능을 그대로 유지한다. 패널은 R50 단열값을 가진 6인치 두께까지 사용할 수가 있으며, 특히 −10°F 이하의 저온 냉동고에도 적용할 수 있다. 단열재의 다른 형태인 폴리스티렌(polystyrene)은 몇몇의 워크인 창고 제작자들이 제안하고 있다.

워크인 창고는 크기와 온도 적용에 따라 구별된다. 크기는 길이, 폭, 높이 등의 외부 치수에 의해 주어진다. 길이 혹은 폭의 좁은 차원은 우선적으로 주어지며, 높이는 마지막이다. 온도 적용에 따라서는 냉장고(냉장실) 또는 냉동고이다.

예제: ❶ 워크인 냉동고의 크기는 10피트×12피트×8피트이다.

그림 11-1 발포된 벽의 워크인 패널 잠금장치(왼쪽), 나무 프레임의 잠금장치(오른쪽)

그림 11-2 워크인 패널 설치

워크인 냉동고 패널은 공장으로부터 운반되며 설치 기술자는 워크인 냉동고 구직 사이트에서 모집한다(그림 11-2 참조). 가장 작은 워크인 냉동고를 '스텝인(step-in)'이라고 한다. 일반적으로 그 크기는 4피트×4피트×6피트 정도이며 자가 냉동장치가 상부 패널 위에 설치되어 있다(그림 11-3 참조).

가장 큰 워크인 냉동고를 '냉장 건물' 또는 '냉장 창고'라고 한다. 이들은 제품을 적재하고 내리기 위하여 지게차가 내부에서 운전이 가능할 정도로 크다.

워크인 창고 설치법

워크인 창고를 설치할 바닥은 우선 편평해야 한다. 만약 바닥이 편평하지 않다면 워크인 창고가 정확하게 설치되지 못하고 또한 문이 잘 닫히지 않을 수가 있다.

워크인 냉장고의 바닥으로서는 단열된 바닥뿐 아니라 건물의 콘크리트 바닥을 사용할 수 있다(그림 11-4 참조). 건물의 바닥이 지면 위의 콘크리트로 되어 있다면 사용이 가능하다. 왜냐하면 슬래브 하부의 지면 온도가 항상 일정한 55°F이기 때문이다. 지면 온도와 35°F 냉장고의 작은 온도 차이는 추가적인 냉동능력을 요구하게 된다. 만약 콘크리트 바닥이 지면 위에 있지 않을 경우, 확보된 공간에 단열된 바닥 패널이 없는 워크인 냉장고 설치는 아주 심각한 문제를 일으킬 수 있다.

그림 11-3 스텝인 창고

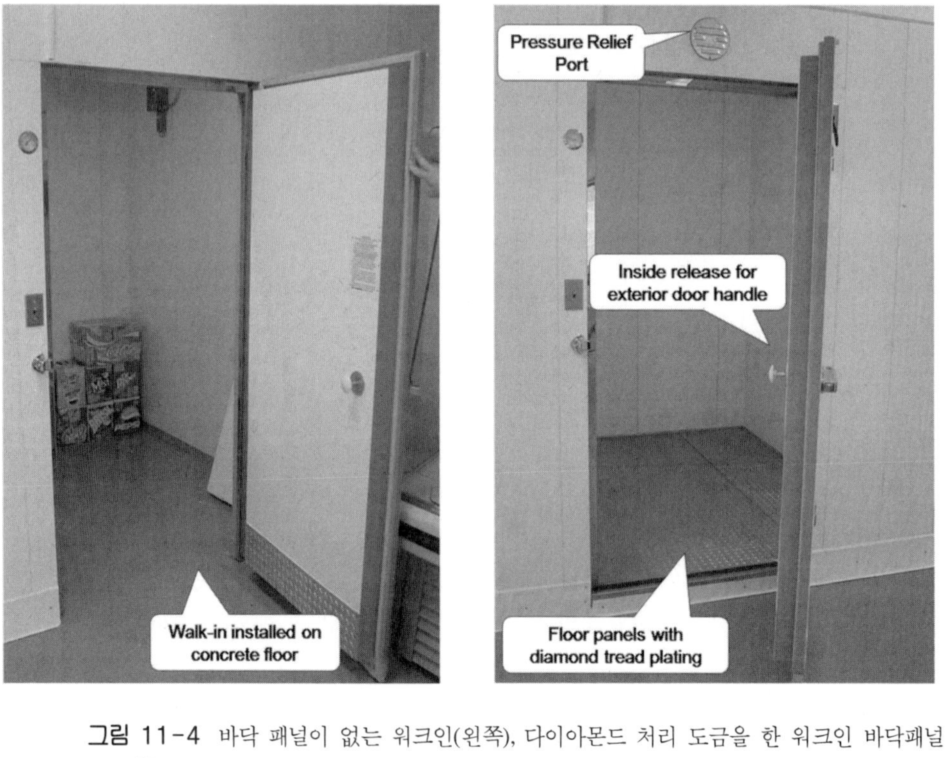

그림 11-4 바닥 패널이 없는 워크인(왼쪽), 다이아몬드 처리 도금을 한 워크인 바닥패널 (오른쪽)

예제: ❷ 레스토랑 주방이 주차장에 있다. 여름철 주차장의 온도는 80°F이다. 단열된 바닥이 없는 워크인 냉장고가 주방에 설치되어 있다. 주차장의 열은 냉동부하를 증가시키게 된다. 주차장의 천장이 차게 되면 응축수가 생겨 자동차에 떨어지게 된다. 만약 워크인 냉장고 하부가 주차장 대신 사무실 공간이라면 문제는 더욱 위험해질 수 있다.

워크인 냉동고는 지면 위의 콘크리트 바닥 위에 설치할 수 없다. 왜냐하면 콜드 창고의 온도가 슬래브 하부의 지면을 얼게 하기 때문이다. 동결된 지면은 팽창되어 상승하므로 슬래브 바닥을 파손시키게 된다. 모든 냉동고에는 단열된 바닥을 설치하든가 또는 콘크리트 바닥을 형성하기 전에 슬래브 하부에 단열층을 형성하여야만 한다.

만약 단열된 바닥 위를 무거운 운반차나 손수레가 자주 지나간다면, 바닥 위 패널은 곧 손상을 입게 된다. 이와 같은 현상은 바닥 패널로서 3/16인치 두께의 다이아몬드 알루미늄 격판 덮개를 설치함으로써 방지할 수 있다(그림 11-4 참조).

콘크리트 바닥은 거의 완벽한 수평이 없다. 그러므로 설치된 바닥 패널에는 창고 바닥의 완벽한 수평을 확보하기 위해 나무 또는 금속 끼움쇠를 사용해야 한다. 워크인 냉동고에 바닥 패널이 없는 경우, 콘크리트 기초에 설치된 수직 벽면 패널은 상자를 수평하게 유지하기 위하여 끼움쇠를 박아 메워야 할 것이다.

수평 기초의 중요성은 충분히 강조되지 않을 수가 없다. 수평에 대한 기초가 없으면 벽 및 천장 패널에는 함께 걸쇠를 사용할 수 없으며, 문틀은 맞추어지지 않을 것이다. 문은 워크인 냉동고에서 유일하게 움직이는 부분이기 때문에 가장 눈에 띄는 부분이다. 문이 제대로 닫히지 않거나 밀폐가 되지 않은 경우에는 사용자에게 지속적인 불만의 원천이 될 것이다.이러한 부정적인 영향은 냉동고를 설치한 회사 및 제조사에게도 미치게 된다.

워크인 냉동고 문의 유형 및 조절장치

대부분의 워크인 냉동고 문은 매립식(flush-mounted), 자동 폐쇄식(self-closing), 그리고 자동 밀봉식(self-sealing) 등이다. 매립식은 문이 닫힐 때 벽과 같은 깊이까지 닫히는 것을 의미하며, 자동 폐쇄식은 힌지에 의해 문이 움직이도록 되어 있다. 그리고 자동 밀봉식은 문이 닫힐 때 고내의 냉기를 유지하기 위해 개스킷이 프레임에 밀착되는 구조이다.

어떤 사람들은 워크인 냉동고에 갇히는 것을 매우 두려워한다. 그러나 문은 내부에서 해제할 수 있는 구조로 되어 있다. 이 안전장치는 내부에서 사람이 쉽게 문을 열 수 있도록 하며, 심지어는 문의 손잡이에 자물쇠가 걸려있어도 가능하다

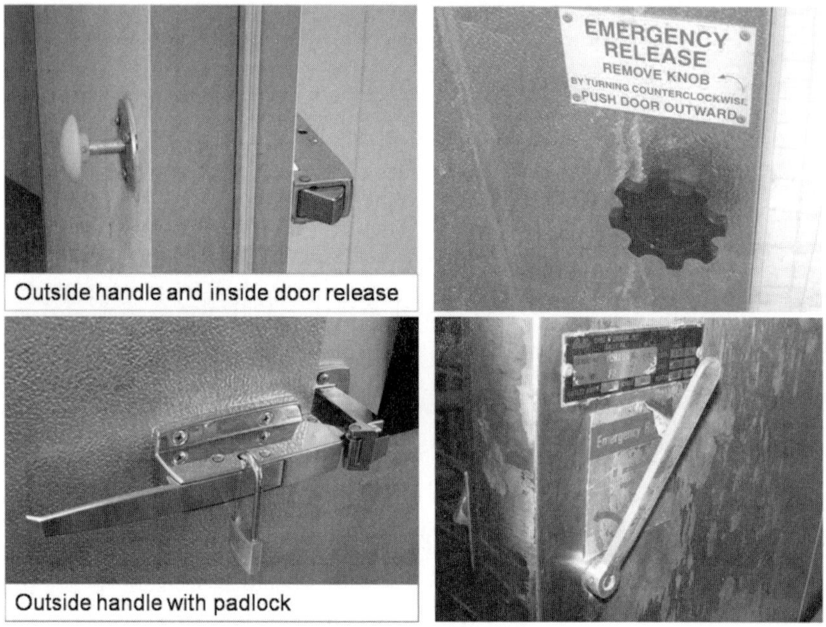

그림 11-5 비록 문이 잠겨 있을지라도 워크인 안에서 문을 열 수 있음

(그림 11-5 참조).

캠리프트 힌지(cam-lift hinge)는 문이 열릴 때 수직으로 문을 약 몇 인치 들어올린다. 문이 열릴 때 문의 무게와 힌지 삽입 캠의 각도에 연동되어 폐쇄지점으로 다시 회전하게 된다. 임의의 스프링식 힌지는 더 큰 압력으로 문을 확실하게 닫을 수가 있다(그림 11-6 참조).

서비스 문제는 냉동고 문이 완전하게 닫히지 않는 경우에 발생한다. 문이 약간 열려 있으면 냉동고 내부로 열이 침투하게 된다. 이러한 문제를 방지하기 위해 대부분의 문은 간단하게 '문 폐쇄기'라고 하는 장치에 의해 당겨질 수 있다(그림 11-6 참조). 이 장치는 문틀에 고정되어 있는 기계장치이다. 이 장치에는 훅(hook)을 사용하며, 또한 서로 맞물리게 하기 위해 스프링 또는 유압 피스톤이 사용된다. 그리고 문이 닫힐 때까지 돌아갈 때 완전하게 당겨 문을 닫게 한다.

대부분의 워크인 냉동고 개스킷은 금속성 문의 프레임을 끌어당기는 자기성질의 띠를 가지고 있다. 이 자석은 문을 닫아 유지하고, 외부의 열이 침투하지 못하도록 밀폐시키는 역할을 한다. 이러한 개스킷 유형은 가정용 냉장고에 사용된 것들과 유사하다.

문의 하부에는 문의 하부와 문턱 사이의 공간을 가리는 고무재질의 플랩이 있다. 이 개스킷을 '스윕 개스킷(sweep gasket)'이라 한다. 스윕 개스킷은 문의 폐쇄에 방해가 될 수 있으므로 너무 길어서는 안 된다. 기술자는 필요에 따라 개스킷을 적당하게 조정할 수가 있다. 대부분의 제조사는 개스킷의 바닥과 문턱 사이의 간

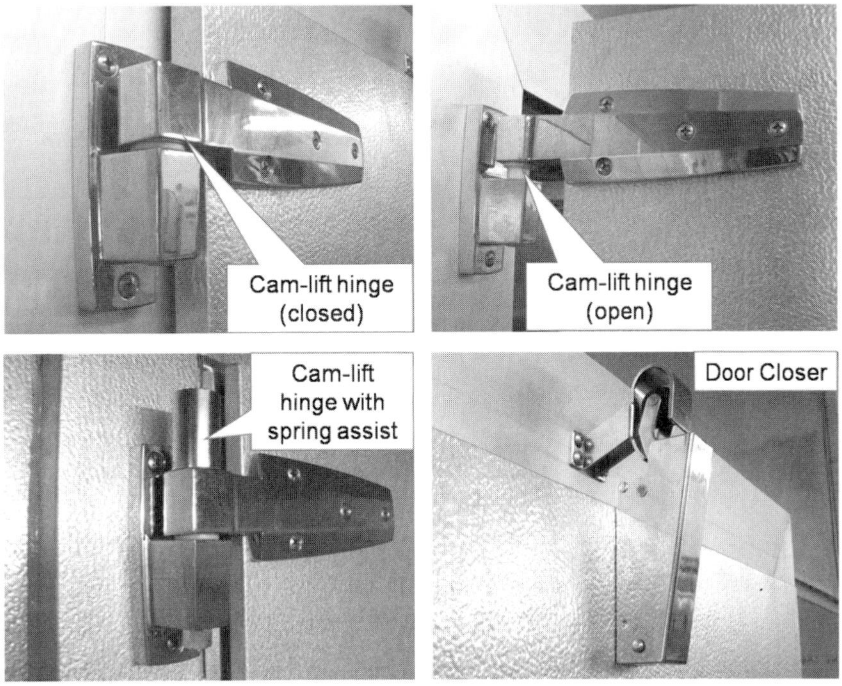

그림 11-6 도어 힌지와 잠금장치

극이 1/8 인치를 초과하지 않도록 한다.

모든 냉장고의 문틀에 사용되는 와이어 스트립 히터(wire strip heater)는 문이 닫혔을 때 프레임에 문이 어는 것을 방지하기 위하여 사용된다. 냉장고가 작동 중일 때, 이 히터는 문틀을 아주 따뜻하게 하는 것같이 보이지 않는다. 그러나 이 히터는 문이 닫혔을 때 문틀에 개스킷이 얼지 않을 정도의 적당한 일을 하고 있다.

만일 냉장고 문이 조금 열려 있는 경우에는 외부의 열이 저온의 냉장고 내부로 이동하게 된다. 공기 중의 습기는 문 및 프레임의 가열되지 않는 부분에서 얼게 되어 얼음이 쌓여 문을 닫는 데 방해가 된다. 기술자는 고객들에게 문틀에 얼음이 얼었는지 매일 체크하도록 지시해야 한다. 얼음이 생성되었다면 친절하게 제거해 주어야 한다. 얼음이 제거되기 전에 문을 강제적으로 닫을 경우에는 문, 프레임, 히터, 그리고 개스킷이 손상될 수 있다.

그림 11-7은 이전에 논의된 문 폐쇄기, 개스킷, 프레임 히터, 스윕 개스킷, 그리고 문턱을 포함하여 관련된 것들을 보여 준다. 추가적으로, 그림은 2방향 플랩 배열로 되어 있는 압력안전포트(PRP)를 보여 준다. 압력안전포트는 내부와 외부의 압력 차이를 동일하게 유지하는 역할을 한다. 이것이 중간 온도 정도의 유닛에서는 필요가 없지만 냉장고에는 설치되어야 한다.

그림 11-7 냉동고 문틀 측면

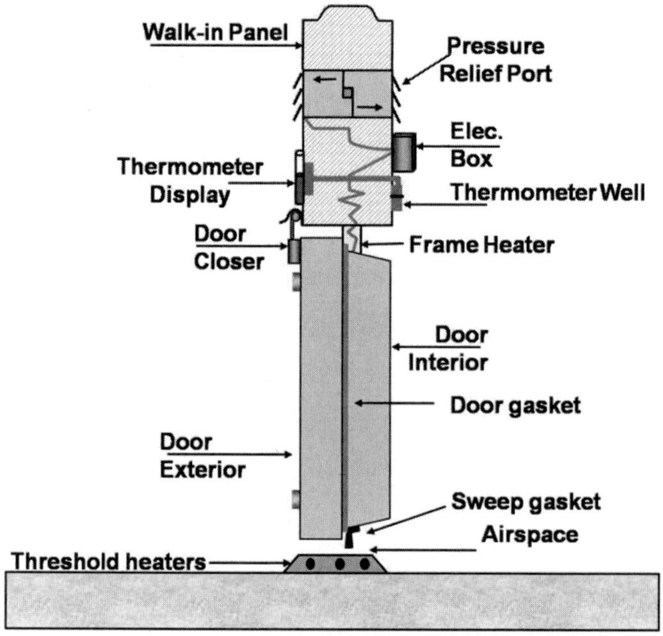

예제: ❸ 냉장고에 제상을 할 때, 증발기 캐비닛 내부의 온도는 50°F에서 고내 온도보다 따뜻한 70°F로 된다. 증발기가 차지하는 공간은 상대적으로 작은데, 특히 작은 고내에서는 따뜻한 공기의 팽창이 고내의 압력을 증가시키게 된다. 고내 압력의 증가는 냉장고의 문을 열 수 있을 만큼 충분한 힘을 가지고 있다. 만약 냉장고에 PRP가 있다면 내부 압력이 플랩을 밀어 열게 함으로써 내·외부의 압력이 균일하게 된다.

예제: ❹ 문이 열릴 때, 따뜻한 공기는 고내로 흐른다. 따뜻한 공기가 냉각됨에 따라 작은 공간을 차지하면서 진공이 형성된다. 누군가가 1분 이내에 문을 다시 열려고 할 경우, 이러한 미세한 진공이 문을 닫아 잡아당기므로 문을 여는 것은 매우 어렵다. PRP는 약간의 외부 공기를 유입하여 내부의 진공을 경감시키므로 압력이 균일하게 된다.

모든 제조사는 고내의 공기온도를 측정하는 온도계를 문틀 상부에 설치한다. 불행하게도 문이 열릴 때 외부의 공기가 고내 온도상승의 원인이 된다. 문을 닫은 후, 온도계가 실질적인 고내 온도를 감지하기 위해서는 적어도 10분 정도의 시간이 요구된다.

일부 기술자들은 온도계가 문을 열 때 보다 적게 영향을 받는다는 것을 이용한다. 그림 11-7은 '온도계 공간' 내부에 전구가 달린 온도계를 나타내고 있다. 이

그림 11-8 문틀의 수평 맞춤

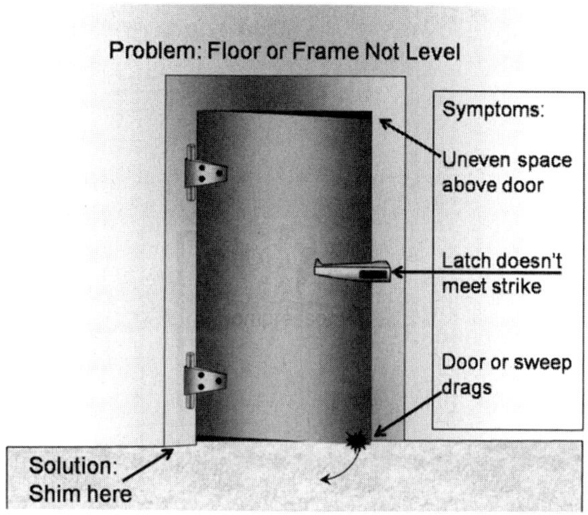

공간은 하부에 캡을 가진 1인치 동 또는 PVC 관으로 만든 6인치 부품이다. 관은 온도계 전구가 패널을 통해서 오는 고내의 안쪽 벽에 설치된다. 전구는 관의 내부에 삽입되며, 푸드그레이드 글리콜(food-grade glycol)로 덮인다. 이러한 설치작업은 문 개방에 기인하는 온도 요동을 방지하고 고내에 저장된 제품의 온도를 정확하게 측정하기 위한 것이다.

문이 제대로 밀폐되는 동안 문틀은 수평과 수직이 모두 맞아야 한다. 이것을 확인하기 위해 문틀의 상단을 통해 수평을 확인해야 한다. 만약 수평을 맞추는 것이 필요하면 문틀 자물쇠를 풀어 문틀 또는 바닥에 끼움쇠를 박아 메운다(그림 11-8 참조).

수직을 체크하기 위해서 문실주의 표면에 수준기를 수직으로 놓아 둔다. 조정이 필요한 경우에 패널의 고리를 풀고 프레임을 안으로 또는 밖으로 밀어야 한다. 비록 1/8 ~1/4인치 정도의 오차라도 문이 닫혔을 때 문의 기밀에 매우 큰 영향을 미치게 된다(그림 11-9 참조).

때때로 프레임이 가능한 수평과 수직으로 되어 있다 해도 문의 한쪽 모서리가 프레임으로부터 약간 밖으로 밀려 나올 수가 있다. 문제가 있는 모서리 반대 위치의 힌지 플레이트에 끼움쇠를 박아 메우면 문을 뒤틀리게 하므로 많은 것을 다시 조정해야 한다. 문 틀위에 설치되어 있는 힌지 플레이트의 하부에 얇은 금속 쐐기를 사용하며, 문 자체에는 사용하지 않는다. 그림 11-10에 나타내었듯이 문의 오른쪽 상단을 밀어 왼쪽 힌지의 하부에 쐐기를 박아 메운다.

워크인 창고 응용

냉동설비와 워크인 창고가 일치할 경우, 워크인의 응용을 아는 것은 중요하다. 즉

그림 11-9 문틀의 수직 맞춤

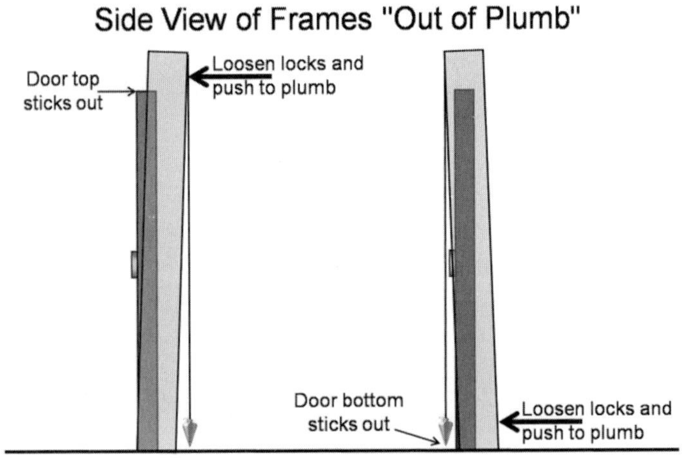

그림 11-10 비뚤어진 문에 대한 끼움쇠 힌지

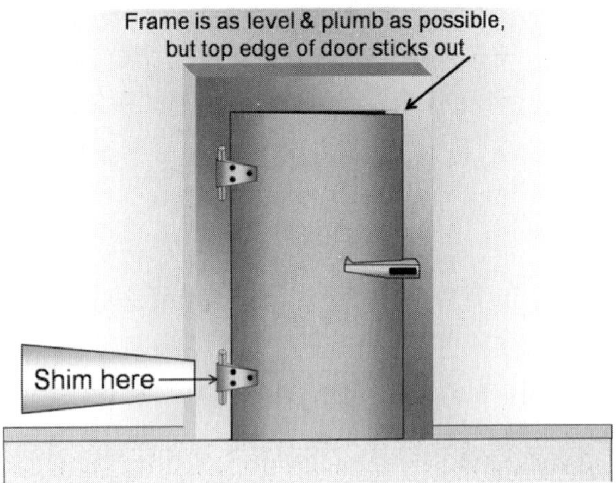

냉동고 또는 냉장고로 사용할 것인가? 이전에 저장된 냉동제품을 저장하는 곳이 필요한가? 제작된 워크인 냉동고가 무거운 하중을 받을 것인가? 따뜻한 제품의 온도를 낮추기 위해 사용될 것인가?

현재 거의 모든 워크인 냉장고의 고내 온도는 35°F 정도이다. 대부분의 워크인 냉동고는 −10°F 정도이다. 그러나 때때로 제조사는 이 시스템을 40°F 냉각기로서 혹은 0°F의 냉동고로 평가한다. 이러한 높은 고내 온도는 낮은 고내 온도보다도 적은 냉동마력을 요구한다. 만약 2명의 제조자가 제시한 동일한 크기의 워크인 냉장고의 냉동능력이 다르다면 그것은 고내 온도가 다르기 때문이다.

제조사가 창고의 물리적 치수에 근거한 냉동장비 크기를 결정할 수 있는 도표를 공급할 때, 워크인 냉동고는 '저장 전용(storage-only)'을 위해 정격이다. 저장 전용은 도표에 열거된 냉동 유닛이 창고 주위의 분위기 온도가 95°F를 넘지 않고, 시간당 2회 이상 문을 열지 않을 경우 고내 온도를 유지한다는 것을 의미한다. 그리고 냉장된 제품은 반드시 워크인 냉장고에 규정된 정격 온도와 유사한 온도 내에서 고내에 입고해야 한다.

다시 말해, 35°F의 워크인 냉장고는 창고로 들어가는 제품의 온도가 거의 35°F에 가까우면 상품을 35°F로 유지할 수가 있다. 이 조건에서 압축기는 하루에 16시간 이상 가동할 필요가 없다.

참고: 16시간의 가동시간은 예비용량의 허용을 보이는 것 같다. 그러나 냉장고는 단속 운전 제상이 필요하다. 예를 들면 가동시간 10분, 단속 운전 5분의 사이클에는 하루 16시간의 총 가동시간이 필요하다.

그림 11-11은 워크인 설비의 크기를 정하는 표이다. 워크인을 위해 이 장에서 만들어진 표는 콘덴싱 유닛 그리고 다음 절에서 사용될 증발기 표이다. Btuh 부하는 실질적으로 공장 등급에 가깝다. 그러나 수치들은 예제의 풀이와 계산을 쉽게 하기 위하여 조정되었다.

올바른 작동을 위한 시스템 구성요소 선택

8피트×12피트×8피트 크기의 워크인 35°F 냉장고를 위해 필요한 냉각부하를 그림 11-11에서 나타내었다. 다음으로, 필요한 용량을 제공할 수 있는 콘덴싱 유닛은 그림 11-12를 보면 결정할 수 있나. 그리고 그림 11-14로부터 콘덴싱 유닛에 알맞은 증발기를 선택한다.

예제: ❺ 8피트×12피트×8피트 크기의 35°F 냉장고에는 8,000 Btuh의 냉동열량이 요구된다(그림 11-11 참조). 1마력 크기의 중온 콘덴싱 유닛 모델 MT-100은

그림 11-11 저장 전용 워크인 창고 냉동설비 크기 선정 표

WALK-IN BOX EQUIPMENT SIZING		
Box Dimensions	35° Box (25° Evap) Btuh Load	−10° Box (−20° Evap) Btuh Load
8′ x 8′x 8′	6,000	6,000
8′ x 12′ x 8′	8,000	8,000
8′ x 20′ x 8′	12,000	12,000
8′ x 28′ x 8′	16,000	16,000

그림 11-12 중온 콘덴싱 유닛 표

Medium Temperature Condensing Units @ 25° Suction Temperature		
Unit Model	**Horsepower**	**Btuh**
MT-075	3/4	6,000
MT-100	1	8,000
MT-150	1 1/2	12,000
MT-200	2	16,000
MT-300	3	24,000

그림 11-13 저온 콘덴싱 유닛 표

Low Temperature Condensing Units			
Unit Model	**Horsepower**	**Btuh @ −10° Suction**	**Btuh @ −20° Suction**
LT-075	3/4	4,000	3,000
LT-100	1	5,000	4,000
LT-150	1 1/2	7,500	6,000
LT-200	2	10,000	8,000
LT-300	3	15,000	12,000
LT-400	4	20,000	16,000

25°F 흡입온도(그림 11-12 참조)에서 8,000 Btuh를 제공한다. MEV-080 증발기(그림 11-14 참조)는 정확하게 8,000 Btuh 열량을 내는 MT-100 유닛과 일치한다.

그림 11-14 냉장고 및 냉동고를 위한 증발기 용량 선정표

EVAPORATORS			
Medium Temp. 25° Evap. @ 10° TD		**Low Temperature −20° Evap. @ 10° TD**	
Model	**Btuh**	**Model**	**Btuh**
MEV-040	4,000	LEV-040	4,000
MEV-060	6,000	LEV-060	6,000
MEV-080	8,000	LEV-080	8,000
MEV-100	10,000	LEV-100	10,000
MEV-120	12,000	LEV-120	12,000
MEV-140	14,000	LEV-140	14,000
MEV-160	16,000	LEV-160	16,000
MEV-180	18,000	LEV-180	18,000
MEV-200	20,000	LEV-200	20,000
MEV-220	22,000	LEV-220	22,000

8 피트×12 피트×8 피트 크기의 워크인 냉장고인 경우에도 역시 8,000 Buth의 열량이 요구된다. 그러나, 이 경우에는 중온의 유닛 대신에 저온의 콘덴싱 유닛이 필요하다.

기술자의 경험법칙(T.R.O.T)

Btuh에 대한 알맞은 압축기 마력

- 1 hp=12,000 Btuh 에어컨
  (실내온도 75°F, 증발온도 40°F, 10 SEER 이하)
- 1 hp=8,000 Btuh 중간 온도 냉동
  (고내온도 35°F, 흡입온도 25°F, 주위온도 95°F)
- 1 hp=4,000 Btuh 저온 온도 냉동
  (고내온도 −10°F, 흡입온도 −20°F, 주위온도 95°F)

예제: ❶ 8피트×28피트×8피트 크기의 워크인 냉장고는 약 16,000 Btuh 열량이 요구된다. TROT를 기준으로 하면 워크인 냉장고는 약 2 hp의 콘덴싱 유닛(16,000÷8,000=2 hp)이 필요하다. 그러나 −10°F 냉동고인 경우에는 약 4 hp의 저온 유닛(16,000÷4,000=4 hp)이 필요하게 된다.

참고: 이 값들은 근사값이므로 정확하게 하려면 제조사 사양을 사용하면 된다.

예제: ❻ 그림 11-13에 있는 표에 따라 저온의 2 hp 콘덴싱 유닛 LT-200은 220°F의 흡입온도에서 필요한 8,000 Btuh의 열량을 제공할 것이다. 이 시스템에는 그림 11-14에 있는 저온 증발기 LEV-080이 적합할 것이다.

위에 나온 2개의 예제는 저장 전용을 위해 사용하는 워크인 냉장고의 크기에 적합한 냉동설비의 기초를 보여 준다. 다음은 공정의 개요이다.

1. 워크인 창고에 요구되는 열량(Btuh) 결정
2. 어떠한 콘덴싱 유닛이 요구되는 열량(Btuh)을 제공하는지 결정
3. 콘덴싱 유닛과 동일한 열량(Btuh)을 갖는 증발기 결정

참고: 대부분의 워크인 냉장고는 10°F의 온도차에서 작동한다. 그러므로 흡입온도(증발온도)가 고내온도보다 10°F 아래에서 작동되는 장비를 선택한다.

앞의 예제에서 −10°F 워크인 냉동고 콘덴싱 유닛에 해당하는 수치는 그림 11-13의 '−20°F 흡입온도 Btuh' 컬럼에서 선택되어야 했다. 만일 −10°F 열에서

잘못 선택한 경우 LT-150 콘덴싱 유닛은 −10°F 흡입온도에서 7,500 Btuh를 생산하지만, −20°F의 흡입온도에서는 단지 6,000 Btuh 정도이다. LT-150 냉동시스템은 8피트×12피트×8피트 크기의 냉동고 고내온도를 −10°F로 유지하기 위해 −20°F 흡입온도에서 요구되는 8,000 Btuh 부하를 처리하지 못한다.

Btuh와 압축기 마력

콘덴싱 유닛은 Btuh 용량과 정격마력을 가지고 있다. 주어진 마력에 따라 Btuh 용량은 콘덴싱 유닛에 사용되는 압축기 형식 및 응축기 크기에 따라서 변화된다. 그러므로 제작사의 설명서에는 동일한 마력의 유닛을 위한 다양한 사양이 제공되고 있다. 그러나 제조사의 설명서 없이 일을 할 경우에는 콘덴싱 유닛 용량 결정을 위한 경험이 매우 유용하다.

콘덴싱 유닛과 증발기 매칭

2장에서 증발기에 대하여 설명한 대로 표준적으로 10°F 온도차 시스템은 과일, 채소 및 유사한 식품이 건조되는 것을 방지하는 데 필요한 고습도(상대습도 85%, 또는 RH)에 관련되는 대부분의 식품 서비스 응용에 좋다. 10°F 온도차 상업용 냉동 시스템은 간단하게 콘덴싱 유닛의 Btuh에 맞는 증발기를 선택함으로써 얻어진다. 16,000 Btuh 콘덴싱 유닛에는 10°F 온도차 시스템을 유지할 수 있는 16,000 Btuh 증발기를 사용한다. 다음은 시스템 온도차를 산출하기 위한 공식이다.

시스템 온도차 = 콘덴싱 유닛 용량 ÷ 증발기 용량(1°F 온도차에서)

참고: 대부분의 증발기 용량은 10°F 온도차에서 산정된다. 그러므로 1°F 온도차는 원래 용량의 10%이다.

예제: ❼ 16,000 Btuh의 용량을 갖는 콘덴싱 유닛에는 10°F 온도차에서 16,000 Btuh 용량의 증발기가 일치한다 (또는 1°F 온도차에서 1,600 Btuh)

16,000 ÷ 1,600 = 10°F 시스템 온도차(대략 85% RH를 유지)

만약 콘덴싱 유닛과 증발기의 용량이 서로 다를 경우 고내 온도와 습도는 어떻게 변화할 것인가?

예제: ❽ 콘덴싱 유닛 용량이 16,000 Btuh이고 증발기 용량이 10,000 Btuh이다.

16,000 ÷ 1,000 = 16°F 시스템 온도차(대략 75% RH를 유지)

시스템 온도차는 더욱 커지고 증발기는 더 차게 된다. 코일 표면은 더 차게 되고 대부분의 습기는 증발기에서 응축되어 공간에서 제거되므로 습도는 내려간다. 16°F 온도차는 비포장 육류, 채소 및 다른 제품을 완전히 건조시킬 수 있다. 그러나 포장된 물품 그리고 병에 대한 문제는 없다. 만약 이와 유사한 문제가 생긴다면 이것은 워크인 냉동고에서 이용할 수 있는 공간이 증발기의 크기를 제한하기 때문에 의도적일지도 모른다. 사실상 캐비닛에서의 공간 부족이 작은 증발기를 요구하기 때문에 리치인(reach-in)에서는 일반적으로 15~20°F 온도차 시스템을 사용한다.

작은 증발기를 사용하여 설비비용을 줄일 수 있지만, 또한 종합 시스템 Btuh 용량을 감소시키게 된다. 시스템 용량은 다음 절에서 제시된다.

시스템 온도차가 작은 경우에는 증발온도가 더 높다. 증발기에서 응축되는 습기가 줄어들어 고내의 습도는 낮아지게 된다. 높은 습도는 워크인 냉장고에서 꽃과 생고기에 중요하다. 추가적으로 낮은 기류 증발기는 민감한 꽃이 손상되거나 고기 표면이 어둡게 되는 것을 막기 위해 자주 사용한다.

예제: ❾ 콘덴싱 유닛 용량은 16,000 Btuh, 증발기 용량은 20,000 Btuh이다.

16,000÷2,000=8°F 시스템 온도차(대략 90% RH를 유지)

콘덴싱 유닛과 증발기 매칭에 근거한 시스템 용량

전체 시스템 용량은 콘덴싱 유닛이 증발기에 얼마나 잘 어울리는가에 따라 결정된다. 시스템 용량은 증발기 용량이 콘덴싱 유닛 용량보다 작거나 동등하기만 하면 두 구성요소의 평균이다. 다음은 시스템 용량을 계산하는 공식이다.

시스템 용량=(콘덴싱 유닛 용량+증발기 용량)÷2

예제: ❿ 콘덴싱 유닛 용량은 16,000 Btuh이고 증발기 용량은 16,000 Btuh이다.

시스템 용량=(16,000+16,000)÷2=32,000÷2=16,000(Btuh)

예제: ⓫ 콘덴싱 유닛 용량은 16,000 Btuh이고 증발기 용량은 10,000 Btuh이다.

시스템 용량=(16,000+10,000)÷2=26,000÷2=13,000 Btuh

이러한 예제는 작은 증발기가 전체 시스템 용량에 어떻게 영향을 미치는가를 보여 준다.

두 구성요소 평균에 의해 전체 시스템 용량이 결정되는 데는 예외가 있다. 이러한 예외는 증발기 용량이 콘덴싱 유닛의 용량보다 클 경우이다.

예제: ⑫ 콘덴싱 유닛 용량은 16,000 Btuh이고 증발기 용량은 20,000 Btuh이다.

위의 예제와 같이 증발기가 콘덴싱 유닛보다 클 경우, 시스템 용량은 기본적으로 콘덴싱 유닛 용량 16,000 Btuh에 따라 제한된다. 그 이유는 증발기가 콘덴싱 유닛이 방출하는 것 보다 더 많은 열을 흡수할 수 없기 때문이다.

증발기와 온도자동팽창밸브(TEV)

5장에서 TEV의 용량은 밸브의 압력강하 그리고 밸브로 유입되는 냉매액 온도에 의존한다는 것을 서술하였다. 예상되는 작동 조건에 근거한 TEV의 용량을 결정하기 위해서는 제조사의 표를 이용한다. 설치되는 증발기의 Btuh에 가장 가까운 용량의 밸브를 선정하면 된다.

참고: 증발기에 대한 TEV의 크기는 오직 아래의 조건 하에서만 정확하다.

1. 증발기 용량 및 콘덴싱 유닛이 동일 용량일 때
2. 중온도 적용을 위한 경우(냉동고는 나중에 토론될 것임)

공칭 톤 수량(용량은 밸브에 인쇄됨)에 의한 선택은 중온 냉동기에 대한 용량표에 가깝다. 예를 들면 공칭 1톤 TEV는 약 12,000 Btuh의 냉동능력을 제공한다.

예제: ⑬ 증발기 용량은 12,000 Btuh, TEV 용량은 1톤이어야 한다.

예제: ⑭ 증발기 용량은 9,000 Btuh, TEV 용량은 3/4톤이어야 한다.

기술자의 경험법칙(T.R.O.T)

밸브 용량 사이일 때 더 큰 용량의 TEV를 선택하라.

예제: ⑮ 증발기 용량은 9,000 Btuh, TEV는 1/2톤(6,000 Btuh)과 1톤(12,000 Btuh) 사이에 있다. 어느 것을 선택할 것인가?

용량이 1/2톤 밸브는 특히 기동 혹은 고온 풀다운 시에는 증발기에 불충분할 수 있다. 하지만, 용량이 1톤 밸브는 충분한 냉매를 제공하고 또한 압축기로의 플러딩이 없다. 팽창밸브는 용량이 약간 크다 해도 과열도를 적당하게 유지할 수 있도록 디자인 되어있다.

특수한 TEV의 크기 결정

저온 시스템을 위한 TEV의 적당한 크기는 제조사 표를 이용하여 선정한다. 예를 들면 F 유형의 Sporlan 밸브는 20°F 증발온도에서는 2톤(24,000 Btuh)의 용량을 가지며, −20°F 증발온도에서는 단지 1.68톤의 용량을 가진다. 그러므로 다음 단계의 크기는 동일한 저온조건에서 2.10톤의 충분한 용량을 제공할 수 있는 3톤이다.

TEV 크기 선정은 콘덴싱 유닛과 증발기 용량이 맞추어져 있는 중온 시스템에서 쉽다. 그러나 증발기 용량은 TEV 톤수를 공급하고 증발기 출구에 연결되는 콘덴싱 유닛 크기의 기본적인 기능이다. 앞부분에서 시스템 온도차는 콘덴싱 유닛 용량을 1°F 온도차의 증발기 용량으로 나눈 값이라고 설명하였다. 예를 들면 10°F 온도차의 증발기 용량 12,000 Btuh는 1°F 온도차에서는 1,200 Btuh 용량이다. 온도차가 증가되는 만큼 용량은 증가하게 된다. 증발기의 예를 들면 10°F 온도차에서는 12,000 Btuh, 20°F에서는 24,000 Btuh, 30°F에서는 36,000 Btuh 등의 용량을 제공한다.

소비자가 24,000 Btuh의 부하를 처리할 수 있는 35°F 워크인 냉장고를 원한다. 그리고 10°F 온도차 시스템의 85% 습도보다 낮은 최대 65% 습도의 건조실을 원한다. 20°F 온도차 시스템은 소비자에게 약 65%의 습도를 제공할 수 있지만, 우리가 사용할 수 있는 증발기의 크기는 얼마인가? 이 장의 앞부분에서 우리는 아래의 식에 의해 시스템 온도차를 계산하였다.

콘덴싱 유닛 용량 ÷ 1°F 온도차에서의 증발기 용량＝시스템 온도차

우리는 증발기 크기를 산정하기 위해 동일한 식을 이용할 수 있다.

콘덴싱 유닛 용량 ÷ 시스템 온도차＝1°F 온도차에서의 증발기 용량
24,000 Btuh ÷ 20°F 온도차＝1°F 온도차에서 1,200 Btuh＝10°F 온도차에서
12,000 Btuh ＝20°F 온도차에서 24,000 Btuh

증발기가 24,000 Btuh를 처리하므로 2톤 용량의 TEV가 공급될 필요가 있다. 더불어 고내 온도를 35°F(20°F 온도차)보다 낮은 20°F로 유지하기 위하여 증발온도 15°F에서 24,000 Btuh의 용량을 처리할 수 있는 콘덴싱 유닛이 필요하다. 이것은 왜 TEV가 증발기에 불일치되는가를 나타내는 하나의 예이지만, 실질적으로는 완벽하게 정확하다. 이것은 역시 몇몇의 기술자가 TEV는 콘덴싱 유닛 용량에 의해 결정된다는 것을 믿고 있다는 것을 보여 준다.

시스템 용량과 TEV 크기 결정의 또 다른 방법은 '3:1 법칙'이다. 이 방법은 콘덴싱 유닛 용량에 증발기 용량을 더한 값의 평균이다. 그러나 이것은 콘덴싱 유닛 용량을 3배로 할 것을 강조한나.

먼저, 콘덴싱 유닛 용량을 3배로 하고 이 값에 시스템 온도차에서의 증발기

용량을 더하고 마지막으로 4로 나누어 평균값을 구한다. 앞의 예제에서 방정식은 다음과 같이 될 것이다.

[(콘덴싱 유닛 용량×3)+시스템 온도차에서의 증발기 용량] ÷ 4=TEV 용량
[(24,000×3)+24,000] ÷ 4=24,000 Btuh

고내 온도가 35°F인 제품을 주문받았다고 가정하면, 콘덴싱 유닛은 10°F 온도차를 의미하는 흡입온도 25°F에서 작동되어야 한다. 증발기는 10°F 온도차에서 원래 12,000 Btuh 용량이며, 높은 흡입온도에서 콘덴싱 유닛 용량은 20,000 Btuh이다.

'3:1 법칙' 을 적용하면 다음과 같다

[(20,000×3)+12,000] ÷ 4=18,000 Btuh (TEV 용량)

'3:1 법칙 '은 현장에서 잘 작동하더라도 정확한 방법은 아니다. 워크인 창고 그리고 팽창밸브 제조사는 적용을 위한 정확한 TEV를 선정하기 위하여 표를 이용한다. 이러한 표는 콘덴싱 유닛 그리고 증발기 성능 데이터를 기초로 하여 시스템 전체 용량에 대하여 나타낸 것이다. 콘덴싱 유닛과 증발기가 정확하게 어울리지 않을 경우에는 시스템의 팽창밸브 크기에 대하여 제조사와 언제든지 상담하는 것이 좋다.

생산 또는 풀다운, 창고

저장용 창고는 이전에 거의 동일한 온도에서 냉장된 제품을 유지하기 위하여 디자인된다. 생산 또는 풀다운, 창고는 일정 시간 내에 특별한 제품의 온도를 감소시키는 데 이용된다. 따뜻한 제품, 빠른 풀다운 시간, 그리고 다른 요소들 때문에 냉동설비는 저장 전용 창고와는 다르다. 이러한 시스템을 위한 설비 크기 선정은 워크인 냉동고 제조 응용 엔지니어에 의해 수행되어야 한다. 그들은 특별한 요구조건에 근거를 둔 냉동부하 계산에 대한 경험을 가지고 있다.

전술한 양식은 유리문을 가진 35°F 편의점 냉각기(cooler)를 위한 부하계산 예제이다. 부가적으로 단열이 되지 않은 콘크리트 바닥 부하계산 그리고 고내보다 높은 온도로 유입되는 소다, 유제품에 대한 부하계산이 필요하다. 이 양식은 냉동설비 제조사인 Heatcraft에서 사용되는 것 중 하나이다.

그림 11-11의 크기 선정 표를 근거로 하여 35°F 저장 전용 8피트×28피트 워크인 냉장고는 약 2 hp 유닛의 16,000 Btuh 냉동 시스템이 필요하다. 하지만 그림 11-15에서 동일한 크기의 창고는 저장 전용 유닛에는 없는 몇 가지의 부가적인 부하를 가지게 된다. 각 부하계산에 대하여 특별히 하지 않고, 바닥, 제품 부하, 그리고 창문 부하에 워크인 냉동설비에 요구되는 16,000 Btuh를 더하는 것이 중요한 포인트이다. 그러므로 동일 크기의 워크인 냉동고를 냉각하기 위해서는 32,000

Refrigeration Load Estimate Form (adapted from Heatcraft, Inc.)

35° Convenience Store Cooler with Glass Doors

Basis for Estimate

Room Dimensions: Width 8 ft. x Length 28 ft. x Height 8 ft. Volume: 1792 cubic feet
Ambient Temp. 85 °F. (corrected for sun load) - Room Temp. 35 °F. = 50 °F. T.D.
Insulation: CEILING 4" Styrene WALLS 4" Styrene FLOOR 6" Concrete

Product Load

(a) 2000 lbs./day of Soda to be reduced from entering temp. of 85 °F. to 35 °F. Temp. Drop 50 °F
(b) 200 lbs./day of Dairy to be reduced from entering temp. of 40 °F. to 35 °F. Temp. Drop 5 °F

Miscellaneous

Fan motors 0.2 HP Ground Temp. 60 Lights (1 watt/sq. ft.) 224 Watts No. of people ____

1. Transmission Loads

Ceiling: (L)	28	x (W)	8	x Heat Load	72	(Table 1)	= 16128
North Wall: (L)	28	x (H)	8	x Heat Load	72	(Table 1)	= 16128
South Wall: (L)	28	x (H)	8	x Heat Load	72	(Table 1)	= 16128
East Wall: (W)	8	x (H)	8	x Heat Load	72	(Table 1)	= 4608
West Wall: (W)	8	x (H)	8	x Heat Load	72	(Table 1)	= 4608
Floor: (L)	28	x (W)	8	x Heat Load	125	(Table 1)	= 28000

2. Air Change Load

Volume: 1792 cu ft. x 19.5 Factor (Table 4) x 1.86 Factor (Table 6) = 64996

3. Additional Loads

Electrical Motors: 0.2 HP x 75000 BTU/HP/24 hr. = 15000
Electrical Lights: 224 Watts x 82 = 18368
People Load: ____ People x ____ BTU/24 hrs. (Table 12) = ____
Glass Door Load: 10 Doors x 19200 BTU/Door/24 hr. = 192000

4. Product Load: Sensible (Product Load Figured @ 24 hr. Pulldown)*

(a) 2000 lbs./day x 0.9 Spec. Heat (Table 7) x 50 °F Temp. Drop = 90000
(b) 200 lbs./day x 0.7 Spec. Heat (Table 7) x 5 °F Temp. Drop = 700
*For product pulldown time other than 24 hrs. figure 24 hr. load x (24/Pulldown Time)

5. Product Load: Respiration

____ lbs. stored x ____ BTU/lb./24 hrs. (Table 8) = ____

Total Refrigeration Load (1+ 2 + 3 + 4 + 5) BTU./24 hrs.	466664
Add 10% Safety Factor	46666
Total with Safety Factor BTU./24 hrs.	513330
Divide by No. of Operating Hrs. (16) to obtain BTUH Cooling Requirement	**32,083**

그림 11-15 워크인 부하계산 양식

Btuh 또는 4 hp 냉동시스템이 요구된다.

응용 엔지니어가 제안된 워크인 냉동고를 위한 적절한 제품 부하를 산정하기 위해서는 아래와 같은 정보가 필요할 것이다.

1. 제품의 종류(예: 유제품, 육류, 채소 등)
2. 제품의 양
3. 제품의 입고온도
4. 가동시간(표준 24시간)

냉동배관

일단 냉동시스템이 선정되면, 콘덴싱 유닛과 증발기 사이의 흡입관과 액관의 적절한 크기를 결정한다. 냉동배관에 있어서 기본적인 관심사항은 다음과 같다. 압력강하를 최소한으로 억제할 것, 흡입라인에서 오일이 고이는 것을 방지할 것, 압축기로의 원활한 오일 리턴, 그리고 주위의 열이나 습기로 인해 생기는 손상 등이 없도록 흡입라인을 확실하게 할 것 등이다.

다음은 적절한 냉동배관을 위한 몇 가지 규칙이다.

참고: 항상 제조사의 권고를 받아들이라. 하지만, 아래의 기본적인 지침은 시스템 용량 3 hp까지 유효하다.

사실 확인 #1

가끔은 제조사의 표가 유용하지 않을 수도 있고 TEV 크기를 밸브의 공칭 톤수만 기준으로 삼아서 선정해야 할 때가 있다. 다음 예제는 TEV와 증발기 용량을 적절하게 선택하는 방법을 보여 준다.

1. 흡입 및 액라인의 크기 선정을 위해 배관 표를 이용한다(그림 11-16 참조).
2. 아래의 2가지 방법 중 하나를 선택하여 배관의 **상당길이**(equivalent length)를 결정한다.
   a. 배관길이에는 피팅 1개당 3피트를 더한다.
   b. 배관길이에는 1.5를 곱한다(빠른 방법).
3. 흡입라인의 기울기는 냉매흐름의 방향으로 1피트당 1/16인치 하향 기울기로 한다. (이것은 보수적인 수치이다. 대부분의 제조사는 수평방향으로 20피트마다 1/2인치와 1인치 사이의 기울기를 추천한다.)
4. 증발기에서 흡입라인의 트랩은 압축기가 증발기보다 3피트 높을 때 사용한다.
5. 압축기가 증발기 위에 있을 때 수직배관은 20피트마다 흡입라인 트랩을 한다.
6. 수직 흡입라인의 상부에 역 P 트랩을 설치한다.
7. 중온도의 흡입라인은 1/2인치 두께의 배관 단열을 하고, 저온 흡입라인은 1인치 두께의 배관 단열을 한다.

콘덴싱 유닛이 지붕 위에 있을 때 종종 큰 오일 트랩의 배관이 된다. 그림 11-17의 점선은 이러한 일이 어떻게 생기는가를 나타내고 있다. S자형의 지붕 배관을

REFRIGERATION PIPE SIZING CHART

R134a R401A (MP39) R12 MEDIUM TEMP 35° BOX(25° Suction)

H.P.	BTUH	SUCTION LINE (Equivalent Feet)				MAX. SUCTION RISER	LIQUID LINE	
		25′	50′	100′	150′		50′	100′
1/4	2000	3/8	3/8	1/2	1/2	1/2	1/4	3/8
1/3	3000	1/2	1/2	5/8	5/8	1/2	3/8	3/8
1/2	4000	1/2	5/8	5/8	7/8	5/8	3/8	3/8
3/4	6000	1/2	5/8	7/8	7/8	5/8	3/8	3/8
1	8000	5/8	7/8	7/8	7/8	7/8	3/8	3/8
1 1/2	12000	7/8	7/8	1 1/8	1 1/8	7/8	3/8	3/8
2	16000	7/8	7/8	1 1/8	1 1/8	1 1/8	3/8	1/2
3	24000	7/8	1 1/8	1 1/8	1 3/8	1 1/8	1/2	1/2

R22 R404A MEDIUM TEMP 35° BOX (25° SUCTION)

H.P.	BTUH	SUCTION LINE (Equivalent Feet)				MAX. SUCTION RISER	LIQUID LINE	
		25′	50′	100′	150′		50′	100′
1/4	2000	3/8	3/8	1/2	1/2	1/2	1/4	3/8
1/3	3000	3/8	1/2	1/2	5/8	1/2	1/4	3/8
1/2	4000	1/2	1/2	1/2	5/8	1/2	1/4	3/8
3/4	6000	1/2	1/2	5/8	7/8	5/8	3/8	3/8
1	8000	5/8	5/8	5/8	7/8	7/8	3/8	3/8
1 1/2	12000	5/8	5/8	7/8	7/8	7/8	3/8	3/8
2	16000	7/8	7/8	7/8	7/8	7/8	3/8	3/8
3	24000	7/8	7/8	7/8	1 1/8	1 1/8	3/8	1/2

R404A LOW TEMP 10° BOX (−20° SUCTION)

H.P.	BTUH	SUCTION LINE (Equivalent Feet)				MAX. RISER	LIQUID	
		25′	50′	100′	150′		50′	100′
1/4	1000	3/8	3/8	1/2	1/2	1/2	1/4	1/4
1/3	1500	3/8	3/8	1/2	1/2	1/2	1/4	1/4
1/2	2000	3/8	1/2	1/2	5/8	1/2	1/4	3/8
3/4	3000	1/2	1/2	5/8	7/8	1/2	3/8	3/8
1	4000	1/2	5/8	7/8	7/8	5/8	3/8	3/8
1 1/2	6000	5/8	5/8	7/8	7/8	5/8	3/8	3/8
2	8000	5/8	7/8	7/8	1 1/8	7/8	3/8	3/8

그림 11-16 배관 선정 표

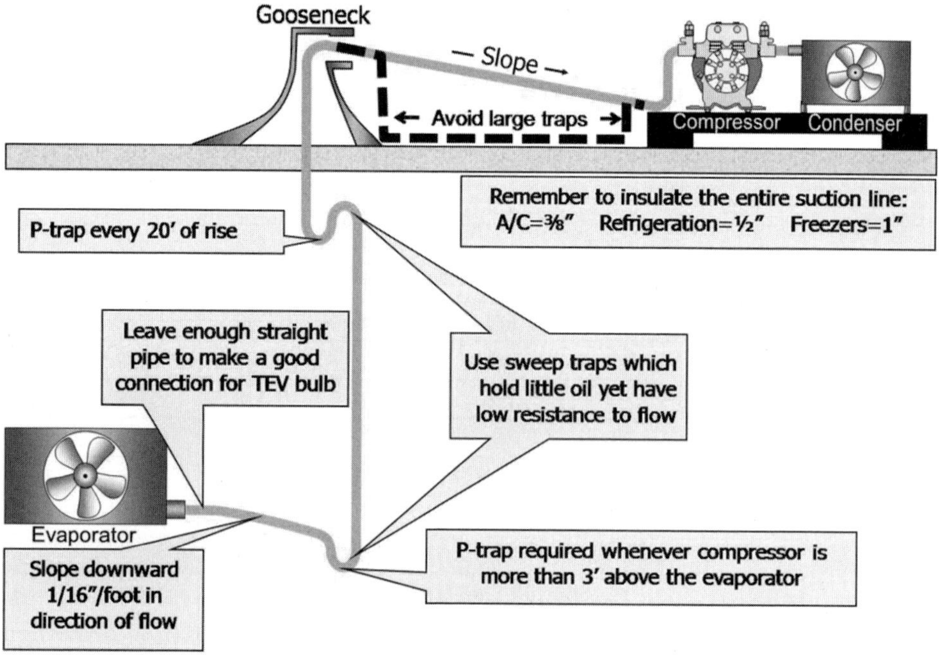

그림 11-17 압축기가 증발기 위에 설치될 때의 냉동배관

가진 흡입라인일 때에는 그 배관은 지붕에서 아래로 내려와 콘덴싱 유닛에 도달할 때까지 수평방향으로 가게 된다. 흡입라인의 오일트랩 수평 부분은 누군가가 망치로 배관을 편평하게 하지 않는 한 제한된다. 그림 11-17은 증발기 위에 압축기가 있을 때 적절한 응용을 위한 배관 디자인 형상을 보여 주고 있다. 그림에서 흡입라인은 S자형 배관이고 콘덴싱 유닛을 향해 하향으로 경사져 있다. 이와 같은 방법은 불필요한 트랩을 방지한다. 그림 11-18은 좋은 흡입라인 배관의 예를 나타내고 있다. 그림의 상부에서 흡입라인이 오일트랩 형상으로 감겨있는 좋지 못한 배관의 예를 볼 수 있다.

다음의 예제에서 그림 11-17과 유사한 시스템의 배관 크기를 결정하기 위해 그림 11-16의 배관표를 이용한다.

예제: ⑯ R404A를 이용하는 $1\frac{1}{2}$ hp 저온 시스템이 있다. 전체 배관은 40피트이고 7개의 피팅이 있다. 액라인과 흡입라인 배관의 정확한 크기를 결정하라.

첫째로 배관의 상당길이를 계산한다. 이것은 피팅의 압력강하와 동등하게 한 직선배관의 길이에 부가적으로 더한 실질적인 배관의 길이이다. 다음의 2가지 방법으로 배관의 상당길이를 계산한다. 첫 번째는 모든 피팅을 실제로 세어 보는 것

그림 11-18 증발기 위의 콘덴싱 유닛 배관 예

이고, 두 번째는 많은 설치자가 이용하는 빠른 방법이다.

1. 상당길이 = 40 피트 + (7 피팅 × 3 피트/1 피팅) = 40 피트 + 21 피트 = 61 피트
2. 상당길이 = 40 피트 × 1.5 = 60 피트

그림 11-16의 아래쪽에 있는 저온 R404A 표를 참조한다. 등가길이가 50 피트를 넘기 때문에 그 다음으로 높은 열의 배관크기를 이용하거나 100 피트를 이용한다. 표에서 $1\frac{1}{2}$ hp을 찾고 오른쪽으로 100 피트 칸의 값을 통과할 때까지 간다. 모든 수평배관의 흡입라인 크기는 압력강하를 감소시키기 위해 7/8 인치이다. 그러나 'Riser' 열에서 수직배관을 위한 최대 흡입라인 크기는 5/8 인치이다. 수직상향 배관에서는 냉매가 오일을 배관에서 밀어 올리기 위해 충분한 속도를 유지해야 한다.

액관 크기는 더 오른쪽의 같은 열 위에 있다. 표에 따르면, 액관은 3/8 인치 배관 크기이어야 한다. 왜냐하면 오일이 액냉매와 잘 혼합하고, 액이 고압 쪽으로 흐르므로 액관 배관 시 라인 기울기와 P 트랩은 관계가 없기 때문이다.

이 예제에서 추천되는 흡입라인의 단열두께는 1 인치이다.

규모가 큰 워크인에서 하나의 압축기에 한 개 이상의 증발기가 있을 수 있다. 다중 증발기는 고내에서 더 많은 공기량을 제공한다. 그림 11-19는 압축기가 증발기 위에 설치되어 있는 다중 증발기 흡입라인의 3가지 설치 방법을 보여 준다.

토출라인 배관 그리고 더블 상향 흡입 배관

압축기에서 멀리 떨어진 응축기까지의 토출라인 배관은 대부분 흡입라인과 같은 기

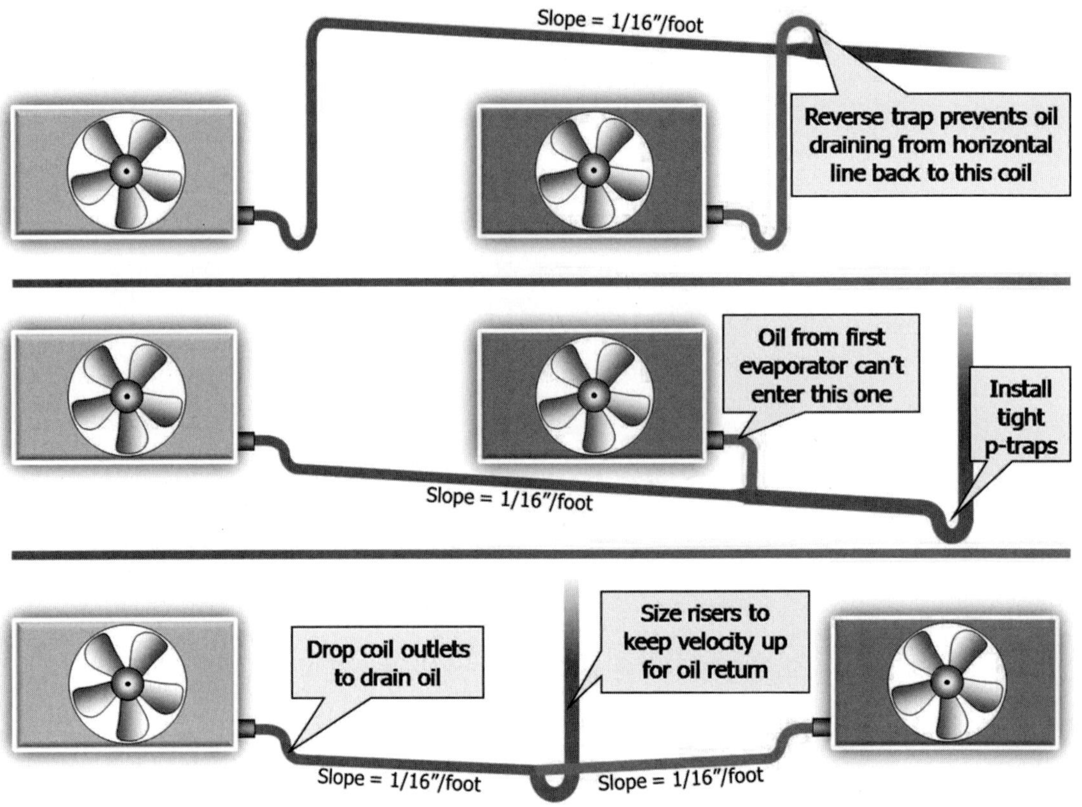

그림 11-19 다중 증발기를 위한 흡입라인 배관의 3가지 형태

울기 그리고 P 트랩을 따른다. 차가운 흡입증기와 유사하게 뜨거운 토출증기는 토출라인(그림 11-20 참조)을 통하여 오일과 같이 이동한다. 토출라인 배관은 항상 요구되는 액라인 크기 보다 한 치수 더 크다. 그러나 멀리 떨어진 응축기 가동을 위한 토출라인의 크기를 결정하기 전에 제조사의 권고사항을 살펴보는 것이 제일 좋다.

수평 흡입라인에서의 최소 속도는 대략 700 FPM(feet/min)이고 수직 라인에서는 1,500 FPM이 추천된다. 이러한 값들은 표준 흡입라인 크기 선정을 위해 수년간 성공적으로 사용되었다. 용량조절 압축기를 가진 대형 시스템 혹은 용량조절을 위해 다중 압축기가 운영되는 대형 시스템의 단일 상향 흡입라인은 흡입 상향라인까지 오일을 적절하게 운반하기 위한 부분부하 상태 동안 흡입속도가 충분하지 못하다. 만약, 입상관이 최소부하 상태 동안 적절한 오일리턴을 위해 충분히 작은 크기로 되었다면 최대부하 동안 작은 입상관에서는 압력강하가 너무 크게 발생한다. 공기조화의 응용에서는 시스템 성능의 저하없이 다소 높은 압력강하를 견딜 수 있다. 하지만 중온, 저온 시스템에서 압력강하는 매우 중요하다. 개별 증발기를

그림 11-20 토출라인과 흡입라인 입상관의 비교

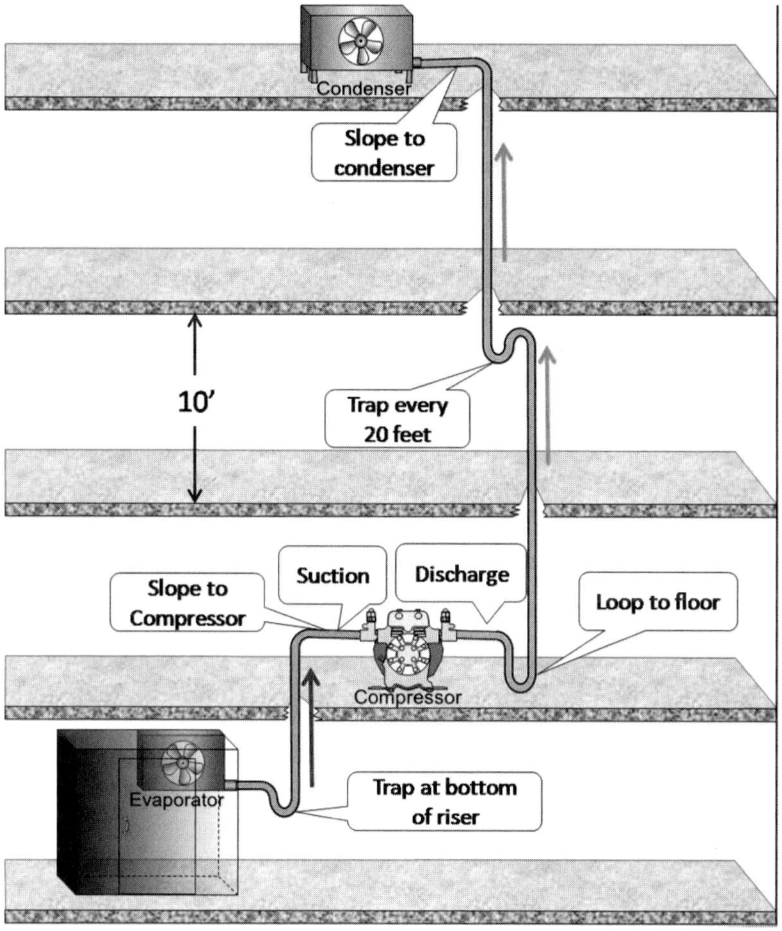

위한 입상관의 분리는 불가능하며, 용량의 과도한 손실을 피하기 위해서는 이중 입상관을 사용해야 한다(그림 11-21 참조).

전형적인 이중 입상관 형상을 그림 11-22에 나타내었다. 2개의 라인은 최대부하 상태를 위해 크기가 선정된 단일 입상관의 단면적과 거의 유사하다. 2개의 라인은 일반적으로 다른 크기이다. 큰 라인이 트랩인 반면에 작은 라인은 부분부하 상태에서 오일을 수직으로 움직이기 위한 적절한 속도를 가질 수 있도록 부하를 저감할 수 있는 크기로 한다.

최대부하에서 작동되는 동안 증기와 유입되는 오일은 2개의 입상관을 통해 흐를 것이다. 최소부하 상태에서 증기는 2개의 입상관 위로 오일을 운반하기 위한 충분한 속도를 가지지 못한다. 유입된 오일은 냉매증기 바깥으로 떨어져 P 트랩에 모이게 된다. 그 결과 증기의 흐름은 시스템의 오일을 순환시키기에 충분한 속도로서 작은 입상관 상부까지 흐를 것이다.

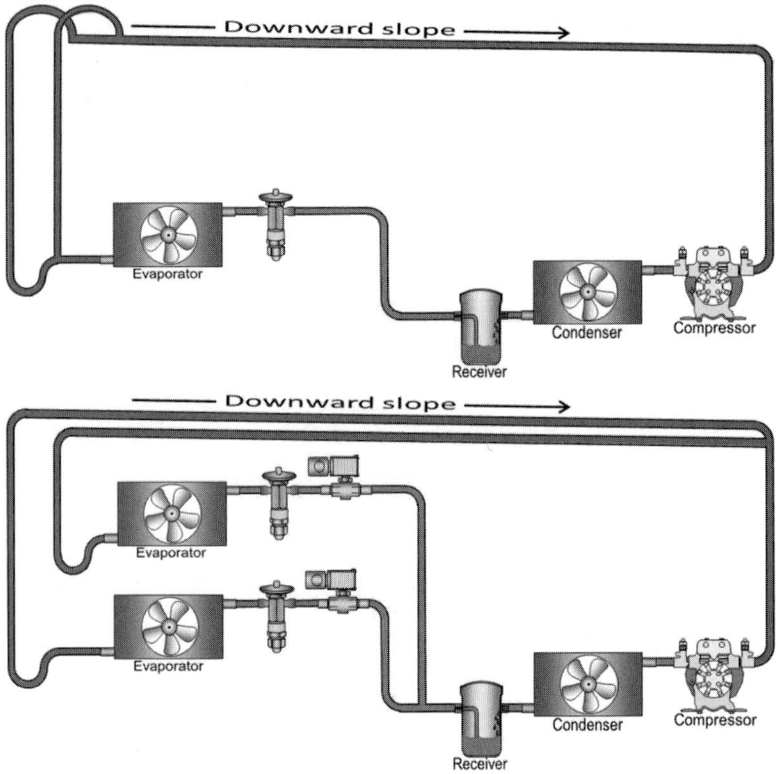

그림 11-21 용량조절에 사용하는 단일 및 다중 증발기 배관

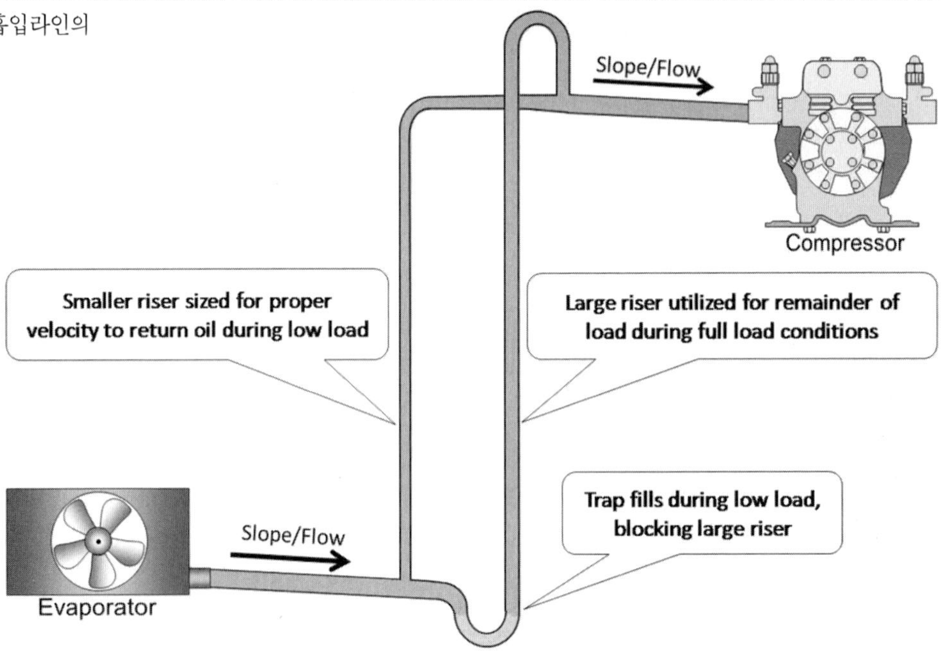

그림 11-22 흡입라인의 이중 입상관

RECOMMENDED SUCTION LINE SIZES							
R-502 −20° F. Evaporating Temperature							
Capacity BTU/hr.	Light Load Capacity Reduction	Equivalent Length, Feet					
		50			100		
		Horizontal	Vertical		Horizontal	Vertical	
60,000	0 to 33%	1 5/8	1 5/8		2 1/8	1 5/8	
75,000	0 to 33%	2 1/8	1 5/8		2 5/8	1 5/8	
100,000	0 to 33%	2 1/8	2 1/8		2 5/8	2 1/8	
	50%	2 1/8	*1 3/8	*1 5/8	2 5/8	*1 3/8	*1 5/8
150,000	0 to 50%	2 5/8	2 1/8		2 5/8	2 1/8	
	66%	2 5/8	2 1/8		2 5/8	*1 3/8	*1 5/8
200,000	0 to 50%	2 5/8	2 5/8		3 1/8	2 5/8	
	66%	2 5/8	*1 5/8	*2 1/8	3 1/8	*1 5/8	*2 1/8

*Double Riser

그림 11-23 수평배관과 이중 수직 입상관을 위한 흡입라인 크기 선정

수직 입상관의 적절한 크기는 압축기 용량과 증발온도를 기본으로 하여 라인 크기를 결정할 수 있는 표를 사용해서 선정한다. 이중 입상관에서 작은 라인의 크기는 최소 용량 가동에 따라 결정되어야 한다. 반면에 2개 입상관의 합은 최대 부하 상태를 처리할 수 있어야 한다. 분명하게 이것은 공장 엔지니어에게 결정할 수 있도록 맡겨졌다. 그러나 그들은 그림 11-23과 유사한 표를 사용할 것이다. 그림 11-23은 Emerson Climate Technologies의 Refrigeration Mannual Part 4-System Design에서 인용한 표의 일부분이다.

50%의 부하저감 능력을 가지고 언로드 운전이 가능한 50 hp 압축기를 가정한다. 이 시스템은 −20°F의 증발온도에서 100,000 Btuh를 발휘한다. 전체 배관 길이는 100피트이다. 그림 11-23에 따르면 수평배관은 $2\frac{5}{8}$인치이다. 만약 압축기가 언로드 기능을 가지지 않았다면, 흡입 입상관은 적절한 오일리턴을 위해 약간 감소되어 $2\frac{1}{8}$인치이다.

압축기 용량의 50%를 언로드할 수 있는 압축기를 가정한다. 표에서 요구되는 흡입 입상관은 $1\frac{3}{8}$인치 그리고 $1\frac{5}{8}$인치의 2개 배관을 보여 주고 있다. 두 배관의 단면적은 $2\frac{1}{8}$인치 입상관의 원래 면적과 동일하다. 용량의 50%를 언로드하는 유닛에서는 흡입증기와 오일리턴을 위해 보다 작은 $1\frac{3}{8}$인치 입상관을 이용할 수 있다. 그러나 33%와 완전부하 상태에서 2개의 입상관은 흡입증기 그리고 오일을 압축기로 돌리기 위해 설치될 것이다.

드레인 배관

중온 워크인 냉동고에서 물은 습한 공기가 코일을 통해 흐름에 따라 차가운 증발기 핀(fin)상에서 응축된다(그림 11-24 참조). 이러한 응축수는 증발기 배수 팬(pan)에 고여 PVC 또는 동 배수 관로를 통해 창고 외부로 배출된다. 배수 관로의 크기는 적어도 배수 팬 출구의 크기와 같아야 하며, 최소 피트당 1/2인치가 경사져야 한다. 배수 관로에 P 트랩을 반드시 설치해야 한다.

워크인 냉동고에 있어서 습기는 서리 형상으로 증발기에 달라붙는다. 제상 사이클 동안 물은 증발기 배수 팬에 모인다. 모든 물을 제상 동안 팬과 배수 관로로부터 빨리 제거하는 것이 중요하다. 잔여 물이 재동결되어 덩어리가 되면 배수 배관을 파손하게 된다. 다음은 워크인 냉동고에서 배수를 위한 요구사항이다.

1. 배수 관로의 경사는 4인치/피트
2. PVC가 아닌 동 배관을 이용
3. 고내 배수 관로에 자기 조절 열 테이프 설치
4. 배수 관로 절연
5. 창고 외부에 P 트랩 설치

가파른 경사는 비교적 짧은 제상 사이클에서 응축수를 빨리 제거하는 데 도움이 된다. 동 파이프는 열 테이프에 의해 균등하게 데워지고 절연은 그 따뜻함을 유

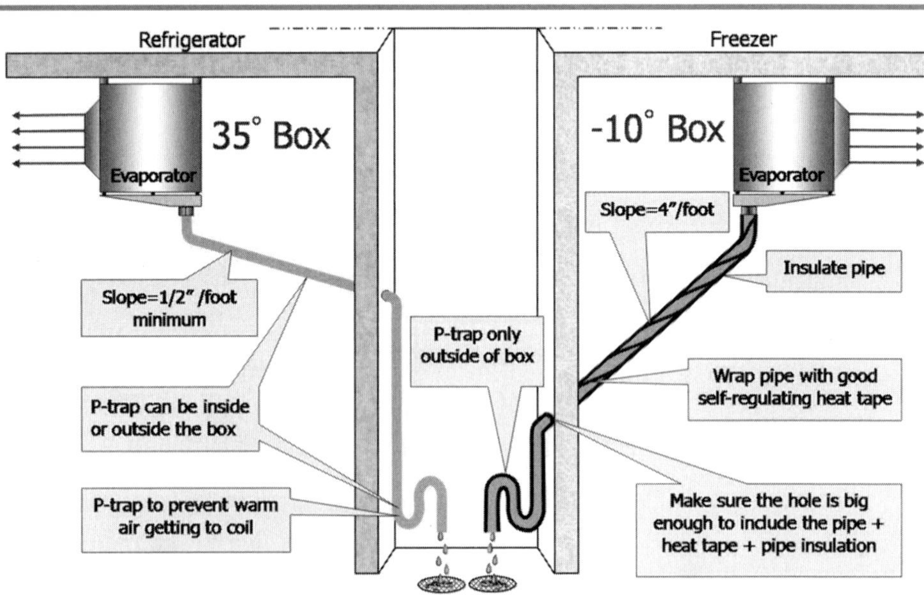

그림 11-24 워크인의 배수 배관

지하게 된다. 제상 후 배수 관로에 남아 있는 물은 얼게 되며 심지어는 열 테이프까지도 얼 수가 있다. 그러므로 냉동고 외부에 P 트랩을 반드시 설치하여야 한다.

워크인 냉동고 문제 해결

7장에서 냉동시스템의 수리에 관하여 다루었다. 그러나 냉동고의 많은 문제가 냉매, 압축기, 혹은 계량장치와는 상관이 없다. 그러므로 이 장에서는 유일하게 워크인 냉동고의 서비스 문제인 증발기 동결, 제품부하 문제, 문 문제 그리고 배수 문제 등에 대하여 설명한다. 이러한 문제들이 명백하게 될 것이고 자주 관련이 있을 것이다.

이전 장에서 지적했던 것과 같이 코일 결상은 워크인 냉장고에서 차가운 증발온도에 기인하는 것이다. 더구나, 서리는 단속 운전(off-cycle) 동안 녹게 된다. 그러나, 서리가 너무 많다거나 단속 운전이 충분히 길지 않을 경우에는 서리가 문제를 일으킬 정도로 쌓이게 된다. 다음은 증발기 동결에 관한 일반적인 원인이다:

1. 냉동시스템 문제(그림 11-25 왼쪽 그림)
2. 증발기 기류 문제
3. 문 문제
4. 시스템 크기 선정 문제 또는 부적당한 제품 쌓기
5. 배수 문제
6. 냉동고 제상 문제(그림 11- 25 오른쪽 그림)

그림 11-25에서 왼쪽 그림은 증발기에 불균일한 결상이 형성되는 것을 나타내며, 오른쪽 그림은 냉동고 증발기의 제상이 지연되는 것을 나타낸다.

증발기 기류 문제

증발기가 더러운 경우, 공기 입구가 제품의 포장물에 의해 막힌 경우, 또는 팬 모터에 문제가 있는 경우에 증발온도는 내려가고 과도한 서리가 형성될 것이다. 다중팬 증발기에 불량 팬 모터를 사용한 경우를 제외하고는 문제는 항상 명백하다. 이러한 상황에서 팬 모터는 정지하지만, 팬 날개는 자유롭게 회전한다. 공기는 불량 홴 모터의 개방을 통해 짧게 순환이 된다. 역기류는 좋은 팬 모터의 반대 방향에서 팬 날개를 회전시킨다(그림 11-26 참조).

약간의 공기는 불량 팬 모터의 뒤에 있는 증발기를 통해서 취출되므로 서리와 얼음이 성장한다. 가장 두꺼운 얼음은 항상 불량 팬 모터 주위에 있다. 이것을 알기 위해서는 팬을 차단하고 살펴보면 된다. 그들이 감속 됨에 따라 불량 모터의 팬 날개의 역회전이 아주 두드러질 것이다.

그림 11-25 증발기의 냉각불량으로 인한 불균일한 결상상태(왼쪽), 제상이 지연되어 생긴 결상 축적상태(오른쪽)

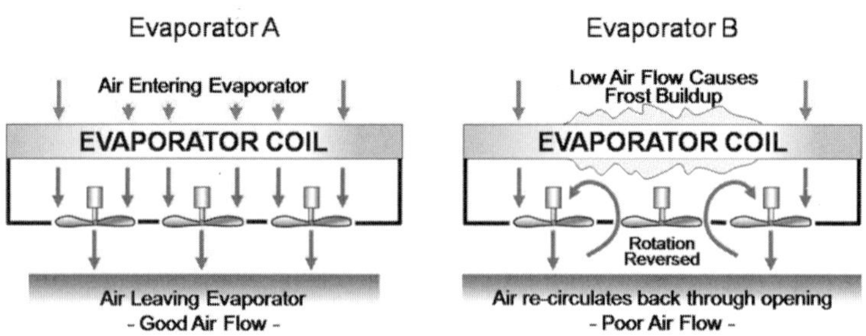

그림 11-26 불량 모터를 가진 B 증발기

문 문제

문이 닫히지 않거나 개스킷이 나쁜 경우에는 외부에서 따뜻한 공기가 고내로 들어와 열을 추가하게 된다. 창고 온도는 상승하고, 냉동장치는 장시간 가동되고, 증발기 자체 제상이 안되며, 코일은 결국 얼게 된다.

문이 원래대로 정확하게 설치되었다고 가정하면 문 폐쇄 문제를 위한 몇 가지 개선책이 있다. 이들 해결책으로는 문 자물쇠 설치, 출입구에 플라스틱 스트립 커튼(그림 11-27) 설치, 그리고 닳은 도어 개스킷 교체가 있다. 때때로 간단한 해결책이 가장 좋다. 사람들은 그들이 창고 밖으로 나온 후에 문이 닫힌다는 것을 확신할 때 워크인 냉동고를 이용한다는 것을 기억하라.

그림 11-27 워크인 스트립 커튼을 설치한 워크인 문

시스템 크기 문제 또는 부적당한 제품 쌓기

냉동시스템이 저장 전용으로 설계되었다면 워크인(walk-in)은 생산 창고로 사용되며 압축기는 지속적으로 운전되고 증발기는 얼게 될 것이다. 이것이 문제가 되는지를 결정하기 위해 제조사에서 권고하는 기존 설비 크기와 비교한다. 또한 얼마나 많은 제품을 적재하는지 그리고 입고온도는 어떠한지 고객에게 문의를 한다.

워크인 냉동고에서 제품이 어떻게 적재되고 무엇을 저장할 것인가는 매우 중요하다. 그림 11-28에서 창고의 오른쪽은 제품 주위에 좋은 기류가 형성된다. 그래서 −10°F의 창고 온도로 동결이 된다. 창고 왼쪽에는 아이스크림을 바닥 위에 올려놓고 벽 쪽으로 단단히 밀리게 쌓아 놓았다. 창고 외부의 높은 열이 냉동고 내부의 차가운 제품으로 직접 전달된다. 절연은 열전달을 막는 것이 아니라 단지 늦출 뿐이다. 만약 제품과 절연된 패널 사이에 공기 통로가 없다면 제품은 결국 데워질 것이다. 무른 아이스크림은 너무 따뜻하다는 신호이며, 제품의 결정 형상은 해빙과 재동결의 표시이다.

배수 문제

냉장고에서 배수가 막히면 팬에서 물이 범람하는 원인이 되며 고객은 바닥에 물이

그림 11-28 동결제품 주위의 기류 중요성

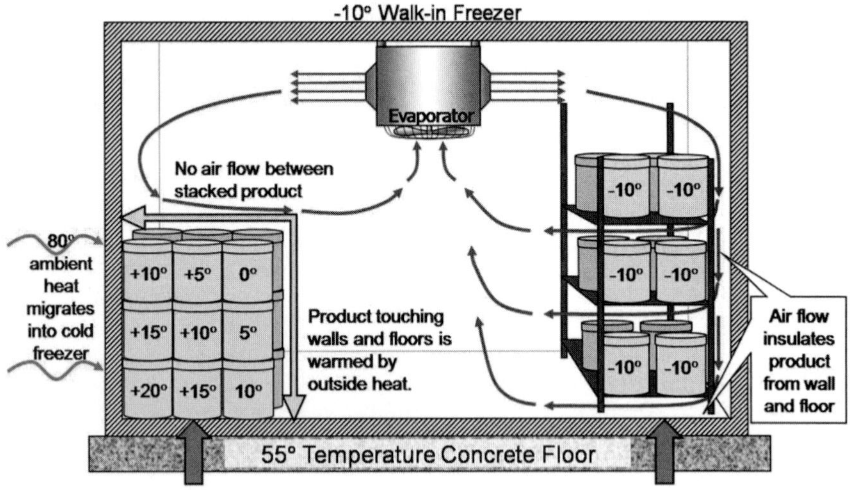

생기는 것을 알 수 있다. 이와 같은 경우 배수 관로를 뚫어주면 간단하게 해결된다.

냉동고에서 물이 배수 관로로 역류하면 얼음이 되어 배관이 찢어지게 된다. 더구나 배수 팬에 물이 가득차고, 얼어서 고드름을 만들게 된다. 역시 배수 팬의 얼음은 증발기에 얼음을 형성시키는 원인이 된다. 증발기의 얼음은 기류를 방해하게 되어 고내 온도를 상승시켜 창고 내의 동결제품을 녹게 하는 원인이 된다. 파손된 상품은 고객에게 비싼 비용을 치르게 할 뿐만 아니라 최소 4시간의 작업시간과 재료비를 기술자에게 수리비용으로 지불하게 만들 것이다.

냉동고 드레인 문제의 가장 일반적인 원인은 부적당한 배수 설치 그리고 열 테이프 사용의 실패이다. 자기 조절용(self-regulating) 열 테이프의 사용은 배관이 차가울 때 열을 더 공급할 수가 있기 때문에 추천된다. 그리고 표준 열 테이프는 쉽게 타지 않는다. 비록 자기 조절형의 비용이 표준형 열 테이프에 비해 5~10배 비싸지만, 고비용의 수리 및 배수 관로 동결에 따른 제품손상 등에 비하면 그 차이는 그다지 중요하지 않다.

냉동고 제상 문제

하루 동안의 냉동고 제상횟수는 주위 상태와 냉동고 사용방법에 의존한다. 피닉스(Phoenix), 애리조나(Arizona)에 있는 워크인 냉장고는 하루에 1회 또는 2회의 제상이 요구되며, 워싱턴 D.C.에 있는 워크인 냉장고는 하루에 4회의 제상이 필요하다. 제상횟수에 있어서 가장 기본적인 변수는 공기 중 습기의 양이다. 비록 피닉스가 워싱턴보다 더 덥지만 워싱턴의 습도는 애리조나 보다 더 높다.

다음은 표준 워크인 냉동고의 제상과정이다.:

1. 제상은 하루 중 특정한 시간에 시작한다.
2. 팬이 정지하고, 히터가 투입되면 서리가 녹는다.
3. 제상은 온도를 감지하여 종결한다(코일온도가 55°F일 때 제상 종료).
4. 히터를 정지하고 압축기를 기동한다.
5. 증발기 팬은 코일온도가 약 25°F가 될 때까지 지연된다.

이러한 과정 중 어떤 하나라도 서비스 호출이 필요할 것이다. 다음은 이러한 문제와 점검해야 할 사항이다.

1. 증발기 제상이 되지 않는다. 고장난 시계 혹은 제상 제어장치를 확인해 봐야 한다.
2. 히터가 가열되지 않는다. 만약 히터에서 전류가 나타나지 않고 전압만이 있는 경우에는 히터가 불량이다. 무한 저항이 나타날 경우에는 히터가 끊어졌다는 것을 의미하므로 교체해야 한다.
3. 오랜 제상. 기본적으로 제상 종료는 코일온도에 근거를 둔다. 만약, 이 제어가 실패하는 경우에는 제상사이클이 비상안전장치 또는 역제상 종료의 신호가 올 때까지 지속된다. 압축기 기동중지 시간이 너무 길어 동결시간이 짧기 때문에 창고 내 온도는 장시간의 제상 결과로서 상승할 것이다.

제상이 종료되었을 때, 압축기는 기동한다. 그러나 팬은 증발기 온도가 약 25°F까지 내려갈 때까지 정지 상태를 유지한다. 이것은 제상 히터의 남은 열이 코일 지역에서 제거되는 것을 확보하기 위해서이다. 또한 코일 핀에 남아 있는 작은 물방울이 재동결된다. 다음 문제는 접점이 서로 붙어 팬 지연이 실패한 경우에 무슨 일이 일어나는가에 대해 기술한다.

1. 팬 근처의 워크인 냉동고 천장에 고드름 및 서리가 형성된다. 그리고 팬 날개 위에는 얼음이 성장한다. 팬이 항상 닫힌 위치에서 실패하기 때문에 문제는 불량팬 지연 스위치이다. 이것은 팬이 지연되지 않는다는 것을 의미한다. 즉 제상 후 바로 기동되어 물방울을 분출시키고 창고 내의 따뜻한 공기를 밖으로 배출시키게 된다.

유리문 습기 문제

진열장의 이슬 맺힌 유리문은 워크인 냉동고에서 고장진단의 특별한 부분이다(그림 11-29 참조). 때때로 난처하더라도 어떠한 상태에서 이슬이 생기는가를 이해하고 있으면 유리와 프레임의 이슬맺힘 원인을 찾아내는 것은 아주 쉽다.

다음은 워크인 냉동고에서 이용할 수 있는 유리문의 3가지 기본형태이다:

그림 11-29 진열장의 미가열 유리문의 습한 상태

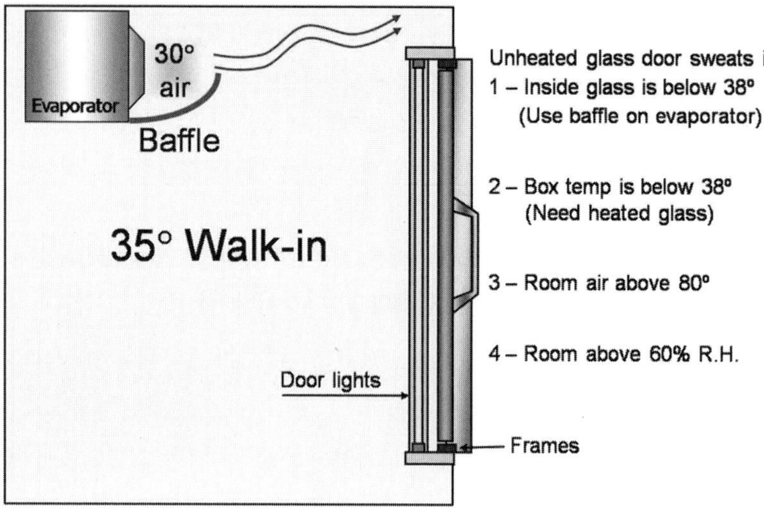

1. 이중 판유리 문
2. 유리에 히터를 설치한 이중 판유리 문
3. 유리에 히터를 설치한 삼중 판유리 문(냉동고용)

모든 문틀에는 프레임 상의 응축을 방지하는 히터가 있다. 만약 문틀에만 습기가 있다고 하면 히터 전원을 확인한다.

대부분의 식품 서비스 워크인 냉각기는 35°F로 설계되지만, 몇몇의 응용에서는 박스 내를 약간 따뜻하게 할 수가 있다. 박스온도가 38°F 이상인 경우에는 히터를 설치하지 않은 유리문을 이용할 수 있다. 하지만 다음의 3가지 이유로 이슬이 맺힐 수가 있다.

1. 내부 유리온도가 38°F 이하일 경우
2. 창고 외부의 공기온도가 80°F 이상일 경우
3. 창고 외부의 상대습도가 60% 이상일 경우

예제: ⑰ 최근에는 히터를 장착하지 않은 유리문을 부착한 워크인 냉동고를 설치한 새로운 빌딩들이 건축되고 있다. 고객은 문의 이슬맺힘을 걱정하고 있다. 가장 확률이 높은 원인은 무엇인가?

새로운 건물에서 습도는 약 60% 이상이고 실내온도는 80°F 이상일 가능성이 높다. 냉각을 38°F 이하로 하기 때문에 증발기에서 나오는 차가운 공기가 유리 뒷면에서 가열될 수 있다. 유리문 뒤에 선반을 설치하여 증발기에서 나오는 차가운

공기를 막음으로써 간단하게 해결할 수 있다. 만일 그렇지 않다면, 유리문에서 멀리 공기를 보내기 위해 증발기에 공기 배플(air baffle)을 설치할 필요가 있을 수도 있다.

예제: ⑱ 고객은 아침에 업무를 위해 문을 열 때, 워크인 냉동고 유리문에 이슬이 맺혀있기 때문에 걱정한다. 그러나 문은 약 1시간 이내에 깨끗하게 된다. 이 문제의 원인은 무엇인가?

이 문제에는 2개의 원인이 있다. 첫째로, 상점에 있는 공기조화기는 밤에 가동을 하지 않아 열과 습도가 증가하여 문에 이슬이 맺히는 원인이 된다. 공기조화기를 아침에 가동 했을 때, 온도와 습도가 떨어지면 이슬이 사라진다.

두 번째 원인은 유리문에 히팅을 적용하였기 때문이다. 도어 히터는 도어 조명과 같은 회로로 연결되어 있다. 만약 고객이 워크인 냉동고 조명을 끄기 위해 회로 브레이커를 사용한다면 역시 히터 전원도 끊어지게 되는 것이다. 아침에 조명을 켜게 되면 동시에 문 히터에 전원이 투입되므로 문은 깨끗하게 된다.

요약

일반적으로 워크인은 35°F 냉장고이거나 −10°F 냉동고이다. 그러나 고객은 크기와 온도의 넓은 범위에서 선택할 것이다.

만약 창고가 올바르게 설치되고, 문이 제대로 닫히기 위해서는 바닥이 편평해야만 한다. 문 틀의 수평과 조정은 상자가 설치된 후에 할 수 있다. 고객은 단지 문만 이용하므로 완벽하게 작동해야 한다.

워크인 냉동시스템은 창고의 크기와 어떻게 사용할 것인가에 따라 크기가 결정된다. 저장 전용 워크인 냉동고의 냉동설비는 제조사에서 제공된 표를 이용하여 결정할 수 있다. 그러나, 기술자가 적절한 서비스를 하기 위해서는 설비 크기 선정의 기본을 이해하는 것이 중요하다.

정확한 냉동 흡입배관은 과도한 압력강하를 방지하고, 압축기에 오일을 보낸다. 특히 냉동고에서 적당한 증발기 배수 배관은 중요하다.

워크인 냉동고에는 냉동시스템과 직접 관련되지 않은 많은 서비스 문제가 있다. 워크인 냉동고 서비스를 위해 다른 원인을 이해하는 것은 적절한 고장진단을 위해 필수적이다.

연습문제(REVIEW QUESTIONS)

1. 4인치의 우레탄 단열재는 유리섬유 몇 인치와 같은가?

a. 8인치
b. 10인치
c. 12인치

2. 우레탄 단열재가 유리섬유 단열재보다 우수한 이유는 무엇인가?

a. 유리섬유보다 두껍기 때문에
b. 유리섬유처럼 수분을 흡수하지 않고, 유리섬유보다 더 오랫 동안 단열성을 유지하기 때문에
c. 유리섬유를 사용할 수 없는 곳에 우레탄을 사용할 수 있기 때문에

3. 콘크리트 바닥 위에 조립식 바닥 패널을 가진 워크인 냉동고를 설치할 때, 끼움쇠를 이용하여 바닥 패널을 수평으로 하는 것이 필요한가?

a. 아니다. 바닥 패널이 그 자리에 고정이 되었을 때, 장고가 수평을 이루기 때문
b. 그렇다. 바닥 패널이 함께 고정되지 않기 때문
c. 그렇다. 견고하게 고정된 바닥 패널이 편평하지 않은 바닥 위에서 창고 수평을 유지하지 못하기 때문

4. 워크인 냉동고의 지면을 편평하게 하는 것은 중요하다. 편평하지 않은 경우 어떤 일이 발생하는가?

a. 벽과 천장 패널이 정확하게 걸쇠에 걸리지 않고, 문이 완전히 봉쇄되지 않는다.
b. 패널의 단열값이 영향을 받을 것이다.
c. 제품이 워크인 냉동고 내부 선반에서 떨어질 것이다.

5. 문을 완전히 닫기 위해 어떤 고안장치가 추가될 수 있는가?

a. 자물쇠
b. 자석 개스킷
c. 킥 플레이트(kick plate)

6. 문의 바닥에 있는 개스킷의 이름은 무엇인가?

a. 벌룬 개스킷 (balloon gasket)
b. 블레이드 개스킷(blade gasket)
c. 스윕 개스킷 (sweep gasket)

7. 문의 완벽한 밀폐를 위해 문틀은 ____ 그리고 ____이어야 한다.

a. 곧고와 힌지로 고정
b. 수평과 수직
c. 견고함과 장소에 고정

8. '저장 전용'을 위해 냉동장비의 크기를 선정할 때, 제품부하의 항은 무엇을 의미하는가?

a. 입고제품은 워크인 냉동고와 거의 같은 온도이다.
b. 제품은 24시간 내에 저장온도로 내릴 것이다.
c. 워크인 냉동고는 하루에 일정량만 처리할 수 있다.

9. 워크인 냉동고의 크기에 맞는 저장 전용 냉동

연습문제(REVIEW QUESTIONS)

을 선택하기 위한 3가지의 기본 단계는 무엇인가?

다음 문제 10~14에서는, 그림 11-9, 11-10, 11-11 및 11-12의 정보를 사용하라

10. **35°F의 8피트×8피트×8피트 크기의 워크인에 사용되는 콘덴싱 유닛과 증발기는 무엇인가?**

a. MT-075와 MEV-060
b. MT-100과 MEV-100
c. MT-150과 MEV-120

11. **MEV-060 증발기에 사용되는 TEV의 공칭용량은 얼마인가?**

a. 1/2 톤
b. 3/4 톤
c. 1톤

12. **MT-100 콘덴싱 유닛에 MEV-080 증발기가 일치한다고 할 때, 시스템 온도차와 전체 시스템 Btuh는 얼마인가?**

a. 8°F 온도차와 6,000 Btuh
b. 10°F 온도차와 8,000 Btuh
c. 10°F 온도차와 10,000 Btuh

13. **MT-150 콘덴싱 유닛에 MEV-060 증발기가 일치한다고 할 때, 시스템 온도차와 전체 시스템 Btuh는 얼마인가?**

a. 10°F 온도차와 6,000 Btuh
b. 15°F 온도차와 8,000 Btuh
c. 20°F 온도차와 9,000 Btuh

14. **−10°F, 크기 8피트×20피트×8피트의 워크인 냉동고에는 어떠한 콘덴싱 유닛과 증발기가 이용되는가?**

a. LT-300과 LEV-120
b. LT-150과 LEV-200
c. LT-400과 LEV-220

15. **기술자의 경험법칙(TROT)을 이용하면 흡입온도가 25°F일 때 $2\frac{1}{2}$ hp 콘덴싱 유닛의 개략적인 Btuh는 얼마인가?**

a. 10,000 Btuh
b. 16,000 Btuh
c. 20,000 Btuh

16. **기술자의 경험법칙(TROT)을 이용하면, 흡입온도가 −20°F일 때 $2\frac{1}{2}$ hp 콘덴싱 유닛의 개략적인 Btuh는 얼마인가?**

a. 10,000 Btuh
b. 16,000 Btuh
c. 20,000 Btuh

17. **이 책에서 이야기하는 적절한 냉동배관을 위한 7개의 규칙은 무엇인가?**

18. **그림 11-15의 배관표를 참조한다. $2\frac{1}{2}$ hp의 콘덴싱 유닛을 이용한 R404A 냉동고의 배관을 해야 한다고 가정하자. 5개의 이음쇠를 가진 이 배관의 길이는 30피트이다. 권장되는 흡입**

연습문제(REVIEW QUESTIONS)

라인과 액라인의 크기는 무엇인가?

a. 흡입라인 1/2인치와 액라인 3/8인치
b. 흡입라인 5/8인치와 액라인 3/8인치
c. 흡입라인 7/8인치와 액라인 3/8인치

19. 워크인 냉장고의 배수 관로 기울기는 얼마인가?

a. 피트당 1/8인치
b. 피트당 1/2인치
c. 피트당 4인치

20. 워크인 냉동고의 배수 관로 기울기는 얼마인가?

a. 피트당 1/8인치
b. 피트당 1/2인치
c. 피트당 4인치

21. 워크인 배수 관로에서 P 트랩을 사용하는 이유는?

a. 벌레와 쥐가 창고로 들어가는 것을 막기 위해
b. 드레인을 위해 물 흐름을 좋게 하기 위해
c. 따뜻한 공기가 드레인 파이프를 통해 창고 내로 들어가지 못하게 하기 위해

22. 워크인 냉동고 배수 P 트랩은 창고 내부에 설치하지 않는다. 그 이유는 무엇인가?

a. 물과 열 테이프가 트랩 내에서 얼기 때문
b. 열 테이프가 동결 사이클 동안 작동하지 않기 때문
c. 창고 내부에 P 트랩을 위한 방이 없고 냉동고 드레인의 가파른 경사 때문에

23. 증발기 동결에 대한 6가지 일반적인 원인은 무엇인가?

24. 워크인 냉장고에서 문이 약간 열려 있을 때, 이것이 왜 증발기 동결의 원인이 되는가?

25. 만약 창고 내의 부하가 냉동시스템이 처리할 수 있는 것보다 클 경우에는 왜 증발기가 얼게 되는가?

26. 드레인이 동결되었을 때, 워크인 냉동고에서 무슨 일이 발생되는가?

27. 워크인 냉동고의 기본적인 제상과정의 5단계는 무엇인가?

CHAPTER 12

제빙기

개요

제빙기는 매우 전문화된 설비 장비이다. 이 장에서는 제빙기 작동, 유지관리, 그리고 고장진단의 기초에 대하여 소개한다. 기술자는 특정 기계의 사양을 배우기 위해 장비 제조사의 설명회나 세미나에 참석할 필요가 있다. 그러나 제빙기를 제대로 이해하기 위해서는 수년간의 경험이 필요할 것이다.

마찬가지로 공기조화 서비스에서 공기흐름을 이해하는 것은 매우 중요하다. 기술자는 물이 제빙기에 어떻게 영향을 미치는가에 대한 지식이 필요하다. 제빙기 서비스 문제에 대한 대부분의 원인은 물이다.

학습목표(OBJECTIVES)

이 장을 마치고 나면 아래와 같은 내용들을 알 수 있다.

- **제빙기 종류와 응용에 대한 설명**
- **기본 제빙기 작동 설명**
- **설치 관련 서비스에 대한 이해**
- **제빙기 유지관리 및 청소 착수**
- **제빙기 보증에 대한 설명**
- **제빙기 고장진단**

제빙기 종류와 응용

제빙기의 2가지 주요 유형은 각빙 제빙기와 플레이크 제빙기이다(그림 12-1 참조). 각빙은 플레이크 얼음보다 단단하고 오래 유지된다. 더구나 각빙 제빙기는 '순수한 얼음'을 생산한다. 각빙은 차가운 증발기 위로 물이 흘러 형성된다. 단지 물만 얼게 되고 미네랄과 다른 불순물은 용액에 남아 있어 얼음을 회수하는 사이클 동안 기계 외부로 흘러 나오게 된다. 또한 물속에 들어 있는 공기와 염소가 공급되면 물이 어는 동안 물 밖으로 공기가 기화하는 경향이 있다. 순수한 얼음을 얻기 위하여 컵에 시판용 얼음을 가득 채운 후 녹인다. 녹은 얼음의 물을 마시면 어떤 맛이 나는가? 아무런 맛도 나지 않는다. 실제로 '감칠맛이 없다.' 이것은 물 속에 염소, 공기, 냄새 및 미네랄이 없기 때문이다. 음료업체들은 이러한 순도를 기대한다. 시판용 얼음이 들어 있는 컵에 청량음료를 넣을 경우, 차가운 음료의 맛은 오직 청량음료의 맛일 뿐이다.

시판용 각빙과 가정용 냉장고의 냉동실에서 만들어진 얼음을 비교해 보자. 가정용 유닛에서는 단순하게 트레이(tray)에 부어 찬 물이 각빙 형상으로 얼게 된다. 이 얼음은 물 속에 들어 있는 공기, 염소, 미네랄, 그리고 냉장고에 있는 음식 냄새 등을 포함하고 있다. 물 속의 공기는 가정용 얼음을 하얗게 만든다.

상업용인 플레이크 얼음은 가정용 각빙과 유사하다. 이것은 물 속에 들어 있는 모든 것을 포함하고 있다. 플레이크 얼음은 생선에서 샐러드바에 이르기까지 모든 식품 진열을 위해 기본적으로 사용된다. 플레이크 얼음을 압착하여 모양을 잘 형성

그림 12-1 얼음의 형태: 각빙, 플레이크, 덩어리

하면 상품에 우수한 냉동능력을 제공한다. 그러나 플레이크 얼음은 형성될 때 플레이크 얼음 속에 공기와 다른 불순물이 들어 있기 때문에 각빙보다 빨리 녹는다.

'덩어리 얼음'이라 불리는 플레이크 제빙기의 형태는 플레이크 얼음의 결점을 부분적으로 극복하기 위하여 개발되었다. 얼음 덩어리는 길이가 약 1/2인치이고 나무 연필의 두께(1/4인치) 정도이다. 덩어리 얼음은 카페테리아 형태인 레스토랑과 편의점의 셀프서비스 음료자판기에 사용된다. 그들이 다소 중요한 용도를 가지고 있지만, 플레이크와 덩어리 얼음 제빙기는 제빙기 시장에서 단지 10% 정도를 차지하고 있다.

기본적인 제빙기 작동

각빙 제빙기는 얼음을 '한꺼번에' 만든다. 먼저 물을 쟁반에 채우고 나면, 펌프는 차가운 증발기 표면 위로 물이 흐르도록 순환한다. 얼음이 충분히 두꺼워졌을 때, 기계는 얼음을 회수하는 사이클로 전환되고 핫가스 제상을 행한다. 증발기가 따뜻해짐에 따라 얼음이 이탈하여 저장통으로 떨어지게 된다. 얼음의 배치에 남아 있는 물에는 미네랄이 집중되어 있기 때문에 반드시 물쟁반에서 쏟아져 나와야 한다. 다음 사이클을 준비하기 위해 물쟁반에 신선한 물을 다시 채워야 한다(그림 12-2, 12-3 참조).

얼음을 만드는 사이클은 기본적으로 모든 각빙 제빙기에서 동일하다. 브랜드 간의 주요한 차이는 증발기(각빙 형상), 얼음수확 시작의 메커니즘, 그리고 얼음

그림 12-2 각빙 배치에서 얼음 저장소로 떨어짐

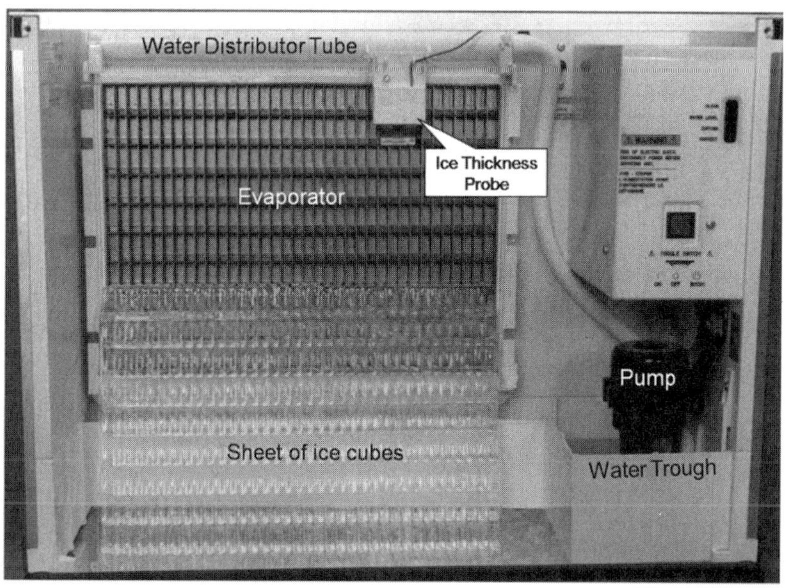

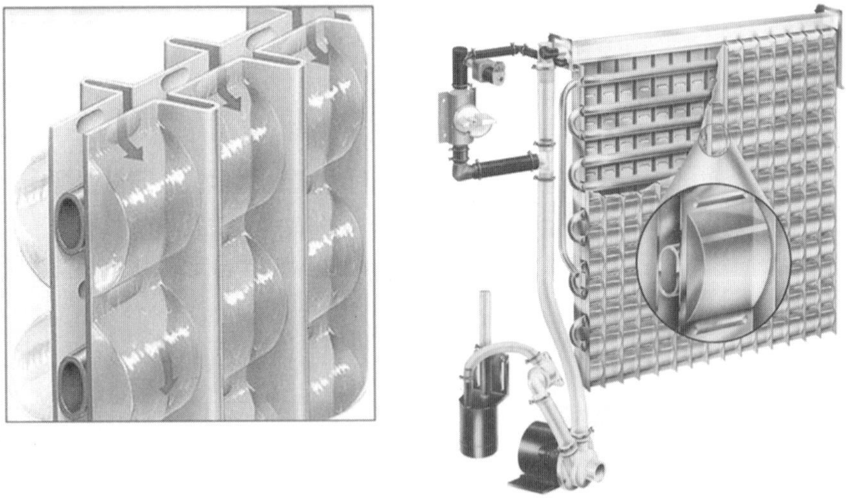

그림 12-3 증발기 위에서 형성되는 Hoshizaki 각빙

저장통이 가득 찼을 때 기계가 어떻게 감지하는가 등이다.

플레이크 제빙기에는 물로 가득 채워진 긴 실린더를 비치하고 있다. 증발기는 실린더의 벽이다. 실린더의 중앙에서 스테인리스 나사 송곳이 회전한다. 나사 송곳 핀은 물 속에 형성된 플레이크 얼음을 모으고 압축한다. 그리고 얼음이 찬 실린더로 이동하여 슈트(chute)를 통해 얼음 저장소로 밀어낸다.

덩어리 얼음을 만드는 것은 추가 조치를 취하는 것 외에는 플레이크 얼음 제조 과정과 유사하다. 플레이크 얼음이 냉동실에서 배출되는데 이것은 1/4인치 구멍을 가진 두꺼운 금속 플레이트를 통해 강제적으로 이루어진다. 이 플레이트('압출기')는 얼음 덩어리가 아이스 슈트로 떨어져 내려와 얼음 저장소로 가기 전에 압착하여 여분의 물을 밖으로 짜낸다(그림 12-4 참조).

Vogt사의 관형 얼음(Tube-Ice) 제빙기는 하나의 장치로 각빙 및 플레이크 제빙이 가능하다. 얼음은 물이 차가운 수직관을 통해서 순환하면서 만들어진다. 얼음이 충분하게 두꺼워지면 제상사이클이 시작되고 얼음은 증발기로부터 빠져 나온다. 얼음이 떨어지면 회전날개에 의해 1~2인치의 긴 원통형 튜브를 자르게 된다. 만약 기계 소유자가 플레이크 타입의 얼음을 원한다면 간단하게 스위치를 작동시켜 '분쇄된' 얼음 생산을 위해 절단기(커터)를 빨리 회전시킨다. 분쇄된 얼음은 플레이크 얼음처럼 가늘고 긴 조각이다. 그러나 각빙 제빙기의 순수한 얼음보다 단단하다(그림 12-5 참조).

제빙기를 고객에게 추천할 때에는 가격은 고려사항이 아니다. 장치는 단 한 번에 판매되지만, 서비스는 수 년간 지속 되어야 한다. 그러므로 고객에게 기술지원, 훈련 및 부품입수가 가능한 우수한 장치가 제공되어야 한다.

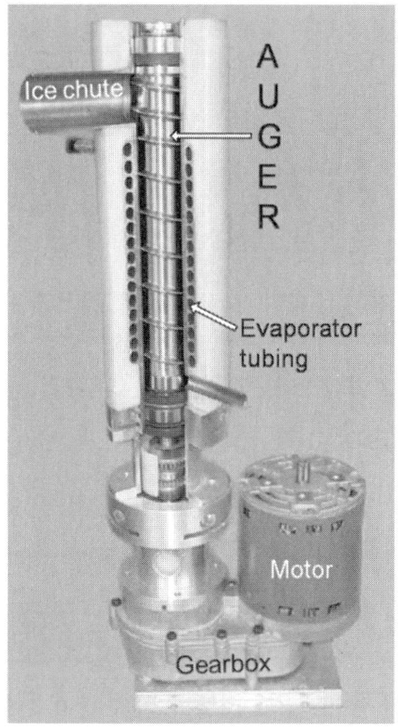

그림 12-4 Manitowoc flake ice 제빙기

그림 12-5 Vogt사의 관형 얼음 제빙기

참고: 가격은 당신이 지불하는 것이고 가치는 당신이 얻는 것이다.

설치 관련 서비스

제빙기 설치는 제조사의 지시대로 따르는 단순한 일이다. 그러나 많은 장치가 잘못 설치되어 서비스 문제가 생긴다. 이 절에서는 일반적인 설치 실수에 대해서 기술한다. 제빙기의 고장진단 시에는 서비스 기술자를 기다려야만 한다.

고려해야 할 첫 번째 사항은 위치이다. 서비스 접근뿐만 아니라 응축기 공기를 위해 기계 주위에 충분한 공간이 있는가? 대부분의 제빙기는 모든 면과 천장과의 간격이 적어도 6인치 정도 요구된다.

다음 고려사항은 배수장치이다(그림 12-6 참조). 제빙기에는 몇 개의 배수가 있다: 얼음 저장소(ice-storage-bin) 배수, 얼음의 각 배치에 남아 있는 물을 제거하기 위한 '덤프 배수(dump drain)', 그리고 장치가 물을 냉각할 때 필요한 응축 배수. 모든 배수 관로는 분리되어야 하고 충분하게 커야 하며 바닥 배수 위에 1인치의 에어갭(air gap)을 유지해야 한다. 만약 저장소(bin) 배수가 너무 작으면 쉽게 막혀 저장통에는 얼음이 녹은 물로 가득 차게 된다. 만약에 덤프 배수가 너무 작으면, 기계는 얼음의 마지막 배치에서 오래된 물을 전부 제거할 수가 없다. 이것은 장비 크기 증가 및 불량 얼음의 원인이 된다. 덤프 배수와 응축 배수는 연결되면 안 된다. 또는 저장소 배수 관로는 'teed' 되어야 한다. 이러한 라인 내의 물은 압력 하

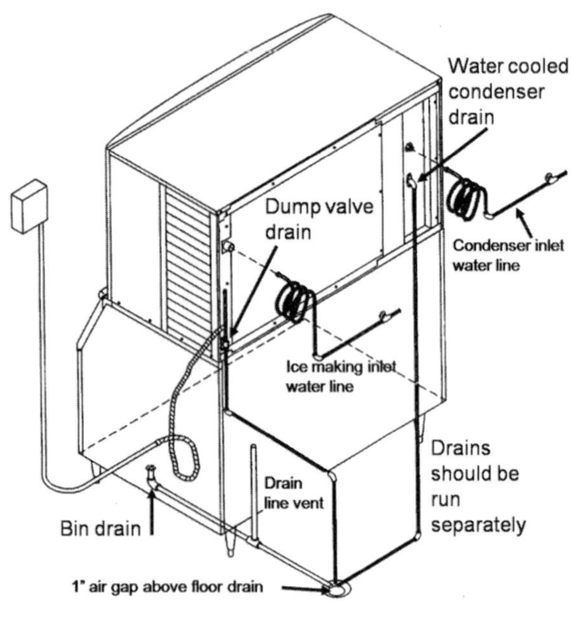

그림 12-6 제빙기 물배관과 배수 배관

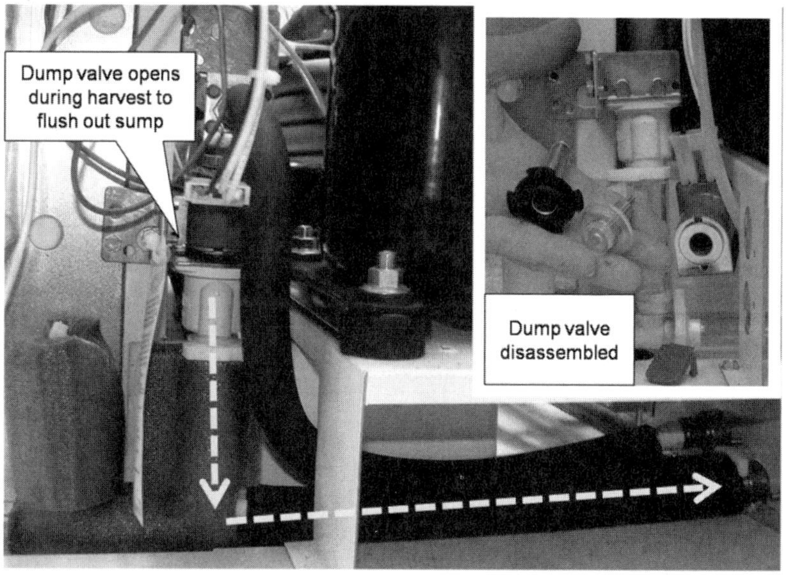

그림 12-7 Manitowoc사의 제빙기 덤프밸브

에 있어서 저장소 배수 그리고 저장소로 강제적으로 역류된다. 이것은 저장소 하부에서 얼음이 녹는 원인이다.

배수 문제에 기인한 얼음의 숨겨진 손실은 고장진단이 어렵다. 그리고 고객이나 기술자 모두에게 아주 크게 실망을 줄 수 있다. 그러므로 제빙기 서비스 절차는 항상 가능한 결점을 위한 배수 배관의 검사를 포함해야 한다. 일반적인 얼음 융해는 저장소 배수로부터 물의 꾸준한 드립(drip)에 의해 나타난다. 하지만 물방울이 떨어지지 않는다면 배수가 멈추었다는 것을 의미한다. 또 한편으로는 물의 꾸준한 흐름은 제빙기 부분에 문제가 있고 물이 얼음 저장소의 아래로 누설된다는 징후일 것이다.

덤프밸브는 제빙기 사이클의 어떤 부분에서 단순히 열리도록 되어 있다. 덤프 배수 관로로부터의 연속적인 물의 흐름은 덤프밸브가 정지되어 있다가 열린다는 것을 가리킨다(그림 12-7 참조). 수냉각 제빙기에서 장치가 중지되었을 때, 응축기 배수에서의 물의 흐름은 수두압조절(head pressure regulating, HPR) 밸브가 완전하게 닫혀 있지 않다는 것을 의미한다. 이것은 물의 낭비뿐만 아니라 제상 동안 응축기로부터 나오는 상당한 물의 양이 제상에 필요한 토출증기를 냉각시켜 제상사이클을 길어지게 한다. 물 라인의 입구 크기와 물의 압력은 역시 중요하다. 물 라인의 입구가 너무 작으면, 생산량을 감소시킬 수 있다. 물의 압력이 너무 낮으면(20 psi), 제빙기는 용량을 발휘할 수 없다. 압력이 너무 높으면(80 psi 이상) 입구 물이 뜨거나 전자식 만수밸브가 손상될 수 있다. 제빙기 입구에 있는 물조절밸브(water-regulating valve)는 과도한 물의 압력으로부터 전자식 만수밸브를 보호할

그림 12-8 과잉 배관 고정

수가 있다.

참고: 많은 상업용 건물에서 수압은 80 psi보다 훨씬 높다.

원거리 응축기를 가진 제빙기는 서로 다른 길이로서 유효한 라인 설치를 한다. 그러나 때때로 기계와 콘덴싱 유닛 사이의 거리는 과도한 배관의 결과로 예상한 것보다 짧다. 배관의 불필요한 루프(loop)는 오일트랩(oil trap)이 될 수 있고 또한 쉽게 비틀린다. 심지어 공장에서 과도한 배관의 감기를 위한 지침을 가지고 있다. 그러나 최고의 해결책은 과잉 배관을 자르고, 커플링 용접, 배관 진공작업 그리고 유닛을 연결하는 것이다(그림 12-8 참조).

이러한 절차는 배관이 제빙기에 연결되기 전, 설치 시에 수행되어야 한다. 초기에는 배관에 기체만을 봉입하고, 시스템에 완전 냉매봉입을 하여 제빙기에 축적해 둔다. 제빙기와 응축기를 연결하는 배관작업을 한 후에 배출된 시스템 내로 충전한다. 일단 방출시키면 모든 냉매는 과잉 배관을 자르기 전에 회수되어야 한다.

참고: 특정 상표 및 모델에 대한 과잉 라인 세트 취급을 위한 제조사의 권고를 검증하는 것이 최상이다.

제빙기 유지관리와 청소

제빙기 유지관리의 가장 중요한 부분은 물 회로를 깨끗하게 하는 것이다. 제빙기에서 물이 흐르는 모든 곳에는 미네랄 침전물의 스케일이 쌓여 모이게 된다. 쌓인 스케일을 제거하기 위해서는 제빙기 클리너 또는 브러시(그림 12-9 참조)를 이용한 정기적인 서비스가 필요하다. 중요한 부분은 증발기와 물분사 관이다. 증발기의 스케일 축적은 제상사이클 동안 얼음이 떨어지는 것을 방지할 것이다. 살포관의 정지는 불완전한 얼음 배치의 원인이 될 것이다. 어떤 제빙기에서는 점액이 분사관 제약의 원인이 되기도 한다. 제빙기 물 회로를 통해서 살균제를 사용하는 정규 프로그램은 점액을 일으키는 원인이 되는 박테리아 성장을 막아서 이 문제를 방지할 수 있다.

많은 제빙기는 자동 세척 기능을 가지고 있다(그림 12-10 참조). 이것은 일반적으로 세정제 혹은 살균제를 넣은 후에, 기술자가 스위치를 청소 위치로 이동시키는 것을 의미한다. 기계는 압축기를 정지하고, 세정제 또는 살균제를 미리 설정된 시간만큼 순환시킨다. 그리고 기계는 제빙기 모드로 돌아가기 전에 몇 번의 분출하는 과정을 수행한다. Manitowoc 제빙기는 세정과 배출 사이클의 시간 설정 기능뿐만 아니라 옵션으로 세정제와 살균제를 가진 이미 프로그램화된 청소 사이클을 수행하는 자동 세척 시스템(AuCS; Automatic Cleaning System) 기능을 제공한다.

얼음을 만들기 위해 이용된 물의 질은 제빙기가 요구하는 유지관리 양을 결정한다. 제빙기 청소를 위한 필요성을 감소시키기 위하여 제조사는 물 속에 있는 침전물과 큰 입자가 기계로 들어오기 전에 제거하기 위해 물 필터 사용을 권장한다.

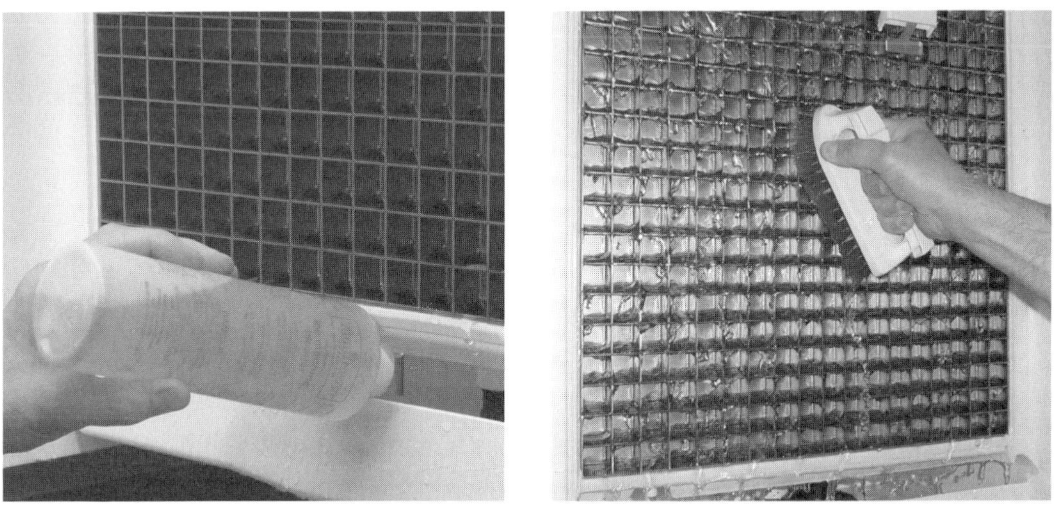

그림 12-9 제빙기 증발기 청소를 위한 세정제와 브러시

그림 12-10 제빙기 세정제와 살균제

유감스럽게도, 물에서 녹은 미네랄은 제거될 수 없다. 그러므로 일부 제빙기의 물 필터에는 제빙기 내부의 다른 부분과 증발기에 달라붙는 것을 방지하기 위해 미네랄에 접착시키는 인산염이 포함되어 있다. 용해된 미네랄은 제빙기 사이클 끝에서 배출된다. 적절한 크기의 물 필터에서 인산염의 일반적인 사용은 대략 1년 정도이다(그림 12-11 참조).

참고: 제빙기가 물을 냉각한다면, 제빙기에 필터를 설치한다. 이것은 단순히 제빙기를 위한 물 입구로 이용할 수 있다.

필터가 메인 물배관에 설치되었다면, 응축기와 얼음을 제조하기 위한 물을 조절할 것이다. 그러나 수냉식 응축기에 사용되는 많은 물의 양이 필터에서 인산염에 의해 빨리 고갈되어버리므로 빈번한 필터 교환이 요구된다. 필요할 때 수냉식 응축기 세정은 효과적이고 간단하지만 비용이 더 든다.

제빙기 유지관리의 중요한 부분은 응축기 청소를 확실하게 하는 것이다. 대부분의 공랭식 제빙기는 응축기 입구(그림 12-12 참조)의 공기필터를 청소할 수 있는 형태이다. 그러나 수냉식 응축기를 체크하는 것은 단순하게 필터만을 체크하는 것보다 더 어렵다(그림 12-13 참조). 응축기에서 나오는 물의 온도는 제조사에서 추천하는 수두압으로 장치가 작동될 때, 대략 체온(95°F와 105°F 사이) 정도이다. 물의 과도한 유량은 스케일 형성의 표시이지만, 이것이 항상 제빙기에 있어서 응축기의 상태를 나타내는 정확한 척도는 아니다. 수냉식 응축기에 있어서 무기물 형성을 결정하는 상당히 효과적인 방법은 응축기를 나오는 물의 온도를 측정하는

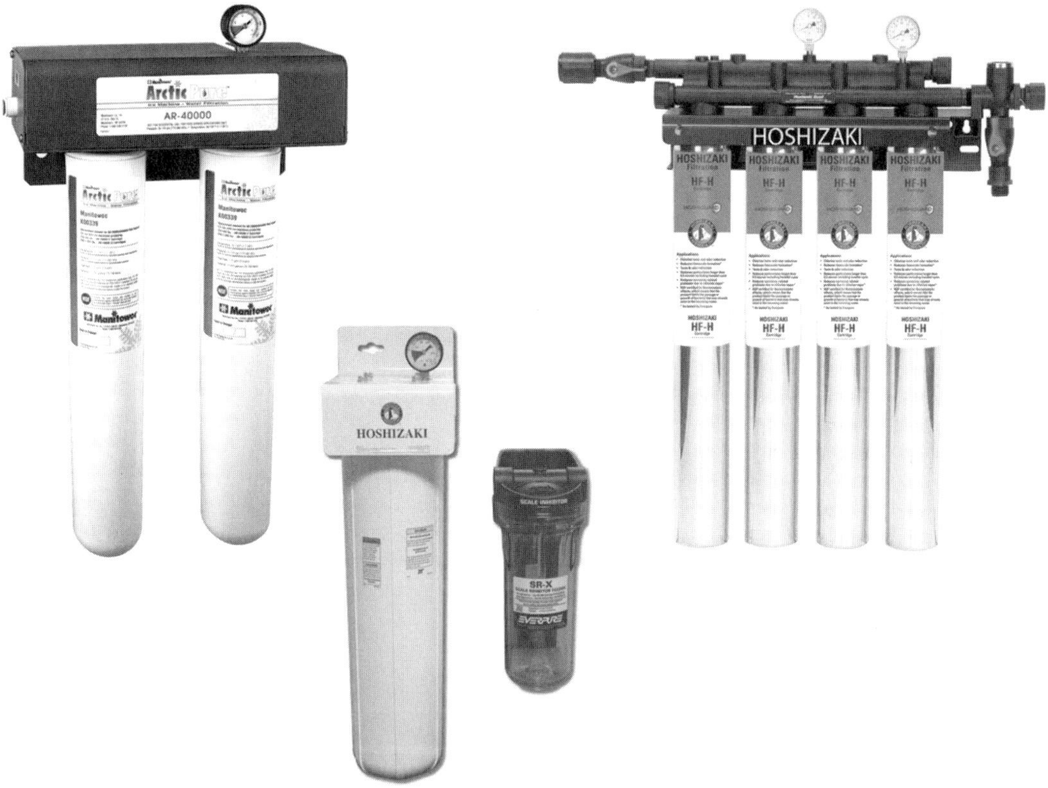

그림 12-11 제빙기 물 필터

그림 12-12 제빙기의 공랭식 응축기 필터

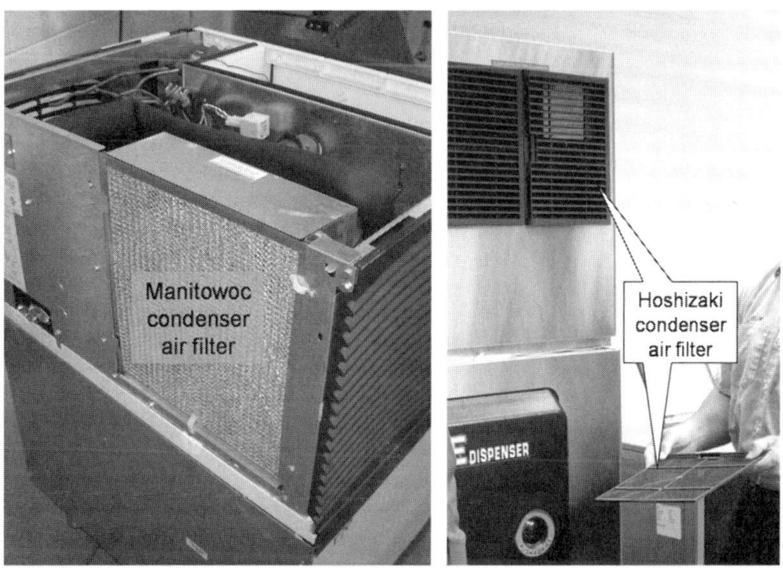

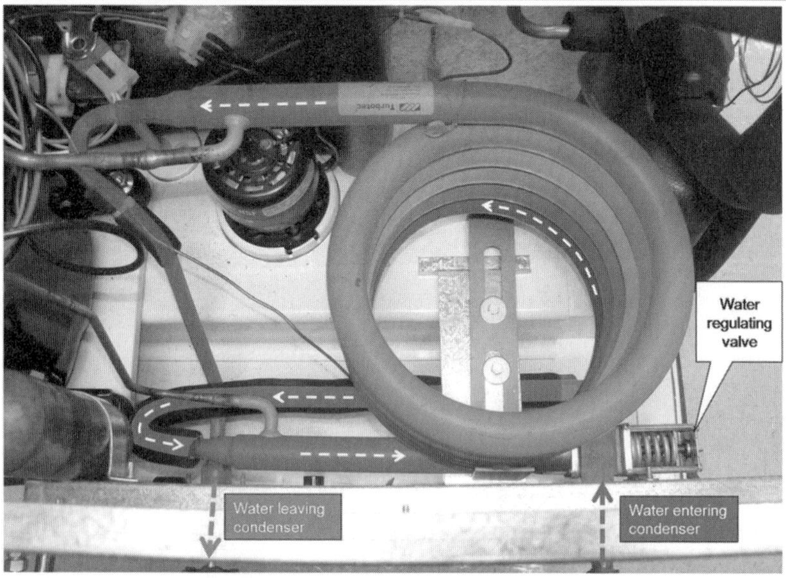

그림 12-13 수냉식 제빙기

것이다. 다음은 물의 온도를 진단하는 과정이다.

1. 응축기를 나오는 물의 온도를 측정한다.
2. 체온(약 95°F)보다 낮은 경우에는 수두압을 확인한다.
3. 제조사 권장값 범위 내에 수두압이 있다면, 응축기에는 스케일이 형성되어 얇은 층을 이룬 것이다.

예제: ❶ 응축기로부터 나오는 물의 온도는 95~105°F보다 낮은 85°F이고 응축기 수두압은 제빙기 서비스 핸드북에 지정된 범위 내에 있다. 이 조건은 응축기 내에 작은 무기물 형성을 의미할 수 있다.

이 예제에서 수두압을 상승시키는 충분한 원인이 되지만, 스케일 문제는 나쁘지 않다. 열전달을 위해 많은 물의 흐름을 허용함에 따라 밸브는 수두압을 내려가게 유지할 수 있다. 이 밸브는 유지관리를 위해 기본적으로 조절이 된다. 그러나 스케일은 열의 효율적인 전달을 방해하므로 물의 온도가 낮아진다. 조건을 검증하는 쉬운 방법이 있다. 밸브 조절에 의해 물 유량을 감소시켜 응축기 수온을 올린다. 만약 헤드압력이 제조사 추천값보다 올라간다면 응축기 내부에 미네랄의 엷은 층이 생성되는 원인이 될 것이다. 이러한 경우, 소량의 스케일을 제거하여 응축기를 통해 배출시켜 온도를 원래 수준으로 돌려야 한다.

4. 수두압이 높은 경우에는 응축기에 두꺼운 스케일 층이 있다.

예제: ❷ 수두압이 높고, 응축기로부터 나오는 수온이 낮은 경우에 수냉식 응축기에는 거의 확실하게 무기물이 형성된 두꺼운 층이 있다.

이 예제에서 밸브가 전부 열렸다면, 유량은 조절을 위한 적당한 수두압을 유지하기에는 충분하지 않다. 그러므로 스케일 형성은 빠르고 두껍게 되므로 산을 이용한 세정작업이 확실하게 필요할 것이다.

때때로 무기물 층이 너무 두껍기 때문에 세정작업으로 완전하게 제거할 수가 없다. 또 어떤 경우에는 스케일이 큰 덩어리로 떨어져 응축기 내를 막아 버린다. 응축기를 세정할수 없을 경우에는 교체해야만 한다. 새로운 응축기가 설치될 때까지 고객의 제빙기는 서비스 범위 밖이다. 그러므로 경험있는 기술자가 수냉식 응축기 세정작업을 하기 전에 대체 응축기의 가용성을 체크한다.

참고: 무기물 형성이 과도한 경우에 응축기 세정작업은 항상 성공적이지는 못할 것이다.

5. 수두압이 낮은 경우에는 수두압을 올리기 위해 물밸브를 조절한다. 만약 수두압과 응축기를 나온 물의 온도가 평상시의 수준보다 높다면 그 응축기는 청결한 것이다.

제빙기 보증

제빙기 고장진단을 다루기 전에 보증에 대해 토론하는 것은 좋은 생각이다. 다음은 대부분의 제빙기에 대한 기본적인 제조사 보증 목록이다.

사실 확인 #1

제빙기에 대한 유지관리에 소홀하면 서비스 문의전화가 폭주하게 된다. 제조사 보증 부분을 교체하는 일은 대단히 중요하다.

- 기계의 모든 것에 대한 보증은 3년
- 압축기에 대한 보증은 추가 2년
- 증발기에 대한 보증은 5년

보증작업 수행 및 제조사의 보상을 받기 위해 제빙기 설비를 서비스하는 사람은 반드시 딜러 또는 제빙기 브랜드를 위한 증명된 기술자이어야 한다. 이것은 제조사가 보증 수리를 실행하는 데 석설히 훈련된 기술자를 원하기 때문이다.

기계 소유자는 일반적인 유지관리를 책임진다. 추가적으로 제조사는 기계를 제외하고는 물 또는 전력에 기인하는 문제를 처리할 수 없다. 즉 시스템 디자인 제한에 따른 주위 조건에 기인한 문제, 또는 부적절한 설치에서 기인하는 문제 등은 다루지 않는다.

제빙기 고장진단

이 절에서는 일반적인 고장진단 지침에 대해서 서술한다. 하지만 유능한 제빙기 서비스 기술자는 그가 담당하는 제빙기 모델에 대해서 서비스 핸드북을 숙지하고 반드시 제조사의 훈련을 받아야 한다.

기술자가 제빙기 서비스를 위해 기억해야 하는 첫 번째 것은, 트럭에 계기를 두는 것이다. 유닛의 고장진단을 할 때 항상 압력 확인을 하는 것은 아니다. 제빙기는 임계 수준까지 채워진다. 서비스를 할 때마다 압력을 확인하는 것은 낮은 비용으로 가능하므로 좋은 방법이다. 역시 제빙기 문제의 50~75%는 물과 관련된 것으로 더러운 물 순환, 너무 높거나 너무 낮은 수압, 배수 문제 등이다. 그러나 압력을 검사할 때, 기술자는 계기 호스 내부의 냉매가 트랩되지 않도록 계기 세트를 사용해야 한다. 그림 12-14는 호스가 없는 계기 예이다.

'얼음이 없다' 라는 고장진단 전화

제빙기가 작동되지 않을 때 문제를 추적하는 것은 아주 쉽다. 제빙기가 파워와 물을 가지고 있지만 작동되지 않는 경우에는 장치의 안전제어가 차단된 것이다.

그림 12-14 제빙기에 사용되는 압력 계기

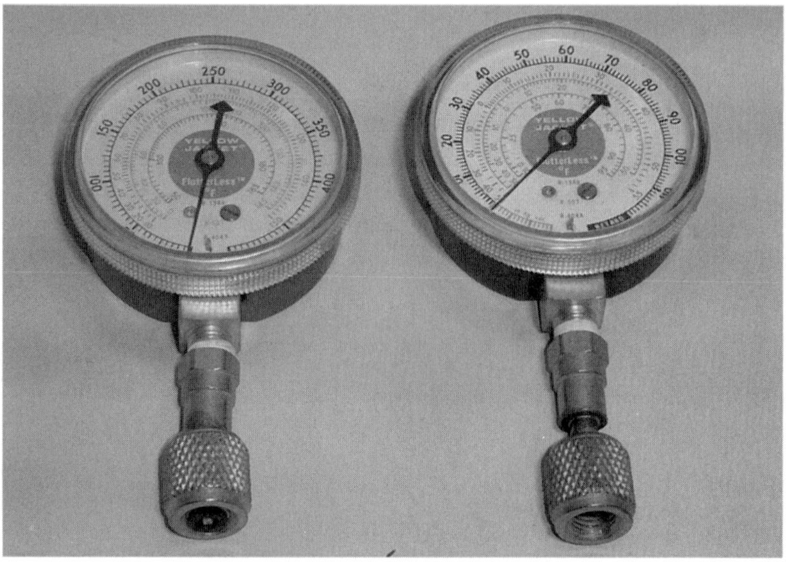

일반적인 안전 제어기는 수동 리셋 버튼을 가진 고압 스위치이다. 리셋을 하여 기계가 가동되면, 기술자는 무엇이 문제를 일으켰는지 알아내야 한다.

참고: 때때로 고압제어는 기술자가 제어 트립 직후에 기계를 재가동할 수 없기 때문에 말썽이 생긴다. 고압 스위치에 의해 기계에 문제가 생겼다면, 고압 스위치를 리셋하기 전에 압력을 떨어뜨릴 필요가 있다는 것을 명심해야 한다.

기계의 다른 안전 제어기는 끄고, 회로판의 조명을 켠다. 이 빛은 서비스 기술자를 위한 진단 키이다. 회로판 조명을 사용하여 문제를 진단하기 위해서 기술자는 그 모델에 관한 서비스 핸드북이 필요할 것이다.

예제: ❸ R404A 기계에 대한 Manitowoc의 고압 제어기는 대략 450 psig에서 트립이 발생한다. 그러나 300 psig 압력강하까지는 리셋을 하지 않는다.

'느린 제빙' 혹은 '충분하지 않은 얼음'에 대한 고장진단 전화

제빙기가 고객을 위한 충분한 얼음을 만들지 않을 때, 기술자는 첫 번째로 '용량 확인'을 해야 한다.

1. 주위공기 온도와 기계의 물 온도를 확인한다.
2. 전체 사이클 시간을 결정한다(동결 사이클 + 제상 사이클).
3. 얼음 배치의 무게를 잰다.

참고: 어떤 핸드북은 얼음 베치의 적당한 형성을 위해 평균 무게를 제공한다.

4. 다음과 같이 매일 생산량을 산출한다.

[1,440(1일을 분으로 환산) ÷ 총 사이클 시간] × 얼음 무게 = 생산량

예제: ❹ 동결 사이클 14분, 제상 사이클 1분, 따라서 총 사이클 시간 = 15분.

얼음의 배치 무게는 5파운드이다. 24시간 동안의 총 생산량을 산출하라.

[1,440분 ÷ 사이클당 15분] × 사이클당 5파운드 = 96사이클 × 5파운드 = 480파운드

각 모델의 제빙기는 주위 온도와 유입되는 물 온도에 따라 24시간 동안 평균 얼음 생산량을 나타내는 표를 가지고 있다(그림 12-15 참조). 정격용량 10% 내의 생산량이라면 기계는 정상적으로 작동한다고 여긴다. 예제 4에서 기계의 정격용량이 하루에 520파운드라고 하면, 480파운드의 생산량은 정격용량의 약 8% 이하

그림 12-15 제빙기 용량표

B450 SERIES WATER-COOLED ICE MACHINE 24 HOUR ICE PRODUCTION (Pounds)			
AMBIENT AIR TEMP °F	PRODUCTION AT WATER TEMPERATURE OF:		
	50°	70°	90°
70°	440	400	355
80°	435	395	350
90°	430	390	345
100°	420	380	335
Based on average ice slab weight of 4.12 lb. to 4.75 lb.			

CYCLE TIMES (Minutes)				
AMBIENT AIR TEMP °F	FREEZE TIME AT WATER TEMPERATURE OF:			HARVEST TIME
	50°	70°	90°	
70°	12.0–14.1	13.3–15.6	15.2–17.8	1–2.5 min.
80°	12.1–14.2	13.5–15.8	15.5–18.1	
90°	12.3–14.4	13.7–16.0	15.7–18.3	
100°	12.6–14.8	14.1–16.5	16.2–18.9	
Freeze Time + Harvest Time = Total Cycle Time				

이지만, 수용할 수가 있다. 거의 수시로 제빙기가 정격용량보다 많은 얼음을 생산하는 것을 알 수 있다.

고객이 정규적으로 1일 생산량보다 많은 얼음을 사야 할 필요가 있는 경우에는 용량이 큰 기계 또는 추가적인 기계를 권할 수가 있다. 하지만 기계가 가득 차 있고, 1주일 중 휴일이 있다면 고객에게는 오직 바쁜 주말에만 더 많은 얼음이 필요하다. 따라서 이러한 경우에는 보다 큰 얼음 저장소를 권유할 수 있다. 이와 같은 경우 주말에 사용할 더 많은 얼음을 생산하기 위해 1주일 동안 제빙기를 오래 가동할 수 있다. 또 다른 해결책은 주말의 대량 수요를 위해 1주일 동안 얼음을 자루에 넣어 업무용 냉동고에 저장하는 것이다.

배수를 확인하는 것을 기억하라. 배수 문제에서 저장소의 얼음이 녹는 것은 저장소에서 얼음을 꺼낼 때 확인이 된다. 가끔 얼음이 생성되는 사이클과 특히 제상 사이클 동안 비어 있는 얼음 저장소를 보라. 만약 조금의 물이라도 저장소로 역류된다면 배수 배관을 수리해야만 한다.

용량을 확인하는 것은 제빙과 제상 작동의 세부사항을 관찰할 수 있는 좋은 기회이다. 대다수의 제빙기는 10~20분 내에 사이클을 완성할 수 있다. 경험이 있는 기술자는 제빙과 제상 사이클에서 대부분의 제빙기 문제를 결정할 수 있다. 상대적으로 긴 주기를 가지고 있는 Hoshizaki 제빙기는 약 7분 내에 기계의 대부분

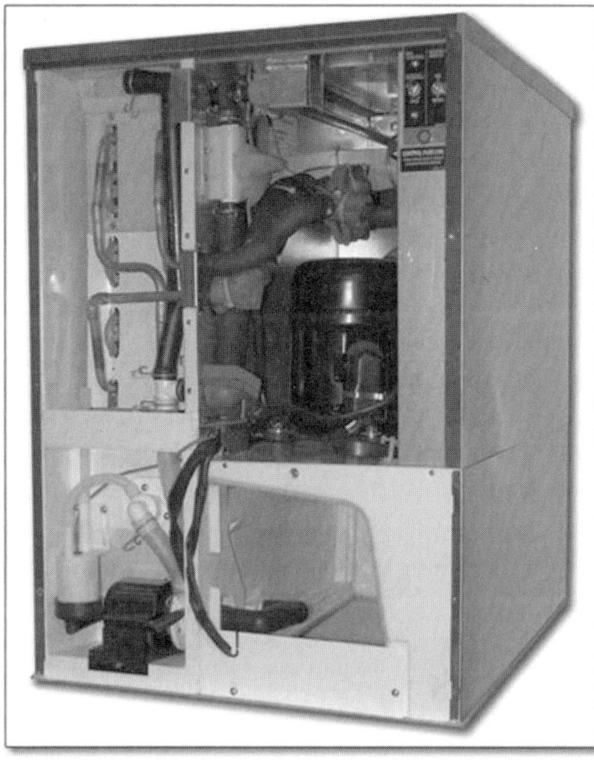

그림 12-16 Hoshizaki 사의 각빙 제빙기

을 확인할 수 있는 절차를 가지고 있다(그림 12-16 참조).

부가적인 고장진단 비결

얼음이 형성되는 방법은 가치 있는 정보이다. 저장소에 얼음이 있는 경우에는 얼음 형상의 불규칙성을 찾는다. 전형적인 표시는 너무 두껍다, 너무 얇다, 또는 투명하다 등을 포함한다. 만약 입방체가 증발기에 달라붙으면, 제상 과정 동안 불규칙 형상으로 되어 얼음이 투명하거나 혹은 녹는다(그림 12-17 참조). 입방체가 고정되는 현상은 제빙기 클리너 또는 딱딱한 솔을 이용하여 증발기의 미네랄 침전물을 제거함으로써 고칠 수 있다.

수냉식 기계에 있는 HPR 물밸브는 기계가 정지하거나 제상 사이클이 진행되는 동안 응축기로의 물 흐름을 막는다. 만약 이런 기능이 없다면 단속 운전 동안 많은 물이 낭비된다. 더불어 누설되는 물밸브는 제상 사이클 동안 토출가스를 냉각시킬 수 있다. 그 결과 제상시간이 길어지고 전반적으로 생산량이 줄어든다.

바닥 위의 제빙기에서 누설된 물은 사람을 미끄러지거나 넘어지게 하고, 건물에 대해 손상을 입히는 원인이 된다. 이러한 문제는 신속하게 수정되어야 한다. 그러나 때로는 제빙기에서의 누설같이 보이는 것이 동 배수 관로의 이슬일 수도 있

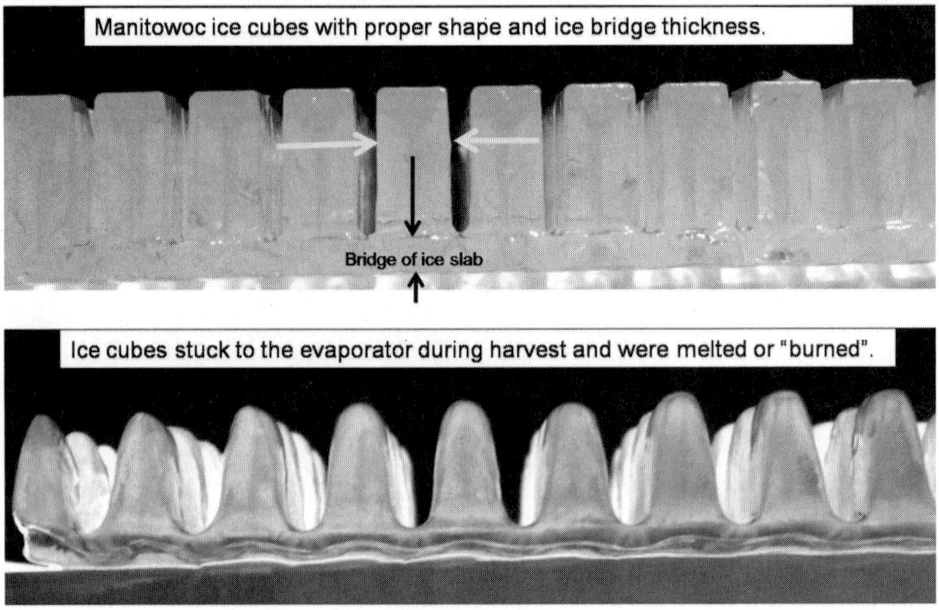

그림 12-17 고장진단의 경우 각빙의 상태 확인

다. 저장소에서 녹은 물은 배수 관로를 차게 하고, 응축기에 습한 공기를 제공한다. 따뜻하고 습한 날 배수에 이슬이 맺히면 고객들은 제빙기에서 물이 누설되었다고 생각한다. 배수 관로의 단열은 이러한 문제를 해결해 줄 것이다.

요약

상업용 제빙기에는 각빙과 플레이크의 2가지 유형이 있다. 각빙 제빙기는 대중적이지만 플레이크 제빙기는 특별한 응용 부분에서만 더욱 선호된다. 이들 제빙기는 비슷하지만 각각의 작동 특성이 있다. 유능한 기계 기술자가 되는 가장 좋은 방법은 모든 제조사에서 제공하는 제품에 대한 유용한 훈련을 이용하는 것이다.

제대로 설치된 제빙기는 정격용량의 얼음을 생산하고 대부분의 불필요한 업무전화를 제거해 준다. 다른 냉동기처럼 유지관리는 제빙기에서도 중요하다. 주요한 차이는 물 회로에 대해 특별한 주의를 요구하는 것이다. 제빙기 문제의 약 50~75%가 물과 관련된 사항이다. 물 필터는 최소한의 서비스 문제와 유지관리를 유지하는 데 도움이 된다.

빠른 용량 검사는 문제가 기계인지 아니면 고객의 얼음 사용법인지를 결정하는 데 도움을 줄 것이다. 또한 기술자에게 제빙기의 모든 기능을 관찰할 수 있는 좋은 기회를 제공할 것이다.

연습문제(REVIEW QUESTIONS)

1. 제빙기의 2가지 종류는 무엇인가?

2. 상업용 각빙은 왜 '순수한 얼음'이라고 여겨지는가?
a. 다른 모양 때문
b. 불순물이 없기 때문
c. 트레이에서 얼지 않기 때문

3. 플레이크 얼음을 제조하기 위한 기본 공정은 무엇인가?

4. 각빙을 제조하기 위한 기본 공정은 무엇인가?

5. 제조사는 제빙기의 주위에 최소한의 공간을 왜 요구하는가?
a. 서비스 접근과 기류를 위해
b. 저장과 미관상 좋게 하기 위해
c. 안전과 배수장치를 위해

6. 제빙기 저장소 배수가 너무 작은 경우에 무슨 문제가 발생하는가?
a. 각빙이 제대로 만들어지지 않는다.
b. 기계가 충분한 얼음을 생산하지 않는다.
c. 배수가 막히고, 물이 역류되며, 저장소에서 얼음이 녹는다.

7. '덤프 드레인'이 너무 작은 경우에 무슨 문제가 발생하는가?
a. 제빙 사이클이 너무 길어질 것이다.
b. 기계가 충분한 얼음을 생산하지 않을 것이다.
c. 무기물의 과도한 형성이 기계 내부에서 발생할 것이다.

8. 덤프 배수 또는 수냉식 응축기 배수가 저장소 배수에 연결되었다면 무슨 문제가 발생하는가?
a. 물은 저장소로 역류되고 얼음이 녹는다.
b. 제빙기는 더 적은 얼음을 만들 것이다.
c. 과도한 무기물이 저장소에 쌓일 것이다.

9. 제빙기의 수압이 너무 낮다면 어떤 일들이 일어나는가?
a. 얼음의 정격용량을 생산할 수 없다.
b. 물밸브 입구, 플로트 밸브 등이 손상될 수 있다.
c. 기계는 너무 많은 얼음을 만들고 저장소는 넘친다.

10. 제빙기의 수압이 너무 높을 경우 무슨 일이 일어나는가?
a. 얼음의 정격용량을 생산할 수 없다.
b. 물밸브 입구, 플로트 밸브 등이 손상될 수 있다.
c. 기계는 너무 많은 얼음을 만들고 저장소는 넘친다.

11. 원거리 응축기에 대한 과잉 배관은 어떻게 해야 하는가?
a. 제조사의 권유대로 자르고, 검사한다.
b. 페리스 관람차같이 과잉 배관을 수직으로 고리 형상으로 만든다.
c. 단순한 토출가스이므로 고민할 필요가 없다.

12. 제빙기 유지관리에서 가장 중요한 부분은 무

연습문제(REVIEW QUESTIONS)

엇인가?

a. 깨끗한 저장소 배수

b. 깨끗한 물 회로

c. 빠른 제상 사이클

13. 수냉식 응축기에서 나오는 물의 적당한 온도는 얼마인가?

a. 주위보다 20~30°F 높다.

b. 115~125°F

c. 체온(95~105°F)

14. 제빙기에 대한 기본적인 부속과 노동 보증 기간은 얼마인가?

a. 1년, 부속과 노동

b. 3년, 부속과 노동

c. 5년, 부속과 노동

15. 제빙기에 대한 제조사 보증으로 해결이 되지 않는 것은 무엇인가?

16. 제빙기 기술자는 왜 트럭에 계기를 가지고 다녀야 하는가?

a. 모든 문제가 물과 관련이 있기 때문에

b. 제빙기에 계기 포트가 없기 때문에

c. 제빙기가 냉매를 분실하지 않기 때문에

17. 제빙기 용량 검사에 대한 절차를 기술하라.

18. 만약 제빙기가 정격용량 ____ 내에서 생산을 한다면, 기계가 제대로 작동하는 것으로 여겨진다.

a. 10파운드

b. 10%

c. 20%

19. 고장진단 과정에서 왜 저장소 배수 부분을 확인해야 하는가?

a. 저장소 배수에 구멍이 있는지를 알기 위해

b. 물이 저장소로 역류되는지를 알기 위해

c. 저장소 배수가 적당하게 경사져 있는지를 알기 위해

20. 만약 각빙이 '투명하거나' 또는 제상과정에서 증발기에 고착되는 표시를 보일 때 기술자가 이 문제를 해결하기 위해 처음으로 해야 할 일은 무엇인가?

a. 제빙기의 물 회로와 증발기 청소

b. 저장소 배수 청소

c. 냉매 추가

21. 수냉식 제빙기에 있는 HPR 밸브에 물이 흐르지 않을 때는?

a. 기계 기동 시

b. 입구 수온이 50°F 이하로 떨어질 때

c. 기계가 멈추었을 때 그리고 제상 사이클 동안

22. 저장소 배수에 이슬이 맺히는 현상은 무엇 때문에 문제가 되는가?

a. 건물에 대한 손상과 사람이 미끄러지거나 넘어지는 원인이 될 수 있다.

b. 얼음 생산량이 감소할 수 있다.

c. 저장소 배수가 막히거나 저장소로 역류가 일어날 수 있다.

CHAPTER 13

보존과 건강을 위한 제품 온도

개요

식당 지배인들은 보통 지역위생 검사관의 방문을 불안해한다. 검사관들은 사전에 알려주지 않고 갑자기 가장 바쁜 시간대에 방문한다. 이렇게 일부러 바쁜 시간대에 방문하는 이유는 식당이 가장 활발하게 돌아가고 있을 때가 식품위생법을 얼마나 잘 지키고 있는지를 확인하기에 가장 좋은 기회이기 때문이다. 지역 보건부서는 식당에 벌금을 부과할 수 있으며, 건강과 음식에 관한 중요한 규정을 어겼을 경우에는 식당의 문을 닫게 할 수도 있다.

식품 위생관들은 해충 관리부터 부엌 싱크대의 배수까지 식당의 모든 것을 검사한다. 하지만 이 장의 목적은 기술자들이 냉동에 연관되어 있는 것처럼 검사관들이 건강에 대해 염려하고 있음을 기술자들이 알도록 하는 것이다. 기술자들이 위생규정에 관해 알면 알수록 더 쉽게 고객들에게 제품에 대한 신뢰를 심어줄 수 있다. 고객들이 얼마나 규칙에 맞게 냉동설비를 사용하는지 이해하는 것도 역시 중요하다.

참고: 지역에 따라 법이 다를 수도 있다.

학습목표(OBJECTIVES)

이 단원을 다 배우고 나면 고객들의 건강과 제품의 보관에 적용시켜 다음 주제들에 대해 이해하고 설명할 수 있어야 한다.

- 최소 온도
- 식품 검사관들의 목적
- 문제 영역과 해결책
- 제빙기 검사
- 힌지, 핸들, 그리고 개스킷
- 냉동 유지관리 프로그램
- 관심 온도 및 건강 사항들

최소 온도

식품 온도에는 요구되는 3가지 단계가 있다. FDA(Food and Drug Administration)에서는 미국의 모든 주에서 지켜야 할 최소 단계를 정해두고 있다. 다음으로 지역 식품부서가 더 강한 규정을 정하고 있다. 마지막으로 식당(보통은 큰 체인점)의 규칙이 지역의 규제보다 더 엄격하다.

참고: 더 자세한 정보는 www.fda.gov에서 'food code'를 검색하라.

예를 들어 FDA에서 정한 상업용 냉장고의 최대온도는 41°F이다. 하지만 어떤 식당들은 대형의 경우는 35°F, 소형(reach-in)의 경우 38°F를 유지하도록 하고 있다. 더 낮은 온도에서 제품을 보관할수록 더 오래 보관할 수 있다. 또 갑작스런 식품위생관의 방문 시에 냉장고 온도가 레스토랑의 요구보다 조금 더 높더라도 검사를 통과할 수 있다.

FDA의 냉동식품에 대한 규정은 단순히 얼려진 고체로 존재하면 된다는 것이다. 제품의 딱딱한 정도는 얼려진 식품에 따라 달라진다. 물의 경우 32°F에서 고체이지만 아이스크림의 경우 5°F 이상이 되면 부드러워진다. 보통 냉장고의 경우 0~5°F, 대형의 경우 −10~0°F을 유지하도록 되어있다.

식품 검사관들의 목적

검사관들이 필요한 온도보다 더 낮게 유지된다고 생각할 수 있도록 주방에서 일하는 사람들은 증발기 출구의 공기흐름이 있는 곳에 온도계를 설치해 두기도 한다.

사실 확인 #1

식품위생검사관들은 박스 온도를 체크하기 위해 자신의 온도계를 사용한다. 그리고 캐비닛의 가장 높은 부분의 온도를 기록한다. 더욱 중요한 것은 식품 자체도 적정온도를 유지하고 있는지 식품의 온도를 측정하기도 한다는 것이다.

검사 중에 스테인리스 재질로 된 탐지기가 달린 전자 온도계로 식품의 온도를 측정한다. 이 탐지기는 식품 안쪽의 온도를 측정할 수가 있다. 어떤 식당 지배인들은 하루 동안 여러 번 적외선 온도계로 식품의 표면 온도를 측정한다. 탐지기처럼 온도를 정확하게 잴 수는 없지만 오차가 그렇게 크지 않고 온도를 측정하는 방법도 간편하다.

제품의 온도는 냉장고의 온도보다 훨씬 중요한데 만일 냉장고의 온도가 54°F인데 식품의 온도는 41°F 이하이면 검사관은 냉장고를 한 번 점검해 보라고 말할 것이다. 검사관은 아마 냉동실에서 방금 물건을 옮겨 왔으며 냉장고가 고장난 줄 알 것이다. 하지만 만일 제품과 냉장고가 둘 다 54°F라면 검사관은 당연히 그 식당은 법을 어겼다고 말할 것이다.

문제 영역과 해결책

그림 13-1, 13-2 처럼 예비 유닛(prep unit)은 검사관이 제일 먼저 온도를 측정하는 곳이다. 음식 팬들은 아래에서 냉장이 되는 반면에 위쪽은 상온에 노출되어 있다. 예비 유닛이 있는 곳은 음식을 40°F 아래로 유지하기 위해 보통 방 온도를 35°F 정도로 유지한다. 대부분의 예비 유닛들은 사용하지 않을 때를 위해 덮개가 있지만 그냥 방치되어 있다. 적어도 하나 이상의 제조사는 예비 유닛에서 냉장고가 아래의 찬 공기를 위로 보낼 수 있도록 만들었다. 회사에서는 이러한 구조가 뚜껑이 닫히지 않았어도 음식온도가 상승하지 않도록 해준다고 한다.

검사관들이 음식의 온도가 규정보다 높은 것을 발견하면 주방 담당자는 그 음식이 조금 전에 냉장고에 넣었다고 변명한다. 이때 검사관들은 이 말이 타당한지 판단해야 한다. FDA의 식품위생법에 따르면 조리된 음식은 41°F까지 온도가 내려가는 데 음식에 따라 4~6시간 정도 허용된다. 또한 냉각된 음식이 다른 음식들

그림 13-1 예비 테이블

그림 13-2 예비 유닛의 식품온도 검사

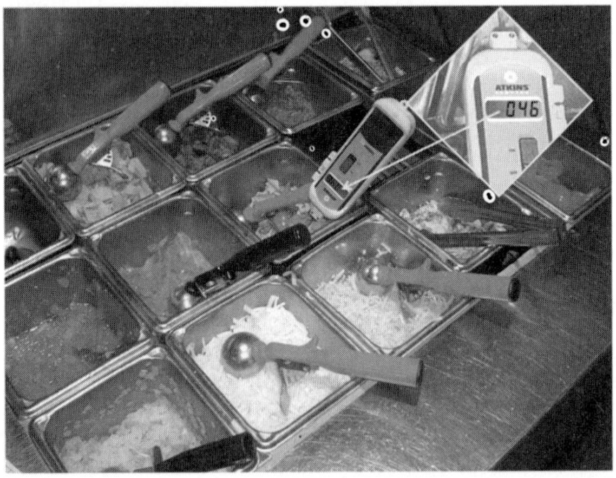

과 섞여서 다시 냉장고에 넣어졌을 때 41°F로 온도가 내려가는 데 1시간이 허용된다.

표준 냉장설비(냉장고, 냉장실, 예비 유닛)는 따뜻한 음식을 41°F까지 빨리 식히도록 설계되어 있지 않고 단지 보관에 적합하도록 설계되어 있다. 따뜻한 음식을 너무 많이 넣으면 냉장고의 온도가 올라가고 그러면 압축기가 정상적인 단속 운전의 제상없이 과다하게 작동한다. 증발기에 대해 2장에서 설명했듯이, 정상적인 단속 운전없이는 코일을 제상할 수 없으므로 결국 증발기가 얼게 된다. 한 가지 해결책은 코일 핀 측에 온도 감지구가 있는 온도조절기를 설치하므로서 증발기가 너무 차가워졌을 때 압축기의 작동을 멈추게 한다. 압축기는 증발온도가 어느점 이상이 될 때까지 재기동을 하지 않으며 이때 증발기의 서리가 녹게 된다. 또 다른 방법으로는 계획된 단속 운전에서 제상을 하도록 타이머를 사용하는 것이다. 이 두 방법 모두 증발기의 착상을 막아 주지만 냉동과정을 빠르게 하지는 못한다.

준비된 음식의 온도를 가장 빨리 낮추려면 분사식 칠러(blast chiller)를 쓰는 것이 가장 좋다. 이러한 냉장 캐비닛들은 대형 냉동 유닛에 내장되어 있는데 많은 양의 음식 온도를 빨리 낮추기 위해 공기량을 증가시킨다.

예제: ❶ 보통 한쪽 문형 냉장고는 1/4 hp의 압축기를 갖고 있다. 하지만 비슷한 규모의 소형의 분사식 칠러에는 4 hp 콘덴싱 유닛을 가지고 있으며, 일반 냉장고보다 16배의 냉동능력을 가지고 있다. 이런 특별한 냉장고는 최고 200파운드까지 요리된 음식의 온도를 낮출 수 있으며 170°F에서 40°F까지 한 시간 반 만에 온도를 내릴 수 있다.

이전의 예제들은 음식의 온도를 내리는 데 냉동능력이 얼마나 필요한지 설명하였다. 그러므로 보관만을 위한 대형 냉동실이 매우 크더라도 따뜻한 음식의 온도를 낮추는 것은 힘들다는 점을 쉽게 이해할 수 있을 것이다.

분사식 칠러 및 냉동고뿐만 아니라 모든 냉동기계에서는 고내 물건들 사이의 공기순환이 매우 중요하다. 냉장고 안의 선반이나 쟁반 위에는 공기순환을 위해 주변과 충분한 거리를 두고 음식을 놓아야 한다. 냉장고 제조사들은 보통 'product stop'을 선반 뒤쪽에 설치하여 내용물들이 공기의 순환을 방해하고 냉장고 벽에 부딪치지 않도록 한다. 이런 장치에도 불구하고 어떤 사람들은 냉장고를 꽉꽉 채워서 공기가 잘 순환되지 않도록 한다. 냉동실을 이용하는 사람들은 보통 이런 문제를 잘 모르는데, 결국 기술자들이 소비자들에게 적당한 부하와 좋은 공기순환의 필요성에 대해 설명해야 한다. 기술자들은 귀찮은 고장신고를 많이 받는데, 이들 중 대부분은 설비고장이 아니라 고내에 너무 많은 물건을 채워 놓아서 물품온도가 제대로 떨어지지 않는다는 것이다.

제빙기 검사

공기 중에 떠다니는 곰팡이균들은 제빙기 안쪽 어둡고 습한 곳에 칙칙한 찌꺼기를 남기는데 이런 곰팡이의 증식은 보기에도 더럽지만 얼음을 만드는 데도 방해가 된다. 맥주가 제공되고 반죽을 하는 곳이면 어디나 곰팡이균들이 있다. 공인된 소독제로 정기적으로 제빙기를 청소하는 것으로 이런 문제들을 해결할 수 있다.

대부분의 식당들은 제빙기를 쓰지 않을 때 얼음 스쿠프(ice scoop)를 보관하는 홀더를 제빙기 옆에 만들어 놓았다. 이는 얼음이 식품위생법에 포함되기 때문인데, 스쿠프가 얼음 속에 파묻혀 있을 경우 직원들이 손으로 얼음을 퍼내는 것을 방지하기 위함이다(그림 13-3 참조).

힌지, 핸들 및 개스킷

FDA의 식품위생법에 따르면 냉장설비의 기계적인 부분들도 잘 정비되어 있어야 한다. 문 개스킷도 최소한 하루에 한 번씩은 소독하고 청소를 해야 한다. 음식을 다루는 사람들은 문을 열고 닫으며 문 개스킷을 만질 때 지방들이 손에 묻어 있다. 이 때문에 잔유물이 남아 플라스틱 개스킷과 고무가 더러워진다(그림 13-4 참조). 따라서 늘어지고 낡은 문 개스킷으로 인하여 냉장고 안으로 외부의 공기가 들어와 제품의 온도를 높아지게 하고 증발기를 얼도록 하기도 한다. 이러한 이유로 헐거워진 힌지와 핸들들은 정기적으로 죄어 주어야 하며 망가진 부분들도 교체하여야 한다(그림 13-5 참조).

슬라이드 문의 경우 계속 열고 닫는 과정에서 롤러와 도어 트랙이 마모되기

그림 13-3 얼음 스쿠프는 반드시 얼음저장통 외부에 두어야 함

그림 13-4 개스킷 문제의 예

때문에 문제가 많다. 또한 음식물이 도어 트랙에 떨어지면 열고 닫는 데도 지장을 주지만 식품위생법에도 저촉된다. 문이 제대로 닫히지 않는다면 살짝 열려 있어서 바깥의 따뜻한 공기가 안으로 들어오게 된다. 그러므로 도어 트랙을 자주 청소하는 것이 문의 작동, 냉동유지, 그리고 위생을 위해서도 중요하다.

냉동 유지관리 프로그램

식품위생법을 어기지 않는 첫 번째 단계는 좋은 냉동 유지관리 프로그램을 따르는

그림 13-5 도어 장치 문제

것이다. 유지관리가 월별, 분기별 혹은 반년마다 되는 것은 기계의 작동 조건에 달려 있다. 하지만 중요한 것은 반드시 일정한 기간마다 기계를 점검해야 한다는 것이다. 다음은 더욱 더 중요한 유지관리 절차들이다.

- 기계의 온도 검사와 조정
- 공랭식 응축기 청소(혹은 응축기 필터 교환)
- 수냉식 응축기 물 사용 검사
- 증발기와 응축기 배수 검사
- 도어 핸들, 개스킷류 및 힌지류 검사
- 제빙 검사와 물 순환 계통 청소
- 고객에게 문제가 있는지, 기계에 대한 걱정이 있는지 물어 봄

위의 절차들이 더 큰 프로그램의 일부라면 고객들은 식품위생청에서 검사를 하더라도 식품냉동에 관해서는 별다른 걱정을 하지 않아도 된다.

응축기나 증발기를 청소할 때 화학물질이나 먼지들이 음식에 들어가지 않도록 조심해야 한다(그림 13-6 참조). 예방이 최고의 보호이다. 음식을 덮어 놓거나 다른 곳으로 옮겨 두자. 만일 실수로 음식이 오염되었다면 책임자에게 바로 알려야 한다. 손님 중 한 명이 아픈 것보다는 실수를 사과하고 혼나는 것이 훨씬 낫다.

관심 온도 및 건강 관련 사실

다음의 정보는 상업용 냉장고 기술자들에게 흥미있고 도움이 되는 정보들이다.

그림 13-6 리치인 냉장고 상부의 오염된 응축기

음식업에서는 병균을 죽이기 위해, 음식을 준비하는 곳의 기름을 없애고 접시를 씻을 때 소독제로서 살균제를 쓴다. 살균제는 1티스푼의 표백제를 1갤런의 물에 넣어서 만든 물과 염소의 묽은 용액이다. 너무 많은 표백제는 닿는 곳마다 독성이 있는 물질이 남아 있게 된다. 그래서 검사관들은 **리트머스 종이**(litmus paper)에 살균제를 묻혀 표백제를 너무 많이 사용한 것이 아닌지 확인한다.

급속 동결은 대부분의 음식, 특히 고기의 맛을 유지하는 데 매우 중요하다. 상업용 냉동고는 고기가 0°F까지 1시간도 안돼서 급속동결이 되는데 이렇게 빠른 동결속도는 고기 자체의 수분 함유량을 유지시키고 매우 작은 얼음 결정을 만든다. 고기를 구웠을 때 원래 육즙을 가지며 본래의 맛을 회복하게 된다. 하지만 보통의 냉동고에 넣어서 고기를 얼릴 경우, 천천히 얼리기 때문에 상대적으로 큰 얼음 결정이 생기며 고기의 세포들이 터지게 된다. 따라서 이렇게 얼린 고기를 굽는다면 육즙은 다 달아나고 맛이 없고 질긴 고기만 남게 된다.

참고: 급속 냉동되었던 고기가 해동되었다가 다시 천천히 냉동된다면 같은 문제가 생긴다.

어떤 음식들은 튀기기 전에 얼려 놓았다가 바로 튀길 때 더 맛이 좋다. 해동된 감자튀김은 뜨거운 기름을 흡수해 바삭바삭하기보다는 맛없고 찐득거리게 튀겨진다. 이런 이유에서 식당들은 튀김기구 옆에 냉장고를 놓아둘 때가 많다.

아이스크림의 질은 천차만별이므로 딱딱하게 어는 온도도 매우 다양하다. 싼 아이스크림의 경우 −5°F에서 얼지만 비싼 아이스크림의 경우 크림을 함유하고 있어서 −10∼−20°F가 되어야 보관이 가능할 정도로 '딱딱하게' 언다. 아이스크림 진열장 안에서 아이스크림은 보관되었던 냉동실에서 해동 캐비닛으로 옮겨지므로서 온도가 올라가게 된다. 아이스크림이 0∼5°F 정도까지 온도가 올라가면 더 쉽게 아이스크림을 퍼기 위해 아이스크림을 퍼는 캐비닛으로 옮겨진다.

냉동 유닛 온도는 직원들이 기계를 사용하기 전에 매일 확인하여야 한다. 적절한 온도에서 유닛을 가동했는데도 불구하고 하루 종일 온도가 과도하게 올라갔다면, 이것은 장비문제라기보다는 유닛의 사용에 대한 문제이다. 기계를 아침에 사용 전 점검하는 것은 또 다른 중요한 이유가 있다. 이는 만일 기계를 수리해야 된다면 회사에 더 빨리 알려서 수리를 받을 수가 있기 때문이다.

식품위생청 검사관들의 수는 정해져 있기 때문에 그들은 식품위생법을 어겼을 것 같은 식당에 집중하게 된다. 어떤 검사관들은 냉동 기술자들이 도움을 줄 수도 있을 것이라고 생각한다. 기술자들은 부엌의 상태를 잘 알고 있기 때문에 보는 대로 대중들의 건강에 큰 위협이 될 것 같으면 음식서비스 시설(food service establishment)에 대한 보고서를 제출해야 한다. 이것은 꼭 '길러줬더니 은혜도 모른다' 라는 것 같지만 기술자들이 식품위생청에 보고서를 제출했던 식당들의 음식을 먹고 주변 사람들이 아프거나 죽게 된다면 어떻게 될지 생각해 보아야 한다.

요약

식품 검사관들의 방문이 결코 음식 책임자에게는 유쾌하지 않겠지만 냉동온도가 적당하다면 훨씬 수월할 것이다. FDA는 최소 냉장온도가 41°F여야 하며 얼린 음식은 딱딱한 상태여야 한다고 규정하고 있다. 음식산업을 위한 냉동기계들은 식품위생법이 요구하고 있는 수준을 지킬 수 있다. 하지만 기계들은 정기적으로 점검해야 하고 설계대로 올바른 방법으로 사용해야 한다.

냉동기계들이 식품온도를 잘 유지시키지 못하는 첫 번째 이유는 사용자의 잘못된 사용방법과 무시이다. 표준 냉동기계들은 따뜻한 음식의 온도를 내리는 것이 아니라 원래 차갑던 음식을 차갑게 보관하는 것을 목적으로 설계되어 있다. 특별한 분사식 칠러와 분사식 냉동고는 이러한 목적을 위해 존재한다. 또한 차가운 공기가 잘 순환되도록 제품 사이에는 충분한 공간이 확보되어 있어야 한다. 마지막으로 기계는 깨끗해야 하고 원칙에 따라 점검해야 한다.

제빙기는 박테리아와 곰팡이균 문제를 일으킬 수 있는 축축하고 어두운 환경을 제공하기 때문에 정기적인 소독을 통해 위생문제를 해결해야 한다.

냉동 유지관리 프로그램은 식품위생법에 냉동환경을 맞추는 것이 매우 중요하다. 유지 점검은 기계가 잘 작동하고 있으며 온도 또한 정확한 것을 확인시켜 준다.

연습문제(REVIEW QUESTIONS)

1. 식품온도를 위해 필요한 세 가지 단계는 무엇인가?

2. 식품위생 검사관이 냉장고의 어떤 곳의 온도를 측정하려고 하는가?

a. 냉장고의 가장 따뜻한 곳
b. 냉장고의 가장 차가운 곳
c. 가장 가까운 곳

3. 만일 냉장고의 온도계가 35°F를 가리키는 경우 검사관이 냉장고 안의 식품온도도 측정하겠는가?

a. 예, 냉장고의 온도보다 식품의 온도가 더 높을 수도 있기 때문에
b. 예, 온도계의 온도가 하향 조정되었을 수도 있기 때문에
c. 예, 온도계가 냉장고 혹은 리턴 온도가 아닌 차가운 증발기 출구온도를 읽을 수도 있기 때문에
d. a, b, c 모두

4. FDA에 따르면 상업용 냉장고의 최대 온도는 얼마인가?

a. 35°F
b. 41°F
c. 54°F

5. 고객들이 냉장고가 뜨거운 음식의 온도를 순식간에 내려 준다고 생각해도 되는가?

a. 예, 모든 냉장고는 음식을 차갑게 하도록 설계되어 있기 때문에 가능하다.
b. 아니요, 대부분의 냉장고는 보관만을 위한 것이며 따뜻한 음식의 온도를 내려주기 위한 용도는 아니다.

6. 따뜻한 음식을 냉동실이나 냉장고에서 식힐 경우 어떤 부작용이 생기는가?

a. 코일이 얼어서 냉장고의 온도가 내려간다.
b. 부작용이 없다. 냉장고의 온도가 내려가는데 좀더 시간이 걸릴 뿐이다.
c. 음식이 빨리 건조해질 것이다.

7. 보통의 냉장고와 분사식 칠러의 가장 큰 차이점은 무엇인가?

a. 분사식 칠러는 공기가 더 많이 움직인다.
b. 분사식 칠러는 냉장력이 더 크고 공기가 더 많이 순환된다.
c. 분사식 칠러는 보통의 냉장고보다 훨씬 크다.

8. 제빙기 안에 생긴 곰팡이를 없애는 최고의 방법은 무엇인가?

a. 제빙기 클리너만을 사용한다.
b. 제빙기 클리너와 소독제를 사용한다.
c. 제빙 캐비닛을 자주 환기시킨다.

9. 도어 개스킷을 가장 좋은 상태로 유지하려면 어떻게 해야 하는가?

a. 유연하도록 조리용 기름을 발라준다.
b. 한 주에 한 번 정도 청소하고 소독한다.
c. 하루에 한 번 이상은 청소하고 소독한다.

10. 어떻게 하면 고객들이 식품위생법을 어기지

연습문제(REVIEW QUESTIONS)

않고 냉동기계을 잘 정비하도록 기술자들이 도와줄 수 있는가?

a. 좋은 냉동점검 프로그램을 소개해 준다.

b. 좋은 품질의 냉동기계만을 판매한다.

c. 고객들에게 냉동의 기초에 대해 가르친다.

11. 기술자가 기계를 점검하던 중 우연히 고객의 음식이 오염된 것을 발견했을 경우 어떻게 해야 하는가?

a. 숨기고 아무에게도 말하지 않는다.

b. 고객에게 바로 말한다.

c. 음식을 빠르게 닦아내고 잊어버린다.

12. 소독제가 무엇인가?

a. 암모니아 수용액

b. 비누와 물을 섞어 놓은 수용액

c. 염소 표백제 수용액

13. 소독제는 매우 강력해야 하는가?

a. 예, 강력할수록 좋다.

b. 아니요, 묽은 수용액이어야 한다. 너무 많은 표백제는 독성이 있다.

c. 아니요, 소독제는 비싸다. 너무 강력하면 부식된다.

14. 가정용 냉동고에서 얼린 고기보다 상업용 냉동고에서 얼려진 고기가 더 맛있는 이유는 무엇인가?

a. 상업용 냉동고의 얼리는 속도가 매우 빠르게 이뤄져 고기의 세포를 파괴하지 않는다.

b. 가정용 냉동고의 다른 음식들이 고기의 맛에 영향을 끼친다.

c. 단지 상상이다. 0°F에 도달한다면 같은 맛일 것이다.

15. 얼려진 감자가 해동된 감자보다 왜 잘 튀겨지는가?

a. 얼려진 감자는 뜨거운 기름이 감자 안으로 스며드는 것을 막기 때문에

b. 얼려진 감자의 얼음 결정들이 뜨거운 기름과 반응하여 더 부드러운 감자튀김이 되기 때문에

c. 얼려진 감자가 해동된 감자보다 더 빨리 튀겨지기 때문에

CHAPTER 14

냉동사업 비책들

개요

이 장에서는 냉동사업을 시작하고 유지하는 데 관한 팁들을 제공한다. 냉동 관련 책에서 경영전략을 소개한다는 것이 약간 낯설게 보일 수도 있다. 하지만 고용주들의 사업 경영에 관한 걱정과 우려를 알고 나면 기술자들이 회사의 규정들을 훨씬 더 잘 수용할 수 있을 것이다. 또 미래에 이 기술자들 중에서 누가 이런 경영과 관련한 결정들을 할지도 모르지 않는가?

누군가가 작은 사업을 하려고 계획하는 단계라면 Michael E. Gerber의 The E Myth Revisited의 책을 읽든지, 또는 CD나 오디오테이프를 이용할 수도 있다. 이 책에는 왜 사람들이 사업을 하려하고 사업을 준비하는 데 있어서 마음가짐을 어떻게 해야 하는지를 잘 분석해 놓았다.

학습목표(OBJECTIVES)

이 단원을 다 배우고 나면 냉동 사업에 관해 다음 주제들에 대해 이해하고 설명할 수 있어야 한다.

- 사업의 시작과 유지
- 기록과 서류작업
- 현금이 최고다
- 가격과 비용
- 고객
- 직원
- 지출
- 세일즈맨으로서의 기술자
- 유지관리 계약
- 출구 전략

사업의 시작과 유지

미국 경제부의 통계에 따르면 미국에서 연간 백만 개가 넘는 새 사업이 시작되지만 50% 정도는 첫해에 망하고, 5년이 지난 후에는 그 중 20% 정도만 그대로 유지된다고 한다. 10년이 지난 후에는 단지 5% 정도만 사업을 지속한다고 한다.

새로운 회사들은 단순히 살아남기 위해서 그들의 에너지를 많이 쓴다. 좋은 시절과 나쁜 시절을 모두 겪은 오래된 회사라도 어떤 일을 시작하면 회사가 계속 유지될 수 있는지를 경험을 통해서 안다.

아주 실력 있는 기술자들이 새로운 냉동사업을 시작하면서 누군가의 밑에서 돈을 버는 것보다 직접 해서 더 많은 돈을 벌 수 있을 것이라고 믿는다. 한 사람에 의해 돌아가는 시스템을 만들면 먼저 사업 중에 얼마나 많은 돈이 들어가는지에 대해서 놀라게 된다. 매번 고객에게 돈을 받을 때마다 돈을 나눠 줄 사람들이 많이 있기 때문이다.

- 부품과 자재에 대해 결제를 해야 한다.
- 회사의 수입과 자신의 월급 모두에 세금이 붙는다.
- 장소, 유틸리티, 유지, 트럭 등에 대한 렌트 비용을 지불해야 하며, 개인 소유자산과 기름값, 수리 등에는 더 많은 세금이 부과된다.
- 건강, 트럭, 건물 및 책임보험과 회사등록면허 유지 등에 또 비용이 들어간다.

이것들은 사업비용의 일부이긴 하지만 매번 수입에 따라 기술자에게 남는 것은 정말 별로 없다는 것을 알 수 있다.

회사에서 사업비용이 얼마나 소요되는지를 알면 이익이 날 정도의 가격을 정하는 것이 급선무이다. 경쟁자들이 정한 가격을 바탕으로 가격을 정하지 않고 적당한 이익과 사업비용을 고려해서 가격을 정해야 한다.

예제: ❶ 회사 A는 경쟁회사보다 높은 가격을 받고 있다. 경영진은 자신들이 경쟁자들보다 더 좋은 서비스를 제공하고 일을 더 잘 해 주기 때문에 이런 가격을 받을 만하다고 믿는다.

예제: ❷ 회사 B는 경쟁회사보다 낮은 가격을 받으려고 한다. 경영자는 더 낮은 가격을 제시해서 더 많은 고객들을 모을 수 있을 것이라고 생각하기 때문이다.

두 회사 모두 성공적일 수도 있고 아닐 수도 있다. 사업이 성공하거나 실패하는 어떤 경우든 다양한 사례들이 있다. 회사가 나아가는 방향은 회사의 소유주나 경영진에 의해 결정된다.

소유주나 경영진이 내리는 결정은 어떻게든 비용을 발생시킨다. 다음은 경영진이 결정을 내리기 전에 고려해야 할 사항들 중 일부이다.

- 이익이 작아지더라도 기술자들이 초과근무를 해서 일을 완수하도록 한다.
- 이윤을 낮춰서 고객을 끌기 위해 세일을 한다.
- 싼 창고를 위해 시간과 기름을 많이 쓰기보다는 근처에 있는 비싼 창고를 사용한다.
- 새 트럭을 사거나 낡은 것을 고친다.
- 새로운 기술자를 고용하거나 기존의 기술자들이 초과근무를 하도록 한다.
- 일이 없으므로 몇 명을 해고 또는 유지하며 더 많은 일이 들어올 것을 기다려 본다.
- 기술자들을 일이 없는 시간대에 집으로 보내거나 그냥 정규임금을 모두 지급한다.
- 가격이 오르지 않도록 기술자들의 임금을 내리거나 다른 회사로 가지 못하도록 임금을 올린다.

기술자들은 경영진들이 결정을 내리기 전에 얼마나 많은 고민을 하는지 알아야 한다. 이런 지식들은 고용주들이 했던 결정들을 이해하는 데 큰 도움을 줄 것이다.

고려할 것들이 너무 많기 때문에 고용주나 경영진들은 항상 모든 사람들에게 좋게 할 수는 없다. 경영진이 결정을 내리는 데 첫 번째 원칙은 회사에 이익이 되는 일을 하는 것이다. 사업이 망하면 모든 것을 잃고, 고용주, 직원, 고객 모두에게 손해를 주게된다. 또한 소유주는 자신의 재산과 에너지를 투자하여 회사를 설립하였기 때문에 반드시 이익을 보아야 한다. 그리고 회사가 사업을 하는 가장 큰 이유는 고객을 관리하는 직원이 있고 최종적으로는 소비자가 있기 때문이다.

기록과 서류작업

서류작업을 좋아하는 사람은 거의 없다. 거의 모든 기술자들이 서류작업을 실제 일에서 방해되는 요소로 생각한다. 목이 좀 아프긴 하겠지만 서류작업은 사업에서 중요한 기록의 일부이다. 기록을 하지 않으면 어떻게 되겠는가?

예제: ❸ 고객의 전화 내용을 전화 담당 직원이 기록해 두지 않았다. 그래서 기술자가 잘못된 위치로 배치되었고 결국 도착은 했지만 고객에게 문제가 무엇인지 물어 보아야만 했다. 이러한 문제는 전화 담당 직원이 기록해 두지 않았기 때문이다.

일이 완료되었을 때 기술자는 서비스 용지에 내용을 기재하지 않았기 때문에 고객은 어떤 것들이 고쳐졌는지 알 수가 없다. 기술자가 지로용지를 제시하기 전까지는 고객이 돈을 지불하지는 않을 것이다. 기술자는 고객에게 회사로 지로용지를 송부한다고 한다. 기술자는 사무실에 전화하여 그가 한 일을 말한다. 전화 담당 직원은 여전히 기록하지 않고 자금부에 그 기술자가 한 말을 전한다. 하지만 기술자가 고객의 기계에 교체한 $500의 압축기와 $200의 다른 부품들이 있다는 사실을 누군가에게 전하지 않고 잊어 버렸다. 서류작업을 하지 않았기 때문에 자금부에서 돈을 청구하지 않았으므로 소비자는 돈을 지불하지 않는다. 부품회사는 회사가 지불하지 못한 부품에 대한 돈을 회사에 청구하고 결국 회사는 기술자에게 월급을 줄 수 있는 충분한 돈이 없게 되는 것이다. 하지만 서류작업을 하지 않은 것에 대한 문제는 여기서 끝나지 않는다.

그 고객은 며칠 뒤 다시 전화해서 그 기계가 작동되지 않는다고 한다. 전화 담당 직원은 일전에 수리해 준 기록이 없기 때문에 이번 서비스에 대한 비용을 지불해야 한다고 말한다. 고객은 이런 오류를 두고 싸우기보다는 다른 회사에 전화하며 더 나은 기록 시스템을 가지고 있기를 바라게 된다.

이 예는 조금 극단적이지만 아주 사소한 부분의 서류작업도 매우 중요하다고 생각된다. 모든 서류작업이 필요하다는 것은 매우 중요하다. 이런 관점에서 모든 기술자들은 "좋습니다. 그럼 서류작업은 반드시 해야겠네요, 하지만 책 한 권을 써야 하나요?"라고 말할 것이다. 다음 예는 이런 질문에 대한 답을 줄 것이다.

예제: ❹ 서비스 배치 직원이 어떤 부분을 서비스해야 하는지에 대해 정보를 제공받지 않았다. 기술자는 어떤 부품을 사용했는지 기록하는 것을 잊었으며 자신의 송장이나 시간표에 충분한 시간을 기록해 두지 않았다. 기술자가 부품을 집어 올렸을 때 순서를 확인하지 않았고 단지 나중에 자신이 청구했던 것을 다 받지 못했다는 것을 알 게 된다. 서비스 회사는 기술자의 글씨를 알아볼 수 없어서 잘못된 고객에게 잘못된 양을 청구하였다. 기술자는 결국 자금부에서 자신의 시간표와 송장을 맞춰 볼 수 없어서 자신의 월급은 줄어들게 된다.

어떤 사람이든 마지막 부분에서는 알 게 될 것이다. "이봐, 누가 내 월급을 망쳐 놨어"라는 반응을 충분히 예상할 수 있다. 사실 모든 실수는 똑같이 나쁘고 회사의 이익과 지출에 영향을 준다. 하지만 이런 자금부의 오류는 회사보다는 기술자의 지갑에 영향을 주기 때문에 기술자들이 예민해지게 된다. 실수는 항상 누군가가 감수하게 되며 따라서 서류작업을 잘하여 지출의 오류를 바로잡는 것은 모두의 책임이 된다.

현금이 최고다

서류작업을 많이 줄이는 방법 중 하나는 우편으로 배달되는 돈(Cash on Delivery, COD)을 많이 모으는 것이다. 다음은 COD가 주는 많은 장점 중 일부이다.

- 청구 송장의 지출을 줄일 수 있다.
- 임금을 주는 데 현금을 공급한다.
- 할인된 청구금액(일찍 내면 공급업자가 할인해 주는 만큼의 양)에 현금을 공급한다.
- 나쁜 빚이 줄게 된다(나쁜 빚은 고객이 돈을 내지 않았을 때 생긴다).

가끔 고객이 돈을 보내지 않거나(나쁜 빚) 보내는 데 매우 오랜 시간이 걸리는 것은 사업상 흔한 문제들이다. 월급을 주거나 회사에 청구되는 돈을 지불할 돈이 충분하지 않다면 고용주는 돈을 빌려야만 한다. 종종 이런 이자와 회사가 얻으려는 이득이 동일할 때도 있다. 그러면 원활하지 않은 현금흐름이 회사의 이득을 대부업체에 넘겨주게 되는 것이다.

참고: 많은 회사들은 이익이 없어서 망하는 것이 아니라 현금흐름이 원활하지 못하여 망한다.

가격과 비용

기술자가 모으는 돈은 지출을 상쇄하고 남는 적은 이윤이다. 이와 같은 이유로 많은 사람들은 이윤이 불쾌한 용어라고 생각한다. 하지만 사업의 세계에서 살아남기 위해서는 모든 회사가 이윤을 남겨야 한다. 어떤 기술자들은 여유로운 현금은 모두 고용주의 지갑으로 들어가는 줄 안다. 하지만 여유로운 현금은 현금흐름이 원활하지 않을 때와 회사를 확장하는 데 필요하다.

비용은 매출을 위해 필요한 것이다. 회사가 무언가를 팔았을 때 비용을 상쇄할 수 없다면 곧 망할 것이다. 냉동업계에서 기술자의 서비스 시간 가격은 그의 시간당 임금보다 훨씬 크다. 다음은 매출 시 다른 비용과 수익의 여러 형태들의 목록이다.

- 직접비는 기술자들의 시간당 임금과 회사가 내는 부품 값이다.
- 총이익은 판매가에서 직접비를 뺀 돈이다.
- 간접비 또는 변동비는 기술자들이 일을 하기 위해 필요한 돈이지만 기술자들이 일을 하지 않았으면 지출되지 않는다(예: 트럭의 기름 값).
- 일반비용은 다른 모든 지출들을 총칭하는 명칭이다.

표 14-1 노동 전용 서비스 비용

	Expenses	Revenue
$100 labor-only sale		$100
Technician's pay	$20	
Direct cost		−$20
Gross profit		**$80**
Indirect costs and overhead		
Office and owner salaries	$20	
Truck expense	$8	
Insurance (all)	$6	
Payroll taxes	$4	
Rent and utilities	$5	
Office expenses such as telephone and the like	$5	
Miscellaneous (instruments, tools, etc.)	$4	
Advertising	$2	
CPA and lawyers	$1	
Total overhead		−$55

- 순이익은 판매가에서 모든 지출을 뺀 돈이다.

예제: ❺ 부품을 교체하지 않고 일만 하는 경우 직접비는 기술자가 그 일을 한 시간 동안의 임금이다. 기술자가 일하는 시간마다 부과되는 세금이나 보험, 트럭 유지비 같은 간접 또는 변동비용도 있다. 마지막으로 기술자가 일하는 것에 상관없이 사무직, 회계사의 임금, 렌트비, 트럭비용, 유틸리티, 전화비 등은 모두 내야 하는 것인데 이것을 일반비용이라고 한다.

표 14-1에 중간 규모 정도의 노동력만 제공하는 냉동회사의 서비스에 관련된 지출의 예이다. 간접비와 일반 비용이 같이 나열되어 있다.

순이익이 $25 정도면 괜찮다고 생각되지만, 생산성없는 시간(unproductive time) 때문에 현실에서는 잘 번다고 할 수 없다. 기술자는 회사가 월급을 주는 시간만큼 고객에게 비용 청구를 해야 100% 생산적이라 할 수 있다. 다음은 일반적인 서비스 기술자들의 생산성에 관한 예이다.

예제: ❻ 하루에 8시간 중 평균 4번의 서비스 전화를 받는다고 하자.

표 14-2 50% 생산성의 노동 비용

	Expenses	Revenue
$100 labor-only sale		$100
Technician's pay	$20	
50 percent unproductive time	$20	
Direct cost		−$40
Gross profit		**$60**
Indirect costs and overhead		−$55

- 전화할 때마다 30분 내의 거리이다(총 2시간).
- 훈련, 회의, 휴일, 휴가에 대한 시간을 뺀다(1시간).
- 제품의 회수나 무상서비스, 부품 회수의 경우는 뺀다(1시간).

이런 예상에 따르면 기술자들은 50% 혹은 8시간 중 4시간 정도의 생산성을 보인다. 표 14-2를 보면 시간당 진짜 지출은 매시간 기술자가 고객에게 청구할 때 회사는 기술자에게 2시간의 임금을 주는 것으로 다시 계산되어야 한다.

순이익 $5(혹은 총임금의 5%)는 실제와 비슷하고 평균적인 서비스 회사의 적당한 이익이다.

사실 확인 #1

대부분의 소형 에어컨과 냉장고 회사는 연 1~3%의 순이익을 거둔다. 이상적으로는 5~10% 정도의 순이익을 거둬야 한다.

참고: 이익은 대체로 백분율로 표현된다. 표 14-1에서 총이익은 80%이고 순이익은 25%이다. 표 14-2에서 총이익은 60%이고 순이익은 5%이다. 이 단원 뒤쪽의 정비계약에 관한 부분에는 총이익에 대해 더 많은 정보가 있다.

고객 만족과 이익이 많아지고 서비스 가격을 보다 쉽게 책정하기 위해 많은 에어컨, 냉장고 계약자들은 가격 요율표(FRP)를 사용하고 있다. FRP는 시간과 부품에 의해 부과하는 방법(T&M)이 아니라 가격표를 참조하여 특정한 수리에 대해 요금을 결정하는 방법이다. T&M의 문제는 작업이 다 끝날 때까지 수리를 얼마나 해야 하는지, 총 T&M의 가격은 얼마나 될지 모른다는 점에 있다. FRP라면 기술자는 수리비용을 결정하는 데 가격표를 사용한다. FRP를 사용하는 더욱 중요한 이유들 중 몇 가지는 다음과 같다.

- 고객은 일이 시작되기 전에 요금이 얼마인지 알 수 있다.
- 고객은 작업이 길어져도 돈을 더 내지 않아도 된다.
- FRP를 사용하는 수리비용 산출은 기술자가 직업을 유지하는 데 도움이 된다.
- FRP를 사용하는 서비스 회사는 서비스 요금 때문에 다른 회사와 경쟁하길 두려워하지 않아도 된다.
- 고객의 수리비용은 서비스 회사에 근무하는 기술자에 따라 변하지 않는다.

다음은 서비스 회사가 어떻게 특정한 수리에 걸리는 시간을 결정하는지에 대한 설명이다.

예제: ❼ 기술자 A가 압축기를 바꾸는 데 걸리는 시간이 3시간이라면, 기술자 B는 4시간, 기술자 C는 5시간 걸린다. 기술자 A는 경험이 많고 시간당 $25를 번다. 기술자 B는 경험이 조금 있고 시간당 $20를 번다. 기술자 C는 경험은 별로 없고 시간당 $15를 번다. 시간당 $100 비율에서 기술자들이 고객에게 청구하는 것과 회사에서 임금을 받는 것 사이에 어떤 차이점이 있는지 주목해 보자.

표 14-3은 어떤 기술자가 압축기를 바꾸더라도 회사의 임금비용은 동일하다는 것을 보여 준다. 고객은 기술자 A에게 가장 작은 돈을 지불하지만 회사는 제일 적은 이익을 남긴다. 만일 기술자 C가 했다면 회사는 가장 큰 이익을 얻지만 고객은 돈을 더 많이 내야 한다. 기술자 B가 셋 중 평균적인 중간을 나타낸다.

FRP 개념은 기술자들이 수리하는 시간의 평균을 청구하여 회사와 고객 모두 공평하게 하자는 것이다. 예에서 FRP 견적의 압축기를 바꾸는 평균 시간은 4시간이다. 따라서 고객에게 청구되는 비용은 어떤 기술자가 방문하여도 $400이다.

어떤 회사들은 자신들만의 FRP를 만드는 반면에 다른 회사들은 FRP에 특화된 회사에서 만든 방법을 쓴다. 프로그램은 약간 다르겠지만 기본적인 FRP 개념은 냉동산업에 대중화되어 있으며 고객들이나 회사 모두에게 혜택이 돌아간다고

표 14-3 동일 작업(압축기 교체)으로 고객에게 청구되는 비용 비교

	Company Cost (Hours × Pay Rate)	Customer Charge (Hours × $100 Per Hour)
Technician A	3 × $25 = $75	3 × $100 = $300
Technician B	4 × $20 = $80	4 × $100 = $400
Technician C	5 × $15 = $75	5 × $100 = $500

증명되었다.

고객

기존의 고객을 유지하는 것보다 새로운 고객을 확보하는 것이 훨씬 더 많은 시간과 돈이 필요하다. 그러므로 회사는 기존의 고객들이 만족하도록 신경을 써야 한다.

고객들이 회사로부터 원하는 것은 무엇인가? 가장 쉽게 답하는 방법은 기술자들이 고객의 입장에 서서 보는 것이다. 다음은 모든 사람들이 회사가 자기의 사업에 서비스해 주기를 기대하는 목록이다.

- 전화로 대답하는 사람은 기분이 좋고 전문적이어야 한다.
- 전화로 말하는 사람은 기술자가 언제 올지 어느 정도 정확한 정보를 가지고 있어야 한다.
- 서비스 기술자들은 다음과 같아야 한다.
  - 약속된 시간에 도착해야 하며 문제가 생기면 사전에 전화를 해야 한다.
  - 깨끗하고 세련되게 입어야 한다.
  - 고객의 요구에 무엇을 해야 할지 아는 상태로 고객을 방문해야 한다.
  - 고장원인을 찾은 후에는 고객에게 쉽게 문제를 설명할 수 있어야 한다.
  - 부품을 모으고 수리를 마치기 위해서 드는 비용과 시간을 예상할 수 있어야 한다.
  - 고객이 좀더 자세한 정보를 알고 결정할 수 있도록 가능하면 고객에게 다른 대안을 제시해야 한다.
  - 허락이 떨어지면 신속하게 수리를 시작해야 한다.
  - 끝난 후 깔끔하고 유효한 송장을 만들어야 한다.
  - 무엇을 하였는지 설명하고 어떤 일과 부품이 보증에 들어가는지 설명한다.

위의 항목들은 서비스 회사에 대해 고객들이 기본적인 예의로 생각하고 기대하는 것들이다. 고객을 잘 관리하고 대우하는 것이 이 조직의 미래를 결정할 것이다. 기술자는 고객에게 좋은 인상을 남기는 데 가장 큰 역할을 한다.

고객의 기계가 고장났을 때 고객은 불편할 뿐만 아니라 비싼 물건을 잃게 된다. 그래서 어떤 고객들은 서비스를 신청할 때 화가 나 있는 것을 이해할 수 있다. 기술자가 더 빨리 반응할수록 고객의 문제는 더 빨리 해결될 것이다.

고객에게 예상 비용 등을 말할 때 고객이 수리에 돈을 사용하는 것을 별로 좋아하지 않는 것을 충분히 이해할 수 있다. 하지만 제시간에 나타나서 전문적으로 보이고 행동하며 효과적으로 문제를 해결한다면 고객은 기계를 서비스해 준 회사에 적어도 만족은 할 것이다.

가끔은 기술자나 회사의 조직원은 실수를 한다. 기술자가 제시간에 방문하지 않거나 그 전에 설치했던 부품이 망가지거나 기술자를 배치시키는 사람이 고객에게 조급하게 할 수도 있다. 고객이 기술자에 대해 불평을 하면 기술자가 제일 먼저 해야 할 일은 사과를 하는 것이다. 그게 만일 기술자의 실수가 아니었더라도 기술자는 회사 전체를 대표하는 사람이다. 고객이 화가 난 것에 대해 이해하고 진심을 보인다면 기술자는 그 조직 전체의 고객에 대한 배려를 보여 주는 것이다. 실수를 인정하고 간단한 사과를 하는 것이 화난 고객을 진정시키는 것은 정말 놀랍다. 다음으로 기술자는 회사 방침 내에서 자신의 능력을 최고로 발휘하여 문제를 해결해야 한다.

회사가 모든 고객을 만족시키려고 하지만 비이성적이고 너무 까다롭고 욕설을 하는 고객도 가끔 있다. 이럴 때는 그 고객이 평소에는 그렇게 부정적이지 않고 오늘 안 좋은 일이 많았다라고 생각하는 것이 최선이다. 그들의 직장과 사생활에 어떤 억압이 있는지 알 수 있는 방법은 없다.

하지만 고객들이 항상 부정적으로 보이거나 기술자 잘못이 아닌 것을 기술자 잘못으로 돌리려 하거나 서비스 청구 요금을 깎으려고 하면 상사와 이 문제에 대해 얘기하고 싶을 것이다. 이런 상황에서 경영진에서 '고객을 해고' 하라는 결정을 할 수도 있다. 서비스 회사는 가끔 감정적으로 결정하기도 하고 부정적 고객을 유지하는 데 금전적 비용이 드는 것은 가치가 있다고 결정할 때가 있다.

직원

회사는 전화를 받는 사람으로부터 기계를 고치는 기술자까지 직원을 통해 알려지게 된다. 고용주는 회사의 평판과 미래를 직원들의 손에 맡긴다. 고용주는 직원들이 회사의 이미지를 잘 유지하고 조직을 더 높은 단계로 올려줄 것으로 기대한다. 한 사람으로 돌아가던 시스템에서 한 명을 고용한 날부터 고용주는 회사의 평판과 미래를 다른 사람의 손에 맡기는 것이 된다. 그래서 직원들은 회사의 철학을 완전히 이해한 사람들로 잘 뽑아야 하는 것이다.

회사는 각기 다른 장점과 약점을 갖고 있는 사람들로 구성되어 있다. 이런 기술들의 조합이 튼튼한 회사 팀을 만든다. 하지만 좋은 팀은 모든 구성원이 같은 규정과 제한과 법을 따른다.

한 사람이 규칙을 어기게 되면 다른 직원들도 규칙을 어겨도 되겠다는 생각이 든다. 만일 이렇게 된다면 고용주는 이 규칙을 강화하거나 규칙을 바꿀 결정을 해야 한다. 가끔 어긴 사람이 가장 노련하고 실력 있는 직원 중 한명이거나 친척일 수도 있다. 모든 직원들이 회사에게는 중요하지만 누구도 없으면 안 되는 것도 아니다. 고용주는 회사의 리더로서 모든 직원들이 서로를 존중하며 같이 일하도록 해야 한다. 재능 있거나 좋은 회사 팀의 구성원이 회사규정을 지킬 수 없어 나가야 하는 것은 모든 사람에게 큰 손실이다.

어떤 회사의 고용주들은 다른 사람들보다 자신의 가족이 더 충실하고 정직할 것이라는 생각에 자신의 가족을 고용하기도 한다. 그래서 고용주가 은퇴하면 뒤를 이어 주기를 바란다. 어떤 경우는 가족을 고용하는 것이 통하겠지만 보통은 직원들 팀워크와 사기에 나쁜 영향을 미친다. 고용주와 관련없는 직원들은 승진을 위한 기회가 매우 제한되어 있다고 생각한다. 고용주의 가족들이 가장 높은 자리와 회사를 물려받을 것으로 생각하기 때문이다.

고용하고 직원이 승진할 때 고용주들은 가족들이 특권을 받지 않도록 해야 한다. 가족들도 다른 지원자들과 같은 과정을 밟고 자신의 월급을 받으며, 관계가 아닌, 자격에 따라 위치가 정해져야 한다. 가족들도 다른 직원과 같은 대접을 할 때 경영진과 가족들은 더 많은 존경을 받게 된다. 또한 누구든지 일에 적합한 위치에 있을 수 있다고 모두에게 알리는 것과 같다.

사업 확장

직원과 고용주 둘 다 회사가 커 가는 모습을 보는 것을 좋아한다. 하지만 사업을 확장하는 것은 새 사업을 시작하는 것과 같다. 돈과 자본이 들어간다. **자본**(capital), 가끔은 **운전자금**(working capital)은 돈을 더 많이 버는 데 사용하는 돈이다. 이런 자금들은 회사의 순이익에서 나오거나 가끔은 빌리기도 한다.

보통 회사는 현금흐름에 문제를 일으키지 않고 연마다 10% 정도 성장을 할 수 있다. 더 큰 지출에는 조심스러운 계획이 필요하다.

한 명의 기술자라도 더 고용하는 것은 쉽게 결정할 일이 아니다. 고용되는 기술자마다 새로운 트럭이 필요하며 창고, 회사에서 공급해 줘야 하는 도구들은 물론 당연히 세금과 보험 등에 대한 지출이 부가된다. 여러 기술자들이 고용되면 이들을 위해 더 많은 사무직들이 필요할 것이다.

예제: ❽ 새로운 기술자가 입사할 때마다 새 트럭, 선반 꾸러미, 트럭에 로고 새기기, 도구들, 부품창고에 대한 지출은 $50,000 일 것이다. 또한 이 예에서 경험 있는 기술자의 경우 한 해에 $50,000 를 받고 기술자마다 한 해에 $100,000 의 일을 한다.

트럭 비용이 3 년에 걸쳐 있기는 하지만 새로운 직원을 고용하는 비용이 그가 만드는 순이익을 상쇄한다. 그러므로 회사가 더 많은 일을 하고 더 많은 판매를 하더라도 이익은 당분간 증가하지 않을 것이다.

이런 예들은 사업을 확장하는 것을 정당화하는 복잡한 결정의 일부를 설명한 것이다. 회사가 커지고 있다는 것이 반드시 돈을 벌고 있다는 것은 아니다. 새 회사를 시작하는 것처럼 성장도 자리를 잡고 이익을 내기 위해서는 시간이 필요하다.

정비 계약

냉동사업에는 바쁜 시기가 있고 한가한 시기가 있다. 바쁜 시기에는 시간 근무자들이 초과 근무수당을 받는다. 하지만 한가한 시기에는 각 기술자들이 주당 40시간을 일하지 않을 수도 있다.

정비 계약 혹은 서비스 계약은 한가한 시기 기술자들을 바쁘도록 만드는 방법이다. 하지만 다음의 혜택들이 보여 주듯이 정비 계약은 그들을 쓰는 것보다 서비스 회사에서 더 큰 의미를 가진다.

- 기술자들이 한가할 때에도 점검을 하느라 바쁘게 된다.
  - 이런 점검들은 매우 바쁠 때 기계가 고장나지 않게 한다.
  - 서비스 기술자들이 매우 바쁠 때 계약을 하지 않은 고객에게도 유상으로 서비스를 하는 것이 자유롭다.
- 기계 정비에 대해 초보 기술자도 많은 실습을 해 볼 수 있다.
- 두텁고 충성스런 고객층을 형성할 수 있다.
- 교체부품을 팔 기회가 더 많다.
- 꾸준한 수익이 생긴다.

정비 계약은 서비스 회사에도 좋지만 고객들에게도 큰 혜택을 준다.

- 정기적 점검은 제품이 가장 좋은 효율에 작은 비용과 고장으로 가동되도록 한다.
- 계약을 하지 않은 고객에게 먼저 서비스가 된다.
- 새 제품, 설치나 다른 서비스에 대해 할인 혜택의 가능성이 있다.
- 기술자들이 계약된 고객의 제품과 가동에 익숙해진다.

많은 회사들은 정비 프로그램 계약을 하는 것이 불편하다. 그들은 가격을 얼마로 해야 할 것인지, 무엇을 넣고 빼야 할지, 얼마만한 크기의 프로그램으로 진행해야 이익을 가져다 줄 것인지, 그것을 어느 정도로 유지해야 할지 등에 대해 확실하지 않다. 정비 계약들은 앞으로 좀더 자세하게 논의하게 될 경제성 있는 냉동사업에 있어 매우 중요하다.

전 범위(FC)와 예방 위주의 정비(PM) 계약이라는 기본적인 두 가지 형태의 계약이 있다. FC 계약은 노동과 중요 부분들 및 모든 정비 검사를 포함한다. 다음의 제외사항들은 대개 계약에 표시되지만 그렇지 않은 것들은 계약 보완과 같이 서비스 회사에 의해 형식적으로 기술된다.

- 급수, 배수, 그리고 장비 외부의 전기
- 도어 및 액세서리류(개스킷, 힌지, 핸들, 스프링, 폐쇄기, 히터, 또는 유리류)
- 조명
- 온도계
- 압축기 보증 외적인 것
- 5년 넘은 증발기 및 응축기(공랭식 및 수냉식)

마지막으로 남은 책임 사항들(압축기, 증발기, 응축기)은 장비가 오래되었거나, 너무 낡은 상태이거나, 수리할 가치가 없을 정도가 된 것 등의 예방적인 것으로서 서비스 회사를 위해 중요하다. 대체로 고객이 중요 부품의 수리를 하기 위해 비용을 지불해야 할 때는, 고객은 종종 장비 자체를 교체하기로 결정한다.

FC 계약률을 정하는 것과 어떤 장비로 대신할 수 있을지를 결정하는 것은 개개의 서비스 회사에 따라 다르다. 다음은 손으로 해결할 수 있는 쇼케이스 냉동기, 내부에 사람이 드나들 수 있는 대형 냉동기, 제빙기의 조합형으로 중소규모의 식품 서비스 운전에 필요한 FC 계약을 위한 몇몇의 기본적인 가격선이다.

- 쇼케이스 냉동기와 자납(self-contained) 표시 케이스=3시간
  - 예비 유닛을 제공할 때 25%를 더함
  - 냉동기를 제공할 때 50%를 더함
  - 원격 유닛을 제공할 때 50%를 더함
- 대형 냉동기
  - 2마력까지=4시간
  - 3마력까지=6시간
  - 5마력까지=9시간
  - 7.5마력까지=12시간
  - 냉동기를 제공할 때 50%를 더함
- 각빙 제빙기(회사 기술자가 숙련되어 있는 브랜드)
  - 100~400시리즈=4시간
  - 600~800시리즈=6시간
  - 1000~1200시리즈=8시간
  - 1700~2000시리즈=9시간
  - 원거리 지원일 때 25%를 더함
  - 제빙기(탄산 공급 제외)를 제공할 때 50%를 더함

참고: 이 가격선은 견적이며, 모든 서비스 운전에 대해서는 적합하지 않을 수도 있다. 비록 이 책의 모든 독자들은 그것들을 사용하는 것을 환영하더라도, 그 프로그램이 만족스럽게 실행되도록 정기적으로 수익성 감시가 이루어져야 한다.

계약 가격은 장비의 일정한 형태 위에서 연간 기술자 파견의 평균시간을 기초로 한다. 개별 유닛의 연간 서비스 계약 가격을 결정하기 위해서는 회사의 정해진 서비스 요율에 의한 단위시간을 곱한다. 이 합계는 FC 서비스 동의서에 근거하여 정비, 서비스 및 부품에 대한 연간 고객이 부담하는 합계 금액이다.

다음은 표준 서비스 요율이 시간당 $100인 회사에 대한 FC 계약 가격의 예이다.

1. 쇼케이스 냉동기 = 3시간 × $100 = $300/년
2. 대형 냉동기 2마력 = (4시간 + 50%) × $100 = $600/년
3. 400시리즈 제빙기 = 4시간 × $100 = $400/년

만약 고객이 각각 한 개씩을 선택했다면 연간 계약은 $1,300가 될 것이다. 대개 서비스 회사와 고객은 월간으로 지불하는 것을 택할 것이다.

위의 가격은 다음을 포함한다.

1. 연간 2번의 PM 검사
2. 모든 부품들과 재료들은 제외사항 외에는 사전에 표시한다.
3. 초과시간을 포함한 모든 노임

초과시간 노임 범위는 서비스 회사들마다 다양하다. 어떤 회사들은 할증이 아닐 때 응급으로 실행할 것이다. 또 어떤 회사는 할증으로 할 것이다. 오후 10시 이전에 단순히 비상 서비스를 실행할 회사들도 있다. 그들의 이유는 좋은 시간이 아닌 밤에 불렀다는 것이다. 한밤 중에 요청하는 것은 기술자의 다음 날 업무에 지장을 줄 수 있다.

FC 정비 계약은 보험 증권과 유사하고, 서비스 회사가 충분한 계약 단위를 가진다는 조건일 경우 이익이 될 것이다. 대개, 장비 50대 정도에 해당하는 충분한 계약 고객이 있다면, 그 회사는 성공적인 정비 계약 프로그램 방식이 있는 것이다.

새로운 고객의 첫 번째 정비 검사는 매우 철저한 청소와 장비 평가를 요구한다. 대개 고객은 처음 검사하는 동안에 어떤 부품 교체에 대해서도 책임이 있다. 심지어 좋은 청소 조건으로 한 새로운 계약에 대한 첫해는 일반적으로 이익이 되지 못한다. 최초 12개월 동안에는 서비스 회사들은 고객의 사업운영에 친숙해지기 위하여 새로운 고객의 장비에 시간을 할애하여야 한다.

참고: 몇몇 고객들은 서비스 회사에게 가장 심각한 피해를 주는 장비만을 포함하기를

원한다. 계약은 그들의 모든 장비를 포함해야 한다.

성공적인 FC 정비 계약 프로그램은 정확한 원가계산을 요구한다. 개별 계약은 요구된 이익을 만들어 내기 위해서 연간으로 체크된다. 서비스 회사가 올바른 가격과 생산적인 시간을 어떻게 표현하는가에 따라 FC 서비스 계약에 대한 총이익이 60~80%가 될 수 있다. 만약 일에 이익이 없다면 그 회사는 다음의 질문을 해봐야 한다.

- 서비스 회사 자체의 결함이 전적으로 정비를 하지 않은 상태에서 있었는가?
- 서비스 일을 한 후 문제가 있었는가?
- 말썽이 많았던 장비가 몇 대가 있었는가?
- 문제가 생긴 모든 장비들은 너무 오래되었기 때문이었는가?
- 초과시간 비용이 있었으며, 그것이 생긴 이유가 무엇이었는가?

이 질문에 대한 해답을 찾는 것은 서비스 회사가 계약 가격을 올려야 하는지 그렇지 않은지를 정직하게 결정할 수 있는 유일한 방법이다.

참고: 대부분의 서비스 회사들은 최소한의 계약이 매년 2~5% 증가한다. 이것은 인플레이션 수용과 노후화되는 장비의 비용증가를 보충한다.

FC 계약에 뛰어들 만반의 준비가 되어 있지 않은 회사들은 PM 프로그램으로 시작함으로써 정비 일을 쉽게 할 수 있다. PM 계약으로 고객은 정기적으로 계획된 정비 검사에 대해서만 금액을 지출한다. 수리를 위한 서비스 호출는 노임과 부품에 대한 할증이 된다.

PM 고객의 이점은 그의 장비가 정기적으로 최고의 성능으로 검사되고 정비된다는 것이다. 전통적으로 PM 고객은 계약 없는 고객보다 서비스에서 이익을 얻을 수 있다. 심지어 몇몇 회사들은 그들의 PM 고객들에게 노임 요율을 할인하여 제공한다.

서비스 사업이 몇 년 동안 PM 계약을 해 왔을 때, 그 사업이 FC 정비 계약 가격을 결정하는 데 있어서 PM 계약 고객 기록을 사용할 수도 있다.

영업자로서의 기술자

기술자의 '영업'은 HVAC/R 소유주, 관리자 및 기술자 자신 사이의 논의에서 화제가 된다. 몇몇의 고용주들은 기술자가 영업을 할 수 있다고 믿고 있으며, 이에 반하여 또 다른 고용주는 영업 훈련에 의해 기술자의 영업이 가능할 것이라고 믿고 있다. 몇몇 기술자들은 그들은 단지 수리나 설치하는 것이 주 업무이며, 판매는 아니라고 생각하고 있다. 대부분의 기술자들은 기술영업 능력을 믿지 않는다. 기술자의 능력에 책임을 지운다면, 기술자들은 고객에게 접근하거나, 전통적인 서비스를 제시하거나 정비계약을 하거나, 장비 성능개선 등의 일에 대한 확신이 없게 된다.

불행히도 그들은 어디서나 판매를 목적으로 사람들의 문을 노크하고 주인을 설득하는 행상처럼 영업자가 가진 일반적인 개념을 가지고 있지 않다. 또한, 그들은 정말로 필요하지 않은 구매품을 억지로 팔려고 노력하는 영업자를 상상하기도 한다.

사실 모든 기술자는 몇몇 등급으로 나누어진 영업자이다. 기술자들은 설치 또는 수리하는 일에 임했을 때 전문적이고 능숙한 것으로 고객에게 감명을 주기 위해 노력한다. 기본적으로 기술자들의 첫 번째 관심은 고객에게 우리 자신을 판매하는 것이다.

기술자가 장비의 문제를 발견했을 때, 고객에게 견적내용을 제공할 수 있도록 사무실과 접촉한다. 수리비가 얼마인지 고객들에게 전화를 한 후 문의 내용에 대해 답변을 하고 적정한 가격에서 견적이 나왔다는 것을 납득시킨다. 근본적으로 이러한 행위는 고객의 요구를 확정하고 충족시키며 판매하는 것이다.

기술영업은 그들의 문제점들을 관리해 주는 비용을 고객들에게 말해 주는 것으로서 그 이상은 아니다. 고객이 미처 깨닫지 못한 필요한 것을 지적해 주는 것은 어렵지 않다. 일례로 서비스 계약이 고객에게 최고의 관심사가 될 것이며 오랫동안 고객에게 실제적으로 이익이 될 것이라고 정보를 제공하는 것이 판매활동인가? 고객들에게 오래된 장비를 수리하는 것보다 교체하는 것이 좋다고 제안하는 것을 영업사원이 해야만 하는가? 아마도 당신은 한 유닛을 작업하고 있지만, 또 다른 유닛의 증발기가 언 것을 보게 될지도 모른다. 만약 당신의 고객이 문제점들을 잘 처리해 달라고 한다면 당신은 고객에게 물어 보지 않을 수 있겠는가? 이것들은 그들이 요구하지 않은 상태에서 구매를 강요하는 것이 아니라 고객의 필요에 의해 봉사하는 하나의 예이다. 기술영업의 가장 좋은 형태는 고객이 원하거나 갈망하는 것을 만족시켜 주려고 애쓰는 것이다. 만약 그들의 관심사를 찾아낸다면 고객들이 기뻐하고 또한 직원이 만족스러워 하므로서 모두에게 더욱 가치 있는 일이 될 것이다.

출구 전략

한때 누구나 "마음을 다해서 시작하라"라고 말했다. 이 말은 사업을 시작할 때 너무도 맞는 말이다. 결국 사장은 은퇴하거나 또 다른 어떤 일을 하고자 할 것이며, 미리 이 일에 대해 계획을 세울 필요가 있을 것이다. 이런 계획을 출구 계획 또는 출구 전략(exit strategy)이라고 한다.

대부분의 냉동회사 소유주들은 이러한 전략이 없어서 회사의 미래에 대한 계획을 세우지 못하고 단지 살아남기 위해 순간적인 대응을 하고 있다. 결과적으로 이런 대부분의 회사들은 그들의 재산(자동차, 장비, 부품 등)의 총 가치보다 낮은 가격으로 팔리고 있다. 그 재산을 판매하는 회사는 사장의 초기 재산 및 관리 연수를 온전히 회복할 수 없는 결과에 직면하게 될지 모른다. 더욱이 고용주가 회사의 지속성에 대한 계획을 짜지 않았다면 직원들은 다른 직업을 찾아야만 할 것이다.

몇몇 계획을 갖고 있는 고용주는 좋은 수입과 회사와 직원들이 사업에서 함께 유지될 확신으로 회복할 수 있다. 또 다른 회사에 사업을 판매하는 것보다 더 많은 기회들이 있다. 어떤 경우에는 핵심 직원들이 큰 차입을 하지 않는 방법으로 소유주를 살 수 있다. 종종 자금은 사업의 정상적인 운영으로 마련될 수도 있다.

만약 사업이 고용이 유지되는 상태에서 변화되면 그 변화는 소유주가 그대로 유지되면서 받아들여져야 한다. 점차로 관리자들은 사장의 지침 하에 조직을 키우면서 더 많은 위임과 기회를 얻을 수 있다. 이 방법에서 주인의식과 경영의 최종 변화는 매끈하고 효과적이게 될 것이다.

요약

이 장은 소유주와 경영자들이 왜 시간, 비용, 기부금 모집 및 회사 성장에 관심이 있는지를 기술자들이 이해하도록 돕는다. 또한 만일 이러한 통찰력들이 냉동사업을 하는데 있어서 배울 기회를 놓친 다른 기술자들과 공유된다면 유익할 것이다. 이 지식분배는 고용주와 직원들에게 가치가 있을 것이다.

사업을 시작하는 것은 힘든 일이며, 그것을 이겨 내고 해 온 사람은 10년 후 사업을 할 사람에 대해 좋은 평가를 내린다. 그러나 살아남기보다 사업에서 더 중요한 것이 있다. 소유주는 자신의 사업에 자부심을 갖고 있으며, 비록 충분히 어떤 것을 보여주지는 못하더라도 그들은 대개 직원들과 조직과 함께 지속적인 성공을 이루는 데 관심이 많다.

회사 경영자로 승진하는 기술자들 또는 심지어 자신 소유의 사업을 하는 기술자들에게는 경영과 기본적인 사업 실습에 관한 세미나와 수업들이 큰 도움이 될 것이다. 기술훈련을 받는 것이 기술자를 위해 중요한 것처럼, 사람을 관리하고 회사를 운영하는 것 또한 훈련이 필요하다.

나는 여러분이 상업용 냉동에 관해 이 책을 끝까지 읽어 준 노력과 열의에 감사한다. 여러분이 어떤 냉동산업을 선택했더라도 최선을 다하기를 희망한다. 이 책에서 배운 것이 여러분을 더 나은 기술자뿐만 아니라 더 자신만만한 사람으로 만들어 주고 무역에서 신용을 쌓아 갈 수 있도록 도와줄 것이다.

행운이 있기를

Dick Wirz

연습문제(REVIEW QUESTIONS)

1. 매년 100만 개의 새로운 사업이 시작되는데 첫해에 몇 %가 남는가?

a. 95%
b. 75%
c. 50%

2. 매년 100만 개의 새로운 사업이 시작되는데 10년 후에는 몇 %가 남는가?

a. 50%
b. 20%
c. 5%

3. 서비스 가격은 어떻게 결정되는가?

a. 사업비용과 이윤에 근거
b. 경쟁사의 요금에 근거
c. 회사가 청구할 수 있는 가장 높은 가격에 근거

4. 경영진 결정에 가장 큰 영향을 미치는 변수는 무엇인가?

a. 고용인 만족도
b. 회사 이미지
c. 비용

5. 경영진 결정의 첫 번째 법칙은 무엇인가?

a. 고객이 원하는 것은 무엇인가?
b. 회사에 제일 좋은 것은 무엇인가?
c. 고용인이 원하는 것은 무엇인가?

6. 모든 직업의 중요한 부서에서 서류작업을 왜 올바르게 해야 하는가?

a. 큰 실수를 없앰
b. 회사 기록 보존의 일부
c. 회사의 효율적인 소통을 의미
d. a, b, c 모두

7. 우편으로 배달되는 돈(COD)은 회사 운영에 어떻게 도움을 주는가?

a. 청구 송장의 지출을 줄일 수 있다.
b. 임금을 주는 데 현금을 준다. 그리고 할인된 청구 금액에 현금을 준다.
c. 나쁜 빚을 줄인다.
d. a, b, c 모두

8. 순이익이란 무엇인가?

a. 회사 소유주가 자신을 위해 보관하는 것
b. 모든 지출을 뺀 나머지
c. 고객이 서비스 콜로 인해 지불하는 것

9. 직접비용으로 무엇을 고려하는가?

a. 기술자 임금+부품비용
b. 판매가격−직접비용
c. 판매가격−부품비용

10. 서비스 기술자의 평균 생산성은 얼마인가?

a. 95%
b. 75%
c. 50%

11. 소규모 냉동공조 회사의 평균 순이익은 얼마인가?

a. 15~20%

연 습 문 제(REVIEW QUESTIONS)

b. 5~10%

c. 1~3%

12. 가격 요율표(FRP)란 무엇인가?

a. 고객이 시간당 요금을 지불한다.

b. 특별한 수리에 대해서는 가격책에 따라 비용을 정한다.

c. 고객은 전체 노동시간과 재료를 근거로 하여 지불한다.

13. FRP는 왜 회사나 고객 모두에게 공평한가?

a. 고객은 기술자가 수리한 것에 대해 단지 평균시간으로 산정하여 지불한다.

b. 고객이 주고 싶은 만큼 지불한다.

c. 고객은 단지 가장 빠른 기술자가 문제를 해결했을 때 지불한다.

14. 회사들은 왜 기존 고객들이 만족하도록 그렇게 애를 쓰는가?

a. 기존 고객을 지키는 것보다 새로운 고객을 확보하는 것이 비용이 더 든다.

b. 기존 고객은 쉽게 친숙해진다.

c. 새로운 고객은 친숙해지기가 어렵다.

15. 회사를 위해 고용인의 기질은 왜 중요한가?

a. 그들은 쉽게 훈련을 받기 때문

b. 고용인의 나쁜 기질은 회사에 오래 머물 수 없게 만들기 때문

c. 회사의 명성과 장래가 고용인의 손에 달려 있기 때문

16. 운전자금(working capital)이란 무엇인가?

a. 더 많은 돈을 벌기 위해 사용되는 돈

b. 회사가 생산하는 모든 이익

c. 은행으로부터 빌린 돈

17. 회사와 고객 모두를 위한 유지관리 계약 프로그램의 장점을 서술하라.

18. 전범위 유지관리 계약(full coverage contract)과 예방위주 유지관리 계약(preventive maintenance contract)의 차이점은 무엇인가?

부록

기술자의 경험법칙(T.R.O.T)

증발기 온도차:

- AC = 35°F
- 리치인 = 20°F
- 워크인 = 10°F

(보다 많은 정보를 위해 2장 참조)

증발기 온도차와 공간 습도:

- AC = 50% 상대습도에서 35°F 온도차
- 리치인 = 65% 상대습도에서 20°F 온도차
- 워크인 = 85% 상대습도에서 10°F 온도차
- 워크인 = 90% 이상 상대습도에서 8°F 온도차

(보다 많은 정보를 위해 2장 참조)

중간 온도용 워크인 냉장고를 위한 제상방법:

- 박스 온도 37°F 이상 = 정상 온도조절장치 '오프 사이클' 제상을 사용하라.
- 박스 온도 35°F = '계획된' 제상을 위한 시간시계를 사용하라.
- 33°F 이하 박스 온도 = 시간시계와 제상용 열을 사용하라.

(보다 많은 정보를 위해 2장 참조)

응축기 분기:

- AC(10 SEER 이상) = 30°F
- 중온 냉동 = 30°F
- 저온 냉동 = 25°F
- 고효율 응축기 = 20°F 이하

(보다 많은 정보를 위해 3장 참조)

과냉(평균):

- AC 단위 = 15°F
- 표준 냉동 시스템 = 10°F
- 최소 과냉 = 5°F
- 최대 과냉 = 20°F

주: 70°F 이하 외기 온도는 과냉을 증가시킬 것이다.

(보다 많은 정보를 위해 3장 참조)

TEV 시스템을 위한 (증발기에서의) 과열 평균:

- AC = 15°F
- 중온 냉동 = 10°F
- 저온 냉동 = 5°F

주: 설계조건의 5°F 이내에서 과열 눈금을 취한다.

최소 과열 = 5°F
최대 과열 = 20°F

(보다 많은 정보를 위해 5장 참조)

짧은 사이클링:

- 2분 이하의 압축 작동시간은 짧은 사이클링으로 간주된다.

- 단위 시간당 6 이상의 완전한 사이클

(보다 많은 정보를 위해 6장 참조)

액체관로 상의 필터드라이어 교체:

- 필터드라이어 간의 온도강하가 3°F 이상일 때
- 시스템이 수리를 위해 열릴 때마다
- 가시유리가 시스템 내 수분을 표시할 때
- 의심이 들 때 교환한다.

(보다 많은 정보를 위해 6장 참조)

흡입관로 상의 필터드라이어 제거:

- 중온 유닛 = 필터드라이어 간의 압력강하가 2 psig 이상
- 저온 유닛 = 필터드라이어 간의 압력강하가 1 psig 이상
- 3° 이상의 온도강하를 갖는 어떤 흡입관로 상의 필터드라이어
- 3일 이상 설치된 어떤 흡입관로 상의 필터드라이어

(보다 많은 정보를 위해 6장 참조)

리트로핏 HCFC 냉매를 갖는 R12 모세관 시스템을 충전:

- 유닛을 처음 R12 냉매와 같은 수두압으로 충전하라.

(보다 많은 정보를 위해 9장 참조)

압축기 hp와 Btuh(매우 근사적):

- 1 hp = 12,000 Btuh(AC용)
- 1 hp = 8,000 Btuh(중온 냉동)
- 1 hp = 4,000 Btuh(저온 냉동)

(보다 많은 정보를 위해 11장 참조)

Low-Pressure Refrigerants (psig)							Low-Pressure Refrigerants (psig)						
°F	CFC 12	HCFC 401A	HCFC 409A	HCFC 414B	HCFC 416A	HFC 134a	°F	CFC 12	HCFC 401A	HCFC 409A	HCFC 414B	HCFC 416A	HFC 134a
−30	*6*	*9*	*5*	*6*		*10*	36	34	33	31	38	24	31
−28	*4*	*8*	*4*	*4*		*9*	37	34	34	31	39	25	32
−26	*3*	*6*	*4*	*2*		*7*	38	35	35	32	40	26	33
−24	*2*	*5*	*3*	*1*		*6*	39	36	36	33	41	27	34
−22	0	*4*	*3*	0		*5*	40	37	37	34	42	28	35
−20	1	*2*	*2*	1		*4*	42	39	39	36	44	30	37
−18	1	*1*	*1*	2		*2*	44	41	41	37	46	31	39
−16	2	0	*1*	3		*1*	46	43	43	39	48	33	41
−14	3	1	0	4		0	48	45	45	42	50	35	43
−12	4	2	1	4		1	50	47	47	44	53	37	45
−10	5	3	2	5		2	52	49	60	60*BP	55	39	48
−8	5	4	3	6	0	3	54	51	63	66	58	42	50
−6	6	5	4	7	1	4	56	53	66	68	60	46	52
−4	7	5	4	8	2	5	58	56	68	72	63	50	55
−2	8	6	5	9	2	6	60	58	71	74	65	53	57
0	9	7	6	10	3	7	62	60	74	77	68	56	60
1	10	8	6	11	3	7	64	63	77	80	71	59	63
2	10	9	7	12	4	8	66	65	80	83	74	62	65
3	11	9	7	12	4	8	68	68	82	87	77	65	68
4	11	10	8	13	5	9	70	70	86	90	80	68	71
5	12	10	8	13	5	9	72	73	90	93	83	70	74
6	12	11	9	14	6	10	74	76	93	97	86	73	77
7	13	11	10	14	6	10	76	78	97	100	89	75	80
8	14	12	10	15	7	11	78	81	100	103	93	78	83
9	14	12	11	16	7	11	80	84	102	107	96	80	87
10	15	13	11	17	8	12	82	87	107	110	99	82	90
11	15	13	12	17	8	13	84	90	111	115	103	87	94
12	16	14	12	18	8	13	86	93	114	118	106	90	97
13	17	14	13	18	9	14	88	97	118	123	110	93	101
14	17	15	14	19	9	14	90	100	122	127	114	95	104
15	18	16	14	20	10	15	92	103	126	130	118	100	108
16	18	17	15	21	10	16	94	106	130	135	122	103	112
17	19	17	15	21	11	16	96	110	135	140	126	107	116
18	20	18	16	22	12	17	98	113	139	143	130	111	120
19	20	18	17	23	12	18	100	117	142	147	134	114	124
20	21	19	17	24	13	18	102	121	148	152	139	118	128
21	22	20	18	24	14	19	104	125	152	157	143	123	133
22	23	21	19	25	14	20	106	128	157	162	148	127	137
23	23	21	20	26	15	21	108	132	162	167	152	130	142
24	24	22	20	27	16	21	110	136	167	172	157	135	146
25	25	23	21	28	16	22	112	140	172	177	161	140	151
26	25	24	22	29	17	23	114	144	177	182	166	145	156
27	26	25	23	29	18	24	116	149	182	187	171	148	161
28	27	26	23	30	18	25	118	153	187	192	176	153	166
29	28	26	24	31	19	25	120	157	193	198	181	158	171
30	29	27	25	32	20	26	125	169	207	213	196	168	185
31	29	28	26	33	21	27	130	181	221	227	210	182	199
32	30	29	27	34	22	28	135	193	235	243	225	198	214
33	31	30	28	35	23	29	140	206	253	257	239		229
34	32	31	29	36	23	30	145	220	270	275			246
35	33	32	30	37	24	30	150	234	287	295			263

*BP designates start of Bubble Point values used to determine subcooling.

The figures with italics are inches of mercury. It is a measure of vacuum (a kind of negative pressure) as compared to the non-italicized figures which are a positive pressure in psig.

High-Pressure Refrigerants (psig)							High-Pressure Refrigerants (psig)						
°F	CFC 502	HCFC 408A	HCFC 22	HFC 404A	HFC 507	HFC 410A	°F	CFC 502	HCFC 408A	HCFC 22	HFC 404A	HFC 507	HFC 410A
−30	*9*	*7*	*5*	*10*	11	*18*	36	74	72	63	79	83	109
−28	*10*	*8*	*6*	*11*	12	*19*	37	76	74	64	81	85	111
−26	*12*	*10*	*7*	*12*	14	*21*	38	77	76	66	82	86	114
−24	*13*	*11*	*8*	*14*	15	*23*	39	79	77	67	84	88	116
−22	14	*12*	*9*	15	16	*25*	40	81	78	69	86	90	118
−20	15	*13*	*10*	16	18	*26*	42	84	82	72	89	93	123
−18	17	*15*	*11*	18	19	*28*	44	87	85	75	93	97	127
−16	18	16	*13*	19	21	*30*	46	90	88	78	96	101	132
−14	20	17	14	21	23	32	48	94	92	81	100	105	137
−12	21	19	15	22	24	34	50	97	95	84	104	109	142
−10	23	20	17	24	26	36	52	101	100	87	110	113	147
−8	24	22	18	26	28	39	54	105	104	91	114	117	153
−6	26	23	19	27	29	41	56	109	107	94	118	121	158
−4	28	25	21	29	31	43	58	112	112	98	122	125	164
−2	29	27	22	31	33	46	60	116	115	102	126	130	170
0	31	29	24	33	35	48	62	121	120	105	131	134	175
1	32	30	25	34	36	50	64	125	123	109	135	139	182
2	33	30	26	35	37	51	66	129	127	113	140	144	188
3	34	31	27	36	38	52	68	133	132	117	145	149	194
4	35	32	27	37	39	54	70	138	137	122	150	154	200
5	36	33	28	38	41	55	72	142	143	126	155	159	207
6	37	34	29	39	42	56	74	147	147	130	160	164	214
7	38	35	30	40	43	58	76	152	150	135	165	169	221
8	39	36	31	41	44	59	78	156	155	139	170	175	228
9	40	37	32	42	45	61	80	161	160	144	176	180	235
10	41	38	33	44	46	62	82	166	167	148	181	186	242
11	42	39	34	45	47	64	84	171	173	153	187	192	250
12	43	40	35	46	49	65	86	177	178	158	193	198	258
13	44	42	36	47	50	67	88	182	183	163	199	204	265
14	45	43	37	48	51	68	90	187	188	168	205	210	274
15	47	44	38	49	52	70	92	193	195	174	211	217	282
16	48	45	39	51	54	72	94	199	200	179	217	223	290
17	49	46	40	52	55	73	96	204	205	185	224	230	299
18	50	47	41	53	56	75	98	210	212	190	230	237	308
19	51	48	42	54	57	77	100	216	220	196	237	244	316
20	53	50	43	56	59	78	102	222	225	202	244	251	326
21	54	51	44	57	60	80	104	229	230	208	251	258	335
22	55	52	45	58	62	82	106	235	240	214	258	265	344
23	56	53	47	60	63	84	108	241	246	220	265	273	354
24	58	54	48	61	64	85	110	248	253	226	273	281	364
25	59	56	49	62	66	87	112	255	260	233	280	289	374
26	60	57	50	64	67	89	114	262	268	240	288	297	385
27	62	58	51	65	69	91	116	268	275	246	296	305	395
28	63	60	52	67	70	93	118	276	283	253	304	313	406
29	64	61	54	68	72	95	120	183	290	260	312	322	417
30	66	62	55	70	73	97	125	301	309	278	333	344	445
31	67	64	56	71	75	99	130	321	330	297	355	368	475
32	68	66	58	73	76	101	135	341	350	317	378	393	507
33	70	68	59	74	78	103	140	363	368	338	403	419	540
34	71	70	60	76	80	105	145	385		359	428	446	575
35	73	71	62	77	81	107	150	408		382	455	475	612

The figures with italics are inches of mercury. It is a measure of vacuum (a kind of negative pressure) as compared to the non-italicized figures which are a positive pressure in psig.

Troubleshooting Charts

Determine which symptoms apply, then circle all the X's in the row for each symptom.
Total all the X's in each column. The column with the most X's is the problem.

"X" by itself means Cap Tube and Expansion Valve symptoms are the same for that category.
"CT" means this symptom would be important in a Cap Tube "fixed metering device" system only.
"EV" means this symptom is important for an Expansion Valve system.

	Column Number ▸	1	2	3	4	5	6	7	8	9
Ambient temperature + Condenser split **Condensing Temperature** Standard Units = Ambient + 30°	***HIGH*** (10° higher than Normal)						X	X	X	X
	NORMAL									
	LOW (10° lower than Normal)	X	X	X	X	X				
Condensing temp. - Liquid line temp **Condenser Subcooling** Normal Subcooling = 10°	***HIGH*** (Subcooling above 20º)		X CT				X		X	X
	NORMAL	X	X EV		X	X		X		
	LOW (Subcooling below 5º)			X						
Air Entering Evaporator – TD **Evaporator Temperature** TD for A/C (35º), R/I (20º), W/I (10º)	***HIGH*** (10° higher than Normal)				X			X CT	X CT	X CT
	NORMAL							X EV	X EV	X EV
	LOW (10° lower than Normal)	X	X	X		X	X			
Evaporator temp. - Evap. Outlet temp. **Evaporator Superheat** Superheat = 10° (Approx.)	***HIGH*** (Superheat above 20º)		X	X	X	X	X			
	NORMAL	X EV						X EV	X EV	X EV
	LOW (Superheat below 5º)	X CT						X CT	X CT	X CT
Sight Glass	**FULL**	X	X		X	X		X	X	X
	BUBBLING			X		X	X			
	Total of Circled X's in each Column =									
	DIAGNOSIS (problem):	DIRTY ICED EVAP	REST TEV CAPT	LOW CHG	COMP VLVS	REST AFTR RECV	REST BEFR RECV	DIRTY COND	AIR IN SYSTEM	OVER CHG.

DIAGNOSING SEMI-HERMETIC COMPRESSOR FAILURES

STEPS: (1) Circle ALL the X's in the rows which apply
(2) Total each column of circled X's
(3) Column with the most X's is the problem

AIR COOLED COMPRESSORS:						
VALVE PLATE	NO EVIDENCE of OVERHEATING	X				
	DISCOLORED FROM HEAT				X	
VALVE REEDS	BURNED				X	
	BROKEN			X		
HEAD GASKETS - BLOWN				X		
PISTONS & CYLINDERS - WORN		X			X	
PISTON RODS - BROKEN			X	X		X
PISTON RODS & BEARINGS - ***ALL*** WORN OR SCORED						X
PISTON ROD CAP BOLTS - BROKEN or LOOSE				X		
CRANKSHAFT	BROKEN			X		
	UNIFORMLY SCORED					X
	ERRATIC WEAR PATTERN		X			
STATOR SPOT BURN FROM METAL DEBRIS					X	
LITTLE OR NO OIL IN CRANKCASE						X
	TOTALS:					
	HIGHEST TOTAL IS CAUSE OF FAILURE	Flood back	Flooded Start	Slugging	High Disch. Temp.	Loss of Oil

SUCTION COOLED COMPRESSORS:						
VALVE PLATE - DISCOLORED FROM HEAT					X	
VALVE REEDS - BURNED					X	
HEAD GASKETS - BLOWN				X		
PISTONS & CYLINDERS - WORN					X	
PISTON RODS - BROKEN		X	X			X
PISTON RODS & BEARINGS - ***ALL*** WORN OR SCORED						X
PISTON ROD CAP BOLTS - BROKEN or LOOSE				X		
CRANKSHAFT	BROKEN			X		
	UNIFORMLY SCORED					X
	PROGRESSIVELY SCORED	X				
	ERRATIC WEAR PATTERN		X			
CENTER & REAR BEARINGS WORN OR SEIZED		X				
STATOR SHORTED, DRAGGING ROTOR		X				
STATOR SPOT BURN FROM METAL DEBRIS					X	
LITTLE OR NO OIL IN CRANKCASE						X
TOTALS:						
	HIGHEST TOTAL IS CAUSE OF FAILURE	Flood back	Flooded Start	Slugging	High Disch. Temp.	Loss of Oil

CORRECTIVE ACTION:

FLOODBACK - Liquid refrigerant returning **during the running cycle** washes oil off the metal surfaces.
(1) Maintain proper evaporator & compressor superheat
(2) Correct abnormally low load conditions
(3) Install accumulator to stop uncontrolled liquid return

FLOODED STARTS - Refrigerant vapor migrates to the crankcase **during the off cycle**, diluting the oil on startup.
(1) Install pumpdown solenoid
(2) Check crankcase heater operation

SLUGGING - Attempt to compress liquid. Extreme floodback in air cooled compr.; severe flooded start in suct. cooled.
See all of above corrective actions for Floodback & Flooded starts.

HIGH DISCHARGE TEMPS - High temperatures in compressor head and cylinders causes oil to lose lubrication.
(1) Correct abnormally low load conditions.
(2) Correct high discharge pressure conditions.
(3) Insulate suction lines.
(4) Provide proper compressor cooling.

LOSS OF OIL - When oil is not returned to the crankcase there is uniform wearing of all load bearing surfaces.
(1) Check oil failure control, if applicable.
(2) Check system refrigerant charge.
(3) Correct abnormally low load conditions or short cycling.
(4) Check for incorrect pipe sizing and / or oil traps.
(5) Check for inadequate defrosts.

용어해설

1회 펌프다운(one-time pump-down) '펌프다운, 단일' 을 보라.

가변 주파수 구동(VFD: variable frequency drive) 모터에 전기력 공급의 주파수를 변화시킴으로써 모터의 속도를 전자적으로 바꾸는 것.

건조제(desiccant) 수분, 산 및 밀랍을 제거하는 데 사용되는 필터 드라이어 내 물질.

경상(鏡像, mirror image) 비슷한 그러나 반대이다. 예를 들면 압축기는 냉매압력과 온도를 증가시키는데 유량제어장치는 압력과 온도를 감소시킨다. TEV의 기능은 압축기 기능의 경상인 것으로 묘사될 수 있다.

경험법칙(rules of thumb) 경험의 지혜로부터 오지만 항상 가치가 있는 것은 아닌 실습원리.

계획된 공기 제상(planned air defrost) 중온 증발기에서 결상을 깨끗이 하기 위하여 압축기를 언제, 얼마나 오랫동안 정지할 것인가를 계획하는 것. 증발기가 스스로 제상하기 위하여 다소 여분의 시간을 주기 위해 한 시간이나 매일 밤 2회 동안 압축기를 정지시키는 것은 보통 바로 여분의 시각을 요구한다.

고유의(inherent) 내부나 어셈블리의 부분을 의미한다. 예는 모터 권선에 끼워 넣은 고유 과부하(내부 과부하).

고정자(stator) 모터의 고정 부분으로, 모터 권선을 포함한다.

공비혼합물(azeotrope) 다른 냉매의 혼합물.

과냉(subcooling) 응축온도 이하의 차가운 액체 냉매.

과냉(응축기)[subcooling(condenser)] 수두압으로부터 응축온도를 결정하고 그러고 나서 응축기를 떠나는 액체 관로의 온도를 뺀다.

과열(superheat) 포화온도 위의 증발냉매의 온도.

과열(전체 또는 압축기)[superheat(total or compressor)] 압축기에서의 포화흡입온도와 압축기에서 6인치 떨어진 흡입관로의 온도 사이의 온도차(TD).

과열(증발기)[superheat(evaporator)] 증발기 온도와 증발기의 출구 측 흡입관로 온도의 차이.

과열저감(de-superheat) 과열의 제거.

과열저감 팽창밸브(de-superheating expansion valve) 압축기에 들어가기 전에 흡입증기를 냉각시키기 위해서 핫가스 바이패스 시스템 상에 사용된 팽창밸브.

과열증기(superheated vapor) 온도가 포화온도 위인 증기.

국립전기제조업체협회(NEMA: National Electrical Manufacturers Association) 이 말은 정격이 접촉자와 모터 고정자를 명확한 용도에 배정한 것을 묘사하는 데 사용된다. NEMA 정격이 되기 위하여 접촉자나 모터 고정자는 대단히 엄격한 조건이나 요구하는 성능 한계에 따라야 한다.

균압화하다(equalize) 압축기가 정지될 때 시스템 압력이 균일화된다. 두 압력이 같거나 같게 될 때까지 흡입압력은 올라가고 토출압력은 떨어진다.

기동 회전자 암페어수(LRA: locked rotor amperage) 압축기 모터가 기동할 때 끌어당기는 대략적인 암페어수.

기술자의 경험법칙(TROT: technician's rules of thumb) 기술자들이 서비스 기구들을 더 잘 그리고 더 빨리 사용하도록 이 책에 실어 놓은 실습의 집합.

냉동 효과(refrigeration effect) 열을 움직이기 위한 냉매의 가능성, 보통 파운드당 Btuh로 측정된다.

냉매 리트로피팅(refrigerant retrofitting) 시스템 내 냉매를 다른 종류의 냉매로 대체하는 경우를 묘사하는 데 사용되는 말.

단속운전 제상[off-cycle(random) defrost] 중간온도 냉매 증발기에서 서리를 녹이는 정상 과정. 온도조절장치(tstat)가 박스온도와 결합하여 압축기를 정지하게 하는 시간의 양은 어떤 결상을 깨끗이 하는 데 충분한 인자들이고, 그것은 압축기 작동 사이클 동안 일어난다.

단속운전 제상[random(off-cycle) defrost] 온도조절장치가 압축기를 정지시킬 때마다 일어나는 보통의 중온 증발기 제상 과정.

단열팽창(adiabatic expansion) 공간에서 열 제거 없이 일어나는 냉매의 증발. 조절장치에서 어떤 여분의 액체가 증발온도로 바로 떨어지기 위해서는 플래시 오프(flash off)가 되어야 한다.

델타 T(delta T, ΔT) 공급공기온도와 환기공기온도 사이의 차.

두문자어(acronym) 예를 들면 TROT(Technician's Rules of Thumb)처럼 복합어나 문장의 첫 글자로 형성된 말.

디스트리뷰터(분류기)(distributor) TEV의 출구와 증발기의 복수 회로 사이에 있는 냉매 이송관.

리트머스 용지(litmus paper) 화학약품에 반응하여 색깔이 변하는 물질의 종류. 비슷한 물질이 시스템 내 냉매 속의 수분 양을 나타내는 표시로서 가시 유리에 사용된다.

마이크로패럿(MFD: microfarad) 패럿의 1/1,000,000을 토대로 하는 콘덴서 용량. 패럿은 응축기의 용량으로, 이것은 1쿨롱의 전기량을 충전할 때 1볼트의 전위차를 준다.

만족하는(satisfied) 온도조절장치가 그 온도 설정값에 도달했을 때 묘사하는 말.

물 조절 밸브(WRV: water-regulating valve) 수두압에 대응하여 응축기에 들어가는 물 흐름을 조절하는 데 사용되는 밸브.

반대로(vice versa) 어떤 일이 다른 방법만큼 쉽게 일어날 수 있음을 의미하는 표현.

백 전자동기력(back EMF) 고정자에 회전하는 회전자의 접근으로 기동권선에서 생기는 전압.

버블 포인트(bubble point) 포화액 냉매에서 기포가 생기기 시작하는 온도. 압력-온도 선도 상에서 혼합냉매의 포화온도는 과냉을 계산하는 데 사용된다.

볼트 암페어 용량(VAC: volt amp capacity) 이 책에서 기동이나 작동 콘덴서의 전압 용량을 의미한다.

분리상 모터(split-phase motor) 2개의 권선, 즉 기동 권선과 작동 권선으로 분리되는 압축기에 사용되는 단상 모터.

분리 응축기(split condenser) 낮은 부하 및 낮은 외기 조건에서 수두압 제어를 돕기 위해 2개의 분리되는 단면으로 분기되거나 나누어진 응축기.

분해(tear down) 고장의 원인을 결정하기 위해서 반밀폐형 압축기를 분해하는 과정을 묘사하는 데 사용된다.

불법방해 서비스 콜(nuisance service call) 실제 문제보다 더욱 불편하고 필요 없었던 서비스 콜. 쉽게 방지될 수 있었던 것이나 고객에 의해 쉽게 다루어질 수 있었던 것.

브라운 아웃(brown out) 전력회사가 전압이 최소 아래로 떨어질 때 적당한 기기 작동을 위해 가능한 표준.

블로즈 바이(blows by) 압축기 실린더 내 고압가스가 피스톤과 실린더 벽 사이를 지나가면서 저압의 크랭크케이스 안으로 누설될 때.

블리드 리지스터(bleed resistor) 모터가 기동한 후 콘덴스 내에 남아 있는 전기충전을 추기(bleed-off)하거나 제거하는 데 사용되는 리지스터.

비능률적인(inefficient) 냉매를 적절히 펌핑하는 능력을 잃어버린 압축기를 나타내는 데 사용하는 말. 높은 쪽 압력은 시스템의 낮은 쪽으로 누설한다.

비응축성의(noncondensable) 냉매 외에 다른 어떤 증기는 단지 냉매가 증발하고 응축하기 때문에 비응축성이라 생각된다. 공기와 질소는 비응축성이다.

상당길이(equivalent length) 흡입관 크기를 결정하는 데 사용되는 관의 전길이. 필요한 배관의 실제 길이로 시작하여 압력강하의 양을 토대로 한 좀더 큰 길이. 압력강하는 관 엘보와 다른 관로 상의 기구들을 토대로 한다.

서미스터(thermistor) 노출되어 있는 온도에 따라 저항을 변화시키는 온도감지 전자기구.

섞일 수 있는(miscible) 잘 혼합되는.

설계조건(design condition) 시스템이 정상적으로 작동하도록 설계된 조건(온도, 습도, 압력).

세팅(set) 슈퍼마켓 냉동의 설치.

솔레노이드(solenoid) 전자석 코일. 상업용 냉동에서 솔레노이드를 갖는 밸브는 냉매흐름을 멈추고 시작하는 데 사용된다.

수정계수(correction factor) 밸브에 작동하는 비압력과 온도를 기반으로 TEV의 정격용량을 조정하는 데 사용되는 승수.

수준점(benchmark) 다른 것과 비교되는 표준.

순 오일 압력(net oil pressure) 크랭크케이스에서의 흡입압력과 오일 펌프 토출압력 사이의 차.

스코어(score) 파일의 날카로운 날을 갖는 모세관 건너 관로에 눈금을 새기는 것.

스터브(starve) 증발기 내 냉매의 부족을 나타내는 말.

스터빙(starving) 증발기가 냉매를 너무 빨리 증발시킬 때.

슬러지(sludge) 냉매오일과 수분의 상호작용으로부터 형성된 불순물과 산의 진흙 같은 혼합물.

안전 범위(margin of safety) 실수에 대한 어떤 여유를 가지거나 일이 계획한 대로 되지 않는다면 완충을 가지는 의미로서의 어구.

알고리즘(algorithm) 'if-then' 로직을 토대로 한 마이크로프로세서에 대한 일련의 명령.

압력/온도 선도[pressure/temperature(P/T) chart] 특정 압력에서 냉매에 대한 포화온도를 보여 주는 표.

압력 트랜스듀서(pressure transducer) 압력 눈금을 전기신호로 바꾸어 그것을 마이크로프로세서로 보내는 기구.

압축비(compression ratio) 수두압(psia)을 흡입압력(psia)으로 나눔으로써 정해지는 시스템의 낮은 쪽과 높은 쪽 사이의 비.

압축열(heat of compression) 압축과정 동안 발생한 열.

압축행정(compression stroke) 피스톤이 올라가기 시작할 때 더 작은 공간으로 실린더 내 증기를 압축한다. 그 때문에 냉매 증기압력이 증가된다.

오리피스(orifice) 기계로 만든 구멍이나 통로. 이 말은 보통 유량조절장치에서 통로를 일컫고, 그것은 구멍의 크기를 기초로 하여 냉매유량을 측정한다.

온도 글라이드(temperature glide) 혼합물로 냉매의 혼합이 다른 포화온도를 가지기 때문에 혼합냉매가 증발하는 온도의 범위.

온도차(TD: temperature difference) 증발기 온도와 냉동 공간의 온도 사이의 차.

요구 냉각(demand cooling) 저온 압축기 내 토출열 문제를 막기 위한 훨씬 더 직접적이고 효과적인 방법.

원통-관(shell-and-tube) 냉매를 응축하고 보관하는 목적으로 큰 탱크나 원통을 이용하는 형식의 응축기.

응축기 분기(CS: condenser split) 유닛의 응축온도와 응축기에 들어가는 주위 공기 온도 사이의 온도차.

응축액(condensate) 노점온도 이하로 냉각될 때 증발기 코일 상에 응축되는 공기로부터의 수분.

응축온도(condensing temperature) 증기에서 액체로 변하기 시작하는 응축기 내의 냉매의 온도.

이슬점(dew point) 공기 중 수분이 액체로 응축하는 온도. 압력/온도 선도 상의 혼합냉매의 포화온도는 과열을 계산하는 데 사용되곤 한다.

이중관(tube-in-tube) 응축기는 안쪽 배관을 통해 순환하는 물이 있고, 그것은 냉매를 포함하는 바깥쪽 배관에 의해 둘러싸여 있다.

임계 충전(critical charge) 특별한 냉동 유닛의 적절한 작동에 요구되는 특정 양의 냉매.

임계적으로 충전된(critically charged) 제조업체가 여분의 양의 냉매를 유닛 내로 지정한 시스템. 일정 유량조절 시스템은 임계적으로 충전된다.

임계적으로 충전된 시스템(critically charged system) 특정 양의 특별한 냉매를 함유할 때만 정확히 작동하는 냉동 유닛.

입상관(riser) 냉매흐름이 올라가거나 수직인 냉매배관의 단면. 예를 들어 지하 워크인 냉장고에서 지붕에 있는 응축 유닛으로의 흡입관로가 흡입관로 입상관으로 간주된다.

자본(capital) 심지어 많은 돈을 버는 과정에서 투자된 돈.

잠열(latent heat) 상변화(증발이나 응축) 동안에 냉매의 온도변화가 없이 흡수되거나 방출되는 열.

저속 코일(low-velocity coil) 박스 내 낮은 기류 및 보통보다 높은 공간 습도를 이루기 위해서 설계된 워크인 증발기 코일.

저장 전용(storage-only) 이미 냉동된 식품의 온도를 단지 유지하기 위하여 크기가 정해진 냉동 유닛의 최대 설계조건. 따뜻한 식품, 무거운 사용, 또는 높은 주위 조건을 다루기에 초과용량이 충분하지 않다.

전 액주(full column of liquid) 관로 속에 액체만이 있는 액체 관로를 일컫는다. 어떤 증기도 액체가 유량조절장치에 이르기 전에 플래싱하지 않는다. 팽창밸브가 정확히 작동하기 위한 주요 기준의 하나.

제상 종료 스위치(defrost termination switch) 제상에서 시스템을 취하여 냉동 작동으로 되돌리는 온도센서.

제상 종류/팬 지연(DTFD: defrost termination/fan delay) 제상 단말장치에 대한 두문자어. 제상 단말장치와 단일 3선 제어에서의 팬 지연을 결합하는 제어를 표시하기 위한 팬 지연.

제습(dehumidifying) 공간에서 습도를 끌어당기는 과정.

제어기(controller) 기구나 시스템을 자동으로 작동하는 데 사용되는 전자제어 및 회로의 그룹.

주된 바람(prevailing wind) 대부분의 시간에 같은 시간에서 부는 바람.

주위 온도(ambient temperature) 주위 공기온도. 보통 응축기 코일에 들어가는 공기의 온도에 해당한다.

주위의(ambient) 어떤 물체에 직접 접해 있는 환경에 관한.

중량 충전(weighed-in charge) 냉매 작동 압력보다는 오히려 냉매의 무게에 의하여 결정되는 냉동 시스템의 적당한 충전.

증발기 온도(evaporator temperature) 증발기 관 내부의 냉매의 온도. 냉매온도는 냉매 종류와 증발기 압력을 기초로 압력/온도 선도로부터 결정된다.

지표면(on grade) 사무실이나 창고와 같은 열린 공간 위에 형성된 것이라기보다 오히려 흙의 꼭대기에 쏟아 부은 콘크리트 바닥을 일컫는다.

진공을 파기(break the vacuum) 진공에서 저양압으로 시스템을 올리기 위해서 빈 시스템에 바로 충분한 냉매나 건질소를 더하는 행동.

질량유량(mass flow rate) 이 책에서 질량유량은 온도, 압력, 배관 크기, 그리고 냉매의 상태를 토대로 하는 시스템을 통해 흐르는 냉매의 양에 상관된다. 질량유량(lb/min) = 체적유량(cfm) × 냉매의 밀도 (lb/ft^3).

차동(差動, differential) 압력이나 온도제어의 컷인과 컷 아웃점 사이의 차(差).

체적효율(volumetric efficiency) 압축기의 변위에 비해 실린더에서 실제로 펌핑되는 토출 증기의 비. 설계조건에서 그 용량에 비해 압축기가 얼마나 잘 작동하는가를 나타내는 데 사용되는 말.

최대 작동 압력(MOP: maximum operation pressure) TEV의 정격, 그것은 밸브가 냉매를 증발기로 유량조절할 때 허용하는 가장 높은 흡입압력이다.

추(plumb) 수평면이 진실로 평평한지 그 레벨을 결정하는 곳에서 추가 수직으로 올라갔다가 내려오면 진실로 수직인 각도이다.

출구 전략(exit strategy) 회사를 매각하거나 회사를 떠나는 경우 퇴직에 관한 회사 소유자의 사전 계획.

친화력(affinity) 어떤 다른 물체나 물질에 대하여 이끌림.

컷 아웃(cut-out) 제어의 스위치 접촉이 열려 있을 때 압력이나 온도 설정.

컷 인(cut-in) 제어의 스위치 접촉이 닫히는 압력이나 온도 설정.

킹 밸브(king valve) 수액기 출구 측에 있는 서비스 밸브.

토출가스(핫가스)(discharge gas, hot gas) 압축기를 떠나 응축기로 토출되는 고압, 과열증기.

틈새체적(clearance volume) 위로 움직이는 상사점에 이르렀을 때 피스톤 위에 남아 있는 실린더 내 면적.

파편(debris) 설치나 기계적 마모로부터 시스템 내에 쌓이는 고체 입자.

팬 지연 스위치(fan delay switch) 증발기가 특정 온도, 보통 25°C로 떨어졌을 때까지 제상 후 일어나는 팬을 지연하는 동결기 제어.

펌프다운, 싱글(단일 펌프다운은 또한 '단일 펌프아웃', '1회 펌프아웃', 또는 '비사이클링 펌프다운' 이라 불린다)(pump-down, single) 온도조절장치가 만족되고 저압제어가 열릴 때 시스템은 단지 한 번 펌프다운한다. 압축기는 저압제어가 닫히고, 그러나 단지 온도조절장치가 닫히고 제어릴레이에 동력을 공급할 때 재기동되지 않을 것이다.

펌프다운, 연속적인(연속적인 펌프다운은 또한 '자동 펌프다운' 이라 불린다)(pump-down, continuous) 저압제어가 압축기를 정지시킬 때까지 압축기로 흡입증기의 흐름을 단절하는 과정. 과정은 흡입압력이 저압제어를 가까이 할 만큼 충분히 올라갈 때마다 반복된다.

펌프다운 솔레노이드(pump-down solenoid) 박스 온도조절장치에 따라 압축기로 냉매흐름을 정지하는 밸브로, 보통 액체관로 상에 있다. 냉매가 흡입관로에서 펌핑될 때 압력제어가 그것을 정지시킬 때까지 압축기는 계속하여 작동한다.

페일 세이프(fail-safe) 다른 제어가 요구하는 기능을 실패할 경우의 마지막 안전. 냉동고 제상 시계 상의 백업 시간 기동 제상 단말장치.

평방근 전압[Root Mean Square(RMS) voltage] 대부분의 전압계에 의해 측정된 교류전압의 유효값. 평방근 전압은 0.707 × 피크 전압.

평행 랙 시스템(parallel rack system) 철강 랙에 나란히 설치된 한 그룹의 압축기. 그것들은 냉동을 하나의 큰 부하나 한 그룹의 부하에 공급하기 위해서 냉매와 오일을 똑같이 공급한다. 최초로 슈퍼마켓 응용에 사용되었다.

평형구(balanced port) 수두압이 변하더라도 안정된 비율로 냉매를 조절하는 열팽창밸브(TEV).

폐수 시스템(waste water system) 응축기를 냉각시키기 위해서 수돗물을 사용하고 그러고 나서 물을 배수로 버리는 수냉식 유닛.

포화된(saturated) 냉매가 가능한 모든 열을 흡수했을 때의 조건. 또한 똑같은 온도에서 액체와 증기 둘 다로 동시에 존재하는 냉매를 일컫는다.

포화온도(saturation temperature) 압력/온도 선도에 대응하는 냉매의 온도. 냉매의 온도는 액체에서 증기로 바뀌고 더 이상 잠열을 흡수할 수 없는 바로 그때를 말한다.

플래시 가스(flash gas) 증기로 증발하는 액체 냉매. 포화액의 플래싱은 온도가 올라가거나 압력이 낮아지면 일어난다.

플러드(flood) 유량조절장치가 증발기를 너무 많이 보낼 때 해당하는 말.

플러드백(floodback) 압축기로 들어가는 냉매가 완전히 증발하지 않았을 때. 플러드백의 증거는 흡입관로에서의 과열의 부족이다.

플러딩(flooding) 액체가 증발기를 떠나지 못하게 증발기가 충분한 냉매를 증발하지 않을 때.

플로팅 수두압(floating head pressure) 주위가 떨어질 때 시스템의 수두압을 떨어지게 하는 것.

하비스트(harvest) 얼음을 만드는 데 있어서 큐브가 증발기에서 떨어져 얼음 저장통으로 떨어질 때 얼음 제조과정의 단계를 일컫는다.

핫가스(토출가스)(hot gas, discharge gas) 압축기를 떠나 응축기로 토출되는 고압의 과열된 증기.

핫가스 바이패스(hot gas bypass) 압축기로 들어가는 흡입압력을 올리기 위해서 시스템의 낮은 쪽에 고압 토출가스를 돌리는 것.

핫가스 제상(hot gas defrost) 어떤 슈퍼마켓 및 대부분의 제빙기 응용에 사용되는 효율적인 제상방법. 제상 사이클 동안 뜨거운 냉매는 증발기 관에 들어가 성에를 녹이거나 아이스 큐브(ice cube)를 제거하기 위해서 시스템에 따라 코일을 충분히 따뜻하게 한다.

핫 풀다운(hot pull-down) 비정상적으로 높은 열부하 상태에서 냉동 시스템을 언급하는 데 사용되는 말. 높은 부하는 공간 온도가 뜨거울 때, 뜨거운 제품이 박스에 들어 있을 때는 언제나, 또는 냉동고가 제상에서 나올 때 기동 동안 일어난다.

헌트(hunt) 설정점 위 및 아래에서 TEV가 사이클링할 때.

헌팅(hunting) TEV가 평형점을 또는 평형을 찾을 때의 조건을 말하고, 거기서 적절한 증발기 온도와 과열을 유지할 수 있을 것이다. 만약 과열이 낮거나 비과열에서 변화한다면, 높은 과열로 1분, 2~3분 후에는 밸브가 헌팅한다.

헤더(header) 다중 회로 증발기에서 헤더는 각 회로 끝의 출구와 흡입관로가 시작하는 배관의 부분이다.

헤더스(headers) 평행 랙 압축기 시스템에서, 헤더스는 매니폴드나 공용 배관을 공급하는 큰 배관 조각이다. 거기서 모든 흡인관로는 압축기 랙에 덧붙여진다. 이 말은 또한 핫가스, 액체 관로 등을 위한 공용 연결을 공급하는 배관 부분에 적용된다.

현열(sensible heat) 온도 변화를 일으키는 열.

회전자(rotor) 압축기 고정자 내에서 회전하고 압축기 크랭크축에 부착되어 있는 회전 영구자석.

흡입행정(intake stroke, suction stroke) 실린더 내에서 아래로 움직이는 왕복동 압축기 피스톤의 동작. 실린더 압력이 리드(reed) 밸브가 열리고 흡입증기가 실린더를 채우게 하는 충분한 흡입압력 아래로 떨어진다.

찾아보기

기호

가

나

다

라

마

바

사

아

자

차

카

타

파